Hartwig Steusloff   Thomas Batz (Hrsg.)

# System-Engineering für Realzeitsysteme

Bericht über das Verbundprojekt PROSYT

Mit 170 Abbildungen

Springer-Verlag

Berlin  Heidelberg  New York
London  Paris  Tokyo
Hong Kong  Barcelona

Hartwig Steusloff
Thomas Batz
Fraunhofer-Institut für
Informations- und Datenverarbeitung (IITB)
Fraunhoferstraße 1
W-7500 Karlsruhe 1, FRG

ISBN 3-540-53184-X  Springer-Verlag Berlin Heidelberg New York
ISBN 0-387-53184-X  Springer-Verlag New York Berlin Heidelberg

CIP-Titelaufnahme der Deutschen Bibliothek
System-Engineering für Realzeitsysteme: Bericht über das Verbundprojekt PROSYT/
H. Steusloff; T. Batz (Hrsg.). – Berlin; Heidelberg; New York; London; Paris; Tokyo;
Hong Kong; Barcelona: Springer, 1991
ISBN 3-540-53184-X (Berlin...)
ISBN 0-387-53184-X (New York...)
NE: Steusloff, Hartwig (Hrsg.)

2145/3140 – 5 4 3 2 1 0  Gedruckt auf säurefreiem Papier

# Vorwort

Integrierte Werkzeugsysteme für Erstellung und Betrieb von Realzeitsystemen liegen derzeit nur als geschlossene, homogene Werkzeugsätze in Form von Firmenprodukten vor. Unbeschadet der Nützlichkeit und Einsatzvorteile solcher geschlossenen Systeme für die Anwendung in geeigneten Fällen stellt sich die Forderung nach offenen Werkzeugrahmen, die mit fallweise angepaßten Werkzeugsätzen vom Nutzer bestückt werden können. Die universell definierten Schnittstellen der Rahmensysteme für Datenhaltung und Benutzungsdialog stellen die Hilfsmittel für zumindest eine syntaktische Integration heterogener Werkzeuge bereit.

Es bestand also die Aufgabe, die Machbarkeit und Nutzbarkeit solcher offener Werkzeugsätze zu untersuchen. Dies erfolgte in den Jahren 1983 bis 1988 in mehreren deutschen Projekten, die – vom BMFT gefördert – eine Antwort für unterschiedliche Einsatzbereiche von Rechnersystemen gaben.

Dieses Buch beschreibt die fachlichen Ergebnisse des Verbundprojekts PROSYT[1] ("Integriertes Entwurfs- und Software-Produktionssystem für verteilbare Realzeit-Rechnersysteme in der Technik"), das zwischen 1983 und 1988 von 18 industriellen und wissenschaftlichen Partnern durchgeführt wurde:

- AEG Aktiengesellschaft, Forschungsinstitut Ulm und Automatisierungssysteme, Seligenstadt;
- ABB ASEA BROWN BOVERI AG, Mannheim;
- Robert Bosch GmbH, Stuttgart;
- Contraves GmbH, Stockach;
- Dornier-System GmbH, Friedrichshafen;
- ESG Elektronik-System GmbH, München;
- Forschungszentrum Informatik (FZI), Karlsruhe, FB Mikrorechnertechnik;
- Fraunhofer-Arbeitsgruppe Graphische Datenverarbeitung (AGD) und Zentrum für Graphische Datenverarbeitung e.V. (ZGDV), Darmstadt;

---

1 Gefördert vom Bundesministerium für Forschung und Technologie unter dem Förderkennzeichen ITS 8306-/-.

- Fraunhofer-Institut für Informations- und Datenverarbeitung (IITB), Karlsruhe;
- GPP Gesellschaft für Prozeßrechnerprogrammierung mbH, Oberhaching;
- 2i Industrial Informatics GmbH, Freiburg;
- Krupp Atlas Elektronik GmbH, Bremen;
- MBB Unternehmensgruppe Wehrtechnik Apparate, München;
- Universität Karlsruhe, Institut für Prozeßrechentechnik und Robotik;
- Universität Stuttgart, Institut für Informatik und Institut für Regelungstechnik und Prozeßautomatisierung;
- Werum Datenverarbeitungssysteme GmbH, Lüneburg.

Aufgabe des Projekts war es, für die immer komplexer werdenden verteilbaren Realzeitsysteme eine geeignete offene Entwicklungsumgebung zur Verfügung zu stellen.

Dabei ist während des gesamten Systemlebenszyklus (von den Anforderungen bis zu Betrieb und Wartung) für die einzelnen Teilaufgaben eine softwaretechnische Unterstützung notwendig.

Ausgangspunkt war neben dem rückgekoppelten sogenannten "Wasserfallmodell" für den Systemlebenszyklus die Erkenntnis, daß zur Abwicklung dieser umfangreichen Aufgaben verschiedene, für bestimmte Spezialgebiete besonders geeignete Software-Werkzeuge kombiniert und integriert werden müssen, um den gesamten Lebenszyklus abzudecken.

Ausgehend von einem Rahmensystem, das für alle in das System integrierten – und zukünftig zu integrierenden – Werkzeuge Basisdienste zur Verfügung stellt, wurden aus den in das Projekt eingebrachten Werkzeugen drei integrierte Werkzeuglinien gebildet, an denen prototypisch die **horizontale Integration** dieser Werkzeuge untereinander sowie die Nutzung der Basisdienste für die **vertikale Integration** erprobt wurden.

Als Basisdienste stehen ein Non-Standard-Datenbanksystem (*PRODAT*), ein Dialogsystem (*PRODIA*) und eine wissensbasierte Recherchenkomponente (*Projekt-Advisor*) zur Verfügung.

Um den Benutzer, der verschiedene Werkzeuge verwendet, die jeweils bestimmte Teile des Systemlebenszyklus abdecken, beim Wechsel von einem Werkzeug zum nächsten zu entlasten, wurde zur Vereinheitlichung der verschiedenen Werkzeugoberflächen das Dialogsystem *PRODIA* verwendet. Der Datenaustausch zwischen den verschiedenen Werkzeugen einer Werkzeuglinie und der Aufbau (und die Verwaltung der zeitlichen Veränderung) der Gesamtbeschreibung eines Projekts erfolgt über das Non-Standard-Datenbanksystem *PRODAT*, welches als Hauptkonzept "strukturierte Objekte" anbietet. *PRODIA* und *PRODAT* wurden bereits ausführlich in einem eigenen Buch [KSS89] beschrieben.

Zur kostengünstigen Erstellung eines Systems und zur Abstimmung mit vorgeschriebenen Normen und Regeln dient der *Projekt-Advisor*. Er ermöglicht mit wissensbasierten Methoden die Suche nach wiederverwendbaren (Teil-) Ergebnissen aus früheren Projekten. Ferner ermöglicht er die Speicherung und Verwendung der für die Projektdurchführung zu beachtenden Fakten, Normen und

Regeln, die sowohl allgemeingültig (z.B. DIN-Normen) als auch firmenspezifisch sein können. Die allgemeinen Konzepte des *Projekt-Advisors* wurden durch Realisierung von Beratungssystemen in verschiedenen Anwendungsgebieten verifiziert. Beim *Projekt-Advisor* spielen neben der Regelbeschreibungssprache und der Recherchensprache die in den einzelnen Applikationsgebieten zu gewinnenden und verwendeten Fakten eine zentrale Rolle. Daher wurden in verschiedenen Anwendungsgebieten Fakten erfaßt, um Erfahrungen beim Wissenserwerb zu sammeln, und wissensbasierte Applikationen unter Ausnutzung des so gewonnenen Wissens realisiert.

Die Gesamtidee und die in den einzelnen Teilprojekten entstandenen Ergebnisse, die auch als Prototypen vorliegen, werden im folgenden präsentiert. Es sei hier aber auch auf die Nutzung der Projekterfahrungen in Nachfolgeaktivitäten hingewiesen. So konnten die Ergebnisse am PRODAT in einer Mitarbeit an der Deutschen PCTE-Initiative genutzt werden, bei der Vorschläge für eine Überarbeitung des geplanten Europäischen Standards PCTE erarbeitet wurden.

Danken möchten wir den vielen an diesem Projekt beteiligten Mitarbeiterinnen und Mitarbeitern, die durch ihre vielfältige Projekterfahrung und ihre konstruktive Zusammenarbeit zum erfolgreichen Gelingen des Projekts beigetragen haben. Dabei gilt unser Dank besonders den Mitgliedern des Lenkungskreises, die die nicht immer leichte Aufgabe hatten, das Projekt mit seinen zahlreichen Beteiligten und unterschiedlichen Interessen zu diesem erfolgreichen Abschluß zu führen.

Ferner gilt unser Dank den Mitarbeitern des IITB, die einen Großteil der redaktionellen Arbeiten durchgeführt haben. Dies war bei der Vielzahl der Autoren sicherlich kein leichtes Unterfangen.

Karlsruhe, im September 1990 H. Steusloff   T. Batz

# Inhaltsverzeichnis

# 1. Methoden und Werkzeuge zur Unterstützung von Produktion und Betrieb rechnergestützter Systeme

Hartwig Steusloff

*Fraunhofer-Institut für Informations- und Datenverarbeitung (IITB)*

Produktion und Betrieb rechnergestützter Systeme sind komplexe Aufgaben, deren Lösung heute weitgehend auf die Erfahrung und das Geschick von System-Entwerfern und Programmierern aufsetzt. Eine Analyse großer Softwareprojekte zeigt, daß auch bei sehr erfahrernen Systementwicklern die termin- und kostengerechte Projektabwicklung oft nicht gelingt. Diese Situation resultiert in erheblichem Maße aus dem Fehlen einer systematischen Vorgehensweise und deren Anwendung auf die verschiedenen Schritte der System- und Softwareentwicklung. Eine solche systematische Vorgehensweise, wie sie in den Ingenieurdisziplinen seit jeher selbstverständlich ist, nutzt existierende, durch lange Erfahrung validierte Regeln und Komponenten, um mit vorhersehbarem Risiko und Aufwand technische Aufgabenstellungen anzugehen. Man spricht daher auch von "Engineering" und überträgt diese wünschenswerte Vorgehensweise auf den Bereich der rechnergestützten Systeme, indem man die Begriffe "System-Engineering" oder "Software-Engineering" benutzt. Da "Engineering" in diesem Sinne die Begleitung des gesamten Lebenszyklus eines technischen Systems bedeutet und ein ähnlich kompakter deutscher Begriff nicht existiert, sei dieser Begriff nachfolgend im Sinne ingenieurmäßigen Vorgehens verstanden.

Die Erstellung und der Betrieb rechnergestützter Systeme war im Zeichen kostspieliger Zentralrechner vor allem ein Softwareproblem. Dies gilt insbesondere auch für die kommerziell genutzten Rechnersysteme, die gegenüber technisch eingesetzten Rechnersystemen sehr viel früher von überragender Bedeutung waren. Durch die weiterhin anhaltende Steigerung der Leistungsfähigkeit von Hardwarekomponenten bei gleichzeitigem Preisverfall entstehen für rechnergestützte Systemlösungen zusätzliche Freiheitsgrade, die heute im Bereich der verteilten Systeme schon vielfach genutzt werden. Aus dem Softwareengineering entsteht damit Systemengineering, bei dem die vielfältigen Möglichkeiten der Systemgestaltung zu einer drastischen Erhöhung der Komplexität von Systementwurf und -betrieb geführt haben. Eine Beschränkung der ingenieurmäßigen Arbeitsweise auf die Software ist nicht mehr zulässig, da für eine vollständige Problemlösung die vielfältigen Alternativen aus Kombinationen von Hard- und Software zu berücksichtigen sind. Rechnergestützte Problemlösungen im technischen Bereich mit ihren Anforderungen an realzeitbezogene Funktionalität, an Verfügbarkeit und Sicherheit sowie an die Wirtschaftlichkeit der operationellen Systeme bedeutet den Übergang zum **Systemengineering**.

Der Kern einer ingenieurmäßigen Vorgehensweise ist eine geeignete Sammlung von Methoden, deren Anwendbarkeit jedoch in gleicher Weise wichtig ist wie ihre Existenz. Werkzeuge als Ausprägung solcher Methoden sind in korrekter Weise anzuwenden, müssen Daten unterschiedlicher Art handhaben und stehen in vielfältiger Verbindung zu anderen Werkzeugen und zum Menschen. Aus diesen Gründen erscheint ihre Unterstützung durch Rechner zweckmäßig, wenn auch manche der existierenden Werkzeuge in weniger komplexen Anwendungsfällen ohne Rechnerunterstützung einsetzbar sind. Rechnergestützte Werkzeugsysteme dieser Art werden oft CASE-Systeme genannt (Computer Aided Software/System Engineering Environment), auch wenn die präzise Bedeutung dieses Begriffes nicht abgegrenzt ist. Die Rechnerunterstützung verbessert potentiell die Anwendungsqualität von Werkzeugsystemen, ist aber keine wesentliche Charakterisierung ihrer Funktionalität.

Im Verlaufe der letzten Jahre entstand eine eindrucksvolle Zahl von Methoden für die Unterstützung verschiedener System/Software-Entwicklungs-Paradigmen. Abb. 1-1 zeigt vier wesentliche "Dimensionen" solcher Paradigmen. Neben dem bekannten System-Lebenszyklus sind mindestens 3 weitere Dimensionen zu betrachten, nämlich das Projektmanagement, die Dokumentation und die Qualitätskontrolle. Alle in Abb.1-1 gezeigten Aufgaben müssen durch geeignete Methoden unterstützt werden, selbst wenn (noch) keine geeigneten Werkzeuge zur Verfügung stehen. Die Nutzbarkeit von Werkzeugen wird durch die Nützlichkeit der ihnen unterliegenden Methoden bestimmt.

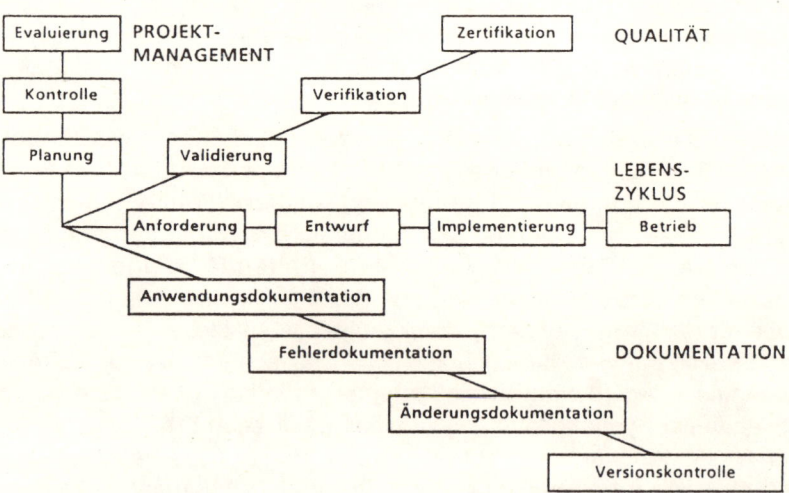

**Abb. 1-1.** Die Dimensionen von Systementwicklung und -betrieb

Die Vielfalt der in Abb. 1-1 dargestellten Aufgaben und damit der für ihre Lösung geeigneten Methoden hat in der Vergangenheit zu vielen spezifischen Werkzeuglösungen geführt. Dies liegt schon deshalb nahe, weil diese unterschiedlichen Aufgabenstellungen jeweils eigene, häufig optimierte Beschreibungssprachen für ihre Funktionen und Objekte entwickelt haben. Die Ausgangsinformationen von Werkzeugen ist damit oft nicht unmittelbar als Eingangsinformation für andere Werkzeuge nutzbar. Die Benutzungsschnittstelle der Werkzeuge wird unterschiedlich sein. Abb. 1-2 skizziert einige der methodischen Schritte und die dort üblichen Beschreibungssprachen für Entwicklung und Betrieb technischer Systeme.

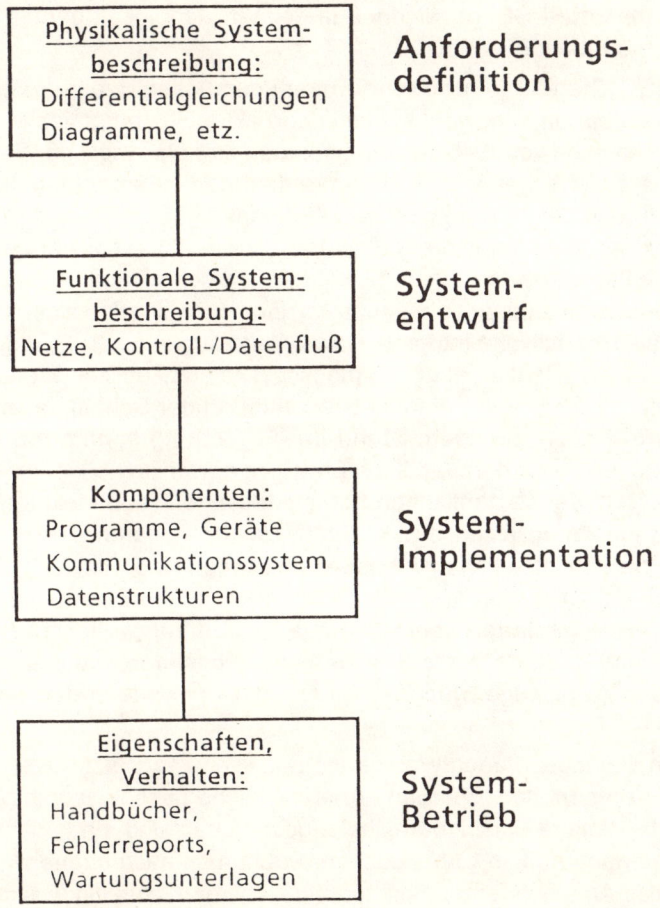

**Abb. 1-2.** Beschreibungssprachen im System-Lebenszyklus

In den zurückliegenden Jahren hat diese Sprachenvielfalt zu isolierten, häufig nicht kooperationsfähigen Werkzeugen geführt. Der Benutzer von Werkzeugen im Rahmen des Paradigmas nach Abb. 1-1 sah sich vor einem "Werkzeugkasten", dessen korrekte Verwendung in seiner Verantwortung lag. Nützlicher wären "Werkzeugsätze", die eine korrekte Verwendung der Werkzeuge in Reihenfolge und Informationsfluß vorgeben oder gar erzwingen. Dieses Konzept eines integrierten Werkzeugsatzes erfordert definierte Schnittstellen zwischen den Werkzeugen und einer einheitlichen, aus Benutzersicht gestalteten Bedienungsoberfläche. Weiterhin benötigt ein solcher Werkzeugsatz ein übergreifendes, die Konsistenz von Objekten sicherstellendes Ablagesystem, in dem über festgelegte Zugangsmechanismen alle Informationen zu einem Systementwicklungs- und -betriebsprojekt gehalten werden. Ein solcher integrierter Werkzeugsatz für die Abwicklung von Gesamtprojekten wird im englischen als Integrated Project Support Environment (IPSE) bezeichnet. In der Vollständigkeit gemäß Abb. 1-1 stellt er ein anzustrebendes Ideal dar.

Wie von den ISO-Standards für offene Kommunikationsnetze bekannt, haben Schnittstellenfestlegungen sowohl syntaktische als auch semantische Aspekte. Syntaktische Integration von Werkzeugen bedeutet, daß die zwischen Werkzeugen ausgetauschten Zeichenketten von allen Werkzeugen in der selben Weise verstanden werden und die Austauschverfahren festgelegt sind. Semantische Integration benötigt darüber hinaus die Definition der Bedeutung solcher Zeichenketten. Existieren entsprechende Standards, können in einer offenen Werkzeugumgebung neue Werkzeuge jederzeit eingefügt werden. Nach dem heutigen Stand der Forschung ist die syntaktische Integration von Werkzeugen durch Festlegung entsprechender Schnittstellenbedingungen möglich. Die semantische Werkzeugintegration erfordert eine formale Semantikbeschreibung der Schnittstelleninformationen; dies stößt nach heutigem Stand der Forschung noch auf erhebliche Schwierigkeiten und verhindert damit die Entwicklung wirklich offener Werkzeugsätze. Das Problem der semantischen Schnittstellendefinition stellt sich nicht in geschlossenen Werkzeugsätzen, d.h. in Werkzeugsätzen, deren Einzelwerkzeuge durch spezifische Schnittstellen miteinander verbunden sind. Solche geschlossenen Werkzeuge haben für den Anwender durchaus die Eigenschaften integrierter Werkzeugsätze, sie gestatten aber nicht das Hinzufügen weiterer Werkzeuge durch den Anwender, da der Hersteller des geschlossenen, integrierten Werkzeugsatzes neue Werkzeuge wiederum an die bereits existierenden Werkzeuge anpassen muß.

Analysiert man die angebotenen Werkzeuge und Werkzeugsätze nach den oben angegebenen Kriterien, so stößt man auf erfolgreiche geschlossene Werkzeugsätze, die auf bestimmte Einsatzbereiche zugeschnitten sind, ohne das vollständige Paradigma nach Abb. 1-1 abzudecken. Sucht man nach offenen Werkzeugsätzen, so ist das Angebot deutlich kleiner und weniger reichhaltig hinsichtlich der bereits integrierten Werkzeuge. Der Grund hierfür liegt unter anderem im Fehlen von standardisierten Schnittstellen, zumindest für die syntaktische Integration von Werkzeugen, die es Softwarehäusern erlauben würden, offene integrierte Werkzeugsätze zusammenzustellen. Aus dieser Situation heraus entstanden weltweit und mit besonderem Schwerpunkt in der Bundesrepublik Deutschland überwiegend öffentlich geförderte Projekte zur Definition von Schnittstellen für offene Werkzeugsätze.

Ein ausreichend großer Markt für Werkzeuge zur Unterstützung des Systemengineering erfordert standardisierte Werkzeugschnittstellen; die oben erwähnten Arbeiten zielen auf die Schaffung solcher Standards hin. Es ist hier nicht möglich eine vollständige Aufzählung der entsprechenden Ansätze zu geben. Es verdient aber hervorgehoben zu werden, daß alle diese Arbeiten erst Anfang der 80er Jahre begonnen wurden und erste Ergebnisse ab etwa 1985 zur Verfügung standen. Bei der hohen Komplexität solcher Werkzeugschnittstellen kann eine Evaluierung der zur Standardisierung anstehenden Vorschläge bis heute nicht abgeschlossen sein. Es ist daher sicher sinnvoll, mehrere Forschungs- und Entwicklungsgruppen mit der Entwicklung solcher Schnittstellen zu beauftragen, um auf unterschiedlichen Einsatzfeldern ausreichend breite Erfahrungen zu sammeln.

Unter diesem Aspekt initialisierte das Deutsche Bundesministerium für Forschung und Technologie vier Forschungsvorhaben zur Entwicklung offener Werkzeugsysteme auf unterschiedlichen Anwendungsgebieten, die Projekte POINTE (Softlab), UNIBASE (GMD), RASOP (VDI) und PROSYT (FhG-IITB) [AANS86]. Dabei sollte in Form von Verbundprojekten die Kooperation zwischen Industrie und Wissenschaft gefördert werden. Das Projekt *PROSYT*, eines dieser Verbundprojekte, setzte sich zum Ziel, für den Lebenszyklus von rechnergestützten Realzeitsystemen in der Technik ein Schnittstellensystem und darin integrierte Werkzeuge bereitzustellen. Da die Erfüllung der Realzeit- und Verfügbarkeitsanforderungen nicht nur von Softwaresystemen allein abhängt, waren Werkzeuge für den Entwurf von Gesamtsystemen, bestehend aus Software und Hardware, vorzusehen; *PROSYT* war damit ein Projekt auf dem Gebiet des Systemengineering. Die Integration der Werkzeuge sollte die Informationstransformation zwischen Werkzeugen als besonderes Projektziel einschließen und damit einen Lösungsansatz zum Problem der semantischen Integration liefern. Ein weiteres Ziel von *PROSYT* war die Unterstützung der Evaluierung von Entwurfs- und Konstruktionsergebnissen durch spezielle Werkzeuge; die mit diesen Werkzeugen (häufig Simulatoren) erzielten Ergebnisse führen gegebenenfalls zu Rücksprüngen in frühere, bereits durchlaufene Phasen des Systemlebenszyklus (siehe Abb. 1-3), um erkannte Fehler bei der Entwicklung von Systemen frühzeitig beseitigen zu können.

Die Werkzeuge in *PROSYT* sollen die gesamte Projektabwicklung unterstützten und sind daher ergänzt um Werkzeuge zur Dokumentation und – zu einem kleinen Teil – zur Projektadministration. Als Besonderheit enthält *PROSYT* einen wissensverarbeitenden Projekt-Advisor, in dem Erfahrungswissen und anzuwendende Standards gespeichert und abrufbar sind.

Das Verbundprojekt *PROSYT*, das Ende 1988 plangemäß abgeschlossen wurde, leistet damit einen Beitrag zur Definition von Schnittstellen für offene Werkzeugsätze ebenso wie zur syntaktischen und semantischen Integration von Werkzeugen. Die Konzentration auf Werkzeuge zum Systemengineering für technische Realzeitsysteme ist Ausdruck eines heute noch generell bestehenden Defizits bei der Bewältigung der Komplexität von rechnergestützten Systemen der industriellen Automatisierungs- und Leittechnik. Ähnliche Probleme bestehen bei sogenannten eingebetteten Rechnersystemen etwa in der Fahrzeugtechnik oder im militärischen Bereich. Damit hat sich *PROSYT* auf ein Anwendungsgebiet konzentriert, dessen Bedeutung stürmisch wächst und das deshalb einen besonders hohen Bedarf an rechnergestützten Werkzeugen für die Entwicklung und den Betrieb solcher Systeme hat. Da gleichzeitig der Ansatz offener integrierter Werkzeugsysteme verfolgt wurde, liefert *PROSYT* zusätzlich einen Beitrag zur Evaluierung und zur Erfahrungsverbreiterung als Voraussetzung für die Standardisierung von Werkzeugschnittstellen für offene Werkzeugsätze.

Phasenmodell

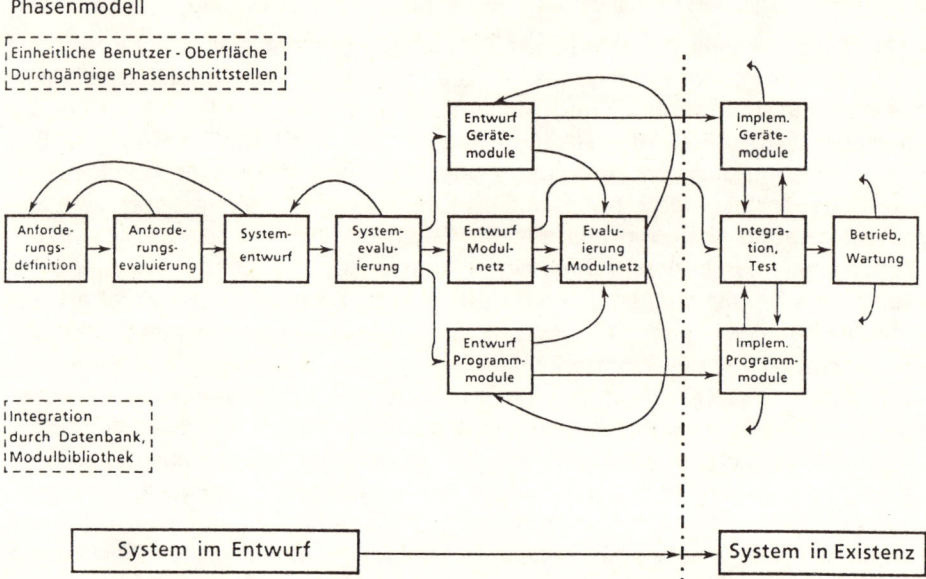

**Abb. 1-3.** Informationsflüsse im Systemlebenszyklus

# 2. Das Verbundprojekt *PROSYT*

*Hartwig Steusloff*

*Fraunhofer-Institut für Informations- und Datenverarbeitung (IITB)*

Um die Anforderungen zukünftiger Benutzer des im Rahmen von *PROSYT* entwickelten Werkzeugsatzes mit einer systematischen, informatikorientierten Vorgehensweise zu verbinden, war das BMFT-Verbundprojekt *PROSYT* eine Kooperation von 12 Industriepartnern und sechs Wissenschaftspartnern. Die Projektführung lag beim Fraunhofer-Institut für Informations- und Datenverarbeitung (IITB), Karlsruhe.

Das Ziel des Verbundprojektes *PROSYT* war die Schaffung eines Werkzeugsatzes für die Erstellung und den Betrieb von Realzeitsystemen. Dieser Werkzeugsatz sollte so portabel implementiert werden, daß er auf unterschiedlichen Geräte- und Betriebssystemen ablauffähig und einsetzbar ist, entsprechend den bei den Anwendern eingeführten Rechnerfamilien. Um die Formulierung von Anwendungsanforderungen und ihre Realisierung strikt zu trennen, wurden im Projekt-Gesamtrahmen vier Gruppen gebildet:

- Anwendergruppe: Ziel dieser ausschließlich aus Industriepartnern bestehenden Gruppe war die Anwendung des fertigen *PROSYT*-Werkzeugsatzes für Arbeiten in den eigenen Häusern.
- Werkzeuggruppe: In dieser Gruppe waren die Industriepartner zusammengefaßt, die für den Einsatz im Werkzeugsatz des Projektes *PROSYT* fertige oder weiter zu entwickelnde Werkzeuge bereits besaßen. Für Werkzeug-Neuentwicklungen waren in die Werkzeuggruppe auch Wissenschaftspartner eingeschlossen.
- Rahmengruppe: In dieser Gruppe wurde der in Kapitel 3 und 4 genauer beschriebene offene Werkzeugrahmen mit seinen Schnittstellen definiert und implementiert.
- Advisorgruppe: In dieser Gruppe wurden die Anforderungen an den wissensbasierten Projektadvisor definiert und ein entsprechendes wissensverarbeitendes System implementiert.

Die Koordination dieser vier Gruppen erfolgte über einen Lenkungskreis, in dem alle projektrelevanten Entscheidungen getroffen wurden und dem die Projektleitung berichtete. Jede Gruppe bearbeitete ihren sachlichen Schwerpunkt. Während

in der ersten Hälfte der Projektlaufzeit von insgesamt vier Jahren die Rahmengruppe eine zentrale Stellung einnahm, spielten in der zweiten Hälfte der Projektlaufzeit die Werkzeuge bezüglich ihrer Interaktion und der Anpassung an die zwi-
schenzeitlich definierten Rahmenschnittstellen eine herausragende Rolle. Die
Advisorgruppe, die sich teilweise auch als Anwendergruppe verstand, arbeitete
in den wissensbasierten Teilthemen weitgehend autonom, hielt aber bezüglich
Integration mit Rahmensystem und Werkzeugen engen Kontakt mit den betreffenden Gruppen. Diese Organisationsform hat das Anliegen von *PROSYT*, Werkzeuge sowohl mit dem Rahmensystem als auch untereinander zu integrieren
während der gesamten Projektlaufzeit sehr gut unterstützt. Die so erreichte
Kombination von Autonomie der einzelnen Gruppen und Kooperation im Sinne
des zu erstellenden Gesamt-Werkzeugsatzes hat sich bewährt und hat zum Erfolg
des Projektes wesentlich beigetragen.

Entsprechend dem Finanzierungsmodell des Verbundprojektes (50 % der
Gesamt-Projektkosten vom BMFT, 50 % von den beteiligten Industriepartnern)
wurden im Kooperationsvertrag die Nutzungsrechte an den Projektergebnissen in
einheitlicher Weise an die Industriepartner übertragen. Hier sind vor allem die
Systemhäuser zu nennen, die am Verbundprojekt *PROSYT* beteiligt waren: GPP
(Gesellschaft für Prozeßrechnerprogrammierung) mbH, in Oberhaching bei
München und WERUM GmbH in Lüneburg. Die weiteren Industriepartner des Ver-
bundprojektes waren insbesondere an der Nutzung der Projektergebnisse in ihren
eigenen Häusern interessiert: AEG Aktiengesellschaft, Forschungsinstitut Ulm;
AEG Aktiengesellschaft, Automatisierungssysteme, Seligenstadt; Asea Brown
Boveri AG, Mannheim; Robert Bosch GmbH, Stuttgart; Contraves GmbH,
Stockach; Dornier-System GmbH, Friedrichshafen; ESG Elektronik-System
GmbH, München; 2i Industrial Informatics GmbH, Freiburg; Krupp Atlas Elektronik
GmbH, Bremen; MBB Unternehmensgruppe Wehrtechnik Apparate, München.

Die sechs Wissenschaftspartner im Verbundprojekt *PROSYT*, (Forschungszentrum
Informatik, FZI, Karlsruhe; Fraunhofer-Arbeitsgruppe für Graphische Datenverarbeitung, AGD, Darmstadt; Fraunhofer-Institut für Informations- und Datenverarbeitung, IITB, Karlsruhe; Universität Karlsruhe, Institut für Prozeßrechentechnik und
Robotik; Universität Stuttgart, Institut für Informatik und Institut für Regelungstechnik und Prozeßautomatisierung; Zentrum für Graphische Datenverarbeitung e.V.,
ZGDV, Darmstadt), waren für die Definition und Implementation derjenigen
Systemteile verantwortlich, die für alle Industriepartner in gleicher Weise von Bedeutung sind, nämlich das Rahmensystem und den Projekt-Advisor.

*PROSYT* war mit dem Ziel angetreten, eine möglichst portable Entwicklungsumgebung für Realzeitsysteme zu realisieren. Dies bedeutete unter anderem eine
Entscheidung für das Betriebssystem, unter dem der Werkzeugsatz und das
Rahmensystem ablaufen sollte. Da neben dem Ziel der Portabilität auch eine
größtmögliche Marktneutralität zu berücksichtigen war, fiel die Entscheidung für
das Betriebssystem *UNIX* (Version 5). Im Projektverlauf stellte sich jedoch heraus, daß die Nutzbarkeit der Projektergebnisse bei den industriellen Projektpartnern - zumindest hinsichtlich des Rahmensystems - eine Verfügbarkeit der

*PROSYT*-Projektergebnisse auf dem Betriebssystem *VMS* (Digital Equipment) erforderte. Es ist der guten Kooperation unter den Projektpartnern zu verdanken, daß dieses zusätzliche Ergebnis ohne wesentliche Mittelaufstockung erreicht werden konnte.

Die in das *PROSYT*-Rahmensystem integrierten Werkzeuglinien lassen folgende Schwerpunktsetzungen erkennen:

- Eine formale Spezifikation des zu erstellenden Realzeitsystems mit Hilfe des Spezifikationssystems *SARS* (siehe Abschnitt 5.1.1) wird mit Hilfe digitaler Simulation evaluiert (*IGS*, siehe Abschnitt 5.1.2).

- Ein mit Hilfe von *EPOS* (siehe Abschnitt 5.2.1) spezifiziertes und entworfenes Realzeitsystem, insbesondere für Steuerungszwecke, wird mit Hilfe des Sprachensystems *PRODOS* (siehe Abschnitt 5.2.2) automatisch in Steuerungs-programme umgesetzt. In diese Systeme wurde auch eine Komponente zur Qualitätsprüfung von Realzeitsystemen integriert.

- Das Programmsystem *PASQUALE* (siehe Abschnitt 5.3.1) ermöglicht die formale Verifikation von in *PASCAL* geschriebenen Programmen.

- Der *Projekt-Advisor* spiegelt in der implementierten Wissenrepräsentation und Wissenserwerbskomponente die Anforderungen der beteiligten Projekt-partner wieder.

Es ist der intensiven Kooperation der Verbundpartner während der Projekt-Definitionsphase von *PROSYT* zu verdanken, daß trotz der zunächst eher zufälligen Zusammensetzung des Gesamt-Projektteams eine gute Abdeckung wesentlicher Entwicklungstechniken im Bereich der Realzeitsysteme erreicht werden konnte.

Die in Kapitel 1 genannten vier Verbundprojekte, die mit unterschiedlicher Schwerpunktsetzung gleichartige Gesamtziele verfolgten, haben sich in einem in-formellen Gesprächskreis der Projektleiter soweit abgestimmt, daß die spe-ziellen Zielsetzungen sich möglichst wenig überschnitten und Doppelarbeit vermieden wurde. So hat *PROSYT*, wie auch die drei anderen Verbundprojekte, einen wichtigen Beitrag für die Weiterentwicklung integrierter, offener Werkzeug-systeme geleistet. Dies drückt sich unter anderem in einer auf das Projektende folgenden Mitarbeit von Mitgliedern der *PROSYT*-Rahmengruppe in der deut-schen PCTE-Initiative (siehe [GPI89a], [GPI89b], [GPI89c] und [GPI89d]) aus, die das zur europäischen Normung anstehende Datenhaltungskonzept PCTE (Portable Common Tool Environment) aus den Erfahrungen der Verbundprojekte ergänzte. Damit haben die deutschen Verbundprojekte im Bereich System- und Software-engineering die gesetzten Ziele erreicht: Es wurden sowohl ein Beitrag zur wis-senschaftlichen Weiterentwicklung offener, integrierter Werkzeugsysteme ge-leistet als auch für die beteiligten Verbundpartner direkt nutzbare Ergebnisse erzielt.

# 3. Systemengineering für Realzeitsysteme: Lösungsansatz und Lösungsstruktur

*Hartwig Steusloff*

*Fraunhofer-Institut für Informations- und Datenverarbeitung (IITB)*

Die in Kapitel 1 eingeführten Dimensionen des Systemengineering und die dort ebenfalls begründete Notwendigkeit integrierter und offener Werkzeugsätze erfordern zu ihrer Bereitstellung ein Rahmensystem, daß für die unterschiedlichen Werkzeuge einheitliche Schnittstellen bereitstellt (Abb. 3-1). Bei einem solchen Rahmen sind folgende Schnittstellen deutlich zu unterscheiden:

– **Schnittstelle zum einheitlichen Projektdatenhaltungssystem (DHS)**
Über diese Schnittstelle müssen alle Informationen und Objekte über das zu erstellende System und die Durchführung des Erstellungsprozesses von den beteiligten Werkzeugen in das Datenhaltungssystem ein- bzw. auslagerbar sein.

– **Schnittstelle zur Dialogschicht**
Diese Schnittstelle muß auf der Werkzeugseite einen Satz von Funktionen zum Aufrufen der Werkzeuge und zum Abwickeln bzw. für die Definition des jeweiligen Werkzeugdialogs aufweisen. Auf der Benutzerseite muß durch moderne Methoden der Dialogtechnik eine möglichst einheitliche, in jedem Falle aber den heute bekannten Grundanforderungen der Mensch-System-Kommunikation genügende Darstellung von Ablauf und Inhalt des Systemengineeringprozesses vorhanden sein.

– **Schnittstellen der Werkzeuge untereinander**
Diese Schnittstellen haben sowohl semantische als auch syntaktische Informationstransformationen zu leisten. Für die semantische Transformation der Ausgangsinformation eines Werkzeugs in die Eingangsinformation des Folgewerkzeugs ist häufig die Mitwirkung des Menschen erforderlich. Für solche Transformationen sind daher spezielle Werkzeuge zur Verfügung zu stellen, deren wesentliche Aufgaben einerseits die Präsentation von Informationen aus dem Datenhaltungssystem und andererseits die Übernahme der vom Menschen erzeugten transformierten Information in das Datenhaltungssystem sind. Hierzu ist eine entsprechende Verbindung mit dem menschlichen Benutzer über die Dialogschicht herzustellen.

– **Schnittstelle zwischen Werkzeug und Benutzer**
  Diese Schnittstelle ist stark durch den vom jeweiligen Werkzeug behandelten
  Problembereich bestimmt. Da ein Werkzeugsystem offen gegenüber der
  Integration neuer Werkzeuge sein muß, kann diese Stelle a priori nicht formal
  vorgegeben sein. Eine informelle Vorgabe von Stilrichtlinien ist allerdings
  sinnvoll, um es möglich zu machen, daß sich die verschiedenen Werkzeuge
  dem Benutzer weitgehend einheitlich darstellen.

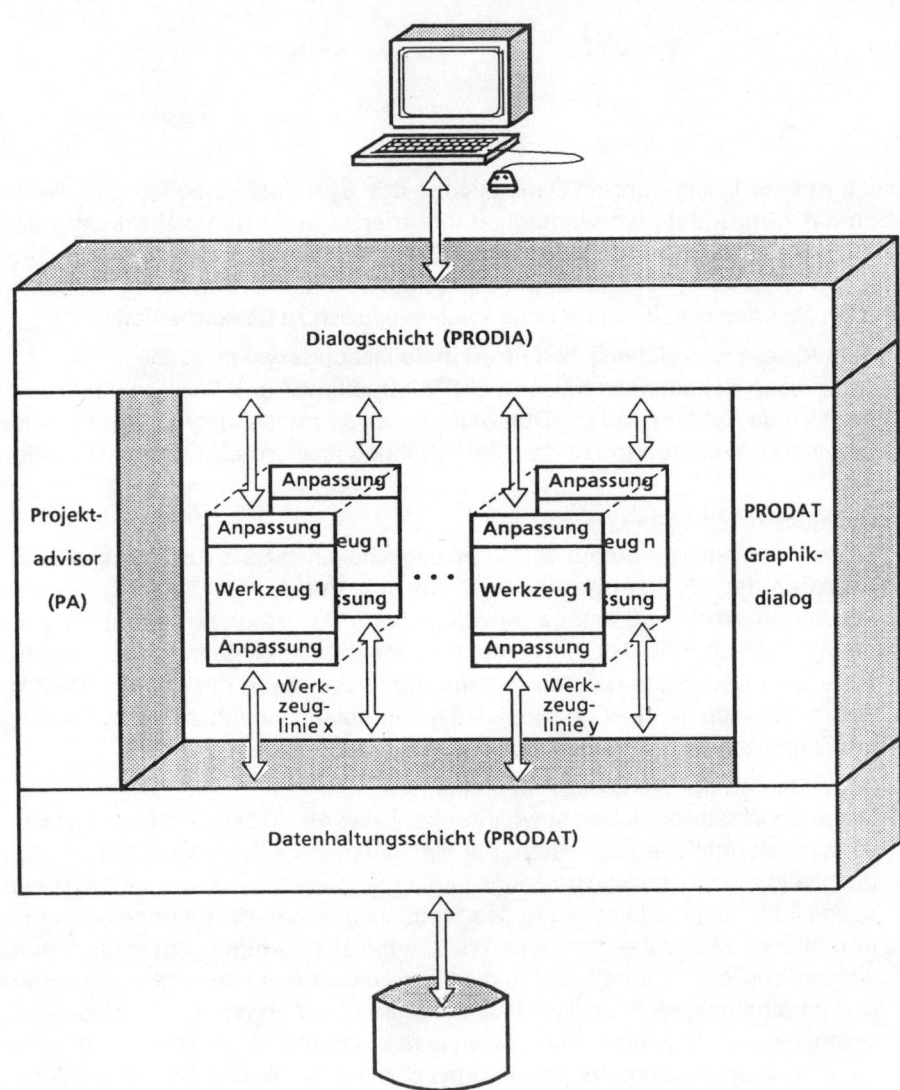

**Abb. 3-1.** Rahmensystem zur Werkzeugintegration

Weitere Schnittstellen des Rahmensystems beziehen sich auf das Hard- und Betriebssoftwaresystem, unter dem die in den Rahmen eingebetteten Werkzeuge ablaufen. Weitere Werkzeugschnittstellen werden zu Beratungs- und Hilfesystemen bestehen, die schon heute und in Zukunft verstärkt wissensbasierte Methoden einsetzen.

Die Darstellung des Rahmensystems nach Abb. 3-1 macht deutlich, daß aufgrund der festgelegten Schnittstellen und der damit erreichten Offenheit des Rahmensystems unterschiedliche Werkzeuglinien für die unterschiedlichen Dimensionen von Abb. 1-1 in dem selben Rahmensystem verfügbar gemacht werden können. Ein solches Rahmensystem wird in seiner Realisierung im übrigen als verteiltes Datenverarbeitungssystem aufgebaut sein. Dieses Architekturprinzip ermöglicht die Vereinigung von Werkzeugen auf unterschiedlichen Rechnern und unter der Kontrolle unterschiedlicher Betriebssysteme in einem aus Benutzersicht einheitlichen Werkzeugsatz.

Die für die Werkzeugintegration wichtigste Schnittstelle eines Rahmensystems gemäß Abb. 3-1 ist die Datenhaltungsschnittstelle (DHS). Das Konzept der Informationsspeicherung und die Funktionalität der Schnittstelle selbst entscheiden wesentlich über die Nutzbarkeit der Datenhaltungsschnittstelle durch heterogene Werkzeuge.

Bei der Definition der Datenhaltungsschnittstelle des Projekts *PROSYT* wurden bereits existierende Ansätze in europäischen (PCTE [PCTE86]) und amerikanischen Projekten ([CAIS87]) sowie in anderen deutschen Verbundprojekten untersucht. Diese Untersuchungsergebnisse und die speziellen Anforderungen des Systemengineerings für Realzeitsysteme führten zu einem objektorientierten Ansatz, der unter der Bezeichnung *PRODAT* definiert und implementiert wurde (siehe [KSS89]). Die speziellen Anforderungen von Realzeitsystemen für die Automatisierungs- und Leittechnik in der industriellen Produktion entstehen unter anderem durch die für solche Systeme typische komplexe Vernetzung vielfältiger technischer Funktionen und der zugehörigen Informationen sowie durch die — teilweise gesetzlich vorgeschriebene — Anwendung von Normen und Beachtung von Auflagen. Das Datenhaltungssystem muß in der Lage sein, dieses komplexe Netz von Funktionen und Informationen zu repräsentieren und die während des System-Lebenszyklus unvermeidlich auftretenden Veränderungen aufzunehmen und zu dokumentieren (Versionskontrolle). Da technische Anlagen zur Anpassung an veränderte Pro- duktionsvoraussetzungen häufig umstrukturiert werden, muß das Datenhaltungssystem aktuelle Konfigurationsinformation verwalten und bereitstellen.

## 3.1 Objektmodell für ein Datenhaltungssystem

Für die Modellierung sowie Implementation eines Datenhaltungssystems als auch eines Dialogsystems ist der Objektbegriff zusammen mit dem Begriff der Beziehung zwischen Objekten, den Relationen, grundlegend. Innerhalb der Problematik von Werkzeugsystemen hat sich in mehreren bereits existierenden Ansätzen als gemeinsam verfolgte Leitlinie herausgebildet, daß

- die hierarchische Objekt-Unterobjekt-Beziehung ein wesentlicher Bestandteil des Objektkonzepts sein muß, und daß
- die allgemeineren Beziehungen zwischen Objekten eine zu dieser Objekt-Hierarchie "querliegende" Struktur bilden sollten.

Die Ausgestaltung dieser Relationen ist ein wesentliches Unterscheidungsmerkmal der in den verschiedenen BMFT-Verbundprojekten entwickelten Objektmodelle. Der in *PROSYT* gewählte Ansatz verfolgt das Ziel, dem Nutzer des Datenhaltungssystems die notwendige Anzahl semantisch vordefinierter Relationen zur Verfügung zu stellen, um den semantischen Gehalt einer Objektmenge im Zusammenhang mit einem Projekt aus der Struktur der Relationen ablesen zu können. Damit wird der strukturelle Inhalt einer Projekt-Datenbank unmittelbar als Dokument nutzbar. Ein weiterer wesentlicher Grund für diese vordefinierten Relationen ist das direkt auf der Objektmenge eines Entwickungsprojektes aufsetzende Konfigurationssystem als integraler Bestandteil des *PROSYT*-Datenhaltungssystems. Hier müssen Werkzeuge und menschliche Nutzer des Datenhaltungssystems angeben können, welche Objekte in die aktuell zu erzeugende Systemkonfiguration eingehen sollen.

Das *PROSYT*-Objektmodell *POM* unterscheidet zwischen Objekt-Typen und den mit ihrer Hilfe instantiierten Objekten selbst. Dies ist wichtig im Ablauf einer Systementwicklung, da man zunächst die Objekttypen und ihre Beziehungen festlegen sollte, bevor reale Objekte generiert und aus ihnen Systeme konfiguriert werden. Daher müssen die Relationen zwischen Objekten bereits auf der Ebene der Objekt-Typen definiert werden können.

Die vordefinierten Relationen in POM sind aus der Logik entlehnt und gestatten die strukturelle Verknüpfung von Objekten im Sinne eines logischen UND (AND), eines EXKLUSIV ODER (XOR) und eines allgemeinen ODER (OR). Die AND-Relation bewirkt, daß die mit ihr verknüpften Unterobjekte vollzählig zur Erzeugung des hierarchisch übergeordneten Objektes erforderlich sind (Beispiel: Ein SYSTEM besteht aus HARDWARE **AND** SOFTWARE). Die XOR-Relation legt fest, daß nur genau eines von mehreren Unterobjekten in das übergeordnete Objekt eingeht (Beispiel: Ein RECHNERKERN enthält als Prozessor MC68xxx **XOR** I80y86). Die OR-Relation beschreibt schließlich die Zusammensetzung des übergordneten Objektes aus einem oder mehreren Unterobjekten (Beispiel: Ein ALGORITHMUS ist in *PASCAL* **OR** *PEARL* **OR** *FORTRAN* **OR** *ASSEMBLER* realisiert).

Mit diesen Relationen läßt sich ein Entity-Relationship-Modell von Systemen aufbauen, das die häufig vorkommenden Objektrelationen mittels dieser vordefinierten Relationen zu formulieren gestattet. Dies sind u.a. der Aufbau von (Teil-)Systemen aus Komponenten (AND-Relation), die Beschreibung von Alternativen (OR-Relation) oder die Festlegung von speziellen Systemvarianten (XOR-Relation).

Sie ersetzen damit auch die in *PROSYT* ursprünglich vorgesehenen explizit benannten Relationen, wie die *hat-Komponente*-Relation, die *hat-Ausprägung*-Relation oder die *hat-Repräsentation*-Relation, deren semantischer Gehalt erklärungsbedürftig und deren systematische Vollständigkeit nicht nachweisbar war.

Alle nicht durch die drei eben genannten beschreibbaren Beziehungen zwischen Objekten müssen durch eine allgemeine, in ihrer Semantik vom Benutzer verwalteten Relation dargestellt werden. Das Objektmodell von *PROSYT* unterstützt also die Nutzung spezieller Beziehungen zwischen Objekten, die vordefiniert und durch das Datenhaltungssystem *PRODAT* speziell verwaltet werden. Hierin unterscheidet sich *PRODAT* von einer allgemeinen relationalen Datenbank, bei der die Semantik der Relationen vollständig vom Benutzer zu verwalten ist. Das Konzept von *PRODAT* unterscheidet sich hierin auch von den Datenhaltungssystemen der anderen BMFT-Verbundprojekte im Bereich System-engineering, die in dieser Weise vordefinierte Relationen weniger in den Mittelpunkt ihrer Datenhaltungssysteme stellen. Es stellte sich bei der Benutzung von *PRODAT* heraus, daß die genannten speziellen Relationen die Formulierung von Projekt-Modellen sehr gut unterstützen und insbesondere auch die Darstellung von Objektbeziehungen innerhalb von Projekten einfacher verständlich machen.

## 3.2 Das Datenhaltungssystem *PRODAT*

Das Rahmensystem für offene Werkzeugsätze gemäß Abb. 3-1 enthält das Datenhaltungssystem *PRODAT*, das auf dem geschilderten Objektmodell aufsetzt. *PRODAT* stellt eine prozedurale Schnittstelle für die Erzeugung, die Veränderung und die Nutzung von Objekten und Relationen dar, mit deren Hilfe Projektinformationen durch die Werkzeuge und durch den Benutzer abgelegt und manipuliert werden können. Gemäß dem Konzept eines solchen Rahmensystems kommunizieren die verschiedenen Werkzeuge untereinander ausschließlich über das Datenhaltungssystem *PRODAT*.

Die Realisierung der Datenhaltungsschnittstelle *PRODAT* ([KSS89]) und ihrer Einbindung in Programmiersprachen für die Implementation von Werkzeugen erfordert Festlegungen bezüglich der zu unterstützenden Programmiersprachen und einzusetzender weiterer Systemprogramme. Aus Aufwandsgründen wurden die Prozeduren der Datenhaltungsschnittstelle *PRODAT* für die Programmiersprache *C* realisiert. Eine Realisierung für die Sprache *PASCAL* wurde ebenfalls in Angriff genommen, da sie sich von der Realisierung der Sprache *C* nicht wesentlich unterscheidet. Für die Ablage und Wiedergewinnung von Objekten und Relationen einschließlich der jeweiligen Attribute wurde ein relationales Datenbanksystem (BAPAS-DB, Firma Werum GmbH, Lüneburg) gewählt. Es erwies sich als sinnvoll, auf einem solchen Datenbanksystem aufzusetzen, da verschiedene, für *PRODAT* insgesamt erforderliche Basismechanismen durch eine solche Datenbank bereits eingebracht werden (z.B. Transaktionen und Konsistenzgewährleistung). Die Einbeziehung eines solchen relationalen Datenbanksystems hat allerdings Auswirkungen auf die Effizienz der Datenhaltungsschnittstelle; eine unmittelbare Implementation des objektorientierten Ansatzes verspricht eine schnellere Ausführung der Schnittstellenfunktionen. Da im Rahmen des Verbundprojekts *PROSYT* jedoch vor allem die Nutzbarkeit der *PRODAT*-Konzepte und -Funktionen erprobt werden sollte, andererseits weder Zeit noch Mittel für eine unmittelbare Implementation des Objektmodells zur Verfügung standen, war die Nutzung einer existierenden relationalen Datenbank unumgänglich.

Da alle Datenhaltungssysteme letztlich auf Dateisysteme von Betriebssystemen zurückgreifen, war die Entscheidung für ein geeignetes Betriebssystem zu fällen. Um größtmögliche Portabilität und Systemneutralität der *PRODAT*-Implementierung sicherzustellen, fiel die Entscheidung zunächst zugunsten des Betriebssystems *UNIX* V5. Es stellte sich im Projektverlauf jedoch heraus, daß die Nutzung der Projektergebnisse durch die industriellen Projektpartner wesentlich von einer Verfügbarkeit des Rahmensystems auf dem Betriebssystem *VMS* der Firma Digital Equipment abhing. Da auch dieses Betriebssystem im Bereich rechnergestützter Entwicklungssysteme weit verbreitet ist, war eine zusätzliche Implementation von *PRODAT* auf *VMS* vertretbar, zumal die Entscheidung für das relationale Datenbanksystem BAPAS-DB davon unberührt blieb.

Für die Integration der Werkzeuglinien innerhalb des Projekts *PROSYT* wurde *PRODAT* eingesetzt und damit erprobt. Als Ergebnis dieser Erprobung kann festgestellt werden, daß die Konzepte und Funktionen von *PRODAT* für die Einbindung von Werkzeugen zur Systementwicklung im Realzeitbereich geeignet sind. Detaillierte Effizienzuntersuchungen waren im Rahmen des Projekts nicht mehr möglich; *PRODAT* wird jedoch auch nach Ende des Projekts *PROSYT* bereits weiter genutzt und hat seine Einsatzfähigkeit bewiesen.

## 3.3  Zur Definition der Dialogschnittstelle *PRODIA*

Ein wesentlicher Bestandteil von Problemlösungen mit DV-Systemen besteht in der zweckgerichteten, schrittweisen, lokalen Konstruktion und Analyse komplexer Ablaufbeschreibungen durch den Problemlöser im Dialog. Diese, von Natur aus nicht automatisierbare Tätigkeit kann als (verallgemeinertes) Editieren bezeichnet werden; ihre Wichtigkeit ist heute unbestritten. Dieser Vorstellung soll *PRODIA*, das Dialogsystem von *PROSYT* [KSS89] entsprechen. *PRODIA* soll ein Instrumentarium für dieses "Editieren" liefern und so die im Rahmensystem nach Abb. 3-1 integrierten Werkzeuge durchgängig bei der Realisierung ihres Dialogs mit dem Anwender unterstützen.

Dieses Instrumentarium erfüllt auf der Basis der heute üblichen Funktionen eines Window-Management-Systems die folgenden Funktionen (Abb. 3-2):

– Graphik
  Das graphische Kern-System GKS [GKS86] dient zur Unterstützung der Werkzeuge, die Graphikfunktionen an der Dialogschnittstelle erfordern.

– Primitive Ein-/Ausgabe-Funktionen stehen den Werkzeugen bei ihrem Dialog mit dem Benutzer zur Verfügung: Übernahme einer Tastatureingabe, Bildschirmausgabe oder Cursorbewegungen. Solche Funktionen sind Teil der Schnittstelle zwischen dem Rahmensystem und den Werkzeugen. Sie liegen auf dem Niveau eines einfachen alpha-numerischen Terminals, hier erweitert um Primitivfunktionen eins Bitmap-Terminals.

– Funktionen zur Dialogdefinition stehen zusätzlich zur Einfach-Schnittstelle der primitiven Ein-/Ausgabe-Funktionen in *PRODIA* zur Verfügung. Mit diesen Funktionen kann der Benutzer seine eigenen Dialogbeschreibungen erstellen. Der *PROSYT*-Dialog-Manager (PDM) wickelt mit Hilfe einer Masken- und Menue-Technik diesen Dialog ab, wobei er auf Subfunktionen der Werkzeuge zugreift.

– *PRODIA* enthält weiterhin einen Satz allgemeiner, werkzeugübergreifender Funktionen für die Ablaufverwaltung und Kommunikation von Werkzeugen untereinander: Start von Werkzeugen, Auskunft über Systemzustände, Help-Funktionen, Abbruchfunktionen, Bedienung der Datenhaltung (z.B. Navigation im Objekt-/Relationen-Netz), Dialogprotokollierung oder Kommandoprozeduren.

*PRODIA* folgt dem Ansatz eines allgemeinen Verwaltungssystems für Benutzungsschnittstellen, das trotz weitgehender Werkzeugunabhängigkeit eine abstrakte Kenntnis der vom Benutzer mit Hilfe der Werkzeuge bearbeiteten Objekte und Konzepte hat. Durch ereignisorientierte Dialogtechniken kann der Benutzer während des Dialogs eine größtmögliche Wahlfreiheit in der Gestaltung der Dialogabfolge in Anspruch nehmen [Pfaf85]. Bei der Definition der *PRODIA*-Funktionen stand die Grafik heutiger Arbeitsplatzrechner noch nicht allgemein zur Verfügung; auch sollten VAX/*VMS*-Systeme mit VT200/VT220-Datensichtgeräten einsetzbar sein. Dies erklärt die Existenz der Terminalemulationen und deren

Rücksichtnahme auf alpha-numerische Terminals. Das Konzept von *PRODIA* ist
auf heutige graphische Arbeitsplatzsysteme abgestellt .

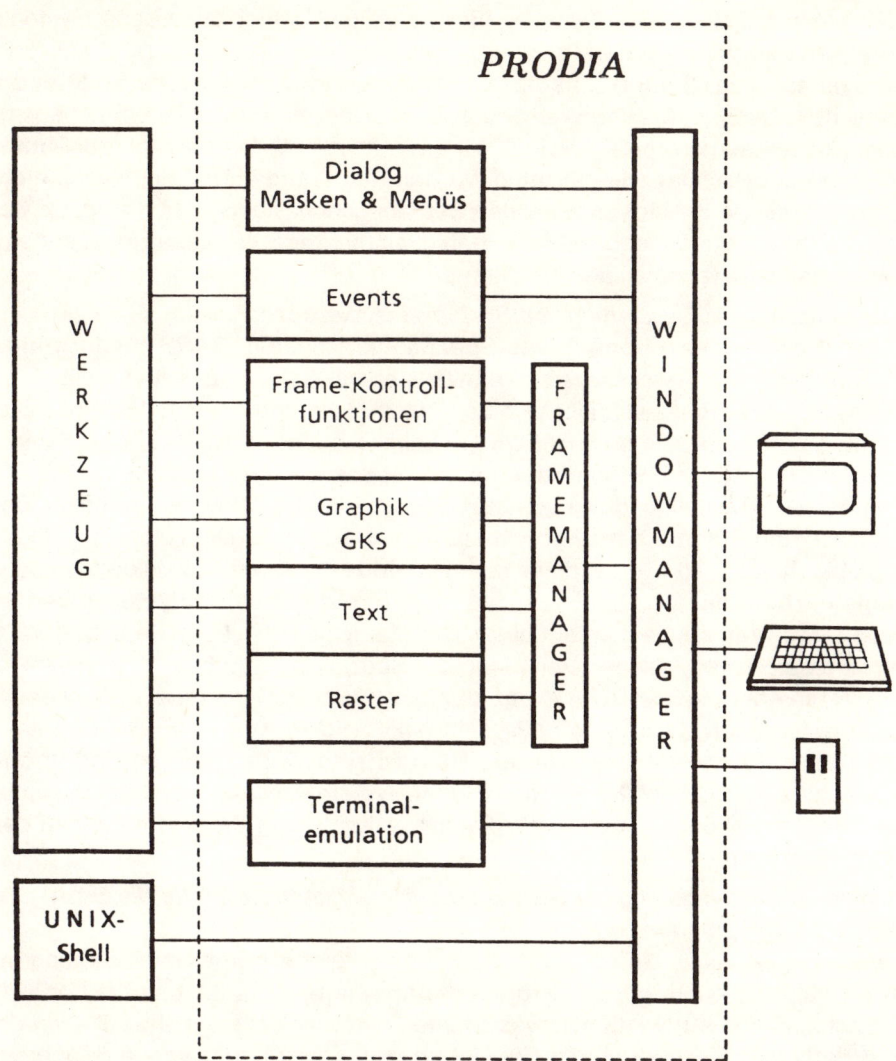

**Abb. 3-2.** Modulstruktur des *PRODIA*-Systems

## 3.4  Die Werkzeuglinien

Im Verbundprojekt *PROSYT* werden für Entwurf und Betrieb technischer Systeme drei Werkzeuglinien unterstützt, die im wesentlichen auf unterschiedlichen Spezifikationsmethoden aufsetzen und dabei unterschiedliche funktionale Bereiche abdecken. Die drei Werkzeuglinien decken die Dimensionen "Lebenszyklus", "Qualitätskontrolle" sowie "Dokumentation" ab. Werkzeuge zur Unterstützung der Projektadministration wurden nicht aufgenommen, da sie nicht spezifisch für die Entwicklung und den Betrieb technischer Systeme sind. Es war von größerem Interesse, die Existenzfähigkeit mehrerer Werkzeuglinien in demselben Rahmensystem zu demonstrieren.

*Werkzeuglinie zur Evaluierung von Systemspezifikationen*
Diese Werkzeuglinie benutzt das Spezifikationssystem *SARS* zur formalen Beschreibung von Realzeitsystemen mittels eines Stimulus/Event-Modells. Eine solche Spezifikation beschreibt also das Automatisierungssystem. Die Spezifikation wird automatisch in eine *PASCAL*-Schnittstelle umgesetzt, an der ein System zur Simulation des zu automatisierenden Systems ansetzt. Damit ist es möglich, bei korrekter Nachbildung des zu automatisierenden Systems das Verhalten des spezifizierten Automatisierungssystems zu evaluieren. Stellen sich Spezifikationsfehler heraus, so werden diese korrigiert und ein erneuter Evaluierungszyklus beginnt. Die Simulationsmodelle des zu automatisierenden Systems werden mittels des Werkzeugs *IGS* formuliert. Das Versionsverwaltungswerkzeug *VICO* verwaltet die verschiedenen Versionen der Spezifikation und der Systemsimulation. Nach erfolgreicher Evaluierung der in *SARS* geschriebenen Systemspezifikationen werden diese automatisch in ein *PASCAL*- oder *PEARL*-Programm umgesetzt. Damit ist das Ziel des Rapid-Prototyping erreicht, indem die Konsistenz der Spezifikation anhand einer Systemsimulation nachgewiesen ist und die Umsetzung in ein prototypisches Ablauf-Programm ohne Zutun des Menschen erfolgt.

*Werkzeuglinie mit durchgängiger Lebenszyklus-Unterstützung für die Erzeugung von Steuerungsprogrammen*
Diese Werkzeuglinie bietet dem Benutzer eine durchgängige Unterstützung mit besonderer Zielrichtung auf Projektmanagement, Produktspezifikation und Entwicklung von Automatisierungssystemen einschließlich der Spezifikation der erforderlichen Gerätetechnik. Hier ist zu Demonstrationszwecken auch der bereits genannte wissensbasierte *Projekt-Advisor* eingebunden. Das Systementwicklungswerkzeug *EPOS*, der *Projekt-Advisor* und das System *PRODOS* arbeiten so zusammen, daß mittels EPOS erzeugte Systementwürfe automatisch in eine Steuerungssprache umgesetzt werden. Vorteil ist auch hier der unmittelbare Übergang von der Systemspezifikation in das ablauffähige Steuerungsprogramm ohne Eingreifen des Menschen. Die realisierte Werkzeuglinie mit ihrer Umsetzung von System- spezifikationen in Steuerungsprogramme schließt nicht aus, daß Systemspezifikationen aus *EPOS* auch in andere operative Program-

miersprachen wie *PEARL* oder *ADA* umgesetzt werden können. Dabei dient der *Projekt-Advisor* für die Nutzung von Erfahrungswissen und die Wiederverwendung bereits erstellter Systemkomponenten. Das Projektierungs- und Dokumentations- system *PDAS/PRISE* ergänzt *EPOS* in diesen wichtigen Funktionen; das Werkzeug *CAT* dient dem Test von Hardwaresystemen.

*Werkzeuglinie zur Verifikation von Programmen*
Für diese Werkzeuglinie ist der Einsatz des Werkzeugs *PASQUALE* für die Evaluierung, Validierung und Verifikation von Programmentwürfen charakterisie- rend. *PASQUALE* geht von einer Modellvorstellung verteilter Systeme aus, in denen parallel arbeitende Rechenprozesse über logische Botschaftenkanäle untereinander und mit der Umwelt verkehren. *PASQUALE* enthält Subsysteme, sowohl zur formalen Verifikation, als auch zur experimentellen Simulation des Ablaufverhaltens von parallelen Prozessen.

Alle genannten Werkzeuglinien setzen auf *PRODAT* und *PRODIA* auf. Soweit die Werkzeuge bereits existierten, werden Verbindungen der internen Datenhaltungs- systeme zu *PRODAT* so hergestellt, daß kooperierende Werkzeuge die für die Kooperation erforderliche Information über spezielle Anpassungsschnittstellen zu *PRODAT* abgeben und erhalten können. Es hat sich als unwirtschaftlich erwiesen, die interne Datenhaltung existierender Werkzeuge vollständig in *PRODAT* zu übernehmen.

## 3.5 Schlußbetrachtung

System- und Softwareengineering für Realzeitsysteme in technischen Anwendungen ist ein umfangreiches Aufgabenfeld, das auch im Verbundprojekt *PROSYT* nicht vollständig abgedeckt werden konnte. Wesentlich ist der Nachweis, daß ein offenes Rahmensystem für unterschiedliche Werkzeuglinien realisiert werden kann und einsatzfähig ist. Die Erfahrungen mit objektorientierten Datenhaltungssystemen und der semantischen Integration heterogener Werkzeuge zu Werkzeuglinien lassen die Aussage zu, daß der Ansatz offener Werkzeugsysteme mit langfristig standardisierten Schnittstellen zur Datenhaltung und zur Benutzungsoberfläche erfolgversprechend ist, auch wenn eine vollständige Abdeckung aller Dimensionen nach Abb. 1-1 noch aussteht.

# 4. Rahmensystem

*Thomas Batz*

*Fraunhofer-Institut für Informations- und Datenverarbeitung (IITB)*

Die im Kapitel 3 schon eingeführten Komponenten des Rahmensystems *PRODAT* (<u>PRO</u>SYT-<u>DATEN</u>BANKSYSTEM), *PRODIA* ( <u>PRO</u>SYT-<u>DIA</u>LOGSYSTEM) und Projekt-Advisor werden hier beschrieben. Eine kurze Darstellung über die Möglichkeiten und Problematiken der Trennung zwischen Ziel- und Entwicklungssystemen, die im Realzeitbereich heute weitverbreitet ist, beschließt das Kapitel.

*PRODAT* und *PRODIA* dienen zur Integration der in Kapitel 4 beschriebenen Werkzeuglinien. Dazu stellt *PRODAT* (siehe Kapitel 4.1) zur Speicherung der vielfältigen und untereinander in Beziehung stehenden Daten der realen Welt **strukturierte Objekte** zur Verfügung. *PRODIA* (siehe Kapitel 4.2) erlaubt mit unterschiedlichen Dialogabwicklungsmodellen und Kontrollstrukturen eine moderne, angemessene, gleichartige Abwicklung des Dialogs verschiedener Werkzeuge mit den Benutzern.

Der *Projekt-Advisor* (Kapitel 4.3) ist ein werkzeugübergreifendes wissensbasiertes System, das sowohl der Wiederverwendung bereits entwickelter Teile früherer Projekte dient, als auch Expertenwissen, z. B. zur Einhaltung von firmenspezifischer oder allgemeingültiger Normen bereitstellt.

# 4.1 *PRODAT*

*Peter Baumann, Detlef Krömker und Dagmar Köhler*

*Fraunhofer-Arbeitsgruppe Graphische Datenverarbeitung (AGD)*

*Thomas Batz*

*Fraunhofer-Institut für Informations- und Datenverarbeitung (IITB)*

*Klaus-Günther Höft und Hans-Peter Subel*

*Werum Datenverarbeitungssysteme GmbH*

Das Datenbanksystem *PRODAT* wurde für die Verwaltung von Informationsstrukturen konzipiert, wie sie bei der werkzeugunterstützten Entwicklung und Realisierung von Hardware-/Softwaresystemen anfallen, und dient im Rahmen von *PROSYT* als Integrationsbasis existierender oder neu zu entwickelnder Werkzeuge, die ihre Daten in *PRODAT* ablegen oder über *PRODAT* austauschen (s. [BBK88]).

Diese Daten, aufgrund ihrer vielfältigen Strukturen und Beziehungen auch als komplexe oder *strukturierte Objekte* ([ScSc83], [DKM85], [HMMS87]) bezeichnet, können von *PRODAT* als Einheiten behandelt werden. Ein Beispiel dafür ist das Kopieren strukturierter Objekte, das durch eine einzige Anweisung erfolgen kann und nicht wie in konventionellen Datenbanksystemen durch eine Sequenz von Teil- aufträgen abgewickelt werden muß. Der Typ strukturierter Objekte wird im Rahmen einer Schemadefinition festgelegt und dient als Muster für den sukzessiven Aufbau korrekter Objektstrukturen durch den Anwender.

Um seine Aufgabe als mehrbenutzerfähiges Entwicklungsdatenbanksystem erfüllen zu können (vgl. [Lock85]), stellt *PRODAT* außerdem Versions- und Konfigurationsmechanismen, eine Archivierungskomponente sowie ein Transaktionskonzept zur Verfügung. In diesem Beitrag werden nicht alle Aspekte von *PRODAT* erwähnt. Ausführliche Informationen sind zu finden in [KSS89].

## 4.1.1 Das *PRODAT*-Datenmodell

Die Vorstellung von *PRODAT* beginnt mit Erläuterungen des *PRODAT*-Datenmodells und geht auf Begriffe ein wie einfache und strukturierte Objekte, Vollständigkeit, Versionen, Konfigurationen, Benutzerrelationen und Schlüssel.

### 4.1.1.1 Einfache Objekte

Einfache Objekte sind die Basiseinheiten des *PRODAT*-Datenmodells. Sie
können einen sogenannten *Inhalt* haben sowie vom Benutzer definierte *Attribute*.
Der Inhalt ist eine beliebige, variabel lange Bytekette, die von *PRODAT* nicht
weiter interpretiert wird. Beispielsweise kann der Inhalt eines einfachen Objekts
Quellcode, Objektcode, Text oder ein Bild sein. In der Schemadefinition wird
durch das Schlüsselwort *contents* angegeben, daß für alle Objekte dieses Typs
ein Inhalt angelegt werden soll. Attribute sind Merkmale, mit denen ein Objekt
beschrieben werden kann. Sie besitzen einen festen Wertebereich, der durch die
Angabe eines Typnamens in der Schemadefinition festgelegt wird. Neben einer
Reihe von Basistypen stehen Konstrukte zur Verfügung, mit denen neue Attributtypen definiert werden können. Die Syntax der Typdefinitionen ist an *C* angelehnt.

Das folgende Beispiel zeigt die Definition des Objekttyps DOKUMENT unter
Verwendung der Attributtypen ADRESSE und STATUS.

```
typedef attribute
    {       char            Firma [15];
            unsigned int    Postfach;
            unsigned int    Postleitzahl;
            char            Ort [15];
    }       ADRESSE;
typedef enum
    {       UNBEARBEITET, IN_BEARBEITUNG, FERTIG
    }       STATUS;
typedef object
    {       STATUS          Status;
            ADRESSE         Verteiler [20];
            DATE            Fertigstellungstermin;
            contents;
    }       DOKUMENT;
```

### 4.1.1.2 Strukturierte Objekte

Aus den eben vorgestellten einfachen Objekten werden mit Hilfe von *strukturdefi-
nierenden Beziehungen* sogenannte *strukturierte Objekte* aufgebaut. Diese
Beziehungen sind zweistellig und gerichtet. Die Objekte, auf die von einem Objekt
aus vermöge der Beziehungen verwiesen wird, heißen die *Subobjekte* bzw.
*Nachfolger* dieses Objekts. Umgekehrt heißen Objekte, von denen auf ein
anderes Objekt verwiesen wird, die *Vorgänger* dieses Objekts. Ein strukturiertes
Objekt besteht dann aus einem einfachen Objekt - der Wurzel - und einer (unter
Umständen leeren) Menge von Subobjekten, die durch Beziehungen mit der
Wurzel verknüpft sind. Die Subobjekte können selbst wieder strukturiert sein. Hat

ein Objekt keine Vorgänger, so ist es ein *Anfangsobjekt*. Objekte ohne Nachfolger heißen *Endobjekte*.

Aus der Definition der strukturierten Objekte ergibt sich unmittelbar, daß ein Objekt höchstens einmal als Nachfolger ein und desselben Objekts auftreten darf. Wie später noch erläutert wird, ist es dagegen erlaubt, daß ein Objekt gleichzeitig Nachfolger mehrerer verschiedener Objekte ist.

Die Struktur eines Objekts wird in der Schemadefinition beschrieben. Dazu werden in der successors-Klausel Typ und Anzahl der Subobjekte festgelegt. Ein Beispiel mag zur Veranschaulichung dienen. Darin wird für jedes Objekt vom Typ MODUL vorgeschrieben, daß es ein Subobjekt vom Typ QUELLE besitzt und ein oder zwei Subobjekte vom Typ INCLUDE_DATEI:

```
typedef object
    {       char         Bearbeiter [15];
            contents;
            successors 1 QUELLE and 1..2 INCLUDE_DATEI;
    }       MODUL;
```

Der Aufbau strukturierter Objekte erfolgt sukzessiv zumeist mit Hilfe der Operationen *pom_createobj* (Erzeugen einfacher Objekte) und *pom_createedge* (Erzeugen von Kanten zwischen einfachen Objekten).

Für das Verständnis der successors-Klausel ist es wichtig, genau zwischen Typ- und Exemplarebene zu unterscheiden. Um dies zu erleichtern, wird eine graphische Veranschaulichung eingeführt. Ein Objekt zusammen mit allen direkten Nachfolgern heiße eine *Konstellation*. Die graphische Darstellung einer Konstellation, bestehend aus Objekt *O* und Nachfolgern *y* und *z*, sei wie in Abb. 4.1-1 (Typnamen werden durchgängig groß-, Objektnamen kleingeschrieben).

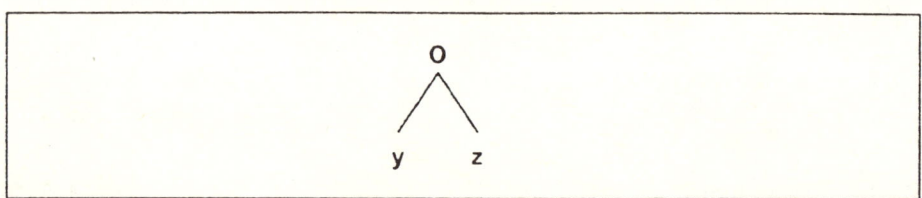

**Abb. 4.1-1.** Konstellation

Die successors-Klausel beschreibt die Menge der zulässigen Konstellationen eines Objekts. Im einfachsten Fall ist nur ein Typ angegeben (z.B. successors X). Dann sind auf Objektebene beliebig viele Nachfolger vom Typ X zugelassen (Abb. 4.1-2). Auch der Fall "kein Nachfolger" ist darin enthalten. Der reservierte Name *any* legt fest, daß als Nachfolger jeder beliebige Typ erlaubt ist. Insbesondere darf die Nachfolgermenge aus Objekten unterschiedlichen Typs bestehen.

Typen können mit einer vorangestellten Kardinalitätsangabe versehen werden, die die erlaubte Anzahl von Objekten dieses Typs einschränkt. Zulässig ist eine

Zahl, ein Intervall oder eine Liste von Zahlen und Intervallen. Das Symbol "*" als Obergrenze eines Intervalls steht für "unbegrenzt". Beispielsweise ist die Semantik von "successors 1, 3..*X" gegeben durch "entweder ein Objekt vom Typ X oder mindestens drei". Abb. 4.1-3 zeigt die dadurch spezifizierten Konstellationen. "successors X" ist definitionsgemäß gleichbedeutend mit "successors 0..*X".

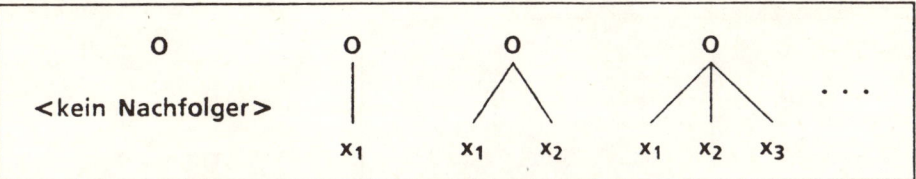

**Abb. 4.1-2.** Konstellationen zu "successors X"

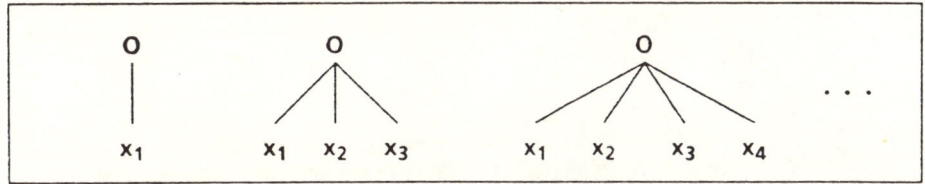

**Abb. 4.1-3.** Konstellationen zu "successors 1,3..*X"

Derartige Ausdrücke lassen sich mittels der drei Operatoren **and, or** und **xor** weiter kombinieren, wobei eine Verknüpfung beliebiger Objekttypen zulässig ist. Die Definition lautet folgendermaßen:

**and**: Eine gegebene Nachfolgermenge N entspricht der Deklaration A **and** B, wenn sie in zwei disjunkte Teilmengen $N_a$ und $N_b$ zerfällt, wobei $N_a$ dem Teilausdruck A genügt und $N_b$ dem Teilausdruck B. In jeder Konstellation müssen also sowohl die in A als auch die in B beschriebenen Objekte vorhanden sein (Abb. 4.1-4).

Die **and**-Operation ist assoziativ, eine Klammerung von **and**-Ketten ist daher nicht erforderlich.

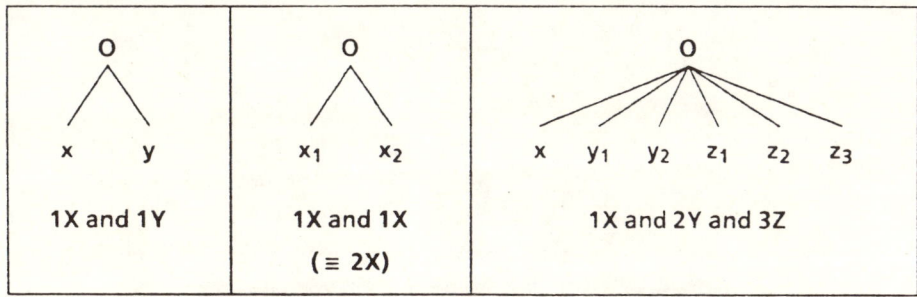

**Abb. 4.1-4.** Konstellationen mit **and**-Verknüpfung

**xor**: Eine gegebene Nachfolgermenge N entspricht der Deklaration A **xor** B, wenn sie entweder dem Teilausdruck A oder dem Teilausdruck B genügt. Mit **xor** lassen sich also Alternativen formulieren (Abb. 4.1-5). Man beachte, daß **xor** idempotent ist: 1 X **xor** 1 X ist äquivalent zu 1 X. Genau wie bei **and** gilt auch bei **xor** die Assoziativität. Außerdem gilt, wie das rechte untere Beispiel in Abb. 4.1-5 zeigt, ein Distributivgesetz zwischen **and** und **xor**.

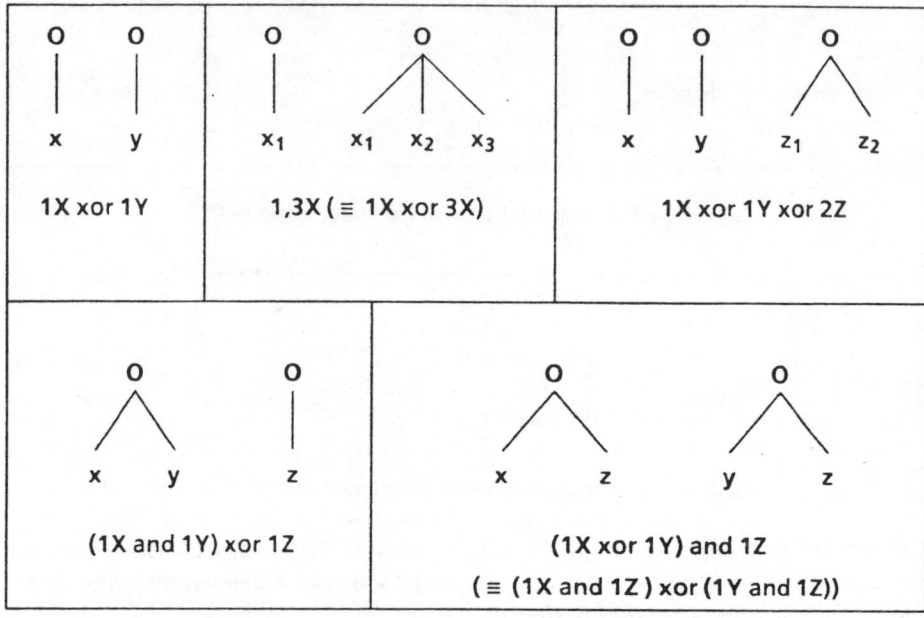

**Abb. 4.1-5.** Konstellationen mit **xor**-Verknüpfung

**or**: Eine gegebene Nachfolgermenge N entspricht der Deklaration A **or** B, wenn sie entweder dem Teilausdruck A oder dem Teilausdruck B oder dem Ausdruck A **and** B genügt. Man kann sich die **or**-Operation also aus **and** und **xor** zusammengesetzt denken (Abb. 4.1-6): A **or** B == A **xor** B **xor** (A **and** B).

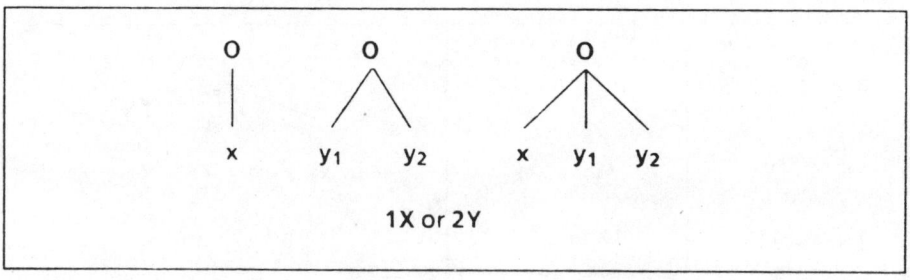

**Abb. 4.1-6.** Konstellationen mit **or**-Verknüpfung

Die Priorität der drei Verknüpfungen ist in der Reihenfolge **and, or** und **xor**, wobei **and** am stärksten bindet.

Die direkten Vorgängertypen werden im Gegensatz zur Definition der Nachfolgertypen nicht explizit angegeben. Die zulässigen Typen der Vorgänger sind implizit durch deren Schemadefinition festgelegt. Die Tatsache, daß in deren successors-Klausel ein bestimmter Typ auftritt, charakterisiert sie als potentielle Vorgänger von Objekten dieses angegebenen Typs. Die Anzahl der Vorgänger eines Objekts ist beliebig, d.h. ein Objekt kann in beliebig vielen strukturierten Objekten als Subobjekt auftreten (*shared object*). Insgesamt ergibt sich also folgender Aufbau strukturierter Objekte. Die einfachen Objekte seien dazu als Knoten, die Beziehungen als Kanten eines Graphen aufgefaßt. Dann ist der so definierte Graph zusammenhängend und zyklenfrei - in diesem Sinn ist die Objektstruktur hierarchisch, aber wegen der potentiellen gemeinsamen Subobjekte kein Baum. Die Zyklenfreiheit muß von *PRODAT* während der Objektmanipulation überwacht werden. Auf der Ebene der Schemadefinition sind Zyklen erlaubt, um rekursive Strukturen zu ermöglichen.

### 4.1.1.3 Vollständigkeit und Freigabe

Bisher wurde nur der Fall berücksichtigt, daß ein strukturiertes Objekt genau den Regeln der Schemadefinition entspricht. Während des Entwurfs wird jedoch ein Objekt schrittweise aufgebaut, ist also unter Umständen lange Zeit nicht konsistent zu den Regeln der successors-Klauseln. Dem wird mit der Einführung des Objektstatus *entwurfsvollständig* oder kurz *vollständig* Rechnung getragen. Ein Objekt mit seinen direkten Nachfolgern heißt entwurfsvollständig, wenn die Konstellation mit der successors-Klausel der Typdefinition konform geht. Ein strukturiertes Objekt heißt entwurfsvollständig, wenn die Konstellationen seiner Wurzel und all seiner Subobjekte entwurfsvollständig sind.

Objekte können so sukzessiv aufgebaut werden; der Vollständigkeitsstatus wird vom System überwacht und kann jederzeit abgefragt werden.

Ist ein Objekt vollständig, kann es freigegeben werden. Die Freigabe eines Objekts ist eine vom Benutzer ausgelöste Zustandsänderung, mittels derer das Recht auf Änderungen an Objekten unwiderruflich aufgegeben wird; freigegebene Objekte können allerdings noch gelöscht werden. Neu generierte Objekte sind grundsätzlich nicht freigegeben.

### Beispiel

Das folgende Beispiel soll einen Eindruck von den Möglichkeiten des *PRODAT*-Datenmodells geben.

Die Aufgabe besteht darin, die Entwicklung eines Gesamtsystems, bestehend aus Hard- und Softwarekomponenten, auf ein strukturiertes Objekt abzubilden. Das Hardwaresystem beschreibt die für eine Realisierung zur Verfügung stehenden

Rechner- und Gerätemodelle. Das Softwaresystem umfaßt sämtliche Programme, die bisher entwickelt wurden. Die Programme sind modular aufgebaut. Es ist zulässig, daß ein Modul in mehreren Programmen benutzt wird. Eine geeignete Schemadefinition für den Objekttyp SYSTEM ist in Abb. 4.1-7 angegeben.

```
typedef struct {                           typedef object {
    char    Nachname [20];                     PERSON      Gruppenleiter;
    char    Vorname [20];                      STATUS      Status;
} PERSON;                                      BOOLEAN     Korrekt_gebunden;
                                               contents;
typedef struct {                               successors  1..* MODUL;
    int     Monate;                        } PROGRAMM;
    int     Wochen;
    int     Tage;                          typedef object {
} AUFWAND;                                     PERSON      Entwicklungsleiter;
                                               STATUS      Status;
typedef struct {                               successors  1..* PROGRAMM;
    int     Minimale_Kosten;               } SOFTWARE;
    int     Maximale_Kosten;
} KOSTENSPANNE;                            typedef object {
                                               KOSTENSPANNE  Kostenspanne;
typedef struct {                               ADRESSE       Lieferant;
    char    Firma [30];                        int           Druckgeschwindigkeit;
    char    Strasse [40];                  } DRUCKER;
    char    Ort [50];
} ADRESSE;                                 typedef object {
                                               KOSTENSPANNE  Kostenspanne;
typedef enum {                                 ADRESSE       Lieferant;
    Noch_nicht_bearbeitet,                     BOOLEAN       Farbdisplay;
    In_Bearbeitung,                            BOOLEAN       V24;
    Bearbeitung_abgeschlossen                  BOOLEAN       Current_loop;
} STATUS;                                  } TERMINAL;

                                           typedef object {
                                               KOSTENSPANNE  Kostenspanne;
                                               ADRESSE       Lieferant;
                                               int           Max_Hautspeicher;
                                               int           Max_Plattenspeicher;
                                               successors    DRUCKER or
typedef object {                                             TERMINAL;
    contents;                              } RECHNER;
} QUELLE;
                                           typedef object {
typedef object {                               PERSON      Beschaffer;
    char        Compileroption [20];           int         Maximale_Kosten;
    BOOLEAN     Korrekt_übersetzt;             int         Bisherige_Kosten;
    contents;                                  successors  1..* RECHNER;
} OBJEKTCODE;                              } HARDWARE;

                                           typedef object {
typedef object {                               PERSON      Projektleiter;
    PERSON      Bearbeiter;                     DATE        Fertigstellungstermin;
    STATUS      Status;                        AUFWAND     Gesamtaufwand;
    successors   1..* MODUL or                 AUFWAND     Erbrachter_Aufwand;
                 1 QUELLE and                  successors  1 HARDWARE and
                 1..* OBJEKTCODE;                          1 SOFTWARE;
} MODUL;                                   } SYSTEM;
```

**Abb. 4.1-7.** Schemadefinition des Objekttyps SYSTEM

Der sukzessive Aufbau eines strukturierten Objekts dieses Typs (Abb. 4.1-8) erfolgt beispielsweise mit Hilfe der *PRODAT*-Operationen *pom_createobj* (Erzeugung einfacher Objekte) und *pom_createedge* (Erzeugung von Kanten zwischen einfachen Objekten).

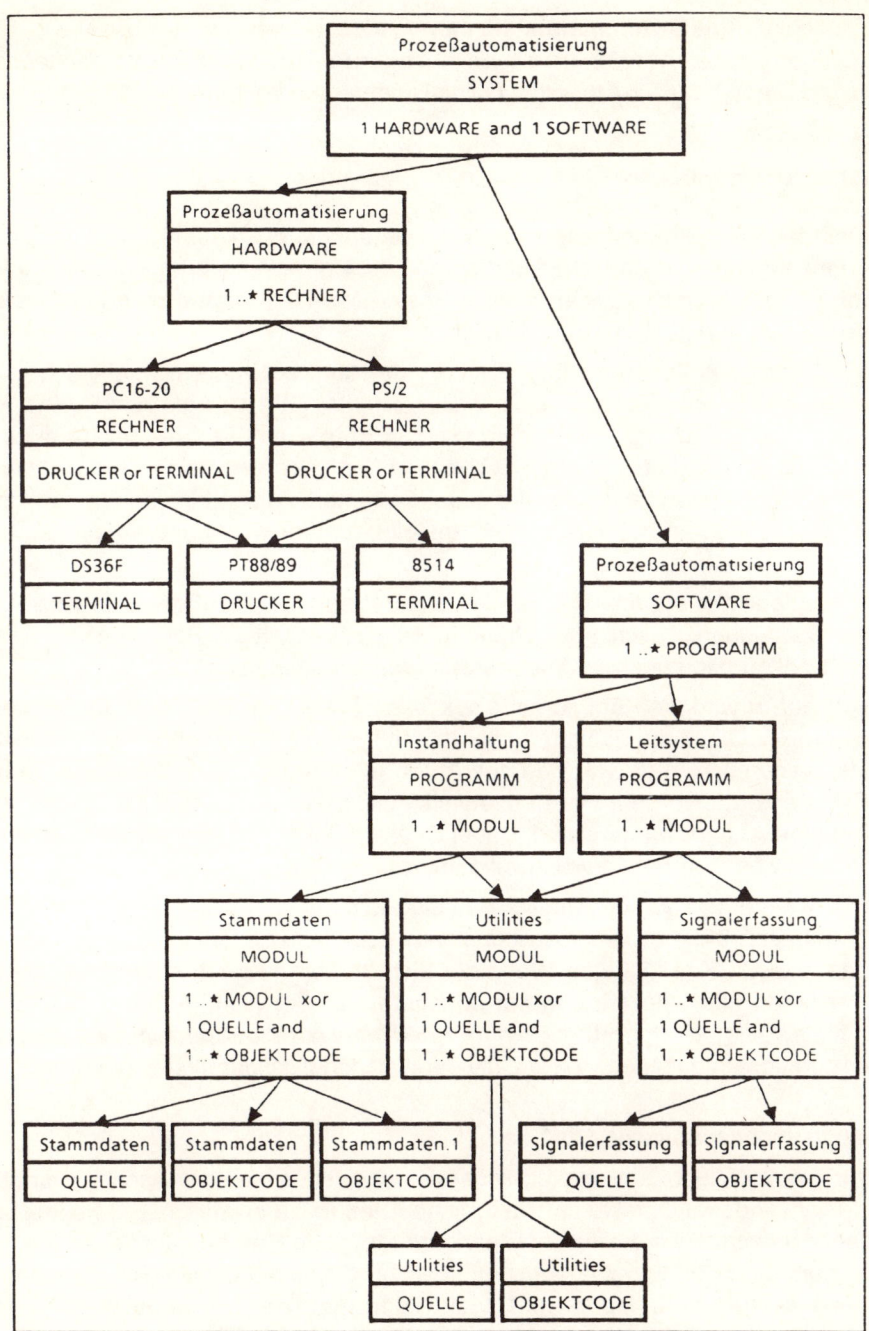

**Abb. 4.1-8.** Das strukturierte Objekt "Prozeßautomatisierung"

Im Anschluß an die Generierung können *PRODAT*-Operationen zum Navigieren (z.B. *pom_getallchildobj*) und zur Manipulation (z.B. *pom_deleteedge*, *pom_deleteobj*) des strukturierten Objekts aufgerufen werden.

### 4.1.1.4 Konfigurationen

Strukturierte Objekte umfassen sämtliche Daten, die bei einem Entwicklungsprozeß im Laufe der Zeit entstehen und gemäß der Entwicklungsmethodik strukturiert werden. Zumeist gibt es aber weitere Gesichtspunkte, nach denen Teile dieser Daten zusammengefaßt werden müssen.

Der Vorgang des Zusammenstellens oder der Auswahl von Teilen eines strukturierten Objekts unter einem bestimmten Gesichtspunkt wird als *Konfigurierungsprozeß* oder kürzer als *Konfigurierung* bezeichnet. Das Ergebnis der Konfigurierung ist die *Konfiguration*. In *PRODAT* haben Konfigurationen einen Typ und einen Namen. Der Konfigurationstyp wird in der Schemadefinition beschrieben und legt fest, welche Regeln bei der Zusammenstellung einer Konfiguration einzuhalten sind.

Der Konfigurationsname wird bei der Erzeugung einer Konfiguration vergeben (*pom_createconf*). Anschließend können der Reihe nach Objekte ausgewählt und in die Konfiguration übernommen werden (*pom_insertintoconf*).

Auf diese Art wird die Konfiguration sukzessiv aufgebaut. Während des Aufbaus überprüft *PRODAT* die Einhaltung der in der Typdefinition angegebenen Regeln. Es ist wesentlich, daß während des Aufbaus einer Konfiguration keine neuen Objekte erzeugt werden, sondern lediglich existierende Objekte als zusammengehörig gekennzeichnet werden. Dabei ist es natürlich zulässig, daß ein Objekt in mehreren Konfigurationen gleichzeitig enthalten ist.

Der Anwender hat nun die Möglichkeit, die Sicht auf die Objekte einer Konfiguration zu beschränken (*pom_focusconf*). Mit *pom_unfocusconf* werden umgekehrt wieder alle Objekte sichtbar. Wenn die Sicht auf eine Konfiguration beschränkt ist, arbeiten alle Operationen nur im Kontext dieser Konfiguration. So liefert beispielsweise die Operation *pom_getallchildobj* nur die Nachfolger eines in der Konfiguration enthaltenen Objekts, die der gleichen Konfiguration angehören.

### Konfigurationsspezifische Attribute

Wenn eine Konfiguration zusammengestellt wird, ist es häufig wünschenswert, die darin verwendeten Objekte um zusätzliche Attribute zu erweitern. Die Festlegung dieser *konfigurationsspezifischen Attribute* erfolgt im Rahmen der Definition des Konfigurationstyps. Es ist anzugeben, welcher Objekttyp um welche Attribute erweitert werden soll. Wenn ein Objekttyp in mehreren Konfigurationstypen verwendet wird, sind unterschiedliche Erweiterungen möglich.

Für die Sichtbarkeit der konfigurationsspezifischen Attribute gilt:

- Falls die Sicht nicht auf eine Konfiguration eingestellt ist, sind lediglich die in der Definition des Objekttyps angeführten Attribute sichtbar, also keine konfigurationsspezifischen Attribute.
- Falls die Sicht dagegen auf eine Konfiguration eingestellt ist, sind zusätzlich die konfigurationsspezifischen Attribute sichtbar. Die Werte der Objektattribute sind identisch für alle Konfigurationen, in denen dieses Objekt verwendet wird. Die Werte der konfigurationsspezifischen Attribute können in jeder Konfiguration anders sein.

### Auswahlregeln

Bei der Zusammenstellung der Objekte einer Konfiguration müssen Regeln eingehalten werden, die zuvor bei der Definition des Konfigurationstyps (selection-Klausel) angegeben wurden. Diese Regeln legen fest, welche Objekttypen und welche jeweiligen Nachfolgertypen in der Konfiguration zulässig sind.

### Beispiel

An dieser Stelle wird das obige Beispiel wieder aufgegriffen. Das dort vorgestellte strukturierte Objekt beschreibt die für den Aufbau eines Systems zur Prozeßautomatisierung verfügbaren Hard- und Softwarekomponenten. Die Aufgabe besteht nun darin, aus den gegebenen Möglichkeiten für verschiedene Kunden eine den jeweiligen Wünschen entsprechende konkrete Hardware-/Softwarekonfiguration zusammenzustellen und auszuliefern.

In einer geeigneten Schemadefinition (s. Abb. 4.1-9) wird zunächst angegeben, daß Objekte des Typs SYSTEM, HARDWARE, RECHNER, DRUCKER, TERMINAL und SOFTWARE in die Konfiguration übernommen werden sollen. Die für die verschiedenen Lieferungen notwendigen Informationen wie z.B. Auslieferungsdatum und Kundenadresse werden in konfigurationsspezifischen Attributen festgehalten.

Das strukturierte Objekt beschreibt die einsetzbaren Rechner- und Gerätemodelle. Bei der Lieferung werden dagegen reale Geräte eingesetzt, deren Charakteristika (wie z.B. Gerätenummer oder Kaufpreis) ebenfalls mit konfigurationsspezifischen Attributen beschrieben werden.

Die Generierung einer Konfiguration dieses Typs erfolgt mit Hilfe der Operation *pom_createconf*. Die sukzessive Übernahme von Objekten in die Konfiguration erfolgt mit Hilfe der Operation *pom_insertintoconf*.

Im Anschluß an die Operation *pom_focusconf* sind nur die zuvor in die Konfiguration eingefügten Objekte sichtbar. Zusätzlich sind jetzt aber auch die konfigurationsspezifischen Objektattribute sichtbar geworden. Daher ist es nunmehr möglich, mit Hilfe der Operation *pom_updateattr* die in der Typdefinition festgelegten konfigurationsspezifischen Attribute wie Kundenadresse, Auslieferungsdatum, Gerätenummer sowie die gerätespezifischen Eigenschaften mit den jeweiligen Werten zu belegen.

```
configuration type {
        {
                DATE            Auslieferung;
                ADRESSE         Kunde;
                selection       1 HARDWARE and 1 SOFTWARE;
        } SYSTEM;


        {
                selection       1 RECHNER;
        } HARDWARE ;


        {
                int             Gerätenummer;
                int             Kaufpreis;
                int             V24_Schnittstelle;
                int             Hauptspeicher;
                int             Plattenspeicher;
                selection       DRUCKER or TERMINAL;
        } RECHNER;


        {
                int             Gerätenummer;
                int             Kaufpreis;
                BOOLEAN         Schallgeschützt;
        } DRUCKER;


        {
                int             Gerätenummer;
                int             Kaufpreis;
                BOOLEAN         BDE_Tastatur;
        } TERMINAL;


        {
                selection       1 PROGRAMM;
        } SOFTWARE;

} LIEFERUNG;
```

**Abb. 4.1-9.** Schemadefinition der Konfiguration LIEFERUNG

Für weitere Kunden können entsprechend weitere Konfigurationen des gleichen Konfigurationstyps erzeugt werden, wobei die konfigurationsspezifischen Objektattribute in jeder Konfiguration andere Werte haben (z.B. verschiedene Gerätenummern, verschiedene Kaufpreise, verschiedene Auslieferungsdaten). Die Operation *pom_getallconf* ermöglicht es dann z.B. festzustellen, in welchen Konfigurationen ein Rechner vom Typ "PC16-20" benutzt oder in welchen Konfigurationen das Programm "Instandhaltung" eingesetzt wird.

### 4.1.1.5 Versionen

Im Laufe eines Entwicklungsprozesses entsteht erfahrungsgemäß eine Vielzahl unterschiedlicher Versionen eines Objekts. Zur Verwaltung dieser Versionsvielfalt stellt *PRODAT* ein in das Datenbanksystem integriertes Versionskonzept zur Verfügung (vgl. [Batz87], [RiKö86]).

In *PRODAT* werden Versionen explizit mit Hilfe der Operation *pom_createvers* erzeugt. Diese Vorgehensweise begrenzt die Anzahl der Versionen und stellt sicher, daß der Versionsgraph nur relevante Zwischenergebnisse repräsentiert. Eine notwendige Voraussetzung für das Erzeugen einer neuen Version ist die vorherige *Freigabe* des zugrundeliegenden Objekts mit Hilfe der Operation *pom_releaseobj*. Neu erzeugte Objekte (*pom_createobj*) und neu erzeugte Versionen von Objekten (*pom_createvers*) sind zunächst nicht freigegeben.

Versionen eines Objekts sind ihrerseits wieder Objekte, so daß Operationen, die für Objekte definiert sind, auch für die Versionen eines Objekts definiert sind. Die Operation *pom_createvers* kann mehrfach auf das gleiche Objekt angewandt werden, so daß eine baumartige Entwicklungsgeschichte eines Objekts modelliert werden kann.

Zum Wiederauffinden von Versionen gibt es die Operationen *pom_getsonvers*, *pom_getfathervers*, *pom_getsuccvers*, *pom_getpredvers*, die es ermöglichen, auf dem Versionsgraphen zu navigieren.

### Versionen und einfache Objekte

Die Operation *pom_createvers* dupliziert ein einfaches Objekt und trägt das neue Objekt als Nachfolger des Originals in einen sogenannten Versionsbaum ein. Die aus einem Objekt abgeleitete Version hat den gleichen Namen wie das Objekt selbst. *PRODAT* vergibt automatisch eine Extension, um das Objekt für den Anwender auch namentlich wieder eindeutig ansprechbar zu machen.

### Versionen und strukturierte Objekte

Bei der Ableitung von Versionen einfacher Objekte wird das strukturierte Objekt, des-sen Teil das einfache Objekt ist, nicht verändert. Gewünschte typkonforme strukturelle Veränderungen kann der Anwender wie gewohnt mit Hilfe der entsprechenden *PRODAT*-Operationen durchführen (z.B. *pom_deleteedge*, *pom_createedge*).

Die Operation *pom_createvers* ist ebenfalls für freigegebene strukturierte Objekte definiert. Sie erzeugt eine Kopie des strukturierten Objekts und hängt alle betroffenen einfachen Objekte, wie bereits oben erwähnt, in ihren jeweiligen Versionsbaum ein. Das gleiche Ergebnis kann erreicht werden mit einer Folge von Operationen zur Erzeugung von Versionen einfacher Objekte, verbunden mit der Erzeugung von Kanten.

**4.1.1.6 Benutzerrelationen**

Der *PRODAT*-Anwender hat die Möglichkeit, Abhängigkeiten zwischen einfachen
Objekten mit Hilfe von Benutzerrelationen zu beschreiben und kann damit Beziehungen festlegen, die er nicht mit Hilfe der strukturdefinierenden Beziehungen
modellieren will. Benutzerrelationen besitzen einen Typ, der in der Schemadefinition anzugeben ist. Der Relationstyp legt den Typ der Objekte, zwischen denen
die Beziehung eingerichtet werden soll, sowie den Typ der relationsspezifischen
Attribute fest.

**4.1.1.7 Schlüssel**

Der *PRODAT*-Anwender spricht Objekte, Konfigurationen und Benutzerrelationen
über eine lesbare Bezeichnung an, die aus der Kombination

    Datenbasisname
    Typname
    Objekt-, Konfigurations- oder Relationsname
    Extension

gebildet wird.

Sämtliche Datenbasisnamen sowie sämtliche Typnamen einer Datenbasis
müssen paarweise verschieden sein. Die Namen von Objekten, Konfigurationen
oder Relationen des gleichen Typs können dagegen gleich sein. *PRODAT* sorgt
automatisch durch die Vergabe entsprechender Extensionen dafür, daß die lesbare Bezeichnung immer eindeutig bleibt.

Bei der Erzeugung eines Objekts, einer Konfiguration oder einer Relation wird
diese lesbare Bezeichnung auf einen eindeutigen internen Schlüssel abgebildet,
dessen programmiertechnische Realisierung dem *PRODAT*-Anwender nicht
bekannt ist. Ausschließlich dieser Schlüssel kann anschließend zur direkten Ansprache des Objekts, der Konfiguration oder der Relation verwendet werden.

Zur Abbildung von Schlüsseln auf lesbare Bezeichnungen und umgekehrt sowie zur
Umbenennung stehen entsprechende *PRODAT*-Operationen (*pom_nametokey*,
*pom_keytoname*) zur Verfügung. Die Operation *pom_nametokey* liefert bei einer
unvollständigen Qualifikation der lesbaren Bezeichnung eine Liste passender
Schlüssel zurück und kann damit benutzt werden, um beispielsweise alle Objekte
eines bestimmten Typs oder alle Objekte mit einem bestimmten Namen
aufzufinden.

## 4.1.2 Archivierung

Die großen Mengen von Daten, die speziell beim Entwurfsprozeß anfallen, lassen die Integration einer Archivierungskomponente in die Datenhaltung ratsam erscheinen. So verwenden z.B. Katz und Lehman in [KaLe84] ein Archiv, um Versionen automatisch zu archivieren. Sie setzen das Archiv als Speichererweiterung auf der physikalischen Ebene ein. In *PRODAT* hingegen wird das Archiv als ein Speicher mit speziellen Eigenschaften gesehen und ist daher für den Anwender sichtbar und manipulierbar. Beim Entwurf der Archivierungskomponente wurden insbesonders folgende Anforderungen berücksichtigt:

– Integration:
  Das Archiv soll sich harmonisch in die Gesamtfunktionalität des Systems einfügen. Dazu gehört beispielsweise, daß in Einheiten des zugrundeliegenden Objektmodells archiviert wird (im Gegensatz zu einem bloßen Dump der Datenbank-Dateien) und daß die normalen Zugriffsoperationen auf das Archiv anwendbar sind.

– Langfristige Aufbewahrung:
  Auf dem Archivmedium darf auch bei langfristiger Lagerung (z.B. einige Jahrzehnte) kein Datenverlust auftreten. Diese Forderung betrifft die Archivierungs-Hardware. Magnetische Datenträger haben den Nachteil, daß nach ungefähr eineinhalb Jahren ein Wiederauffrischen der gespeicherten Daten nötig ist. Optische Speichersysteme [AWV88], [BCL86] hingegen zeichnen sich unter anderem durch eine sehr lange Lebensdauer der gespeicherten Daten aus (Persistenz mindestens 30 Jahre). Aus diesem Grund ist für die *PRODAT*-Archivierung - unbeschadet einer geräteunabhängigen Implementierung - die optische Platte als Archivmedium vorgesehen. Als zusätzliche Vorteile bietet sie eine sehr hohe Speicherkapazität (1 Gigabyte pro Plattenseite) und eine stark verringerte mechanische Empfindlichkeit bei einem sehr günstigen Preis.

– Speichererweiterung:
  Durch die Auslagerung von Daten aus dem Sekundärspeicher erhöht sich die Gesamtkapazität des Systems. Die Daten sollen jedoch weiterhin online verfügbar, schnell zugreifbar und änderbar sein. Um den zusätzlichen Verwaltungsaufwand zu rechtfertigen, sollte der Zusatzspeicher mindestens von der Größenordnung des schon vorhandenen Sekundärspeichers sein. Betrachtet man die Kapazität optischer Datenträger (typisch 1 Gigabyte pro einliegendem Datenträger), so ergibt sich, daß der Aspekt der Speichererweiterung von der optischen Platte gut abgedeckt wird.

### 4.1.2.1 Organisation des Archivs

Das Archiv besteht aus beliebig vielen Datenträgern (z.B. optischen Platten), auf die mittels beliebig vieler Geräte (hier: Plattenlaufwerke) zugegriffen werden kann. Jeder Datenträger wird durch einen systemweit eindeutigen Namen, sein Label, identifiziert. Das Label wird bei der Initialisierung des Datenträgers vom Anwender festgelegt; danach kann es - bei einliegendem Datenträger - jederzeit abgefragt werden. Zweck des Labels ist es, den Datenträger zu bezeichnen, auf dem ein Objekt archiviert ist.

Vor einem Zugriff auf ein Offline-Medium muß dieses mit einem *PRODAT*-Aufruf ins System eingebunden werden.

Änderungen an bereits archivierten Objekten sind nicht mehr zugelassen. Ein Grund für diese Einschränkung liegt darin, daß Daten auf optischen Platten nicht mehr änderbar sind. Eine Simulation von Änderbarkeit per Software wurde als zu aufwendig erachtet. Darüberhinaus dient das Archiv bestimmungsgemäß dem Konservieren eines erreichten Entwicklungszustands; Ändern im Archiv widerspricht dieser Philosophie.

### 4.1.2.2 Archivierungs-Einheiten

Archiviert werden die Einheiten des Objektmodells, also einfache Objekte, strukturierte Objekte, Versionen und Konfigurationen. Objekte im Archiv müssen in jedem Fall freigegeben sein. Wichtig ist der Aspekt der *inkrementellen Archivierung*, der es gestattet, strukturierte Objekte stückweise zu archivieren und sie im Archiv nach und nach zu ergänzen.

#### Archivierung von einfachen und strukturierten Objekten

Mit der Operation *pom_archiveobj* wird ein einfaches oder strukturiertes Objekt ins Archiv geschrieben.

Bei einfachen Objekten kommen alle Daten, die zur vollständigen Beschreibung des Objekts gehören (z.B. auch die Typdefinition) ins Archiv, während in der Datenbasis die Beziehungen und Versionsbeziehungen sowie eine "Hülle" des einfachen Objekts erhalten bleiben. Die Hülle dient unter anderem dazu, die Traversierung zu eventuell noch nicht archivierten Nachfolgern zu ermöglichen. Sie enthält nur noch minimale Information, die zur Identifikation notwendig ist, sowie das Label des Datenträgers, auf dem das Objekt archiviert ist.

Die Archivierung strukturierter Objekte ist äquivalent zur schrittweisen Archivierung aller einfachen Objekte, die Bestandteil des strukturierten Objekts sind.

**Archivierung von Versionen**

Es gibt keine spezielle Funktion zur Archivierung von Versionen, da jede Version eines Objekts selbst wiederum ein Objekt ist und daher auch als solches archiviert werden kann. Auch die Versionsbeziehungen werfen keine neuen Probleme auf. Sie werden genau wie die normalen Beziehungen in der Datenbasis redundant gehalten, um den Zusammenhang des Versionsgraphen zu wahren. Damit ist sichergestellt, daß die entsprechenden Traversierungsoperationen immer anwendbar sind.

**Archivierung von Konfigurationen**

Die Archivierung von Konfigurationen ist konzeptuell aufwendiger [BaKö88], da Konfigurationen aus logischer Sicht Objekte referenzieren, aber nicht tatsächlich enthalten. Es kann daher vorkommen, daß ein Objekt Bestandteil mehrerer Konfigurationen ist. Einerseits müssen die Objekte einer Konfiguration archiviert werden (sonst wäre das Archiv unvollständig), andererseits müssen sie auch in der Datenbasis weiterhin verfügbar sein, falls nicht-archivierte Konfigurationen auf sie Bezug nehmen (sonst wäre die Datenbasis unvollständig). Aus diesem Grund legt das System bei der Archivierung von Konfigurationen die betroffenen Objekte redundant ab: Sowohl im Archiv als auch in der Datenbasis sind alle benötigten Objekte präsent. Wenn *pom_focusconf* aktiv ist, sind die betroffenen Objekte aus Sicht des Anwenders mit dem Status *is_archived* versehen; andernfalls ist der Status *is_archived* nicht gesetzt, so daß nur die konfigurations-spezifischen Informationen archiviert erscheinen. Das hat den Vorteil, daß dieses Teilobjekt auch noch mit anderen Konfigurationen und auf anderen Medien archiviert werden kann.

### 4.1.2.3  Zugriff auf das Archiv

Nachdem ein Archivmedium eingebunden worden ist, können alle diejenigen *PRODAT*-Operationen auf die archivierten Objekte angewandt werden, die nur Lesezugriffe auf die Daten erfordern. Dabei entscheidet *PRODAT* selbständig, ob die Daten aus dem Archiv oder aus der Datenbasis zu lesen sind. Archiv und Datenbasis bilden aus der Sicht der Leseoperationen einen einzigen Speicherbereich. Änderungen an Archivobjekten sind nur über die Erzeugung neuer Versionen möglich; diese liegen im Sekundärspeicher und sind zunächst nicht freigegeben, können also beliebig manipuliert werden.

## 4.1.3 Transaktionsverwaltung

Die Bearbeitung von *PRODAT*-Objekten im Multiuser-/Multitasking-Betrieb ist durch die Transaktionsverwaltung des Datenhaltungssystems sichergestellt. Eine Transaktion wird als Einheit für Recovery (Sicherungsmaßnahmen) und Synchronisation von parallelen Zugriffen betrachtet.

*PRODAT* ist ein Non-Standard-Datenbanksystem, das vor allem Konzepte für Entwicklungsdatenbanken integriert. Daraus resultieren weitergehende Anforderungen an die Transaktionsverwaltung als in herkömmlichen Datenbanksystemen.

Es werden zwei Arten von Transaktionen unterschieden, *normale, kurze Transaktionen* und *lange Bearbeitungen*. Da eine Transaktion eine Folge von Datenbankaufträgen ist, die durch Klammern zusammengefaßt werden, liegt es nahe, durch diese Klammerung der Transaktionsverwaltung mitzuteilen, um welche Art der Transaktion es sich im folgenden handelt. Deshalb wird in *PRODAT* zwischen der Klammerung *pom_begintrans* (Begin of Transaction) und *pom_endtrans* (End of Transaction) für herkömmliche Transaktionen und *pom_checkout* und *pom_checkin* für Entwicklungstransaktionen unterschieden.

Für die Synchronisation paralleler Transaktionen wurden auf der Basis des Objektmodells das Sperrprotokoll, die Sperrmodi und die Einheiten für Sperren festgelegt. Dynamisch verwaltete Sperren müssen intern mit den statischen Zugriffsrechten an Objekten verträglich sein.

Alle Aktionen auf einer Datenbank können auf Lese- und Schreiboperationen zurückgeführt werden. Insofern liegt es nahe, von Lese- und Schreibsperren als den Basissperren zu sprechen. In *PRODAT* setzen sich die Sperren aus diesen Basissperren und jeweils einem Status zusammen. Die Sperren werden ausnahmslos bei Transaktionsende aufgehoben, während der Status bestehen bleiben kann.

Zur Klassifizierung der Operationen in Lese- und Schreiboperationen auf einfachen und strukturierten Objekten wird eine Einteilung in erzeugende Operationen, Manipulationsoperationen und Lese- und Traversierungsoperationen u.s.w. vorgenommen.

## 4.1.4 Interaktive Bedienungsschnittstellen

### 4.1.4.1 PQL – *PRODAT*-Query-Language

Für die *PRODAT*-Operationen wurde ein Interpreter implementiert, der 1:1 die Funktionen der *C*-Schnittstelle zur Verfügung stellt. PQL versteht sich als Hilfe für den Werkzeugprogrammierer, der zur Einarbeitung *PRODAT*-Operationen "ausprobieren" will oder für einfache Sequenzen von *PRODAT*-Aufrufen nicht gleich ein *C*-Programm schreiben möchte. Es ist nicht gedacht als ein Werkzeug für den Endbenutzer; dafür ist der POE, der *PRODAT*-Objekt-Editor, vorgesehen.

### 4.1.4.2 POE – *PRODAT*-Objekteditor

Graphische Benutzungsoberflächen stellen für Anwender eine natürliche Art dar, die Inhalte der Datenbank abzufragen und zu manipulieren. Eine solche benutzerfreundliche Schnittstelle zum *PRODAT*-Datenbanksystem ist der Objekteditor. Er wurde zur Repräsentation und Manipulation von *PRODAT*-Einheiten entwickelt und dient damit zum einen als Auskunftsystem für Datenbankbestände, die durch komplexe Werkzeugaufrufe in die Datenbank eingespeist wurden. Zum anderen können durch ihn sehr schnell und anschaulich Daten direkt geändert und erweitert werden. Bei der Konzeption des Objekteditors als Spezialwerkzeug auf der Datenbasis ist die Nutzung einer modernen Benutzungsoberfläche (*PRODIA*) stark berücksichtigt worden. Durch die Abstimmung mit *PRODIA* ist sichergestellt, daß die als Anforderungen postulierten Aussagen bzgl. Dialogtechniken und Ablauf voll erfüllt werden. Es werden hier nur einige exemplarisch aufgeführt.

Die Darstellung oder Ausgabe auf dem Graphik-Bildschirm ist die minimale Funktionalität des Objekteditors, während in zweiter Linie die Manipulation dargestellter Objekte verlangt wird. Um einen Überblick über die graphische interaktive Schnittstelle zu geben, werden nachfolgend die zu repräsentierenden Einheiten und Informationen aufgeführt.

*Objekte und Beziehungen*: Strukturierte Objekte werden als azyklischer gerichteter Graph mit Kanten und Knoten dargestellt, wobei die Knoten den Objekten und die Kanten den Beziehungen zwischen den Objekten entsprechen. Die Darstellung muß übersichtlich und eindeutig sein, was eine automatische Entflechtung (s. z.B. [STT81]) des "Kantengewirrs" erfordert.

*Attribute und Inhalt*: Die wegen der Fülle an Informationen symbolisch dargestellten Objekte werden in der Datenbank durch Attribute beschrieben. Sie erscheinen durch Maus-Pick (graphische Identifikation) des Symbols für Attribute und des gewünschten Objekts in Form einer Tabelle. Der Inhalt eines Objekts wird vom Datenbanksystem nicht interpretiert und kann daher auch nicht zur Ausgabe aufbereitet werden. Sofern diese Daten jedoch mit einem weiteren Basiswerkzeug (z.B. Texteditor) darstellbar sind, wird dieses, nach Picken des Symbols für Inhalte, in einem anderen, neueröffneten Fenster gestartet.

Als wesentliche Grundtechniken zur Darstellung und Manipulation verwendet der Objekteditor moderne Fenstertechniken (Multiwindowing) und die graphische Eingabe (Pick). Durch mehrstufig aufgebaute Menüs soll bei wechselnder Umgebung eine gute Benutzerführung gewährleistet sein, damit auch der ungeübte Neuling den Objekteditor bedienen kann. Zusätzlich ist eine Hilfefunktion mit differenziertem Hilfegrad einstellbar. Nähere Einzelheiten über verwendete Techniken, Dialoggestaltung und Implementierung des Objekteditors finden sich in [JaSch88].

## 4.1.5 Verfügbarkeit

*PRODAT* ist in *C* implementiert und steht mehrbenutzerfähig unter Unix System V und 4.2BSD sowie VAX/*VMS* zur Verfügung.

## 4.2 Das *PROSYT*-Dialogsystem *PRODIA*

*Dierk Ehmke und Marion Kreiter*
*Zentrum für graphische Datenverarbeitung*

### 4.2.1 Einleitung

Im Rahmen des Verbundprojekts *PROSYT* – Integriertes Entwurfs- und Software-Produktionssystem für verteilbare Realzeit-Rechnersysteme in der Technik – wurde das *PROSYT*-Dialogsystem *PRODIA* entwickelt. *PRODIA* realisiert die Abwicklung der Mensch-Werkzeug-Interaktion der in *PROSYT* integrierten Werkzeuge.

Der Aufwand bei der Programmierung des Dialogs von Werkzeugen, die dem heutigen Wissensstand der Software-Ergonomie entsprechen, ist, verglichen mit dem Aufwand, der für die eigentliche Problemlösung nötig ist, beträchtlich. Für die effiziente Entwicklung leistungsfähiger Systeme benötigt man daher Methoden und Entwicklungswerkzeuge zum Design und zur Konstruktion von Benutzungsoberflächen. Ein Weg ist die Entwicklung von Standardschnittstellen, mit denen, unabhängig von der Semantik des Werkzeugs, Funktionen zum Aufbau von Benutzerschnittstellen bereitgestellt werden ([Herc86]). Dieser Weg wurde mit dem Dialogsystem *PRODIA* verfolgt.

Im Gegensatz zu allgemeinen Gestaltungsrichtlinien und der Programmierung von Interaktionstechniken in der Anwendung selbst werden Interaktionstechniken von *PRODIA* bereitgestellt und verwaltet. Dies erzwingt zum einen die Einheitlichkeit auch innerhalb eines größeren Werkzeugverbundes, zum anderen wird der Aufwand bei Änderungen an der Benutzerschnittstelle reduziert, da diese Änderungen nur in *PRODIA* durchgeführt werden. *PRODIA* ordnet Dialogaufgaben wie z.B. Texteingabe, Eingabe einer Position mit einem Lokalisierer, Auswahl oder Verschieben eines Objekts Interaktionstechniken zu und verwaltet diese.

Durch den Einsatz der Mehrfenstertechnik kann der Benutzer seine Arbeitsumgebung selbst flexibel und übersichtlich gestalten und mit mehreren Werkzeugen parallel arbeiten. Windows bieten den Werkzeugherstellern die Möglichkeit, verschiedene Aspekte des Werkzeugs gleichzeitig präsentieren zu können (z.B. Zusatzinformationen oder Detailgraphiken können in weiteren Windows dem Benutzer angezeigt werden).

*PRODIA* unterstützt die Werkzeugprogrammierung in der Graphikausgabe (mit GKS), in Text- und Rasterausgabe. Die hohe Funktionalität dieser Schnittstellen sowie die Abstraktion von physikalischen Geräten auf virtuelle Ausgabeflächen (Frames) vereinfacht die Werkzeugprogrammierung und bietet gleichzeitig die Möglichkeit, die Darstellung mit Hilfe aller Informationsarten an die Aufgabenstellung anzupassen und Informationen (Text, Graphik, Bild) entsprechend zu repräsentieren.

## 4.2.2 Windowing und Ausgabe

*PRODIA* ermöglicht durch Windows den Ablauf verschiedener Dialogwerkzeuge auf einem Terminal (Multitasking). Gleichzeitig werden einer Anwendung mehrere Windows zur Verfügung gestellt (Multiwindowing). Der Benutzer kann Lage und Größe von Windows manipulieren, verdeckte Windows hervorholen, ein eingabeaktives Window bestimmen und horizontal bzw. vertikal scrollen. Diese Operationen werden von *PRODIA* verwaltet, Anwendungsprogramme werden von der Notwendigkeit der Bildschirm- und Window-Verwaltung wie z.B. dem Wiederherstellen von Window-Inhalten nach bestimmten Benutzeroperationen, entbunden.

Eine ausschließlich von *PRODIA* durchgeführte Window-Verwaltung wird durch Frames – das sind virtuelle Darstellungsflächen – ermöglicht.

Frames sind aus der Sicht der Werkzeuge virtuelle speichernde Darstellungsflächen. Ihre Größe kann unabhängig von den Abmessungen des Bildschirms oder der Windows, auf die jeweilige Anwendung zugeschnitten, angegeben werden. Werkzeuge geben in Frames aus, die wiederum von *PRODIA* ausschnittweise in Windows dargestellt werden. Werkzeuge benutzen nur die Operationen der Ausgabeschnittstelle zu den Frames. Frames sind vom Typ Graphik, Text oder Raster.

Für Graphik-Frames wird die GKS-Schnittstelle gemäß DIN 66252 und ISO/IS 7942 bereitgestellt.

Die Funktionen auf Text-Frames sind als Bausteine für Funktionen von komplexeren Werkzeugen, wie z.B. Dokumenteneditoren, zu sehen. Die Schnittstelle enthält Funktionen für die Textausgabe in Proportionalschrift, das Setzen von Textattributen, das Edieren des im Frame gespeicherten Textes und seiner Attribute, die Satzformatierung und den Anschluß einer Umbruchroutine.

Die Schnittstelle für Raster-Frames umfaßt außer typischen Rasteroperationen, wie das Kopieren und Bewegen von rechteckigen Bereichen, auch Funktionen zum Konvertieren von Frames anderer Frame-Typen in Raster-Frames und das Einlesen und Speichern von Rasterbildern. In Raster-Frames werden, entsprechend heute verfügbaren Gerätetypen, vier Rastertypen (für Schwarz/Weiß, Grau und Farbe, letztere mit zwei verschiedenen Farbtabellenkonzepten) angeboten. Funktionen zur Manipulation von Farben in Rasterframes sind hardwareunabhängig.

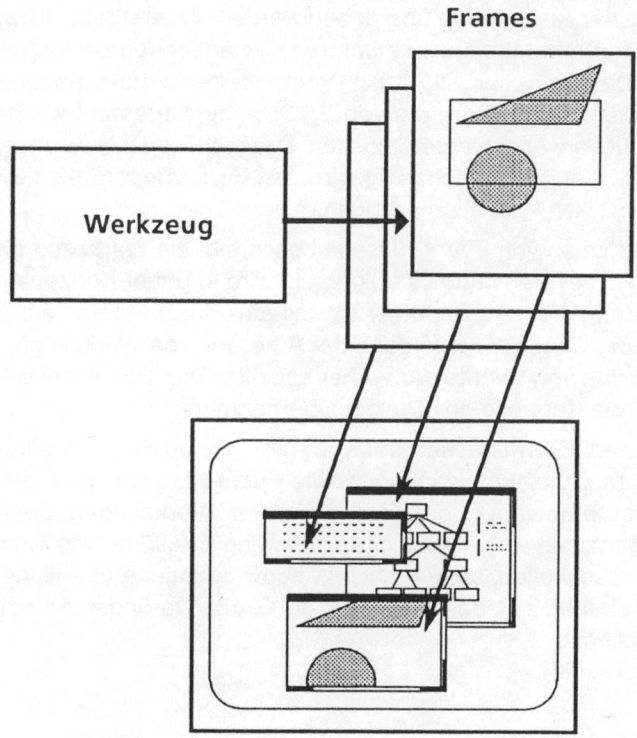

**Abb. 4.2-1.** Funktionsweise der *PRODIA*-Frames

Da für Frameinhalte nur die typgebundenen Funktionen zur Verfügung stehen, wurde für Dokumente, die aus mehr als einer der drei Informationstypen bestehen, etwa Text und Graphik, das rekursive Window-Konzept entwickelt. Es leistet die Text-/Graphik-/Raster-Integration, indem Frame-Ausschnitte in Windows gemischt werden können.

Das Frame-Konzept entwickelte sich aus der Anforderung im *PROSYT*-Projekt, daß auch bereits existierende Werkzeuge in *PRODIA* integriert werden sollten. Dies wird bei GKS-benutzenden Werkzeugen dadurch erreicht, daß auch GKS-Eingabe (Level 2B) auf Frames angeboten wird. Daneben existiert auch eine Terminalemulation. Werkzeuge, die diese Schnittstellen benutzen, sind an der Benutzerschnittstelle nicht notwendigerweise einheitlich. Daher werden für neu zu programmierende Werkzeuge die Dialogkonzepte von *PRODIA* angeboten. Diese betreffen die graphische Eingabe und den Dialog mit Masken und Menüs.

### 4.2.3 Graphische Eingabe - das Event-Konzept

Das *PRODIA*-Event-Konzept liefert eine Abstraktion von physikalischen Eingaben zu Events, die der Anwendung übergeben werden. Event-Klassentypen beschreiben Dialogaufgaben mit einer bestimmten semantischen Bedeutung und einer spezifischen Datenstruktur. Die Ausprägung an der Benutzungsoberfläche entspricht Interaktionstechniken, die von *PRODIA* bereitgestellt werden und vom Werkzeug nicht verwaltet werden müssen. Dadurch ist die Werkzeugschnittstelle klein, aber effizient, und gleichzeitig wird den Forderungen nach Einheitlichkeit der Eingabetechniken Rechnung getragen.

Durch das Einrichten von Event-Klassen beschreibt ein Werkzeug die zulässigen Events bezüglich eines Windows. Allgemein wird in Event-Konzepten eine Architektur angestrebt, die dem Benutzer die Initiative für Eingaben ermöglicht (User Driven Interface). Durch die Übergabe der Adressen von Werkzeugfunktionen, die auf das Eintreffen von Events der vorher spezifizierten Event-Klassen reagieren, kann *PRODIA* die Kontrolle des Dialogs übernehmen.

Zur Zeit können Eventklassen der Typen "Texteingabe", "Positionseingabe", "Objektauswahl", "Objektbewegung" sowie Event-Klassentypen, die sich auf die Window-Attribute beziehen, spezifiziert werden. Werkzeugen, die trotz der von *PRODIA* angebotenen Abtrennung des Windowing Einfluß auf die Manipulation von Windows nehmen wollen, stehen auch Window-bezogene Eventklassen zur Verfügung. Sie betreffen z.B. das Bewegen, die Größenveränderung oder die Betätigung der Scrollbars.

### 4.2.4 Dialog mit Masken und Menüs

Die vom IITB Karlsruhe entwickelte Dialogkomponente von *PRODIA* unterstützt sowohl die Programmierung des Werkzeugdialogs auf einer höheren Sprachebene als auch die durchgängige und einheitliche Dialogrealisierung mit Konzepten zur Dialogverarbeitung und -gestaltung. Das Dialogkonzept von *PRODIA* enthält:

– die *PROSYT*-Dialogspezifikations-Sprache PDL für die Definition von Teildialogen,

– den *PROSYT*-Dialog-Generator PDG für die Übersetzung der so definierten Teildialoge,

– den *PROSYT*-Dialog-Manager PDM für die Gestaltung und Ablauforganisation der übersetzten Dialoge.

Der Werkzeughersteller hat mit PDL die Möglichkeit, die einzelnen Dialogschritte und ihren kausal-logischen Zusammenhang zu definieren. Der PDM kann hierdurch den eigentlichen Dialog weitaus flexibler durchführen, indem er den Aufbau des Bildschirminhalts dynamisch auf den aktuellen Dialogzustand abstimmt. Vom Benutzer fehlerhaft behandelte Dialogschritte können z.B. erneut auf den Bildschirm gebracht werden, während andere, bereits erledigte, verschwunden sind. Das Konzept kann als ein Schritt weg von der "Formular-Metapher" hin zu einer "Interview-Metapher" gesehen werden ([Hind87]).

Der PDM organisiert die Durchführung eines Dialogschritts durch

- das Darstellen eines Eingabefelds (Maske, Menüfeld in verschiedenen Stilen),
- die Abwicklung der Benutzereingabe unter Verwendung von werkzeugeigenen Routinen, die die eingabespezifische und eine HELP-Reaktion beschreiben,
- das Einleiten nachfolgender Dialogschritte durch die in PDL beschriebene kausale Verknüpfung eines Dialogschritts mit anderen.

### 4.2.5 Die *PRODIA*-Implementierung

In [EHKK89] werden die Konzepte und die *C*-Schittstelle von *PRODIA* detailliert beschrieben. In diesem Abschnitt wird nun die eigentliche *PRODIA*-Implementierung beschrieben. Es wird die Auswahl der Hard- und Software-Konfiguration vorgestellt, die die weiter unten dargestellte Prozeßstruktur beeinflußt. Für die *PRODIA*-Implementierung wurden ein Rechner mit dem Betriebssystem *UNIX* System V und Bitmap-Terminals sowie die Programmiersprache *C* festgelegt.

Für Dialogsysteme mit Window-Technik und modernen Interaktionstechniken werden Window-Systeme benötigt. Anders als bei der Graphik-Software, wo etwa GKS als internationaler Standard genormt ist, gibt es bei Window-Systemen noch keinen Standard. In den letzten Jahren hat sich jedoch ein Quasistandard – ein Industriestandard – herausgebildet: das X-Window-System ([ScGe86]). Es wurde, finanziert und gefördert von allen maßgeblichen Unternehmen aus der Computerbranche, am M.I.T. (Massachussetts Institut for Technology) unter maßgeblicher Beteiligung von DEC entwickelt und ist als freie Software gegen eine geringe Ge-bühr erhältlich. Nachdem die Entwicklung des X-Window-Systems in der Version X11 ihren vorläufigen Abschluß fand, deklarierten die beteiligten Herstellerfirmen diese als Quasi-Standard für die nächsten Jahre. Dadurch ist X11 ein auf vielen Maschinen zur Verfügung stehendes Window-System, das die Portierbarkeit und Wartbarkeit darauf aufgesetzter Systeme ermöglicht. Außer diesen Marktstrategien sind die technischen Eigenschaften des X-Window-Systems bemerkenswert, so daß *PRODIA* auf diesem Window-System aufgesetzt wurde. Zu Beginn der Implementierung stand allerdings erst X10.4 zur Verfügung.

An dieser Stelle sollen nur die wichtigsten Eigenschaften aufgeführt werden. Das X-Window-System unterstützt überlappende Windows. Es gibt einen zentralen Serverprozeß. Der Windowmanager, der die Benutzerschnittstelle für die Window-Technik festlegt, ist getrennt vom X-Server. Er benutzt dieselbe Schnittstelle wie die Anwendungsprogramme. Durch Modifikation eines der bestehenden und mit Quellcode mitgelieferten Windowmanager oder durch Implementierung eines neuen können verschiedene Benutzerschnittstellen für die Window-Technik festgelegt werden. Window-Prozesse sind netzwerkweit möglich und unabhängig von einem bestimmten Bildschirmgerät. Ein im Vergleich zu anderen Window-Systemen klarer und kleiner Funktionensatz kommt einer effizienten Implementierung entgegen. Auf dem X-Window-System aufgesetzte Toolkits realisieren unter anderem Window- und Menüinteraktionstechniken und unterstützen so die Implementierung. Die mit dem X-Window-System gelieferte VT-100-Terminalemulation integriert Werkzeuge mit alphanumerischer Ein-/Ausgabe und ermöglicht dem Benutzer den Zugang zum Betriebssystem.

Die *PROSYT*-Arbeitsgruppe "Dialog" entschied sich bei der Implementierung für die Bottom-Up-Methode. Zunächst wurde über die Speicherbereichsverwaltungsfunktionen des Betriebssystems eine Speicherverwaltungsschicht – der *PRODIA*-Listenhandler – gelegt. Sie wird von allen *PRODIA*-Moduln benutzt und erspart somit Implementierungsaufwand. Durch die häufige Benutzung ist ein hoher Implementierungs- und Validierungsaufwand gerechtfertigt, so daß die Zuverlässigkeit des Gesamtsystems gefördert wird.

Es werden Listen verwendet, da sie einerseits vergleichsweise einfach zu implementieren sind und andererseits für die Bearbeitung kleinerer Datenmengen (bis zu 100 Elemente) – wie sie in der Regel bei Dialogsystemen vorkommen – angemessen sind ([Wirt83]). Benötigt werden Listen z.B. für Windows, Events und Frames. Die Listen sind doppelt verkettet, um etwa für Text-Frames eine zufriedenstellende Performance zu gewährleisten. Im Sinne einer objektorientierten Modularisierung wären für die jeweiligen Objekttypen spezielle Listenhandler zu schreiben. Wegen des hohen Arbeitsaufwands und des umfangreich anfallenden redundanten Codes wurde dieser Ansatz nicht weiter verfolgt. Vielmehr ist der Listenhandler in ein Schichtenmodell eingebettet zwischen den üblichen Speicherverwaltungsfunktionen (alloc, malloc, realloc und free) und Moduln, die bestimmte Objekte verwalten und die Werkzeugschnittstelle von *PRODIA* darstellen. Der Listenhandler "kennt" als Objekte nur Speicherbereiche einer bestimmten Größe.

Die Ordnung der Listen darf objekttypspezifisch sein, daher werden von den aufrufenden Moduln Zeiger auf Vergleichsfunktionen übergeben, mit Hilfe derer der Listenhandler in den Listen eine spezifische Ordnung realisiert. Es ist aber ebenso möglich, unter ausschließlicher Benutzung der sogenannten relativen Listenhandler-Funktionen ungeordnete Listen zu verwalten, auf deren Elemente dann nur sequentiell zugegriffen werden kann. Damit der Listenhandler viele Listen verwalten kann, übergeben die aufrufenden Moduln in einem Parameter Zeiger auf Anfang und Ende der Liste und einen Zeiger auf die aktuelle Arbeitsposition in der Liste.

Benutzer des *PROSYT*-Gesamtsystems sollen sinnvollerweise mit mehreren Werkzeugen gleichzeitig arbeiten können. Würde *PRODIA* jeweils zu diesen gebunden, so würde für den Code viel Speicherplatz benötigt. Daher wurde *PRODIA*, wie es in solchen Fällen üblich ist, ebenso wie *PRODAT* wiedereintritts-invariant implementiert. Zu den Werkzeugprogrammen wird lediglich ein Modul hinzugebunden, welches im wesentlichen die Interprozeßkommunikation mit dem *PRODIA*-Hauptprozeß realisiert. Die werkzeugspezifischen Daten werden in einem Speicherbereich verwaltet, der beim Anmelden des Werkzeugs bei *PRODIA* (adm_initprodia) angelegt wird. Ein bei allen Funktionsaufrufen überge-bener Zeiger zeigt auf diesen. Die Werkzeuge kommunizieren via Interprozeß-kommunikation mit *PRODIA*, entsprechende Betriebssystemfunktionsaufrufe bilden zusammen mit denjenigen für die Speicherverwaltung im wesentlichen die Schnittstelle von *PRODIA* zum Betriebssystem. Die Werkzeugschnittstelle wurde so gestaltet, daß erforderliche Parameter und andere notwendige Details voll-ständig vor der Anwendung verborgen werden.

### 4.2.6 Die *PRODIA*-Prozeßstruktur

Diese Prozeßstruktur bezieht sich auf einen *PROSYT*-Arbeitsplatz. Für einen sol-chen gibt es je einen *PRODIA*-Hauptprozeß, einen X-Server, einen *PRODIA*-Win-dowmanager und beliebig viele Werkzeuge, der ebenfalls aufgeführte *PRODAT*-Prozeß läuft systemweit nur einmal. So wird vermieden, daß es bei für *PRODIA* rechenzeitintensiven Aufträgen eines Benutzers zu unausgewogenen Systemant-wortzeiten für die anderen Benutzer kommt. Da beim mehrmaligen Starten des-selben Programms (*PRODIA*-Hauptprozeß, X-Server und *PRODIA*-Windowmana-ger) ohnehin nur dessen Speicherbereich, nicht aber dessen Code, vom Betriebs-system angelegt wird, ist diese Struktur zufriedenstellend.

Durch die zugrundeliegende Basis-Software und die Wiedereintrittsinvarianz er-gibt sich die nachfolgend abgebildete Prozeßstruktur, wobei WZ1, WZ2, ..., WZn *PROSYT*-Werkzeuge sind. Zu diesen wird ein Modul gebunden, welches die *PRODIA*-Aufrufe in Interprozeßkommunikation mit dem *PRODIA*-Hauptprozeß umsetzt. Zur Zeit wird die Interprozeßkommunikation mit Unix-Message-Queues realisiert. Alle Werkzeuge kommunizieren mit dem *PRODIA*-Hauptprozeß über genau eine Message-Queue. In der anderen Richtung werden Returncodes, Rück-gabeparameter und Events an die Werkzeuge über je eine Message-Queue ge-sendet. Bei Events wird von dem an das Werkzeug gebundenen Modul die Werk-zeugfunktion für die Event-Behandlung aufgerufen.

Der **PRODIA-Hauptprozeß** realisiert die Werkzeugaufrufe. Die übergebenen Handler erlauben den Zugriff auf die werkzeugspezifischen Daten.

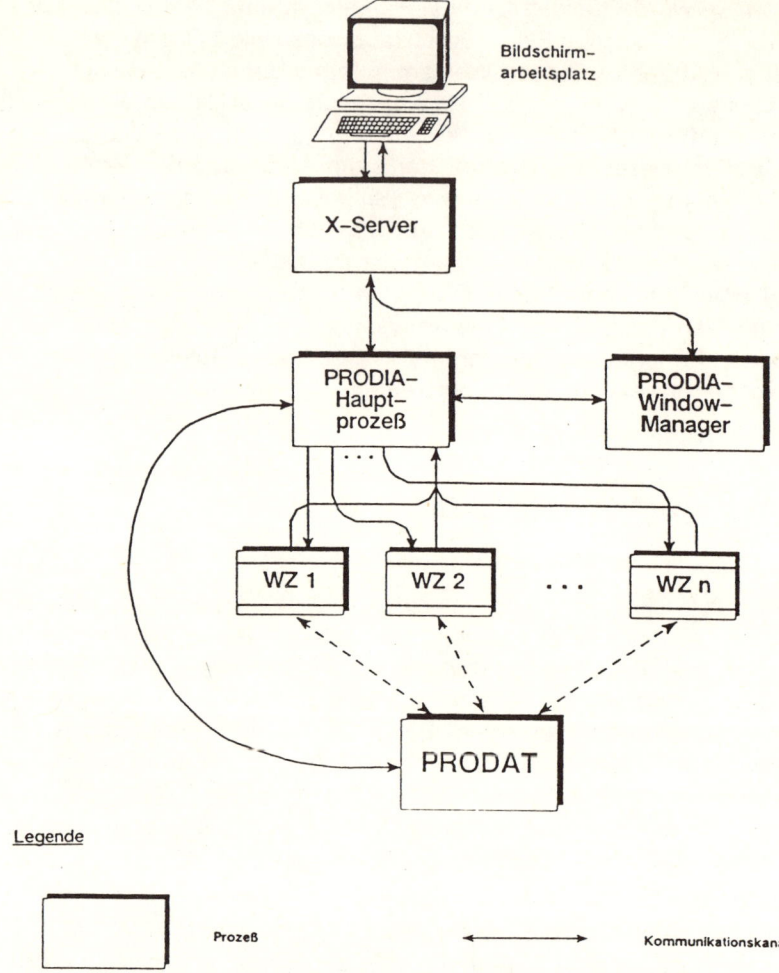

**Abb. 4.2-2.** Die Prozeßstruktur eines *PROSYT*-Arbeitsplatzes

Der *PRODIA*-**Windowmanager** realisiert die Benutzeroperationen auf Windows. Zur Zeit ist es ein Windowmanager (uwm - Ultrix Window Manager), der mit X 10.4 mitgeliefert wurde und an *PRODIA* angepaßt wurde. Folgendes wurde modifiziert:

1.    Er untersucht, wenn Benutzer Windows manipulieren wollen, Windows daraufhin, ob sie *PRODIA*-Windows sind oder nicht. Falls ja untersucht er, ob die gewünschte Manipulation zulässig ist. Trifft beides zu oder handelt es sich um kein *PRODIA*-Window, wird die Benutzeroperation auf dem Window ausgeführt. Bei *PRODIA*-Windows werden dabei eventuell vorhandene Einschränkungen bzgl. Größe, Bereich für das Verschieben etc. berücksichtigt.

2.    Üblicherweise werden von den mit dem X-Window-System gelieferten Win-
      dowmanagern die dem Bildschirm zugeordneten Windows, also keine Child-
      windows, bearbeitet. Letztere werden von den Anwendungsprogrammen
      kontrolliert. Das rekursive Window-Konzept von PRODIA legt jedoch nahe,
      daß alle PRODIA-Windows von dem Windowmanager gleich behandelt wer-
      den. Entsprechend wurde der uwm modifiziert.

*PRODAT* erscheint in dieser Prozeßstruktur, realisiert es doch die *PRODIA*-Funk-
tionen *frm_load* und *frm_save*.

Der X-Server ist ein sogenannter Display-Resource-Manager, er verwaltet physikalische Betriebsmittel wie Bildschirm, Farbtabelle und Eingabegeräte.


## 4.2.7 Die *PRODIA*-Testumgebung


Das Testen eines Dialog-Systems ist nicht ganz einfach, denn es muß für zwei
Schnittstellen die Einhaltung der Spezifikation überprüft werden: für die Anwen-
dungsschnittstelle (bei *PRODIA* Werkzeugschnittstelle genannt) und für die Benutzerschnittstelle. Das Testen der *PRODIA*-Implementierung wurde daher außer
durch einen Trace-Mechanismus durch die interaktive *PRODIA*-Testumgebung
unterstützt.

Sie erscheint beim Start mit zwei Windows. In dem Eingabe-Window (in der Abbildung links oben) erscheinen neben der Titelzeile "*PRODIA*-Testumgebung"
zwei Menüleisten. In den zu den Menütiteln gehörenden Menüs sind außer den Ad-
ministratorfunktionen, die von der Testumgebung implizit aufgerufen werden, alle
*PRODIA*-Funktionen durch entsprechende Menü-Items enthalten. Wird eine ausgewählt, so erscheint eine Maske, in der die Eingabeparameter eingegeben werden
können. Die Cursorsteuerung erfolgt wahlweise über Tasten- oder Maussteuerung.
Die Maske hat einen Titel, der den Namen der ausgewählten Funktion enthält.

In dem Ausgabewindow werden die Returncodes der aufgerufenen Funktionen und
die Namen und Inhalte der Rückgabeparameter angegeben. Ruft ein Benutzer der
Testumgebung nun eine Funktion auf, so kann er im Ausgabe-Window das Verhalten der Werkzeugschnittstelle und gleichzeitig die Auswirkung des Funktionsaufrufs
an der Benutzerschnittstelle überprüfen.

In der ersten Menüzeile sind zusätzliche Hilfen vorgesehen. Unter dem Menütitel
"info" erscheint ein Textfeld, in dem der Einsatzzweck der Testumgebung ausgegeben wird. Unter dem Menütitel können die Liste aller erzeugten Frames und
die Liste aller erzeugten Events angefordert werden, je eine solche Liste ist in
Abb. 4.2-3 unten links zu sehen. Unter "Hilfen" kann ein Window angefordert
werden, in dem die Kodierung möglicher Eventklassentypen ausgegeben werden, in Abb. 4.2-3 erscheint eine solche rechts.

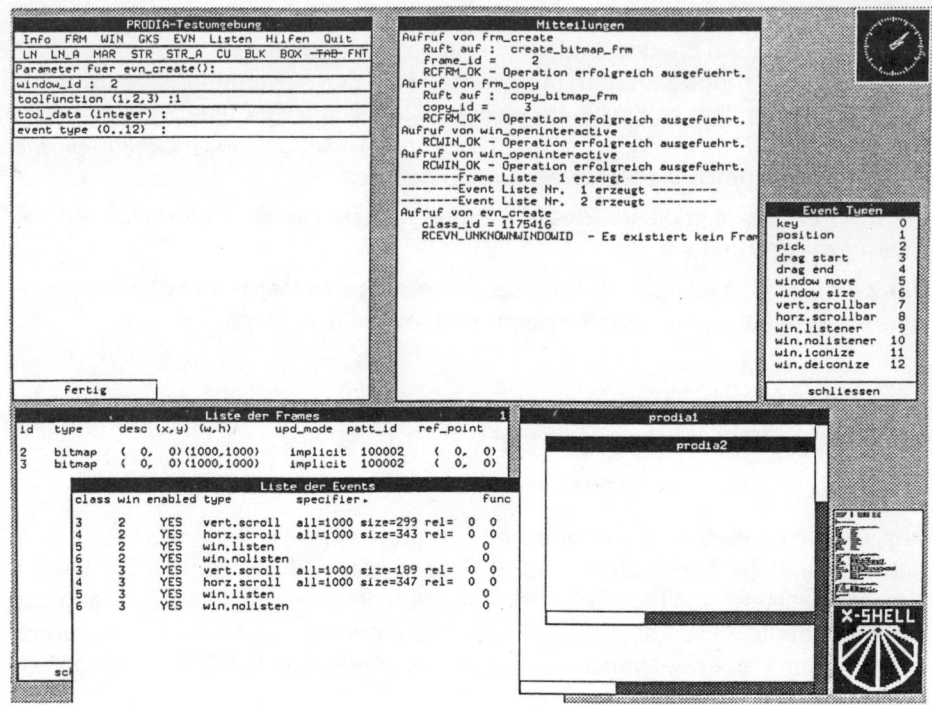

**Abb. 4.2-3.** Die *PRODIA*-Testumgebung

Weiterhin sind in Abb. 4.2-3 enthalten:

- zwei *PRODIA*-Windows (prodia2 ist Child-Frame von prodia1) mit je einem Titelbalken und zwei Scrollbars,
- eine Uhr,
- die Ikone einer Terminalemulation, die zu Punkten abstrahierten Text enthält,
- eine Ikone "X-Shell", mit der weitere Terminalemulationen gestartet werden können.

## 4.2.8 *PRODIA*-Module

### 4.2.8.1 Übersicht

Die Modulstruktur von *PRODIA* wird durch die Konzepte für Frames, Windows, Events, Ausgabe (Text, Graphik, Raster) und Dialog geprägt. Die Module werden im folgenden als Frame-Modul, Window-Modul, Event-Modul, Text-Frame-Modul, Graphik-Frame-Modul und Raster-Frame-Modul bezeichnet. Die *PRODIA*-Dialog-

komponente für Masken und Menüs besteht aus drei Teilen, der Dialogspezifika-
tionssprache PDL, dem Dialoggenerator PDG und dem Dialogmanager PDM.

### 4.2.8.2 Das Frame-Modul

Mit dem Framekonzept ist es möglich, verschiedene Ausgabeschnittstellen als
Frame-Typen in *PRODIA* zu integrieren. Alle Frame-Typen müssen die Werkzeugschnittstelle auf Frames einhalten. Diese betreffen das Eröffnen, Löschen,
Schließen, Sichern, Laden und Kopieren von Frames und das Setzen des Ausgabemodus. Sie können allerdings nicht von allen Frame-Typen gleichartig behandelt werden, daher verteilt der *PRODIA*-Frame-Modul intern die Aufrufe an
die Module, die den jeweiligen Frame-Typ implementieren. Das Frame-Modul
verwaltet alle vom jeweiligen Typ unabhängigen Datenstrukturen wie die Abmessungen, den Hintergrund und den Ausgabemodus der Frames. Diese Verwaltung
basiert auf dem Listenhandler.

### 4.2.8.3 Das Window-Modul

Die Werkzeugschnittstelle zum Window-Modul umfaßt Funktionen zum Eröffnen
und Schließen von Windows auf Frames, und sofern notwendig, kann das Werkzeug auch die dem Benutzer zur Verfügung stehenden Manipulationsmöglichkeiten
für Windows – Window-Attribute genannt – kontrollieren. Sie beziehen sich auf
Größenveränderungen, Verschieben, Ikonisieren, Fensterinhalte Verschieben,
Scrollen, Zuordnung der Eingabe und die Existenz einer Titelzeile. Im *PRODIA*-
Fensterkonzept gibt es vier Ebenen für die Benutzung von Fenstern durch Werkzeuge. Eine rekursive Window-Struktur leistet die Text-, Graphik- und Rasterinte-
gration, indem Frame-Ausschnitte in Windows gemischt werden können.

Das Window-Modul legt das Layout der *PRODIA*-Windows fest. Er beinhaltet alle
Aufrufe zum X-Window-System, die das Aussehen von Scrollbars, Titelzeilen und
Ikonen beinflussen. Zusammen mit dem *PRODIA*-Windowmanager (siehe *PRO-
DIA*-Prozeßstruktur) legt das Window-Modul die Benutzerschnittstelle für *PRODIA*-
Windows fest, indem es Window-Attribute wie die Zulässigkeit von Verschieben
oder Größenänderung an den *PRODIA*-Windowmanager weiterreicht und von die-
sem dann Nachricht über solche eingetroffenen Änderungen erhält.

Die Implementierung des Window-Moduls basiert auf dem Listenhandler und dem
Sx-Toolkit, das Routinen zur Darstellung und Behandlung von Scrollbars und Titelzeilen enthält.

### 4.2.8.4 Das Event-Modul

Das *PRODIA*-Eventkonzept liefert eine Abstraktion von physikalischen Eingaben
zu Events, die dem Werkzeug übergeben werden. Eventklassentypen beschreiben

Dialogaufgaben mit einer bestimmten semantischen Bedeutung und einer spezifischen Datenstruktur. Die Ausprägung an der Benutzungsoberfläche entspricht Interaktionstechniken, die von *PRODIA* bereitgestellt werden und vom Werkzeug nicht verwaltet werden müssen.

Es können Ereignisklassen, die sich auf Frames beziehen (z.B. Objektauswahl, Objektbewegung, Positionseingabe, Tastatureingabe) und solche, die sich auf die Window-Attribute beziehen (z.B. Betätigung einer Scrollbar oder Ikonisieren eines Windows), spezifiziert werden.

Das Event-Modul untersucht beim Auftreten von Events (in der Form von X-Events) an der Benutzungsoberfläche, welchen Event-Klassen diese Ereignisse zugeordnet werden können. Diesen Event-Klassen sind Werkzeugfunktionen zugeordnet, die aufgerufen werden, wenn ein Event der jeweiligen Ereignisklasse auftritt. Dabei wird das Event in der entsprechenden Ausprägung an diese Funktionen weitergereicht.

Die Implementierung des Event-Moduls basiert auf dem Listenhandler und dem Sx-Toolkit, das Handler zum Anmelden und Verarbeiten von X-Events bereitstellt. Das Event-Modul enthält Listen für jede Klasse von X-Events. In den Listenelementen sind Verweise auf *PRODIA*-Event-Klassen enthalten, welche die jeweilige X-Event-Klasse zur Realisierung ihrer zugeordneten Interaktionstechnik enthalten. Jede dieser Listen wird an einen Handler für die jeweilige X-Eventklasse mitgegeben.

### 4.2.8.5 Das Graphik-Frame-Modul

Das Frame-Konzept wurde entwickelt unter der Berücksichtigung der Anforderung im *PROSYT*-Projekt, daß auch bereits existierende Werkzeuge in *PRODIA* integriert werden sollen. Dies wird bei GKS-benutzenden Werkzeugen dadurch erreicht, daß für Graphik-Frames die GKS-Schnittstelle gemäß DIN 66252 und ISO/IS 7942 (Level 2B) bereitgestellt wird.

Durch die unterschiedliche Entwicklung und Zielsetzung von Graphikstandards und Window-Systemen mußten bei der Integration von GKS in *PRODIA* konzeptionelle Unverträglichkeiten dieser Systeme beachtet werden. (Vergl. auch [Hopg86], [LHMB88].) Graphikstandards wurden entwickelt, um graphische Ein- und Ausgabekonzepte bereitzustellen und die Portabilität und Hardware-Unabhängigkeit graphischer Software zu gewährleisten. Konzepte wie abstrakte Arbeitsplätze und logische Eingabegeräte gehen von der alleinigen Kontrolle eines GKS-Anwendungsprogramms über die Resourcen (z.B. Eingabegeräte, Ausgabeflächen, Farbtabellen) aus. Window-Systeme dagegen dienen zur Gestaltung graphischer Benutzerschnittstellen und der Koordination verschiedener Anwendungen auf einem Bildschirm. Dabei werden die Resourcen vom Window-System den Anwendungen zugeteilt.

Um auch in *PRODIA* den Vorteil standardisierter Graphikschnittstellen zu nutzen, werden die Funktionen von GKS als Schnittstelle zu Graphik-Frames angeboten.

Dabei wird für GKS-Programme eine Umgebung bereitgestellt, die den Anforderungen nach Kontrolle der Ressourcen entgegenkommt, indem virtuelle Ressourcen – Graphik-Frames als Ausgabegeräte – für GKS angeboten werden. Die GKS-Eingabe wird intern mit *PRODIA*-Events realisiert, welche die Zuteilung der Eingabe- geräte zu mehreren logischen Eingabeklassen berücksichtigen.

Bei der Integration von GKS mußten folgendende Anforderungen berücksichtigt werden:
– Die GKS-Anwendung erwartet eine konstante Größe der Ausgabefläche.
– Das Erscheinungsbild der Ausgabefläche wird allein von der GKS-Anwendung gesteuert. Dabei wird die Farbtabelle des Geräts von GKS verwaltet.
– Die Ausgabe muß generiert und sichtbar gemacht werden. Dies gilt insbesondere für Bereiche der Ausgabefläche, die für Eingaben und Eingabeaufforderungen verwendet werden.
– Eine GKS-Anwendung kontrolliert die Geräte zur Ein- und Ausgabe vollständig, d.h. sperrt Geräte, die nicht für GKS-Eingabe aktiviert sind oder läßt nur die angeforderte Eingabeart zu.

Ein Graphik-Frame wird als GKS-Arbeitsplatz aufgefaßt. Damit wird die Forderung nach konstanter Größe der Ausgabefläche erfüllt, da die Größe beim Einrichten eines Frames spezifiziert und anschließend nicht mehr verändert werden kann. Der Frame-Inhalt wird ausschließlich durch die GKS-Funktionen bestimmt, so daß die Forderung nach alleiniger Kontrolle erfüllt ist. (Konzepte für die Verwaltung der Farbtabelle gibt es in der jetzigen Implementierung noch nicht.)

Die Sichtbarkeit der Ausgabe wird nicht garantiert, sie ist davon abhängig, ob das Werkzeug ein Window auf dem Frame eröffnet hat und in welcher Größe und Lage das Window dargestellt wird. Während GKS eine Eingabe anfordert, kann der Benutzer Window-Operationen (z.B. Scrollen, Verschieben, Vergrößern) durchführen. Die GKS-Eingabeanforderung bleibt solange aktiv, bis der Benutzer die entsprechende Eingabe durchführt.

Zur Realisierung der GKS-Werkzeugschnittstelle wurde eine vorhandene GKS-Implementierung benutzt. Die Funktionen des Kerns werden zum Werkzeug dazugebunden. Der Anschluß an *PRODIA* erfolgt über die Treiberschnittstelle. Ein GKS-Programm kann gleichzeitig mehrere Frames als GKS-Arbeitsplatz ansprechen. Dabei übergibt es den Bezeichner eines Frames als Verbindungskennzeichnung und als Bezeichner des Arbeitsplatztyps beim Öffnen des Arbeitsplatzes.

Das Modul für die Graphik-Frames realisiert die Treiberschnittstellen für GKS und die interne Schnittstelle zum Frame-Modul, indem es die Graphikausgaben speichert und bei Bedarf in Windows ausgibt. Die Graphikausgabe benutzt die Schnittstellen des X-Window-Systems. Die GKS-Eingabe wird intern durch *PRODIA*-Eventklassen realisiert, die bei jeder GKS-Eingabeanforderung aktiviert und sofort nach dem Eintreffen eines Events der jeweiligen Klasse wieder deaktiviert werden. Die GKS-Anwendung wird solange in einen Wartezustand versetzt, bis eine angeforderte Eingabe vorliegt.

Das Graphik-Frame-Modul beinhaltet interne Module zur Verwaltung der Geräte-
beschreibungs- und Zustandstabellen, Speicherung der Ausgabe, Ausgabe zum X-
Window-System, Eingabe mit Hilfe der *PRODIA*-Events, Verwaltung von typspezi-
fischen Frame-Daten und das Modul mit den Schnittstellen zum Frame- und
Window-Modul.

### 4.2.8.6  Das Text-Frame-Modul

Text-Frames verwalten Textausgaben und Textattribute, die Einträge sind edierbar. Es werden Lösch-, Einfüge-, Überschreibe-, Kopier- und Suchfunktionen angeboten. Somit können die Funktionen auf Text-Frames als Bausteine für Funktionen
von komplexeren Werkzeugen, wie z.B. Dokumenteneditoren, gesehen werden.

Das Werkzeug kann bei der Ausgabe mit Proportionalschrift das Schriftbild durch
zahlreiche Attribute beeinflussen. Die Größe der Buchstaben und die Schriftart
wird durch den *PRODIA*-Font bestimmt. Zur Formatierung des Textes stehen
Funktionen zum Einstellen von Randmarken, Tabulatoren und Zeilenabstand zur
Verfügung. Der Text kann innerhalb einer Zeile links-, rechtsbündig oder zentriert
ausgerichtet werden oder der Randausgleich (Ausschluß) für Blocksatz durchgeführt werden. Für den Zeilenumbruch ist der Anschluß einer Umbruchroutine
vorgesehen. Mit Textblöcken werden dem Benutzer bestimmte Bereiche des
Textes hervorgehoben angezeigt, die als Einheit manipuliert werden können.

Die Datenstrukturen für Text-Frames müssen nicht nur Zeichenketten, sondern
auch die Schriftattribute Font, Schriftbild, Zeichenabstand, Zeilenabstand und
linke und rechte Randmarken sowie Textblöcke verwalten. Einige Methoden zur
Realisierung einer geeigneten Datenstruktur sind in einem Aufsatz über den
LARA-Texteditor ([Gutk85]) enthalten. Der in einem Text-Frame gespeicherte Text
besteht anfangs aus einer zusammenhängenden, möglicherweise auch der leeren,
Zeichenkette. Bei Edieroperationen werden Zeichenketten aufgetrennt und eingefügt. Die so entstandenen Zeichenketten werden in einer Liste verwaltet. Dieser
Teil konnte bei *PRODIA*-Text-Frames gut mit dem oben vorgestellten Listenhand-
ler realisiert werden.

Quer zu der Zeichenkettenverwaltung werden Formate für die Textattribute verwaltet. Diese werden ebenfalls in einer Liste gehalten. Dabei wird der Bezug zu
der Textposition, ab der das Format seine Gültigkeit hat, durch Verzeigerung hergestellt.

Für die Formatierung des Textes und die Vorbereitung zur Ausgabe wird eine zei-
lenorientierte Struktur eingeführt. Zeilen besitzen ebenfalls Attribute (z.B. linker,
rechter Rand, Zeilenabstand). Diese werden in Zeilenformaten verwaltet. Die
Aufteilung in Textzeilen wird ebenfalls in einer Liste verwaltet.

## 4.2.9 Dialog

*Wolfgang Hinderer*
*Fraunhofer-Institut für Informations- und Datenverarbeitung (IITB)*

### 4.2.9.1 Allgemeines

Die bisherigen Ausführungen zu *PRODIA* beziehen sich auf den Dialog im allgemeineren Sinne, d.h. auf den gesamten Bereich der Interaktion zwischen dem
Rechnersystem und dem Benutzer. In diesem Abschnitt soll es um den Dialog im
engeren Sinne gehen: um die Organisation der Eingabe von - i.a. alphanumerischen - Daten und Informationen, die ein Werkzeug vom Benutzer erfragt, und die
Werkzeugreaktion auf diese Eingabe.

Der alphanumerische Dialog ist ein wichtiger Bestandteil beinahe jedes Soft-
ware-Werkzeugs. Zudem nimmt die Dialog-Programmierung für den Werkzeughersteller einen umso größeren Raum ein, je benutzerfreundlicher die Werkzeugoberfläche ausgestaltet ist. Die Dialogkomponente von *PRODIA* unterstützt
sowohl die Dialogrealisierung mit Hilfe von Masken und Menüs als auch die
Programmierung des Werkzeugdialogs auf einer höheren Sprachebene.

Masken und Menüs stellen wichtige Instrumente für die Gestaltung eines benutzer-
gerechten Dialogs dar und ermöglichen, wenn das Konzept genügend allgemein
gehalten ist, eine durchgängige und einheitliche Dialogrealisierung für alle
Werkzeuge. Das Instrumentarium für die Abwicklung von Dialogen auf einer mit
Graphik-Bildschirm ausgestatteten Arbeitsstation umfaßt auf der Ausgabeseite
Bildschirmfelder, deren Bedeutung durch ihren graphischen bzw. alphanumerischen Inhalt und/oder durch ihren Ort gegeben ist. Auf der Eingabeseite stehen
die alphanumerische Tastatur, das Zeige-Instrument (Maus) und einzelne Spe-
zialtasten zur Verfügung. Das Dialog-Konzept von *PRODIA* benutzt diese Ein-/
Ausgabe-Möglichkeiten in einem bestimmten Rahmen, der auf die Eigenheiten
des Konzepts abgestimmt ist, der aber auch die Aufgabe hat, den *PRODIA*-Dialo-
gen eine typische Gestalt zu geben.

Das *PRODIA*-Dialogkonzept bietet den Werkzeugherstellern eine Benutzungsoberfläche, die in der Vorstellung des Schichtenmodells der Mensch-Computer-Interaktion (Abb. 4.2-4) als syntaktische Ebene oberhalb der physikalischen Ein-/Aus-
gabe-Ebene angesiedelt ist. Das Konzept enthält:

- die "*PROSYT*-Dialogdefinitions-Sprache" <u>PDL</u> für die Definition von Teildialogen,
- den "*PROSYT*-Dialog-Generator" <u>PDG</u> für die Übersetzung der so definierten Teildialoge,
- den "*PROSYT*-Dialog-Manager" <u>PDM</u> für die Gestaltung und Ablauforganisation der übersetzten Dialoge.

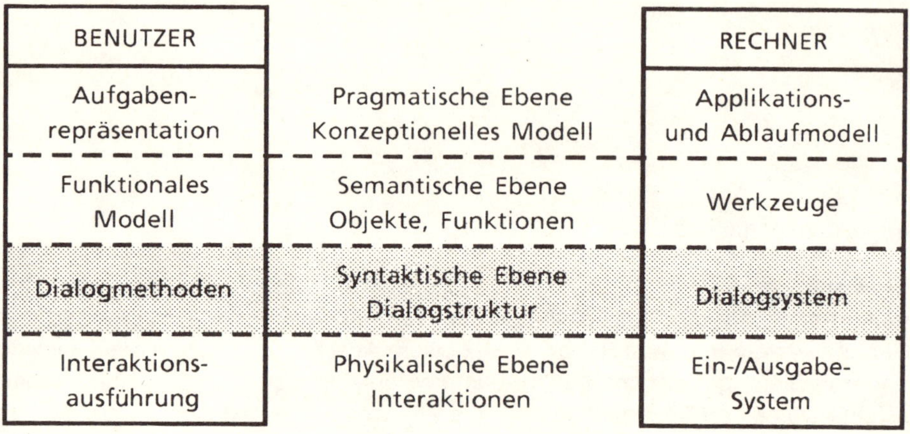

| BENUTZER | | RECHNER |
|---|---|---|
| Aufgaben-repräsentation | Pragmatische Ebene Konzeptionelles Modell | Applikations-und Ablaufmodell |
| Funktionales Modell | Semantische Ebene Objekte, Funktionen | Werkzeuge |
| Dialogmethoden | Syntaktische Ebene Dialogstruktur | Dialogsystem |
| Interaktions-ausführung | Physikalische Ebene Interaktionen | Ein-/Ausgabe-System |

**Abb. 4.2-4.** Schichtenmodell der Mensch-Computer-Interaktion

Das gesamte, aus PDL, PDG und PDM bestehende System soll im folgenden als *MM-System* bezeichnet werden, entsprechend der Tatsache, daß es auf dem Einsatz von <u>M</u>asken und <u>M</u>enüs aufbaut.

Eine charakteristische Eigenschaft der Sprache PDL des MM-Systems ist, daß die Dialog-Definition nicht mit Bezug auf Masken mit einem vordefinierten festen Layout geschieht. Vielmehr hat der Werkzeughersteller mit PDL die Möglichkeit, die *einzelnen Dialogschritte und ihren kausal-logischen Zusammenhang* zu definieren. Der PDM kann hierdurch den eigentlichen Dialog weitaus flexibler durchführen, indem er den Aufbau eines Bildschirminhalts dynamisch auf den aktuellen Dialogzustand abstimmt. Vom Benutzer fehlerhaft behandelte Dialogschritte können z.B. erneut auf den Bildschirm gebracht werden, während andere, bereits erledigte, verschwunden sind. Auch das Nichtbehandeln von Dialogschritten ist möglich, sie werden unverändert wieder auf den Bildschirm gebracht.

### 4.2.9.2 Masken und Menüs, MM-Elemente

Zwischen den Bildschirmfeldern eines MM-Dialogs und den einzelnen Dialogschritten besteht eine eineindeutige Beziehung, d.h. jedem einzelnen Dialogschritt (Erfragung eines Parameters, Erfragung einer Alternative, Verschieben eines Objekts etc.) ist genau ein zweckdienliches Feld zugeordnet. Der PDM organisiert die Durchführung des Dialogschritts durch

- das Darstellen des Felds auf dem Bildschirm,
- die Abwicklung der entsprechenden Benutzer-Eingabe,
- die Bearbeitung der Eingabe unter Verwendung von werkzeugeigenen Routinen,
- das Einleiten evtl. folgender Dialogschritte.

Unter einem *MM-Element* soll die Zusammenfassung der Aspekte eines einzelnen Dialogschritts verstanden werden:

- die geometrische Realisierung (i.a. ein Feld) auf dem Bildschirm,
- die technische Realisierung der Ein-/Ausgabe,
- die eingabespezifische interne Reaktion einschließlich einer auf den Dialogschritt bezogenen "Help"-Reaktion im Fehlerfall,
- die kausale Verknüpfung mit anderen MM-Elementen,
- die Vorbesetzung des Eingabefelds bzw. einer Alternative,
- die Datenstruktur zur Beschreibung des Dialogschritts.

Durch die im folgenden gegebenen Typen werden MM-Elemente unterschieden nach der Art der durch den PDM ausgeübten Kontrolle auf die Bildschirmausgabe und auf die Benutzereingabe.

- Das freie Maskenfeld (Typ **FMask**):
  Ein freies Maskenfeld besteht aus einem Titel-Teil für die Ausgabe einer Anfrage des Werkzeugs an den Benutzer und einer Zone zur Aufnahme einer Zeichenkette, die durch die Vordefinition in PDL oder vom Werkzeug zur Dialogzeit mit einem Default-Text vorbesetzt werden kann und die vom Benutzer mit Hilfe der Tastatur edierbar ist. Die Benutzer-Eingabe wird vom PDM an das Werkzeug weitergeleitet und von diesem in einer "Aktion" verarbeitet. Das freie Maskenfeld entspricht also im wesentlichen einem Feld einer herkömmlichen Formularmaske.

- Das kontrollierte Eingabeelement (Typ **Control**):
  Wenn für die Eingabe lediglich eine wohlbestimmte Menge von Alternativen möglich sein soll, dann kommt die Anfrage in Form eines kontrollierten Eingabeelements in Frage: Der PDM liefert jeweils den Index der vom Benutzer ausgewählten Alternative an das Werkzeug.

  Für die Bearbeitung eines kontrollierten Eingabe-Elements stehen mehrere Interaktionstechniken zur Verfügung, die sich z.T. sehr stark in ihrem äußeren Erscheinungsbild unterscheiden. Sie sind aber grundsätzlich gegeneinander austauschbar, sogar zur Dialogzeit, ohne daß die Werkzeugprogrammierung oder die Dialoglogik davon betroffen wird. Im folgenden sind die über einen *Stil-Parameter* wählbaren Realisierungen eines kontrollierten Eingabeelements aufgeführt.

  - Das Menü (Style = **Menue**):
    Das Menü enthält nach einem geeigneten Titel die Aufzählung der Alternativen. Für die Auswahl ist der mit dem Zeige-Instrument gezeigte Ort maßgebend. Obwohl ein Menü wegen der unterschiedlichen Bedeutung der Orte in seinem Inneren seinerseits in Felder unterteilt ist, gilt es insgesamt also als *ein einzelnes* MM-Element.

- Das Tortenmenü (Style = **Cake**):
  Dies ist ein Menü in einer geänderten Darstellungsart: Die einzelnen Alternativen sind hier als Segmente einer Tortengraphik dargestellt. Im Unterschied zum Menü ist keine Alternative durch Voreinstellung oder - implizit - als Erste hervorgehoben, vielmehr sind alle Alternativen von der Darstellung her gleichberechtigt, und der Auswahlvorgang startet aus dem Mittelpunkt des MM-Elements heraus.

- Das zyklisch umschaltbare Feld (Style = **ZUF**):
  Wenn die einzig mögliche Eingabe "ja" oder "nein" (oder eine kleine Menge sonstiger Alternativen) ist, dann kann statt der Menütechnik das kompakter darstellbare zyklische Umschalten des - im übrigen nicht edierbaren - Feldinhalts durch Bedienung einer Spezialtaste günstiger sein. Das ZUF-Element ermöglicht diese Eingabetechnik.

- Das kontrollierte Maskenfeld (Style = **CMask**):
  Dieses MM-Element ist in seinem äußeren Erscheinungsbild vom freien Maskenfeld nicht zu unterscheiden. Der Unterschied liegt in der internen Verarbeitung der (alphanumerischen) Benutzereingabe. Der PDM ordnet die Eingabe wie bei einem Menü einer bestimmten Alternative aus einer vorgegebenen Menge zu und liefert deren Index an das Werkzeug. Ist die Zuordnung nicht möglich, so stößt der PDM eine Fehler-Reaktion an, so daß der Benutzer eine syntaktisch richtige Zeichenkette eingeben kann. Erst dann wird die Eingabe an das Werkzeug weitergeleitet.

- Das Event-Element (Typ **Event**):
  Dieser MM-Elementtyp dient zur Abwicklung eines Dialogschritts, für den das Werkzeug selbst (unter Benutzung der Graphikfunktionalität von *PRODIA*) die technische Realisierung der geometrischen Darstellung übernimmt. Der PDM reagiert hier auf ein durch das Werkzeug definiertes (und vom Benutzer ausgelöstes) Event. Auf diese Weise läßt sich etwa das "Anklicken" der "Size-Box" in der Ecke eines Fensters als Dialogschritt behandeln.
  Beim Event-Element ist es nicht erforderlich, daß die Abwicklung überhaupt über den Bildschirm erfolgt. Vielmehr kann das Event z.B. auch einer Menge von Tastaturtasten zugeordnet sein, wobei durch den Druck auf eine dieser Tasten wie beim Menü eine Alternative ausgewählt wird.

- Das Meldungsfeld (Typ **MeldF**):
  Dies ist der Spezialfall eines (freien oder kontrollierten) Maskenfelds mit einer Eingabezone der Länge 0, es dient der Meldungsausgabe.

- Die Hintergrundaktion (Typ **HA**):
  Dieses MM-Element ist eine weitere Spezialisierung des Meldungsfelds: Es hat keine Ausgabezone und damit überhaupt keine geometrische Realisierung auf dem Bildschirm. Die Hintergrundaktion dient der Abwicklung impliziter Aktionen innerhalb eines Dialogs, die nicht direkt an einen einzelnen Dialogschritt gekoppelt sind.

### 4.2.9.3 Der Dialogablauf

#### 4.2.9.3.1 Elementaktivierung, MM-Schema

Die vom Werkzeughersteller mit Hilfe der Sprache PDL definierten MM-Elemente eines Dialogs werden vom PDM zur Dialogzeit

– abhängig vom Dialogzustand "*aktiviert*" und
– abhängig vom auf dem Bildschirm verfügbaren Platz dem Benutzer dargeboten.

Die Gesamtheit aller zu einem Zeitpunkt auf dem Bildschirm unter- oder nebeneinander stehenden MM-Elemente eines Dialogs soll als MM-Schema bezeichnet werden. Ein *MM-Schema* enthält also im allgemeinen Fall vermischt mehrere komplette Menüs, freie und kontrollierte Maskenfelder, zyklisch umschaltbare Felder und ggf. auch Tortenmenüs oder Event-Felder auf einmal. Da der Platz auf dem Bildschirm beschränkt ist, sind nicht notwendig alle zu einem Zeitpunkt aktiven MM-Elemente im MM-Schema enthalten.

Die Elemente eines MM-Schemas können unterschiedlichen Teildialogen angehören. Die zu einem Teildialog gehörenden MM-Elemente werden ggf. vom PDM geeignet gruppiert und mit einem Teildialog-Überschriftfeld versehen. Das gesamte MM-Schema wird durch ein "Fertig"-Feld abgeschlossen (Abb. 4.2-5).

Die MM-Elemente haben je nach Elementart und Dialogtechnik verschiedene Möglichkeiten der *Voreinstellung* für das vom Benutzer erwartete Eingabedatum. Sie ist beeinflußbar durch

– statische Vorgabe in PDL,
– in PDL spezifizierte dynamische Festlegungen zur Dialogzeit,
– Ediervorgänge zur Dialogzeit.

Die Voreinstellung spielt lediglich die Rolle einer Entlastung des Benutzers von redundanten Eingabeaktionen und hat für die Logik des Dialogablaufs keine Bedeutung.

Auch die Reihenfolge der Bearbeitung durch den Benutzer hat keinen Einfluß auf die Dialoglogik: Da der PDM aufgrund der in PDL vorliegenden Beschreibung der kausalen Struktur des Dialogs die Abhängigkeiten zwischen einzelnen Dialogschritten kennt, wird er MM-Elemente, die einander bedingen, nicht gleichzeitig in einem MM-Schema zur Behandlung anbieten. Wenn etwa eine Frage in einem Menü "Familienstand" lautet:

"ledig/verheiratet/verwitwet/geschieden?",

dann wird die Zusatzfrage in einem Maskenfeld

"seit wann?"

erst dann in das MM-Schema eingefügt, wenn der Benutzer die Frage nach dem Familienstand, und zwar *nicht* mit "ledig", beantwortet hat. Die Reihenfolge der Behandlung der Elemente eines MM-Schemas (oder auch die Nichtbehandlung) ist also generell beliebig.

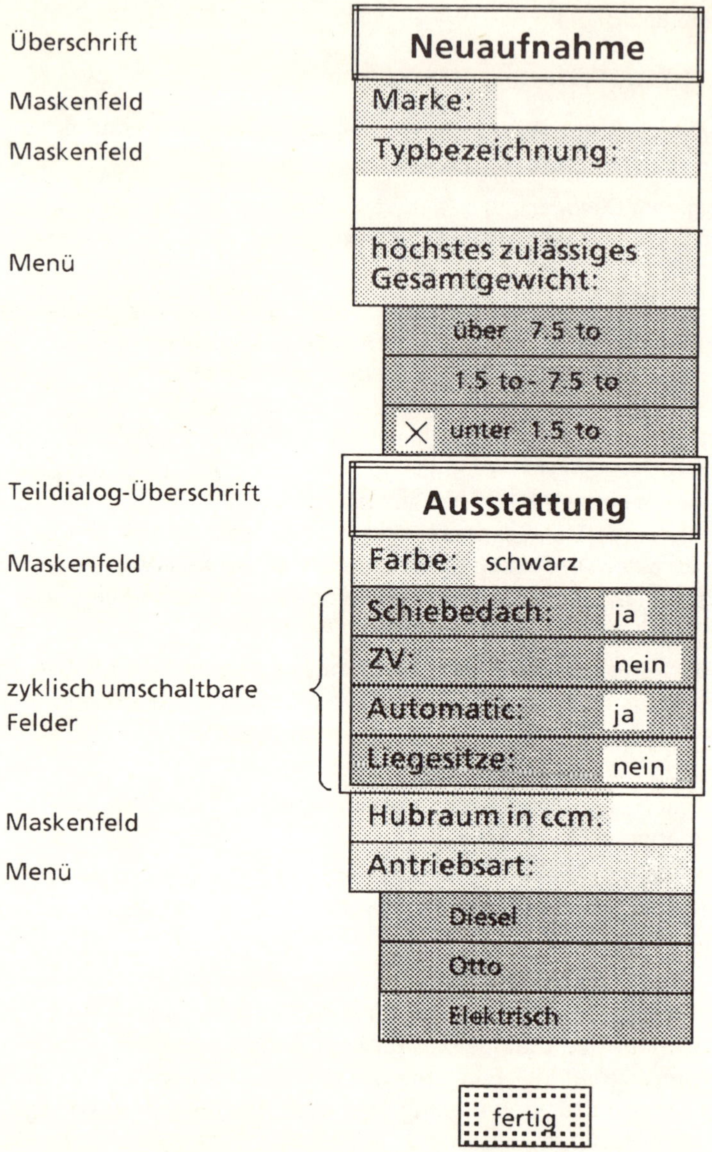

| | |
|---|---|
| Überschrift | **Neuaufnahme** |
| Maskenfeld | Marke: |
| Maskenfeld | Typbezeichnung: |
| Menü | höchstes zulässiges Gesamtgewicht: |
| | über 7.5 to |
| | 1.5 to - 7.5 to |
| | ✕ unter 1.5 to |
| Teildialog-Überschrift | **Ausstattung** |
| Maskenfeld | Farbe: schwarz |
| zyklisch umschaltbare Felder | Schiebedach: ja |
| | ZV: nein |
| | Automatic: ja |
| | Liegesitze: nein |
| Maskenfeld | Hubraum in ccm: |
| Menü | Antriebsart: |
| | Diesel |
| | Otto |
| | Elektrisch |

fertig

**Abb. 4.2-5.** MM-Schema (Beispiel)

Die Abwicklung eines MM-Dialogs ist durch einen Bearbeitungszyklus für jedes MM-Element über die Schritte *Anwahl*, *Vorauswahl*, *Selektion*, *Help* und *Rücksetzen* (Abb. 4.2-6) geprägt.

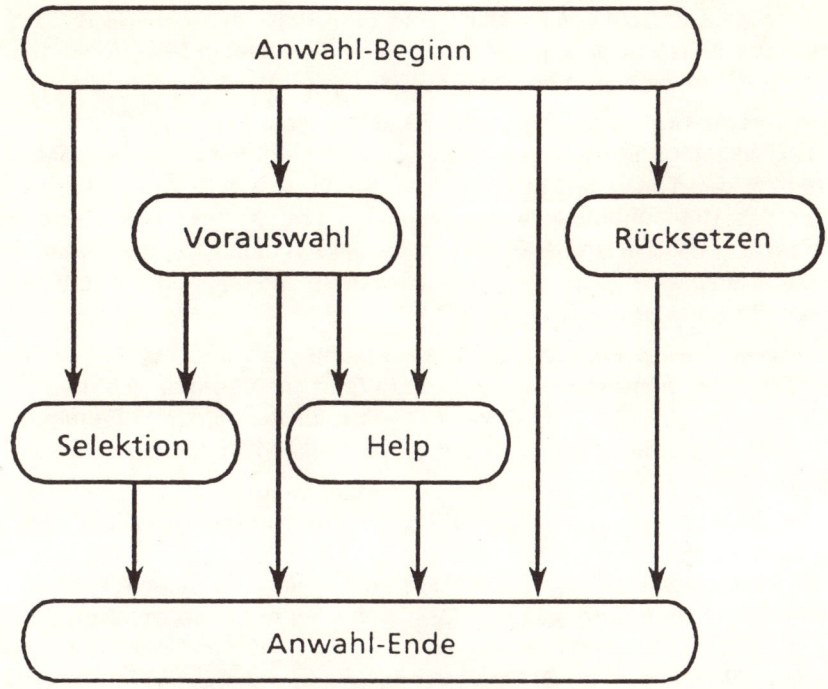

**Abb. 4.2-6.** Dialogablauf

– Element-Anwahl:
Da die Reihenfolge der Behandlung der Elemente eines MM-Schemas durch den Benutzer beliebig ist, muß er dem PDM mitteilen können, welches MM-Element er zu behandeln wünscht. Im folgenden soll dieser Vorgang *Anwahl* eines MM-Elements heißen. Auch das Bezeichnen einer Alternative (d.h. eines Teilfelds) eines Menüs wird Anwahl genannt.

– Element-Vorauswahl:
Der nächste Schritt nach der Anwahl ist die Vorauswahl, die die Edierphase eines MM-Elements einleitet. Dabei kann der Benutzer von einer je nach Elementtyp und Interaktionstechnik unterschiedlichen Art der Voreinstellung ausgehen und durch Texteingabe bzw. mit der auf der Maus und auf der Tastatur vorhandenen *Vorauswahl-Taste*, auch wiederholt, eine Variation des Element-Zustands vornehmen. Die Edierphase dauert so lange, bis der Benutzer entweder das MM-Element selektiert oder die Behandlung vorläufig beendet durch eine Hilfe-Anforderung bzw. durch eine Metadialog-Maßnahme (Blättern, Ikonisieren). Es können beliebig viele Elemente eines MM-Schemas nebeneinander edierbar, d.h. im Zustand "vorausgewählt" sein.

– Element-Selektion:
Die Vorauswahl und Edierphase für ein MM-Element vom Typ **FMask** oder **Control** wird vom Benutzer normalerweise durch Druck auf die *Select-Taste*

(auf der Maus und auf der Tastatur vorhanden) abgeschlossen. Dieser Vorgang wird Auswahl oder Selektion genannt, er ist für einzelne MM-Elemente auch ohne explizite vorherige Vorauswahl möglich.

Durch die Auswahl des Überschrift-Felds des gesamten MM-Schemas bzw. eines Teildialogs werden alle *vorausgewählten* MM-Elemente des MM-Schemas bzw. des Teildialogs auf einmal selektiert. Durch Auswahl des "Fertig"-Felds des MM-Schemas werden sämtliche *voräusgewählten* MM-Elemente des gesamten Schemas selektiert und das MM-Schema neu aufgebaut, wobei bereits erledigte Elemente weggelassen werden und ggf. neu aktivierte, soweit es der Platz ermöglicht, hinzukommen.

Die Auswahl eines MM-Elements bewirkt, daß der PDM das Element in der vom Benutzer edierten Fassung an das Werkzeug übergibt. D.h. es wird ein vom Werkzeughersteller durch die PDL-Spezifikation des MM-Elements vorgegebenes Programmstück, die sogenannte *Aktion*, ausgeführt. Dieses Programmstück kann u.a. enthalten:

- eine Überprüfung der Benutzereingabe auf syntaktische Richtigkeit und Plausibilität,
- eine entsprechende Werkzeug-Aktion im Fall einer korrekten Eingabe,
- die evtl. Aktivierung weiterer MM-Elemente mit Hilfe des Setzens von Bedingungen,
- das Ar.stoßen des im PDM enthaltenen Fehlermechanismus im Fall einer inkorrekten Benutzereingabe, wodurch das Setzen von Bedingungen unterbleibt und stattdessen dasselbe MM-Element mit einer zusätzlichen Fehlerinformation erneut aktiviert wird.

- Help-Funktion:
  Anstatt des Selektierens hat der Benutzer die Möglichkeit, durch Drücken einer speziellen *Help-Taste* die Help-Funktion des PDM aufzurufen. Dies führt dazu, daß *keine* Auswahl des MM-Elements stattfindet, sondern daß das Element mit einem (in PDL zu spezifizierenden) erweiterten Titel-Teil erneut aktiviert wird.

- Rücksetzen von MM-Elementen:
  Der Werkzeughersteller hat die Möglichkeit, in der PDL-Spezifikation für jedes einzelne MM-Element eine (ggf. auch leere) Befehlsfolge zum Rückgängigmachen des Dialogschritts zu spezifizieren. Bei einem Rücksetzwunsch zur Dialogzeit kann der Benutzer dann selektiv einzelne als rücksetzbar spezifizierte Dialogschritte oder auch ganze Teildialoge zurücknehmen.

Ebenso wie bei der Abarbeitung eines MM-Schemas ist der Benutzer auch beim Rücksetzen nicht an eine bestimmte Reihenfolge (auch nicht die ursprüngliche Abarbeitungsreihenfolge) gebunden. Der PDM zeigt vielmehr die im jeweiligen Dialogzustand rücksetzbaren MM-Elemente an und der Benutzer wählt davon eine beliebige Teilmenge aus. Hierdurch werden ggf. weitere MM-Elemente rücksetzbar usf.

### 4.2.9.3.2 Meta-Dialog

Die Reaktion des PDM auf das Selektieren eines MM-Elements bzw. auf den Aufruf der Help-Funktion geschieht, noch während der Benutzer weitere Elemente desselben MM-Schemas behandelt. Wenn es der Platz auf dem Bildschirm erlaubt, wird der PDM schon während dieser Behandlung das MM-Schema ggf. um Elemente erweitern, die durch eine neue Bedingungskonstellation nun aktiv geworden sind.

Deutlich abgesetzt gegenüber den Dialog-Aktionen gibt es Funktionen des Meta-Dialogs, die das Äußere des MM-Schemas oder den ganzen Dialog betreffen. Durch den Meta-Dialog sind eine globale Help-Information über die generelle Abwicklung des Dialogs, Blättern und Scrollen innerhalb aller aktiven und aller rücksetzbaren MM-Elemente, Rücksetzen des Dialogs, Abbruch des Dialogs sowie Ändern der dem Benutzer zugänglichen Dialogparameter anzustoßen.

### 4.2.9.4 Die *PROSYT*-Dialogbeschreibungssprache PDL

Die Beschreibung eines MM-Dialogs sollte für den Werkzeughersteller möglichst unkompliziert sein und sich gut mit der ansonsten verwendeten Programmiersprache (durch *PROSYT* speziell unterstützt: *C* ) verbinden lassen. Daher wurde PDL als Erweiterung der Sprache *C* konzipiert. Ein in PDL beschriebener Dialog ist eine Sammlung nebeneinanderstehender oder ineinandergeschachtelter *Teildialoge*. Der einzelne Teildialog sieht im *C*-Kontext von außen wie eine *C*-Funktion aus und wird auch so aufgerufen. Im Innern orientiert sich die Beschreibung eines Teildialogs an seinen MM-Elementen, wobei die Beschreibungen der einzelnen Aspekte des Teildialogs strikt voneinander getrennt sind:

- Die *Dialog-Logik*, d.h. der Kausalzusammenhang zu anderen Dialogschritten des gleichen Teildialogs.
- Die *Benutzer-Ansprache*, d.h. die Texte und Symbole, mit denen der Benutzer über den Dialogzustand informiert werden bzw. zu Eingaben aufgefordert werden soll.
- Die evtl. *Vorbesetzung* des Eingabefelds mit einem Defaultwert.
- Die *Help-Unterstützung*, d.h. die Texte, mit denen der Benutzer bei Hilfe-Anforderung und im Falle von Fehlbedienungen geleitet werden soll.
- Die *Rücksetz-Aktion*, d.h. die Maßnahmen, die ablaufen müssen, wenn der Benutzer die Rücknahme eines Dialogschritts wünscht.
- Die *Dialog-Gestaltung*, d.h. das Layout für den Dialog. Im weiteren Sinne gehören dazu auch die Texte zur Benutzer-Ansprache (s.o.). Im engeren Sinn gehört die Wahl des Stil-Parameters (Menü/Torten-Menü/zyklisch umschaltbares Feld/kontrolliertes Maskenfeld) hierher.
  Für eine spätere Erweiterung der Sprache PDL ist die Einstellbarkeit weiterer Layout-Parameter vorgesehen, die einstweilen vom PDM mit einem "Standard-Layout" unter Berücksichtigung der Erkenntnisse der Software-Ergonomie realisiert werden.

– Die *Dialogverarbeitung*, d.h. die Reaktion des Werkzeugs nach einer Benutzereingabe. Dies ist die sogenannte Aktion, sie enthält in Form von Programmtext
  Maßnahmen

  • zur *Plausibilitätsprüfung*, d.h. zur syntaktischen und semantischen Korrekt-
    heitsprüfung der Eingabe, wobei im Fehlerfall durch das Werkzeug eine Be-
    dienfehler-Reaktion angestoßen werden kann. Dies führt dazu, daß der PDM
    ohne weitere Mitwirkung des Werkzeugs die Eingabeanforderung, ggf. mit
    einer erklärenden Fehler-Information, wiederholt,

  • zur eigentlichen *Werkzeug-Reaktion* auf die (korrekte) Eingabe,

  • zum *Setzen von Bedingungen*, damit der PDM weitere Dialogschritte als
    logische Folge des bisherigen Dialogablaufs einleitet.

Bei der Beschreibung eines MM-Elements sind weitgehend *C*-Sprachmittel einsetzbar. So können Texte in Variablen gehalten, zur Dialogzeit berechnet oder
auch als Parameter übergeben werden. Die Aktion und die Rücksetzaktion sind
normale *C*-Programmstücke. Als Bestandteil der Aktion können weitere Teildialoge (auch rekursiv) aufgerufen werden.

Der Dialog-Generator PDG spielt selbst die Rolle eines *C*-Preprozessors, d.h. er
übersetzt die PDL-Beschreibung in ein *C*-Programm. Dieses ist dann auf einer *C*-
Maschine, deren Laufzeitsystem zusätzlich zu den *C*-Laufzeitfunktionen die PDM-
Dialogzeitfunktionen enthält, lauffähig.


### 4.2.9.5  Kausale Dialog-Struktur: Die Auswahl-Algebra

In PDL ist die Beschreibung des kausalen Dialog-Schemas möglich. Zur Beschreibung der Bezüge zwischen den einzelnen MM-Elementen wird eine petrinetz-
ähnliche Beschreibungsweise gewählt. Dies trägt der Tatsache Rechnung, daß
Dialogteile kausal voneinander abhängig oder auch unabhängig sein können.
Jedes MM-Element hat für sein "aktiv werden" eine Konstellation von Vorbedin-
gungen, und als Folge seiner Dialogbehandlung werden Nachbedingungen erfüllt,
die von den durch den Benutzer eingegebenen Daten abhängen.

Die zugrundeliegende Vorstellung ist die des *Datenflusses zwischen Werteräumen*: Jeder Dialogschritt (jedes MM-Element) ist die Ermittlung (via Benutzer)
eines *Wertes* in einem zu diesem Schritt gehörigen (d.h. lokalen) Werteraum.
Eine Anzahl Werte kann miteinander *verknüpft* werden, was einem einzelnen
Wert aus dem (kartesischen) *Produkt* von Werteräumen entspricht. Die *Entscheidung* zwischen mehreren alternativen Dialogschritten entspricht der Feststellung,
ob ein Wert im einen oder anderen Teilraum einer *Summe* von Werteräumen
liegt.

Durch das Werkzeug werden Werte oder Werte-Kombinationen in Werte anderer
Werteräume abgebildet, so daß sich im strengen Sinne ein mathematisches Dia-
gramm von Abbildungen zwischen Mengen ergibt. Die Bedingungen in einem MM-
Element stellen nun "Stellvertreter" für die beteiligten Werteräume dar, bei
denen zwar der konkrete Typ der Werte "vergessen" ist, das Abhängigkeits-

Schema aber erhalten bleibt. Der Übergang von der Vorbedingung zur Nachbedingung eines MM-Elements entspricht der durch das Werkzeug mit den Dialogeingabe-Werten durchgeführten Transformation.

Wenn nun im Zuge des Dialogs ein Wert in einem Werteraum feststeht, so kann die Voraussetzung für die Ermittlung von Werten in weiteren Werteräumen und damit für das Aktivieren weiterer MM-Elemente gegeben sein. Dies wird in der PDL-Formulierung eines Dialogs durch das Setzen von Bedingungen spezifiziert.

Der Datenfluß zwischen den beteiligten Werteräumen wird mit Hilfe der PDL-Notation innerhalb einer algebraischen Struktur, die hier *Auswahl-Algebra* genannt wird, beschrieben. Die Elemente dieser Auswahl-Algebra werden durch eine bestimmte *Interpretation* strukturtreu den realen Verhältnissen beim Ablauf eines Dialogs zugeordnet.

Dies entspricht ganz dem Vorgehen mit einer Boole'schen Algebra von Elementaraussagen: Auch hier ist es eine bestimmte *Interpretation* der Elemente a, b, c,..., nämlich im Sinne von "'a' ist wahr", und eine entsprechende Interpretation der Operationen **und, oder, nicht**,... im Sinne von "'a und b' ist wahr, wenn 'a' wahr ist und 'b' wahr ist" etc., durch welche die Boole'sche Algebra strukturtreu in einen realen Kontext abgebildet wird.

Bei der hier zu beschreibenden Auswahl-Algebra sind allerdings sowohl die Interpretation als auch die algebraischen Gesetzmäßigkeiten andere als bei der Boole'schen Algebra: Die Objekte (oder Elemente) a, b, c,... der Auswahl-Algebra sind zu interpretieren als *Auswahloperationen aus Werteräumen*. Die Interpretation von a ist also: "Eine Auswahl aus a" oder: "Ein Element aus a".

Die Operationen Addition "+" und Multiplikation "$*$" lassen sich wie folgt in der Auswahl-Algebra interpretieren:

- Eine Auswahl aus der Summe $a_0 + ... + a_{n-1}$ ist eine Auswahl aus *genau einem* der $a_i$ ($0 \leq i < n$).
- Eine Auswahl aus dem Produkt $a_0 * ... * a_{n-1}$ ist eine Auswahl aus *jedem* der $a_i$ ($0 \leq i < n$).

Im Prinzip können die Operationen auch auf unendliche Mengen von Summanden bzw. Faktoren ausgedehnt werden. Das Rechnen in einer Auswahl-Algebra erscheint als sehr natürlich, weil es letztlich auch unserem Rechnen mit Zahlen oder mit Mengen - oder der gemeinsamen Wurzel von beiden - zugrunde liegt.

Wenn man den leeren Werteraum ("0" genannt) und den aus dem einzigen Element 0 bestehenden Werteraum ("1" genannt) mit hinzunimmt, dann ist eine Auswahl-Algebra ein *kommutativer Halbring mit 1* ([Hind82]), d.h. es gelten die Gesetzmäßigkeiten

- a+b = b+a          (Kommutativität der Addition),
- a+0 = a            (0 neutrales Element der Addition),
- a+(b+c) = (a+b)+c  (Assoziativität der Addition),
- a$*$b = b$*$a          (Kommutativität der Multiplikation),
- a$*$1 = a            (1 neutrales Element der Multiplikation),

- a\*(b\*c) = (a\*b)\*c                    (Assoziativität der Multiplikation),
- a\*(b+c) = a\*b+a\*c                    (Distributivität).

Die Präzedenz der Operationen ist dabei wie üblich: Multiplikation geht vor Addition.

Nebenbei: Die Forderung der *Nullteilerfreiheit*, d.h. daß ein Produkt nur dann 0 ist, wenn wenigstens einer der Faktoren 0 ist, bedeutet in einer Auswahl-Algebra gerade eine andere Formulierung des *Auswahl-Axioms*.

Wie geschieht nun in einer Auswahl-Algebra die Beschreibung der Kausal-Struktur eines Dialogs mit Hilfe der Sprache PDL? Die in einem Teildialog eingeführten Bedingungsnamen stehen für die Werteräume, welche innerhalb dieses Teildialogs relevant sind. Sie bilden ein *freies Erzeugenden-System* für eine Auswahl-Algebra. D.h. die Auswahl-Algebra eines Teildialogs besteht aus allen Ausdrücken, die sich aus den Bedingungsnamen unter Benutzung der Operationen Addition und Multiplikation und ihrer oben aufgeführten Gesetzmäßigkeiten bilden lassen.

Die Kausalstruktur des Teildialogs ist beschreibbar, indem der Aktion jedes MM-Elements ein Pfeil zwischen zwei Elementen der Auswahl-Algebra zugeordnet wird, der den Datenfluß zwischen dem Ursprungs-Werteraum und dem Ziel-Werteraum der Aktion charakterisiert. In PDL geschieht diese Charakterisierung indirekt durch das Setzen von Bedingungen an ggf. verschiedenen Stellen der Aktion. Als Argument wird der Funktion jeweils der "Stellvertreter" für den (Teil-)Werteraum mitgegeben, in dem gerade ein Wert "angekommen" ist.

Der gesamte Ursprungs- bzw. Ziel-Werteraum wird in der Vor- bzw. Nachbedingung des MM-Elements durch einen Ausdruck der Auswahl-Algebra angegeben.

Beispiel: Der Ausdruck '(a+b+c)\*d\*(e+f)+h' bedeutet

- entweder
  - genau eine der Bedingungen a, b, c ist gesetzt (d.h. in genau einem der zu a, b oder c gehörigen Werteräume ist ein Wert angekommen)
  - und die Bedingung d ist gesetzt (d.h. im zu d gehörigen Werteraum ist ein Wert angekommen)
  - und genau eine der Bedingungen e und f ist gesetzt (d.h. entweder im zu e gehörigen Werteraum oder im zu f gehörigen Werteraum ist ein Wert angekommen)
- oder h ist gesetzt (d.h. im zu h gehörigen Werteraum ist ein Wert angekommen).

Der Vorbedingungs-Ausdruck stellt für den PDM die Startbedingung für das MM-Element dar. Der Nachbedingungsausdruck dient lediglich der Plausibilitäts-kontrolle, da schon durch die Verteilung der Setze-Aufrufe in der Aktion der komplette Nachbedingungsausdruck definiert ist.

## 4.3 Projekt-Advisor

*Klaus Beutler*

*Institut für Regelungstechnik und Prozeßautomatisierung (IRP)*
*Universität Stuttgart*

Der *Projekt-Advisor* berät in der Durchführung von Projekten, bei der Anwendung von Vorschriften und bei der Beachtung von Randbedingungen. Für diese Aufgabe enthält der *Projekt-Advisor* einen Expertensystem-Rahmen. Mit der eigens für Ingenieuranwendungen entwickelten Wissensrepräsentationssprache *PATHOS* lassen sich Beratungssysteme für diesen Problembereich realisieren.

Bei der Suche nach wiederverwendbaren Projektergebnissen (Programme, Entwürfe, Angebote usw.) werden alte Projektdatenbanken, wie sie z.B. beim Einsatz der projektbegleitenden Entwicklungsumgebung *EPOS* entstehen, nach ähnlichen Problemstellungen durchsucht. Suchanfragen werden in der vom verwendeten Entwicklungssystem unabhängigen Suchbeschreibungssprache *PROSA* angegeben. Die Wiederverwendung geschieht beim hier vorgeschlagenen Vorgehen durch Anpassung früherer Projektergebnisse an geänderte Anforderungen und nicht durch unveränderte Übernahme von standardisierten Bibliotheksbausteinen.

### 4.3.1 Rechnerunterstützte Projektdurchführung

An Automatisierungsprojekte werden heute große Anforderungen gestellt. Zum einen wächst die Zahl der betrachteten Funktionen, zum anderen wird eine immer höhere Qualität erwartet. Die Folge davon sind zunehmend komplexere Projekte, erkennbar an der Zahl der Beteiligten, der Projektlaufzeit und den jeweiligen Gesamtkosten.

Zur Beherrschung dieser wachsenden Komplexität werden seit längerem entwicklungsunterstützende Werkzeugsysteme eingesetzt. Diese Softwarewerkzeuge helfen dem Anwender bei der Erstellung der Dokumentation und bei der Fehleranalyse. Eine der bekanntesten integrierten Entwicklungsumgebungen für Software-/Hardwaresysteme ist *EPOS* (s. Abschnitt 4.3.2).

In zunehmendem Maße muß sich der Automatisierungsingenieur heute neben der Durchführung seiner eigentlichen technischen Aufgabenstellung mit von außen kommenden Randbedingungen (z.B. neuen Umweltschutzbestimmungen) auseinandersetzen. Er muß Wege finden, diese Vorschriften oder Randbedingungen in seinen Entwürfen einzuhalten. Die Zahl solcher Randbedingungen ist sehr groß und fast unüberschaubar für den einzelnen. Zukünftige projektbegleitende Entwicklungsumgebungen müssen daher den Automatisierungsingenieur auch in solchen Fragestellungen unterstützen. In Form von Expertensystemen ist es möglich, anwendungsbezogene Beratungssysteme zu realisieren. Zentral erstellt und gepflegt, können diese Expertensysteme dem Ingenieur am Arbeitsplatz nützlich sein.

Während die bisherigen Werkzeuge die vorhandene Projektinformation für die Dokumentation und Analyse passiv, d.h. mit vom Bearbeiter bekannten Verfahren und Daten auswerten, leisten wissensbasierte Werkzeuge bei der Projektdurchführung aktive Hilfe durch eine Beratung der Beteiligten und mit der Vermittlung von ihnen unbekanntem Wissen (s. Abb. 4.3-1).

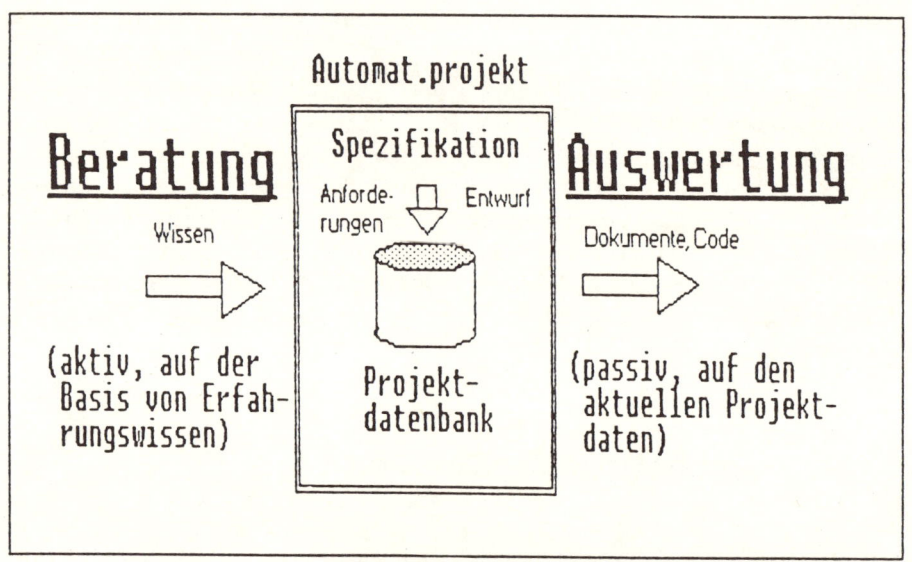

**Abb. 4.3-1.** Aktive und passive Form der projektbezogenen Werkzeugunterstützung

Die Übertragung von Erfahrung von einem Projekt zum nächsten ist ein weiterer wesentlicher Faktor für eine erfolgreiche Durchführung von Automatisierungsprojekten. Durch die Beteiligung an verschiedenen Projekten besitzen die einzelnen Mitarbeiter z.B. Wissen über die Realisierbarkeit von Verfahren oder haben sich die Fähigkeit erworben, den erforderlichen Zeit- und Kostenrahmen einigermaßen präzise im voraus abzuschätzen. Die Wiederverwendung bereits vorhandener

Ergebnisse bleibt aber bisher beschränkt auf Projekte, an denen Mitarbeiter beteiligt waren, die im neuen Projekt mitwirken.

Durch den Einsatz der genannten projektbegleitenden Entwicklungsumgebungen existieren heute Projektdatenbanken, die alle im Laufe eines Projekts anfallenden Teilergebnisse aufnehmen. Dadurch wird es möglich, zu einem späteren Zeitpunkt rechnergestützt nach wiederverwendbaren Ergebnissen zu suchen.

Zur Verbesserung der projektbegleitenden und vor allem für eine projektübergreifende Rechnerunterstützung wurde der *Projekt-Advisor* entwickelt. Ähnlich wie beim Übergang von isolierten Werkzeugen zu integrierten Entwicklungsumgebungen der Projektphasenübergang vereinfacht wurde, wird jetzt durch den *Projekt-Advisor* der Transfer von einem abgeschlossenen zu einem nachfolgenden Projekt erleichtert (s. Abb. 4.3-2).

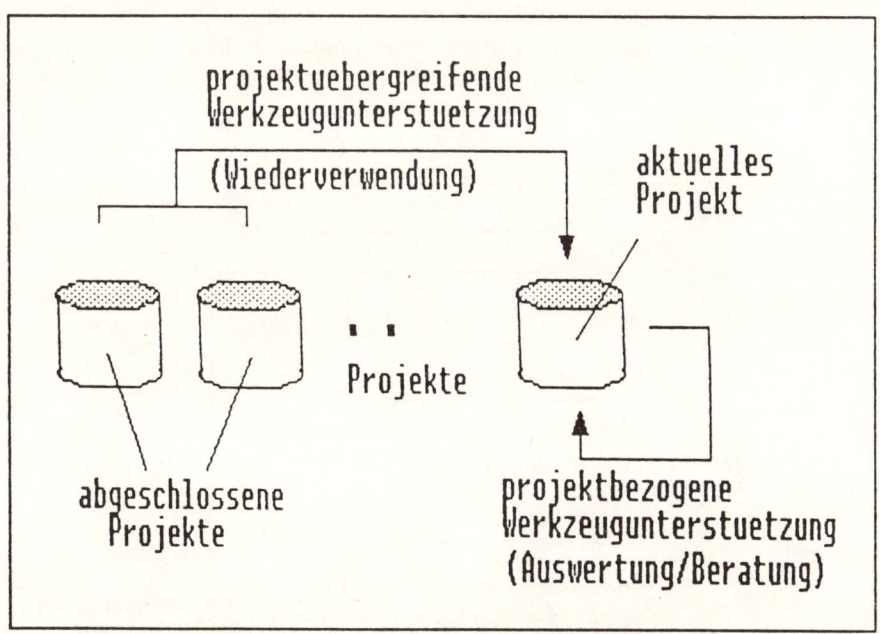

**Abb. 4.3-2.** Werkzeugunterstützung über einzelne Projekte hinaus

Der *Projekt-Advisor* enthält für projektbezogene Unterstützung eine Art Expertensystem-Rahmen, der in der eigens für Ingenieuranwendungen entwickelten Wissensrepräsentationssprache *PATHOS* anwendungsbezogenes Erfahrungswissen aufnimmt. Für die projektübergreifende Rechnerunterstützung besitzt der *Projekt-Advisor* eine Recherchenkomponente für den direkten und indirekten (über die Auswertung von sog. Projektkurzbeschreibungen) Zugriff auf existierende Projektdatenbanken. Die Objekte zur Beschreibung von Suchanfragen, für die Definition eines Klassifikationsschemas und zur inhaltlichen Charakterisierung von Ergebnissen früherer Projekte werden in der Suchbeschreibungssprache *PROSA* zusammengefaßt.

## 4.3.2 Projektbezogene Rechnerunterstützung am Beispiel der Entwicklungsumgebung *EPOS*

Um Ansätze für die Verbesserung der projektbegleitenden Unterstützung zu finden und um die Art der wiederverwendbaren Projektergebnisse näher zu definieren, seien im folgenden die Möglichkeiten bisheriger Projektentwicklungsumgebungen charakterisiert.

*EPOS* ist eine vollständig integrierte Entwicklungsumgebung (Abb. 4.3-3). Es enthält Werkzeuge aus allen Bereichen der Projektdurchführung und unterstützt reine Softwareprojekte ebenso wie kombinierte Software-/Hardware-Projekte. Sein Einsatz ist von Beginn (Pflichtenheft) über Entwurf und Implementierung bis zum Test möglich [Laub85a].

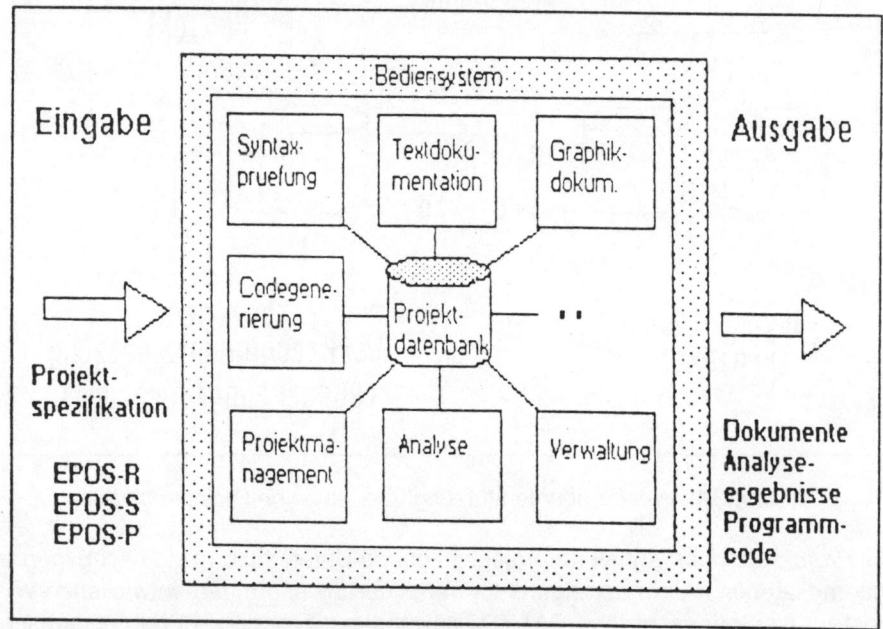

**Abb. 4.3-3.** Die integrierte Entwicklungsumgebung *EPOS*

*EPOS* kennt drei Spezifikationssprachen:
- *EPOS*-R für das Requirements Engineering
- *EPOS*-S für den Systementwurf (Hardware/Software)
- *EPOS*-P für das Projekt- und Konfigurationsmanagement

Mit Hilfe dieser Spezifikationssprachen werden die Aufgabenstellung, die Lösungskonzeption, der Systementwurf und die Managementinformation in die *EPOS*-Datenbank eingetragen. Durch Auswertung der eingegebenen Spezifikation können dem *EPOS*-Anwender eine Reihe von Aufgaben abgenommen bzw. erleichtert werden.

*Durchführung des Entwurfs durch Eingabe der Projektspezifikation:*

– Prüfung der Anforderungen und des Entwurfs auf Vollständigkeit, Konsistenz und Eindeutigkeit
– Kontrolliertes Vorgehen durch sechs Entwurfsmethoden

*Auswertung der Projektspezifikation:*

– schritthaltende und automatische Dokumentation
– einheitlich formatierte Textdokumente
– automatisch erzeugte graphische Darstellungen (umfassende Sammlung der bekannten graphischen Darstellungsformen: Flußdiagramm, Struktogramm, Petri-Netz, Hierarchiediagramm, Jackson-Diagramm, Netzplan, Balkenplan usw.)
– teilweise automatische Generierung von Quellprogrammen für *ADA, PASCAL, FORTRAN, PEARL, C/ATLAS*
– Projekt- und Kostenplanung

Durch die genannten automatisierten Tätigkeiten entstehen eine Reihe von Vorteilen. Einer der wesentlichsten Vorteile dürfte dabei die Verbesserung der Qualität durch eine problembewußtere und teilweise geführte Vorgehensweise sein.

*Vorteile durch den Einsatz von Projektentwicklungsumgebungen des oben genannten, dem Stand der Technik entsprechenden Leistungsumfangs:*

– bessere Wart- und Änderbarkeit durch eine vollständige und aktuelle Dokumentation
– frühzeitiges und einfacheres Erkennen von Fehlern im Entwurf und in der Planung
– Kommunikationsverbesserung in großen Projekten durch eine einheitliche Begriffswelt mit einheitlichen Dokumenten
– Entwurf bleibt in den oberen Ebenen programmiersprachenunabhängig und damit frei von Implementierungsdetails

Neben den genannten Werkzeugen gibt es auf der Basis der in der Projektdatenbank abgelegten formalisierten Information weitere Möglichkeiten, die Projektführung zu unterstützen, für die aber bisher die Verfahren und Werkzeuge gefehlt haben. Diese bereits in Abschnitt 4.3.1 angesprochenen Möglichkeiten beziehen sich auf Tätigkeiten, die ein spezielles Anwendungsgebiet voraussetzen (z.B. Beratung bei der Anwendung von Entwurfsmethoden oder von Programmierrichtlinien, bei der Berücksichtigung von speziellen Dokumentationsvorschriften usw.) und auf die Wiederverwendung vorhandener Ergebnisse, die in Projektdatenbanken, wie sie z.B. beim Einsatz von *EPOS* erstellt werden, abgespeichert vorliegen.

Die in den folgenden Abschnitten beschriebenen Verfahren sind unabhängig vom verwendeten Entwicklungswerkzeug. *EPOS* dient nur als Beispiel für eine große, umfassende und im praktischen Einsatz befindliche Entwicklungsumgebung, an der alle Aspekte erprobt und dargestellt werden können.

### 4.3.3 Projektbezogene Beratung durch wissensbasierte Werkzeuge

Entwicklungsumgebungen, wie den am Beispiel *EPOS* gezeigten, ist gemein, daß sie durch einmal festgelegte Verfahren mit den in einem Projekt anfallenden Daten Auswertungen durchführen. Neue Verfahren müssen durch neue Programme, d.h. durch neu realisierte Werkzeuge, hinzugefügt werden. Um den Realisierungsaufwand zu rechtfertigen, werden diese Werkzeuge weitgehend anwendungsunabhängig ausgelegt, um so einem möglichst großen Anwenderkreis offenzustehen. Ihnen fehlt somit die Flexibilität, um auf besondere, anwendungsspezifische Vorgehensweisen einzugehen.

Wissensbasierte Systeme sind dadurch gekennzeichnet, daß sie klar zwischen dem Anwendungswissen in Form von Fakten und Regeln und den Interpretationsmechanismen unterscheiden. Auf diese Weise ist es möglich, mit demselben Regelinterpreter einmal ein Fehlerdiagnose-System zu realisieren und ein andermal nur durch Austausch der entsprechenden Wissensbasis ein Klassifizierungsproblem zu lösen. Diese in allen Expertensystemen enthaltene Grundtechnik kann nun dazu verwendet werden, den Anwendern ein wissensbasiertes Grundsystem zur Verfügung zu stellen, mit dessen Hilfe sie Wissen aus ihrer speziellen Anwendungsumgebung den verwendeten Werkzeugsystemen beiseite stellen können (s. Abb. 4.3-4). Zwei Beispiele sollen dies erläutern:

*Beratung bei der Definition von Anforderungen:*

Wichtigste Merkmale einer guten Anforderungsbeschreibung (Pflichtenheft) sind die vollständige, eindeutige und widerspruchsfreie Angabe der in Entwurf und Implementierung zu beachtenden Anforderungen und Voraussetzungen. Die derzeit verfügbaren Werkzeuge für das Requirements Engineering bieten entsprechende Verfahren und Beschreibungsmittel zur Angabe der Anforderungen. Die Aufgabe der Sammlung und der Prüfung der Anforderungen bleibt beim Projektbearbeiter. Die Zusammenstellung einer vollständigen Liste von Anforderungen wird in manchen Firmen durch Checklisten unterstützt. Folgt man diesen Checklisten, ist man sicher, daß keine wesentlichen Punkte vergessen werden. Checklisten lassen sich einfach in Expertensysteme umsetzen. Diese Idee wurde von [Brom85] für die Realisierung eines Expertensystems zur Erstellung eines funktionalen Groblastenheftes in der Verfahrenstechnik aufgegriffen. Im regelgesteuerten Dialog wird der Projektberater nach Punkten der Zielsetzung gefragt.

Das Expertensystem kennt im Gegensatz zur reinen Checkliste die Abhängigkeiten zwischen den einzelnen Merkmalen und spart die aufgrund des bisherigen
Konsultationsverlaufs nicht relevanten Fragen aus. Durch die automatische Generierung des Groblastenhefts ist eine widerspruchsfreie, eindeutige und im Sinne
des Expertensystems vollständige Anforderungsbeschreibung garantiert.

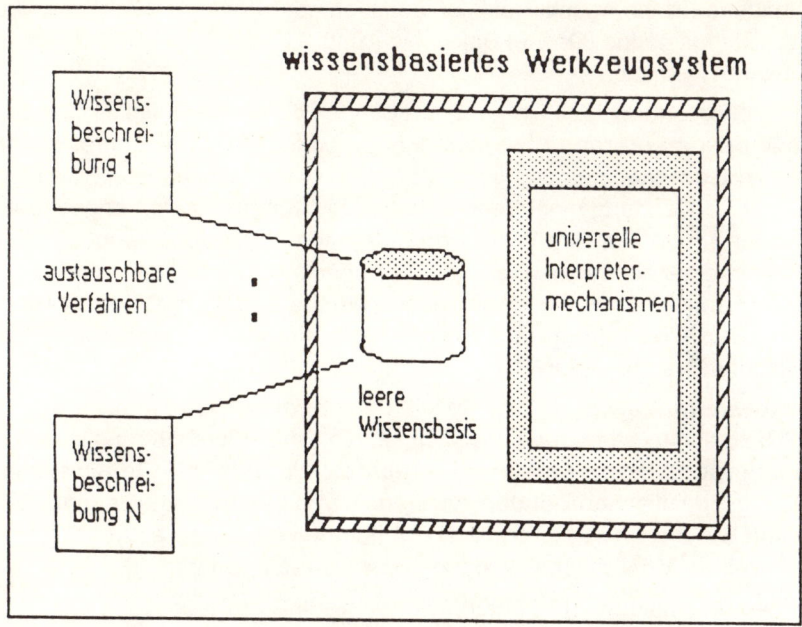

**Abb. 4.3-4.** Grundprinzip wissensbasierter Werkzeuge

*Beratung bei der Auswahl und Anwendung von Entwurfsmethoden:*

Im Bereich der Automatisierung technischer Systeme unterscheidet man sechs
verschiedene Entwurfsmethoden ([Göhn84]):

– funktionsorientierter Entwurf
– objektorientierter Entwurf
– datenstrukturorientierter Entwurf
– datenflußorientierter Entwurf
– ereignisorientierter Entwurf
– anlagenorientierter Entwurf

Je nach Wahl einer bestimmten Entwurfsmethode und vorliegendem Anwendungsgebiet können bestimmte Qualitätseigenschaften verbessert oder verschlechtert
werden. Der datenstrukturorientierte Entwurf führt z.B. bei Informationssystemen
in der Regel zu übersichtlichen und verständlichen Programmen, während er bei
den meisten regelungstechnischen Problemen zu weniger verständlichen Programmsystemen führt.

Am Institut für Regelungstechnik und Prozeßautomatisierung wurde zu diesem Zweck ein "Methodenberater" entwickelt. Durch die Untersuchung der vorhandenen Literatur wurden Kriterien herausgearbeitet, die Einfluß auf die Wahl der am besten geeigneten Entwurfsmethode haben. Kriterien wie

- Projektart (z.B. Lagerverwaltung, Verkehrstechnik usw.)
- Änderungsfreundlichkeit
- vorhandene Erfahrung mit Projekten und Methoden
- Verarbeitungsmodus (Online, Batch, Realzeit)
- Hardware-Restriktionen u.a.

wurden in ihren unterschiedlichen Ausprägungen durch die Definition von Regeln einzelnen oder mehreren Entwurfsmethoden zugeordnet. Gewichtet durch den Einsatz von Gewißheitsfaktoren wird als Ergebnis der Konsultation eine Empfehlung für die Verwendung einer oder mehrerer Entwurfsmethoden angegeben. Die Entscheidung bzgl. Für und Wider einer Methode bleibt dem Benutzer transparent, da er in einer Nachkonsultationsphase sich die Entscheidungsfindung erklären lassen kann. Nach der Auswahl einer Methode erhält der Benutzer Hinweise bezüglich der Anwendung der Entwurfsmethode im Zusammenhang mit der Spezifikationssprache *EPOS*-S.

Wissensbasierte Werkzeugsysteme wie der *Projekt-Advisor* sind in der Lage, zusätzlich zu den existierenden Werkzeugen die Projektdurchführung in vielfältiger Weise zu unterstützen. Eine hier betrachtete Form ist die Realisierung von anwendungsspezifischen Beratungssystemen, die bei der Erstellung der Spezifikation und bei der Anwendung herkömmlicher Werkzeuge eingesetzt werden können. Weitere Möglichkeiten werden in der Literatur genannt:

- Formale Spezifikation ([BGM85])
- Automatische Erzeugung von Testdaten ([SchWo85])
- Transformation formaler Spezifikationen ([Pers85])
- Rapid Prototyping ([SSL84])
- Konfiguration von Programmsystemen.

### 4.3.4 Projektübergreifende Rechnerunterstützung durch Wiederverwendung

In wohl keinem anderen Entwicklungsbereich wird so oft das Rad neu erfunden wie bei der Entwicklung von Software. Software-Entwickler realisieren z.B. Algorithmen zum Vergleich von Listen immer wieder von neuem, statt auf bereits existierende Programme zurückzugreifen, die gegebenenfalls leicht modifiziert werden müßten. Begründet wird dies meist damit, daß alte Programme nicht auf das aktuelle Problem zugeschnitten und damit weniger effizient seien. Außerdem wird angeführt, daß der Aufwand zur Anpassung der alten Programme vergleichbar sei mit dem Aufwand der Neurealisierung. Im wesentlichen stehen zwei Gründe der Wiederverwendung im Wege:

1. Die interessantere, weil kreativere Tätigkeit der Neuprogrammierung wird gegenüber der Einarbeitung und Modifikation bestehender Programme bevorzugt.

2. Es fehlen Hilfsmittel, die die Suche nach Programmteilen mit ähnlicher Problemstellung unterstützen.

Der erste Punkt hat seine Ursache in einer unzureichenden Dokumentation und in einem oft schwer verstehbaren Programmierstil. Genau diese Schwachstelle bisheriger Programmierung, auch im Hinblick auf Änderbarkeit und Wartbarkeit, wird durch den Einsatz von Entwicklungsumgebungen wie *EPOS* praktisch beseitigt. Das mühsame und unangenehme Einarbeiten in fremde oder alte Programme wird durch eine gute Dokumentation auf ein Minimum reduziert. Damit wird der Aufwand, alte Programme wiederzuverwenden, deutlich unter den Aufwand der Neurealisierung reduziert.

Zur Lösung des zweiten Problems, dem Wiederauffinden geeigneter Ergebnisse zur Wiederverwendung in einem aktuellen Projekt, wurde der *Projekt-Advisor* entwickelt, insbesondere dessen sog. Recherchenkomponente. Mit der Recherchenkomponente kann der Projektbearbeiter abgeschlossene Projekte nach möglicherweise wiederverwendbaren Ergebnissen durchsuchen.

Wiederverwendbare Ergebnisse bestehen z.B. aus Angeboten, Aufgabenstellungen, Lösungskonzeptionen, Entwürfen, Testdaten, Projektplanungen etc., die in Projektdatenbanken vergangener Projekte abgespeichert vorliegen.

Die Wiederverwendung von Projektergebnissen in obigem Sinne führt in allen Bereichen zu erheblichen Zeit- und damit Kosteneinsparungen, vorausgesetzt der Aufwand zur Adaption der Ergebnisse wird durch eine gute Dokumentation und durch einen verständlichen Entwurfs- und Programmierstil unerstützt. Sie führt aber auch zu einer Verbesserung der Zuverlässigkeit und Qualität von Software ([Luba84]), da in häufig wiederverwendeten Programmen mehr Fehler offenbart und korrigiert werden können als bei Programmen, die nur selten ablaufen.

Die im *Projekt-Advisor* verfolgte "suchende" Strategie steht im Gegensatz zu einer mehr konstruktiven Vorgehensweise. In [SchWo85] wird vorgeschlagen, durch die Definition von standardisierten Programmteilen sogenannte 'building blocks' zu erzeugen, die dann in Form von Bibliotheken in späteren Projekten zur Wiederverwendung zur Verfügung stehen. Dieses Vorgehen führt mit der Zeit zu umfangreichen Programmdatenbanken und möglicherweise zu einer Form der Software-Erstellung, wie sie heute beim Entwurf integrierter Halbleiterschaltungen bereits üblich ist. Vor Einführung dieses Verfahrens bereits vorhandene Software wird jedoch nicht berücksichtigt. Außerdem ist die Anwendung dieser Methode auf Bereiche beschränkt, die eine gewisse Reife erreicht haben und in denen Standards bereits sichtbar sind, was für Automatisierungsprojekte oft nicht zutrifft, da diese häufig Entwicklungscharakter aufweisen.

Beim *Projekt-Advisor* werden bereits existierende Projektergebnisse, bei deren Entwicklung an eine mögliche spätere Wiederverwendung überhaupt nicht gedacht worden war, einbezogen. Vorraussetzung ist lediglich, daß frühere Projekte mit einem begleitenden Werkzeugsystem (z.B. *EPOS*) durchgeführt wurden, weil dadurch die für die Suche relevanten Informationen in Projektdatenbanken in rechnerauswertbarer Form vorliegen.

Zur Suche nach wiederverwendbaren Projektergebnissen wurden die Suchbeschreibungssprache *PROSA* sowie verschiedene Suchverfahren entwickelt, die sich folgendermaßen charakterisieren lassen:

*Grobrecherche:*

Zunächst wird auf diejenigen Projekte fokussiert, die die meisten wiederverwendbaren Ergebnisse beinhalten. Dies geschieht über die Ähnlichkeitsauswertung von klassifizierten Projektkurzbeschreibungen mit einer Suchanfrage, in der die Soll-Merkmale von gewünschten Ergebnissen umschrieben werden. Da Ähnlichkeitsvergleiche on-line durchgeführt und alle abgeschlossenen Projekte in die Auswertung miteinbezogen werden sollen, ist es notwendig, zu abgeschlossenen Projekten Kurzbeschreibungen zu verfassen, die die wichtigsten Merkmale in konzentrierter Form beschreiben. Die Klassifikation von abgeschlossene Projekten kann auch automatisch erfolgen. Das Suchverfahren, welches in der Grobrecherche angewandt wird, heißt "umschreibende Suche", da in der Suchanfrage nicht Bezug auf konkrete Namen oder Bezeichnungen aus externen Projektdatenbanken genommen wird, sondern Soll-Ergebnisse durch Angabe ihrer Eigenschaften inhaltlich umschrieben werden. In der Phase der Grobrecherche erfolgt die Lokalisierung von wiederverwendbaren Ergebnissen auf Projektebene, die tatsächliche Wiederverwendung von Ergebnissen ist erst durch die nachfolgende Feinrecherche möglich.

*Feinrecherche:*

Die Projektdatenbanken, die in der Grobrecherche durch Auswertung ihrer Projektkurzbeschreibungen selektiert wurden, können mit verschiedenen Suchverfahren ausgewertet werden, um wiederverwendbare Ergebnisse direkt zu lokalisieren. Diese Suchverfahren heißen:

- *"direkte Suche"*: Der Entwicklungsingenieur gibt in einer Suchanfrage ein exaktes Suchmuster an, z.B. einen bestimmten Namen oder Begriff, sowie den exakten Suchraum, der nach diesem Suchmuster durchsucht werden soll. Der Suchraum kann dabei auf bestimmte Objekttypen, Entwurfsebenen, Projektphasen etc. eingestellt werden. Diese Art der Suche ist dann angebracht, wenn der Entwicklungsingenieur genau weiß, daß ein bestimmtes Suchmuster in einer bestimmten Projektdatenbank auftritt.

- *"umfeldorientierte Suche"*: Hier gibt der Entwicklungsingenieur nicht ein exaktes Suchmuster an, sondern den Namen eines Begriffsumfeldes. Durch Auswertung des Begriffsumfeldes werden verschiedene Schreibweisen, Synonyme, verwandte Begriffe und Umschreibungen berücksichtigt. Bezüglich der Einschränkung des Suchraums gelten dieselben Möglichkeiten wie bei der "direkten Suche". Durch die "umfeldorientierte Suche" kann die Suche auch dann durchgeführt werden, wenn das Suchziel nur ungefähr bekannt ist. Der Entwicklungsingenieur kann dabei selbst ein Begriffsumfeld spezifizieren oder aber auf vordefinierte Umfelder zurückgreifen.

– *"Datenbank-Browser"*: Bei dieser Art der Suche wird die Projektdatenbank aufgrund ihrer Struktur durchsucht. Die Suche ist durch den hierarchischen Aufbau der Projektdatenbank geführt. Zu einem bestimmten Objekt können z.B. alle Vorgängerobjekte, Nachfolgerobjekte oder Objekte auf gleicher Ebene, die mit dem aktuellen Objekt in Beziehung stehen, angezeigt werden. Will man sich den internen Aufbau eines Entwurfsobjekts anzeigen lassen, kann man durch die Funktion "Intra-Browsing" das jeweilige Objekt graphisch oder textuell dokumentieren lassen.

Alle Suchverfahren des *Projekt-Advisors* können in der Recherchenkomponente im interaktiven Betrieb angewandt werden. *PROSA* stellt jedoch auch Sprachmittel zur Verfügung, mit denen eine gesamte Suchstrategie, die aus mehreren miteinander gekoppelten Suchanfragen bestehen kann, formuliert werden kann. Eine komplexe Suchstrategie wird im Batch-Betrieb ausgeführt.

Zur Suche nach wiederverwendbaren Projektergebnissen kann die Recherchenkomponente unabhängig von der Expertensystemkomponente des *Projekt-Advisors* genutzt werden. Durch Kopplung von Recherchen- und Expertensystemkomponente lassen sich jedoch zusätzlich zu obigen Suchverfahren wissensbasierte Suchverfahren realisieren.

Bei der Anwendung der wissensbasierten Suche liegt die Initiative nicht mehr beim Entwicklungsingenieur, sondern beim Expertensystem. Der Entwicklungsingenieur muß nicht mehr selbst entscheiden, welches Suchverfahren in welcher Projektphase anzuwenden ist, welche Suchraumeinschränkungen sinnvoll sind oder nach welchen Begriffen oder Begriffsumfeldern zu suchen ist. Diese Entscheidungen übernimmt das Expertensystem, das im Dialog mit dem Entwicklungsingenieur zunächst eine Diagnose des aktuellen Projektstands und der momentan benötigten Projektergebnisse vornimmt und anschließend die Recherchenkomponente mit den entsprechenden Suchstrategien beauftragt. Auch die Ergebnisse der Suche können vom Expertensystem ohne Interaktion mit dem Nutzer so aufbereitet werden, daß der Entwicklungsingenieur zufriedenstellende Suchergebnisse angezeigt bekommt. Dies kann z.B. durch automatische Neuformulierung einer Suchanfrage geschehen, wenn die vorherige Suche schlechten Erfolg zeigte. Falls in einer vorherigen Suchanfrage zu viele Ergebnisse lokalisiert werden, kann der Suchraum automatisch eingeschränkt oder das Suchziel spezialisert werden, um den Nutzer nicht mit einer Fülle von Information zu überfluten. Umgekehrt ist auch eine automatische Verallgemeinerng des Suchziels oder des Suchraums möglich, falls zu einer bestimmten Suchanfrage keine Ergebnisse gefunden wurden. Das Expertensystem zur Formulierung der Suchanfragen und Auswertung der Suchergebnisse wirkt hier als Regelkreis, der

so lange tätig ist, bis die Ergebnisse bestimmten vordefinierten Kriterien
genügen.


## 4.3.5  Aufbau des *Projekt-Advisors*


Bei der Realisierung des *Projekt-Advisors* war man von Beginn an bestrebt,
keine isolierten Einzelwerkzeuge, sondern ein integriertes, wissensbasiertes
Werkzeugsystem zu entwickeln. Als Beispiel sei die enge Kopplung des wissensbasierten Grundsystems und der Recherchenkomponente genannt.

Der *Projekt-Advisor* soll Rechnerunterstützung am Ingenieurarbeitsplatz leisten.
Er muß deshalb auf dort verbreiteten Rechnern einsatzfähig sein. Portabilität und
leichte Anpaßbarkeit an unterschiedlich leistungsfähige Peripheriegeräte waren
daher wichtige Randbedingungen bei der Entwicklung.

Die Grundkomponenten des *Projekt-Advisors* sind in Abb. 4.3-5 dargestellt. Die
gezeigte Grobstruktur entspricht mit Ausnahme der Recherchenkomponente und
der dazu gehörenden Schnittstelle auf externe Projektdatenbanken weitgehend
der Struktur bekannter wissensbasierter Systeme. Im Detail ergeben sich
allerdings erhebliche, vor allem auch implementierungstechnische, Unterschiede.
Die einzelnen Komponenten sollen nur kurz erläutert werden. Eine gute und
ausführliche Darstellung der Realisierungstechnik wissensbasierter Systeme ist in
[HWL83] angegeben.

Die *Dialogkomponente* ist die Schnittstelle zwischen Benutzer und *Projekt-Advisor*. Eine besondere Bedeutung kommt ihr in der ein- und ausgabeintensiven
Konsultation zu. Der Dialog muß einfach und verständlich sein. Der Schwerpunkt
liegt jedoch beim *Projekt-Advisor* nicht in der Gestaltung einer möglichst
natürlichsprachlichen Oberfläche, sondern bei der Realisierung einer an unterschiedlichste Datensichtgeräte anpaßbaren Dialogform. Je nach verwendetem
Gerätetyp soll ein maximaler Komfort bereitgestellt werden.

Die *Wissensbasis* des *Projekt-Advisors* enthält Erfahrungswissen in Form von in
*PATHOS* beschriebenen Fakten, Regeln und Strategien (vgl. Abschnitt 4.3.6)
sowie Wissen über abgeschlossene Projekte, ein Klassifikationssystem, Begriffsumfelder und vordefinierte Suchprofile, die mit der Suchbeschreibungssprache
*PROSA* (vgl. Abschnitt 4.3.7) definiert werden. Ihr Inhalt ist leicht austauschbar
und erweiterbar.

Die *Inferenzkomponente* wertet die *PATHOS*-Wissensbeschreibung aus und kann
in Abhängigkeit vom Konsultationsverlauf gegebenenfalls neue Fakten, d.h.
"neues" Wissen erschließen. Als Interpretationsmechanismen stehen der
Regelinterpreter (Vorwärts- und Rückwärtsverkettung möglich), der Strategie-In-
terpreter (prozeduraler Ablauf) sowie der Operations-Interpreter (vgl. Abschnitt
4.3.6) zur Verfügung.

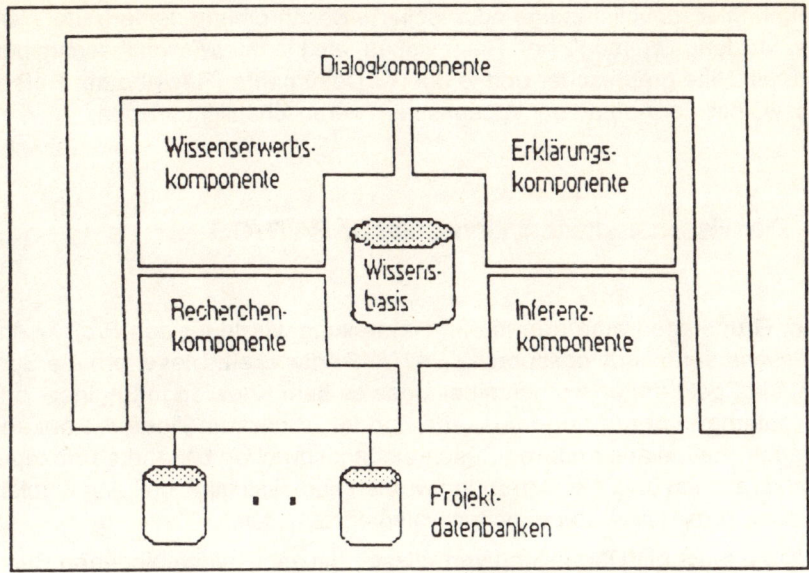

**Abb. 4.3-5.** Grundkomponenten des *Projekt-Advisor*s

Wesentliche Eigenschaft wissensbasierter Systeme ist ihre Fähigkeit, während oder auch nach einer Konsultation dem Bediener das eigene Vorgehen zu erklären. Dazu werden dem Bediener des *Projekt-Advisors* drei Fragekategorien zur Verfügung gestellt. Mit HOW-Anfragen kann er sich erklären lassen, wie es zum Schluß eines bestimmten Faktums gekommen ist. Mit WHY-Anfragen ist es möglich, sich erklären zu lassen, wie es zu einer bestimmten Frage gekommen ist. Mit WHAT-Anfragen können einzelne Faktwerte abgefragt werden. Die Erklärung des Systemverhaltens spielt sowohl beim Wissenserwerb als auch bei der späteren Anwendung eine große Rolle. Aus diesem Grund ist sie als eigenständige *Erklärungskomponente* vorhanden.

Die *Recherchenkomponente* wertet die *PROSA*-Suchbeschreibung aus und realisiert die verschiedenen Suchverfahren nach wiederverwendbaren Projektergebnissen. Dazu sind elementare Routinen implementiert, die z.B. Stringvergleiche durchführen, aber auch komplexere Auswertemechanismen, wie z.B. der CONTEXT-Interpreter zur Auswertung eines Begriffsumfeldes oder die Ähnlichkeitsberechnung bei der "umschreibenden Suche" (vgl. Abschnitt 4.3.7).

Die *Wissenserwerbskomponente* hat die Aufgabe, die Beschreibung von Informationen bzw. Wissen (in *PATHOS*: Erfahrungswissen, in *PROSA*: Wissen über abgeschlossene Projekte) aus den Aufgabengebieten der Anwender zu unterstützen und daraus eine Wissensbasis zu generieren.

Neben den Grundfunktionen zur reinen Wissenseingabe und -änderung (Editor, Parser, ...) sind beim *Projekt-Advisor* zusätzliche Hilfsmittel zur Kontrolle der Funktionsfähigkeit der Wissensbasis vorgesehen. Statische Analysen helfen, formale Fehler (unvollständige oder isolierte Beschreibung, fehlerhafte Wertebereiche, Meldung von möglichen Rekursionen, etc.) in der Wissensbeschreibung zu finden. Mit Hilfe graphischer und textueller Dokumente (Regelbaum, Referenzlisten usw.) soll der Aufbau der Wissensbasis veranschaulicht werden.

### 4.3.6 Die Wissensrepräsentationssprache *PATHOS*

Auf der Grundlage frame-orientierter Darstellung wurde für den *Projekt-Advisor* die Wissensrepräsentationssprache *PATHOS* entwickelt. Diese formale Sprache besitzt ein Spektrum an Sprachmitteln, das es dem Knowledge Engineer erlaubt, ein Problemgebiet auf angemessene und leicht verständliche Art abzubilden ([LaPe87]). Einige aus anderen Beschreibungssprachen bekannte Konzepte wie Framehierarchien und Wertevererbung wurden berücksichtigt, um eine komfortable Umgebung zum Aufbau von Expertensystemen zu bieten.

*PATHOS* erlaubt die Darstellung von Wissen mit sechs verschiedenen Beschreibungsformaten:

| | | |
|---|---|---|
| FRAME | .... | Definition von Eigenschaften |
| RELATION | .... | Angabe der Objektbeziehungen |
| RULE | .... | Angabe kausaler Zusammenhänge |
| STRATEGY | .... | Steuerung des Schließens |
| OPERATION | .... | Beschreibung von Produktionsregeln |
| PROCEDURE | .... | Integration prozeduraler Komponenten |
| INSTANCE | .... | Vorabfestlegung von Eigenschaftswerten |

Mit der STRATEGY wird der Ablauf einer Konsultation des Expertensystems festgelegt. Hier legt der Knowledge Engineer fest, in welcher Reihenfolge Instanzen kreiert werden, wann Fragen an den Benutzer gestellt werden, wann welche Inferenzmechanismen eingesetzt und die Ergebnisse dem Benutzer dargeboten werden.

Die PROCEDURE gibt dem Expertensystem die Möglichkeit zum Zugriff auf externe Programme. Das können Funktionen zur graphischen Ausgabe sein oder mathematische Routinen aus einer Library. Der Knowledge Engineer hat auch die Möglichkeit, eigenen Code (LISP) in diesem Wissensobjekt zu definieren, der dann vom integrierten PALISP-Interpreter des *Projekt-Advisors* ausgeführt wird.

Ein FRAME definiert die Klasse gleichartiger Objekte innerhalb des Problembereichs. Frame-Hierarchien können gebildet werden, um Vererbung von Eigenschaften zu ermöglichen. Die Eigenschaften von Objekten werden als Attribute dieser Frames spezifiziert. Dazu gehören jeweils Angaben über Datentyp, Wertebereich und eventuell bekannte Voreinstellung (default) für den Wert des Attributs. Die Art und Weise, wie das Attribut bestimmt werden soll, wird als DETERMINATION angegeben.

Die RELATION beschreibt, welche Beziehungen zwischen Frameinstanzen bestehen können. Als spezielle Eigenschaft von *PATHOS* kann einer Beziehung zwischen zwei oder mehr Objekten ein Wert zugewiesen werden. Dies ermöglicht es, Informationen, die sich keiner einzelnen Instanz eindeutig zuordnen lassen, bei der entsprechenden RELATION anzugeben.

Mit Hilfe des Objekttyps RULE beschreibt der Knowledge Engineer die kausalen oder heuristischen Zusammenhänge innerhalb des Problembereichs, die es erlauben, aus bekannten Fakten auf neue zu schließen. Diese Regeln können sowohl zielgerichtet (backward chaining) als auch datengesteuert (forward chaining) angewendet werden. Die Regeln bestehen aus dem Prämissenteil und dem Folgerungsteil. Als Prämisse ist eine beliebige Verknüpfung von Einzelbedingungen durch die aussagenlogischen Operatoren ODER, UND, NICHT zulässig. Die Folgerungen wiederum können Zuweisungen von Werten an Attribute und Relationen, Instanziierungen von Relationen oder Aufrufe von externen Prozeduren sein. Die zugewiesenen Werte können sich auch aus arithmetischen Berechnungen ergeben.

Die Beschreibung heuristischen Wissens in Form mächtiger Produktionsregeln wird durch den Objekttyp OPERATION ermöglicht. Die Reihenfolge der Anwendung der Problemlöseschritte hängt dabei von der gerade aktuellen Datenkonstellation ab.

Die Definition von vorab bekannten Objekten und Fakten ist durch den Objekttyp INSTANCE möglich. Damit können dem Expertensystem schon zu Konsultationsbeginn Informationen übermittelt werden, auf denen Folgerungen aufgebaut werden können.

### 4.3.7 Die Suchbeschreibungssprache *PROSA*

Für die Aufnahme von projektübergreifenden Informationen und für die Beschreibung von Suchanfragen in externen Projektdatenbanken wurde die Suchbeschreibungssprache *PROSA* entwickelt.

*PROSA* erlaubt die Darstellung von projektübergreifendem Wissen mit folgenden Darstellungsmitteln:

| | | |
|---|---|---|
| FACET | ... | Definition eines Klassifikationsschemas |
| PROJECT | ... | Charakterisierung von Projektergebnissen |
| CONTEXT | ... | Definition von Begriffsumfeldern |
| SEQUENCE | ... | Ablauf einer Suchstrategie im Batch-Betrieb |

Mit Objekten des Typs FACET wird ein anwendungsspezifisches Facetten-Klassifikationsschema erstellt, also taxonomisches Wissen einer bestimmten Domäne erfaßt. Das Klassifikationsschema bildet die Basis für Ähnlichkeitsberechnungen nach dem Verfahren der "umschreibenden Suche" in der Grobrecherche.

Eigenschaften wiederverwendbarer Projektergebnisse werden hier definiert und strukturiert.

Der Objekttyp PROJECT erlaubt die kurze Beschreibung der wichtigsten inhaltlichen und organisatorischen Eigenschaften abgeschlossener Projekte. Wichtige organisatorische Angaben sind der Datenbanktyp der zugehörigen externen Projektdatenbank (*EPOS, PRODAT*), Archivangabe, Zugriffspfad zum Öffnen und Lesen der Datenbank, Zeitraum der Projektdurchführung, Projektbeteiligte und die Angabe von Teilprojekten. Die inhaltliche Beschreibung der Projektergebnisse erfolgt im CLASSIFICATION-Teil durch Angabe eines sog. Deskriptors, durch den das Projekt in das Klassifikationsschema eingeordnet wird. Die im Projekt-Deskriptor angegebenen Eigenschaften werden bei der "umschreibenden Suche" auf Ähnlichkeit zur Suchanfrage untersucht. Die Erstellung des Projekt-Deskriptors kann im Rahmen der automatischen Klassifikation auch vom Rechner durchgeführt werden.

Mit Objekten vom Typ CONTEXT werden Begriffszusammenhänge durch Angabe von Regeln festgelegt. Hier geht es um die Erfassung von terminologischem Wissen, also um die Berücksichtigung von Synonymen, Abkürzungen, verwandten Begriffen oder Umschreibungen zu einem bestimmten Begriff. CONTEXT-Objekte können beliebig verfeinert werden, so daß ein hierarchisches Begriffsnetz spezifiziert werden kann. Ein Begriffsumfeld wird mit einer Textprobe abgeglichen, indem alle Begriffe des Umfelds mit dem Text verglichen werden und anschließend diejenigen Regeln "feuern", bei denen Übereinstimmung festgestellt wurde. Resultat der Umfeldauswertung ist ein Bindungsfaktor, der angibt, wie gut ein Text zu einem Begriffsumfeld paßt. Die CONTEXT-Auswertung wird bei der "umfeldorientierten Suche" und bei der automatischen Klassifikation angewandt.

Mit Hilfe des Objekttyps SEQUENCE lassen sich komplexe Suchprofile erstellen, die im Batch ablaufen. Dabei lassen sich mehrere Suchkommandos kombinieren und zu einer Suchstrategie verbinden. Eine SEQUENCE ist parametrierbar und kann weitere SUBSEQUENCES aufrufen, die einen Wert für einen Parameter, z.B. die Anzahl der gefundenen Objekte, zurückliefern können. Eine SEQUENCE kann auch von der Expertensystemkomponente aufgerufen werden, wobei bestimmte Parameter z.B. zur Einstellung des Suchziels und des Suchraums vom Expertensystem eingestellt und übergeben werden können. Nach Durchführung einer Recherche liegen die Ergebnisse in der Suchergebnisliste vor und können mit Hilfe des INSTANTIATE-Kommandos direkt in die Expertensystemkomponente übertragen werden, wo die Suchergebnisse weiter ausgewertet werden können.

Die Syntax der Suchkommandos ist einfach und besteht grundsätzlich aus Angabe des Suchraums und des Suchziels:

**SEARCH** Suchraumangabe **WITH** Suchzielangabe

Im folgenden werden die Syntax und die Eigenschaften der verschiedenen Suchverfahren kurz erläutert:

– *"direkte Suche"*: Suchraum: Objekte und Objektattribute externer Projektda-
  tenbanken; Suchziel: exakt, Angabe eines Suchmusters;
  Auswerteverfahren: Zeichenkettenabgleich; Beispiel:
  SEARCH ALL 'ACTION' WITH 'PURPOSE' = 'REGELUNG'

– *"umfeldorientierte Suche"*: Suchraum: Objekte und Objektattribute externer
  Projektdatenbanken; Suchziel: unscharf, Suche nach Begriffsumfeld;
  Auswerteverfahren: Zeichenkettenvergleiche und Regelverknüpfungen;
  Beispiel:
  SEARCH ALL 'ACTION' WITH 'PURPOSE' IS-CONTEXT REGELUNG

– "umschreibende Suche": Suchraum: klassifizierte Projektkurzbeschreibungen;
  Suchziel: Soll-Deskriptor;
  Auswerteverfahren: Ähnlichkeitsberechnung durch Feststellung und Gewichtung
  gemeinsamer bzw. unterschiedlicher Merkmale in Such- und Projekt-Des-
  kriptor; Beispiel:
  SEARCH IS-FACET        (Antriebssystem) -> (elektrisch);
                         (Endeffektoren) -> (Greifer) -> (magnetisch);
                         (Umgebung) -> (Störfelder);

## 4.4 Ablaufsysteme / Zielsysteme

*Thomas Batz*

*Fraunhofer-Institut für Informations- und Datenverarbeitung (IITB)*

Während zu Beginn der Entwicklung von Automatisierungssystemen das komplette System aus einem Rechner, dem *Zielrechner* – auf dem das entwickelte System zum Ablauf kommt – bestand, der gleichzeitig auch zur Entwicklung des meist nur aus Software bestehenden Systems diente und der damit zusätzlich auch *Entwicklungsrechner* für die Software war, führten die steigende Komplexität der zu lösenden Aufgaben sowie der Einsatz höherer Programmiersprachen (maschinenunabhängige Programmierung) zu einer Trennung von *Ziel-* und *Entwicklungsrechner*.

Im folgenden werden zuerst die Ursachen dieser Trennung näher betrachtet und anschließend wird auf die dadurch entstanden Vorteile eingegangen.

Die zu entwickelnden Systeme wurden immer größer, bestanden nun nicht mehr aus nur einem Rechner, sondern aus einem Verbund mehrerer Rechner – zum Teil mit unterschiedlicher Hardware und verschiedenen Betriebssystemen –. die miteinander eine Aufgabe gemeinsam zu lösen hatten. Dadurch wurde aus dem *Einplatzsystem* ein *verteiltes System* mit einer Vielzahl neuer zu lösender Aufgaben. Neben der eigentlichen Applikation wurden auch die Realisierung der *Kommunikation* zwischen Rechnern und Programmen, die sinnvolle Koordination der verschiedenen Rechner und der auf ihnen laufenden Teilprogramme zu Aufgaben innerhalb des Automatisierungsprojekts.

Die Größe und Komplexität der zu entwickelnden Systeme hat auch Auswirkungen auf die sie bearbeitenden Entwickler. Sie führte zur Realisierung der Gesamtaufgabe durch Entwicklerteams anstelle des einen Entwicklers, der für alles zuständig war. Es wurden zur Lösung häufig wiederkehrender Aufgaben (Software-)Hilfssysteme wie Datenbanken, Masken- und Menügeneratoren sowie Visualisierungssysteme verwendet. Zur Unterstützung der Entwickler bei der Durchführung häufig wiederkehrender Aufgaben konnten diese (Software-)Werkzeuge wie Analyse- und Simulationswerkzeuge verwenden. Das koordinierte Arbeiten der verschiedenen Entwickler am Gesamtsystem wurde durch die Verwendung einer Projektbibliothek (bzw. Projektdatenbank) und eines Versions- und Konfigurationswerkzeug erleichtert.

Eine derartig umfangreiche, Speicherplatz und Rechenzeit benötigende Umgebung (Projektbibliothek, Softwarewerkzeuge) für jede Zielmaschine innerhalb eines verteilten Systems wäre wirtschaftlich nicht sinnvoll gewesen. Deshalb wurden einige wenige leistungsstarke Rechner ausschließlich als Entwicklungssysteme verwendet. Die Zielrechner wurden, da nicht mehr mit Entwicklungsaufgaben belastet, ausschließlich entsprechend ihrer Automatisierungsaufgaben ausgewählt.

Eine weitere für die Trennung zwischen Entwicklungs- und Zielsystem wichtige Veränderung war die Entwicklung höherer Programmiersprachen – auch im Automatisierungsbereich –, wodurch Programme in zielmaschinenunabhängiger Form entwickelt und auf dem Zielsystem zum Ablauf gebracht werden konnten. Die Entwickler konnten nun auf einen Basisvorrat höherer Konstrukte (Schleifen, Rekursionen, Unterprogrammaufrufe) zurückgreifen und mußten diese nicht bei jeder Verwendung neu programmieren. Die Programme konnten geschrieben werden, ohne daß der Entwickler sich um alle Interna der Rechner (wie Basisregister, Rücksprungregister etc.) kümmern mußte.

Darüber hinaus bietet die Trennung in *Ziel- und Entwicklungssystem* eine Reihe weiterer Vorteile.

Eine Systementwicklungsumgebung kann, wenn sie nur für Entwicklungsaufgaben verwendet wird, bedeutend besser auf die Anforderungen zur *Entwicklung großer komplexer Automatisierungssysteme* zugeschnitten werden. Es müssen zum Beispiel für das Entwicklungssystem keine Realzeitbedingungen berücksichtigt werden; dafür sind ein größerer Bedienungskomfort für den Entwickler sowie eine Reihe von Softwarewerkzeugen zur Unterstützung notwendig. Dies wird in den anderen Teilen dieses Buchs sowie in [KSS89] ausführlich beschrieben.

Zusätzlich können auf einem Entwicklungssystem alle Daten und Programme zu einem Projekt geführt werden, z.B. Requirements, Lasten-, Pflichtenheft sowie die gesamte Dokumentation. Dadurch ist die Voraussetzung für ein konsistentes und aktuelles Gesamtsystem gegeben. Die Abkopplung der Systementwicklung vom laufenden Betrieb der Anlage ermöglicht auch die parallele Weiterentwicklung des Systems.

Mittels Führen unterschiedlicher Versionen (laufendes System, weiterentwickeltes System in verschiedenen Versionen) ist die Fehlerkorrektur am laufenden System auf einfache Weise möglich, obwohl auf dem Entwicklungssystem eventuell der gesamte Code oder sogar die Auslegung des Gesamtssystems für eine neue Inbetriebnahme bereits erfolgt ist.

Ferner kann mit einer Entwicklungsumgebung das parallele Arbeiten mehrerer Entwickler am gleichen Projekt z.B. durch Verwalten aller relevanten Ergebnisse des Projekts in einer gemeinsamen Datenbank und Bereitstellen der zu bearbeitenden Teile für den einzelnen Entwickler koordiniert und verbessert werden. Ein weiterer Vorteil für die Entwickler ist, daß sie nicht nur bei der Verwendung unterschiedlicher Werkzeuge innerhalb eines Projekts, sondern auch bei der Abwicklung unterschiedlichster Projekte mit der gleichen Bedienoberfläche arbeiten können. Bei größeren Projekten kann die Entwicklungsumgebung auch über mehrere Rechner verteilt sein.

Das Entwicklungssystem stellt somit auch eine Verbindung zwischen unterschiedlichen Projekten her und ermöglicht durch Übernahme bereits entwickelter Teilergebnisse aus bereits abgeschlossenen in neue Projekte die kostengünstigere und termingerechte Erstellung von Automatisierungssystemen.

Aus den Erfahrungen früherer Projekte sowie den Randbedingungen eines augenblicklich zu realisierenden Projekts kann ein erheblicher Teil der Arbeiten in einem neuen Projekt bereits begonnen werden, bevor die zu verwendende Hardware festgelegt worden ist, die zum Teil (z.B. bzgl. Leistungsfähigkeit wie Speicherplatz und/oder Geschwindigkeit) von den anderen zu entwickelnden Teilkomponenten abhängt. Somit kann relativ spät während der Projektdurchführung z.B. aufgrund einer Simulation entschieden werden, welche Hardware verwendet und welche Teile in Soft-, Firm- oder gar in Hardware realisiert werden müssen.

Durch diese Hardwareunabhängigkeit in den ersten Phasen der Projektdurchführung wird außerdem die Entwicklung genereller Lösungen, die anschließend auf das jeweilige konkrete Projekt und dessen Randbedingungen angepaßt werden können, gefördert.

Dieses Vorgehen hat aber neben den vielen Vorteilen auch einen (nicht zu vernachlässigenden) Nachteil. Dieser liegt in der Verteilung und den dadurch möglichen Inkonsistenzen zwischen dem Entwicklungs- und Einsatzort der Software. Bei der Inbetriebnahme der Automatisierungsanlage müssen meist im Zuge der Anpassung bzw. Fehlerkorrektur Veränderungen am Code vorgenommen werden. Dies wird allen Erfahrungen nach auf dem Zielsystem und nicht auf dem Entwicklungssystem erfolgen. Diese Veränderungen müssen auf dem Entwicklungssystem nachgezogen werden; durch geeignete organisatorische Maßnahmen ist die Konsistenzerhaltung zwischen dem Code auf dem Entwicklungs- und Zielsystem gewährleistbar.

Diesen hier beschriebenen Anforderungen und Möglichkeiten durch die Trennung von Ziel- und Entwicklungsrechnern wurde auch in *PROSYT* Rechnung getragen. Auf Rechnern der Hersteller *PCS* (Betriebssystem: *[M]UNIX*) und *DEC* (Betriebssystem: *VMS*) wurde eine komfortable und leistungsstarke *Systementwicklungsumgebung* zur Erstellung komplexer Automatisierungssysteme entwickelt.

Der Transfer der entwickelten Programme zu den Zielsystemen erfolgt entweder über eine direkte Leitung (im einfachsten Falle über V.24-Schnittstelle) oder über Datenträger. Sofern auf dem Zielsystem keine Compiler verfügbar sind, erfolgt die Compilierung bereits auf dem Entwicklungssystem mittels *Cross-Compiler*.

# 5. Werkzeuge

*Thomas Batz*

*Fraunhofer-Institut für Informations- und Datenverarbeitung (IITB)*

Das im vorigen Kapitel beschriebene Rahmensystem – bestehend aus *PRODIA*, *PRODAT* und *Projekt-Advisor* – bietet die Grundlage, um für verschiedene Anwendungsgebiete eine Entwicklungsumgebung zu realisieren. Das Rahmensystem ist prinzipiell anwendungsneutral; es wird erst durch die Integration von für ein bestimmtes Anwendungsbiet zugeschnittenen Werkzeugen sowie durch die Versorgung des *Projekt-Advisors* mit spezifischen Fakten für einen Einsatz in einem speziellen Anwendungsgebiet vorbereitet.

In *PROSYT* war dieses Anwendungsgebiet das *System-Engineering für verteilbare Realzeitrechnersysteme in der Technik*. Darunter ist – wie in diesem Buch schon mehrfach erläutert – die Hard-, Firm- und Softwareentwicklung bzw. die Wiederverwendung bereits vorhandener Teile für ein verteilbares Realzeitsystem zu verstehen. In diesem Anwendungsgebiet wurden die Werkzeugintegration und damit auch die Konzepte des Datenbanksystems *PRODAT*, des Dialogsystems *PRODIA* und des *Projekt-Advisors* (beschrieben in Kapitel 6) erprobt.

Um dem Benutzer für den gesamten Systemlebenszyklus (vom Requirement-Engineering bis zur Wartung) durchgängige Unterstützung zu bieten, wurden in *PROSYT* verschiedene bereits vorhandene Werkzeuge, die jeweils (nur) einen Teil des Systemlebenszyklus abdecken, zu sogenannten *Werkzeuglinien* zusammengefaßt.

Eine Werkzeuglinie ist die Zusammenfassung von mehreren Einzelwerkzeugen. Sie stellt dadurch eine größere Funktionalität (als die Einzelwerkzeuge) zur Verfügung und deckt damit den gesamten Systemlebenszyklus ab. Jedes dieser Einzelwerkzeuge verfügt über ein eigenes Datenmodell und eine eigene Benutzeroberfläche. Zur Integration innerhalb der Werkzeuglinie tauschen die im Lebenszyklusmodell nacheinander anzuwendenden Einzelwerkzeuge Daten aus.

In *PROSYT* wurde durch die Definition von Werkzeuglinien bewußt der Weg verfolgt, nur bestimmte, relativ gut zueinander passende Werkzeuge zu verknüpfen, um die Komplexität der Werkzeugintegration zu verringern. Daher wurde der Weg, Endergebnisse eines Werkzeugs in allen anderen Werkzeugen weiterzuverarbeiten, bewußt nicht realisiert. Dies hätte der Umfang des Projekts nicht zugelassen. Die Definition von Werkzeuglinien schließt aber nicht aus, daß zusätzliche

Werkzeuge integriert werden. Diese müssen aus der in *PRODAT* realisierten und von den anderen Werkzeugen der Werkzeuglinie erzeugten Projektbibliothek den Teil der Daten extrahieren, den sie benötigen. Soweit das Datenmodell der Projektbibliothek nicht ihrem Datenmodell entspricht, ist eine semantische Integration (durch Transformation der Datenmodelle) durchzuführen.

Im Sinne der Integration neuer Werkzeuge oder sogar neuer Werkzeuglinien handelt es sich bei *PROSYT* um eine **offene Systementwicklungsumgebung**.

Die unterschiedlichen Werkzeuge, die in den Werkzeuglinien miteinander verknüpft sind, müssen *syntaktisch* und *semantisch* integriert werden. Die syntaktische Integration (das gemeinsame Verstehen eines Datenformats) erfolgt durch die Verwendung des gleichen Austauschdatenmodells – dem *PRODAT*-Datenmodell –, wie es in Abschnitt 4.1 beschrieben ist.

Die semantische Integration (das gleiche Verständnis der Inhalte der Daten) ist etwas schwieriger. Soweit sie nicht bereits durch die Modellierung sichergestellt ist – und dies ist eine der Stärken der Non-Standard-Datenmodelle, die einen Großteil der semantischen Beziehungen nicht in gleichartigen Attributwerten verschiedener Tabellen verstecken, sondern explizit über Beziehungen modellieren –, muß dieses Verständnis über die Bedeutung der Inhalte der Projektbibliothek durch Absprachen zwischen den Entwicklergruppen der beteiligten Werkzeuge erreicht werden.

Diese syntaktische und semantische Integration wird auch als **horizontale Integration**[1] bezeichnet, die Integration der Einzelwerkzeuge in den Systemrahmen (Anpassung an *PRODIA* und *PRODAT*) dagegen als **vertikale Integration**.

In *PROSYT* sind aus den von den Partnern eingebrachten Werkzeugen **drei Werkzeuglinien** gebildet worden; die Werkzeuglinie *SARS-IGS-VICO-PEARL* – sie wird in Abschnitt 5.1 beschrieben –, die Werkzeuglinie *EPOS-PRODOS-CAT-PRISE/PDAS* – beschrieben in Abschnitt 5.2 und die Werkzeuglinie *PASQUALE-PRODOS*, Abschnitt 5.3. Jede einzelne Werkzeuglinie deckt den gesamten Systemlebenszyklus von den Requirements bis zur Wartung ab.

Im folgenden werden die Einzelwerkzeuge der drei Werkzeuglinien sowie ihre horizontale und vertikale Integration innerhalb der Werkzeuglinie dargestellt.

---

1    Vgl. das Rahmenbild aus Kapitel 3.

# 5.1 Werkzeuglinie *SARS-IGS-VICO-PEARL*

*Petra Luchner und Klaus Singer (ehem.)*
*2i Industrial Informatics GmbH*

*Reinhard Bähre und Wolf Viehweger*
*Fraunhofer-Institut für Informations- und Datenverarbeitung (IITB)*

*Klaus-Günter Höft und Hans-Peter Subel*
*Werum Datenverarbeitungssysteme GmbH*

*Manfred Hagemann (ehem.)*
*Universität Karlsruhe, Institut für Prozeßrechentechnik und Robotik*

Entwurf und Betrieb verteilbarer Realzeitsysteme in der Technik sind dadurch gekennzeichnet, daß an solche Systeme hohe Anforderungen bezüglich des Realzeitverhaltens, der Sicherheit, der Verfügbarkeit und insbesondere der Verwaltbarkeit und Wirtschaftlichkeit gestellt werden.

Spezfikations- und Entwurfsfehler sind die teuersten Fehler, deshalb muß es das Ziel sein, schon in einer frühen Projektphase Aussagen über das Gesamtverhalten des zukünftigen Systems zu erhalten. Diese Aussagen sind notwendig, um einerseits Spezifikationsfehler, die aufgrund einer unvollständigen bzw. fehlerhaften Anforderungserfassung entstanden sind, erkennen zu können, andererseits, um Entwurfsalternativen qualifiziert bewerten zu können.

Zur Zeit wird bei dem Entwurf von Automatisierungssystemen noch versucht, möglichst frühzeitig von der Spezifikations- in die Realisierungsphase zu kommen. Bei dieser Vorgehensweise bleibt ein systematisches, ingenieurmäßiges Vorgehen auf der Strecke. Die Folge ist ein unkalkulierbares Kosten- und Qualitätsrisiko. Diese klassische Vorgehensweise ist aufgrund der Komplexität heutiger Automatisierungsaufgaben nicht mehr überschaubar und damit nicht mehr zu vertreten.

Beim Systementwurf mit der Werkzeuglinie *SARS-IGS-VICO-PEARL* wird begleitend zur Spezifikation mit dem Werkzeug *SARS* eine Modellierung und Simulation mit dem Entwurfssystem *IGS* durchgeführt. Die Werkzeuglinie ermöglicht es, den Systementwurf am Arbeitsplatz des Entwerfers durchzuführen. Dort werden dann auch die Entwurfsvarianten am Computermodell des zu realisierenden Systems, dem modellierten System, getestet und Störfallanalysen durchgeführt. Diese Arbeiten wären ohne Simulation, d.h. vor Ort an der realen Anlage, mit einem hohen Sicherheits- und Kostenrisiko, zumindest aber mit dem Stillstand der Produktion verbunden. Parallel zur Implementierungsphase des realen Systems wird das modellierte System kalibriert (mit dem realen System abgeglichen) und dient dann während der Betriebsphase als Analyse-Objekt, an dem z.B. Umstellungen im Fertigungsprozeß vorab getestet werden können. Dieses Vorgehen gewinnt im Zuge der flexiblen Fertigung und der "just in time"-Devise (präzise Logistik, z.B. zur Reduzierung der Lagerkosten) immer mehr an Bedeutung. Die Umsetzung in ein reales System mit Erzeugung von direkt ablauffähigem *PEARL*-Programmcode erfolgt erst, wenn am modellierten und am spezifizierten System eine für Auftragnehmer und Auftraggeber zufriedenstellende Lösung erzielt wurde. Alle während des Entwurfsprozesses erzeugten Programme und Programmsysteme werden innerhalb des vorliegenden Werkzeugverbundes von *VICO* verwaltet. Am Ende des Kapitels wird die Werkzeuglinie am Beispiel "Automatisierung der Lackierhalle einer Automobilfabrik" dargestellt (Abb. 5.1-1).

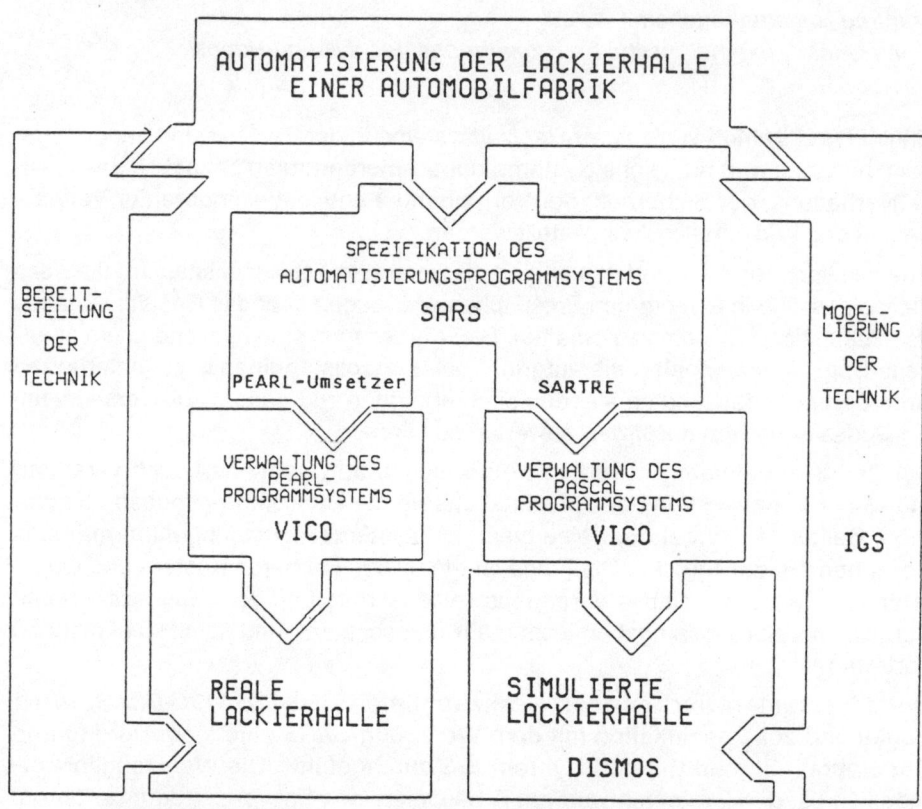

**Abb. 5.1-1.** Einsatz der Werkzeuglinie *SARS-IGS-VICO-PEARL* am Beispiel "Automatisierung der Lackierhalle einer Automobilfabrik"

Die Leistungen der beteiligten Werkzeuge der Verbundpartner werden einleitend nur kurz erläutert:

– *SARS* der Firma 2i
leitet den Benutzer an, die zu automatisierenden Prozesse zu identifizieren, die Anforderungen an die Prozesse zu erfassen und deren Funktionalität zu spezifizieren. Durch Analysatoren lassen sich die mit *SARS* erstellten Spezi-

fikationen auf Vollständigkeit, Verträglichkeit und Widerspruchsfreiheit überprüfen. *SARS*-Anforderungsspezifikationen werden in Softwareentwürfe oder
Programmiersprachen überführt. Dies geschieht durch Anwendung des Werkzeugs *SARTRE* (2i) nach *PASCAL* und durch den Umsetzer der Universität
Karlsruhe nach *PEARL*.

–  *IGS* des Fraunhofer-Instituts
   ist ein interaktives, graphisches Strukturierungs- und Parametrierungssystem
   für blockorientierte Entwurfs- und Berechnungsverfahren und stellt aufeinander abgestimmte Entwurfsprogrammpakete mit einheitlicher Bedienoberfläche bereit. Zur Zeit sind die Werkzeuge *DISKOS* (Simulation kontinuierlicher Systeme), *DISMOS* (Simulation diskreter, modularer Systeme) und
   *VATSY* (Verfügbarkeitsanalyse technischer Systeme) integriert.

–  *VICO* der Firma Werum
   ist ein Werkzeug zur Versions-, Schnittstellen- und Konfigurationskontrolle, das
   sowohl die Entwicklung als auch die Verwaltung komplexer modularer Programmsysteme in *C, PASCAL* und *PEARL* unterstützt.

–  *PEARL*-Compiler und *PEARL*-Testsystem der Firma Werum
   ermöglichen die effiziente Implementierung von Problemlösungen für die Prozeßautomatisierung in einer anwendungsorientierten genormten Realzeitpro-
   grammiersprache.

## 5.1.1 *SARS*, ein Werkzeug zur Anforderungsspezifikation

*Petra Luchner und Klaus Singer (ehem.)*
*2i Industrial Informatics GmbH*

Zu Beginn der Entwicklung eines Softwaresystems existieren die Anforderungen, die an das System gestellt werden, meistens in Form von persönlichen Notizen, als Ergebnis von Besprechungen oder als unterschiedlich ausgereifte Vorstellungen in den Köpfen Einzelner. Es bedarf eines langwierigen, aber für den Erfolg des gesamten Entwicklungsprojekts entscheidenden Prozesses, um all dieses bereits vorhandene Wissen zu sammeln, aufzubereiten, gegebenenfalls zu erweitern und zu guter Letzt in einer Weise festzuhalten, die als Ausgangsbasis für das weitere Projektgeschehen geeignet ist.

Die Erfahrung hat gezeigt, daß das Ergebnis dieser Abstimmung, die zwischen Auftraggeber (einschließlich Anwender) des Softwaresystems und dessen Entwicklern durchgeführt wird, selten eine endgültige ist. In vielen Fällen kommen im Projektverlauf Änderungen oder Erweiterungen hinzu.

Die Bedeutung des festgelegten Anforderungsdokuments liegt nun u.a. auch gerade darin, daß Änderungen als solche erkannt und in das bestehende Dokument aufgenommen werden. Nur so ist zu jeder Zeit des Projektverlaufs eine Übersicht über die zu realisierende Aufgabe möglich und nur so können Aufwandsabschätzungen für die Auswirkungen von Änderungen vorgenommen werden.

Um die Erfassung von formalisierbaren Informationen sinnvoll durchführen und eventuell spätere Änderungen ohne großen Aufwand nachziehen zu können, ist Rechnerunterstützung nötig.

Das Werkzeug *SARS* (**S**ystem for **A**pplication Oriented **R**equirements **S**pecification) bietet genau hierfür Unterstützung. Es wurde speziell für Anwendungen im Bereich eingebetteter Realzeitsysteme entwickelt. Sein Einsatz beginnt in dem Stadium von Projekten, in dem die Anforderungen an das Softwaresystem informell und verstreut vorliegen. *SARS* liefert ein Dokument zur Anforderungsspezifikation, das so weit formalisiert ist, daß die Ergebnisse für die weitere Entwicklung ausgewertet werden können und das als gültiges Pflichtenheft verwendet werden kann.

Auf diesem Weg werden folgende Aktivitäten durchlaufen:

– *Sammlung* von Informationen über das zu entwickelnde System und seine Umgebung sowie von Anforderungen an Teilkomponenten des Systems. Diese Informationen sind oft vage, unvollständig und teilweise sogar widersprüchlich.
– *Strukturierung* der gesammelten Informationen und Erstellung eines Dokuments, in dem alle Anforderungen möglichst widerspruchsfrei dargestellt sind.
– *Analyse und Korrektur* der Informationen, um die Konsistenz der Anforderungsspezifikation zu gewährleisten.

In der Regel wird ein einmaliges Durchlaufen dieser Schritte nicht ausreichen, um eine korrekte Spezifikation zu erhalten, weshalb der Vorgang so lange wiederholt wird, bis ein zufriedenstellendes Ergebnis erreicht ist.

Im Zuge dieser Interaktionsschritte ermöglicht *SARS* den stufenweisen Übergang von einer quasi informellen zu einer formalen Darstellung. Dabei wird in jeder vorliegenden Zwischenstufe der maximal verfügbare formale Informationsgehalt durch das System ausgewertet.

### 5.1.1.1 Das Modell von *SARS*

Das Denkmodell, das *SARS* zugrundeliegt, orientiert sich aufgrund des Anwendungsgebiets des Werkzeugs am SR-Modell (Stimulus-Response-Modell). Dieses gibt die Sicht "von außen" wieder, wenn man die Steuerungssoftware betrachtet, die mit der Hilfe von *SARS* entsteht. Stimuli beschreiben die Informationen, die von einer realen, technischen Umgebung an ein SW-System zur Prozeßsteuerung gehen und anhand derer Entscheidungen über das weitere Vorgehen getroffen werden können. Responses sind die Steuersignale, die aufgrund dieser Entscheidung an die Prozeßumgebung geschickt werden. Der Verarbeitungsteil dazwischen wird zunächst als "Black-Box" betrachtet.

Diese Sicht entspricht erfahrungsgemäß dem Wissen, welches ein Anwendungsingenieur über die Steuerung einer ihm bekannten technischen Anlage hat und der Anforderungen an ein SW-System zur Steuerung dieser Anlage formulieren möchte. Ein einfaches Beispiel für eine derartige Stimulus-Response-Kette ist die Überwachung einer Lichtschranke, bei deren Unterbrechung eine Aktion auszulösen ist.

Weiterhin muß ein Prozeßsteuerungssystem in der Lage sein, interne Verarbeitungsabläufe zu beschreiben.

Auf dieser Sicht der Dinge beruht das Schalenmodell von *SARS*. Es sieht die Unterteilung der Spezifikation in Schnittstellen zur Umgebung, Ablaufsteuerung und Berechnung vor. Abb. 5.1-2 veranschaulicht die drei dem *SARS*-Modell zugrundeliegenden Schalen.

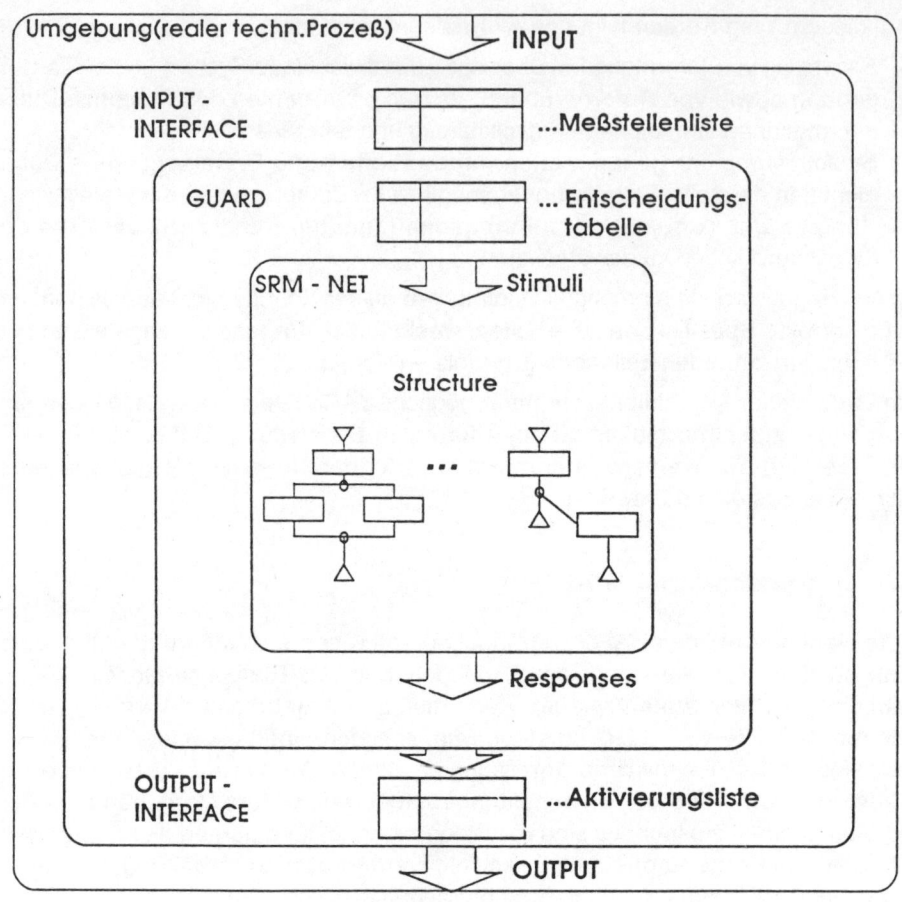

**Abb. 5.1-2.** Das *SARS*-Modell

Das *SARS*-Modell wird durch die Sprache *LARS* (**L**anguage for **A**pplication Oriented **R**equirements **S**pecification) dargestellt, die damit die Grundlage für die Formalisierung von Anforderungen bildet.

### 5.1.1.2 Spezifikationssprache *LARS*

*LARS* ist entsprechend der oben beschriebenen Vorgehensweise in drei Teilsprachen gegliedert: die *Interfaces*, den *Guard* und die *Netze*.

In der *Interface*-Komponente wird die Schnittstelle zwischen realem Prozeß und Softwaresystem beschrieben. Dabei wird zwischen *Input_Interfaces* zur Beschreibung der Stimuli und *Output_Interfaces* zur Beschreibung der Responses unterschieden. Es können Ereignisse (zyklische und spontane), Zustände und einfache

Datentypen beschrieben werden, wobei die Datentypen sich an den physikalischen Größen der realen Umwelt orientieren (z.B. analoge Daten).

Der *Guard* ist die zentrale Komponente einer *SARS*-Beschreibung. Er enthält die Steuerungs- und Regelungsaufgaben des Systems und einen Datenteil. Er reagiert auf ankommende Daten und Ereignisse und ruft entsprechend deren Auswertung Netze auf bzw. veranlaßt Ausgaben über die Ausgabeschnittstellen. Im Datenteil des *Guard* werden rechner-interne Daten beschrieben, auf die von verschiedenen Systemfunktionen (Netzen) zugegriffen wird. Der Datenfluß zwischen den Netzen wird ebenfalls im *Guard* angegeben.

Die *Netze*, auch SRM-Netze genannt, enthalten die Beschreibung der Systemfunktionen. Sie können Berechnungen ausführen, haben aber keine Möglichkeit, direkt mit der technischen Umwelt zu kommunizieren. Teilaktionen der Netze, die vom Spezifikateur als atomar betrachtet werden, werden als sogenannte *Alphas* deklariert. Deren Ein- und Ausgangsdaten werden festgelegt und die Funktion der *Alphas* wird informell als Kommentar festgehalten. Die *Alphas* stellen sozusagen die letzte Verfeinerung der durch *LARS* formal beschreibbaren Konzepte dar.

Die Reihenfolge der Ausführung der Alphas im Netz kann

- sequentiell
- voneinander unabhängig, d.h. möglicherweise parallel oder
- selektiv

erfolgen.

Die Sprache *LARS* ermöglicht die Beschreibung sowohl von parallelen Abläufen (im *Guard* und in den *Netzen*) als auch von Anforderungen an das zeitliche Verhalten eines Systems.

Basierend auf Zeittypen (Absolutzeit und Zeitdauer) können

| | |
|---|---|
| – Zeitbeschränkungen | (TIME_RESTRICTION) für einzelne Aktionen (ALPHAS), aber auch für ganze Netze, |
| – zyklische Faktoren | für sich in regelmäßigen Abständen wiederholende Interface-Ereignisse oder die regelmäßige Aktivierung von Netzen bei Vorliegen der Startbedingungen sowie |
| – Zeitausdrücke, | d.h. Verknüpfungen und Vergleiche beliebiger Komplexität |

gebildet werden.

Eine weitere wichtige Eigenschaft von *LARS* ist, daß es unterschiedliche Grade der Formalisierung unterstützt. So können beispielsweise Datentypen als nicht näher spezifiziert (dies wird durch ein Fragezeichen dargestellt), als beliebiger Kommentar oder aber detailliert, an Programmiersprachenkonzepte angelehnt beschrieben werden.

Dies ist u.a. ein Mittel zur schrittweisen Verfeinerung beim Erstellen eines Anforderungsdokuments.

### 5.1.1.3 Werkzeuge von *SARS*

Damit die Arbeit mit *SARS*-Werkzeugen attraktiv und motivierend bleibt, wurden insbesondere für die Anforderungserfassung folgende Grundsätze eingehalten:

- Die vom Auftraggeber geforderten Funktionen – in *SARS* Netze genannt – können wie bei einem CAD-System graphisch am Bildschirm entwickelt werden.

- Die einzugebenden Anforderungen müssen nicht von Anfang an vollständig und präzise sein. Die *SARS*-Analyse-Werkzeuge geben dem Systemanalytiker alle notwendigen Hinweise, um schrittweise zu einer vollständigen oder zu einer absichtlich unvollständigen Anforderungsbeschreibung zu gelangen.

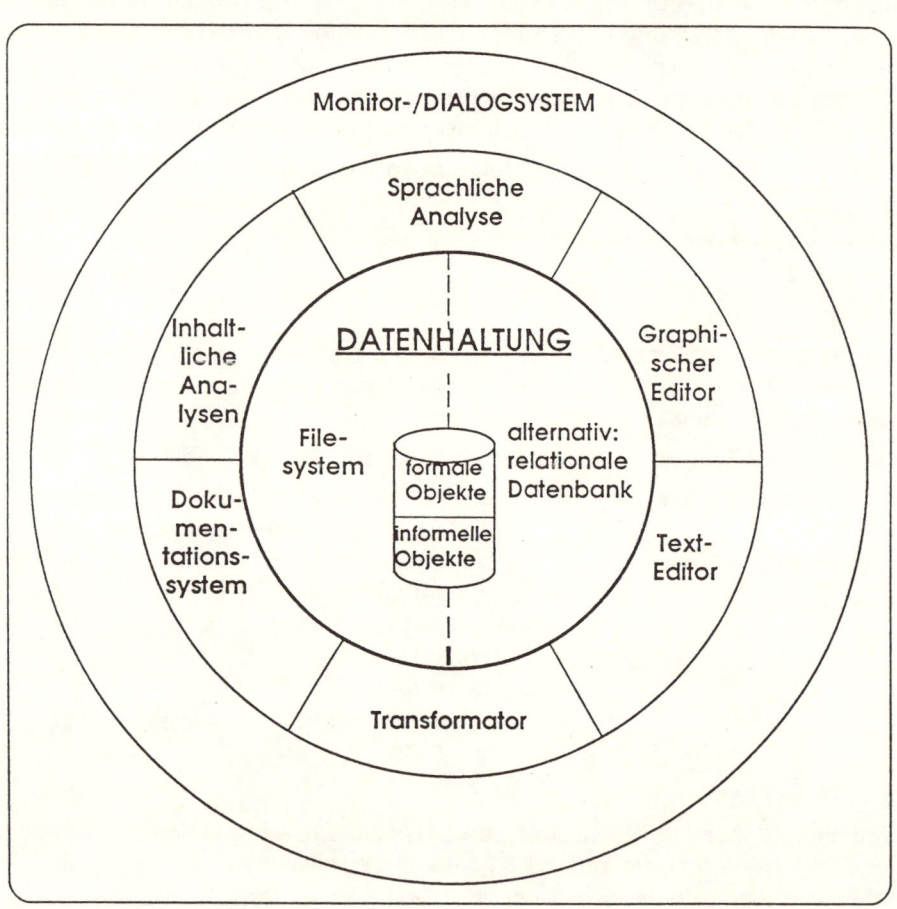

**Abb. 5.1-3.** Die Werkzeuge von *SARS*

Zu *SARS* gehören (wie in Abb. 5.1-3 dargestellt)

- syntaxgesteuerte Text- und Graphik-Editoren,
- eine formale Sprache zur Beschreibung von Anforderungen (*LARS*),
- verschiedene Analysewerkzeuge zur Überprüfung der Anforderungen hinsichtlich
  - Vollständigkeit,
  - Verträglichkeit,
  - Widerspruchsfreiheit,
  - Erfüllbarkeit,
- ein ergänzendes Dokumentations- und Retrievalsystem,
- ein Transformator (*SARTRE*) zur Überführung der mit *SARS* erfaßten Anforderungen in einen ersten, ggf. noch prototypischen Softwareentwurf, an dem dynamische Experimente ausgeführt werden können.

### 5.1.1.4 *SARTRE*: Anschluß an Folgewerkzeuge

Zu den Werkzeugen des *SARS*-Systems gehört *SARTRE* (eine Zusammensetzung aus *SARS* und *TREX*), welches die Ankopplung von *SARS* an andere Werkzeuge ermöglicht. Dies ist für den Anwender von fundamentaler Bedeutung, da hiermit die Verbindung von Werkzeugen erleichtert wird und auf diese Weise eine auf den Anwender zugeschnittene Werkzeugumgebung zusammengestellt werden kann.

*SARTRE* wurde benutzt, um die Schnittstelle zu *IGS* zu realisieren. Hierzu wurde ein *LARS*-Dokument in ein ablauffähiges Programm umgesetzt, um das funktionale Verhalten des Steuerprogramms nachzubilden.

Die Architektur von *SARTRE* ist darauf ausgerichtet, Softwaredokumente, die im Laufe des SW-Life-Cycle entstehen, ineinander überzuführen. Die vielfältigen Probleme, die dabei zu lösen sind (wie z.B. Methodenvielfalt, unterschiedliche Philosophie von Werkzeugen etc.), benötigen das Hintergrundwissen und die Erfahrungen des Softwareingenieurs.

Um eben diese 'intellektuellen' Leistungen bei der Softwareerstellung unterstützen zu können, wurde ein regelbasierter Ansatz gewählt. Der Transformator ist damit ein flexibles Instrument, um immer wieder neue Erkenntnisse und Erfahrungen in Form von Regelwissen in eine Transformation einarbeiten zu können. Dem iterativen Vorgang des Sammelns von Erfahrungen bei der Transformation und der Verbesserung des Transformators kann durch Erweiterung des Regelbestandes Rechnung getragen werden. Ebenso kann durch Änderungen der Regeln die Transformation an geänderte Quell- bzw. Zielsprachen angepaßt werden. Dies alles sind Voraussetzungen, die eine stetige Weiterentwicklung des Transformators ermöglichen. Die Architektur des Transformators ist in Abb. 5.1-4 dargestellt.

Die auf der Programmiersprache *PROLOG* basierende Transformations-Shell *TREX* (**TR**ansformation **EX**pertsystem) bildet die Basis des Transformators. Sie ermöglicht die Interpretation der Regelbasis, deren Regeln eine speziell für die

Transformation von formalen Sprachen geeignete Form haben. Zusätzlich enthält
sie Bedienkommandos zur komfortablen Erstellung der Regeln.

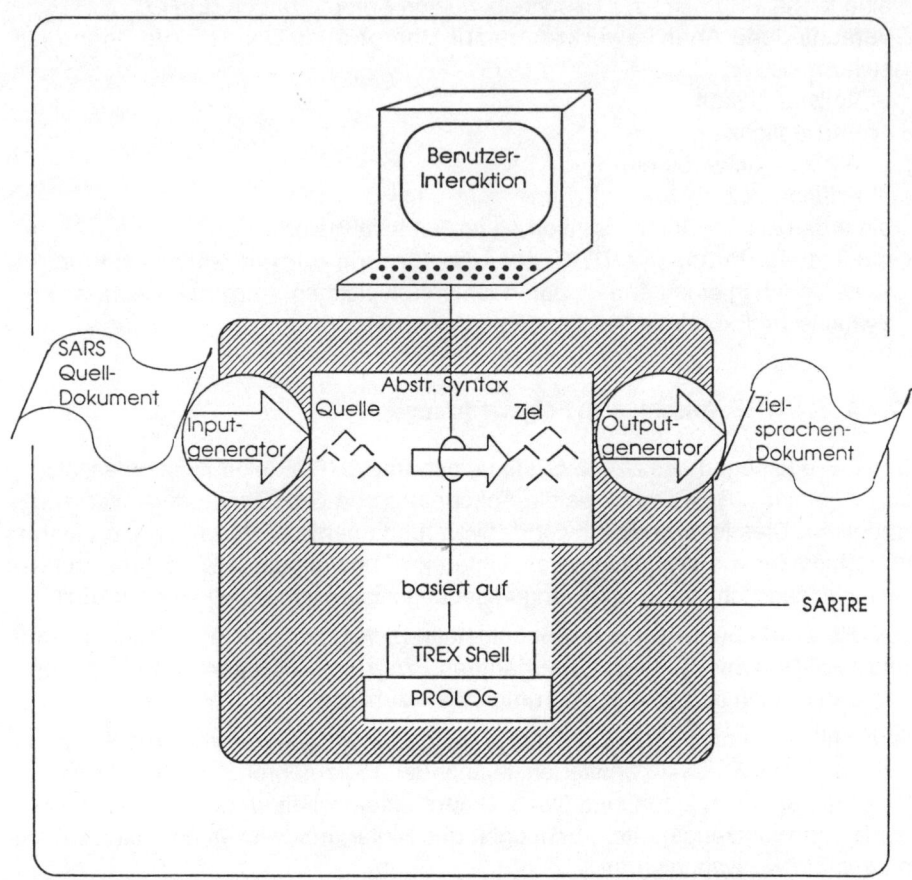

**Abb. 5.1-4.** Die Architektur von *SARTRE*

Da *TREX* für die effiziente Verarbeitung ein internes Format (abstrakte Sprach-
syntax) verlangt, werden die textuellen Darstellungen der Quell- bzw. Zielsprache
durch einen Input- bzw. Output-Generator in dieses Format umgesetzt. Die
Generatoren sind ebenfalls in *PROLOG* realisiert. Das eigentliche Wissen über
den Transformationsprozeß steckt in der Regelbasis. Sie ist unterteilt in Strate-
gieregeln, die unabhängig von der jeweiligen Anwendung sind und den Sprachre-
geln, die von der Quell- bzw. Ziel-Syntax abhängen.

### 5.1.2 *IGS*, ein interaktives, graphisches Werkzeugsystem zur Modellierung und Bewertung technischer Systeme

*Reinhard Bähre und Wolf Viehweger*

*Fraunhofer-Institut für Informations- und Datenverarbeitung (IITB)*

Verteilbare Realzeitsysteme in der Technik sind sehr komplexe Systeme. Sie erfordern in allen Phasen des Systemlebenszyklus von der Planung bis hin zum Betrieb neben der Lösung von Problemen der Informatik die Lösung vielfältiger ingenieurwissenschaftlicher Aufgabenstellungen. Als Beispiele seien genannt: die wirtschaftlich optimale zuverlässigkeits- und sicherheitstechnische Auslegung einer Anlage, die Leistungsvorhersage für ein projektiertes Rechen- und Kommunikationssystem, die Optimierung einer flexiblen Fertigungseinrichtung, die Auswahl eines optimalen Regelalgorithmus für ein dynamisches System.

Die Komplexität und die Vielfalt der zu lösenden ingenieurwissenschaftlichen Aufgaben erfordern den fallweisen Einsatz unterschiedlichster problemorientierter CAE-Werkzeuge. Anwendungserschwerend wirkt, daß

– viele Werkzeuge, insbesondere wenn es sich um ältere, anwendungserprobte Werkzeuge handelt, die noch über keine benutzergerechte Bedienoberfläche verfügen,
– die Bedienoberflächen in der Regel unterschiedlich sind,
– die Methoden zur Formulierung des vom Werkzeug zu lösenden Problems nicht standardisiert sind.

Damit sinkt zum einen für einen breiten Benutzerkreis die Akzeptanz, solche Werkzeuge einzusetzen, insbesondere wenn der Benutzer, z.B. Ingenieur oder Techniker, über keine besonderen Erfahrungen in der Bedienung von Rechnern verfügt, zum anderen wird die Nachvollziehbarkeit einer Problemlösung und damit die Wiederverwendbarkeit von Erfahrungswissen nicht sichergestellt.

Ziel von *IGS*, dem interaktiven, graphischen Werkzeugsystem ist es, über eine komfortable einheitliche Bedienoberfläche für mehrere Werkzeuge diese Nachteile zu vermeiden [Bähr83] (Abb. 5.1-5). Vom Ansatz her ein offenes System, gestattet *IGS* die Integration von Einzelwerkzeugen, bei denen der Benutzer sein Problem in Form graphischer Blockmodelle beschreiben kann. *IGS* ist in der Sprache *C* implementiert und läuft unter MUNIX auf CADMUS (PCS). Eine von den Einzelwerkzeugen nutzbare *C*-Schnittstelle für graphische Ein-/Ausgabe reduziert den Portierungsaufwand des Gesamtsystems beim Übergang auf andere Zielsysteme. Zur Zeit sind folgende Werkzeuge integriert:

– *DISKOS*, zur Simulation kontinuierlicher Systeme,
– *DISMOS*, zur Simulation diskreter, modularer Systeme,
– *VATSY*, zur Verfügbarkeitsanalyse technischer Systeme.

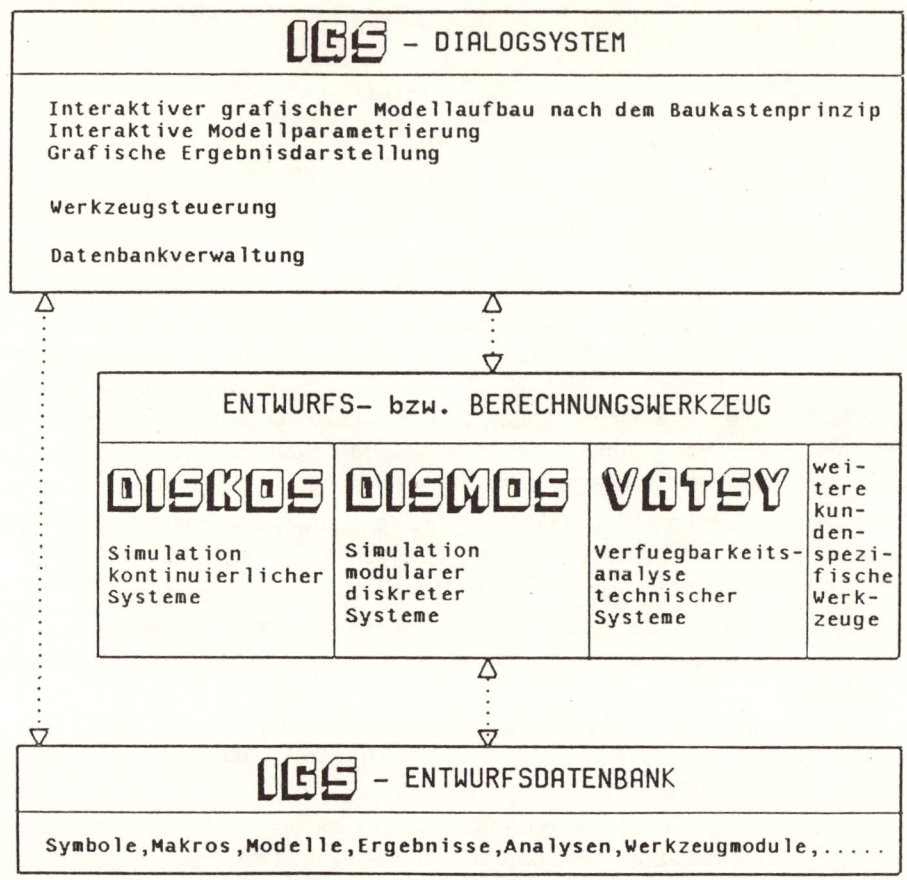

**Abb. 5.1-5.** Architektur des Werkzeugsystems *IGS*

### 5.1.2.1 Die Entwurfsphilosophie

Die in *IGS* integrierten Werkzeuge bieten dem Benutzer ihre Funktionalität in Form universell verwendbarer parametrierbarer Bausteine (Elementarblöcke) an (Abb. 5.1-6), die vorzugsweise der gebräuchlichen Darstellungsform für das jeweilige Werkzeug, z.B. Symbole der Analogrechentechnik und Regelungstechnik im Fall von *DISKOS*, entsprechen. Die Darstellungsform ist jedoch prinzipiell frei wählbar.

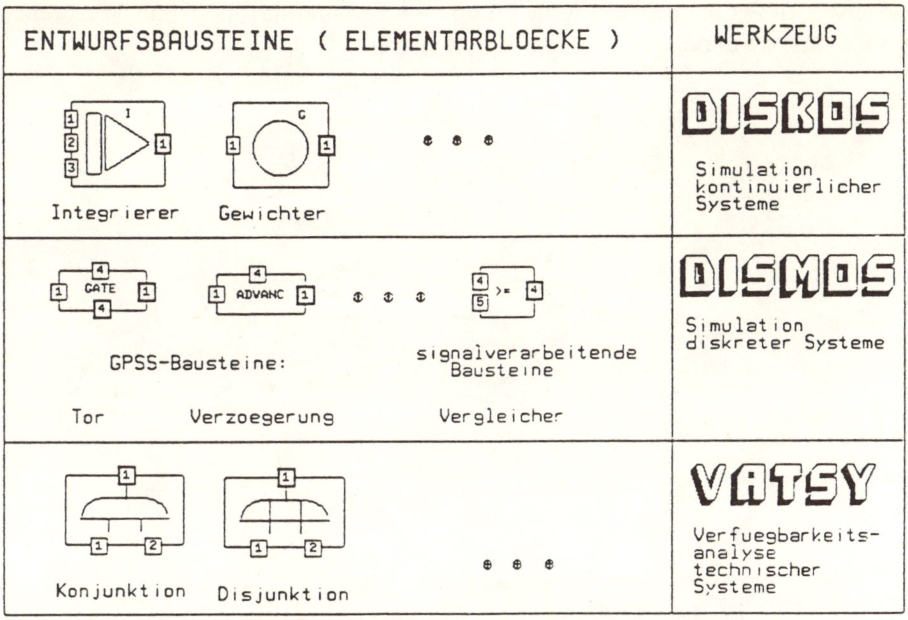

**Abb. 5.1-6.** Typische Bausteine der in *IGS* integrierten Werkzeuge

Zur Formulierung seines zu lösenden Problems kann der Benutzer nach dem "Baukastenprinzip" diese Bausteine auswählen, sie parametrieren und über ihre Ein-Ausgänge miteinander verschalten. Mit dem *IGS*-Modelleditor geschieht dies interaktiv und graphisch mittels Maus und Bitmap-Terminal. Graphische *IGS*-Modelle können mit beliebiger textueller und graphischer Begleitinformation (integrierte Dokumentation) angereichert werden. Das graphische *IGS*-Modell ist alleiniger Ausgangspunkt für alle nachfolgenden Verarbeitungsschritte und wird vor der weiteren Verwendung in das jeweilige werkzeugspezifische Format transformiert. Syntaktische Prüfungen während der Modellerstellungsphase und in der Transformationsphase unterstützen einen fehlerfreien Modellentwurf. Der Benutzer kann sich durch Verschaltung von Elementarblöcken (und in der Folge auch von Makroblöcken) mächtigere, problemadäquate Blöcke (Makroblöcke) bilden und sie als wiederverwendbare Bausteine in der *IGS*-Entwurfsdatenbank abspeichern. Die Makrotechnik gestattet ihm zudem den hierarchischen strukturierten Modellentwurf über mehrere Abstraktionsebenen hinweg nach dem Top-down- bzw. Bottom-up-Prinzip (Abb. 5.1-7) durchzuführen.

Bei *IGS* sind die Phasen Modellerstellung und (analytische/simulative) Modellbearbeitung getrennt. Der Benutzer muß daher schon im graphischen Modell die Parameter offenlegen, die er für seine Modellexperimente veränderlich halten will, das gleiche gilt für die Modellgrößen, deren Veränderungen er als Folge der Parameteränderungen beobachten will. Als Darstellungssymbole stehen konfigurierbare (Gültigkeitsbereich, Aktivierung usw.) Elementarblöcke für Wertgeber und Meßpunkte bereit.

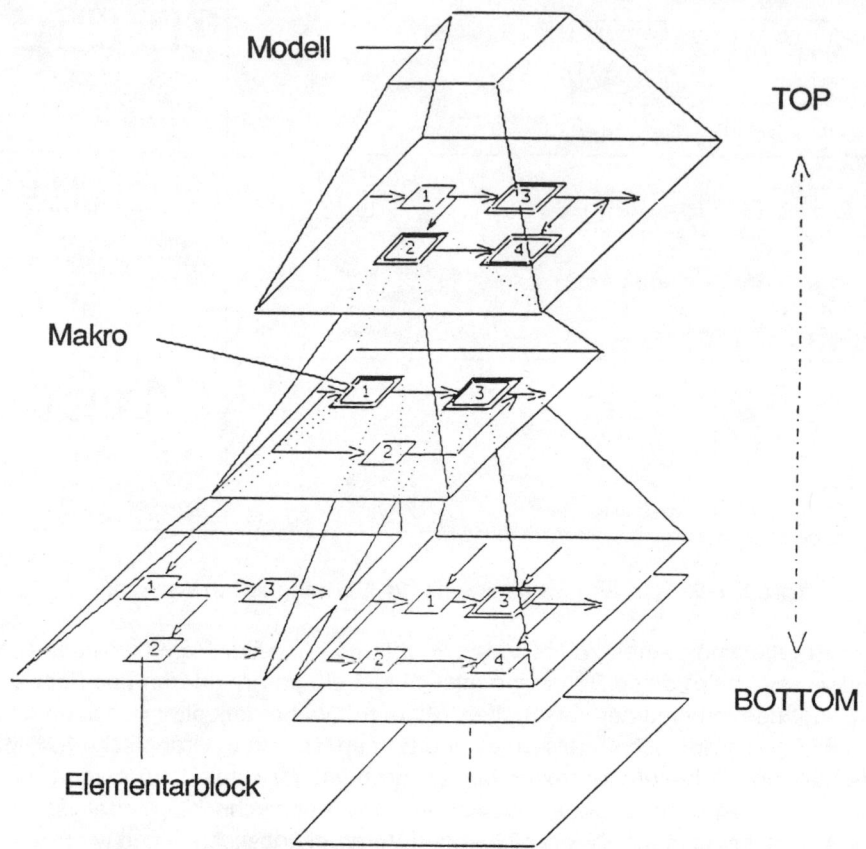

**Abb. 5.1-7.** Hierarchischer strukturierter Modellentwurf mit *IGS*

### 5.1.2.2 Der graphische Entwurf mit *IGS*

Die Bedienoberfläche von *IGS* basiert auf einem pixel-orientierten graphischen Bildschirm mit Maus (Rollkugel) zur graphischen Identifikation, d.h. die Auswahl eines auf dem Bildschirm gezeigten Objekts geschieht durch einen mittels der Maus bewegten Cursor (Pfeil-Symbol) und Betätigen der linken Funktionstaste an der Maus. Zur Eingabe von Text wird die Bedientastatur benutzt. In Abb. 5.1-8 ist die Anordnung der Elemente der Bedienoberfläche beispielhaft für den Modellentwurf gezeigt. Der Bildschirm hat danach neben der Entwurfsfläche, wei- tere Flächen für Meldungen und virtuelle Bedienelemente (Sensorflächen), und zwar für:

- den Vorrat an Bausteinen, die zum Aufbau des Bilds in der Entwurfsfläche benötigt werden. Das können sowohl elementare graphische Objekte als auch die Darstellung der Grundformen der Blöcke und/oder bereits entworfener Blöcke (Elementarblöcke und Makroblöcke) und Bildelemente sein,
- eine Fläche für Fehlermeldungen und Meldungen zur Bedienerführung,
- die ständig benötigten Funktionen, z.B. zum Verändern der bildlichen Darstellung, in Form von Sensorflächen für das Formen graphischer Elemente, aber auch zum Aufspannen eines "Gebiets", d.h. der Zusammenfassung mehrerer Objekte der gleichen Selektionsstufe zu einem neuen Objekt,
- die Sensorflächen für die Basismenüs zur Bedienung des Graphikeditors und den Zugang zur Entwurfsdatenbank und zum ausgewählten Werkzeug.

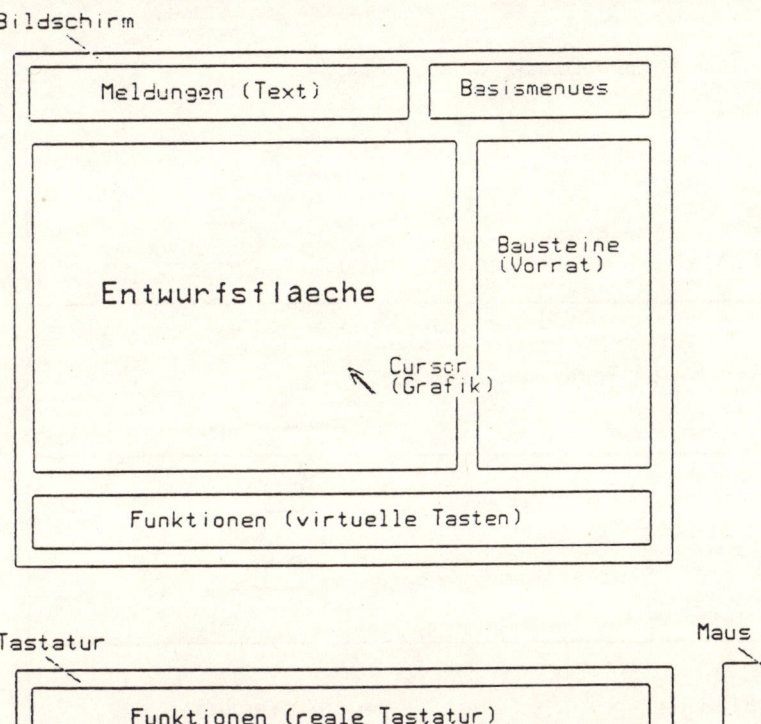

**Abb. 5.1-8.** Elemente der Bedienoberfläche des *IGS*

Die Verbindung der Graphik zum Werkzeug erfolgt über die parametrierbaren Blöcke mit ihren Anschlußpunkten und den Verbindungslinien zwischen diesen, wie sie in Abb. 5.1-9 gezeigt sind. Anschlußpunkten kann eine Angabe zur importierten bzw. exportierten Größe (INTEGERsignal, REALsignal, BOOLEANsignal,

Transaktion, Token, usw.) und eine Vorschrift zur Beschaltung (NOTWENDIG, OPTIONAL usw.) zugeordnet werden. Durch Einfügen von Knoten kann das Verbindungsnetzwerk entwirrt und damit übersichtlicher dargestellt werden. Knoten haben daher beliebig viele Ein- und Ausgänge, die die Eigenschaften der verbundenen Anschlußpunkte der Blöcke haben.

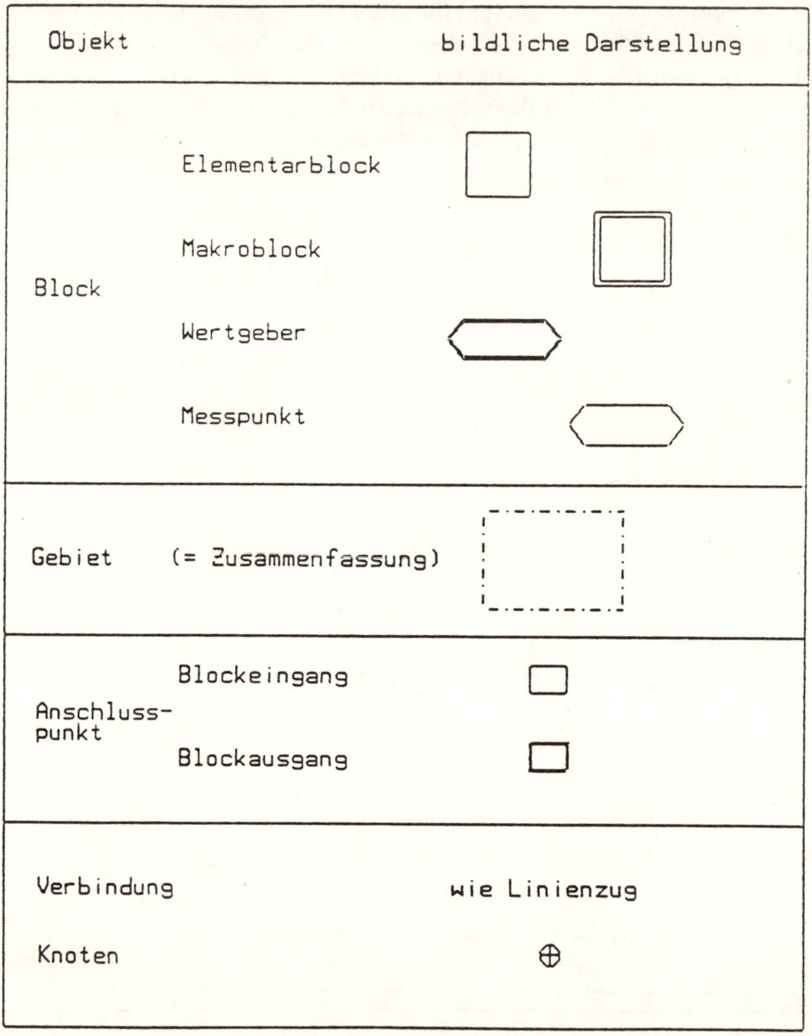

**Abb. 5.1-9.** Blöcke und ihre Verbindungen

Die Parametrierung der Blöcke erfolgt über editierbare Tabellen. Diese werden angezeigt, wenn nach der Auswahl des Blocks die entsprechende Funktion aufgerufen wird. Jedem Parameter entspricht in dieser Tabelle eine Zeile mit dem

Bezeichner (Name und Index) des Parameters und dem Wert mit Angaben zur Repräsentation (INTEGER, REAL, BOOLEAN, STRING) und zur Änderbarkeit des Werts. Die Anzahl der Parameter kann beim Entwurf des Blocks verändert werden, bei seiner Benutzung ist sie dann fest. Nur die Änderung des Werts ist dann noch möglich, falls dies vom Entwerfer so vorgesehen wurde, oder es werden stattdessen die festen Werte oder Ersatzwerte verwendet.

Der Entwurf kann zur Verbesserung der Anschaulichkeit und für Zwecke der integrierten Dokumentation weiter ausgestaltet werden. Hierzu dienen die elementaren graphischen Objekte, wie sie in Abb. 5.1-10 wiedergegeben sind. Diese Objekte, die zunächst in einer Normalform vorliegen, können auch an Blöcke gebunden werden und sind dann Bestandteil dieses Objekts, d.h. sie unterliegen den gleichen Operationen, die auf den Block angewendet werden, wie z.B. das Kopieren.

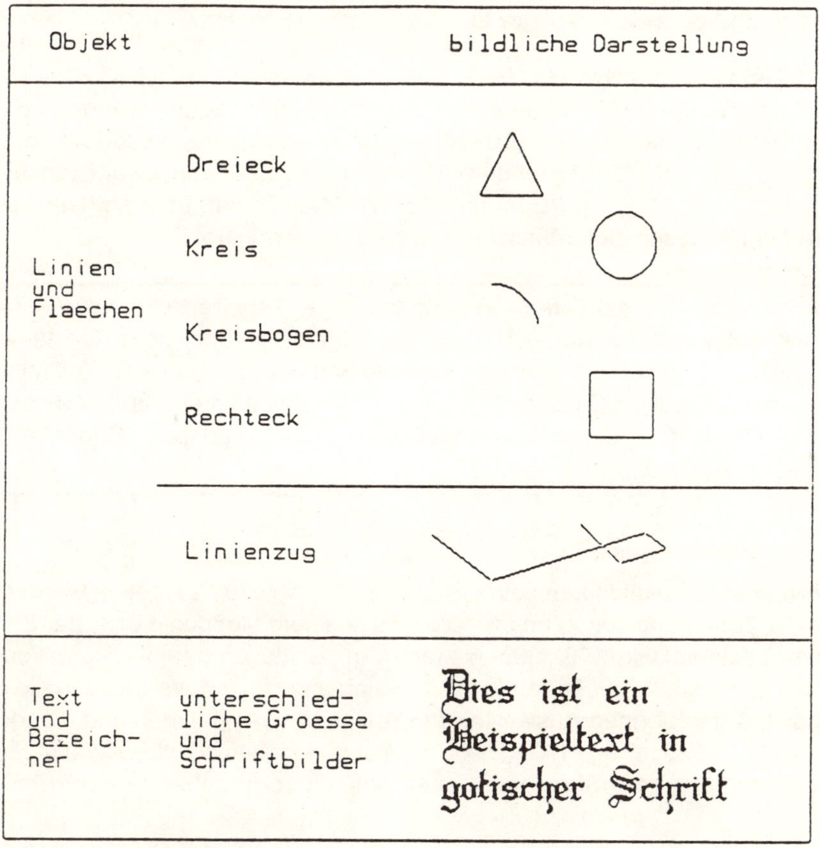

**Abb. 5.1-10.** Elementare graphische Objekte

Alle graphischen Objekte können in ihrer Größe den Erfordernissen angepaßt und durch Formen auch in ihrer Gestalt verändert werden. So kann z.B. das gleichseitige Dreieck nach Auswahl einer Ecke, zu einem ungleichseitigen verzerrt werden. Weiterhin sind die graphischen Eigenschaften änderbar, z.B. Linienart und Strichstärke und bei Text die Anzahl der Zeichen und die Schriftart (Font).

Objekte können mitsamt ihren Eigenschaften und den mit ihnen verbundenen weiteren Objekten kopiert, bezüglich ihrer örtlichen Lage verschoben oder gelöscht werden. Sie können aber auch in ihrem jeweiligen Entwurfsstadium in der Entwurfsdatenbank gespeichert und wieder auf den Bildschirm gebracht werden.

Die gleichen Bedienelemente und -verfahren, wie sie oben beschrieben wurden, benutzen die integrierten Werkzeuge. Insbesondere erfolgt die Steuerung über Menüs und die Parametrierung über editierbare Tabellen.

### 5.1.2.3  Integrierte *IGS*-Werkzeuge

#### 5.1.2.3.1  *DISKOS*, ein Simulator für kontinuierliche Systeme

*DISKOS* ist ein in der Sprache *FORTRAN* geschriebener Simulator für kontinuierliche Systeme. Seine Konzeption zielt darauf ab, den Digitalrechner bezüglich seiner Verwendbarkeit für Simulationszwecke möglichst eng an den Analogrechner anzulehnen. *DISKOS* bietet dem Entwerfer 25 vorgefertigte Funktionsblöcke an (siehe Liste 5.1-1). Der Benutzer hat die Möglichkeit, über selbstprogrammierte Sonderblöcke diese Basisfunktionalität zu erweitern.

---

Quadratwurzel – Tote Zone – Sprungfunktion – Tabellierte Funktion – Verstärker – Signalgenerator – Halteglied – Vorzeichenumkehr – Konstante – Begrenzer – Absolutwert – Stop – Negative Begrenzung – Offset – Zeitimpulsgenerator – Positive Begrenzung – Relais – Verzögerung – Zufallszahlengenerator – Gewichteter Summierer – Multiplizierer – Integrierer – Summierer – Dividierer – Totzeit

---

**Liste 5.1-1.** *DISKOS*-Elementarblöcke

Während der Simulation kann eine Signalkurve graphisch ausgeben werden, die durch die Zuordnung von x- und y-Achse zu je einem Meßpunkt bzw. der Simulationsuhr bestimmt wird. Für zehn weitere Meßpunkte können die Signalverläufe über der Zeit parallel zur laufenden Simulation gespeichert werden, um sie dann in einer anschließenden Auswerte- und Anzeigephase beliebig miteinander zu verknüpfen und anzuzeigen. Der Benutzer kann zwischen schrittweisem und automatischem Ablauf der Simulation, eventuell mit vorgegebenen Haltepunkten, wählen.

Der typische Anwendungsbereich von *DISKOS* liegt in der Regelungstechnik. Abb. 5.1-11 zeigt als Beipiel ein *IGS*-Modell zur Untersuchung des Verhaltens zweier elastisch gekoppelter Massen eines elektromotorischen Antriebsstranges.

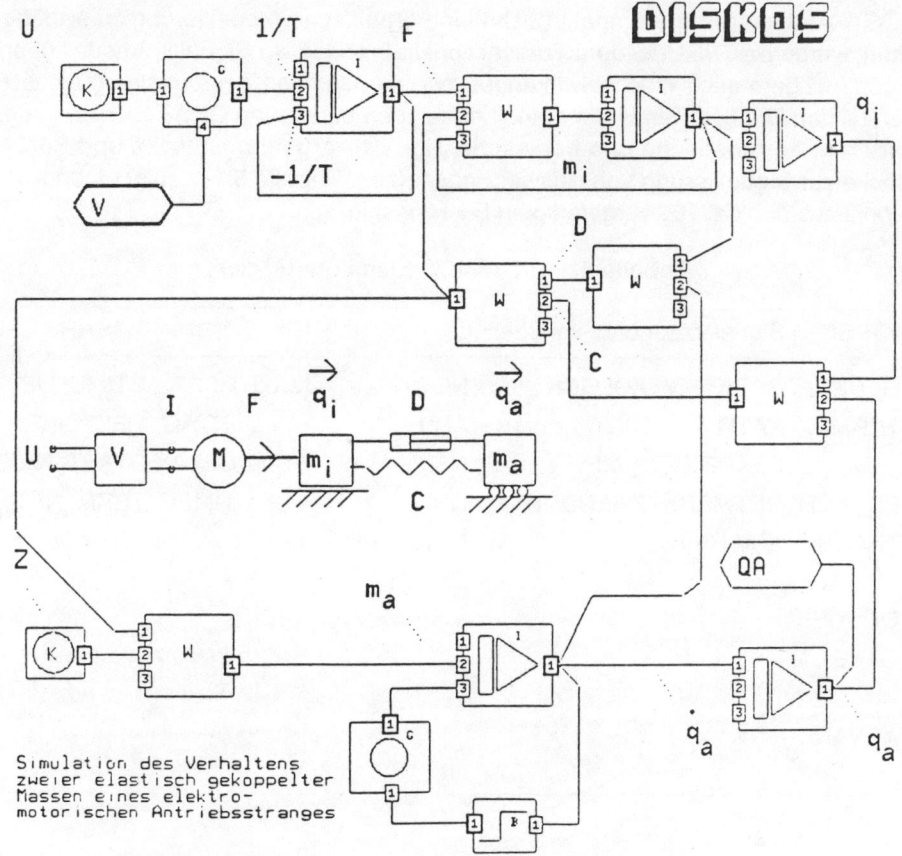

**Abb. 5.1-11.** *IGS*-Modell eines Feder-Masse-Systems

### 5.1.2.3.2 *DISMOS*, ein Simulator für diskrete, modulare Systeme

*DISMOS* ist ein universell verwendbares Werkzeug zur Simulation diskreter Systeme und in der Sprache *PASCAL* implementiert.

Von seiner Modellwelt her baut *DISMOS* auf dem Transaktionskonzept des De-facto-Simulatorstandards GPSS (General Purpose Simulation System) auf. Danach wird ein Warteschlangenmodell aufgebaut aus festen Komponenten und aus beweglichen Komponenten, den Transaktionen, die die festen Komponenten durchlaufen. Je nach Kontext kann eine feste Komponente Maschine, Lager, Rechner, Kommunikationsweg usw., eine bewegliche Komponente Werkstück, Paket, Prozeß, Telegramm usw. sein.

Der GPSS-Simulator ist weit verbreitet und wird von mehreren Herstellern in unterschiedlichen Implementierungsformen vertrieben (Simulationssprache,

*FORTRAN*-Unterprogrammpaket). Um eine graphische Modellierung zu ermöglichen, wurde bei *DISMOS* dem Transaktionsflußmodell ein Signalflußmodell über-
lagert, mit dem auch Wechselwirkungen zwischen festen Komponenten graphisch
darstellbar sind. Der Simulator enthält neben den bekannten GPSS-Blöcken unter
anderem arithmetische und boolesche Signalverarbeitungsblöcke und Basis-
blöcke zur Modellierung von Auswertungsnetzen. Tabelle 5.1-1 zeigt einen Ausschnitt aus den ca. 100 vorgefertigten Funktionsblöcken.

**Tabelle 5.1-1.** *DISMOS*-Elementarblöcke

| "GPSS"  | Signalerzeugung/-verarbeitung | | | | | | | "SARS" | |
|---------|---------|---------|------|------|-----|--------|-------|--------|----------|
| GENERA | SETATTR | XCLOCK | > | NOT | + | J-Übg | RSFF | STIMULUS |
| TERMIN | XATR | XINT | >= | AND | – | F-Übg | INTAB | RESPONSE |
| . | SETPRIO | XIMP | < | NAND | / | Y-Übg | DELAY | START_NET |
| BRANCH | SETMARK | XRANDOM | <= | OR | * | X-Übg | TIMER | TERM_NET |
| TRANSF | XMARK | . | = | NOR | mod | . |
| . | . | | <> | EX-OR | div |
| QUEUE | | | . | . |
| GATE | | | |
| . | | | |
| ADVANC | | | |

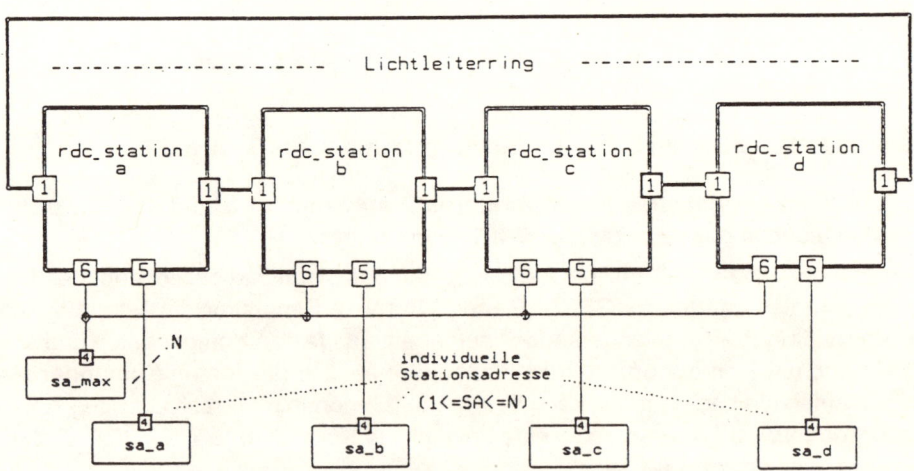

**Abb. 5.1-12a.** Modell rdc_system (Anlagenebene)

**Abb. 5.1-12.** *IGS*-Modell eines verteilten Rechen- und Kommunikationssystems
(hier des RDC-Systems)

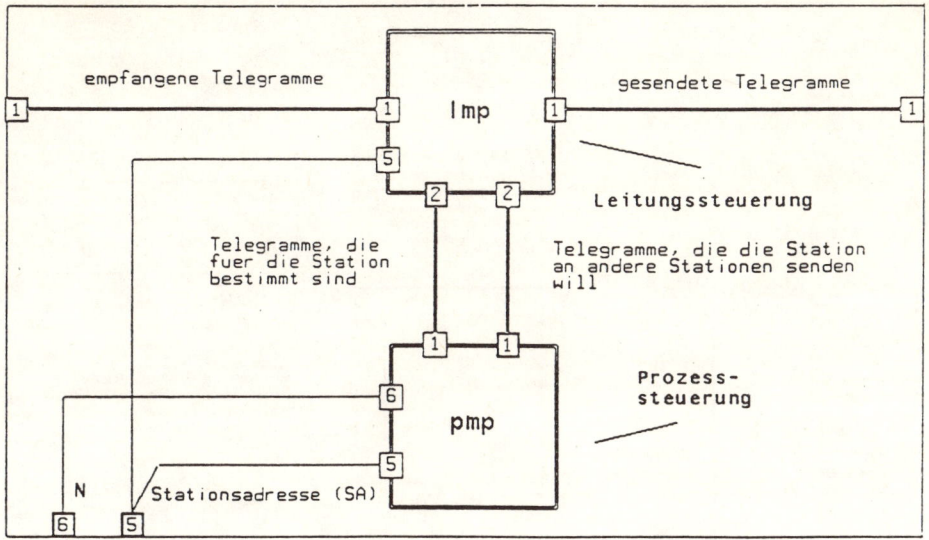

**Abb. 5.1-12b.** Makro rdc_station (Stationsebene)

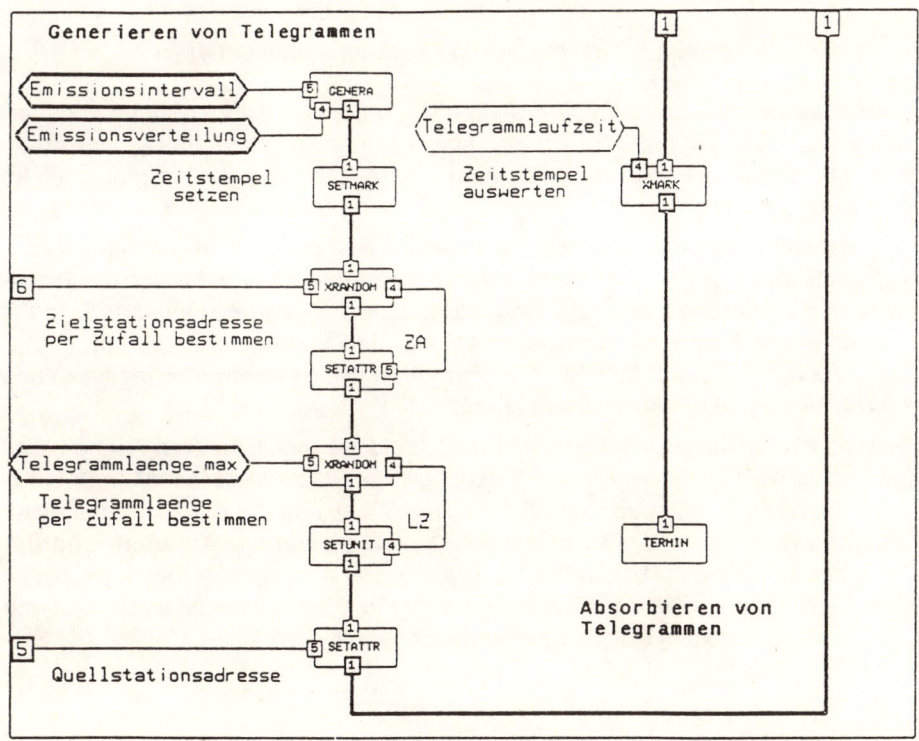

**Abb. 5.1-12c.** Makro pmp (Rechnerkartenebene)

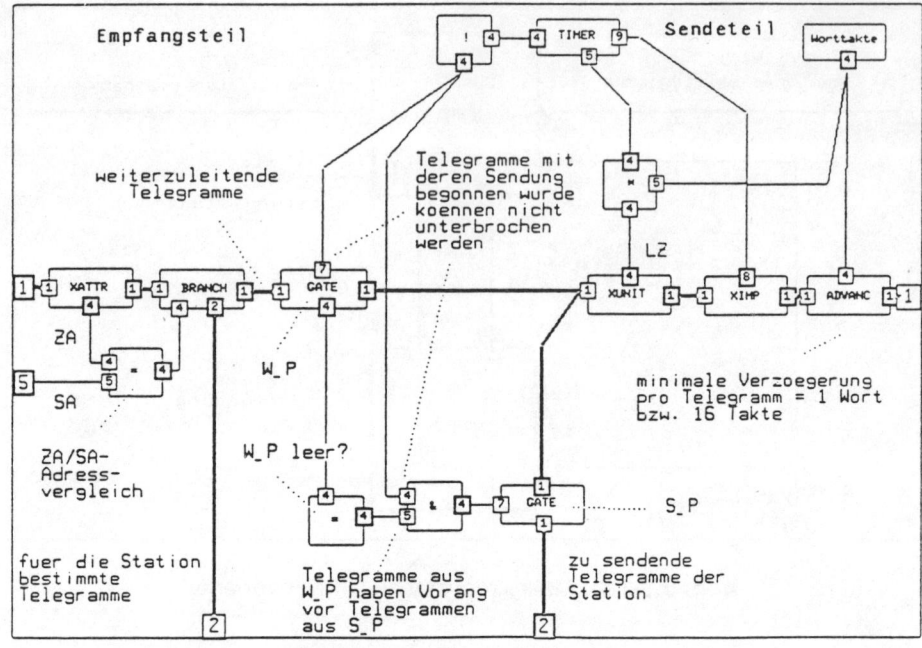

**Abb. 5.1-12d.** Makro Imp (Rechnerkartenebene)

Die Basisfunktionalität kann über selbstprogrammierte Sonderblöcke erweitert werden. Mit den *DISMOS*-Bausteinen können auch komplexe Steuerungsstrategien, z.B. für die GATE-Blöcke, realisiert und alle Abhängigkeiten graphisch im Modell offengelegt werden.

Während der Simulation wird eine Statistik zur Belegung der im Modell vorkommenden Bearbeitungsstationen, Warteschlangen und Speicher durch die Transaktionen angelegt (Wartezeiten, Auslastung usw.). Meßpunkte gestatten die Erfassung der während der Simulation anfallenden Meßwerte (z.B. Laufzeiten), deren Vorverarbeitung (Mittelwert, Maximalwert, Standardabweichung usw.) und deren Analyse (z.B. Einschwingverhalten).

Typische Anwendungsbereiche von *DISMOS* sind die Simulation von Rechen- und Kommunikationssystemen und die Simulation von Stückgutprozessen, z.B. in flexiblen Fertigungssystemen. Abb. 5.1-12 zeigt beispielhaft das *IGS*-Modell eines verteilten Rechen- und Kommunikationssystems auf der Anlagen- und der Rechnerkartenebene. Abschnitt 5.1.5 beschreibt die Integration des Werkzeugs mit dem Werkzeug *SARS* zur Simulation vollständiger Automatisierungssysteme unter Einbeziehung des Automatisierungsprogrammsystems.

### 5.1.2.3.3 *VATSY*, ein Programm zur Verfügbarkeitsanalyse technischer Systeme

Ein technisches System besteht aus vielen Systemkomponenten. Über die Verknüpfung dieser Einzelkomponenten und damit der Funktionen, die sie erbringen, werden letztendlich die Anforderungen an das technische System erfüllt. Materielle Systemkomponenten unterliegen einem ständigen Verschleiß- und Alterungsprozeß und können ausfallen, menschliche Bediener des technischen Systems können Fehler begehen. Damit entsteht ein Kostenrisiko (die kapitalintensive Anlage kann nicht genutzt werden) bzw. Sicherheitsrisiko (der Mensch und die Umwelt werden gefährdet). Es ist daher schon im Planungsstadium eines technischen Systems wichtig, zu wissen, wie sich Ausfälle und Bedienungsfehler in der Folge auswirken werden. Ziel ist eine optimale Auslegung des technischen Systems bezüglich der geforderten Sicherheit, der wirtschaftlichen Nutzbarkeit und den entstehenden Kosten. Konstruktionselemente sind die primären Systemkomponenten selbst (mit wählbarer Verfügbarkeit), die Verkettung der Systemkomponenten, die Einplanung redundanter Systemkomponenten und die Reparaturstrategie für ausgefallene Systemkomponenten.

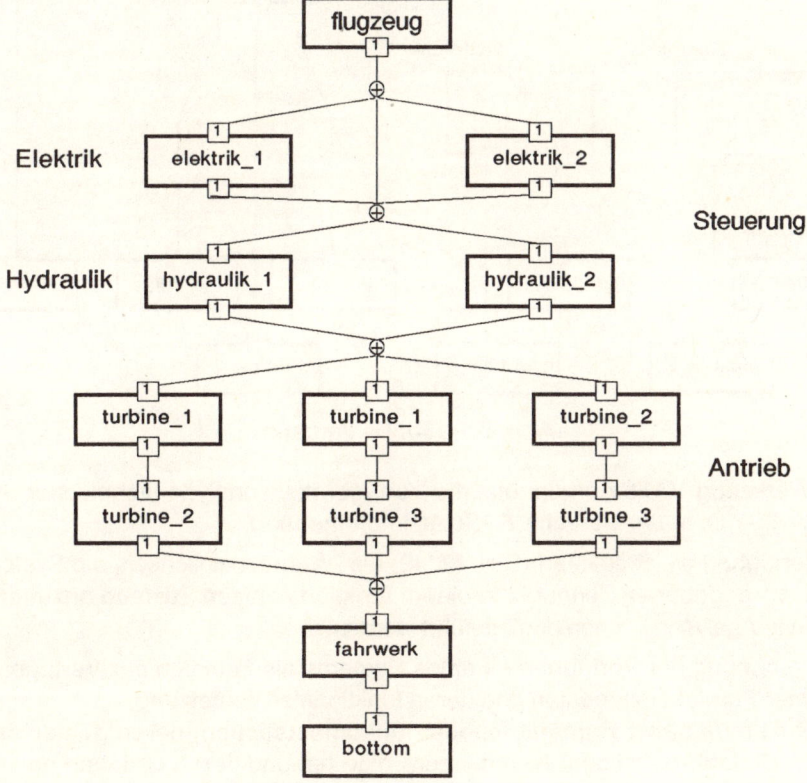

**Abb. 5.1-13a.** Verfügbarkeitsstruktur

**Abb. 5.1-13.** *IGS*-Modell des technischen Systems "Flugzeug"

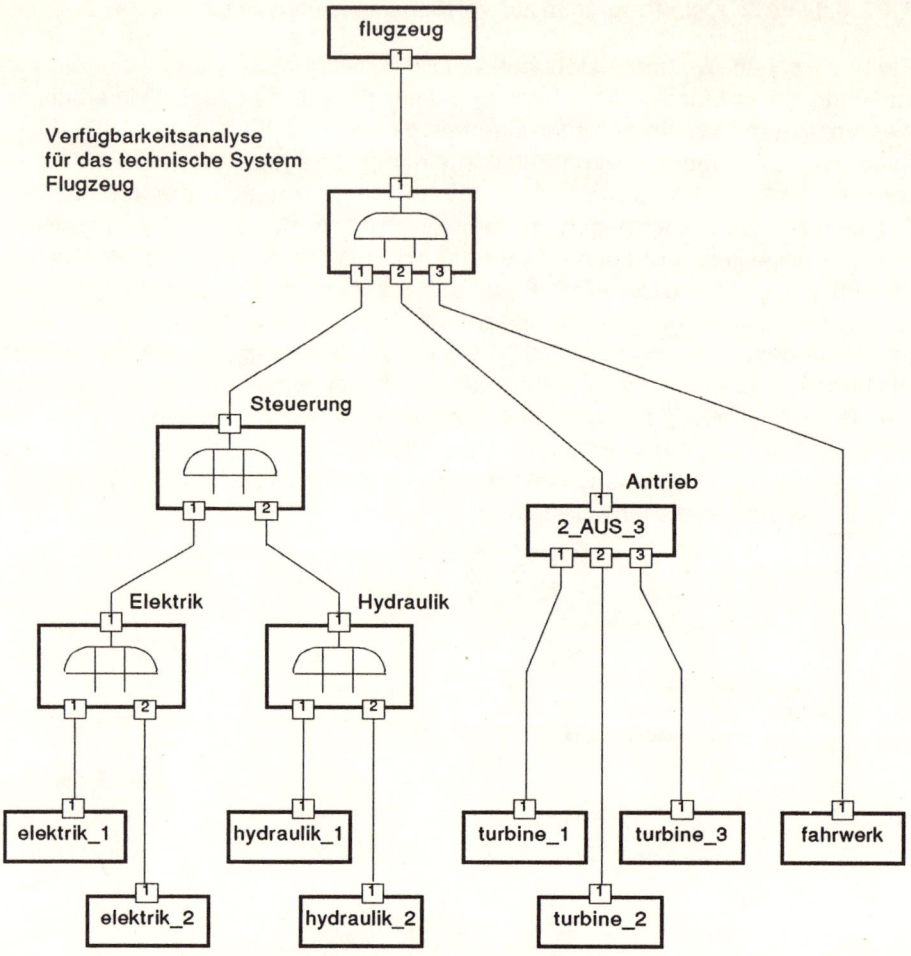

**Abb. 5.1-13b.** Fehlerbaum

Das Werkzeug *VATSY* unterstützt die Verfügbarkeitsanalyse technischer Systeme. *VATSY* ist in der Sprache *PASCAL* implementiert.

Die Verfügbarkeit ist definiert (DIN 40042) als "Wahrscheinlichkeit, ein System zu einem vorgegebenen Zeitpunkt in einem funktionsfähigen Zustand anzutreffen". Folgende Analysen können durchgeführt werden:

– Berechnung der Verfügbarkeit eines Systems als Funktion der Verfügbarkeit seiner Primärkomponenten und deren funktionaler Vernetzung,

– Bestimmung aller Primärkomponentenkombinationen, deren gemeinsamer Ausfall den Ausfall des Systems zur Folge hat und deren Ordnung nach Eintrittswahrscheinlichkeiten, um kritische Pfade aufzuzeigen,

- Empfindlichkeitsanalysen zur Bestimmung des Einflusses der Verfügbarkeit einer Primärkomponente bzw. einer Primärkomponentenklasse auf die Systemverfügbarkeit und
- Berechnung der Systemrestverfügbarkeit bei Ausfall einer Primärkomponente.

Der Benutzer formuliert sein Problem in baumartiger (unter Verwendung von UND-, ODER- und M_AUS_N-Verknüpfungsblöcken) oder in struktureller Darstellungsform. Er kann zusätzlich noch zwischen der Verfügbarkeits- und der Unverfügbarkeitssicht (u.a. Fehlerbaum) wählen. Abb. 5.1-13 zeigt beispielhaft das *IGS*-Modell für die Verfügbarkeitsanalyse des technischen Systems "Flugzeug".

### 5.1.3 *VICO* zur Entwicklung und Verwaltung komplexer Programmsysteme

*Klaus-Günter Höft und Hans-Peter Subel*
*Werum Datenverarbeitungssysteme GmbH*

Im Rahmen der allgemeinen CASE-Diskussion ([ACM84], [TAE87], [IEEE88]) sto-ßen auch die verwaltungstechnischen Probleme, die bei der Programmierung und Pflege von Softwarepaketen auftreten, auf immer größeres Interesse ([ACM88], [Wink88]). Der Grund hierfür ist u.a. darin zu sehen, daß fast jedes Softwarepaket eine mehrjährige Wartungs- und Weiterentwicklungsphase durchmacht, die, auf den gesamten Software-Lifecycle bezogen, einen wesentlichen Kostenfaktor dar-stellt. Obwohl dies besonders für den Bereich der (Realzeit-) Systemprogram-mierung zutrifft, geht der Einsatz entsprechender Werkzeuge zur Kostenreduzie-rung hier nur selten über die verfügbaren Standardhilfsmittel des jeweiligen Betriebssystems hinaus ([Sccs81], [Feld79], [CMS82], [Tich82]). So kommt es, daß die Systemprogrammierer einen wesentlichen Teil ihrer Zeit nicht produktiv zur Programmerstellung verwenden können, sondern sich mit durchaus vermeid-baren Schnittstellen-, Versions- und Konfigurationsproblemen beschäftigen müssen.

*VICO* (Version, Interface and Configuration Control) wurde speziell zur Lösung dieser verwaltungstechnischen Probleme entwickelt und im Verbundprojekt *PROSYT* im Rahmen der Werkzeuglinie *SARS-IGS-VICO-PEARL* zur Verwaltung sämtlicher Programmsysteme eingesetzt.

#### 5.1.3.1 Aufgabenstellung

Die Programmierung von Realzeitsystemen in der Technik erfolgt, wenn nicht in Assembler, in Sprachen wie *C, FORTRAN, PASCAL* oder *PEARL*. Dabei ist es häufig der Fall, daß das Zielsystem nicht mit dem Entwicklungssystem überein-stimmt (sog. Cross-Entwicklung).

Derartigen Programmsystemen ist gemeinsam, daß sie üblicherweise auf mehr als einem Zielsystem installiert werden, im Laufe der Zeit funktional erweitert, auf andere Rechnersysteme portiert und ständig an Kundenwünsche sowie Ver-änderungen der Umgebung angepaßt werden müssen. Auf diese Art entstehen immer mehr zumeist gleichberechtigte, aber leider unterschiedliche Konfigurationen eines Programmsystems.

Die Systemprogrammierer, die in diesem Umfeld arbeiten, sind daher gezwungen, jede Änderung nicht nur im Kontext einer Konfiguration durchzuführen, sondern Auswirkungen auf alle anderen Konfigurationen zu bedenken.

Ohne konzeptionelle Vorausleistungen und ohne geeignete, speziell auf diese Aufgabenstellung zugeschnittene Werkzeuge sind solche Probleme nur schwer zu bewältigen.

### 5.1.3.2 Lösungsansatz

Eine wesentliche Vorausleistung ist die modulare Aufteilung des Programmsystems. Gemeint ist eine Modularisierung im Sinne von *ADA* oder *MODULA-2*, d.h. eine Trennung von Schnittstelle und Implementierung eines Moduls. Diese Technik ist konzeptionell übertragbar auf die oben erwähnten Programmiersprachen, auch wenn eine Unterstützung durch den Compiler leider nicht gegeben werden kann.

Die Modularisierung schafft die Voraussetzung für

- die Wiederverwendung von Softwarekomponenten in anderen Programmsystemen mit ähnlicher Aufgabenstellung;
- den Austausch der Implementierung eines Moduls ohne Änderungen in den Programmen der Benutzer der Schnittstelle dieses Moduls.

Ein typisches Beispiel ist ein Modul zur File-Ein-/Ausgabe, der einerseits unverändert in verschiedenen Programmsystemen eingesetzt werden kann, der andererseits aber auch bei gleicher Schnittstelle einmal mit Hilfe von UNIX-, ein weiteres Mal mit Hilfe von VMS-Aufrufen implementiert werden kann.

Der zweite Fall liefert bereits ein einfaches Beispiel für die Entstehung von verschiedenen Versionen eines Moduls. Unübersichtlicher wird es, wenn die Implementierungen nicht vollständig ausgetauscht, sondern nur in Teilen modifiziert werden. In diesem Zusammenhang ist es in der Praxis üblich, Preprozessor-Variablen zur Ein- bzw. Ausblendung der gewünschten bzw. nicht gewünschten Textfragmente zu verwenden. Somit können aus einer Quelle zwei oder mehr verschiedene (Objektcode)-Versionen eines Moduls generiert werden. An dieser Stelle sei die Bemerkung gestattet, daß in manchen Fällen die Verwendung von Preprozessor-Variablen leider dazu mißbraucht wird, eine mangelhafte Modularisierung auszugleichen. Auf jeden Fall vermeidet diese Vorgehensweise aber die Existenz verschiedener (Quelltext)-Versionen eines Moduls, so daß Änderungen immer nur an genau einer Stelle durchgeführt werden müssen.

Ein in diesem Sinne redundanzfreies Programmsystem, d.h. alle Quelltexte, aus denen verschiedene Objektcodeversionen entstanden sind, sind nur einmal vorhanden, erleichtert die Arbeit des Systemprogrammierers erheblich. Daher ist auch jeder Systemprogrammierer bestrebt, das Programmsystem möglichst

lange redundanzfrei zu halten und die parallele Pflege verschiedener Quelltext-
versionen zu vermeiden.

Die beiden beschriebenen Techniken sind in der Praxis aber leider nicht so einfach zu handhaben. Schnittstellenbeschreibungen verschiedener Module werden
üblicherweise in Include-Files zusammengefaßt, aus denen dann nur noch schwer
abzuleiten ist, welcher Modul ein Schnittstellenobjekt exportiert und welcher es
importiert. Genaugenommen handelt es sich bei einem Include-File lediglich um
einen Topf globaler Objekte, aus dem sich jeder herausnimmt, was er benötigt.
Nach der Änderung einer Typdefinition werden daher sicherheitshalber, zumeist
mit Hilfe von Make-Files, alle Quellen neu übersetzt, die das Include-File verwenden, da nicht ohne weiteres zu erkennen ist, wer genau diese Typdefinition
verwendet. Ähnlich versteckt in den Quelltexten des Programmsystems sowie in
entsprechenden Make-Files sind die Informationen über Abhängigkeiten, die sich
aufgrund der Benutzung von Preprozessor-Variablen im oben beschriebenen Sinn
ergeben. Für herkömmliche Programmsysteme gilt generell, daß die exaktesten
Informationen über Abhängigkeiten in zahlreichen Quell-, Include- und Kom-
mando-Files versteckt werden.

*VICO* versucht nicht, diese Programmsysteme zu analysieren und auf der Basis
der gewonnenen Informationen die Verwaltung zu unterstützen, sondern schlägt
eine datenbankgestützte, konstruktive Lösung vor.

Dies bedeutet, daß z.B. Schnittstellen, die verschiedenen Versionen einer
Schnittstelle, alle Quelltext- und Objektcodeversionen, die verschiedenen Versionen gebundener Programme, Compile- und Link-Optionen sowie Informationen
über Abhängigkeiten (z.B. "wird importiert", "wird exportiert", "wird generiert
aus", "wird gebunden in") in einer Datenbank abgelegt werden.

Diese redundanzfreien Datenbankinhalte dienen dann

- als Basis für eine umfassende, jederzeit aktuelle und korrekte Dokumentation
  des Programmsystems,
- als Basis für die Konsistenzsicherung im Anschluß an Änderungen,
- als Konstruktionsvorschrift zur automatischen Generierung von Compile- und
  Link-Jobs.

### 5.1.3.3 Systemstruktur

*VICO* ist ablauffähig auf den Betriebssystemen UNIX und VMS. Als Datenbanksystem wird *PRODAT* verwendet. Sämtliche Aktivitäten (z.B. Editieren, Übersetzen,
Binden) werden unter Kontrolle von *VICO* mit Hilfe der vorhandenen Betriebssy-
stem-Utilities ausgeführt. Die Benutzeroberfläche ist weitgehend den Möglichkeiten des jeweils verfügbaren Dialogsystems angepaßt (s. Abb. 5.1-14).

Da Programmsysteme zur Automatisierung aufgrund ihrer Komplexität fast
immer in Teamarbeit entwickelt werden, muß den Systemprogrammierern die
Möglichkeit gegeben werden, konkurrierend auf einer gemeinsamen Datenbank

zu arbeiten. *VICO* sorgt für einen störungsfreien Zugriff bei einem hohen Grad an Parallelität. Außerdem hat der Programmierer die Möglichkeit, Datenbankinhalte durch Setzen von expliziten Sperren vor dem Zugriff anderer zu schützen.

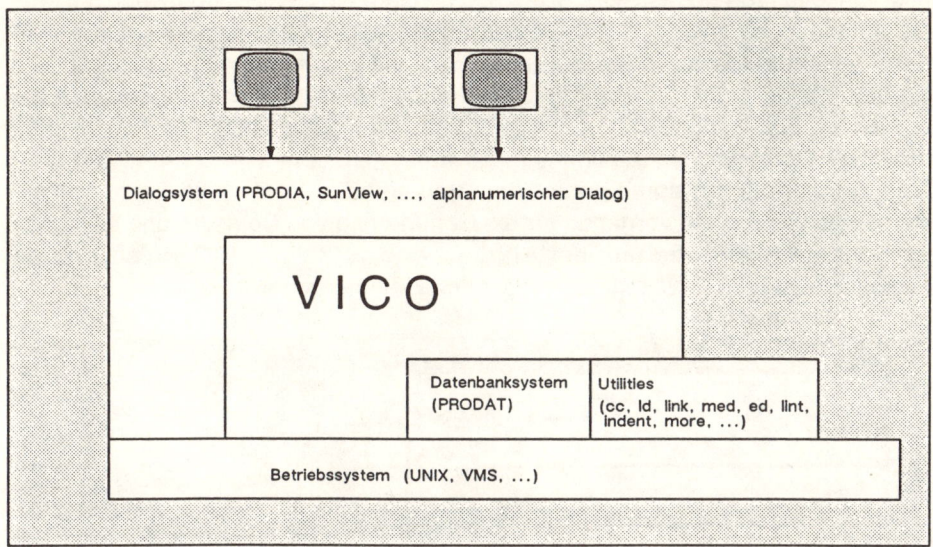

**Abb. 5.1-14.** Struktur des *VICO*-Systems

Auf die Implementierung der Mehrbenutzerfähigkeit von *VICO* wird näher in Abschnitt 7.1 eingegangen.

Die von *VICO* verwalteten Komponenten eines Programmsystems werden abgebildet auf die einfachen und strukturierten Objekte des *PRODAT*-Datenmodells. Diese Objekte werden auf den folgenden Seiten als *PRODAT*-Objekte oder kurz als P-Objekte bezeichnet. Für die Versions- und Konfigurationskontrolle werden ebenfalls die *PRODAT*-Basismechanismen eingesetzt. Die entsprechende Schemadefinition ist in Kap. 5.1.5.3.3 zu finden.

Die nächsten Kapitel beschränken sich auf die Beschreibung einiger ausgewählter *VICO*-Konzepte aus der Sicht des Anwenders. Zur Erläuterung wird häufig auf Zwischenergebnisse von *VICO*-Sitzungen zurückgegriffen, die auf einer Workstation mit Bitmap-Terminals stattgefunden haben.

### 5.1.3.4 Typisierung

In Filesystemen ist es üblich, unterschiedliche File-Inhalte durch File-Extensions zu kennzeichnen (z.B. ".c" für *C*-Quellen, ".o" für Objektcode-Files, ".out" für Linkedcode-Files). Letztendlich handelt es sich hierbei um Typangaben, die durch typspezifische Attribute sinnvoll ergänzt werden können (z.B. Übersetzungszustand, Sperrinformationen, verwendete Compileroptionen), also um Angaben, die vom Systemprogrammierer im ungünstigsten Fall manuell in projektbegleitende Dokumente eingetragen werden müssen. Mit Hilfe der P-Objekte schafft *VICO* die Möglichkeit der typisierten Ablage beispielsweise für Quelltext-, Objektcode- oder Linkedcode-Files (s. Abb. 5.1-15). Die durch ein ':'-Symbol gekennzeichneten Attribute werden von *VICO* automatisch bei Ausführung entsprechender *VICO*-Kommandos aktualisiert. Die durch ein '>'-Symbol gekennzeichneten Attribute werden manuell vom Systemprogrammierer definiert. Bei diesen Attributen kann es sich um Statusangaben handeln (z.B. Bearbeitungszustand) oder um Parameter für die Durchführung bestimmter Aktivitäten (z.B. Compile-Option). Die Attribute dokumentieren damit immer den aktuellen Zustand eines Programmsystems. Sie werden als Vorgaben für die Generierung von Compile- und Link-Jobs verwendet. Jede Änderung der Attributwerte wird von *VICO* registriert und bedingt die spätere Einleitung derartiger Job-Generierungen.

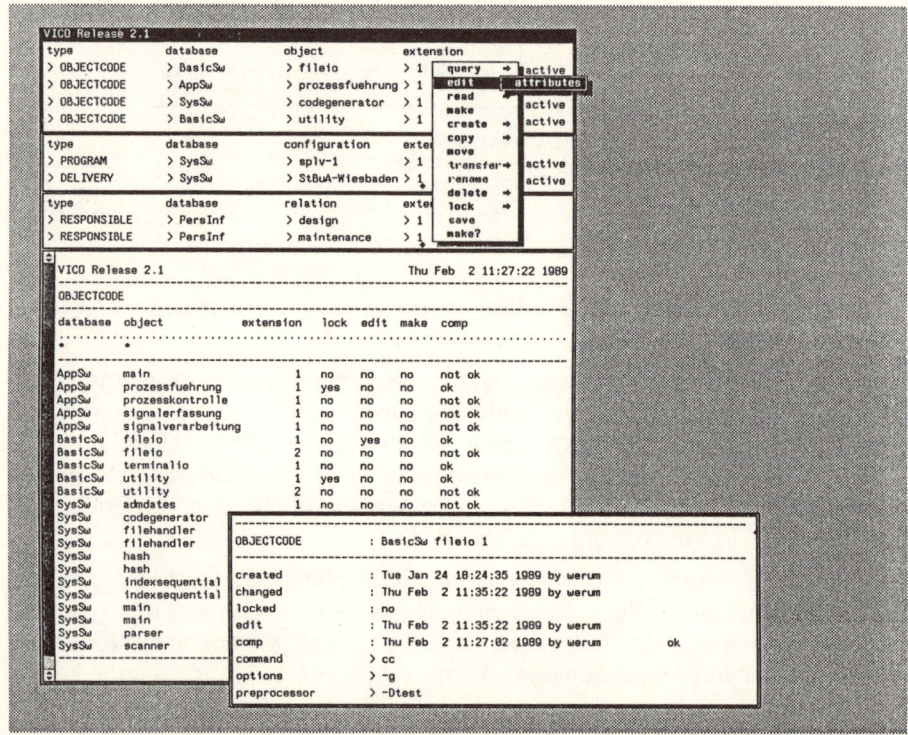

**Abb. 5.1-15.** Attributierte P-Objekte

### 5.1.3.5  Schnittstellenkontrolle

Zur Unterstützung der Schnittstellenkontrolle sieht *VICO* eine textuelle Trennung der Schnittstelle eines C-, *PASCAL*- oder *PEARL*-Moduls von der Implementie-

rung dieses Moduls vor. Die Schnittstelle wird definiert durch globale Objekte
wie Typen, Konstanten, Variablen, aber auch durch Prozedurköpfe. Alle globalen
Objekte oder Gruppen von globalen Objekten können als eigenständige P-Objekte in die Datenbank eingetragen werden. Daraufhin hat der Systemprogrammierer explizit die Im- und Exportbeziehungen festzulegen.

Damit kann in der Feinspezifikationsphase die modulare Struktur des Programmsystems exakt festgelegt und jederzeit erfragt werden. In der Programmierphase
sorgt *VICO* dafür, daß vor jedem Editiervorgang und jeder Übersetzung die
Implementierung des Moduls (das P-Objekt vom Typ FRAME) um die im- und
exportierten Objekte (P-Objekte vom Typ PART) ergänzt und zu einer vollständigen Übersetzungseinheit zusammengefaßt wird.

Ein Beispiel für das Ergebnis dieses Vorgangs ist in Abb. 5.1-16 zu finden. Von
*VICO* automatisch eingefügte Zeilen sind durch ein '!'-Symbol gekennzeichnet und
dürfen mit dem Editor nicht geändert werden.

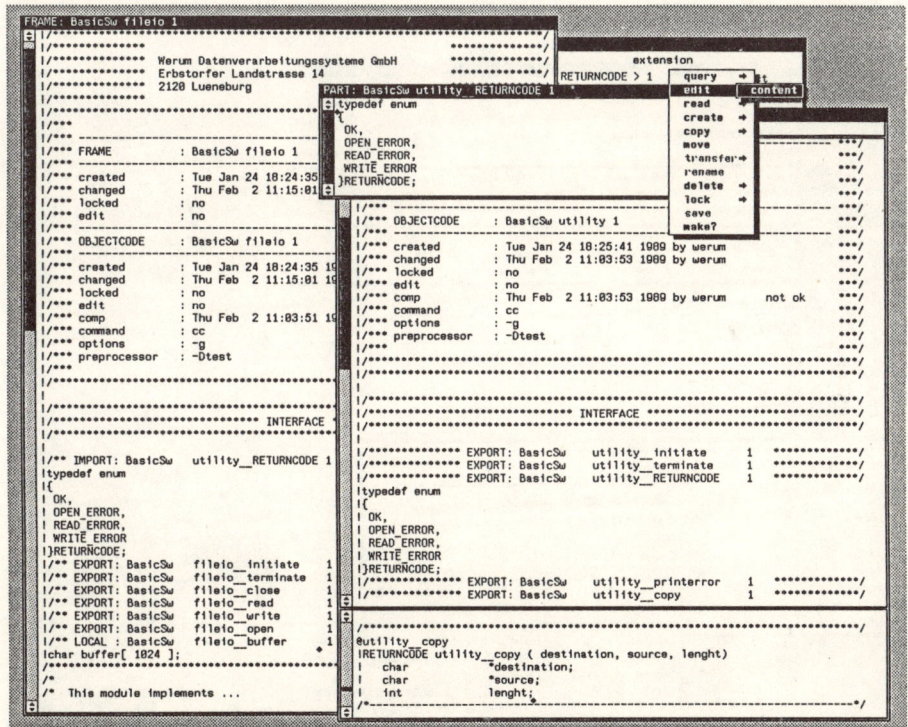

**Abb. 5.1-16.** Zusammenbau vollständiger Quelltexte aus FRAMEs und PARTs

Die redundanzfreie und sehr feinkörnige Ablage von globalen Objekten sowie die
Kenntnis der Abhängigkeiten versetzt *VICO* in die Lage, eine sehr genaue Kon-

trolle der Auswirkungen von Objektänderungen durchzuführen und die Konsistenz des Programmsystems zu gewährleisten.

### 5.1.3.6 Versions- und Konfigurationskontrolle

Versionen können entstehen:

– *automatisch* durch Verwendung unterschiedlicher Generierungsparameter,
– *manuell* aufgrund textueller Änderungen.

*Automatische Versionsentstehung*

Durch die Wahl unterschiedlicher Compile-Optionen wird beispielsweise eine 1:n-Beziehung zwischen dem Quelltext eines Moduls und den daraus generierten Objektcode-Files definiert. Durch die Wahl unterschiedlicher Link-Optionen wird analog eine 1:n-Beziehung zwischen einer Menge von Objektcode-Files sowie den daraus generierten Linkedcode-Files definiert. In Abb. 5.1-17 wird eine derartige Situation wiedergegeben.

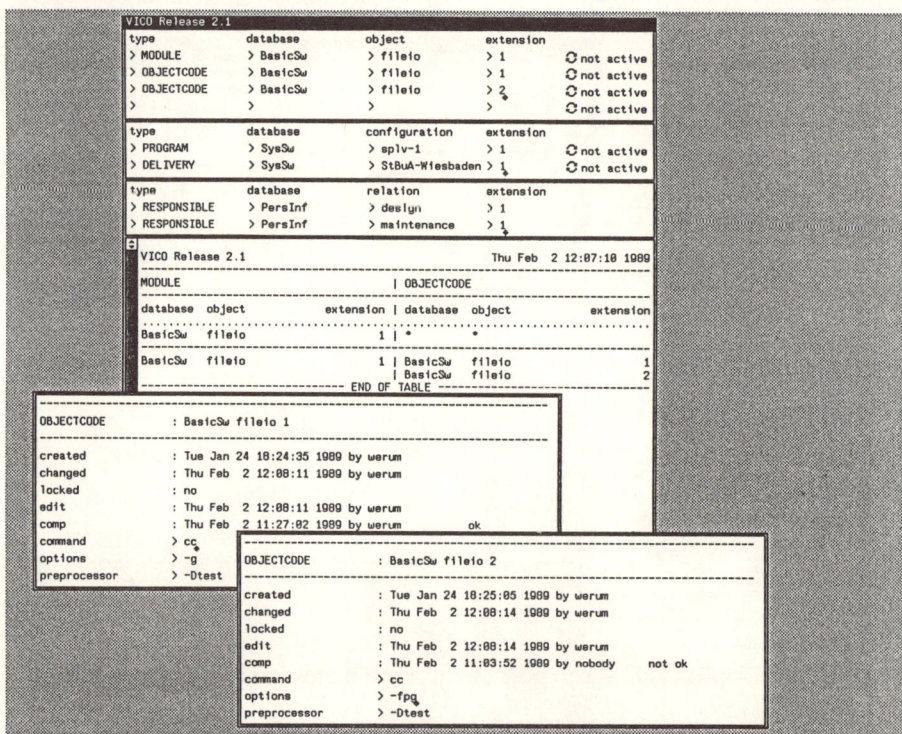

**Abb. 5.1-17.** Ein Modul mit mehreren Objektcode-Versionen

Für die Übersetzung eines Quelltexts muß *VICO* aber wissen, welche der möglichen Compile-Optionen jeweils angewandt werden soll. Für den Bindevorgang muß bekannt sein, welche Link-Option benutzt werden soll. Diese Festlegung erfolgt mit Hilfe von *PRODAT*-Konfigurationen.

Der Systemprogrammierer erzeugt zunächst eine leere Konfiguration. Anschließend können nach und nach P-Objekte in diese Konfiguration aufgenommen werden. Ein P-Objekt (z.B. der Quelltext eines Moduls)) kann in beliebig vielen Konfigurationen enthalten sein. *VICO* sorgt dafür, daß innerhalb einer Konfiguration eine 1:1-Beziehung zwischen Quelltext und Objektcode-File sowie zwischen Mengen von Objektcode-Files und dem entsprechenden Linkedcode-File eingehalten wird. Da Übersetzungs- und Bindevorgänge nur im Rahmen einer Konfiguration stattfinden können, sind die Generierungsoperationen damit eindeutig festgelegt.

Gegenüber Abb. 5.1-17 ist in Abb. 5.1-18 die Sicht auf eine Konfiguration eingeschränkt und damit die gewünschte Eindeutigkeit hergestellt.

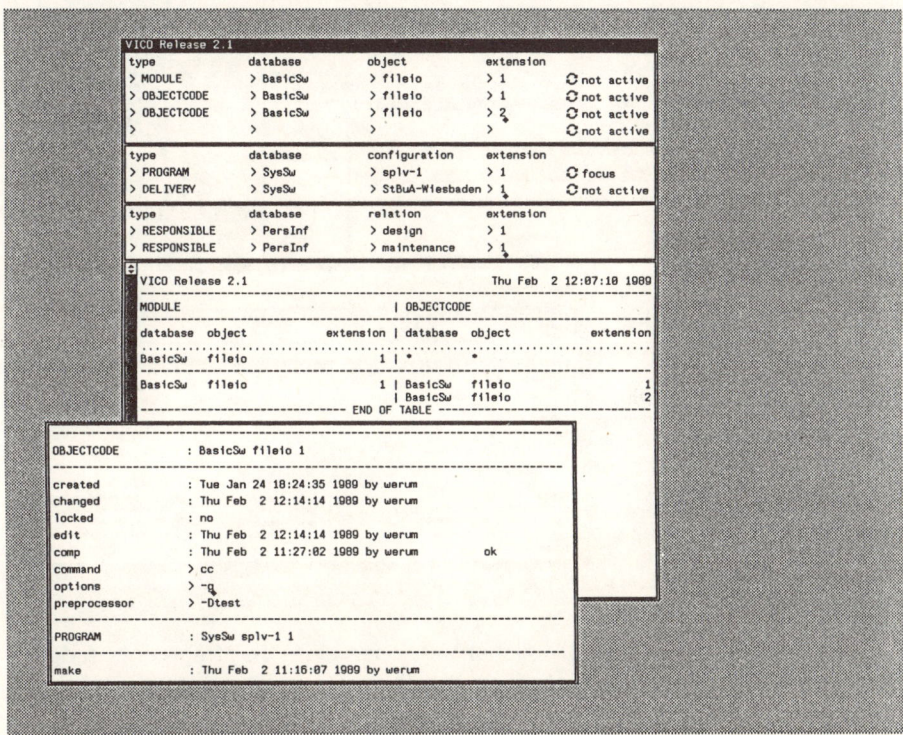

**Abb. 5.1-18.** Einschränkende Sicht auf eine Konfiguration (focus)

*Manuelle Versionsentstehung*

In diesem Zusammenhang soll als Beispiel ein Änderungsvorgang betrachtet werden, wie er häufig im Zusammenhang mit Portierungen auftritt.

Ein rechnerabhängiges Quelltextfragment wird extrahiert und als eigenständiges P-Objekt in die Datenbank eingetragen. Anschließend wird eine neue Version dieses Quelltextfragments erzeugt und gemäß den Anforderungen für den neuen Rechner modifiziert.

Die Entscheidung, welches der beiden Quelltextfragmente (PARTs) beispielsweise vor einer Übersetzung an die ursprüngliche Stelle in der Quelle (FRAME) eingefügt werden soll, kann wiederum nur im Kontext einer Konfiguration erfolgen (Abb. 5.1-19).

Die Konfigurationsproblematik ist ähnlich bei Versionen einer Quelle und Versionen eines globalen Objekts.

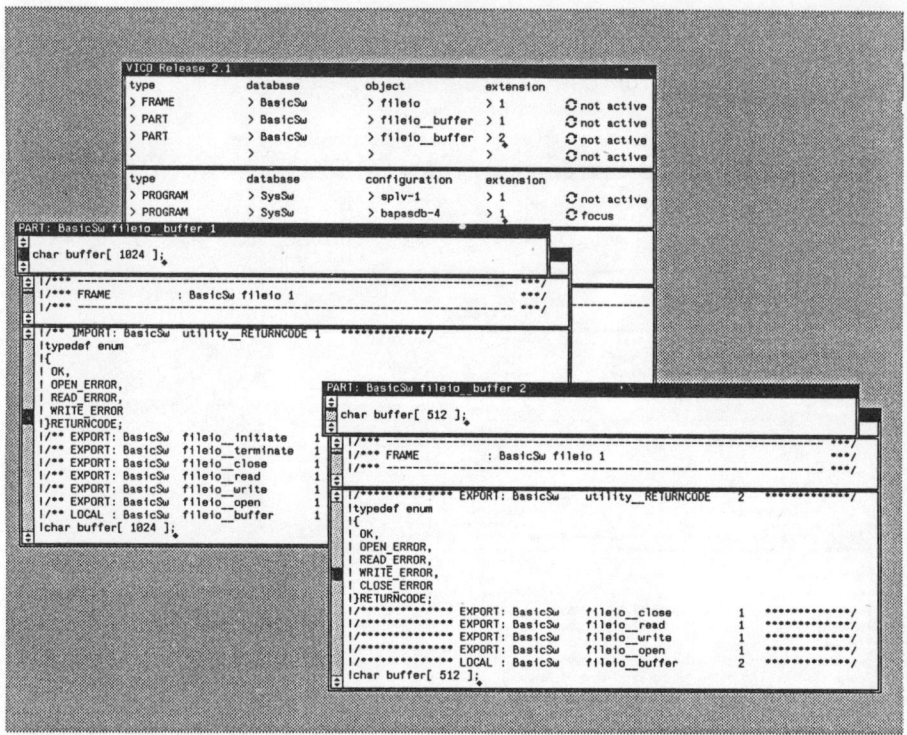

**Abb. 5.1-19.** Einbau unterschiedlicher Versionen eines Textfragments in den gleichen Quelltext

### 5.1.3.7 Kommandos

Die wichtigsten *VICO*-Kommandos sollen an dieser Stelle nur kurz beschrieben werden (vgl. Popup-Menue in Abb. 5.1-15).

QUERY
Das QUERY-Kommando informiert umfassend über den Inhalt der *VICO*-Datenbank. Ergebnisse von Anfragen sind in vielen der vorangegangenen Abbildungen dokumentiert.

CREATE, DELETE
Das CREATE-/DELETE-Kommando erzeugt/löscht neue P-Objekte oder neue Beziehungen zwischen P-Objekten.

EDIT
Das EDIT-Kommando ermöglicht die textuelle Bearbeitung von P-Objekten mit Hilfe der vom Betriebssystem zur Verfügung gestellten Editoren.

Nach Beendigung eines CREATE-/DELETE-/EDIT-Vorgangs werden automatisch die Attribute aller betroffenen P-Objekte aktualisiert.

MAKE
Das MAKE-Kommando wertet die entsprechenden Attribute der P-Objekte aus, leitet ggf. Übersetzungs- und Bindevorgänge ein, wertet die Ergebnisse aus, um anschließend die Attribute wieder zu aktualisieren.

LOCK, FREEZE
Das LOCK-Kommando sperrt P-Objekte für modifizierende Zugriffe. Das FREEZE-Kommando friert Konfigurationen ein, so daß es möglich ist, bestimmte Entwicklungsstände langfristig zu sichern.

Sämtliche Kommandos berücksichtigen den Umstand, daß mehrere Benutzer gleichzeitig auf einer gemeinsamen Datenbank arbeiten und daß ein Benutzer ebenfalls gleichzeitig mehrere Editier- und Make-Aktivitäten durchführen kann.

### 5.1.3.8 Verfügbarkeit

*VICO* steht für die Programmiersprachen *C*, *PASCAL* und *PEARL* unter den Betriebssystemen Unix System V und 4.2 BSD sowie unter VMS zur Verfügung.

## 5.1.4 *PEARL*-Umsetzer für *SARS*-Anforderungsspezifikationen

*Manfred Hagemann (ehem.)*
*Universität Karlsruhe, Institut für Prozeßrechentechnik und Robotik*

*SARS* bietet eine gute Unterstützung beim Entwurf von Automatisierungssystemen. Die formale Notation erlaubt frühzeitiges Erkennen von inkonsistenten und
unvollständigen Anforderungen. Gleichzeitig bietet es sich an, *SARS* als Input für
die Implementierungsphase zu verwenden. Konkret bedeutet dies, daß das
System (*SARS*) dem Implementierer Vorschläge machen soll, wie er seine Software strukturieren kann. Hierzu wird mit Hilfe des *SARS*-Codegenerators ein
*PEARL*-Programmrahmen erzeugt, der vom Implementierer noch ergänzt werden
muß. Als Zielsprachen sind alle Programmiersprachen geeignet, die für die Echt-
zeitprogrammierung verwendet werden können. Als wichtige Eigenschaften werden nur ein Taskkonzept sowie Koordinierungsmechanismen benötigt.

*LARS* ist eine Sprache, die speziell für die Definition von Anforderungen geschaffen wurde ([Hage87]). Dies bedeutet insbesondere, daß beim Entwerfen eines Systems programmiertechnische Gesichtspunkte nicht in ein *SARS*-Dokument einfließen. Nur so gelingt es, einen implementierungsneutralen Anforderungskatalog
zu erhalten. Andererseits ist es damit nicht möglich, direkt aus den Objekten
einer *LARS*-Beschreibung äquivalente Programmodule zu erzeugen. Vielmehr
müssen im Codegenerator verschiedene Analyseschritte durchgeführt werden, die
Informationen aus den *SARS*-Dokumenten zu programmiersprachlichen Äquivalenten aufbereiten. Prinzipiell bestehen folgende Beziehungen zwischen *LARS*-
Objekten und deren programmiersprachlichen Äquivalenten ([Hage88]):

|                                   | Interfaces | Guard   | Nets  |
|-----------------------------------|------------|---------|-------|
| Dateninput                        | stark      | schwach | --    |
| Datendeklaration                  | stark      | stark   | --    |
| Tasksteuerung                     | --         | stark   | --    |
| Tasks,<br>Funktionen,<br>Prozeduren | --         | schwach | stark |

**Abb. 5.1-20.** Beziehungen zwischen *LARS*-Objekten und programmiersprachlichen Äquivalenten

Die zentrale Rolle bei der Transformation spielt der Guard. Alle erzeugten Programmodule erhalten Anweisungen, die von der Definition des Guard abhängen. Analysen sind vor allem erforderlich um:

- den Ablauf der Netze zu steuern,
- die Art der Dateneingabe festzulegen,
- die Datenausgabe auf die Programmodule zu verteilen.

Hier einige Beispiele, die die Notwendigkeit solcher Analysen verdeutlichen:

- Netze werden als selbständige Tasks generiert. Zu deren Koordinierung können Semaphore und Trigger verwendet werden. Semaphore bieten sich immer dann an, wenn Tasks nur gestartet werden müssen. Weitergehende Koordinierungsmaßnahmen wie das Anhalten und Fortsetzen von Tasks kann man durch Semaphore nicht zufriedenstellend realisieren. Hier sind Koordinierungsfunktionen einzusetzen, die den Ablauf von Tasks zu beliebigen Zeitpunkten beeinflussen können.
- Die Datenausgabe ist im Guard beschrieben. Bei der Transformation wird eine Datenausgabe direkt in den Taskablauf integriert, wenn diese nur von Bedingungen abhängt, die von der betreffenden Task erzeugt werden.
- Die Art der Dateneingabe hängt von mehreren Faktoren ab. Ein Datum, das nur von einer Task eingelesen wird, kann direkt innerhalb der Task eingelesen werden. Benötigen mehrere Tasks dasselbe Datum, so muß für dieses eine Input-Routine erzeugt werden, die es zentral einliest und weiterhin die Zugriffe auf das Datum koordiniert. Letztlich muß noch analysiert werden, ob das Eintreffen eines Datums als Event auszuwerten ist. Trifft dies zu, so wird eine Task gestartet, die die Funktionen aktiviert, die von diesem Event (Datum) abhängen.

Die Transformation wird so durchgeführt, daß das erzeugte Programm innerhalb einer Multi-Tasking-Umgebung ablaufen kann. Die Prioritäten der Tasks dienen lediglich der Verweilzeitüberwachung. Die eigentliche Koordinierung der Tasks wird durch Semaphore realisiert. In Einprozessorumgebungen ohne Verweilzeitüberwachung kann der Ablauf primär durch Prioritätenzuteilung beeinflußt werden. Der Anwender kann aus Gründen der Optimierung die (überflüssigen) Semaphorkonstrukte entfernen. Dies hat jedoch eine geringere Portabilität des Moduls zur Folge.

Selbstverständlich erzeugt der *SARS*-Codegenerator kein fertiges Programm. Der Zweck von *SARS* ist die formale Anforderungserfassung - es soll kein Codierersatz sein. Die kleinste Beschreibungseinheit von *LARS* ist das ALPHA. Für die Transformation bedeutet ein ALPHA, daß an dieser Stelle eine Prozedur (des Anwenders) eingefügt werden muß. Nichtsdestoweniger wird mit Hilfe des *SARS*-Codegenerators rasch ein Prototyp entwickelt, der für Testzwecke eingesetzt werden kann und der mithilft, (logische) Fehler in der Spezifikation aufzudecken ([Hage88]).

Der Codegenerator setzt auf dem Versionenverwaltungssystem *VICO* auf. Er generiert die nötigen Prozedurköpfe (incl. Parameter) und eine *VICO*-Datei, die den *PEARL*-Modulrahmen, die Prozedurmodule und die Prozedurköpfe enthält. Aus diesen wird das fertige Steuerungssystem zusammensetzen. Die für die Transformation benötigten Daten müssen in einer relationalen Datenbank (z.B. BAPAS-DB der Firma Werum) abgelegt sein.

### 5.1.4.1 Die Transformation

#### 5.1.4.1.1 Guard

Aus dem Guard wird eine Task "START" generiert, die alle Steuer- und Koordinierungsaufgaben für die verschiedenen Netze (die jetzt als Tasks transformiert werden) übernimmt (Abb. 5.1-21). Dies geschieht mit Hilfe von Semaphoren und Bolt-Variablen. Semaphor-Variable werden verwendet, um den Zugriff mehrerer Tasks auf ein Betriebsmittel zu koordinieren. Im Falle des Guard dient das

```
STRT:   TASK PRIO 100 RESIDENT;

            OPEN USERIN;
            OPEN USEROUT;
              /* Öffnen der I/0-Kanäle. */

            PUT 'START x.y.' TO USEROUT BY A,SKIP;
              /* x.y ist der Name des Guard. */

            ACTIVATE NET_NETZ;
              /* Starten aller Tasks, die Netze repräsentieren und die über
                 Semaphore gesteuert werden. */

            ACTIVATE IN_D_EIN;
              /* Starten aller Tasks, die Daten einlesen. */

            WHILE BOOLSARSACT REPEAT
              /* Bedingungen des Guard-Control-Blocks, die nicht in andere
                 Tasks verlagert wurden, werden hier ausgewertet. */

            REQUEST SEMARSRUN;
              /* Nach einem Durchlauf wird erst wieder ausgewertet, wenn
                 sich ein Datum/Zustand geändert hat. */

            END;

            RESERVE SEMARSEND;
              /* Führe Abschlußarbeiten erst durch, wenn alle (NET-)Tasks
                 beendet sind. */

            PUT 'END x.y' TO USEROUT BY A,SKIP;

            CLOSE USERIN;
            CLOSE USEROUT;
              /* Schließe I/0-Kanäle. */

END;
```

**Abb. 5.1-21.** Beispiel für eine Main-Task

Semaphor SEMSARSRUN dazu, die Auswertung des Kontrollblocks zu steuern. Nach der *SARS*-Philosophie werden alle Ausdrücke des Kontrollblocks quasi gleichzeitig und zu jedem Zeitpunkt ausgewertet. In der Transformation muß jedoch eine Reihenfolge festgelegt werden. Im allgemeinen wird dies die Reihenfolge sein, wie sie der Spezifikateur gewählt hatte. Praktisch bedeutet dies jedoch, daß der Implementierer die bei der Transformation festgelegte Reihenfolge noch einmal überprüfen und eventuell korrigieren muß. Einen besonderen Einfluß auf die Art der Transformation hat die Tatsache, daß die Funktionen des Guard eventgetriggert sind. Hieraus ergibt sich, daß der Kontrollblock nur ausgewertet werden muß, wenn sich ein Datum ändert oder ein Interrupt eintrifft. Derartige Zustandsänderungen werden durch SEMSARSRUN koordiniert.

Eingaben von Daten, die außerdem als Interrupts ausgewertet werden, sowie Daten, die von mehreren Netzen gleichzeitig gelesen werden können, werden ebenfalls als Task transformiert. Dadurch ist es möglich, das Eintreffen eines Datums parallel zur Ausführung von Netzen zu erkennen. Gleichzeitig wird das Datum in einem internen Puffer zur Verfügung gestellt, so daß mehrere Netze denselben (aktuellen) Wert lesen können.

Nach dieser Initialisierungsphase werden die Kontrollbedingungen so lange ausgewertet, bis die vom Implementierer eingefügte Endebedingung gesetzt wurde. Nach dem Schließen der I/0-Kanäle endet die Maintask und damit das Programm.

### 5.1.4.1.2 Interfaces

Allen Interface-Daten müssen Datenstationen und Systemgeräte zugeordnet werden. Die Art des Systemgeräts sowie die Art des Datentransfers sind vom Interface-Typ abhängig (Abb. 5.1-22).

| Interface-Typ | Systemgerät | Darst. | Transfer |
|---|---|---|---|
| CORRESPONDING_UNIT | DIGIN(),DIGOUT() | ALL | READ/WRITE |
| USER | STDIN,STDOUT / TTYIN(),TTYOUT() | ALPHIC | GET/PUT |
| PROCESS | DIGIN(),DIGOUT() / ANIN(),ANOUT() | BASIC | TAKE/SEND |

**Abb. 5.1-22.** Zuordnung zwischen Interface-Typen und Systemgeräten

Bei der Transformation von Interfaces werden Daten vom Typ STATUS genauso behandelt, als wären sie vom Typ DATA. Letztere werden also ihrem Typ entsprechend transformiert, während Stati als Variable vom Typ FIXED erzeugt werden. Daten vom Typ ENUMERATION werden ebenfalls als FIXED-Variable transformiert. Der Wertebereich des Datums wird hierbei in entsprechende FIXED-Variable umgesetzt.

Beim Definieren der Datenstationen für Interfaces vom Typ CORRESPON-DING_UNIT und PROCESS wird folgende Zuordnung getroffen (Abb. 5.1-23):

| Interface-Object | Systemgerät |
|---|---|
| EVENT | ITRPT() |
| STATUS | DIGIN(), DIGOUT() |
| DATA | ( Analogdaten (PROZESS): ANIN(), ANOUT() ) |

**Abb. 5.1-23.** Zuordnung zwischen Interface-Objekten und Systemgeräten

Sind nur ein INPUT_INTERFACE und/oder ein OUTPUT_INTERFACE definiert, so werden diesen die Systemgeräte STDIN/STDOUT zugeordnet (Abb. 5.1-24). Eingaben und Ausgaben gehen damit automatisch an die Standardkonsole. Bei mehreren Interfaces vom gleichen Typ ist es nicht sinnvoll, daß der Transformator Festlegungen bezüglich der Zuordnung zur Standardkonsole trifft. Daher werden in diesem Fall die Systemgeräte TTYIN()/TTYOUT() verwendet. Es bleibt dem Implementierer überlassen, eine oder mehrere dieser Zuordnungen zu ändern. In USER-Interfaces definierte EVENTS werden als Daten vom Typ CHAR transformiert. Die Auswertung als Interrupt erfolgt dann in der entsprechenden Daten-Input-Task.

| 1 Interface | >1 Interface |
|---|---|
| USERIN     : STDIN<br>USEROUT    :STDOUT | USERIN1    : TTYIN(1)<br>USEROUT1   : TTYOUT(1)<br>USERIN2    : TTYIN(2)<br>USEROUT2   : TTYOUT(2) |

**Abb. 5.1-24.** Systemgeräte für das USER-Interface

Jedes Datum wird bezüglich seiner Verwendung analysiert. Für jedes Datum, auf das von mehreren Tasks zugegriffen werden kann, wird eine Daten-Input-Task kreiert. In diesen Tasks wird auch die Verwendung von Daten im Sinn von Events formuliert.

Der Zugriff auf Interface-Daten durch die Netze (Tasks) wird durch Bolt-Variable koordiniert. Während die Daten-Input-Task auf eine Eingabe wartet, sind alle Zugriffe der Tasks auf das (interne) Datum gesperrt. Ein erneutes Einlesen ist jedoch erst möglich, nachdem alle anstehenden Lesebefehle der Tasks befriedigt sind.

### 5.1.4.3 Netze

Die Netze der Sprache *LARS* repräsentieren die Kontroll- und Steuerungsfunktionen des Automatisierungssystems. Im COMMON-Teil der Netze vereinbarte Daten sind globale Daten. Der Zugriff auf die globalen Daten wird vom Transformator nicht synchronisiert.

Die niedrigste Stufe dieser Netzbeschreibungen sind sogenannte Aktionen (ALPHA). Für jede Aktion wird ein Prozedurrahmen erzeugt, der später vom Implementierer zu erweitern bzw. zu ersetzen ist. Der Prozedurrahmen enthält bereits die Definition der Übergabeparameter. Eingabedaten werden als Wertparameter übergeben und Ausgabedaten als Namensparameter. Ebenfalls als Prozeduren werden Unternetze (SUBNET) kreiert. Diese enthalten jedoch bereits Programmcodes entsprechend der SUBNET-Beschreibung.

Unternetze können nur innerhalb von Netz-Tasks und innerhalb von Unternetz-Prozeduren aufgerufen werden. Die Übergabeparameter werden ebenso definiert wie bei Aktions-Prozeduren. Hauptnetze werden dagegen vom Guard aktiviert. Netze, die vom Guard nur gestartet werden, werden über ein (eigenes) Semaphor gesteuert. Andernfalls werden sie in der Kontrollschleife der Maintask aktiviert, angehalten oder fortgesetzt. Jede Task führt jedoch zunächst eine ENTER-Anweisung auf SEMSARSEND aus, um zu verhindern, daß die Maintask ihre Abschlußroutinen startet, bevor gerade laufende (Netz-)Tasks beendet sind. Am Ende der Task wird eine LEAVE-Operation auf SEMSARSEND in den Code eingeführt und damit das Task-Ende signalisiert. Zusätzlich wird ein RELEASE auf die Semaphor-Variable SEMSARSRUN ausgeführt, da einerseits das Ende eines Netzes im Guard ausgewertet werden kann, andererseits auch die Veränderung von Daten Aktivitäten im Guard bewirken kann.

Das nachstehende Beispiel zeigt das Prinzip einer *LARS-PEARL*-Transformation.

Die Aufgabe besteht darin, ein Programm zu entwerfen, das eine Zahl einliest und den doppelten Wert als Meldung ausgibt, wenn ein Grenzwert überschritten wird. Das ist sicherlich ein sehr einfaches Problem, das eigentlich nicht erst spezifiziert werden müßte. Das Beispiel wurde jedoch bewußt klein gehalten, da die Prinzipien einer Transformation bereits anhand einer kurzen Spezifikation aufgezeigt werden können. Eine komplexere Aufgabe würde außerdem eine Vielzahl von Beziehungen zwischen den Spezifikationsobjekten erzeugen, die nicht sofort verständlich sind.

*LARS* wurde entwickelt, um Realzeitprobleme zu spezifizieren. Die Beschreibung eines einfachen Problems mit Hilfe der Beschreibungsobjekte von *LARS* erscheint zunächst einmal etwas ungewohnt. Um die obige Aufgabe zu lösen, werden folgende Objekte benötigt:

- Für jede Datenein- und jede Datenausgabe wird jeweils ein Input-Interface bzw. Output-Interface definiert.
- Die eigentliche Funktion (nämlich den doppelten Wert der eingegebenen Zahl zu berechnen) wird mit Hilfe eines Netzes formuliert.
- Der Guard aktiviert die Funktion, wenn das Datum eingegeben wurde.

Die *LARS*-Spezifikation, die obiges Problem löst, kann nun folgendermaßen definiert werden:

```
INPUT_INTERFACE bsp.ein : PROCESS;
    DATA
        d : NUMERIC;
    END DATA;
END INPUT_INTERFACE;
OUTPUT_INTERFACE bsp.aus : USER;
    DATA
        d : NUMERIC;
    END DATA;
END OUTPUT_INTERFACE;
GUARD bsp.grd;
    FUNCTION_CONTROL
        IF EVENT(d OF bsp.ein) AND D<10000 THEN
            START bsp.netz        INPUTS d OF bsp.ein
                                  OUTPUTS d OF bsp.aus;
        IF d OF bsp.ein CHANGES TO 20000 THEN EXIT;
    END FUNCTION_CONTROL;
END GUARD;
NET bsp.netz;
    STRUCTURE
        ALPHA grenzwert           INPUTS d OF bsp.ein
                                  OUTPUTS d OF bsp.aus;
    END STRUCTURE;
    COMMON
        d OF bsp.ein,
        d OF bsp.aus;
    END COMMON;
END NET;
```

**Anwenderspezifische Ergänzungen**

Nachdem die Transformation beendet ist, muß der Implementierer auf jeden Fall die Aktionen ausfüllen oder durch bereits vorhandene Prozeduren ersetzen. Des weiteren kann die EXIT-Task, in der die zentrale Endebedingung gesetzt wird, um eigene Abschlußinstruktionen ergänzt werden. Die Verwendung von Systemnamen ist sicherlich systemspezifisch, kann aber leicht im Transformator auf die gewünschte Umgebung angepaßt werden. Aus dieser *LARS*-Spezifikation wurde folgendes *PEARL*-Programm erzeugt:

```
MODULE (MAIN);
    SYSTEM;
        PROCIN1      : DIGIN(1)*0;
        USEROUT      : STDOUT;
    PROBLEM;
        SPC PROCIN1 DATION IN BASIC;
        SPC USEROUT DATION OUT ALPHIC;
        DCL SEMSARSRUN SEMA;
        DCS SEMSARSEND BOLT;
        DCL BOOLSARSACT BIT(1) INIT('1'B);
        DCL SEM_NETZ SEMA;
        DCL SEM_D_EIN BOLT;
        DCL D_EIN FIXED;
        DCL D_AUS FIXED;
```

```
STRT: TASK PRIO 100 RESIDENT;
      OPEN PROCIN;
      OPEN USEROUT;
      PUT 'START bsp' TO USEROUT BY A,SKIP;
      ACTIVATE NET_NETZ;
      ACTIVATE IN_D EIN:
      WHILE BOOLSARSACT REPEAT
         REQUEST SEMSARSRUN;
      END;
      RESERVE SEMSARSEND;
      PUT 'END bsp' TO USEROUT BY A,SKIP;
      CLOSE PROCIN;
      CLOSE USEROUT;
END;
SARSEXIT: TASK PRIO 1;
      BOOLSARSACT:='O'B;
END;
IN_D_EIN: TASK PRIO 110 RESIDENT;
      WHILE BOOLSARSACT REPEAT
         RESERVE SEM_D_EIN;
         TAKE D_EIN FROM PROCIN;
         RELEASE SEMSARSRUN;
         FREE SEM_D_EIN;
         IF D_EIN= =20000 THEN
              ACTIVATE SARSEXIT;
         FIN;
         IF D_EIN<10000 THEN
              RELEASE SEM_NETZ;
         FIN;
      END;
END;
NET_NETZ: TASK PRIO 50;
      WHILE BOOLSARSACT REPEAT
         REQUEST SEM_NETZ;
         ENTER SEMSARSEND;
         ENTER SEM_D_EIN;
         CALL GRENZWERT (D_EIN,D_AUS);
         LEAVE SEM_D_EIN;
         PUT D_AUS TO USEROUT BY F(10), SKIP;
         LEAVE SEMSARSEND;
         RELEASE SEMSARSRUN;
      END;
END;
GRENZWERT: PROC (      P1 FIXED,
                       P2 FIXED IDENT          )
                   REENT;
      P2:=P1 + P1;
   END;
MODEND;
```

### 5.1.5 Integration innerhalb der Werkzeuglinie *SARS-IGS-VICO-PEARL* und Integration in das Rahmensystem

*Petra Luchner und Klaus Singer (ehem.)*
*2i Industrial Informatics GmbH*

*Reinhard Bähre und Wolf Viehweger*
*Fraunhofer-Institut für Informations- und Datenverarbeitung (IITB)*

*Klaus-Günter Höft und Hans-Peter Subel*
*Werum Datenverarbeitungssysteme GmbH*

*Manfred Hagemann (ehem.)*
*Universität Karlsruhe, Institut für Prozeßrechentechnik und Robotik*

Ein Anwender der Werkzeuglinie *SARS-IGS-VICO-PEARL* hat drei verschiedene Sichten auf das zu entwickelnde technische System (Abb. 5.1-25):

- REALES SYSTEM, das physikalisch existent ist,
- MODELLIERTES SYSTEM, das ein vergröbertes, in der Detaillierung frei wählbares Abbild des geplanten bzw. schon existierenden Systems ist und
- SPEZIFIZIERTES SYSTEM, das die gewünschte Struktur und Funktion des zu realisierenden Systems beschreibt.

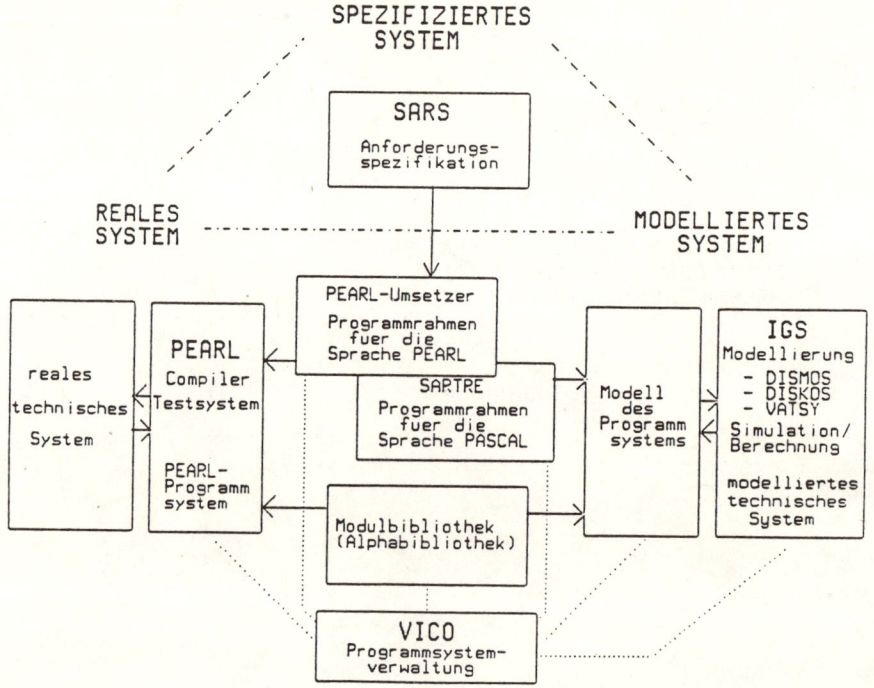

**Abb. 5.1-25.** Grundidee der Werkzeuglinie *SARS-IGS-VICO-PEARL*

Alle drei Systeme beschreiben in unterschiedlicher Form die Wechselwirkungen zwischen den Komponenten:

- TECHNISCHER PROZESS: Gesamtheit von aufeinander einwirkenden Vorgängen in einem System, durch die Materie, Energie oder auch Information umgeformt oder auch gespeichert wird (DIN 66201).
- TECHNISCHE ANLAGE: Einrichtung zur Durchführung eines technischen Prozesses.
- AUTOMATISIERUNGSPROGRAMMSYSTEM: Regeln, wie die technische Anlage den technischen Prozeß durchzuführen hat.
- RECHEN- UND KOMMUNIKATIONSSYSTEM: Bindeglied zwischen der technischen Anlage und dem Automatisierungsprogrammsystem.

Eine Modellbildung ist nur dann wirklich effizient, wenn der Übergang vom spezifizierten zum modellierten und letztendlich zum realen System weitgehend automatisch und insbesondere ohne Konsistenzprobleme erfolgt. Bei der *SARS-IGS-VICO-PEARL*-Werkzeuglinie wird folgendermaßen vorgegangen:

Der Entwerfer spezifiziert sein System - hier schwerpunktmäßig das Automatisierungsprogrammsystem - mit dem Werkzeug *SARS*. Er wird dabei durch eine graphische Bedienoberfläche unterstützt. *SARS* überprüft die Spezifikation auf Vollständigkeit, Konsistenz und Widerspruchsfreiheit. Mit *IGS* wird parallel dazu ein graphisches Modell aufgebaut, das das technische System mit den Komponenten technischer Prozeß, technische Anlage, Rechen- und Kommunikationssystem und die Schnittstellen zum Automatisierungsprogrammsystem hierarchisch beschreibt. Die graphische Darstellung des modellierten Systems bildet zusammen mit der Spezifikation des Programmsystems eine geeignete Diskussionsgrundlage für alle Projektbeteiligten.

Aus der *SARS*-Spezifikation wird über das Werkzeug *SARTRE* per Transformation der Rahmen für ein Programmsystem in der Sprache *PASCAL* generiert. Das fertige Programmsystem entsteht dann durch Hinzubinden manuell erstellter *PASCAL*-Module. In einer frühen Projektphase können diese Programm-Module, falls noch nicht vorhanden, auch in einer (nicht voll ausprogrammierten) Vorversion bereitgestellt werden, man gelangt so zu dem *SARS*-Modell des Programms zur Automatisierung des in Frage stehenden Prozesses.

Die *IGS*-Beschreibung wird, ebenfalls automatisch, in das Eingabeformat für den Simulator *DISMOS* transformiert. Bindet man das Modell des Automatisierungsprogrammsystems zum Simulator *DISMOS* hinzu, so erhält man das vollständige, ablauffähige Simulationsmodell für das spezifizierte bzw. zu realisierende System.

Die am Simulationsmodell evaluierte *SARS*-Anforderungsspezifikation wird schließlich in die Sprache des realen Zielsystems, z.B *PEARL* umgesetzt.

Mit dem Werkzeug *VICO* werden alle während des Entwurfsprozesses erzeugten Programmsysteme verwaltet, so daß sich der Benutzer der *SARS-IGS-VICO-PEARL*-Werkzeuglinie während des gesamten Entwurfsprozesses in einer einheitlichen Programmsystementwicklungsumgebung befindet.

### 5.1.5.1 *SARS-IGS* (*DISMOS*)-Verbund

Ziel des *SARS-IGS* (*DISMOS*)-Verbundes ist es, durch Modellbildung und Simulation das Verhalten von Automatisierungssystemen schon im Frühstadium des Entwurfs hinreichend genau zu erfassen ([BäRi87]) (Abb. 5.1-26). Der Benutzer kann diese Modellbildung und Simulation in drei aufeinander aufbauenden Stufen zur Evaluierung des

– funktionalen Verhaltens,
– Realzeitverhaltens und
– Ausfallverhaltens

durchführen.

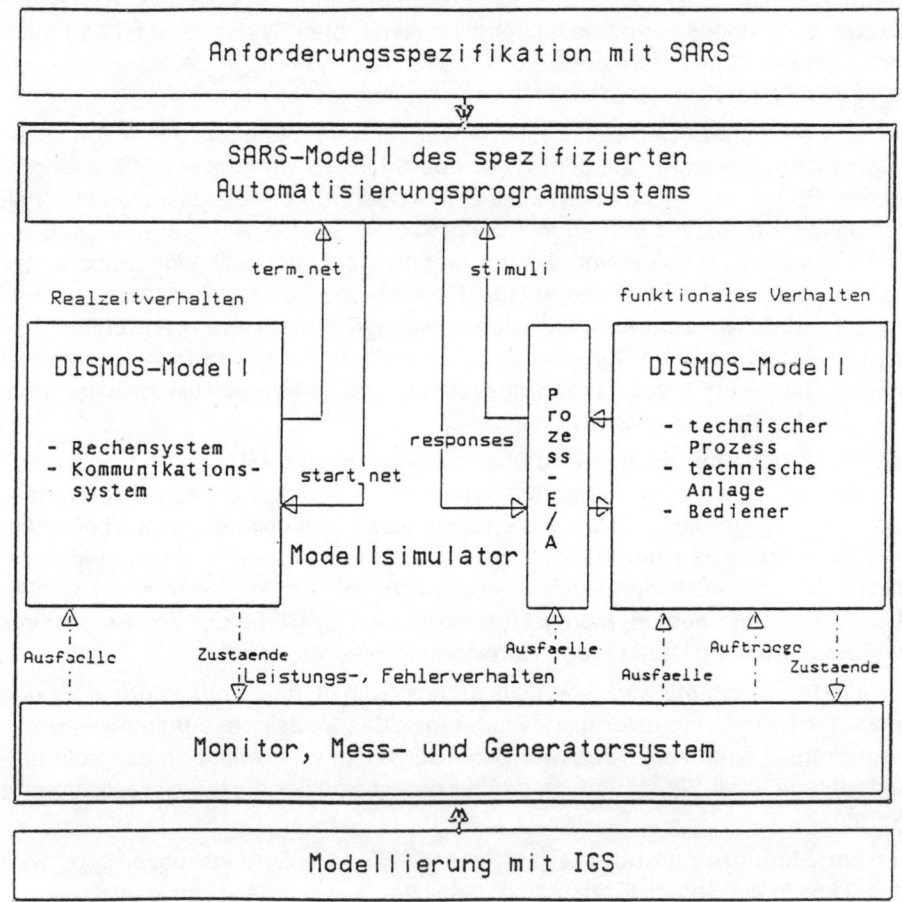

**Abb. 5.1-26.** Integriertes *SARS-IGS* (*DISMOS*)-Simulationsmodell

Bei der *Evaluierung des funktionalen Verhaltens* spezifiziert der Benutzer das Automatisierungsprogrammsystem mit *SARS* und modelliert den technischen Prozeß und die technische Anlage mit *IGS* (*DISMOS*). Bei der anschließenden simulativen Bearbeitung des Modells (unter Berücksichtigung des zeitlichen Ablaufs im technischen Prozeß) wird davon ausgegangen, daß das Automatisierungsprogrammsystem ohne zeitliche Verzögerung Signale aus dem technischen Prozeß (STIMULI) entgegennimmt, verarbeitet und die entsprechenden Steuersignale (RESPONSES) wieder zurückgibt. Durch Beobachtung der Abläufe während der Simulation, z.B. graphische Anzeige von Materialflüssen durch die Bearbeitungsstationen und Analyse von Statistiken am Ende der Simulation werden Spezifikationsfehler aufgedeckt und es läßt sich das Gesamtsystem nach Leistungsgesichtspunkten optimieren.

Bei der *Evaluierung des Realzeitverhaltens* geht es darum, zusätzlich die zeitlichen Anforderungen, die der technische Prozeß an die Steuerung stellt, auf Erfüllbarkeit zu überprüfen. In *SARS* kann der Benutzer diese zeitlichen Anforderungen als sogenannte "time_restrictions" für die SRM_NET-Abarbeitung formulieren. Automatisierungsprogrammsysteme benötigen zu ihrer Ausführung ein Rechensystem. Die Verarbeitungsleistung von Rechensystemen ist begrenzt, d.h. die Reaktion der Steuerung auf Prozeßereignisse ist zeitbehaftet, zumal um das Betriebsmittel "Rechenleistung" konkurriert werden muß. Die räumliche Verteilung technischer Prozesse und die begrenzte Verarbeitungsleistung der Rechensysteme erfordern die Verteilung des Automatisierungsprogrammsystems auf mehrere Rechensysteme, die über ein gemeinsames Kommunikationssystem vernetzt werden müssen.

Die *Evaluierung des Ausfallverhaltens* bringt Erkenntnisse, wie sich Ausfälle von Komponenten der technischen Anlage und des zugrundeliegenden Rechen- und Kommunikationssystems in der Folge auf die Steuerung des technischen Prozesses auswirken. Ausfallstudien liefern daher wichtige Erkenntnisse zur Steigerung der Verfügbarkeit und der Sicherheit des Gesamtsystems.

Das *SARS*-Modell des Automatisierungsprogrammsystems und die *IGS* (*DISMOS*)-Modelle der technischen Umwelt sind gekoppelt über eine STIMULUS/RESPONSE-Schnittstelle (Austausch der Prozeßein-/-ausgabesignalwerte) und eine START_NET-/TERM_NET-Schnittstelle (Anmeldung/Bewilligung von Rechenleistung zur Abarbeitung der SRM_NETs) (Abb. 5.1-27).

Die *SARS*-Anforderungsspezifikation des Automatisierungsprogrammsystems und die *IGS* (*DISMOS*)-Modellierung der technischen Umwelt können von verschiedenen Benutzern separat durchgeführt werden. Um dann aber bezüglich der *SARS-IGS* (*DISMOS*)-Schnittstelle die Konsistenz der Modelle und die Vollständigkeit der Modellparameter bei Ausführung der Simulation sicherzustellen, werden von *DISMOS* die in der *SARS-IGS*-Entwurfsdatenbank abgelegten *SARS*-Objekte analysiert. Alle im *SARS*-INTERFACE spezifizierten und im *IGS*-Entwurf modellierten STIMULI und RESPONSES müssen in Name und Typ (STATUS, EVENT,DATA) eineindeutig aufeinander abbildbar sein.

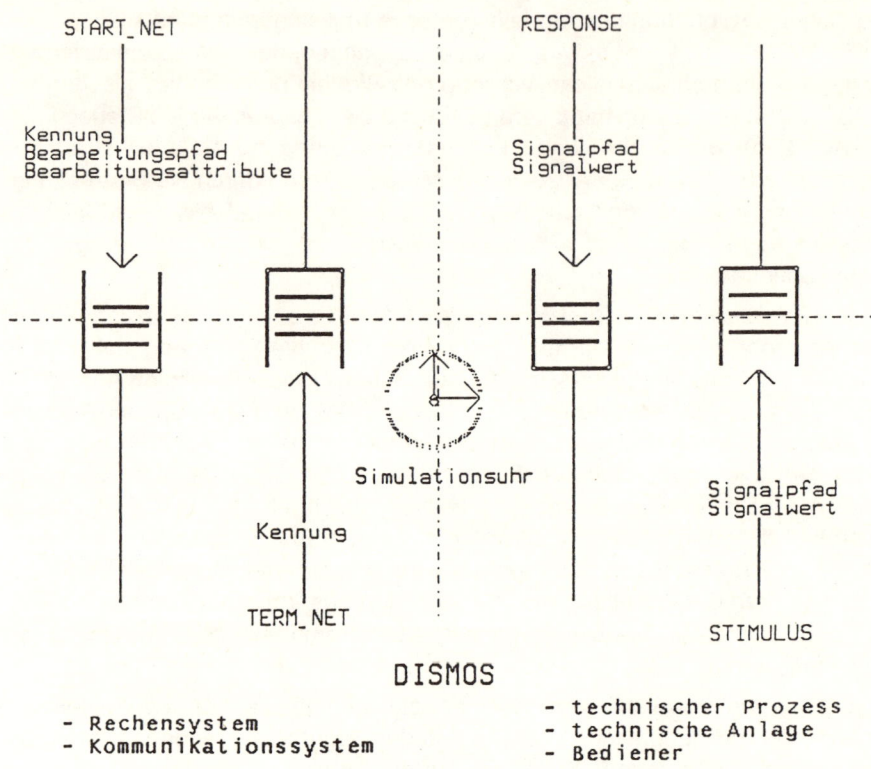

**Abb. 5.1-27.** Werkzeugschnittstelle *SARS-DISMOS*

Zur Evaluierung des Realzeitverhaltens kann der Benutzer im DESCRIPTION-Teil
jeder einzelnen SRM_NET-Spezifikation den *IGS*-Namen des Zielrechensystems,
auf dem die Netzabarbeitung erfolgen soll, die zugehörige Bearbeitungspriorität,
den Verdrängungsmodus und den geschätzten relativen zeitlichen Aufwand für die
Abarbeitung des SRM-Netzes (Mittelwert, Maximalwert) angeben. Die Zeit-
schätzungen werden auf der Grundlage der Struktur eines Netzes, der Anzahl der
enthaltenen Alphas und der Anzahl an alternativ oder parallel zu durchlaufenden
Pfaden vorgenommen. *DISMOS* bereitet diese von *SARS* gelieferten Angaben zu
einer interaktiv editierbaren Tabelle auf, die der Benutzer verändern kann (Abb.
5.1-28). Damit lassen sich, was die Evaluierung des Realzeitverhaltens anbe-
langt, z.B. Simulationsexperimente für unterschiedliche Zuordnungstrategien der
SRM-Netzabarbeitung auf den in *IGS* modellierten Zielrechensystemen durchführen, ohne daß jedesmal der Weg über die *SARS*-Spezifikation gegangen
werden muß.

| Netzattribute | | | Netzbearbeitungsattribute | | | | | | |
|---|---|---|---|---|---|---|---|---|---|
| Name | Zeitaufwand | | Normalbetrieb | | | Ausfallbetrieb | | | |
| | mittel | max | Zielsystem | Prio | V | Zielsystem | Prio | V | Redukt |
| Weiche<br>Foerderer<br>.<br>.<br>. | 10<br>... | 100<br>... | R10_1<br>... | 5<br>... | F<br>. | R10_2<br>... | 2<br>... | T<br>. | 0.5<br>... |

**Abb. 5.1-28.** Editierbare *IGS*-Tabelle zur Planung eines Modellexperiments für die Netzsimulation

Das integrierte *SARS-IGS* (*DISMOS*)-Simulationsmodell kann für verschiedene Durchführungsmodi bearbeitet werden (z.B. mit/ohne Simulation des Realzeitverhaltens und Mittelwert-/Maximalwertansatz für den relativen zeitlichen Netzabarbeitungsaufwand). Bei Simulation des Realzeitverhaltens erfassen automatisch in das Modell integrierte Meßstellen die Abweichungen zwischen den in der *SARS*-Spezifikation vorgegebenen Zeitanforderungen ("time_restrictions") – diese werden bei jedem START_NET-Aufruf übergeben – und den tatsächlich ermittelten Bearbeitungszeiten (Differenzzeit zwischen START_NET und TERM_NET). Die Zeitmessungen werden am Ende der Simulation in Form einer Statistik (neben der sonstigen Simulatorstatistik) ausgegeben und können zur optimalen Zuordnung von SRM-Netz und bearbeitendem Rechensystem genutzt werden. Rechen- und Kommunikationssystem können auf diese Weise auch in Topologie und Leistung den Anforderungen aus dem konkreten Anwendungsfall angepaßt werden.

### 5.1.5.2 *SARS-VICO-PEARL*-Verbund

Die Akzeptanz von durchgängigen Werkzeugverbunden der Art *SARS-IGS-VICO-PEARL* hängt u.a. sehr stark davon ab, wie effizient die Erstellung der Automatisierungssysteme letztendlich durchgeführt werden kann. Die Effizienz wird von zwei Faktoren wesentlich bestimmt: Einerseits durch die Verwaltbarkeit des Systems (dieser Gesichtspunkt wird in Abschnitt 5.1.3 behandelt), andererseits durch die Aufwände, die im Zusammenhang mit der Abbildung der Spezifikation auf ein lauffähiges Programm erbracht werden müssen. Diese Abbildung erfolgt zumeist indirekt über Programmiersprachen wie z.B *C*, *PASCAL* oder *PEARL*. Eine einmalige manuelle Umsetzung führt unter den schwierigen zeitlichen Randbedingungen der Praxis häufig zu einer Entkopplung des generierten Programmsystems von der vorgegebenen Spezifikation. Änderungen des generierten Programmsystems werden in der Spezifikation aufgrund des hohen Aufwands nur selten nachgeführt. Durch wiederholte automatische Umsetzung wird ein konsistentes Vorgehen des Entwicklers unterstützt.

Im Zusammenspiel zwischen *SARS* und *PEARL* [WeWi83] ist das Problem der Konsistenzerhaltung dadurch gelöst, daß zwischen beiden Systemen eine wohldefinierte Aufgabenteilung möglich ist und eine Ankopplung über sogenannte Alphas erfolgen kann.

Unter Verwendung des *PEARL*-Taskkonzepts sowie der *PEARL*-Synchronisierungsmechanismen kann automatisch eine *SARS*-Spezifikation vollständig und ohne manuelle Eingriffe in ein *PEARL*-Programmsystem umgesetzt werden. Die Alphas müssen unter Berücksichtigung der in *SARS* vorgegebenen Schnittstellen mit Hilfe von *PEARL*-Anweisungen manuell realisiert werden, was einer verfeinernden Abarbeitung gleichkommt.

Sowohl die automatisch als auch die manuell erstellten Teile des *PEARL*-Programmsystems werden in einer gemeinsamen *VICO*-Datenbank abgelegt. Anschließend kann *VICO* dann zur Generierung ablauffähiger *PEARL*-Programme eingesetzt werden.

*VICO* besitzt zwei unterschiedliche Schnittstellen. Eine interaktive menügesteuerte Dialogschnittstelle sowie eine Schnittstelle, die es erlaubt, eine Sequenz von Kommandos in einem File abzulegen, das von *VICO* interpretiert wird. Für die Implementierung des *PEARL*-Umsetzers wurde die zweite Möglichkeit genutzt, um generierte *PEARL*-Module und Modulschnittstellen ins *VICO*-System einzuspeisen. Die Sperrmechanismen von *VICO* werden eingesetzt, um sicherzustellen, daß der Anwender automatisch generierte Teile nicht direkt modifizieren kann, sondern derartige Änderungen der Spezifikation immer über *SARS* durchführen muß (Abb. 5.1-29). Damit ist die notwendige Konsistenz zwischen Spezifikation und Implementierung sichergestellt.

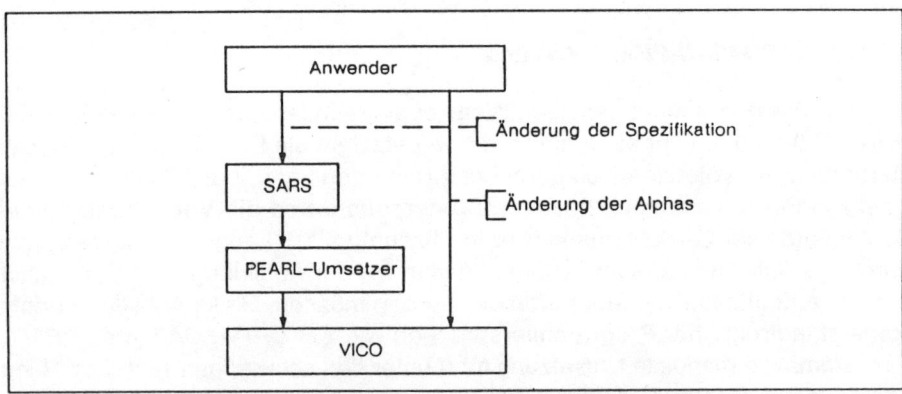

**Abb. 5.1-29.** *SARS-VICO-PEARL*-Verbund

### 5.1.5.3  Rahmenintegration

#### 5.1.5.3.1  *SARS-IGS*-Entwurfsdatenbank

Zum Austausch von Daten zwischen den Werkzeugen *SARS*, *IGS* (mit den Werkzeugen *DISKOS*, *DISMOS*, *VATSY*) und *VICO* und zur Ablage von Objekten, deren Bearbeitung abgeschlossen ist, wird das *PRODAT*-Datenbanksystem genutzt ([KSS89], [BäVi88]). Die Nutzung einer geeigneten gemeinsamen Datenbank als Ablagemedium für Projektergebnisse und Zwischenergebnisse erleichtert dem Entwerfer den Umgang mit dem Werkzeugverbund erheblich. Abb. 5.1-3Q zeigt die Struktur der *SARS-IGS*-Entwurfsdatenbank mit integrierter *VICO*-Datenbank. Komponenten, die der Dokumentation dienen, wurden in der Abbildung weggelassen.

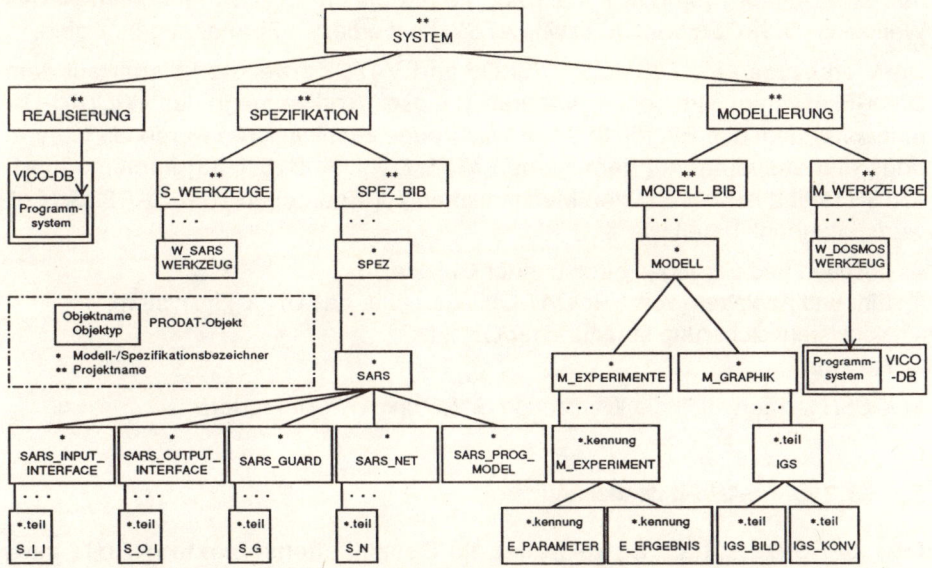

**Abb. 5.1-30.** Struktur der *SARS-IGS*-Entwurfsdatenbank unter Nutzung des *PRODAT*-Datenbanksystems

Die drei verschiedenen Sichten (Spezifikation, Modellierung, Realisierung) des Entwerfers auf das Gesamtsystem können direkt auf ein strukturiertes Objekt im Sinne von *PRODAT* abgebildet werden.

Das Objekt MODELLIERUNG wird beschrieben durch die Teilobjekte M_WERKZEUGE und MODELL_BIB, wobei unter dem Objekt M_WERKZEUGE die Modellierungswerkzeuge verwaltet werden können. Entsprechendes gilt für den Spezifikationszweig. Unter den Objekten MODELL_BIB bzw. SPEZ_BIB sind die mit *IGS*, den *IGS*-Werkzeugen (*DISKOS*, *DISMOS*, *VATSY*) und *SARS* bearbeiteten Modelle bzw. Spezifikationen als Objekte vom Typ MODELL bzw. SPEZ angehängt. Der Name dieser Objekte (in Abb. 5.1-30 durch * gekennzeichnet) ist durch den Entwerfer frei wählbar.

Ein *SARS*-Spezifikationsobjekt hat fünf Komponenten: *SARS*_INPUT_INTER-FACE, *SARS*_OUTPUT_INTERFACE, *SARS*_GUARD, *SARS*_NET und *SARS*_PROGRAM_MODEL, in denen die Schnittstellen zur technischen Umwelt, der Datenfluß und die Funktionen innerhalb des Automatisierungsprogrammsystems und das durch Transformation erzeugte Modell des Automatisierungsprogrammsystems abgelegt sind.

Ein Modellierungsobjekt hat die Komponente M_GRAPHIK, hier wird das mit *IGS* entworfene graphische Modell verwaltet und die Komponente M_EXPERIMENTE zur Verwaltung der von den *IGS*-Werkzeugen auf diesen Modellen durchgeführten Experimente und der gewonnenen Ergebnisse. Ein graphisches Modell besteht aus Einzelbildern (Modell + Makros), die jeweils im *IGS*-Format und im für das Werkzeug (*DISKOS/DISMOS* bzw. *VATSY*) konvertierten Format abgelegt sind.

Die Werkzeuge *IGS*, *DISMOS*, *DISKOS* und *VATSY* arbeiteten bisher auf dem UNIX-Filesystem. Um bei der Integration dieser Werkzeuge in das *PRODAT*-Datenbanksystem den Eingriff in diese Werkzeuge zu minimieren wurde ein Integrationsrahmensystem mit dem Namen *IGSSH* (vgl. Abb. 5.1-33) implementiert. *IGSSH* stellt alle notwendigen Mechanismen zur Bearbeitung der *SARS-IGS*-Entwurfsdatenbank bereit wie

– Löschen und Erzeugen strukturierter Objekte,
– Ein- und Auslagern von *PRODAT*-Objekten über das UNIX-Filesystem,
– Konsistenzsicherung strukturierter Objekte,
– Reports.

In *IGSSH* wurden auch die Werkzeuge *SARS* und *VICO* integriert.

### 5.1.5.3.2 Die *SARS*-Datenhaltung

Die *SARS*-Datenhaltung verwaltet die Spezifikationsobjekte INPUT- bzw. OUTPUT-INTERFACEs, GUARD und SRM_NETs. Gemäß dem Prozeß der schrittweisen Entwicklung von Spezifikationen können *SARS*-Spezifikationsobjekte aus der Datenhaltung entnommen, modifiziert und anschließend wieder zurückgespeichert werden. Bei der Rückgabe (Rückspeicherung) von *SARS*-Objekten erfolgt implizit eine Analyse hinsichtlich Vollständigkeit, Widerspruchsfreiheit und Verträglichkeit mit den in der Datenhaltung existierenden Objekten, um stets die Konsistenz der gespeicherten *SARS*-Spezifikation zu gewährleisten. Für *SARS*-Objekte, die diesen Anforderungen nicht genügen, steht eine temporäre Datenhaltung im Sinne eines Notizblocks zur Verfügung.

Die ursprünglich auf dem UNIX-Filesystem basierende *SARS*-Datenhaltung wurde auf *PRODAT* umgestellt, wobei die oben beschriebenen Mechanismen der Entnahme bzw. Rückgabe berücksichtigt wurden.

Als technische Integrationsbasis dient das Integrationsrahmensystem *IGSSH*, das alle notwendigen Operationen zur Manipulation von *PRODAT*-Objekten zur Verfügung stellt.

Um den Anforderungen des Werkzeugverbunds zu genügen, wurde zusätzlich zu den Spezifikationsobjekten das durch Transformation entstehende *SARS*-Modell des Automatisierungsprogrammsystems als eigenständiger *PRODAT*-Objekttyp *SARS*_PROGRAM_MODEL in die Schemadefinition integriert. Wie der Auszug aus der Schemadefinition in Abb. 5.1-30 zeigt, werden somit fünf verschiedene *PRODAT*-Objekttypen zu einer *SARS*-Spezifikation in der *SARS-IGS*-Entwurfsdatenbank verwaltet.

Die eigentliche Bearbeitung von *SARS*-Objekten und somit die Interaktionen mit der *PRODAT*-Datenhaltung erfolgen über eine graphische, windoworientierte Menüoberfläche. Hierzu wurde eine Erweiterung der *SARS*-Bedienoberfläche realisiert, so daß dem Anwender (Benutzer) unter einer uniformen und komfortablen Menüoberfläche alle notwendigen Operationen mit der *PRODAT*-Datenbank zur Verfügung stehen.

Als Menüselektionen, die die Datenhaltung betreffen, existieren sowohl implizite Initiierungen von *PRODAT*-Operationen, wie dies z.B. bei der oben beschriebenen Entnahme/Rückspeicherung von *SARS*-Objekten der Fall ist, als auch explizite direkte Initiierungen von *PRODAT*-Basisoperationen.

### 5.1.5.3.3 Die *VICO*-Datenbank

*VICO* existierte bereits zu Beginn des Projekts. Im Verlauf des Projekts wurde die interne Datenhaltung von *VICO* vollständig auf *PRODAT* umgestellt. Ein Auszug der entsprechenden Schemadefinition ist in Abb. 5.1-31 zu finden. Bei der Umstellung zeigte sich erwartungsgemäß, daß für viele Aufgaben, die bisher von *VICO* übernommen werden mußten, nunmehr die Basismechanismen von *PRODAT* genutzt werden können. Dies gilt sowohl für das Konzept der strukturierten Objekte, das es z.B. ermöglicht, ein Objekt vom Typ MODUL mit allen IMPORTen und EXPORTen sowie allen weiteren abhängigen Teilobjekten mit Hilfe einer einzigen Operation zu löschen, als auch für das Konfigurationskonzept, das es z.B. erlaubt, geeignete MODULe, IMPORTe und EXPORTe auszuwählen, um ein ablauffähiges Programm zu konstruieren.

Die wesentliche Aufgabe von *VICO* im Rahmen der Werkzeuglinie besteht in der Konsistenzerhaltung der verwalteten Programmsysteme im Anschluß an die (Re-)Generierung von *PEARL*-Moduln aus der *SARS*-Spezifikation, sowie im Anschluß an manuelle Änderungen durch den Entwerfer. So wird insbesondere nach der Änderung der Spezifikation automatisch der Umsetzungsprozeß nach *PEARL* eingeleitet, das Ergebnis in die *VICO*-Datenbank eingespeichert, ein entsprechender Übersetzungs- und Bindeauftrag erzeugt, gestartet und anschließend ausgewertet. Alle wesentlichen Informationen werden im Inhalt oder in Attributen der *PRODAT*-

Datenbankobjekte abgelegt. Dies führt zu einer Entlastung des Entwerfers von verwaltungstechnischen Aufgaben in dieser komplexen Entwicklungsumgebung.

```
typedef struct                              typedef object
{                                           {
    BOOLEAN          value;                     HEADER          header;
    USER             user;                      successors      FRAME and
    DATE             date;                                      OBJECTCODE and
}   ACTIVITY;                                                   (IMPORT or EXPORT)
                                            }   MODULE;
typedef struct
{
    ACTIVITY         lock;                  typedef object
    ACTIVITY         edit;                  {
}   HEADER;                                     ACTIVITY        link;
                                                COMMAND         command;
typedef object                                  OPTION          linkoptions;
{                                               LIBS            libs;
    HEADER           header;                    contents;
    contents;                               }   LINKEDCODE;
    successors       PART;
}   PART;
                                            typedef object
typedef object                              {
{                                               HEADER          header;
    HEADER           header;                    successors      LINKEDCODE and
    successors       PART;                                      (MODULE or SYSTEM)
}   EXPORT;                                 }   SYSTEM

                                            typedef configuration
typedef object                              {
{                                               {   ACTIVITY    make;
    HEADER           header;                        selection   1 LINKEDCODE and
    successors       PART;                                      (MODULE or SYSTEM);
}   IMPORT;                                                  }   SYSTEM;

typedef object                                  {   ACTIVITY    make;
{                                                   selection   1 FRAME and
    HEADER           header;                                    1 OBEJCTCODE and
    contents;                                                   (IMPORT or EXPORT)
}   FRAME;                                                  }   MODULE;
                                                {   ACTIVITY    make;   }   FRAME;
typedef object                                  {   ACTIVITY    make;   }   IMPORT;
{                                               {   ACTIVITY    make;   }   EXPORT;
    HEADER           header;                    {   ACTIVITY    make;   }   PART;
    ACTIVITY         comp;                      {   ACTIVITY    make;   }   OBJECTCODE;
    COMMAND          command;                   {   ACTIVITY    make;   }   LINKEDCODE;
    OPTION           option;
    PREPROCESSOR     preprocessor;          }   PROGRAM;
    contents;
}   OBJECTCODE;
```

**Abb. 5.1-31.** Auszug aus der Schemadefinition der *VICO*-Datenbank

Die Einbettung der *VICO*-Datenbank in die *SARS-IGS*-Entwurfsdatenbank ist stark vergröbert und ausschnittsweise in Abb. 5.1-32 wiedergegeben.

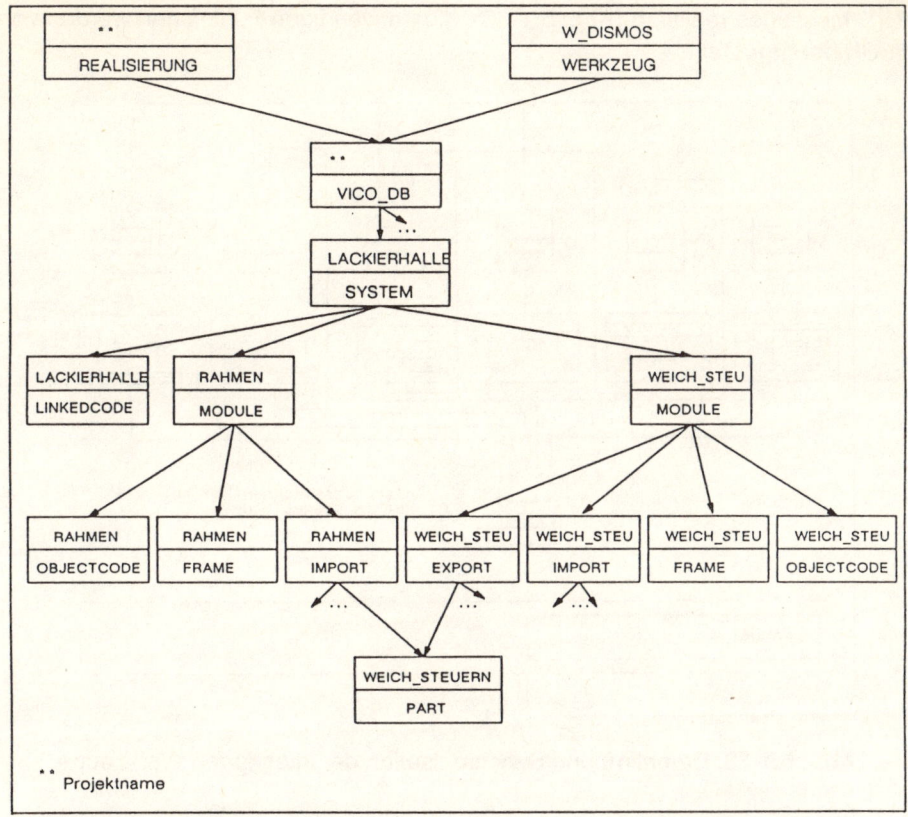

**Abb. 5.1-32.** Die *VICO*-Datenbank im Rahmen der Werkzeuglinie

### 5.1.5.3.4  Werkzeugsynchronisation und Konsistenzsicherung

Beim Bearbeiten von strukturierten Objekten durch mehrere Entwerfer und Werkzeuge muß in jeder Phase sichergestellt werden, daß

– nur Objekte weiterverarbeitet werden, die dafür freigegeben wurden (Konsistenzsicherung),
– nur das dafür vorgesehene Werkzeug Zugriff auf diese Objekte hat (Objektschutz).

Das Problem wurde über Objektattribute wie z.B. Bearbeitungsstatus und Werkzeugklasse gelöst, die der *PRODAT*-Benutzer in der Schemadefinition festlegen kann.

Die Werkzeugsynchronisation, bei automatisierter Objektbearbeitung durch mehrere Werkzeuge, und die Prozeßsynchronisation innerhalb der Werkzeuge (Benutzerdialogschicht als Prozeß und Datenhaltungsschicht als Prozeß) wurden über

UNIX-Messages realisiert (Abb. 5.1-33), die notwendigen Funktionen werden von *IGSSH* bereitgestellt.

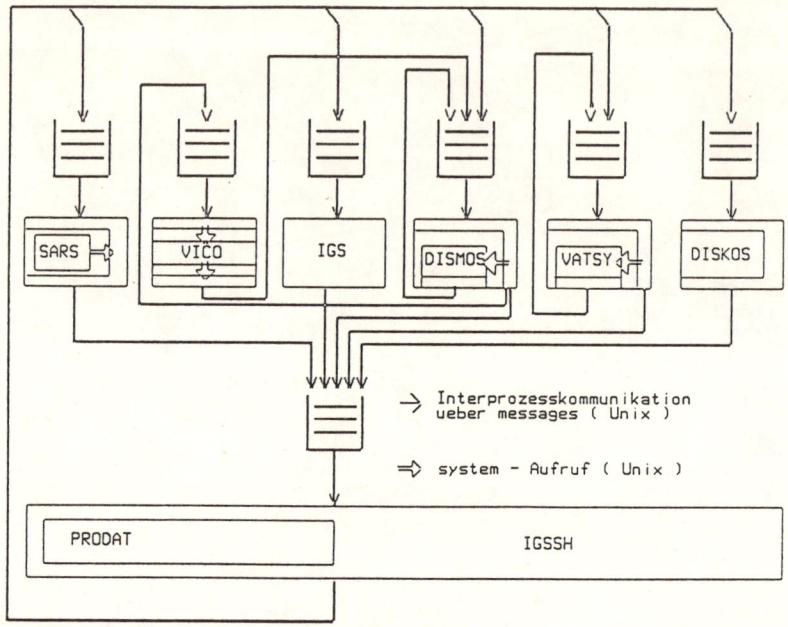

**Abb. 5.1-33.** Datenfluß und Synchronisation der integrierten Werkzeuge

### 5.1.5.4  Demonstrationsbeispiel "Automatisierung der Lackierhalle einer Automobilfabrik"

Als Demonstrationsanwendungsbeispiel für ein technisches System wurde eine Automobilfabrik ([Lu85]), im Modell stark vergröbert, gewählt (Abb. 5.1-34).

Abb. 5.1-34a beschreibt das dazugehörige *IGS*-Modell auf der höchsten Darstellungshierachieebene (Modell). Die "Automobilfabrik" besteht aus vier Fertigungszentren: dem "Preßwerk", der "Rohbauhalle", der "Lackierhalle" und der "Montagehalle". Im "Preßwerk" werden aus Blechen die Rohteile für die Rohkarosse erstellt, diese Teile werden in der "Rohbauhalle" zur Rohkarosse verschweißt, die Rohkarosse wird dann in der "Lackierhalle" lackiert und die lackierte Rohkarosse schließlich in der "Montagehalle" durch den Einbau von Scheinwerfern, Motor usw. zum fertigen fahrbereiten Auto aufgerüstet. Die Fertigungszentren sind über Transporteinrichtungen miteinander verbunden, die zugleich als Puffer genutzt werden. In der Abbildung entsprechen die Blöcke "Preßwerk", "Transportweg", "Rohbauhalle", "Verbindungstrakt", "Lackierhalle" und "Montagehalle" Teilsystemen (Makroblöcken), die im Sinne eines hierarchischen Entwurfs weiter detailliert werden müssen. Der Materialfluß wird durch die (gerichteten) Verbindungen der Blöcke beschrieben.

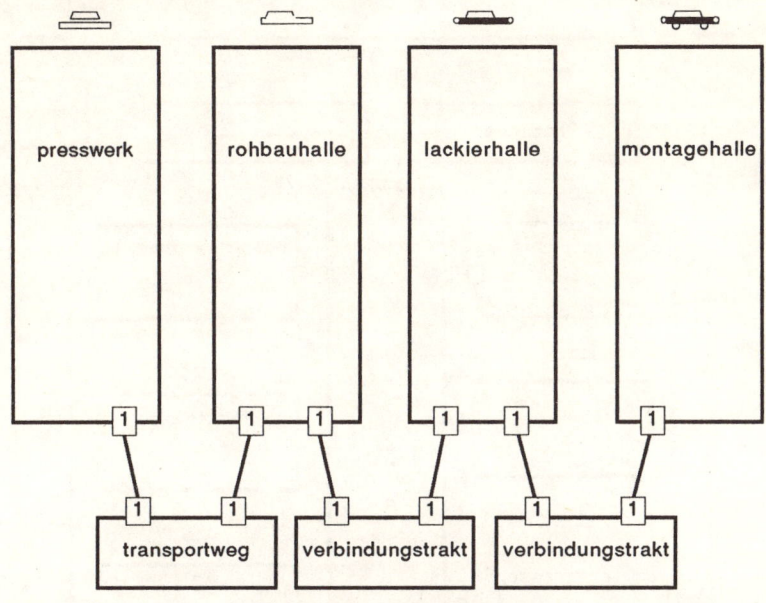

**Abb. 5.1-34a.** Gesamtwerk

**Abb. 5.1-34.** Graphisches hierarchisches *IGS*-Modell der "Automobilfabrik"
(Ausschnitt)

Verfolgen wir den Weg einer Karosse im Teilsystem "Lackierhalle" (Abb. 5.1-34b): Beim Eintritt wird die Karosse vom "Förderer_1" in seiner Funktion als Transport- und Puffereinrichtung bis zum "Fahrstuhl_1" bewegt. Der Fahrstuhl dient dazu, die Karosse von der zweiten in die erste Produktionsetage (vertikal) zu befördern. Die Karosse gelangt dann auf den "Verteiler_A" und wird zu einer der drei "Lackierstraßen" (horizontal) bewegt. Mit dem "Verteiler_B" wird sie nach erfolgter Lackierung auf eine der drei "Polierstraßen" gesetzt, hier wird auch die Qualität der Lackierung überprüft. Karossen mit Lackierungsmängeln werden dem Prozeßsteuerungssystem gemeldet. Über den "Verteiler_C" gelangen die Karossen zum "Fahrstuhl_2", um von der ersten wieder zur zweiten Produktionsetage befördert zu werden. In Abhängigkeit vom Ergebnis der Qualitätskontrolle geht es dann über die "Weiche" (Abb. 5.1-34c) weiter zur "Montagehalle" oder aber zurück zur Nachbehandlung an den Anfang der "Lackierstraße".

Der Detaillierungsprozeß im Modellentwurf wird so lange fortgesetzt, bis alle Teilsysteme durch Elementarblöcke des Simulators *DISMOS* beschrieben sind und alle relevanten Prozeßsignale für die Anforderungsspezifikation mit *SARS* aus dem Simulationsmodell abgeleitet werden können.

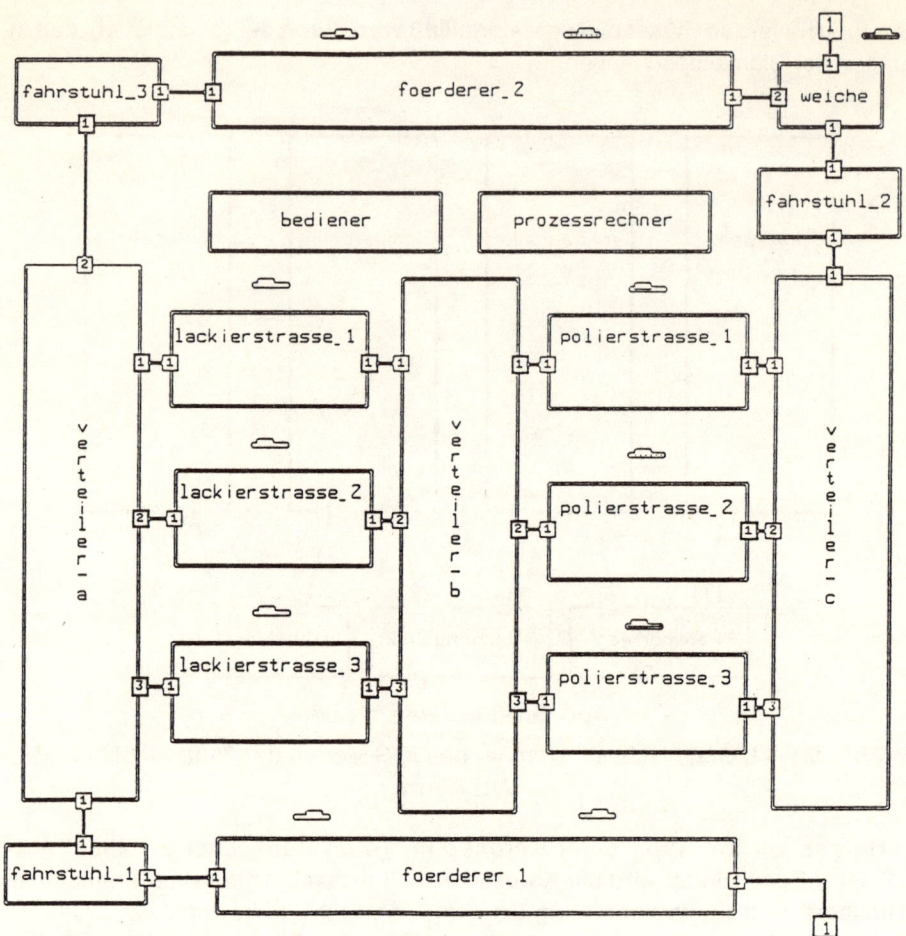

**Abb. 5.1-34b.** Lackierhalle

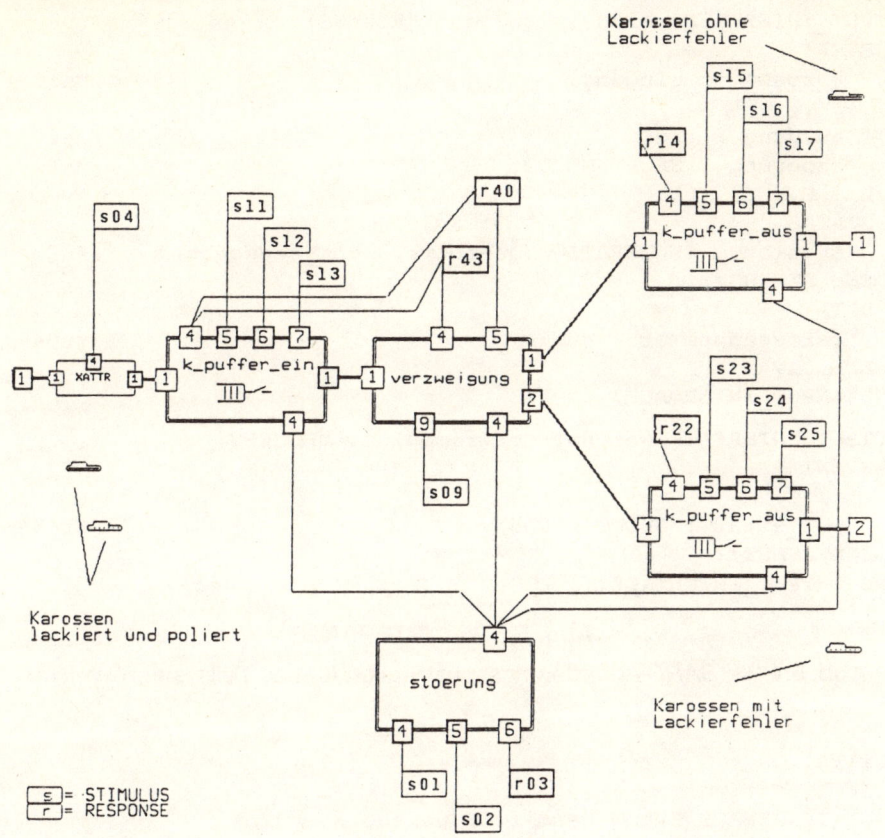

**Abb. 5.1-34c.** Weiche

Abb. 5.1-35 zeigt in einem Ausschnitt diese *SARS*-Anforderungsspezifikation für das *IGS*-Modell der Weiche: Das INTERFACE (Abb. 5.1-35a) beschreibt die Schnittstelle zur technischen Umwelt, der GUARD (Abb. 5.1-35b) enthält die Bedingungen für das Auslösen der SRM_NETs. Das SRM_NET (Abb. 5.1-35c) beschreibt den Aktionsfluß. Die geklammerten Zahlen in Abb. 5.1-35a geben den Bezug zu den Signalnummern im graphischen *IGS*-Modell (z.B. Abb. 5.1-34c) wieder.

```
INPUT_INTERFACE weiche.signale : PROCESS;
  EVENT
    karosse_im_eingang,                              /*s11*/
      ...
    ausgang_2_frei,                                  /*s25*/
    stoerung : SPONTANEOUS;                          /*s01*/
  END EVENT;
  STATUS
    station : ENUMERATION(gestoert,nicht_gestoert);  /*s02*/
  END STATUS;
  DATA
    karossennummer : NUMERIC;                        /*s04*/
  END DATA;
END INPUT_INTERFACE;

OUTPUT_INTERFACE weiche.steuerimpulse: PROCESS;
  EVENT
      ...
    weg_e1_a2 : SPONTANEOUS;                         /*r43*/
  END EVENT;
END OUTPUT_INTERFACE;
```

**Abb. 5.1-35a.** INTERFACE

**Abb. 5.1-35.** *SARS*-Anforderungsspezifikation für das Teilsystem "Weiche"


```
ACTIVATION
  IF
    (TERMINATE EVENT term_2 OF weiche.steuern)
    SEND EVENT weg_e1_a2 TO weiche.steuerimpulse;
      ...
    (INTERFACE EVENT karosse_im_eingang OF weiche.signale AND
      ...                                                    )
    START weiche.steuern INPUTS  weiche_zustand
                         OUTPUTS weiche_zustand;
      ...
    (INTERFACE EVENT weiche_stoerung OF weiche.signale)
    SEND EVENT weiche_alarm TO bediener.nachrichten;
  END IF;
END ACTIVATION;
```

**Abb. 5.1-35b.** GUARD

```
SRM_NET weiche.steuern:
  STRUCTURE
    ALPHA weiche_steuern INPUTS   weiche_zustand
                         OUTPUTS  weiche_zustand,
                                  weg;

    CONSIDER weg:
    IF (el_a1)
      TERMINATE term_1;
    OR (el_a2)
      TERMINATE term_2;
    OR (warten)
      TERMINATE warten;
    END CONSIDER;
  END STRUCTURE;
  COMMON
    weiche_zustand;
  END COMMON;
  PRIVATE
    weg : ENUMERATION (el_a1,el_a2,warten);
  END PRIVATE;
END SRM_NET;
```
**Abb. 5.1-35c.** SRM_NET

Die *SARS*-Anforderungsspezifikation wird vom Transformator *SARTRE*, der auf der TRansformator EXpertshell(TREX) aufbaut, automatisch in einen *PASCAL*-Programmrahmen umgesetzt. Die LARS-Alphas (Substrukturen der SRM-Netze) müssen, falls sie noch nicht in der Alpha-Bibliothek vorhanden sind, von Hand als Prozedur implementiert werden (z.B. Abb. 5.1-36 für das Teilsystem "Weiche"). Der erzeugte Programmrahmen, die implementierten Alpha-Prozeduren und ein Laufzeitsystem zur Bedienung der STIMULUS-/RESPONSE- und START_NET-/TERM_NET-Schnittstelle werden zum Simulator *DISMOS* hinzugebunden und bilden zusammen das integrierte *SARS-IGS*-Simulationsmodell.

```
procedure weiche_steuern;
const
 warten =     0;
 e1_a1  =     1;
 e1_a2  =     2;
var
 weg : integer;
begin {net}
 weiche_steuern(weiche_zustand,weg);
 case weg of
 e1_a1 :
  begin
   terminate(weiche,steuern,t_e1_a1);
  end;
 e1_a2 :
  begin
   terminate(weiche,steuern,t_e1_a2);
  end;
 warten :
  begin
   terminate(weiche,steuern,t_warten);
  end;
 end; {case}
end; {net}
```

**Abb. 5.1-36a.** (Netz-)Prozedur "weiche_steuern"

**Abb. 5.1-36.** Prozeduren zum Teilsystem "Weiche"

```
procedure weiche_steuern(var weiche_zustand : weiche_typ;
                         var weg : integer);
const
   nicht_gestoert = 0;
   gestoert = 1;
   frei = 0;
   belegt = 1;
   in_ordnung = 0;
   fehlerhaft = 1;
   warten = 0;
   e1_a1  = 1;
   e1_a2  = 2;
begin
 if (weiche_zustand.zustand = gestoert) or
    (weiche_zustand.station = belegt)
   then weg := warten
   else if weiche_zustand.eingang = frei
        then weg := warten
        else if ergebnis(weiche_zustand.karossen_nummer) = fehlerhaft
             then if weiche_zustand.ausgang[2] = belegt
                  then weg := warten
                  else weg := e1_a2
             else if weiche_zustand.ausgang[1] = belegt
                  then weg := warten
                  else weg := e1_a1;
end;
```

**Abb. 5.1-36b.** Zugehörige (Alpha-)Prozedur "weiche_steuern"

In Abb. 5.1-37 sind ein Auszug aus dem generierten *PEARL*-Code sowie ein Ausschnitt aus der Liste manuell zu erstellender *PEARL*-Module zu sehen, die von *VICO* verwaltet werden. Insbesondere ist zu erkennen, daß der automatisch generierte Rahmen nicht modifiziert werden darf, da er gesperrt ist (das lock-Attribut ist gesetzt).

Am Simulationsmodell kann z.B. gezeigt werden, wie durch Variation der Lackierdauervorgabe in der "Lackierstrasse" im *IGS*-Modell die Zahl der Karossen mit Lackierungsmängeln minimiert werden kann. Bei zu kurzer Lackierdauer ist der Lackauftrag zu dünn, bei zu langer bilden sich Schlieren. Weiterhin können unterschiedliche Strategien bei der Verteilung der Karossen auf die Verarbeitungsstraßen (in den *SARS*-Alphas festgelegt) im Hinblick auf eine optimale Auslastung der "Lackierhalle" untersucht werden.

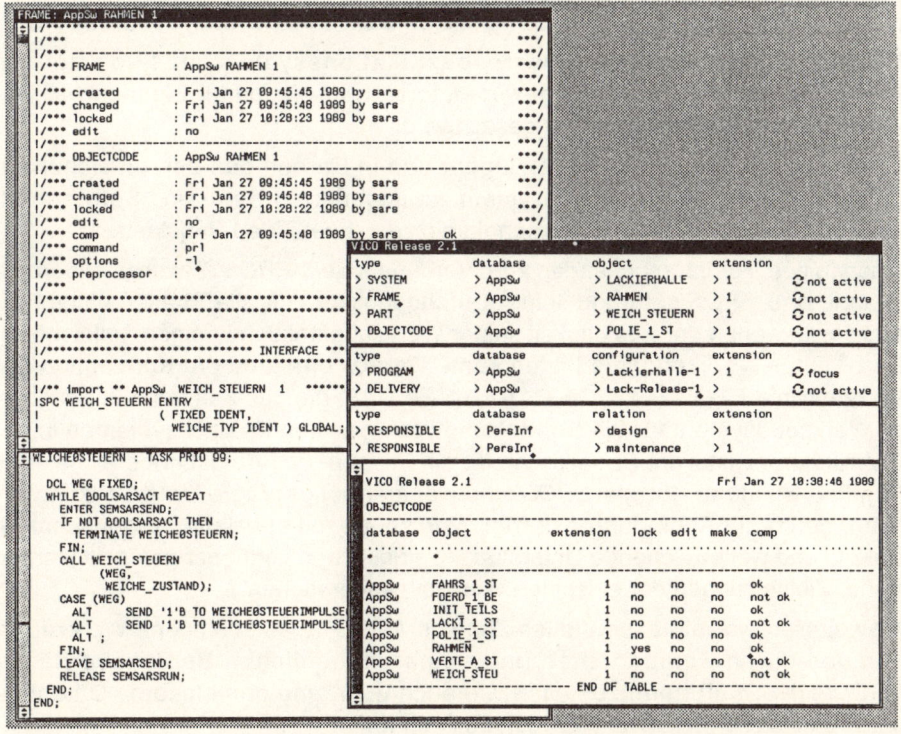

**Abb. 5.1-37.** Auszug aus der *VICO*-Datenbank

Die Werkzeuglinie *SARS-IGS-VICO-PEARL* wurde als Prototyp auf der SYSTEMS '87 in München und auf der HANNOVER MESSE Industrie'88 demonstriert und hat seine prinzipielle Funktionsfähigkeit bewiesen.

## 5.2 Werkzeuglinie *EPOS-PRODOS-CAT-PRISE/PDAS*

Peter Baur und Peter Göhner
GPP
Marcus Adams und Heiner Weber
Forschungszentrum Informatik (FZI)
Jens Mohr
MBB
Eckard Fieseler
ABB

**Allgemeine Zielsetzung der Werkzeuglinie *EPOS-PRODOS-CAT-PRISE/PDAS***

*EPOS* ist ein Hardware-/Softwarespezifikationssystem, das von der Fa. GPP mbH vertrieben, gepflegt, gewartet, fortentwickelt und für Eigenentwicklungen sowie in Kundenprojekten eingesetzt wird.

*EPOS* ist seit 1980 industriell verfügbar und in Europa das derzeit sicher am weitesten verbreitete Werkzeugsystem zur integrierten Hard- und Softwareentwicklung mit Referenzen zu vielen erfolgreich durchgeführten Projekten.

Schon in den Voruntersuchungen zum Verbundprojekt *PROSYT* wurde allgemein erkannt, daß *EPOS* aufgrund seiner Durchgängigkeit für alle Phasen eines Projekts sowie wegen der Mächtigkeit seiner Werkzeugfunktionen einen funktionellen "Kern" einer Werkzeuglinie bilden kann. Daraus entstand die Konzeption der Werkzeuglinie *EPOS-PRODOS-CAT-PRISE/PDAS*, die das Ziel hat, ein integriertes Werkzeugsystem für die Entwicklung von verteilten Realzeitsystemen in der Technik bereitzustellen. Dabei sollen für die Phasen- und Aufgabenbereiche einer Projektabwicklung, für die *EPOS* eine weniger ausgeprägte Unterstützung anbietet, durch die Anbindung externer Werkzeuge mit speziellen Eigenschaften explizite und weiterreichende Unterstützungsfunktionen verfügbar gemacht werden (siehe "Zielsetzungen der einzelnen Werkzeugintegrationen").

Desweiteren war ein essentielles Ziel von *PROSYT*, verschiedene Werkzeuglinien und deren Komponenten unter einer einheitlichen Bedienoberfläche (*PRODIA* [KSS89]) bereitzustellen wie auch über eine gemeinsame Datenhaltungsschnittstelle (*PRODAT* [KSS89]) zu integrieren.

**Zielsetzungen der einzelnen Werkzeugintegrationen**

Die Werkzeuglinie *EPOS-PRODOS-CAT-PRISE/PDAS* umfaßt im einzelnen folgende Werkzeuge:

– *EPOS* (Entwicklungsunterstützendes Projektmanagement Orientiertes Spezifikationssystem) der Fa. GPP mbH in Oberhaching bei München

- *PRODOS* (PROgrammier- und DOkumentationssystem für frei programmierbare Steuerung) des FZI Karlsruhe
- *PRISE/PDAS* der Fa. ABB Mannheim
- *CAT* (Computer Aided Design for Technical Systems) der Fa. MBB München

*EPOS* ist, was auch die bisherige Anwendungserfahrung gezeigt hat, ein sehr universell einsetzbares Werkzeugsystem, das eine anwendungsunabhängige Unterstützung bei der Entwicklung von Hardware-/Softwaresystemen bietet. Andererseits gibt es in jedem Anwendungsgebiet spezifische Problemstellungen, die zum einen sehr früh im Entwicklungsprozeß bei der fachtechnischen Lösungskonzeption und zum anderen vor allem in der Phase der Realisierung/Implementierung auftreten.

Deshalb war es das Hauptziel der Werkzeugintegrationen in der Werkzeuglinie *EPOS-PRODOS-CAT-PRISE/PDAS*, den Werkzeugsystemen, die vor allem die der Anwendung von *EPOS* nachgeschaltete Implementierungs- und Projektierungsphase in speziellen Anwendungsgebieten unterstützen, die in der *EPOS*-Projektdatenbank bereits vorliegenden Projektdaten zur Weiterverarbeitung in geeigneter Form bereitzustellen.

Dabei werden speziell die folgenden Anwendungsgebiete abgedeckt:

- Steuerungstechnik - *PRODOS* (FZI)
  Die Problemanalyse und der Entwurf von Steuerungsprogrammen wird mit *EPOS* durchgeführt. Aus einer *EPOS*-S Entwurfsspezifikation kann dann ein Steuerungsprogramm in einer im Rahmen von *PROSYT* konzipierten allgemeinen Steuerungssprache mit Hilfe eines ebenfalls in *PROSYT* entwickelten Programmtransformators generiert werden. Dieses Steuerungsprogramm wird für die Realisierung dedizierter freiprogrammierter Steuerungen dann mit Hilfe von *PRODOS* weiterverarbeitet (z.B. Umsetzung in die Steuerungssprache MC5). Wird dieses Steuerungsprogramm dabei geändert, kann es mit der *EPOS*-Coderückführung in die *EPOS*-Entwurfsspezifikation zurückgeführt und diese automatisch aktualisiert werden.

- Diagnosesysteme - *CAT* (MBB)
  Spezifikation und Entwurf von Diagnosesystemen, beinhaltend die Software-Anteile (Prüfprogramme) wie auch die Hardware-Anteile (Meß- und Stimuli-Peripherie, Prüflingsspezifikation) mit Hilfe von *EPOS*. Durchführung des Software-Feinentwurfs und der Transformation des Entwurfs in ein Prüf-/Diagnoseprogramm mit Hilfe von in *EPOS* verfügbaren Programmtransformatoren (in Programmiersprachen wie *C/ATLAS, C, PASCAL* etc.). Weiterführung der Hardwareentwicklung auf System- und Geräteebene und Unterstützung der Produktentwicklung/-Fertigung mit Hilfe von *CAT*, wobei die hardwareorientierten Spezifikationsteile, die bereits in *EPOS* vorliegen, über einen Spezifikationstransformator dem *CAT*-System zur Verfügung gestellt werden.

–   *PRISE/PDAS* (ABB) - Prozeßleitsysteme
    Entwicklung eines Prozeßleitsystems in der Anforderungs- und Entwurfsphase
    unter Verwendung von *EPOS*. Projektierung, Implementierung und Test des
    Prozeßleitsystems mit Hilfe von *PRISE/PDAS* unter direkter Einbeziehung der
    von *EPOS* über einen Spezifikationstransformator bereitgestellten Spezifika-
    tionsdaten.

Transformationsarten:

Die Informationsbereitstellung seitens *EPOS* für die an der Werkzeuglinie *EPOS*
beteiligten Tools stellte dabei einen zentralen Arbeitsschwerpunkt der Arbeiten
der Fa. GPP im Rahmen des Verbundprojekts *PROSYT* dar. Dabei mußten entsprechend den unterschiedlichen Zielsetzungen und Konzepten dieser Werkzeuge
zwei verschiedene Transformationsarten konzipiert und realisiert werden:

–   "Programmtransformation"
    Werkzeugsysteme zur Unterstützung der Bearbeitung und Weiterverarbeitung
    von Programmquellen (Compilierung, Binden, Debugging, Test, Integration)
    werden als Programmierumgebungen bezeichnet. Dazu stellt *EPOS* verschie-
    dene Programmtransformatoren bereit, um die in der *EPOS*-Projektdaten-
    bank enthaltenen Entwurfsinformationenen in entsprechende Programmquellen
    und damit in die Eingangsinformation solcher Programmierumgebungen umzu-
    setzen. Entsprechend wurde im Rahmen von *PROSYT* ein Programmtransfor-
    mator konzipiert und entwickelt (siehe 5.2.1.3), der eine *EPOS*-Entwurfsspezi-
    fikation in eine allgemeine Beschreibungsform eines Steuerungsprogramms
    überführt, die dann von dem Werkzeug *PRODOS* weiterverarbeitet werden
    kann (siehe Abb. 5.2-1). (Entsprechende Transformatoren bietet *EPOS* bereits
    standardmäßig für die üblichen Programmiersprachen wie *ADA, C, PASCAL,
    FORTRAN*.)

–   "Spezifikationstransformation"
    Für die Werkzeuge *CAT* und *PRISE/PDAS* wurde eine allgemeine Schnitt-
    stelle konzipiert und realisiert, die in Form einer parametrierbaren Informa-
    tionsschnittstelle alle in der *EPOS*-Projektdatenbank vorliegenden Informa-
    tionen bereitstellt (siehe 5.2.1.2. und Abb. 5.2-2).

    Damit kann prinzipiell für jedes beliebige Werkzeug zu jedem Zeitpunkt der
    Entwicklung jede verfügbare Information bereitgestellt werden. Abhängig da-
    von, in welcher Art und Weise die *EPOS*-Daten weiterverarbeitet werden
    müssen, können werkzeugspezifische Pre-Prozessoren entwickelt werden, die
    die geforderte Beschreibungsform und -syntax der zu integrierenden Werk-
    zeuge gewährleisten. Sollen Informationen in das *EPOS*-System zurückgeführt
    werden, sind analoge Post-Prozessoren bereitzustellen, die umgekehrt eine
    Transformation in das Beschreibungsformat der Informationsschnittstelle ge-
    währleisten.

    Abb. 5.2-3 zeigt die Einordnung der Programm- und Spezifikationstransforma-
    tion in ein sehr vereinfachtes *EPOS*-Projektmodell.

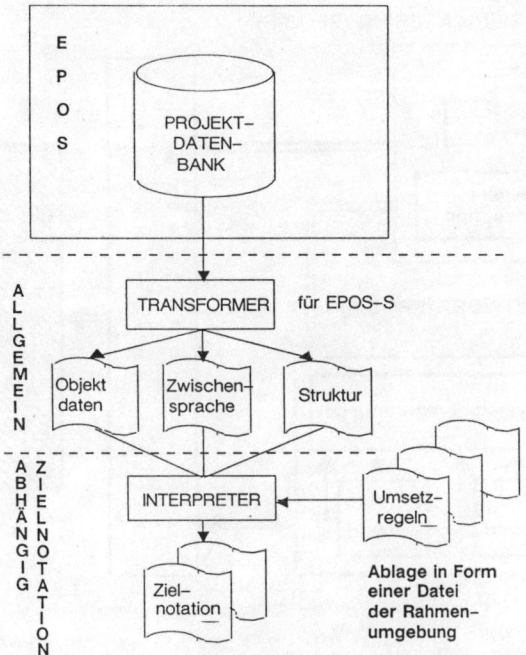

**Abb. 5.2-1.** Programmtransformation

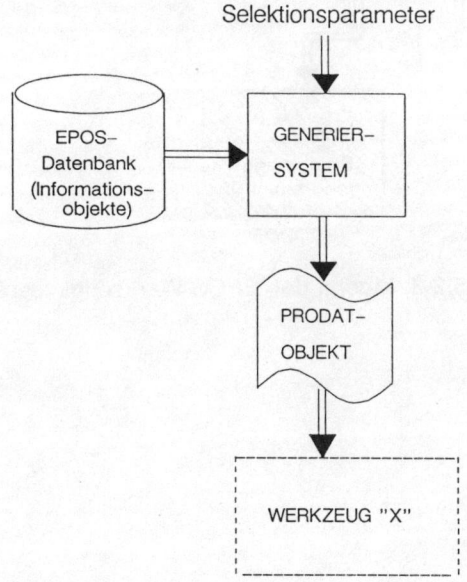

**Abb. 5.2-2.** Spezifikationstransformation

REQUIREMENTS ENGINEERING (EPOS-R)

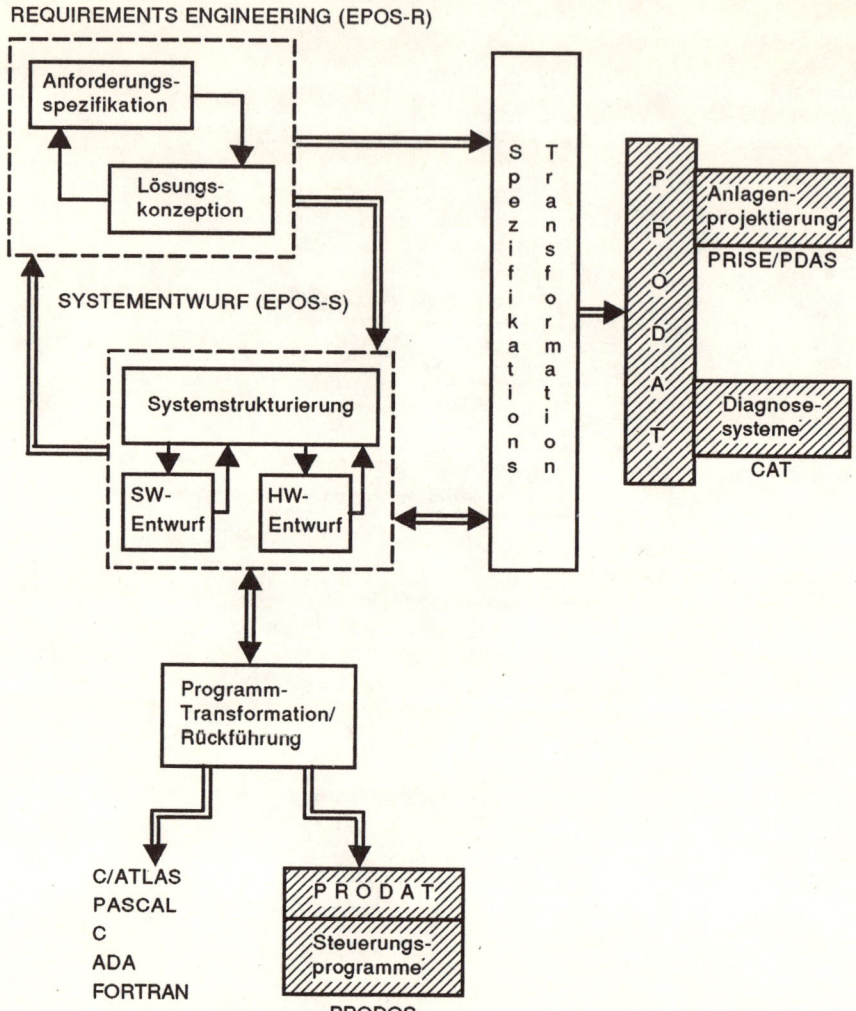

**Abb. 5.2-3.** Modell der *EPOS*-Werkzeugintegration

## 5.2.1 *EPOS*

*Peter Baur und Peter Göhner*
*GPP*

### 5.2.1.1 Zugrundeliegende Eigenschaften von *EPOS*

*Zielsetzung von EPOS*

In technischen oder betrieblichen Systemen und in Industrieprodukten werden zunehmend Rechner, vielfach in Form von Mikrorechnern eingesetzt. Ziel des *EPOS*-Systems ist es, das Problem in den Griff zu bekommen, solche Systeme mit ihrer Software und Hardware kostengerecht, termingemäß und mit definierter Qualität herzustellen.

Das *EPOS*-System zielt darauf ab, die eigentliche schöpferische Arbeit bei der Entwicklung von Software-/Hardwaresystemen und bei der Abwicklung entsprechender Projekte zwar den beteiligten Menschen zu überlassen, ihnen aber dabei lästige Routinetätigkeiten wie z.B. die Erstellung bzw. Änderung von Projektunterlagen abzunehmen und sie durch rechnergestützte Prüfungen schon während der ersten Phasen eines Projekts auf mögliche Irrtümer, Unvollständigkeiten und Widersprüche hinzuweisen, deren Erkennung sonst hohe Änderungskosten und viel Ärger verursachen könnte.

*EPOS als Software-/Hardware-Produktionsumgebung*

Die Einführung rechnerunterstützter Arbeitsplätze – sei es in Form von "Arbeitsplatzrechnern" oder "Personal Computern" oder sei es in Form von Terminals an einem Großrechner – ist in vielen Bereichen im Gange. Zunehmend werden auch "Software-Werkzeuge" (sog. Software-Tools) an rechnerunterstützten Arbeitsplätzen verfügbar, die – ähnliche wie Werkzeuge bei der mechanischen Fertigung – als Hilfsmittel dienen, um den Entwurf und die Erstellung von Software zu erleichtern und zu unterstützen ([Laub85c]).

Unter dem Begriff Softwareimplementierungsumgebung oder Programmierumgebung werden Software-Werkzeuge, Verfahren und Methoden zum Bearbeiten von Programmen zusammengefaßt wie z.B. Editor, Binder, Lader, Compiler, Debugsystem usw.

Eine Kombination von Software-Werkzeugen, Spezifikationssprachen, Verfahren und Methoden zum *Entwickeln* von Software oder von Hardware nennt man eine Software- bzw. Software-/Hardware-*Entwicklungsumgebung*.

Wenn sich die Software-Werkzeuge, Spezifikationssprachen, Verfahren und Methoden auf alle Tätigkeitsbereiche und Phasen eines Projekts beziehen, d.h. auf die gesamte "Produktion" der Software und ggf. auch der Hardware, so heißt eine solche Kombination von Hilfsmitteln für die Rechnerunterstützung eine Software- oder Software-/Hardware-*Produktionsumgebung*.

*EPOS* ist nach dieser Definition eine Software-/Hardware-Produktionsumgebung oder ein Software-/Hardware-Spezifikationssystem. Abb. 5.2-4 gibt eine Übersicht über die Bestandteile des *EPOS*-Systems.

*Integrierte Rechnerstützung*

Entsprechend seiner Zielsetzung, allen an einem Software-/Hardware-Projekt beteiligten Fachleuten – Technologen, Systemanalytikern, Projektleitern, Softwareentwicklern, Elektronikern – den Rechner am Arbeitsplatz als "dienstbaren Geist" verfügbar zu machen, bietet *EPOS* integrierte Rechnerunterstützung für die

– Erstellung eines konsistenten, vollständigen und eindeutig formulierten Lasten- bzw. Pflichtenhefts,
– Entwicklung strukturierter, fehlerfreier und gut dokumentierter Software, insbesondere auch für Realzeitsysteme,
– Umsetzung des Softwareentwurfs in beliebige Programmiersprachen,
– Auslegung der Hardwaresysteme und bei Automatisierungsprojekten,
– Entwicklung der Sensorik und Aktorik,
– Projektplanung, -Steuerung und -Kontrolle,
– Qualitätssicherung und Qualitätskontrolle ([Laub82b]).

Das *EPOS*-System setzt schon bei der Formulierung der Aufgabenstellung im Lasten- bzw. Pflichtenheft an und bietet leicht erlernbare verbale, graphische und formale Mittel zur Beschreibung des Lösungs- und Entwicklungsgangs in hierarchisch gegliederten Ebenen.

Hinzu kommen Beschreibungsmittel für Angaben, die die Planung und Abwicklung eines Projekts und die Verwaltung der Entwicklungsergebnisse betreffen. Für alle Beschreibungsmittel gilt, daß die für die Rechnerunterstützung erforderliche formale Darstellung ergänzt wird durch eine auf die Kommunikation mit den beteiligten Menschen ausgerichtete Beschreibung in natürlicher Sprache und insbesondere mit graphischen Darstellungen.

Alle mit den Beschreibungssprachen (sog. Spezifikationssprachen) formulierten Sachverhalte werden in *einer* gemeinsamen Datenbank abgespeichert. Die Auswertung dieser Datenbank durch entsprechende Auswerteprogramme gibt dem *EPOS*-Arbeitsplatzrechner dann die Fähigkeiten zur Unterstützung des Anwenders: Der Rechner überprüft, ob die Anforderungen des Pflichtenhefts beim Entwurf berücksichtigt wurden, er analysiert die Entwurfsebenen und stellt frühzeitig fest, ob Widersprüche, Unvollständigkeiten oder sonstige Spezifikations- oder Entwurfsfehler auftreten, er nimmt dem Entwickler das Problem der vollständigen und umfassenden Dokumentation weitgehend ab und bringt die gesamte Dokumentation sofort wieder auf den neuesten Stand, wenn Änderungen der Aufgabenstellung oder der gewählten Lösung dies erforderlich machen. Darüber hinaus unterstützt er die Entwickler und die Projektleitung bei der Planung, Verfolgung und Fortschrittskontrolle eines Projekts.

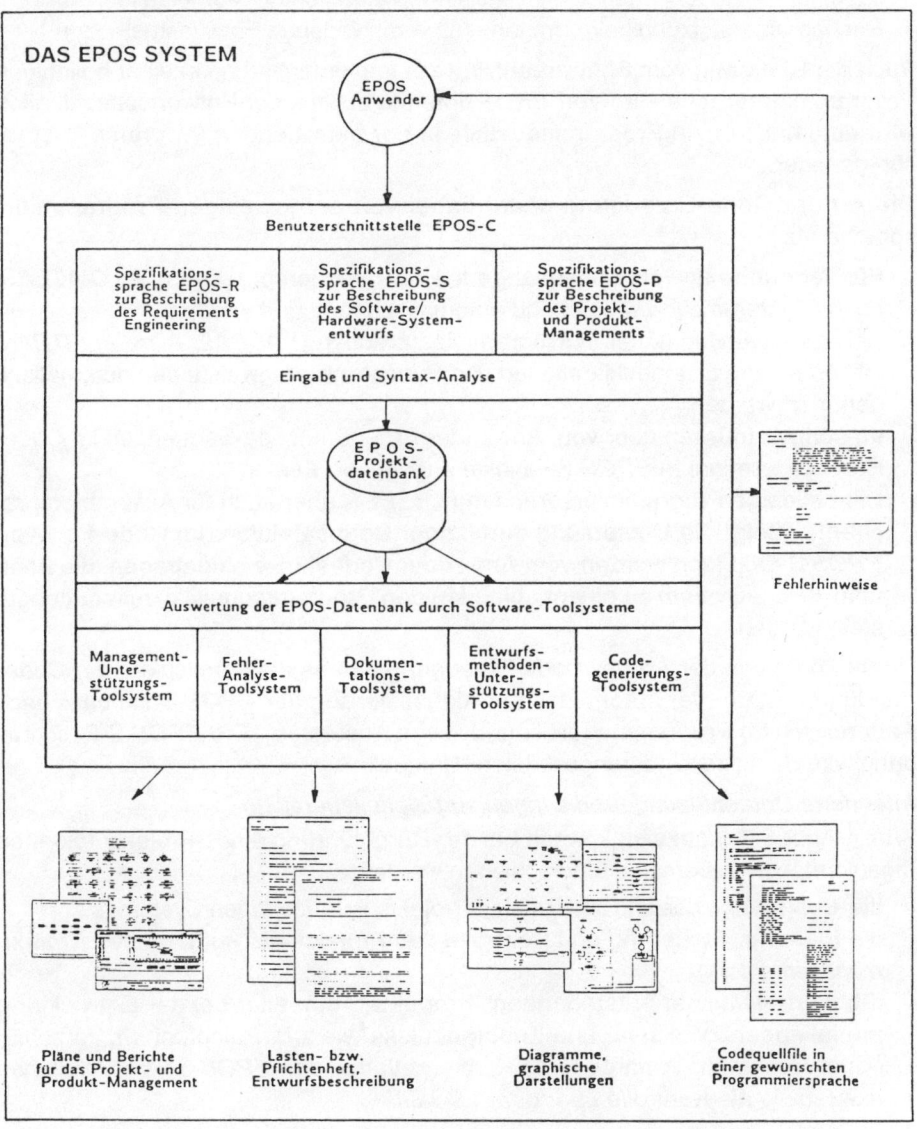

**Abb. 5.2-4.** Das Spezifikationssystem *EPOS* und seine Bestandteile

Beim Systementwurf gibt *EPOS* dem Anwender die Möglichkeit, je nach der vorliegenden Aufgabenstellung funktionsorientiert, ereignisorientiert, aufgabenbereichsorientiert, datenflußorientiert, datenstrukturorientiert oder anlagen-/geräteorientiert vorzugehen. Zur Unterstützung dieser Entwurfsmethoden bietet *EPOS*

– Rechnerunterstützung für die Durchführung der vorgewählten Entwurfsmethode mit einer methodenabhängigen Konsistenzprüfung und Dokumentation.
– Rechnerunterstützung beim Umgang mit verschiedenen Entwurfsmethoden.

Auch der Übergang vom Softwareentwurf zur Implementierung in einer beliebigen Programmiersprache wird von *EPOS* unterstützt: Aus der Entwurfsspezifikation wird automatisch ein Programmquellfile in der betreffenden Programmiersprache generiert.

Die Art der Code-Erzeugung hängt dabei von der jeweiligen Programmiersprache ab:

– Für sehr hohe anwendungsbezogene Programmiersprachen (z.B. *C/ATLAS*) kann Programmcode weitgehend automatisch generiert werden.
– Bei ausgewählten höheren Programmiersprachen (*PASCAL, ADA, FORTRAN, C*) können die Datendeklarationen und Synchronisieranweisungen automatisch generiert werden.
  Im übrigen müssen aber vom Anwender Programmcode-Sequenzen im Code-Part der terminalen *EPOS*-S-Objekte angegeben werden.
– Für beliebige Programmiersprachen (z.B. *PL1*, aber auch für Assemblersprachen!) erfolgt die Umsetzung durch sog. Codeselektion: Im Code-Part von *EPOS*-S-Objekten werden vom Anwender Codestücke eingetragen, die dann vom *EPOS*-System zu einem ablauffähigen Programmquellfile zusammengestellt werden.

Unabhängig von der Art der Code-Erzeugung gibt es die Möglichkeit der Coderückführung, d.h. der automatischen Aktualisierung der *EPOS*-Datenbank nach Änderungen im Programmquellfile (z.B. beim Austesten). Die *EPOS*-S-Beschreibung wird damit zur änderungsstabilen "Uniquelle".

*Integrierte Unterstützung für die Ingenieurtätigkeitsbereiche*
Wie in Abb. 5.2-5 gezeigt, können bei der Durchführung eines Projekts folgende Ingenieurtätigkeitsbereiche unterschieden werden:

– die *Entwicklung* des im Rahmen des Projekts vorgesehenen Systems,
– die Planung, Steuerung und Kontrolle des Projekts als Aufgabe des *Projektmanagements*,
– die *Verwaltung* der entstehenden "Produkte", d.h. aller bei der Entwicklung an- fallenden Zwischen- und Endergebnisse wie z.B. Pflichtenheft, verschiedene Versionen, Varianten und Konfigurationen von *EPOS*-S-Spezifikationen usw. sowie die *Kontrolle über deren Qualität*.

Diese Tätigkeitsbereiche sind jedoch nicht unabhängig voneinander, sondern es bestehen starke Wechselwirkungen. Wegen dieser Wechselwirkungen wurde im

*EPOS*-System eine integrierte Unterstützung aller drei Tätigkeitsbereiche auf der Grundlage einer gemeinsamen Projekt-Datenbank verwirklicht [LaLe83].

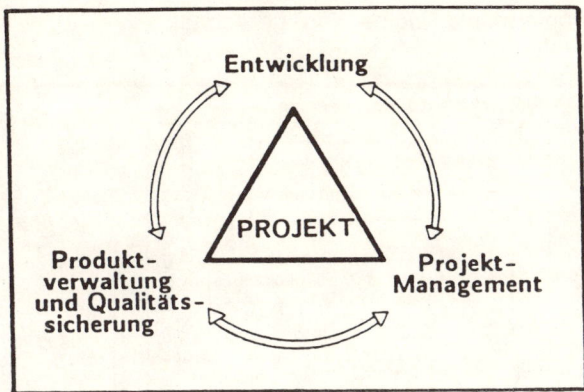

**Abb. 5.2-5.** Ingenieurtätigkeitsbereiche bei der Durchführung eines Projekts

*Das EPOS-Projektmodell*

Wird – unter Zugrundelegung der oben genannten drei Ingenieurtätigkeitsbereiche – der Entwicklungsvorgang weiter untergliedert, so entsteht das in Abb. 5.2-6 gezeigte sog. Projektmodell.

Auf der linken Seite des Bildes sind die Tätigkeitsbereiche des Projektmanagements und auf der rechten Seite die Tätigkeitsbereiche der Versions-/Variantenverwaltung und des Konfigurationsmanagements eingezeichnet. In der Mitte ist der Tätigkeitsbereich "Entwicklung" in drei Entwicklungsphasen unterteilt,

– in das sog. "Requirement Engineering",
– in den Entwurf des Software-Hardware-Systems (Systementwurf)
– und in die Implementierung.

Durch die sowohl von oben nach unten als auch von unten nach oben gerichteten Verbindungspfeile zwischen den Entwicklungsphasen und -Tätigkeiten soll angedeutet werden, daß ein reines "Top-down"-Vorgehen nicht angenommen wird.

Das "*Requirements Engineering*" beinhaltet einerseits die Klärung und Festlegung der *Aufgabenstellung* für das zu entwickelnde System. Andererseits gehört dazu auch der Entwurf einer *fachtechnischen Lösungskonzeption*. Darunter ist zu verstehen die Analyse der "Umwelt" des Systems (z.B. eines technischen Prozesses), das Aufstellen von mathematischen Modellen (z.B. Differentialgleichungen oder Übertragungsfunktionen) und das Suchen und Finden eines fach-technischen Lösungsverfahrens für die gestellte Aufgabe (z.B. geeigneter Automatisierungsstrategien und Regelungsalgorithmen zur Lösung einer Aufgabenstellung aus dem Gebiet der Prozeßautomatisierung).

Beim Systementwurf wird die fachtechnische Lösungskonzeption in ein Software-Hardware-System umgesetzt. Hierbei sind die in der Aufgabenstellung (Pflichtenheft) enthaltenen Anforderungen zu erfüllen. Der Systementwurf beginnt mit dem

Strukturentwurf (Aufgliederung des Gesamtsystems in Teilsysteme mit ihren Schnittstellen). Da sich aus dem *Strukturentwurf* auch Anforderungen für den anschließenden Softwareentwurf ergeben, wird er in der Softwaretechnik gelegentlich mit zum "Requirements Engineering" gerechnet.

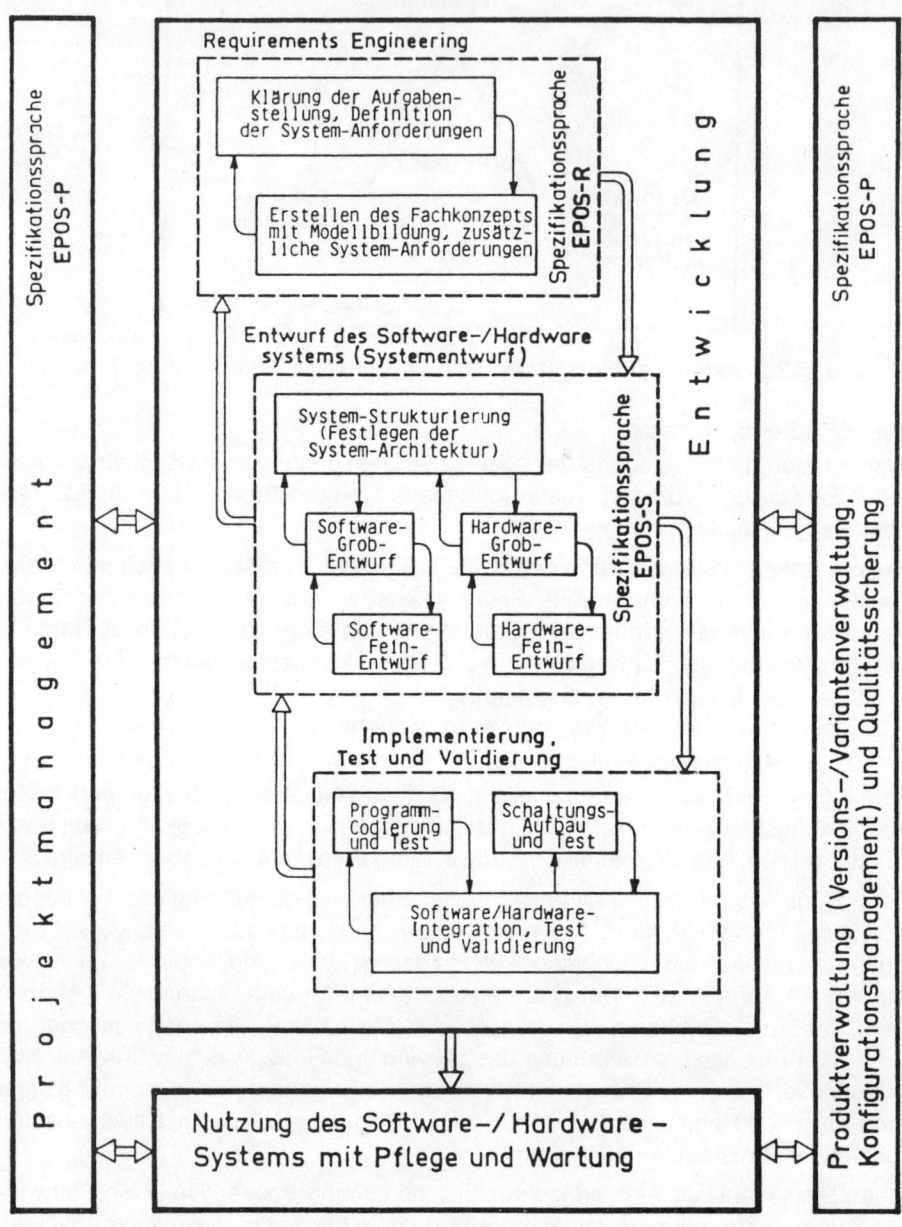

**Abb. 5.2-6.** *EPOS*-Projektmodell

Auf den Strukturentwurf folgt nach Festlegung der software- oder hardwaretechnischen Realisierung dann der Grob- und Feinentwurf der Software bzw. der Hardware.

Die Implementierung beinhaltet einerseits die Umsetzung des Softwarefeinentwurfs in Programme, die in einer Programmiersprache codiert werden, andererseits die Umsetzung des Hardwarefeinentwurfs in Schaltungen. Zur Implementierung gehört auch der Test der Software- und Hardware-Teilsysteme, die Integration von Software und Hardware und die Validierung des gesamten Software-Hardware-Systems.

*Die Vorgehensweise bei der Anwendung von EPOS*

Die Vorgehensweise bei der rechnerunterstützten Durchführung eines Projekts mit *EPOS* zeigt Abb. 5.2-7. Die an einem Projekt Beteiligten formulieren die erarbeiteten Informationen (Aufgabenstellung und Anforderung im Lasten- bzw. Pflichtenheft, Projektstruktur, Arbeitspakete, fachtechnische Lösungskonzeption, Systementwurf mit Daten- und Kontrollfluß) mit Hilfe der Spezifikationssprachen *EPOS*-R, *EPOS*-S und *EPOS*-P. Bei der Eingabe in den *EPOS*-Rechner verwenden die Benutzer den in das *EPOS*-System integrierten Editor des jeweiligen Rechners.

Im Rechner wird aus diesen Informationen eine Datenbank aufgebaut. Diese Datenbank kann dann mit den Auswerte-Programmsystemen *EPOS*-M, *EPOS*-A und *EPOS*-D analysiert werden. Die Ergebnisse, die diese Programmsysteme liefern, werden auf Anforderung des Bedieners über Ausgabegeräte (Drucker, Plotter, Sichtgerät) ausgegeben.

*Komponenten von EPOS*

| | |
|---|---|
| **EPOS-R** | Spezifikationssprache mit anpaßbarem Grad an Formalisierung, um als Kommunikationsmedium für die in den frühen Phasen eines Projekts tätigen Personen zu dienen: |
| | *EPOS*-R wird eingesetzt zur Beschreibung: |
| | (1)  der Aufgabenstellung (Lasten- bzw. Pflichtenheft) und |
| | (2)  der fachtechnischen Lösungskonzeption. |
| **EPOS-S** | Spezifikationssprache mit formaler Syntax und definierter Semantik zur Beschreibung des Systementwurfs. |
| | *EPOS*-S wird eingesetzt zur Beschreibung: |
| | (1)  des Grobentwurfs des Systems, |
| | (2)  des Software-Entwurfs bis zur Codierung und |
| | (3)  des Hardware-Entwurfs. |
| **EPOS-P** | Spezifikationssprache zur Beschreibung von Informationen, die das Projektmanagement und die Produktverwaltung betreffen. |
| **EPOS-M** | Programmsystem zur Rechnerunterstützung für die Managementtätigkeiten bei der Projektführung und Produktverwaltung. |
| **EPOS-A** | Programmsystem zur Analyse und Überprüfung der mit *EPOS*-R, *EPOS*-S und *EPOS*-P beschriebenen Sachverhalte sowie zur Erstellung von Prüf- und Ergebnisberichten. |

**EPOS-D**      Programmsystem zur Erstellung von Dokumenten (Texten, graphischen Darstellungen, Listen und Aufstellungen) auf Grund der mit *EPOS*-R, *EPOS*-S und *EPOS*-P beschriebenen Sachverhalte.

**EPOS-C**      Bediensystem zur Kommunikation zwischen Benutzern und *EPOS*-Arbeitsplatzrechner mit Korrespondenzsystem.

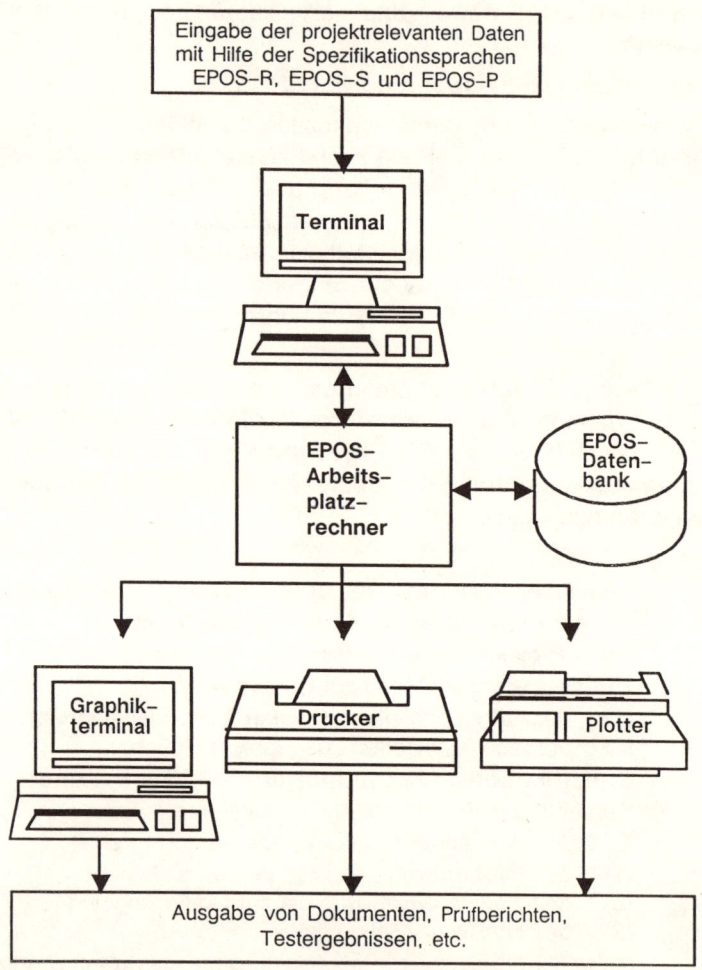

**Abb. 5.2-7.** Vorgehensweise bei der Anwendung von *EPOS*

*Verfügbarkeit des EPOS-Systems*

Bei der GPP ist *EPOS* gegenwärtig erhältlich für folgende Zielrechner und unter folgenden Betriebssystemen:

| | |
|---|---|
| DEC Micro VAX II/VAX-Station | VMS |
| DEC VAX 730,750,780,782,785,8499,8600 | VMS |
| IBM PC XT, AT und AT-kompatible | MS/DOS |
| Siemens 7000 | BS 2000 |
| IBM Mainframe | MVS/TSO |
| IBM Mainframe | VM/CMS |
| PCS Cadmus | MUNIX |
| DATA GENERAL MV | AOS/VS |
| Apollo Workstation | UNIX |
| SUN Workstation | UNIX |
| HP 9000 | HP-UNIX |

### 5.2.1.2  Der Spezifikationstransformator

#### 5.2.1.2.1  Übersicht

Die Spezifikationstransformation bietet die Möglichkeit, Informationsobjekte, die mit Hilfe der Spezifikationssprachen *EPOS*-R, *EPOS*-S und *EPOS*-P beschrieben wurden und in der *EPOS*-Datenbank abgelegt sind, zu selektieren und diese dann in das Datenhaltungssystem der Rahmenumgebung (*PRODAT*) zu übertragen.

Es handelt sich dabei um folgende Informationsobjekte:

- Requirementspezifikation in *EPOS*-R:
  - Sektionen/Kapitel
  - Requirements
  - Constraints
  - Begriffe
- Entwurfsspezifikation in *EPOS*-S
  - Entwurfsobjekte (7 Objekttypen)
    und ihre Beschreibungselemente
- Projektspezifikation in *EPOS*-P:
  - Managementobjekte (6 Objekttypen) und ihre Beschreibungselemente.

Die Selektion der Objekte und ihrer Inhalte kann über verschiedenste Selektionsparameter erfolgen. Die derart selektierten Informationsinhalte werden dann in eine Objektdatei wählbaren Namens des Datenhaltungssystems eingespeichert (s. Abb. 5.2-2).

Sie können dann von dem Werkzeug, dem sie als Eingangsinformation dienen sollen, aufbereitet ("Präprozessor") und weiterverarbeitet werden.

Die im folgenden beschriebenen Transformationsfunktionen für die Spezifikation in *EPOS*-R, *EPOS*-S und *EPOS*-P unterscheiden sich aufgrund der unterschiedlichen Informationsobjekte dieser Spezifikationssprachen. Bezüglich der Syntax und Semantik dieser Sprachen sei auf die entsprechenden *EPOS*-Manuale und Schulungsunterlagen für *EPOS* verwiesen.

### 5.2.1.2.2  Requirement- und Lexikonspezifikation in *EPOS*-R, Informationsobjekte in *EPOS*-R

Die Spezifikationssprache *EPOS*-R dient zur Beschreibung folgender formaler/ formalisierter Informationsobjekte. Diese können zusätzlich mit Hilfe sogenannter Kategorien attributiert werden:

– Kapitel/Selektionen
– Requirements (Anforderungen)
– Constraints (Voraussetzungen)
– Lexikonbegriffe

Die Informationsobjekte einer *EPOS*-R-Spezifikation können mit Hilfe folgender Selektionsparameter ausgewählt werden:

| **Informationsobjekte:** | **Selektionsparameter:** |
|---|---|
| – Sektion/Kapitel | – Gesamtheit aller Sektionen |
| | – Einzelsektion mit Untersektion |
| | – Einzelsektion ohne Untersektion |
| | – Kategorieabhängige Selektion durch logische Verknüpfung der definierten Kategorien |
| – Requirements/Constraints | – Gesamtheit aller Requirements und Constraints |
| | – Gesamtheit aller Requirements |
| | – Gesamtheit aller Constraints |
| | – Selektion durch logische Verknüpfung der definierten Katagorien |
| – Lexikonbegriffe | – Gesamtheit aller Begriffe |
| | – Kategorieabhängige Selektion von Begriffen |

Außer bei Lexikonbegriffen, Requirements und Constraints, die übergeordnet gültig sind, kann in *EPOS*-R generell zwischen den in der *EPOS*-Datenbank getrennt verwalteten Bereichen Aufgabenstellung und fachtechnische Lösungskonzeption (konzeptioneller Entwurf) gewählt werden.

### 5.2.1.2.3 Systemspezifikation in *EPOS*-S

*Informationsobjekte in EPOS-S*

Als Informationsobjekte existieren in *EPOS* die Entwurfsobjekte vom Typ

- MODULE
- ACTION
- DATA
- CONDITION
- INTERFACE
- EVENT
- DEVICE

Diese Entwurfsobjekte werden inhaltlich über sogenannte Beschreibungsteile verschiedenen Typs definiert. Dabei gibt es Beschreibungsteile, die entweder in allen Objekttypen definierbar und/oder objektspezifisch sind.

**Beispiel einer Datenspezifikation**    (Entwurfsobjekt vom Typ DATA)

```
DATA ARRAY SERIAL-DATA-2.
DESCRIPTION:
PURPOSE: "Serial data for channel 2."
DESCRIPTIONEND
DECOMPOSITION:    FAULT-DATA-7/
                  INPUT-CHANNEL-2.
BOUNDS: (128)
TYPE:  BIT 1.
DATAFLOW:    FROM CHANNEL-2-WG,
             INPUT-OUTPUT-FAULT VIA INPUT-OUTPUT-INTERFACE.
DATAEND
```

Bei diesem Beispiel handelt es sich um ein Objekt vom Typ DATA mit den Beschreibungsteilen:

- Description-Part      // Verbale Erläuterung
- Decomposition-Part    // Hierarchische Verfeinerung
- Bounds-Part           // Feldgrenzen des Datenfelds
- Type-Part             // Datentyp
- Dataflow-Part         // Datenflußbeschreibung

Welche Beschreibungsteile für welchen Objekttyp zugelassen sind, ob optional oder obligatorisch, ist dem *EPOS*-S-Handbuch im einzelnen zu entnehmen.

Die Informationsobjekte einer *EPOS*-S Spezifikation und ihre Inhalte können mit Hilfe der im folgenden dargestellten Selektionparameter ausgewählt werden. Dabei wird zwischen der Objektselektion, d.h. der Wahl der Objekte und der Inhaltsselektion, d.h. der Wahl der Beschreibungsteile unterschieden (s. Abb. 5.2-8).

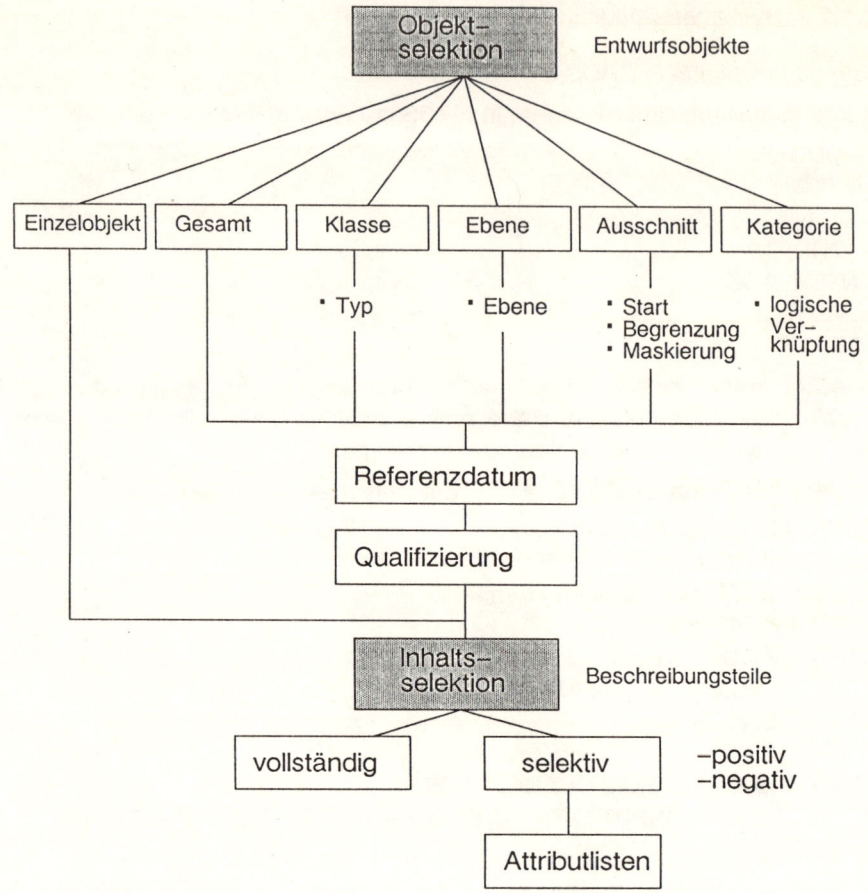

**Abb. 5.2-8.** Selektionsparameter der Spezifikationstransformation

*Parameter der Objektselektion:*

- **Einzelentwurfsobjekt**
  Selektion durch Objektname oder *EPOS*-interne Objektidentifikation
- **Typklasse**
  Selektion aller Entwurfsobjekte eines bestimmten Typs
- **Gesamtheit aller Entwurfsobjekte**
- **Kategorie**
  Selektion von Objekten, die durch bestimmte anwenderdefinierte Kategorien
  gekennzeichnet sind. Eine logische Verknüpfung von Kategorien ist möglich.

– **Spezifikationsausschnitt**
Es kann ein Startobjekt eines beliebigen Teilbaums der Objekthierarchie angewählt werden. Damit werden dieses Entwurfsobjekt selbst und alle seine
hierarchischen Nachfolger selektiert.

Durch eine

- Ebenenbegrenzung (Begrenzung auf eine bestimmte Anzahl von Ver-
feinerungsebenen)
- Maskierung (Angabe bestimmter Entwurfsobjekte deren hierarchische
Nachfolger nicht mehr betrachtet werden sollen)

kann eine weitere Selektion erfolgen.

– **Ebenenweise**
Selektion der Entwurfsobjekte einer bestimmten Entwurfsebene

– **Qualifizierung**
Selektion von Entwurfsobjekten über teilqualifizierte Objektnamen. D.h. es
werden die Objekte selektiert, die einen bestimmten definierbaren String
(Zeichenkette) an einer bestimmten Stelle in ihrem Objektnamen aufweisen.

– **Referenzdatum**
Selektion der Entwurfsobjekte, die nach einem definierbaren Referenzdatum
eingegeben bzw. geändert wurden.

*Inhaltsselektion:*

Es wird unterschieden zwischen

– *vollständiger* Objekttransformation
– *selektiver* Objekttransformation

**Vollständige Objekttransformation**
bedeutet, daß alle Beschreibungsteile eines Objekts transformiert werden.

**Selektive Objekttransformation**
bedeutet, daß Beschreibungsteile definiert werden können, die
– positiv:     bei deren Vorhandensein transformiert werden (*nur diese*)
– negativ:     nicht transformiert werden sollen (*nur diese nicht*)


### 5.2.1.2.4  Projektspezifikationssprache *EPOS*-P

Die obigen Ausführungen für *EPOS*-S gelten entsprechend für die Managementobjekte von *EPOS*-P. Prinzipiell sind dieselben Informationsobjekte vorhanden
und auch analoge Selektionsparameter verfügbar.


### 5.2.1.3  Der Programmtransformator für *PRODOS*

Wie bereits ausgeführt, beinhaltet *EPOS* eine Reihe von Programmtransformatoren, die es erlauben, aus einer *EPOS*-Entwurfsspezifikation (*EPOS*-S)
Programme in einer wählbaren höheren Programmiersprache zu generieren

(*ADA, C, FORTRAN, PASCAL, C/ATLAS*). Diese Sprachen finden jedoch im Bereich der Steuerungstechnik kaum Einsatz. Es werden stattdessen spezielle Steuerungsprogrammiertechniken wie auch teilweise Assemblersprachen eingesetzt, die bei Verwendung einer bestimmten (herstellerabhängigen) Hardwarekonfiguration auch softwaremäßig vorgegeben sind. Dementsprechend wird in dem System *PRODOS* des FZI Karlsruhe versucht, ausgehend von einer allgemeinen Beschreibung eines Steuerungsprogramms die Entwicklung der zielsystemspezifischen Steuerung Schritt für Schritt rechnergestützt durchzuführen. Diese allgemeine Beschreibungsform für ein Steuerungsprogramm S* wurde im Rahmen von *PROSYT* durch das FZI in Absprache mit der Fa. GPP konzipiert und definiert. Darauf basierend wurde eine Schnittstellensprache S*(*EPOS*) als beschreibungstechnische Schnittstelle zwischen *EPOS* und *PRODOS* definiert (s. Abb. 5.2-9).

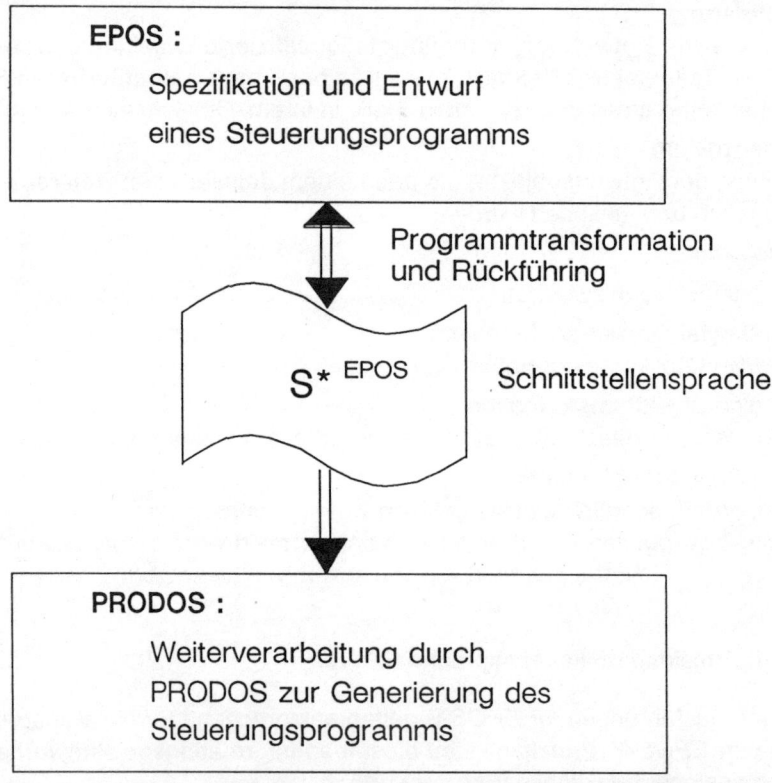

**Abb. 5.2-9.** Werkzeugkopplung *EPOS-PRODOS*

Dazu wurde seitens *EPOS* im Rahmen des Projekts ein Programmtransformator realisiert, der eine *EPOS*-S Entwurfsspezifikation in die Schnittstellensprache umsetzt. Das technische Konzept der Programmtransformation wurde bereits in Abb. 5.2-1 dargestellt.

## 5.2.2  Das Programmier- und Dokumentationssystem *PRODOS*

*Marcus Adams und Heiner Weber*
*Forschungszentrum Informatik (FZI)*

### 5.2.2.1  Aufgabenstellung

Das Ziel des Vorhabens *PRODOS*  (PROgrammier- und DOkumentationssystem
für verteilte Steuerungssysteme in der Prozeßautomatisierung) innerhalb von
*PROSYT* ist es, für Automatisierungsgeräte wie auch die klassischen "speicherprogrammierbaren Steuerungen" ein integriertes System bereitzustellen, das es
einem Automatisierungsfachmann gestattet, ein Automatisierungssystem für einen
speziellen Anwendungsfall zu

**konfigurieren**, zu
**programmieren**

und die gesamte Anlage "sanft" in Betrieb zu nehmen.

Ausgangspunkt für die Bearbeitung einer Automatisierungsaufgabe ist dabei zunächst die reale zu automatisierende Anlage mit allen ihr zugehörigen Maschi-
nenteilen, Komponenten sowie  Zufuhr- und Transporteinrichtungen. Als Basis-
daten für die Zusammenstellung einer Automatisierungs-Hardware dienen die aus
der Anlagenbeschreibung hervorgehenden Listen, auf welchen vollständig ver-
zeichnet ist, über welche Sensoren und Aktoren die zu steuernde Anlage verfügt.

Geht man davon aus, daß für ein konkretes Automatisierungssystem eine Beschreibung aller Prozeßein-/-ausgabekarten inclusive einer Beschreibung der mit
diesen Karten detektierbaren bzw. steuerbaren Signale im Rechner verfügbar ist,
so kann eine Zusammenstellung aller benötigten Prozeßein- und -ausgabekarten
rechnergestützt durchgeführt werden. Sind weiterhin innerhalb einer Wissensbasis
noch Beschreibungen vorhanden, die Aufschluß darüber geben, welche Prozeß-
ein-/-ausgabekarten ein bestimmtes Automatisierungsgerät aufnehmen kann und,
falls erforderlich, an welcher Stelle innerhalb des Systems die Karten positio-
niert werden dürfen, so kann bereits eine automatische Konfiguration durchgeführt
werden. Voraussetzung dafür ist, daß die Angaben zur Beschreibung der Hard-
wareeigenschaften einer Automatisierungsfamilie, bestehend aus einer Vielzahl
von Automatisierungsgeräten sowie Signalein- und -ausgabekarten und das zur

Konfiguration eines Systems notwendige Fachwissen formalisiert und damit einer algorithmischen Verarbeitung unterzogen werden kann.

Innerhalb des Bereiches Programmierung ist es das Ziel des integrierten Systems, dem Anwender in Form einer sehr einfachen Programmiersprache die Umsetzung des Steuerungsalgorithmus zu erlauben. Insbesondere soll es gerade Fachkräften aus dem Bereich der SPS-Programmierung nach kürzester Einarbeitungszeit möglich sein, die Steuerung einer Anlage selbständig zu programmieren. Beim Entwurf der Steuerungssprache mußte berücksichtigt werden, daß die Komplexität der Sprache deutlich unter der von Hochsprachen, speziell für die Programmierung von Prozeßrechnern, liegen sollte. Dabei müssen Konstrukte vorhanden sein, die sowohl die zyklische Bearbeitung von Programmen wie auch die einfache sequentielle Bearbeitung unterstützen. Weiterhin muß der Programmierer mit Hilfe einfacher Anweisungen in die Lage versetzt werden, bestimmte Anlagenteile zu aktivieren und andere zu suspendieren. Steuerungsspezifische Kontrollkonstrukte müssen sowohl den hierarchischen wie auch den modularen Programmentwurf fördern und in seiner Gesamtheit übersichtlich gestalten. Insbesondere in Hinblick auf die Handhab- und Beherrschbarkeit von großen Programmsystemen in verteilten Steuerungen der Automatisierungstechnik sind diese Forderungen kaum genügend hoch zu bewerten.

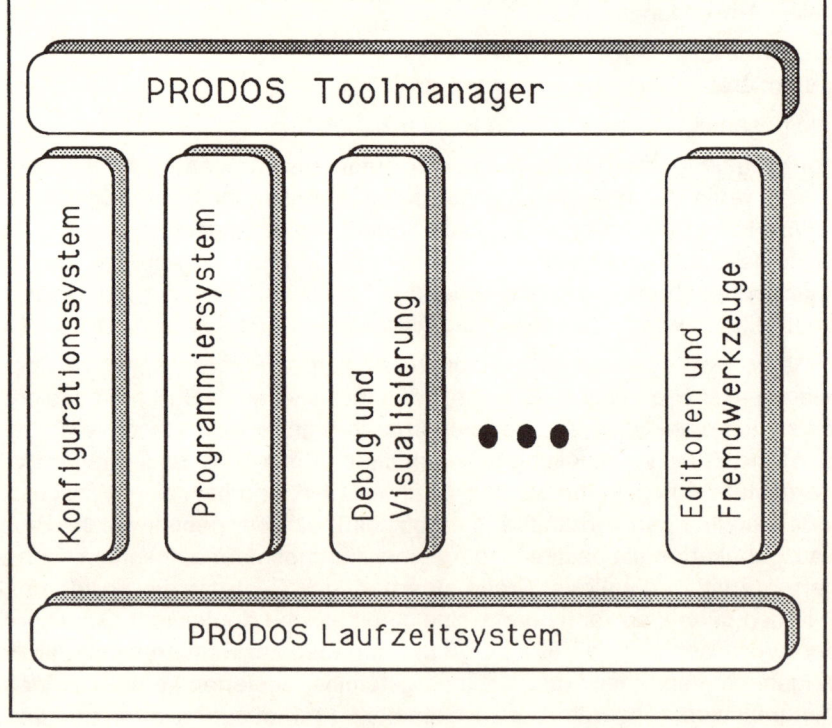

**Abb. 5.2-10.** *PRODOS*-Gesamtüberblick

Damit Anwender dieses Entwurfswerkzeugs auch ihre gewohnten alten Methoden und Verfahren verwenden und ihr bisher erworbenes Wissen weiterhin einsetzen können, ist es notwendig, daß bereits bekannte Methoden zur Programmierung der Steuerungssysteme wie etwa die Programmierung in FUP oder AWL unterstützt werden und darüber hinaus mit den neueren Techniken innerhalb des Werkzeugs elegant kombiniert werden können. Die neue Methode der Programmierung muß wahlweise mit den bisher verwendeten Beschreibungsverfahren kombiniert werden können und durch unmittelbar einsichtige und auch längerfristig erkennbare Vorteile überzeugen und so insgesamt zur Steigerung der Effizienz im Systementwurf und der Programmierung beitragen. Es gilt dabei zu beachten, daß der Bedienungskomfort und die Benutzerführung sowie die gesamte Realisierung der Werkzeugoberfläche dabei eine wichtige Rolle spielen und die Akzeptanz neben den methodischen und technischen Verbesserungen erheblich beschleunigen können. Weiterhin ist es zur Akzeptanz und auch zum raschen kommerziellen Einsatz des Systems notwendig, daß verschiedene Automatisierungsfamilien, insbesondere die am meisten verbreiteten, durch das Automatisierungswerkzeug unterstützt werden.

Eine weitere wichtige Anforderung an ein Automatisierungssystem besteht in der Realisierung eines "offenen Konzepts". Das bedeutet, daß auch künftige Verfahren zur Programmierung von Steuerungssystemen in das bereits bestehende Werkzeug mit aufgenommen werden können und ihren spezifischen Beitrag zum Gesamtwerkzeug mit einbringen. Eine zweckmäßige Schnittstelle ist aus diesem Grunde vorgesehen. Das Spezifikationswerkzeug "*EPOS*" (des Verbundpartners GPP) konnte damit im Rahmen des Projekts an das Werkzeug *PRODOS* gekoppelt werden. Für beide besteht eine gemeinsame graphische Bedieneroberfläche.

### 5.2.2.2 Beschreibung des Werkzeugs *PRODOS*

### 5.2.2.2.1 Konfiguration von Steuerungssystemen

Betrachet man das Spektrum der heute verfügbaren Automatisierungssysteme, so muß man feststellen, daß die Zahl der Anbieter von Steuerungssystemen in den vergangenen Jahren stark zugenommen hat. Dabei sind als Anbieter von Steuerungssystemen nicht nur die Hersteller der klassischen "Speicherprogrammierbaren Steuerungen" zu sehen, sondern auch diejenigen, die beispielsweise Personalcomputer in "Industrieausführung" incl. der notwendigen Prozeßein-/ -ausgabekarten herstellen oder jene, die bereits standardisierte Bussysteme um die entsprechende Prozeßperipherie erweitern und erfolgreich im industriellen Umfeld einsetzen. Beides hat in Verbindung mit einer andauernden bzw. noch im Ansteigen begriffenen Nachfrage nach solchen universellen Systemen dazu geführt, daß der Markt insgesamt unübersichtlicher geworden ist.

Weiterhin hat sich gezeigt, daß die Anzahl der zur Ankopplung von physikalischen Größen an ein Rechnersystem notwendigen Prozeßkarten sich ebenfalls vergrößert hat. Etablierte Anbieter von Steuerungssystemen bieten oft eine breite Palette von Prozeßein-/-ausgabekarten an. Das Spektrum dieser Karten reicht vielmals von einfachen Karten zur Aufnahme von 24-Volt-Signalen über komplexere Karten, welche hardwareseitig bereits über die in der Regelungstechnik verbreiteten Reglertypen verfügen, bis hin zu unterschiedlichen Lageregelungskarten oder speziellen Hardware-Erweiterungen zum Anschluß von Spezialgeräten. Das Spektrum wird oft noch durch Peripheriekarten zum Anschluß von Schnittstellen für Terminal (auch Graphikterminal), Drucker oder zur Ankopplung an Datenübertragungsnetze abgerundet. Für diese von der zu realisierenden Funktion her sehr unterschiedlichen Karten gibt es oftmals noch verschiedene Ausprägungen. So werden beispielsweise Prozeßein-/-ausgabekarten zur Erkennung von Prozeßsignalen in Form von Gleichspannungspegeln für 8 verschiedene Spannungswerte mit 8, 16 oder 32 Eingängen angeboten. Daß jene Prozeßkarten für unterschiedliche Grundgeräte, unterschiedliche Einsatztemperaturen, in Standard- oder Robustbauweise usw., je nach Einsatz ausgewählt werden müssen, zeigt in Ansätzen die Vielfalt der verfügbaren Hardwarebausteine.

Das Gesamtwissen um eine möglichst zweckmäßige Auslegung von Automatisierungsgeräten und deren Hardwarekomponenten besteht zu einem großen Teil aus Katalog- oder – präziser – Faktenwissen und einem gewissen Anteil an Erfahrungswissen. So kann beispielsweise nur derjenige Automatisierungsfachmann einen technisch wie auch kalkulatorisch guten Systementwurf liefern, der bestens über die verfügbare Palette an Hardwarekomponenten der Automatisierungsfamilie sowie deren spezielle Eigenschaften und nicht zuletzt auch Preise Bescheid weiß und darüber hinaus Erfahrungen bezüglich des Automatisierungsumfelds besitzt. Beispiele für das im übrigen nur schwer transparent zu machende Erfahrungswissen sind etwa die Anzahl vorzuhaltender Reserveplätze für zusätzliche Prozeßsignale, die Abschätzung der Menge an Verkabelung innerhalb eines Schaltschrankes oder die prinzipielle Vorgehensweise bei der eigentlichen Konfiguration einer Station bzw. einer vollständigen Anlage.

Innerhalb des nachfolgenden Abschnitts wird ein wissensbasiertes System beschrieben, mit dessen Hilfe eine Automatisierungsanlage, bestehend aus evtl. mehreren Automatisierungsgeräten, konfiguriert werden kann und das somit einen Automatisierungsfachmann oder "Experten" auf diesem eng umgrenzten Fachgebiet stark unterstützen und entlasten bzw. mit gewissen Einschränkungen auch ersetzen kann.

### 5.2.2.2.1.1 Überblick über das Konfigurationssystem

Innerhalb des *PRODOS*-Konfigurationssystems beinhaltet eine Datenbasis alle Hardware- und Softwaredaten für eine Automatisierungsfamilie. Dabei besteht eine Automatisierungsfamilie aus einer Menge von Automatisierungseinheiten, einer Menge von Automatisierungsgeräten, einer Menge von Erweiterungsgeräten und einer Menge von Prozeßein-/-ausgabekarten. Die Beschreibung dieser Daten ist hierarchisch organisiert. Eine verteilte Automatisierungsanlage besteht i.a. aus einer Menge von Automatisierungseinheiten, welche ihrerseits wiederum aus mindestens einem Automatisierungsgerät und keinem oder höchstens einer vorgegebenen Anzahl von Erweiterungsgeräten besteht. Die Automatisierungseinheiten werden stets als vernetzt vorausgesetzt. Sie bedienen sich dabei einer beliebigen Kommunikationsstruktur, vorzugsweise jedoch eines gemeinsamen Busses.

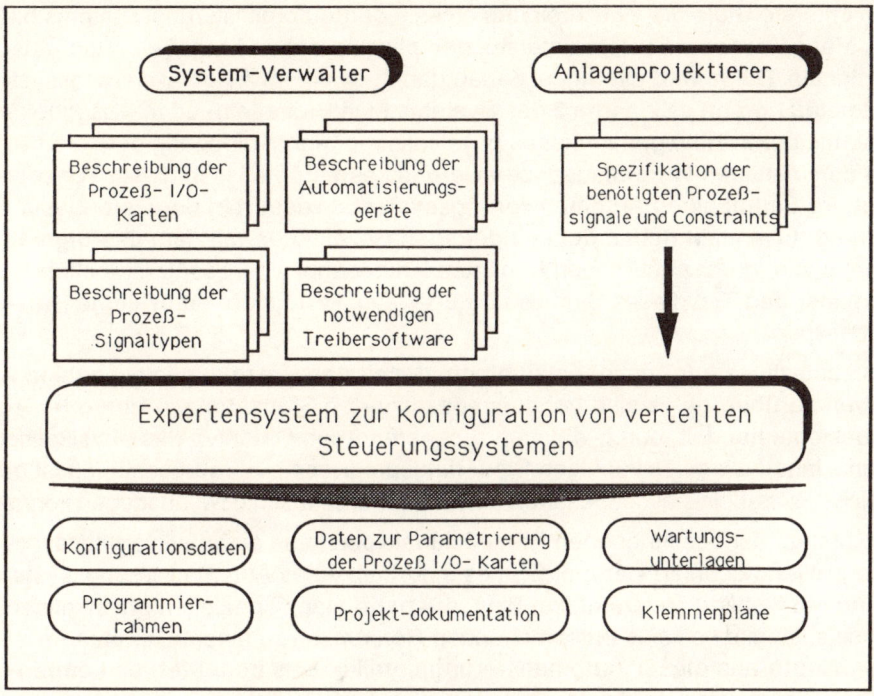

**Abb. 5.2-11.** Konfigurationssystem

Die Automatisierungsgeräte wie auch evtl. Erweiterungsgeräte werden gemäß den speziellen Anforderungen des zu steuernden physikalischen Prozesses mit entsprechenden Prozeßsignalkarten ausgestattet. Die Prozeßsignalkarten erlauben die Ein- bzw. Ausgabe von i.a. mehreren Prozeßsignalen. Jeder Ein- oder Ausgang einer Prozeßsignalkarte (künfig mit Port bezeichnet) stellt eine Verbindung zwischen dem zu steuernden physikalischen Prozeß und dem zugrunde gelegten Automatisierungssystem dar. Eine solche Verbindung ist auf der Seite der Hardware eindeutig durch die Angabe des Automatisierungsgeräts, die Nummer des Steckplatzes (falls die Prozeßsignalkarte mehrere Plätze belegt, die kleinste) und den Port eindeutig definiert, sofern die Bestückung der Automatisierungsgeräte mit Prozeßsignalkarten abgeschlossen ist. Seitens der Ablaufspezifikation ist ein Signal eindeutig durch einen Bezeichner definiert; er ist gleichzeitig der

Name der Variablen, die dieses Signal im Rechner repräsentiert. Der rechnerinterne Datentyp ist dabei unmittelbar mit dem Prozeßsignaltyp gekoppelt. Diese Kopplung sowie die Angabe des Automatisierungsgeräts für jede Prozeßvariable bilden die Nahtstelle zum *PRODOS*-Programmiersystem. Sie erlauben die automatische Generierung von Programmierrahmen.

### 5.2.2.2.1.2  Beschreibung der Prozeßsignaltypen

Die unterste Stufe der Beschreibung eines jeden Automatisierungssystems bildet die Menge der vom System unterstützten physikalischen Prozeßein- und -ausgabesignale. Dabei wird ein Signal genau dann von einem Automatisierungssystem unterstützt, wenn es innerhalb des Systems eine Prozeßein- oder -ausgabekarte gibt, mit deren Hilfe genau dieses physikalische Signal eindeutig detektiert bzw. mit dem richtigen Wert ausgegeben werden kann. Für jedes in dieser Weise verfügbare Signal eines Automatisierungssystems existiert in der Datenbasis ein Eintrag. Er enthält neben dem eindeutigen Bezeichner, mit dem das Signal bei einer später durchzuführenden Konfiguration benannt wird, zusätzliche Informationen über den Typ dieses Signals und über evtl. verfügbare äquivalente Prozeßsignaltypen.

Als zusätzliche Informationen zu einem definierten Prozeßsignaltyp zählen Angaben darüber, ob es sich bei dem spezifizierten Signal um ein Ein- oder Ausgabesignal handelt, durch welchen rechnerinternen Datentyp das physikalische Signal innerhalb eines künftigen Steuerungsprogramms zu repräsentieren ist oder welche Prozeßein-/-ausgabekarten dieses Signal einlesen bzw. ausgeben können.

Die Menge der beschriebenen Prozeßsignaltypen kann automatisierungssystem-übergreifend definiert werden. Gibt es innerhalb eines Automatisierungssystems keine Möglichkeit zur Detektion bzw. Ausgabe eines speziellen physikalischen Signals, so gibt es keine entsprechenden Referenzen zu einer konkreten Prozeßsignalkarte aus dieser Automatisierungsfamilie. Das bedeutet, es können für dieses Signal keine Hardwarekomponenten gefunden werden.

### 5.2.2.2.1.3  Beschreibung der Prozeßsignalkarten

Die Beschreibung der innerhalb einer Automatisierungsfamilie verfügbaren Karten zur Ein- bzw. Ausgabe von Prozeßsignalen basiert auf den zuvor definierten und ebenfalls innerhalb der Datenbasis abgelegten Prozeßsignaltypen. Da eine Prozeßsignalkarte i.a. mehrere unterschiedliche Prozeßsignale aufnehmen bzw. ausgeben kann, ist es notwendig, in jeder Kartenbeschreibung die Menge dieser Informationen in Form von möglichen Prozeßsignalkombinationen festzuhalten. Oftmals erlauben es solche Karten, daß jeweils einer Gruppe von Signalen ein bestimmter Typ aus einer Reihe von Möglichkeiten zugeordnet werden kann. Dies geschieht beispielsweise über Schalter oder Brücken, die sich auf der Karte befinden und die somit eine Parametrierung der Karte gestatten. Neben der Vielfalt von unterschiedlichen Signalkombinationen, die auf einer Prozeßsignalkarte einstellbar sind, muß weiterhin für jede wählbare Kombination auch die maximale Anzahl von Wiederholungen für die jeweilige Signalgruppe angegeben werden. Konkret heißt dies, daß beispielsweise für eine Karte mit 16 binären Ausgängen der Ausgangsstrom für eine Gruppe (bestehend aus genau 4 Ausgangssignalen) auf die Werte 0.3 oder 0.5 A per Hardware eingestellt werden kann, jedoch aus Gründen der thermischen Überlastung maximal pro Karte nur 3 Gruppen gleichzeitig auf den höheren Wert eingestellt werden dürfen.

Neben der Prozeßsignalkombination, die für die spätere Konfiguration von Systemen besonders wichtig ist, sind für eine Karte auch Angaben über die Anzahl der belegten Einschubplätze innerhalb eines Automatisierungsgerätes wichtig. Nur so kann eine Überbelegung eines Gerätes vermieden werden. Zusätzliche Daten, die über die von der Karte benötigte elektrische Leistung Angaben liefern, erlauben die richtige Dimensionierung der Stromversorgungseinheit. Weitere Daten über eine evtl. vorhandene galvanische Trennung der Ein-/Ausgabesignale, die Ausführung der Karte (Standard- oder Robustbauweise), die magnetische und elektrische Abschirmung der Karte, die maximale Spannungsfestigkeit der Eingänge, die erlaubte Betriebstemperatur, usw. erlauben es, selbst bei der Spezifikation von speziellen technischen Randbedingungen eine geeignete Konfiguration durchzuführen.

In einer weiteren wichtigen Gruppe von Beschreibungsdaten für eine Prozeßein-/ -ausgabekarte befinden sich logistische Informationen über Verfügbarkeit, Bestellnummer, Lagerort, Preis, usw., die insbesondere in der Phase der Angebotserstellung benötigt werden. Um bei einer Wahlmöglichkeit zwischen mehreren Karten unterscheiden zu können, Karten vorübergehend für die Durchführung von Konfigurationen zu sperren bzw. manche Karten bei der Auswahl zu favorisieren, besteht die Möglichkeit jeder Karte innerhalb der Automatisierungsfamilie einen Gewichtungsfaktor für die Konfiguration mitzuliefern. Dieser Auswahlfaktor kann durch geschickte Heuristiken und durch die statistische Auswertung einer größeren Anzahl von durchgeführten Konfigurationen dynamisch verändert werden. Der Gewichtungsfaktor kann dazu beitragen, daß mit der Zeit eine gewisse automatische Standardisierung der Entwürfe in Richtung erprobter, für gut befundener und bewährter Konfigurationen vorgenommen wird.

### 5.2.2.2.1.4 Beschreibung der Automatisierungseinheiten bzw. -geräte

Die oberste Stufe der Beschreibungshierarchie einer Automatisierungsfamilie besteht aus den Beschreibungen der Automatisierungsgeräte und der möglichen Erweiterungsgeräte, die zu einer Automatisierungseinheit zusammengefaßt werden. Automatisierungsgeräte bestehen dabei aus einem Einschubsystem, das über eine bestimmte Anzahl von Slots verfügt. Diese Slots können sowohl Prozeßein-/ -ausgabekarten als auch systemspezifische Karten aufnehmen. Innerhalb einer Gerätebeschreibung ist vermerkt, wieviele Einschubpositionen für System- und

Prozeßein-/-ausgabekarten zur Verfügung stehen. Zur Funktionsfähigkeit eines Systems sind in der Regel eine minimale Anzahl von systemspezifischen Karten erforderlich. Diese können beispielsweise Netzteil, CPU-Karte, Speicherkarte oder Kommunikationseinheiten sein. Weiterhin sind in der Gerätebeschreibung Angaben enthalten, die Auskunft darüber geben, ob Erweiterungsgeräte angeschlossen werden können und, falls dies der Fall ist, mit Hilfe welcher Systemkarten und um wieviele Erweiterungsgeräte das Grundgerät maximal ergänzt werden darf.

Werden im Rahmen einer Konfiguration auf Grund der tatsächlichen räumlichen Verteilung von Prozeßsignalen bereits Signale zu Gruppen zusammengefaßt, so ist von einem verteilten Steuerungssystem auszugehen, und es müssen - abhängig von der konkreten Automatisierungsfamilie - Elemente zur Realisierung von Kommunikationsverbindungen bereitgestellt werden. Diese Notwendigkeit ergibt sich auch dann, wenn die Menge der lokal, innerhalb einer Automatisierungseinheit anschließbaren Prozeßsignale erschöpft ist.

### 5.2.2.2.1.5 Aufbau, Konsistenz und Pflege des Datenbestands für eine Automatisierungsfamilie

Innerhalb einer Datenbasis befindet sich die Beschreibung aller für eine Automatisierungsfamilie zur Verfügung stehenden Hardware- und Softwarekomponenten. Diese Datenbasis bedarf der Pflege und konsistenten Verwaltung durch sachverständige Personen, die über hinreichend genaue Kenntnisse über die zur Automatisierungsfamilie zugehörigen Hardware-Komponenten und deren evtl. ebenfalls vom Hersteller der Systeme bereitgestellten Basissoftware zur Ansteuerung der Hardwaremodule verfügen. Dem Verwalter der Wissensbasis, der dem Bereich Entwicklung oder Qualitätssicherung angehören sollte, obliegt die Aktualisierung dieses Datenbestands. Die Qualität des Konfigurationssystems wird entscheidend durch den Grad an Aktualität der Wissensbasis bestimmt. Werden neue Produkte in die Automatisierungsfamilie aufgenommen, sind als fehlerhaft erkannte Baugruppen für den Verkauf (evtl. nur kurzfristig) gesperrt oder sind neue Hardware-Erweiterungen für den Vertrieb freigegeben worden; all diese Informationen sind in der Wissensbasis stets zu aktualisieren. Das System zur konsistenten Verwaltung der Wissensbasis ist dabei in der Lage, Wissensbestände für unterschiedliche Automatisierungsfamilien anzulegen und zu verwalten.

Während die Pflege der Wissensbasis nur von technisch kompetenten Hardwareentwicklern vorgenommen werden kann und im übertragenen Sinne stets den neuesten Stand des in der Regel zuvor in textueller Form verfügbaren Produktkatalogs widerspiegeln sollte, ist die Nutzung des Konfigurationssystems für eine größere Anzahl von Personen auf Grund der beabsichtigten Wissensmultiplikation von besonderem Vorteil. Technische Systemberater oder Personen aus dem Bereich des Vertriebs sind so bereits nach kürzester Zeit in der Lage, alle relevanten Daten einer zu automatisierenden Anlage zu erfassen und aussagekräftige technische und auch kalkulatorische Unterlagen für den Kunden bereitzustellen.

### 5.2.2.2.1.6 Der Algorithmus für die Konfiguration eines Systems

Zur Durchführung einer Konfiguration ist es notwendig, daß die Menge der Sensorik und Aktorik einer zu automatisierenden Anlage bereits erfaßt wurde. Der minimale Umfang an Informationen, die für jedes Prozeßsignal verfügbar sein müssen, besteht aus einem frei wählbaren, jedoch innerhalb der zu automatisierenden Anlage eindeutigen Bezeichner sowie dem diesem Prozeßsignal entsprechenden Prozeßsignaltyp. Darüber hinaus können zu jedem Signal wahlweise zusätzliche Angaben gemacht werden. Diese umfassen eine erklärende textuelle Komponente, die zu späteren Dokumentationszwecken verwendet wird und eine Menge von Konfigurationswünschen, die als Constraints im Verlauf der Konfiguration verwendet werden. Mit Hilfe der Constraints ist es möglich, breits im voraus für ein Prozeßsignal dessen physikalischen Anschlußpunkt exakt zu definieren. Dazu können im konkreten Fall das Automatisierungsgerät, die Kartenposition und die Portnummer auf der Karte selektiert werden. Falls Widersprüche zur bereits erfolgten Konfiguration auftreten, so wird geprüft, ob eine geeignete Umkonfigurierung vorgenommen werden kann oder ob sich bereits Benutzeranforderungen bei der Einplanung des neuen Signals ergeben. Das System unterscheidet prinzipiell zwischen Benutzeranforderungen und vom System im Verlauf einer Konfiguration getroffenen Enscheidungen. Während letztere stets zurückgenommen werden können, um z.B. im weiteren Verlauf eine geschicktere Auswahl zu treffen oder weil sie konkreten Benutzeranforderungen widersprechen, sind vom Benutzer eingegebene Randbedingungen nur durch den Anwender selbst abänderbar. Diesbezügliche Widersprüche werden vom System unmittelbar gemeldet und müssen vom Benutzer aufgelöst werden.

### 5.2.2.2.1.7 Implementierung mittels einer *PROLOG*-Erweiterung

Das Konfigurationssystem besteht in seinem Kern aus vier Komponenten. Eine Datenbasis beinhaltet alle systemspezifischen Daten der Automatisierungsfamilie, für die nachfolgend Konfigurationen durchgeführt werden sollen. Weiterhin sind in ihr die allgemeinen, d.h. für jede Automatisierungsfamilie gültigen, physikalischen Prozeßsignale beschrieben. Auf diese Datenbestände greifen einerseits Hilfsprogramme, die eine geordnete Verwaltung der Datenbasis während dem Eintragen, Löschen und Modifizieren von Karten- und Gerätebeschreibungen erlauben und andererseits das Konfigurationssystem selbst zu. Der zweite Teil des Systems beinhaltet die rücksetzenden Algorithmen zur Suche und Auswahl von geeigneten Hardware-Komponenten. Innerhalb dieses Teils wird schrittweise mit der Spezifikation zusätzlicher Prozeßsignale, Ein-/Ausgabekarten und Automatisierungsgeräte die eigentliche Konfiguration durchgeführt. Ein dritter Teil

innerhalb des Gesamtsystems beinhaltet die Benutzerführung. Mit Hilfe von überwiegend menügesteuerten Ein-/Ausgabeoperationen wird der Anwender sowohl
bei der eigentlichen Konfiguration als auch bei den übrigen Programmfunktionen
wie z.B. dem Einlesen und Abspeichern von noch unvollständigen Entwürfen oder
der Erzeugung von Druckerausgaben zu Dokumentationszwecken geleitet. Innerhalb des letzten Teils befinden sich Programme zur Aufbereitung von unterschiedlichen Bildschirm- und Druckerausgaben. Diese beinhalten Bestückungspläne,
Signalbelegungspläne, Übersichtspläne sowie logistische und kalkulatorische
Daten. Die Implementierung des Konfigurationssystems wurde in der Programmiersprache *PROLOG* vorgenommen, weil sich einerseits die Algorithmen zur
Konfiguration nur sehr aufwendig mit einer imperativen Programmiersprache beschreiben lassen und andererseits durch das gewählte Prolog-System bereits
eine Datenbasis a priori vorhanden ist.  Ein Nachteil des verwendeten Prolog-Sy-
stems bestand zunächst im Fehlen von geeigneter farbiger graphischer Ausgabe-
möglichkeiten und von Eingaben per "Maustasten". Dieses Defizit mußte durch
die explizite Realisierung der erwähnten Merkmale ausgeglichen werden und
führte zu einer Erweiterung des verwendeten Prolog-Interpreters. Zur Sicherstel-
lung der notwendigen Portabilität basieren diese Erweiterungen ebenfalls auf der
unten genannten Graphikschnittstelle, die ihrerseits das X-Windowsystem zur
Grundlage hat.

### 5.2.2.2.2  Das *PRODOS*-Programmiersystem

#### 5.2.2.2.2.1  Struktur

Aufbauend auf einem vom Konfigurationssystem erzeugten Programmierrahmen
ist das Steuerungsprogramm in strukturierter Form mit Hilfe des Ablaufspezifika-
tionssystems zu erstellen. Dies kann wahlweise in verschiedenen Sprachen erfolgen, wobei sowohl eine textuelle als auch eine graphische Darstellung gewählt
werden kann (Abb. 5.2-12). Es wurde dabei Wert darauf gelegt, daß neben den
neuen, im Rahmen des Projekts entwickelten höheren Sprachen (*S* und *S* *) auch
die Sprachen unterstützt werden, die bisher für speicherprogrammierbare Steuerungen verwendet werden wie z.B. Funktionsplan (FUP). Hiermit ist - aus Akzeptanzgründen - ein lückenloser Übergang zwischen herkömmlichen und neuen Ansätzen geschaffen worden.

Ein Rahmenwerkzeug soll mit Hilfe einer speziellen Benutzerschnittstelle weitgehend das "top-down"-Programmierverfahren und die vernünftige Mischung der
verschiedenen Programmiersprachen unterstützen. So wird es möglich, daß der
Benutzer stets mit seiner gewohnten oder mit der für die Aufgabe am besten geeigneten Sprache bzw. Darstellungsart programmieren kann. Die mögliche Vielfalt der Programmiersprachen und Darstellungsarten wird am vorteilhaftesten so
eingesetzt, daß die Grobstruktur in einer höheren Sprache (evtl. sogar graphisch)
festgelegt wird und die Details in einer geeigneten anderen Sprache program-

miert werden. Hiermit läßt sich Übersichtlichkeit und Effizienz gleichermaßen erreichen.

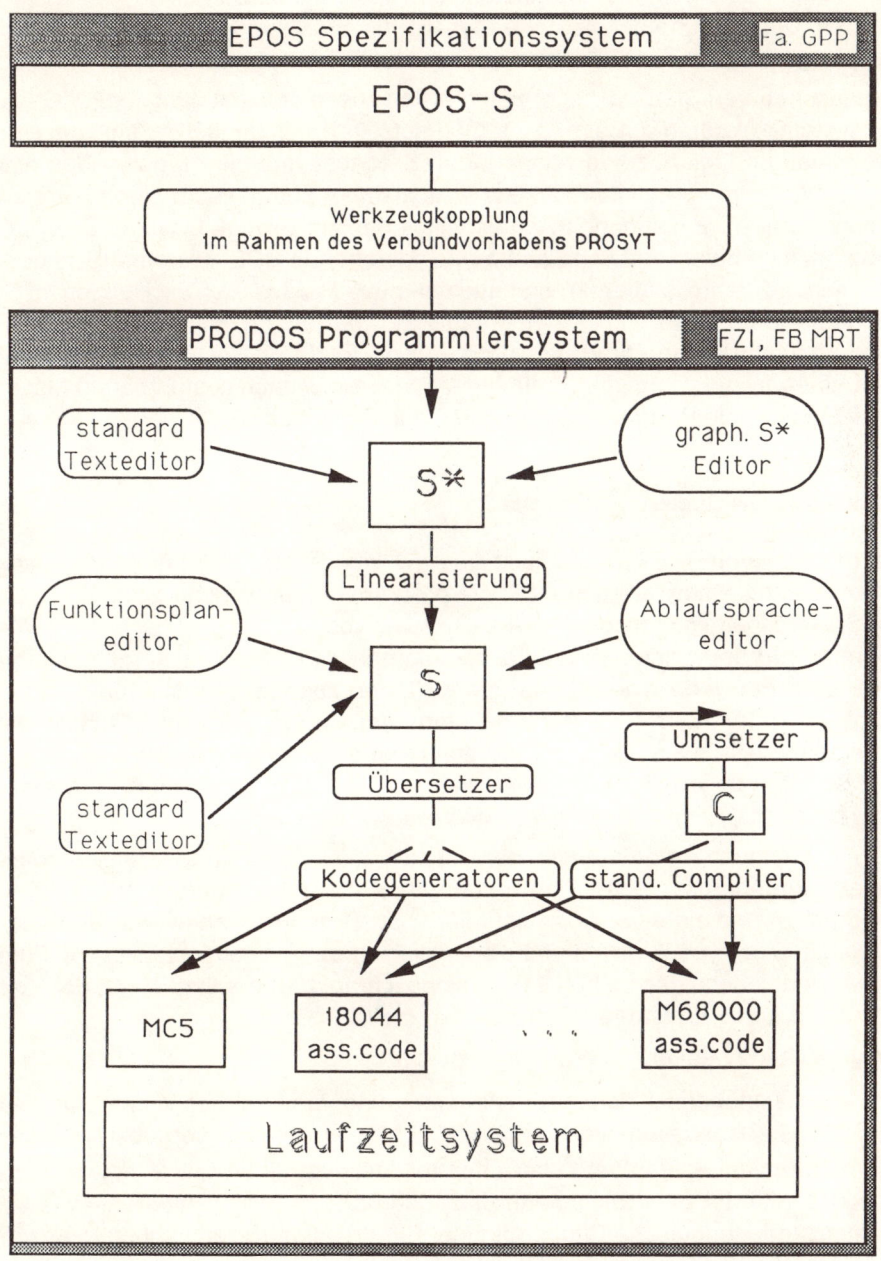

**Abb. 5.2-12.** Das *PRODOS*-Programmiersystem mit der Schnittstelle zum Spezifikationswerkzeug *EPOS*

Als zentrale Sprache innerhalb von *PRODOS* wird die Sprache *S* verwendet. Die Sprache *S\** ist eine Erweiterung der Sprache *S* mit einigen komfortablen Echtzeitanweisungen, die mit Hilfe eines Präprozessors aufgelöst ("linearisiert") werden. Die Sprache *S\** dient darüber hinaus als Schnittstellensprache für die Kopplung zwischen dem Spezifikationssystem *EPOS* und *PRODOS*.

Die ausführbaren Steuerungsprogramme sind zusammen mit dem *PRODOS*-Laufzeitsystem ablauffähig. Beim *PRODOS*-Laufzeitsystem handelt es sich um einen minimalen und leicht zu verpflanzenden Betriebssystemkern, der neben einer Taskverwaltung (vordefinierte Zeit- und Ausnahme-Module) über einen Kommunikationskanal zur Einbindung in ein verteiltes System verfügt. Das Laufzeitsystem kann mit minimalem Aufwand an bereits bestehende SPS-Systeme (Strukturen stimmen größtenteils überein) und auch an neue Hardwareentwicklungen im Bereich der Automatisierungssysteme angepaßt werden, da es überwiegend in der Programmiersprache *C* verfaßt wurde. Für die letzteren Systeme steht im Rahmen eines "rapid prototyping" auch der Weg von *S* nach ausführbarem Maschinencode über die Programmiersprache *C* zur Verfügung.

### 5.2.2.2.2.2 Die Steuerungssprache *S*

Bei den heutigen SPS-Systemen ist die Anweisungsliste (AWL) meist die einzige textuelle Programmiersprache. Für die programmiertechnische Lösung komplexer Steuerungsaufgaben, die die SPS-Systeme von der Leistung her wahrnehmen können, wird der Einsatz solcher assemblernaher Programmiersprachen immer fraglicher. Für den Anwender hat die AWL den zusätzlichen Nachteil, daß sie (obgleich in der Norm DIN 19239 definiert) steuerungsgerätespezifisch ist, also bei einem Systemwechsel vom Programmierer stets neu erlernt werden muß. Er muß somit mehrere "AWL-Dialekte" kennen und kann seine alten Programme nicht ohne entsprechende Anpassungen wiederverwenden.

Um diesen neuen Anforderungen gerecht zu werden, wurde die herstellerneutrale höhere Steuerungssprache *S* entwickelt. In einigen Aspekten - besonders bei Ausdrücken und einfachen Anweisungen - ist sie syntaktisch mit der Sprache *C* verwandt. Das Typenkonzept und die Möglichkeit zur Verschachtelung von Funktionen sind jedoch gegenüber *C* stark eingeschränkt. Daher liegt *S* von der Komplexität erlaubter Konstrukte her näher an *BASIC*.

Einige wichtige Merkmale der Steuerungssprache *S*:

— Statt der unübersichtlichen Durchnumerierung von Signalen können für diese Ein- und Ausgabevariable ebenso wie für Merker Symbole vergeben werden.

— Die Sprache verfügt über höhere Kontrollflußkonstrukte wie z.B. if, for, Modulaufruf mit oder ohne Parameter usw. und über mächtige Bitbefehle wie z.B. verschiedene logische Bitoperationen, Bitadressierung usw.; auch in Assembler formulierte Programmabschnitte sind als Anweisungen zulässig.

- Für jedes Modul ist die Anzahl der auszuführenden Befehle und damit die Ausführungszeit abschätzbar. Dies wirkt sich etwa darin aus, daß Schleifen nur mit definierter Anzahl von Durchläufen erlaubt sind und Sprünge nicht rückwärts gerichtet sein dürfen. Des weiteren sind Rekursionen ausgeschlossen.
- Die Variablen eines *S*-Programms sind klassifiziert nach IMPORT, EXPORT und LOCAL, je nachdem, ob der Wert einer Variable von außerhalb des Programmes importiert, nach außerhalb exportiert oder nur lokal benötigt wird. Variable können vom Typ BIT, BYTE, WORD, DWORD, REAL, CHAR oder STRING sein. Ihr Gültigkeitsbereich umfaßt alle Module eines *S*-Programms.
- Die Echtzeiteigenschaften werden von den im Laufzeitsystem vordefinierten Modulen eingebracht. Das Organisationsmodul wird zyklisch bearbeitet. Die Zeitmodule werden in regelmäßigen Abständen, die Ausnahmemodule beim Eintreten bestimmter Zustände des Rechners aktiviert. Diese Module verfügen über einen impliziten und einen expliziten Teil. Die expliziten Teile können vom Anwender in geeigneter Weise programmiert werden.

### 5.2.2.2.2.3 Das *PRODOS*-Laufzeitsystem

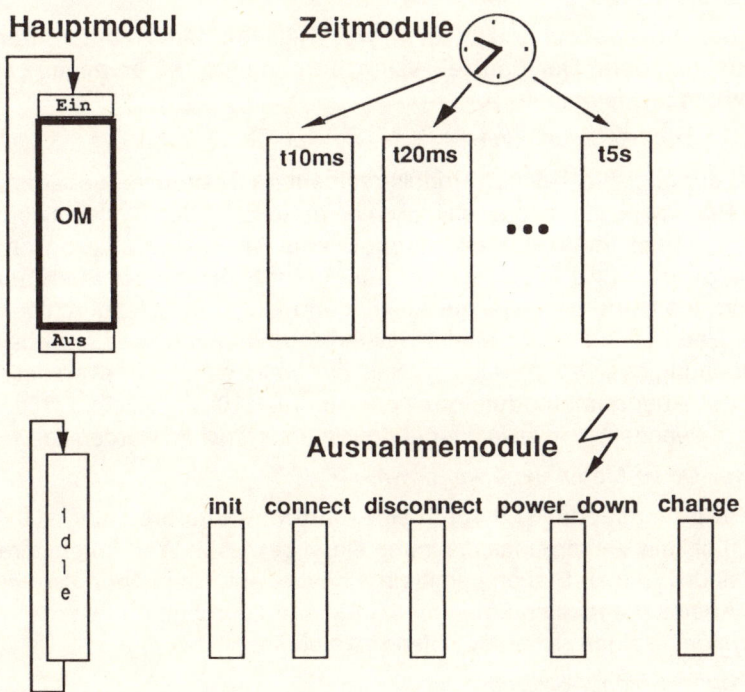

**Abb. 5.2-13.** Das *PRODOS*-Laufzeitsystem

Das *PRODOS*-Laufzeitsystem (Abb. 5.2-13) ist so strukturiert, daß es sowohl ohne zu großen Aufwand direkt in *C* bzw. in Maschinencode für ein kommunikationsfähiges Mikrorechnersystem realisierbar als auch innerhalb bestehender speicherprogrammierbarer Steuerungen problemlos nachzubilden ist. Die bereits mit Hilfe von *PRODOS* erstellten Steuerungsprogramme können somit durch die Realisierung des *PRODOS*-Laufzeitsystems auf einer breiten Palette von Mikrorechnern bzw. speicherprogrammierbaren Steuerungen zum Einsatz gebracht werden. Das *PRODOS*-Laufzeitsystem regelt die grundlegenden Ablaufmechanismen der zyklischen Prozesse, der in Abständen zu aktivierenden Prozesse sowie die Kommunikation mit einem angeschlossenen Masterrechner.

Mit Hilfe der vordefinierten Prozessmodule werden dem Programmierer in einer leicht zu erlernenden und handhabbaren Weise eingeschränkt die Möglichkeiten einer sonst komplexen höheren Prozeßprogrammiersprache zur Verfügung gestellt. Alle vordefinierten Module bestehen aus einem expliziten und einem impliziten Teil. Der implizite Teil ist in Form eines ROM-Speichers als Systemprogramm verfügbar. Der explizite Teil ist vom Anwender zu programmieren und wird vom Masterrechner in den Steuerungsrechner geladen. Der Anwendungsprogrammierer verfügt über die folgenden vordefinierten Modulnamen:

*Das Organisationsmodul <<OM>>*

Das Organisationsmodul entspricht im wesentlichen dem Hauptprogramm des Steuerungsrechners. Das Laufzeitsystem sorgt dafür, daß er immer zyklisch in einer Endlosschleife abläuft.

*Das Initialisierungsmodul <<init>>*

Während der implizite Teil des Moduls resident im System verfügbar ist, d.h. im EPROM-Bereich liegt, und ausschließlich beim Kaltstart des Systems durchlaufen wird, ist der explizite Teil dieses Moduls vom Anwender zu programmieren (oder bleibt leer) und bildet sowohl bei einem Kaltstart als auch bei einem Warmstart des Systems dasjenige Anwendermodul, das initial durchlaufen wird. Nach der Bearbeitung dieses Moduls (Unterprogramm) tritt das Laufzeitsystem in die Bearbeitung des Organisationsmoduls ein, welches nur zur eventuellen Bearbeitung der Ausnahmemodule oder der Module t10ms, t20ms, .. t5s aus der Sicht des Anwenders zeitweise oder endgültig unterbrochen werden kann.

*Das Power-Down-Modul <<power_down>>*

Dieses Programmmodul wird durch eine Hardwareunterbrechung aktiviert, die entsteht, falls die Versorgungsspannung einen gewissen Wert unterschreitet und ein Ausfall der lokalen Station unmittelbar bevorsteht. Hier können vor dem endgültigen Ausfall der lokalen Einheit noch Aktionen durchgeführt werden, um das Prozeßsystem in einen sicheren Zustand zu steuern.

*Das Disconnect-Modul <<disconnect>>*

Dieses Modul wird vom Laufzeitsystem nur dann aufgerufen, wenn das Steuerungsrechnersystem über eine voreinstellbare Zeitdauer hinaus nicht vom Master des Kommunikationsnetzes angesprochen worden ist. Es wird dann angenommen, daß die Verbindung physikalisch nicht mehr besteht.

*Das Connect-Modul <<connect>>*

Das Programmmodul <<connect>> wird vom Laufzeitsystem dann aktiviert, wenn nach einem erfolgten <<disconnect>> erneut Daten vom Leitrechner empfangen werden. Ist dieser Abschnitt abgearbeitet, so erfolgt die weitere Bearbeitung des <<OM>>.

*Das Change-Modul <<change>>*

Erfolgt während des aktiven Betriebs des verteilten Systems ein Austausch von E/A-Karten innerhalb eines Steuerungsrechners, so veranlaßt das Laufzeitsystem dieses Rechners unmittelbar den Aufruf dieses Ausnahmemoduls. Ist es abgearbeitet, so nimmt das System die weitere Bearbeitung des <<OM>> auf.

*Das Idle-Modul <<idle>>*

Dieses Modul wird vom Laufzeitsystem des Steuerungsrechners in der Weise verwaltet, daß es maximal 1% der Rechenleistung verbraucht und nach seiner Abarbeitung zyklisch wiederholt wird. Dies entspricht einem Prozeß, der zum <<OM>> parallel mit einer niedrigeren Dringlichkeit abläuft. Innerhalb dieses Moduls hat der Anwender die Möglichkeit, zeitlich unkritische Aktivitäten wie etwa die textuelle Ausgabe von Meldungen auf einem Monitor usw. zu plazieren.

*Die Zeit-Module <<t10ms>>, <<t20ms>>, <<t50ms>>, <<t100ms>>, <<t200ms>>, <<t500ms>>, <<t1s>>, <<t2s>>, <<t5s>>*

Diese Module werden vom Laufzeitsystem jeweils nach Ablauf der ihnen eigenen Zeitangabe aufgerufen und bearbeitet. Mit Hilfe der Zeitmodule hat der Automatisierungsfachmann die Möglichkeit, die zur Steuerung der Anlage notwendigen Funktionen entsprechend den zeitlichen Anforderungen der zu beeinflussenden Signale zu verteilen. Es kann somit vermieden werden, daß zeitunkritische Funktionen mit höchster Priorität behandelt werden und somit wertvolle Rechenzeit unnötig verschwendet wird.

*Das Fehler-Modul <<error>>*

Dieses Modul wurde eingeführt, um auf eine Fehlersituation, die durch Hard- oder Softwarefehler verursacht wurde, im Rahmen einer allgemeinen Fehlerbehandlung reagieren zu können. Im Fehlermodul können entsprechende Aktivitäten ausgelöst werden, um den Fehler eventuell zu beheben oder in einen definierten Endzustand zu gelangen.

Das *PRODOS*-Laufzeitsystem wurde in einem Steuerungssystem mit einem Intel-8044-Mikrokontroller mit SDLC-Schnittstelle und in einer VME-Bus-Umgebung mit 68000-CPU in eingeschränkter Form realisiert.

#### 5.2.2.2.2.4 Die Steuerungssprache $S^*$

Die Sprache $S^*$ ist eine Erweiterung der Sprache $S$ mit einigen komfortablen Echtzeitanweisungen. Sie wurde entwickelt, um dem Anwender das Programmieren von Nebenläufigkeiten und Weiterschaltbedingungen zu erleichtern und die Werkzeugkooperation zwischen *PRODOS* und höheren Spezifikationswerkzeugen (z.B. EPOS) zu unterstützen.

$S$ wurde um die folgenden Sprachkonstrukte erweitert:

- *wait until*: Diese Anweisung dient dazu, beim Ablauf des Programms zu warten, bis die enthaltene Bedingung erfüllt wird.
- *wait until ... within*: Im Gegensatz zur wait until-Anweisung kann noch eine maximale Wartezeit angegeben werden, innerhalb der die Bedingung erfüllt sein muß. Beim Überschreiten dieser maximalen Wartezeit wird der else-Zweig durchlaufen.
- *delay*: Die Ausführung der nachfolgenden Anweisung wird um die angegebene Zeitdauer verzögert.
- *"t10ms",...,"t5s"*: Diese Zeiteinheiten sind in einem Ausdruck der delay- und der wait until...within-Anweisung erlaubt.
- *parallel*: Mit dieser Anweisung kann die parallele Abarbeitung mehrerer Module angestoßen werden. Die nachfolgende Anweisung wird erst dann ausgeführt, wenn alle parallel ablaufenden Module beendet sind.
- *start*: Die Bearbeitung mehrerer Module wird gleichzeitig angestoßen. Es wird auf deren Beendigung aber nicht gewartet, die nachfolgende Anweisung wird sofort ausgeführt. Die gestarteten Module können zyklisch sein. Sie werden von Anfang an ausgeführt, unabhängig davon, ob sie schon aktiv waren oder zuvor in irgendeinem Zustand gestoppt wurden.
- *stop*: Die Bearbeitung der angegebenen Module wird suspendiert. Zusätzlich werden rekursiv alle von diesen Modulen gestarteten Module suspendiert.
- *start_if*: Im Gegensatz zur start-Anweisung hat diese Anweisung keine Wirkung auf die schon gestarteten und noch aktiven Module.
- *cont*: Wie start, nur werden die schon gestarteten und bereits wieder gestoppten Module an der Stelle fortgesetzt, an der sie gestoppt wurden.
- *cyclic*: Der Benutzer kann ein Modul als zyklisch vereinbaren. Das Hauptmodul muß zyklisch sein, der Modulaufruf eines zyklischen Moduls darf nur durch eine der start-Anweisungen erfolgen (siehe unten).
- *condition*: Dieses Sprachkonstrukt vereinfacht die Handhabung von komplexen Bedingungen. In $S$ wird der Bezeichner, falls er im Programm vorkommt, durch den Ausdruck ersetzt.
- *EQU*: Mit diesem Sprachkonstrukt können mehrere Zuweisungen mit derselben rechten Seite abgekürzt geschrieben werden. In $S$ wird diese Anweisung durch mehrere Zuweisungen ersetzt.

Es handelt sich hierbei um reine Ergänzungen, d.h. nach der Linearisierung der zusätzlich eingeführten Sprachkonstrukte können ohne Beschränkung alle anderen, schon bestehenden Werkzeuge eingesetzt werden. Zur Linearisierung war es notwendig, für die einzelnen Echtzeitanweisungen aus $S^*$ Programmtransformationen zu entwickeln, so daß diese Anweisungen mit Hilfe der Laufzeitsystemmodule und der $S$-Sprachkonstrukte aufgelöst werden können.

Bei den letzten beiden Konstrukten, condition und EQU, handelte es sich bei der Transformation lediglich um eine textuelle Ersetzung. Bei condition war darauf zu achten, daß Ausdrücke sich nicht in der Weise ineinander schachteln dürfen, daß direkte oder indirekte nicht terminierende Rekursionen beim Ersetzen gebildet werden.

Die Linearisierung der Echtzeitanweisungen wurde nach dem folgenden Prinzip vorgenommen.

Die in den parallel- bzw. start-Anweisungen angegebenen Module bilden die sogenannten quasi-parallelen Programmeinheiten (QPPEn). Zunächst ist das ganze Programm - versehen mit entsprechenden Aktivierungs- und Synchronisationsmerkern - in QPPEn zu zerteilen, die auf einem Einprozessorsystem sequentiell nacheinander ausgeführt werden.

Um eine Verzögerung in einer QPPE zu realisieren, wird folgendes Prinzip angewandt. Mit Aufruf einer Verzögerung wird ein Zähler mit der Dauer der Verzögerung initialisiert. Dieser Zähler wird mit Hilfe eines Zeitmoduls in entsprechenden Zeitabständen dekrementiert. Ohne die Ausführung der anderen QPPEn zu beeinflussen, muß in der betroffenen QPPE eine Schleife eingebaut werden, in der solange gewartet werden muß, bis der Zähler auf Null heruntergezählt wurde, also die entsprechende Zeitdauer verstrichen ist. Diese Schleife wurde mit Hilfe der impliziten Endlosschleife des OM-Moduls realisiert. Und zwar wird dafür eine Marke an die Stelle der Verzögerung und an das Ende der QPPE gesetzt, so daß immer wieder abgefragt werden kann, ob der Zähler gleich Null ist. Ist dies der Fall, wird zur folgenden Anweisung gegangen. Ist der Zähler noch nicht gleich Null, das heißt die entsprechende Zeit ist noch nicht verstrichen, so wird an die Ende-Marke der QPPE gesprungen. Das Programm fängt durch die implizite Endlosschleife wieder von vorne an. Merkt man sich nun die Stelle, an der die momentan zu bearbeitende Verzögerung steht, d.h. die vor diese Anweisung gesetzte Marke, kann man genau wieder an die Stelle springen, an der der Zähler abgefragt wird. Nun beginnt der gleiche Vorgang wieder, bis die angegebene Zeitdauer verstrichen ist (Abb. 5.2-14).

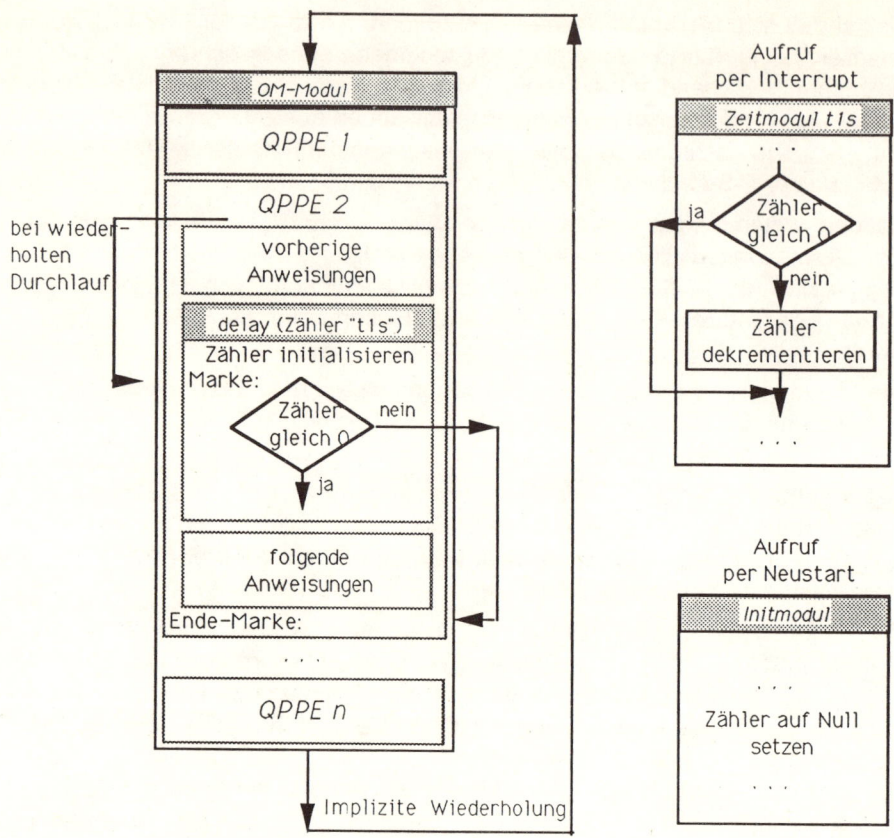

**Abb. 5.2-14.** Abstrakter Ablauf einer Verzögerung

### 5.2.2.2.2.5 Graphische Editoren

Die Benutzerschnittstelle spielt eine wesentliche Rolle für eine fehlerfreie und effiziente Erstellung von Steuerungsprogrammen. Dabei werden anwendungsspezifische, graphische Eingabemöglichkeiten bevorzugt. So kann das Programm nicht nur in kürzerer Zeit erstellt, sondern es können auch syntaktische Fehler frühzeitig gemeldet oder sogar vermieden werden. Da die graphische Darstellung stets mehr Übersichtlichkeit bietet, wird sie deshalb auch für die Programmdokumentation bevorzugt verwendet. Die graphischen Editoren leisten auch in dieser Richtung einen wichtigen Beitrag.

Neben den herkömmlichen Editorfunktionen (Einfügen, Löschen, Ändern, Kopieren usw.) verfügen die graphischen Editoren in *PRODOS* (für *S\** und Funktionspläne) über die folgenden wichtigsten Merkmale:

– Entlastung des Benutzers von überflüssigen Details (automatische Plazierung der Objekte auf dem Bildschirm, automatische Cursorführung, Menüsteuerung usw.).

– Gewährleistung der syntaktischen Korrektheit (Kontrollflußkonstrukte und Anweisungen dürfen nur vollständig und korrekt abgelegt werden).

– Unterstützung des Top-down-Verfahrens (Lupenfunktion mit der Möglichkeit zurückzukehren, Einblenden von schon vorhandenen Anwender-, bzw. Bibliotheksmodulen usw.).

Als Beispiel stellt Abb. 5.2-15 die Oberfläche des gs*-Editors nach seinem Aufruf dar.

Sie besteht aus vier Fenstern:

– Das *Anzeigefenster* gibt darüber Auskunft, welches Modul gerade mit welchem Werkzeug bearbeitet wird.

– Das *Graphikfenster* dient der graphischen Ausgabe des Steuerungsprogramms. Auf ihm bildet der gs*-Editor das Flußdiagramm ab.

– Das *Menüfenster* mit eigener Überschrift und einer Anzahl von anwählbaren Editorfunktionen zur Bearbeitung des Programms.

– Das *Textfenster* dient dazu, Fehlermeldungen auszugeben und eines der drei zu einem gS*-Modul gehörenden Textstücke - Beschreibung, Eingabeparameter oder Ausgabeparameter - zum Editieren darzustellen.

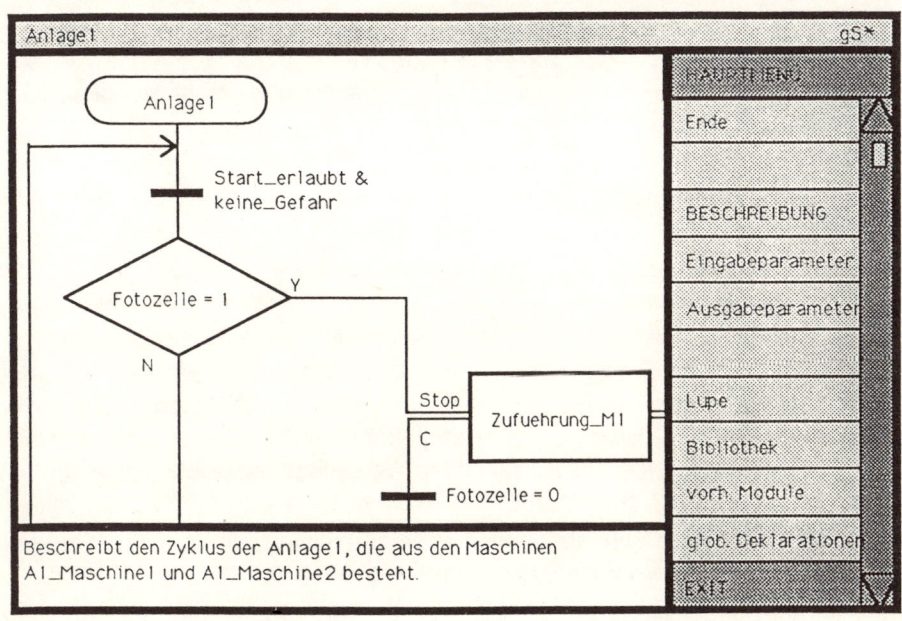

**Abb. 5.2-15.** Die Oberfläche des gs*-Editors

### 5.2.2.2.2.6 Die Werkzeugintegration zwischen *EPOS* und *PRODOS*

Das Ziel der Integration war es, den ganzen Lebenszyklus eines Automatisierungsprojekts abzudecken, d.h. *PRODOS* mit einem Spezifikationssytem zu koppeln. Die Kopplung sollte in der Weise durchgeführt werden, daß von *EPOS* aus eine automatische Kodeumsetzung bis zur Sprache *S* erfolgen kann.

Das Kernproblem bestand darin, daß die Werkzeuge bezüglich ihrer programmiersprachlichen Ebenen sehr weit voneinander entfernt sind. Einerseits ist *EPOS* ein Spezifikationssystem auf dem Niveau von höheren Programmiersprachen. Anderseits unterstützt *PRODOS* die Programmierer von SPS, und aus Akzeptanzgründen darf eine neue SPS-Sprache den Schwierigkeitsgrad bestehender SPS-Sprachen nicht wesentlich überschreiten.

Zur Lösung haben auch andere Anregungen für die Erweiterung von *S* einen Beitrag geleistet:

— Eine aktuelle Analyse der Entwicklungsrichtungen von SPS-Programmiermethoden hat gezeigt, daß für die Darstellung paralleler Aktivitäten und Weiterschaltbedingungen neue Beschreibungsmittel notwendig wurden, mit deren Entwicklung sich auch namenhafte SPS-Hersteller beschäftigten, ferner deuteten Normvorbereitungen in diese Richtung.

— Eine von uns durchgeführte Fallstudie hat zusätzlich bestätigt, daß von SPS-Anwendern gerade solche Kontrollflußkonstrukte benötigt werden um zu verhindern, daß z.B.

  IF auch im Sinne von WAIT UNTIL oder

  GOTO auch im Sinne von PARALLEL oder

  PARALLEL auch im Sinne von START (gleichzeitige Nebentätigkeit ohne Endsynchronisation)

verwendet werden.

Die durchgeführte Analyse zeigte, daß eine Kopplung in zwei Schritten durchzuführen war.

In einem ersten Schritt wurde die Sprache *S* - unter Berücksichtigung der genannten Probleme - in Richtung *EPOS*-S erweitert, um das *PRODOS*-Programmiersystem selbst zu verbessern und gleichzeitig die Kopplung vorzubereiten.

Wohlbemerkt handelt es sich hier um keine Modifikation, sondern um eine reine Ergänzung. Nach der Auflösung (Linearisierung) der zusätzlich eingeführten Sprachkonstrukte (mit Hilfe der Laufzeitsystemmodule) können also ohne Beschränkung alle anderen schon bestehenden Werkzeuge eingesetzt werden. Diese Linearisierung war ein Schwerpunkt innerhalb der Arbeit.

Im Schritt 2 wurde die Schnittstellensprache spezifiziert, die von *EPOS* erstellt bzw. von *PRODOS* übernommen und weiterbearbeitet wird.

Um Schritt 1 besser zu erläutern, faßt die Abb. 5.2-16 zusammen, in welchem Umfang die *EPOS*-S Kontrollflußkonstrukte sich in der Steuerungssprache *S\** bzw. *S* widerspiegeln.

| EPOS-S | S* | Linearisierung → | S+Laufzeitsystem |
|---|---|---|---|
| Folge von Aktionen | ja | | ja |
| parallel | ja | ————→ | nein |
| if | ja | | ja |
| switch | ja | | ja |
| repeat | ja | | ja |
| while | nein | | nein |
| wait for | nein | | nein |
| wait until | ja | ————→ | nein |
| delay | ja | ————→ | nein |
| set | ja (start) | ————→ | nein |
| reset | nein | | nein |
| stop | ja | ————→ | nein |

**Abb. 5.2-16.** Schritt 1

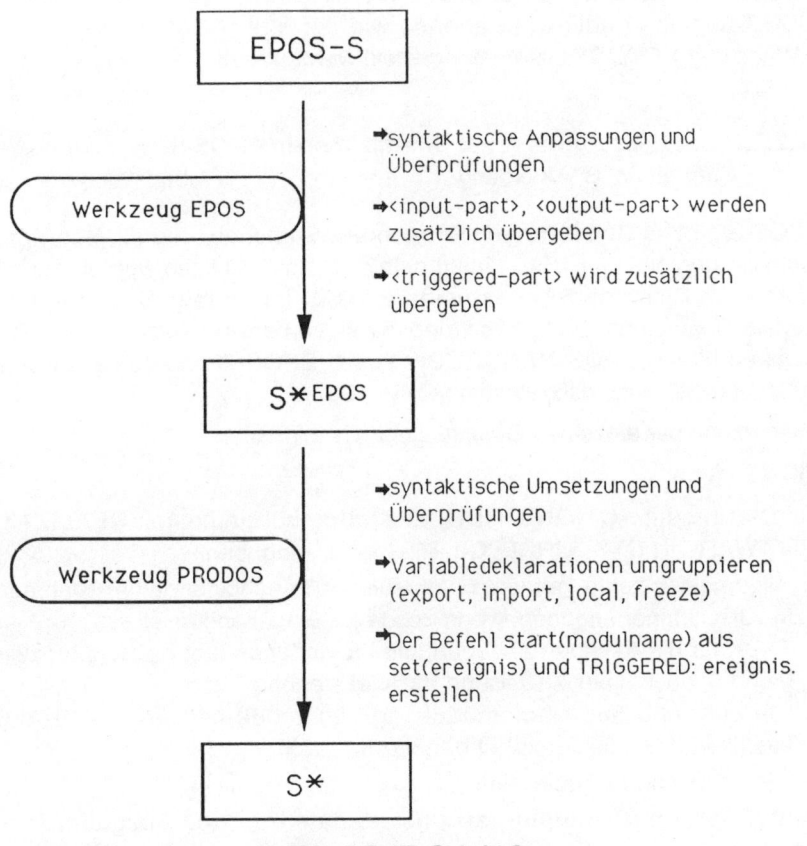

**Abb. 5.2-17.** Schritt 2

Die herkömmlichen Konstrukte - wie Folge von Aktionen, if, switch, repeat - befinden sich in beiden Sprachen. Wie schon erwähnt, ist "repeat" - die für "for" steht - nur mit Konstante erlaubt, und "while" ist überhaupt nicht erlaubt.

Die unterstrichenen Konstrukte wie parallel, wait until, delay, set und stop wurden in $S^*$ zusätzlich eingeführt, diese Konstrukte sind also in $S$ nicht zu finden, sie müssen, wie mit Pfeilen angedeutet, aufgelöst werden. Das erreignisgesteuerte Taskkonzept wurde vereinfacht, die Aktionen in $S^*$ können direkt gestartet werden, und so konnte in $S^*$ auf den Typ "Ereignis" und damit auf die Anweisungen "wait for" und "reset" verzichtet werden.

Im Schritt 2 (Abb. 5.2-17) wurde die Kopplung zwischen der neugeschaffenen Sprache $S^*$ und EPOS-S realisiert.

Die Schnittstelle wurde so definiert, daß EPOS – mit Hilfe eines neuen Umsetzungsregelsatzes – einen Teil der Umsetzung realisiert und für die Gewährleistung der Eigenschaften von $S^*$-Programmen innerhalb von PRODOS gesorgt wird. Das bedeutet, daß der "input-part", der "output-part" und der "triggered-part" von den EPOS-"action"-Spezifikationen ohne Änderungen eins-zu-eins weitergeleitet wird und die Parameterübergabe und Variablendeklaration von PRODOS korrekt erstellt wird, ebenso wie der "start"-Befehl aus zwei Teilen vom Werkzeug PRODOS zusammengestellt werden muß.

### 5.2.2.2.2.7 Spezielle Hinweise zur Spezifikation in EPOS-S für einen $S^*$-Übergang

In EPOS-S gibt es Umsetzungen für mehrere Sprachen, und für jede Spezifikationsumsetzung gibt es Richtlinien zu befolgen. Solche Listen wurden auch für die Spezifikation Richtung $S^*$ zusammengestellt. Im folgenden werden nur die Merkmale dieser Umsetzung beschrieben, die von der Umsetzung nach PASCAL abweichen (siehe EPOS-HANDBUCH Teil 1. EPOS-S und Teil 2. Codeumsetzung/Codeumwandlung nach Pascal ; GPP, 1987).

Die Benutzung der einzelnen Objekte sieht wie folgt aus.

**ACTION** Objekte:

- Als Startmodul ACTION MODULE 'Startmodul-name' mit REALIZATION : SOFTWARE IN $S^*$ SOURCE 'Quellfile-name' eingeben.
- Im allgemeinen keine <attribute> angeben, mit den folgenden Ausnahmen:
  - MACRO immer angeben, wenn <code-part> vorhanden ist.
  - TASK für die Aktionen angeben, die im <independent-part> (d.h.: zwischen (/ und /)) oder in der Anweisung **parallel** stehen.
  - Die Zeit- und Ausnahmemodule ggf. im <code-part> der SUB-Aktionen ausfüllen (falls diese explizit benötigt werden).
- <code-part> ohne ";" beenden.
- <input-part> und <output-part> für formale Ein- und Ausgabeparameter benutzen.

- <triggered-part> wie gewohnt zur Aktivierung von Aktionen verwenden.
- SWITCH darf nur mit OUT verwendet werden, es gibt in $S^*$ aus Sicherheits-gründen kein case ohne else-Zweig.
- WHILE, WAIT FOR, RESET sind nicht erlaubt, ähnliche Konrollflußkonstrukte in $S^*$ sind : REPEAT INFINITE , WAIT UNTIL, STOP.
- Die Zeiteinheit für DELAY und WAIT UNTIL ... WITHIN ist implizit 100ms.

**DATA** Objekte:

- Im <scope-part> muß PROGRAMM bzw. die Aktion, die mit TRIGGERED : SYSTEMSTART versehen ist, angegeben werden, um alle Daten global zu deklarieren.
- Im <type-part> müssen die vordefinierten DATA TYPE_s verwendet werden.
- Die Daten, die zusätzlich als FREEZE deklariert werden sollen, brauchen nur einmal mit FR_<einfacher Typ> deklariert zu werden.
- Für formale Variablen (und nur für diese) muß die Deklaration mit FORMAL anfangen.
- Die Daten mit <identical-part> werden als Konstante deklariert.
- <initial-part> darf man nicht verwenden, die Daten mit <initial-part> werden nicht deklariert.
- <range-part> ist nur dann von Bedeutung, wenn die Daten im <repeat-part> des Kontrollflusses einer Aktion referenziert werden. In diesem Fall wird der <range-part> auf die Unter- und Obergrenze der FOR-Schleife abgebildet.

Die **CONDITION**-Objekte können ohne Einschränkungen verwendet werden.

Die Deklaration eines **EVENT**-Objekts dient nur für die Vollständigkeit der Refe-renzierung. Die Angaben zur Klassifikation spielen dabei keine Rolle.

Die vollständige Spezifikation eines Steuerungsprogramms wird mit einer vor-definierten Datei wesentlich erleichtert. In dieser Datei steht ein Programmgerüst für den Übergang in die Zielsprache $S^*$ zur Verfügung. Diese enthält alle vordefi-nierten Module und Datentypen der Sprache $S^*$.

### 5.2.2.2.3 Die *PRODOS*-Systemumgebung

Im Verlauf der Weiterentwicklung von *PRODOS* zeigte sich, daß eine einfache Bedienung der Werkzeuge unbedingt notwendig ist. Aus diesem Grund wurde eine Benutzeroberfläche geschaffen, die die einzelnen Werkzeuge aktiviert.

### 5.2.2.2.3.1 Der Werkzeugverwalter

Der Werkzeugverwalter bietet die Möglichkeit, sich leicht in der entspechenden Entwicklungsumgebung an geänderte Erfordernisse anpassen zu lassen. Darüber hinaus besteht die Möglichkeit, neue Werkzeuge zu definieren und bestehende

Werkzeuge zu ändern bzw. auszugliedern. Es werden dabei keine speziellen Anforderungen an die jeweiligen Werkzeuge gestellt, d.h. jedes bestehende Werkzeug läßt sich ohne Änderung eingliedern.

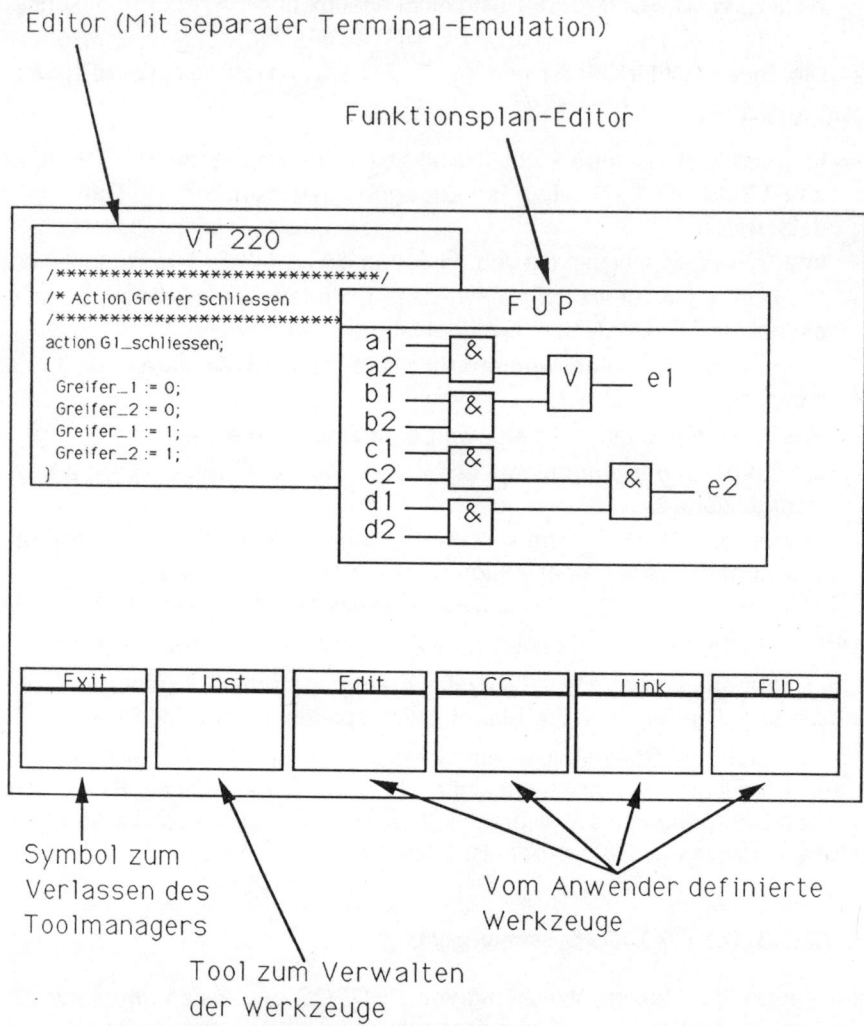

**Abb. 5.2-18.** Graphik-Oberfläche des Tool-Managers

Jedes Werkzeug wird auf dem Bildschirm durch ein graphisches Symbol visuell dargestellt. Ihre Aktivierung erfolgt durch Anklicken des Symbols mit der Maus.

Bei der Aktivierung eines Werkzeugs ist es häufig erforderlich, bestimmte Parameter mit zu übergeben. Bei der Programmentwicklung sind dies oft Dateien, die bearbeitet werden sollen. Dies gilt insbesondere für Übersetzer oder Editoren, die eine Datei als Eingabeparameter erwarten. Diese Datei(en) soll(en) vom

Managementsystem bereitgestellt werden. Ihre Auswahl erfolgt projektbezogen aus einer Menge möglicher Dateien, die sich anhand der Datei-Endung (Extension) als eine Klasse auszeichnen.

Um verschiedene Projekte voneinander abzugrenzen, bietet sich in einem hierarchischen Dateisystem die Bildung von Unterverzeichnissen (Directories) an.

Jedem Projekt wird ein solches Verzeichnis zugeordnet, in welchem sich alle zu diesem Projekt zuordnenbaren Elemente befinden. Untergeordnete Projekte lassen sich durch weitere Unterverzeichnisse modellieren.

Was sich ergibt ist eine Baumstruktur, die mit der Größe der Projekte zunehmend an Komplexität gewinnt und nicht selten sehr unübersichtlich wird.

Um sich in dieser Struktur leicht zurechtzufinden, bietet der Werkzeugverwalter die Möglichkeit, in diesem Dateibaum auf- und abzuwandern bzw. diesen Baum zu modifizieren (z.B. Hinzufügen neuer Projekte durch Erzeugung eines Verzeichnisses).

Innerhalb einer Hierarchie-Ebene sollen alle Projekte (Verzeichnisse) am Bildschirm dargestellt werden mit der Möglichkeit, davon eines zu selektieren. Innerhalb eines Projekts soll die Möglichkeit bestehen, sich für eine Ausprägung (Datei) zu entscheiden.

Diese Auswahl kann durch verschiedene Anzeige-Optionen (Erzeugungsdatum, Größe...) erleichtert werden. Bei der Implementierung des Tool-Managers wurde großer Wert auf Portabilität gelegt. Der Kern des Systems ist ohne großen Aufwand auf andere Systeme portierbar. Als System sei hier sowohl das zugrundeliegende Betriebssystem als auch die verwendete Graphik-Software verstanden. Die hohe Portabilität wurde durch die Verwendung von systemspezifischen Unterprogrammbibliotheken erreicht. Das Programm des Werkzeugverwalters enthält nur Aufrufe dieser Bibliotheken und ist daher frei von Maschinenabhängigkeiten.

Die wichtigsten Eigenschaften sind:

- Komfortable **graphische Oberfläche**.
- **Simultanes Arbeiten** mit mehreren Werkzeugen.
- Einfache **dynamische Erweiterbarkeit** der Werkzeuge.
- **Projektbezogene Aktivierung** der Werkzeuge.
- Größtmögliche **Unabhängigkeit** von der zugrundeliegenden Hardware bzw. dem eingesetzten Betriebs-/Graphik-System.
- hohe **Portabilität**.

Zur genaueren Spezifikation des Begriffs Werkzeug (Tool) sei erwähnt, daß es sich bei jedem Werkzeug um einen eigenständigen Prozeß handelt, d.h. jedem Werkzeug liegt ein ausführbares Programm zugrunde, das als eigenständiger Prozeß gestartet wird und unabhängig von anderen noch aktivierten Werkzeugen arbeitet.

Das zum Werkzeug gehörende Programm läßt sich im allgemeinen in folgende Bereiche einordnen:

– Standard-Werkzeuge zur Unterstützung der Entwicklung von Programmen   z.B:
  • Editoren
  • Compiler
  • Linker
  • Debugger
– Eigene Anwendungen, die als ausführbares Programm vorliegen
– Kommando-Dateien, insbesondere bei Terminal-Emulation
– Betriebssystem-Kommandos

Alle Programme, die eine Terminalemulation benötigen, müssen über Kommandodateien gestartet werden, da für den neu erzeugten Prozeß vor Programmstart die Prozeßumgebung (Standard-Ein-/Ausgabe...) umdefiniert werden muß. Ein Beispiel ist hier der Aufruf eines Text-Editors, der als Standard-Ein-/Ausgabe ein Terminal erwartet. Dieser Editor muß also über eine Kommandoprozedur gestartet werden.

Jedem Werkzeug wird ein bestimmter Kontext zugeordnet, der festlegt, wie dieses gegebenenfalls aktiviert werden muß und welche bzw. wieviele Parameter übergeben werden müssen.

Für die Eingabe von Benutzerdaten bzw. die Bedienung des Managers durch den Benutzer finden verschiedene Methoden Verwendung:

– Existierende Werkzeuge lassen sich vollständig mit Hilfe der Maus aktivieren
  bzw. positionieren.
– Bei der Darstellung des Dateisystems stellt sich das Problem, eine Vielzahl
  von Alternativen innerhalb eines Projekts gleichzeitig auf dem Bildschirm
  darstellen zu müssen. Der Benutzer soll dabei die Möglichkeit haben, eine
  Alternative zu selektieren. Das gleiche Problem stellt sich bei der Darstellung
  der Projekte (Verzeichnisse), falls diese eine bestimmte Anzahl überschreiten. Als Lösung bietet sich hier die Implementierung eines Scroll-Bereichs an,
  der es erlaubt jeweils einen begrenzten Fensterausschnitt darzustellen mit der
  Möglichkeit, dieses Fenster über den gesamten Bereich zu verschieben.
– Bei Texteingaben, wie sie bei der Neudefinition eines Werkzeuges erforderlich sind, muß auf die Verwendung der Tastatur zurückgegriffen werden. Hier
  ist die Implementierung eines einfachen Maskengenerators vorteilhaft, der es
  erlaubt, Felder unterschiedlicher Länge in einem Fenster in Form einer Maske
  darzustellen und die Eingabe der Feldwerte abzuhandeln.
– Menü-Bereiche, die eine Auswahl einer fest vorgegebenen Anzahl möglicher
  Alternativen erwarten, werden sinnvollerweise durch sogenannte Klickfelder
  dargestellt. Jede Alternative wird textuell innerhalb eines Rechtecks dargestellt und durch das Anklicken dieses Rechtecks mit der Maus ausgewählt.

Wie eingangs erwähnt, wird jedem Werkzeug ein Kontext zugeordnet, der dieses Werkzeug charakterisiert:

TOOLNAME:    Text-Bezeichnung für das jeweilige Werkzeug.

TERM_UEBER: Text, der bei der Erzeugung eines separaten Terminals in der Kopfzeile des Terminal-Fensters dargestellt wird.

TERM_TYPE:   Text, der den Typ des zu emulierenden Terminals festlegt.

COMMAND:     Text, der bei der Aktivierung des Werkzeugs als System-Kommando interpretiert wird. Hier muß die ausführbare Datei bzw. Kommandoprozedur angegeben werden.

WILDCARD:    Für jedes Werkzeug kann eine Wildcard-Spezifikation angegeben werden, die den Umfang der angezeigten Dateien einschränkt. (Bestimmte Werkzeuge erwarten Dateien mit entsprechenden Datei- Extensions.).

DIRECTORY:   Spezifikation des aktuellen Projekts (Directories).

NUM_FILES:   Anzahl der Dateien, die als Parameter übergeben werden sollen. Die Dateinamen einschließlich den zugehörenden Directoryspezifikationen werden durch Leerzeichen getrennt an den Kommando-Text angehängt.

PARAM:       Laufende Nummer, welche das Werkzeug eindeutig identifiziert (intern).

KEYBUF:      Pufferbereich zur Aufnahme eines Ereignisses (intern).

W:           Fenster-Identifizierung, über die das Fenster des entsprechenden Tools angesprochen werden kann (intern).

TERMINAL:    Angabe, ob separates Terminal erzeugt werden soll.

EXTENSION:   Angabe, ob Dateiendung mit angezeigt werden soll.

MASK:        Bitraster (im Format 96x64 Pixel) zur Darstellung des Werkzeug-Symbols.

PID:         Prozeß-Identifikation des zuletzt erzeugten Prozesses unter diesem Werkzeug (intern).

Diese Angaben werden in einer Konfigurationsdatei gespeichert, die anwenderspezifisch ist. Auch falls keine Konfigurationsdatei gefunden werden konnte, werden auf jeden Fall zwei Werkzeuge installiert. Diese beiden Werkzeuge dienen dem Verlassen des Werkzeugsverwalters bzw. werden für Verwaltungszwecke benötigt. Wird EXIT aktiviert, werden sämtliche noch aktiven Werkzeuge deaktiviert, sämtliche Fenster geschlossen. Danach wird das Programm beendet. INST dient der Pflege bzw. Neuinstallation von Werkzeugen. Es stellt eine Menübox mit folgenden Menüpunkten dar:

NEW:         Definition eines neuen Werkzeugs: Falls die Gesamtzahl der Werkzeuge noch nicht überschritten ist, wird der neue Werkzeugkontext eingelesen; ansonsten erfolgt ein Fehlerhinweis.

REMOVE:      Löschen eines Werkzeugs: Das entsprechende Werkzeug wird deaktiviert, das dem Werkzeug zugeordnete Fenster gelöscht und die Werkzeugliste um den entsprechenden Eintrag verkleinert.

SAVE:            Sichern der Konfigurationsdatei: Die Werkzeugliste wird als
                 Datei mit den aktuell definierten Werkzeugen gespeichert.
MODIFY:          Ändern des Werkzeug-Kontexts: Der Werkzeugkontext wird neu
                 eingelesen; die bereits definierten Attribute werden als Default-
                 werte vorgegeben.
EXCHANGE:        Vertauschen der Reihenfolge: Die zu vertauschenden Werkzeuge
                 können mit der Maus angeklickt werden. Sind beide Werkzeuge
                 gekennzeichnet, so werden beide Werkzeuge deaktiviert und
                 danach in der gewünschten Reihenfolge neu installiert.
EXIT:            Menübox verlassen.

Sämtliche weiteren Werkzeuge sind vom Anwender definiert; ihre Aktivierung
hängt vom Werkzeugkontext ab:

– Falls im Werkzeugkontext Dateien gefordert sind, werden diese der Reihe
  nach über eine Dateibox eingelesen. Die ausgewählten Dateien werden entsprechend ihrer Reihenfolge als Parameter beim Aufruf des Werkzeugs mit
  übergeben.
– Falls der Werkzeugkontext ein eigenes Terminal vorsieht, wird dieses dann
  erzeugt. Der dabei erhaltene Gerätename wird als letzter Parameter an das
  System übergeben. Dieser kann dann z.B. in einer Kommandoprozedur oder
  im Programm des Werkzeugs referiert werden.
– Es folgt die Erzeugung eines Sohn-Prozesses, der den entsprechenden Akti-
  vierungsbefehl ausführt.

### 5.2.2.2.3.2 Der Symboleditor

Diese Funktion aktiviert das Graphiksystem und gibt dann auf einem Fenster ein
leeres Bitraster aus. Am rechten Rand des Fensters werden verschiedene Menü-
Funktionen dargestellt:

EXIT:            Verlassen des Symboleditors ohne Abspeichern.
SAVE:            Abspeichern des aktuell dargestellten Icons als Datei.
REV:             Invertieren des gesamten Icons.
CLR:             Löschen des gesamten Bereichs. Es entsteht ein leeres Icon.
LOAD:            Einladen eines zuvor gespeicherten Icons und Darstellung.
LINE:            Zeichnen einer Linie. Anfangs- und Endpunkt werden mit der
                 Maus markiert.
LEFT:            Verschieben des Icons nach links.
RIGHT:           Verschieben nach rechts.
UP/DOWN:         Verschieben nach oben/unten.
FONT:            Wahl eines Zeichensatzes.
TEXT:            Textdarstellung im zuvor gewählten Zeichensatz.
CIRC:            Zeichnen eines Kreises. Mittelpunkt und ein Randpunkt werden
                 mit der Maus markiert.

BOX:              Zeichen eines Rechtecks. Diagonale Eckpunkte werden mit der
                  Maus markiert.
COPY:             Kopieren eines Rechteckbereichs.
NEG:              Umschalten auf Invers-Modus. (Graphische Elemente werden
                  invers dargestellt).
OLD:              Letzten Graphikbefehl rückgängig machen.
QUAD:             Darstellung eines Quadrats.

Über diese Menü-Funktionen läßt sich der Icon-Editor steuern. "Freihand"-Zeich-
nungen können durch einfaches Anklicken der entsprechenden Felder im Raster
erstellt werden.


### 5.2.2.2.3.3 Die Graphikschnittstelle

Diese Benutzeroberfläche sowie die graphischen Werkzeuge von *PRODOS* sind
portabel entwickelt worden. Zentral ist hierbei eine Graphikbibliothek, die sowohl unter VAX/VMS (VMS Workstation Software) uals auch Unix (X-Window)
ablauffähig ist. Eine Portierung der Graphikbibliothek auf *PRODIA* ist jederzeit
möglich.

## 5.2.3 *CAT* – Computer Aided Design For Technical Systems

*Jens Mohr*
*MBB*

### 5.2.3.1 Einführung

#### 5.2.3.1.1 Entwicklungsgeschichte

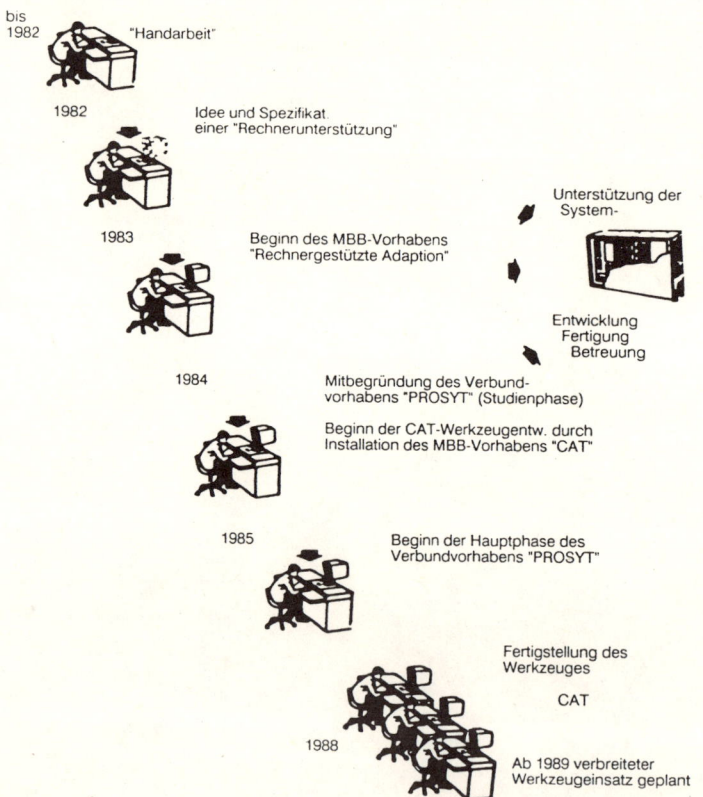

**Abb. 5.2-19.** *CAT*-Entwicklungsgeschichte

1983 (s. Abb. 5.2-19) begann MBB mit der Entwicklung des heutigen Werkzeugs *CAT* (Computer Aided Design For Technical Systems). Seit 1985 wurde das Projekt durch das BMFT im Rahmen des Verbundvorhabens *PROSYT* (Integriertes Entwurfs- und Software-Produktionssystem für verteilbare Realzeitsysteme in der Technik) unter der Nr. ITS 8306M/4 gefördert. Mit Abschluß der Entwicklungsphase (1988) steht dem interessierten Benutzerkreis ein einsatzfähiges, "inhouse" erprobtes und integrierbares Werkzeug (als Prototyp) zur Verfügung.

### 5.2.3.1.2 Aufgaben des Werkzeugs *CAT* in *PROSYT*

*CAT* übernimmt in einem 'vertikalen Entwicklungsprozeß' Ergebnisse aus vorhergehenden Entwicklungsstufen zur Durchführung der eigenen Aufgabenstellung in einem Projekt.

Zusammen mit projektübergreifenden Informationen, Vorgehensweisen und Regeln wird die Realisierung einzelner Projekte in der Hardwareentwicklung, Fertigung, Integration und Wartung durch die Generierung von Fertigungs-, Integrations- und Wartungs-Dokumenten (insbesondere auf System- und Geräteebene) unterstützt (s. Abb. 5.2-20).

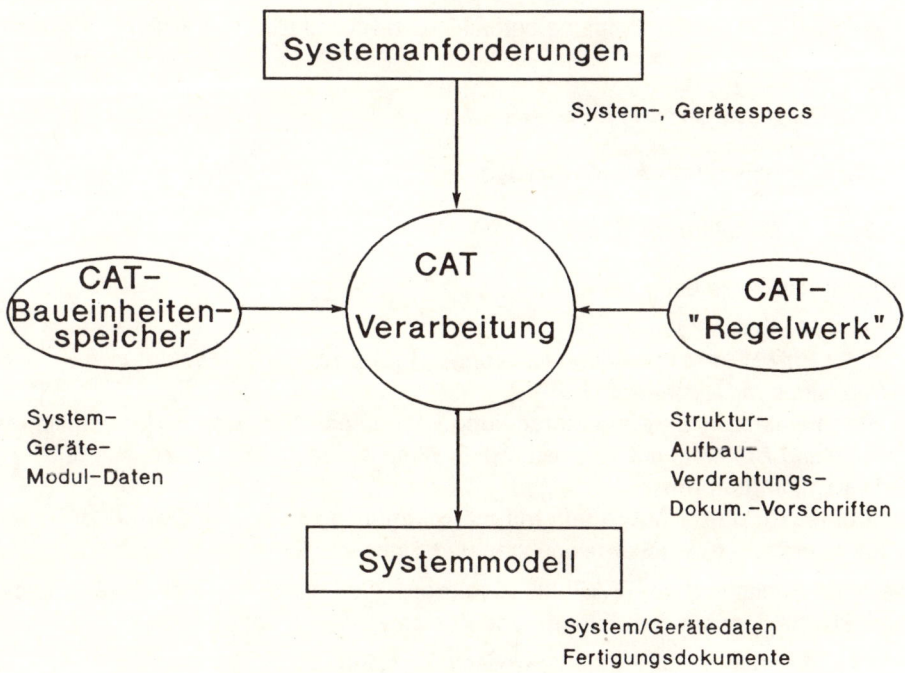

**Abb. 5.2-20.** *CAT* - Aufgaben und Ziele

*CAT*-Projektergebnisse werden zur Wiederverwendung in einer Datenhaltung abgelegt und stehen somit weiteren Entwicklungsstufen zur Verfügung.

Im Rahmen des Verbundvorhabens *PROSYT* wurde die Möglichkeit der Integration von Werkzeugen verschiedener Hersteller durch die Kopplung der Werkzeuge *EPOS* und *CAT* sowie der Kopplung von *CAT* an *PRODAT* in der *PROSYT*-Umgebung (s. Abb. 5.2-21) prinzipiell nachgewiesen.

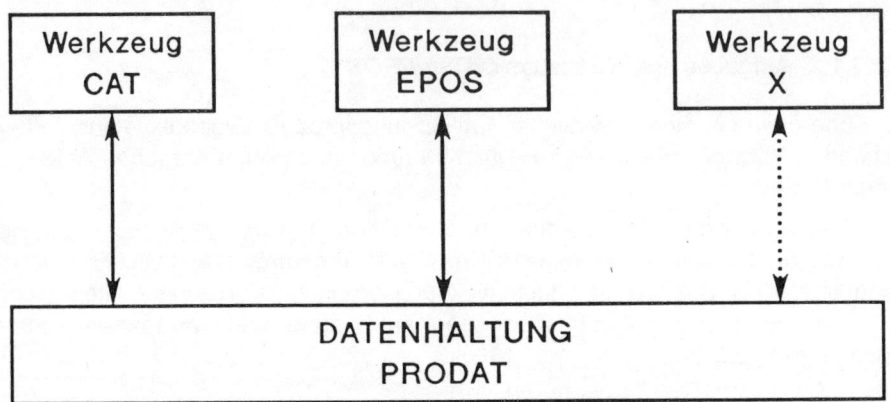

**Abb. 5.2-21.** Werkzeugkopplung unterstützt den "vertikalen Entwicklungsprozeß"

### 5.2.3.2 Präsentation des Werkzeugs *CAT*

### 5.2.3.2.1 Einsatzprofil des Werkzeugs *CAT*

### 5.2.3.2.1.1 Definition der Zielgruppe(n)

*CAT* unterstützt die Gruppen

- Entwicklungsingenieure
  in der Entwicklung von Automatisierungs-, Fertigungs-, Test-Systemen
- Fertigungs-Ing./Techniker
  in den Sektoren Unterlagenerstellung (Dokumentation) und in der möglichen
  Kopplung zu Fertigungsautomaten (z.B. Wrap-Automaten)
- Systemintegratoren
  in einer für diese Aufgabenstellung optimierten Form der Darstellung von
  Konfigurationen, Steckerbelegungen und Signalverläufen

Die hohe Flexibilität von *CAT* hilft besonders, die Realisierung der Vielzahl von Produktvarianten in engen Termin- und Kostenrahmen in der

- "Produktfertigung mit kundenspezifischen Varianten"
- "Auftragsfertigung mit Anpaß- und Variantenentwicklung"
- "reinen Auftragsfertigung"

zu beherrschen.

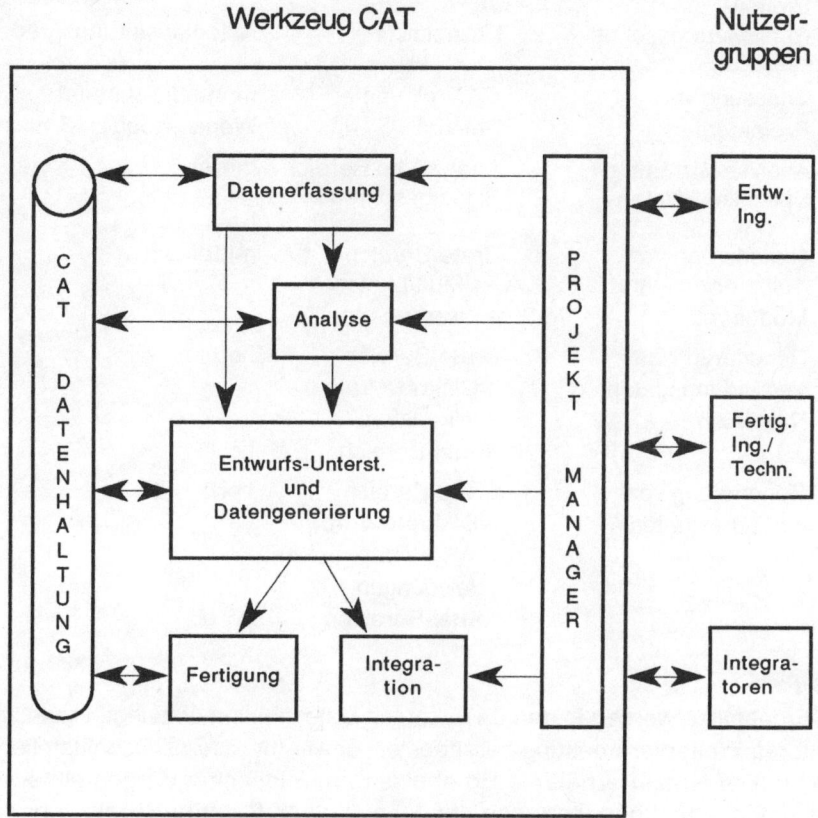

**Abb. 5.2-22.** Werkzeug und Zielgruppen

### 5.2.3.2.1.2 Unterstützungsart

### 1. Unterstützung in der Projektentwicklung (Hardware)

**Aufgaben**

Die Unterstützung, die *CAT* dem Nutzer in der jeweiligen Anwendung bietet, reicht von einem "Erfassungssystem" bis zu einem "Werkzeug mit hohem Automatisierungsgrad". Die folgende Tabelle gibt einen Überblick über die wesentlichen Unterstützungsleistungen in einem Hardware-Realisierungsprozeß und deren Automatisierungsgrad.

| Projekt-Realisierungsschritt | Unterstützung | Automatisierungsgrad |
|---|---|---|
| Erfassung von Projektdaten | *CAT*-relevante Daten | manuell –> mittel Werkz.-Kopplg –> hoch |
| Analyse von Entw.-/Spezifikat.-Daten | Analyse im Bereich Signalbeschrbg. | mittel |
| Generierung von Aufbau/Konfigurat. Modellen | Crate-Bereich –> Multiplexer –> Karten, etc. | mittel |
| Generierung von Verbindungsdaten Neztlisten | Crate-Bereich .. Diskrete Verb. .. Wire Wrap Kabel-Bereich | hoch<br>hoch |
| Generierung von Fertigungsunterl./ | Crate-Bereich .. Diskrete Verb. .. Wire Wrap ..Belegungen Kabel-Bereich | hoch<br>hoch |

**Ergebnisse**

*CAT*-Ergebnisse werden in der *CAT*-internen Datenhaltung abgelegt, verwaltet und für interne Weiterverarbeitung bereitgestellt sowie für externe Schnittstellen aufbereitet. Der Nutzer erhält die Ergebnisse am Bildschirm dargestellt oder als Hardcopy ausgegeben; bezogen auf die einzelnen Support-Bereiche bedeutet dies:

| Support-Bereich | Ergebnisse |
|---|---|
| Analyse | Netzlisten |
| Entwicklung/Entwurf .. Aufbau, Konfiguration .. elektr. Verbindungen | Systemdaten: Belegungen, Konfigurationen Netzlisten |
| Fertigung | Fertigungsdokumente: Verdrahtungslisten (diskrete Verdrahtung) Wrap-Listen Kabel-Listen |
| Integration | Integrationsdokumente Signallisten Belegungslisten (Crate, Stecker, Pin, etc.) |

## 2. Unterstützung in der Projekt-Qualitätssicherung

Bei der Generierung der *CAT*-Teil-/Endergebnisse werden in den verschiedenen Stufen Plausibilitätskontrollen zur Qualitätssteigerung vorgenommen.

Für die einzelnen *CAT*-Ergebnisse werden Ausgabe-/Versionsstände geführt, so daß Arbeitsergebnisse durch den Benutzer leicht identifizierbar bleiben.

## 3. Unterstützung in der Projektrealisierung

In einigen Fällen erhält der Benutzer das "Delta" der Ausgaben/Versionen in Form von Änderungsmitteilungen angezeigt.

*CAT*-Belegungszeiten können bei Bedarf zur Projektkostenermittlung erfaßt werden.

### 5.2.3.2.1.3 *CAT*-Leistungsmerkmale

*Benutzeroberfläche*

*CAT* bietet dem Benutzer eine in "Windows" realisierte funktionsbezogene Bedieneroberfläche an.

Leicht konfigurierbare funktionsorientierte Zugriffs-/Benutzerrechte unterstützen eine sichere und geordnete Abwicklung auch von mehreren Projekten.

Sowohl die Menügestaltung als auch die Menütexte sind an neue Benutzerbedürfnisse in kürzester Zeit anzupassen.

Neben der variablen Gestaltung der Bildschirm-Benutzeroberfläche ist auch das gedruckte *CAT*-Ergebnis in seiner Gestaltungsform auf die jeweiligen Benutzerwünsche adaptierbar.

*Datenhaltung*

Die *CAT*-Datenhaltung ist unterteilt in eine "globale Datenhaltung" und "projektorientierte Datenhaltung(en)".

Über einen längeren *CAT*-Einsatzzeitraum betrachtet findet in der "globalen Datenhaltung" ein "Datenaufbau" statt.

*Systemdaten*

*CAT* ist als ein offenes, flexibles undportables Programmsystem durch Einsatz und Anwendung heutiger Software, Technologien und Sprachen entwickelt worden:

- Sprache:                          *C*
- Betriebssysteme:           *UNIX, PC-DOS/MS-DOS* werden unterstützt
                                          (*VMS* bei Bedarf)
- Werkzeugkopplung:       *CAT-EPOS* realisiert; weitere möglich
- Datenhaltungskopplung: *CAT-PRODAT* realisiert

– Betriebsarten:            *CAT* kann je nach Erfordernis sowohl als "stand
                            alone"-Werkzeug als auch in einer Werkzeugum-
                            gebung integriert betrieben werden.

### 5.2.3.2.2 Struktur des Werkzeugs *CAT*

### 5.2.3.2.2.1 Gesamtsystem

Die zu unterstützenden technischen Bereiche spiegeln sich in der aufgabenbezo-
genen Systemstruktur und deren modularem Programm-/Modul-Aufbau (s. Abb.
5.2-23) wider.

Die einzelnen Programm-Module stehen ausschließlich über Daten miteinander in
Verbindung, ihr Austausch erfolgt jeweils über die *CAT*-Datenhaltung.

Funktionsänderungen in einem Modul oder funktionale Erweiterungen des *CAT*-
Systems durch neue Module haben keinen Einfluß auf die restlichen Programme,
da alle Ergebnisse eines Moduls zentral in der *CAT*-Datenhaltung abgelegt
werden.

Die Steuerung des "Entwicklungs-Flusses" erfolgt über die *CAT*-Dialogschnitt-
stelle durch den Benutzer, indem dieser die einzelnen, jeweils seiner Entwick-
lungssituation entsprechenden, *CAT*-Aufgaben auswählt. Die zur Durchführung
einer Aufgabe benötigten Programm-Module werden dann durch das System
automatisch gestartet. Erkennt ein Modul, daß aus einem vorhergehenden Pro-
zeßschritt oder aufgrund einer fehlenden Datendeklaration keine Daten zur Verarbeitung vorliegen, so wird dies dem Benutzer mitgeteilt und je nach Situation
werden diese Daten direkt zur Eingabe angefordert oder die Bearbeitung wird
abgebrochen.

### 5.2.3.2.2.2 Teilsysteme

Innerhalb der einzelnen *CAT*-Aufgabenbereiche stehen verschiedene Teilsysteme
zur Realisierung der jeweiligen Aufgabe zur Verfügung. Die nachstehende Tabelle
zeigt deren Realisierungsbeitrag:

| Aufgabenbereich | Teilsystem | Realisierungsbeitrag |
| --- | --- | --- |
| Projektmanager | Dateiverwaltung | .. globale Daten<br>.. Projektdaten<br>.. Datenzugriff |
| | Projektverwaltung | .. Projektstruktur<br>.. Projektübersicht<br>.. Zugriffsrechte |

| Aufgabenbereich | Teilsystem | Realisierungsbeitrag |
|---|---|---|
| Datenerfassung | Interaktive (manuelle) Erfassung | .. Signalbeschreibung<br>... Signalspektrum<br>.. System-Konfiguration<br>.. Standardbaueinheiten |
| | Werkzeugkopplung | .. Spezifikationsdaten (*EPOS*) |
| Analyse | Signalanalyse | .. Signalnamen<br>.. Anschlußpunkt<br>.. physik. Größen |
| | Präprocessor (Sonderbaugruppen) | .. Strukturierung und funktionaler Aufbau eines Multiplexers |
| Entwurfsunter-stützung und Datengenerierung | System-Generator | .. Konfiguration (absolute Positionsdaten)<br>.. elektr. Verbindungen<br>  – Verbindungspunkt<br>  – Verbindungszug<br>  – Attribute<br>  – Revisionsstand |
| | Kabel-Generator | .. Positionsdaten (absolute)<br>.. "übergeordnete" Ver-bindungszüge<br>.. Kabellisten<br>  – Verbindungspunkt<br>  – Verbindungszug<br>  – Attribute<br>  – Revisionsstand |
| Fertigung/ Integration | Listen-Generator | .. Wire-Wrap-Listen<br>.. Kabel-Legelisten<br>.. Belegungen<br>.. Änderungsmitteilungen<br>.. Stücklisten (geplant) |

### 5.2.3.2.2.3 Schnittstellen

Die Schnittstellen von *CAT* nach "außen" wie auch innerhalb von *CAT* zwischen den einzelnen Aufgabenbereichen und damit den Haupt-Programmmoduln sind in Abb. 5.2-23 prinzipiell dargestellt.

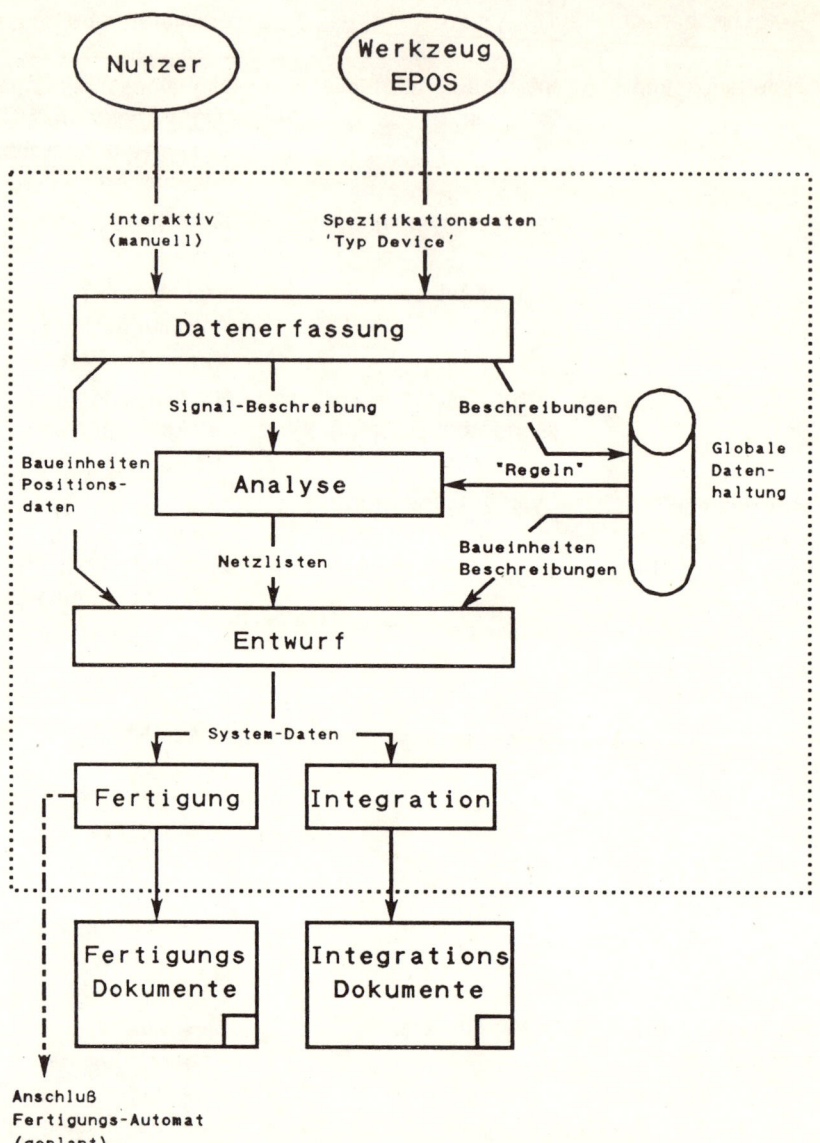

**Abb. 5.2-23.** Gesamtsystem und Schnittstellen

In Abb. 5.2-24 sind die Schnittstellenverhältnisse für den Bereich "Entwurf" näher betrachtet. Diese Betrachtung steht beispielhaft für alle anderen *CAT*-Moduln.

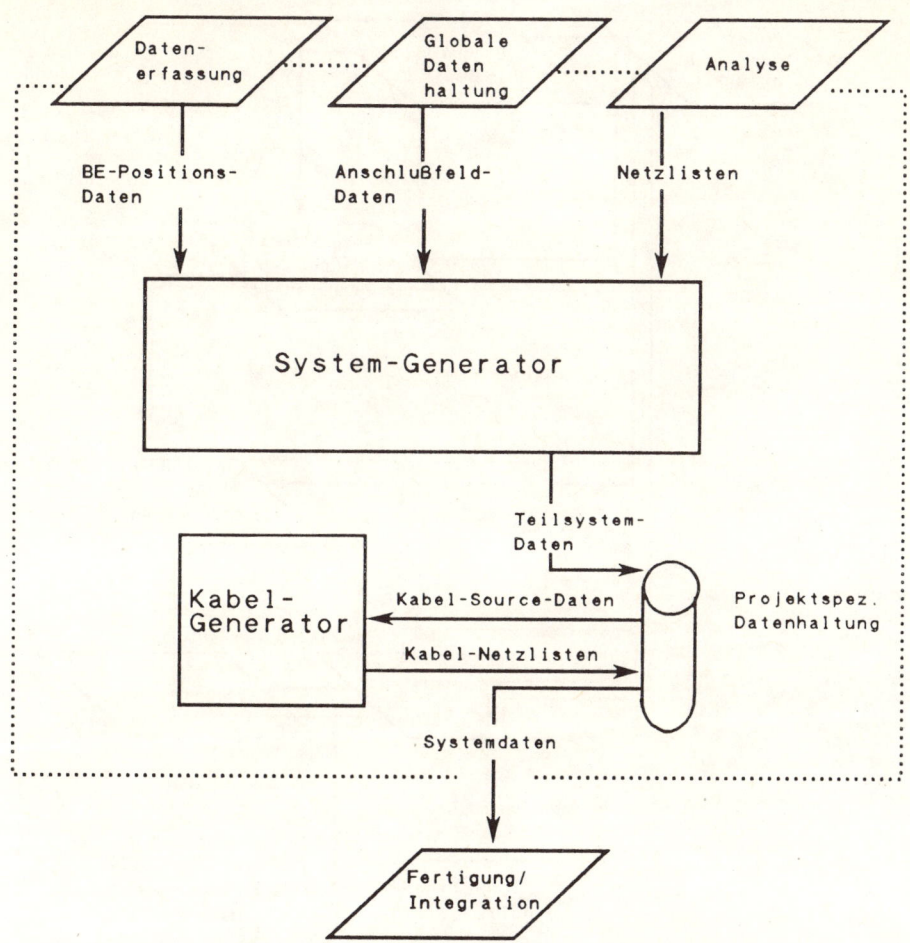

**Abb. 5.2-24.** Schnittstellen im Modul "Entwurf"

### 5.2.3.2.2.4 *CAT*-Datenhaltung

Die *CAT*-Datenhaltung ist in ihrer Struktur als relationale Datenhaltung realisiert.

Neben einem Grundausbau orientiert sich ihr jeweiliger Ausbau (Umfang der ge-speicherten Daten) an der Anzahl der im "globalen Teil" gespeicherten Daten sowie den jeweils unter dem *CAT*-Manager in Bearbeitung befindlichen Projekten (projektspez. Teil).

In Abb. 5.2-25 ist die projektspezifische Datenhaltung am Projekt "Card-Crate", stellvertretend für die *CAT*-Datenhaltungsstruktur, im Prinzip dargestellt.

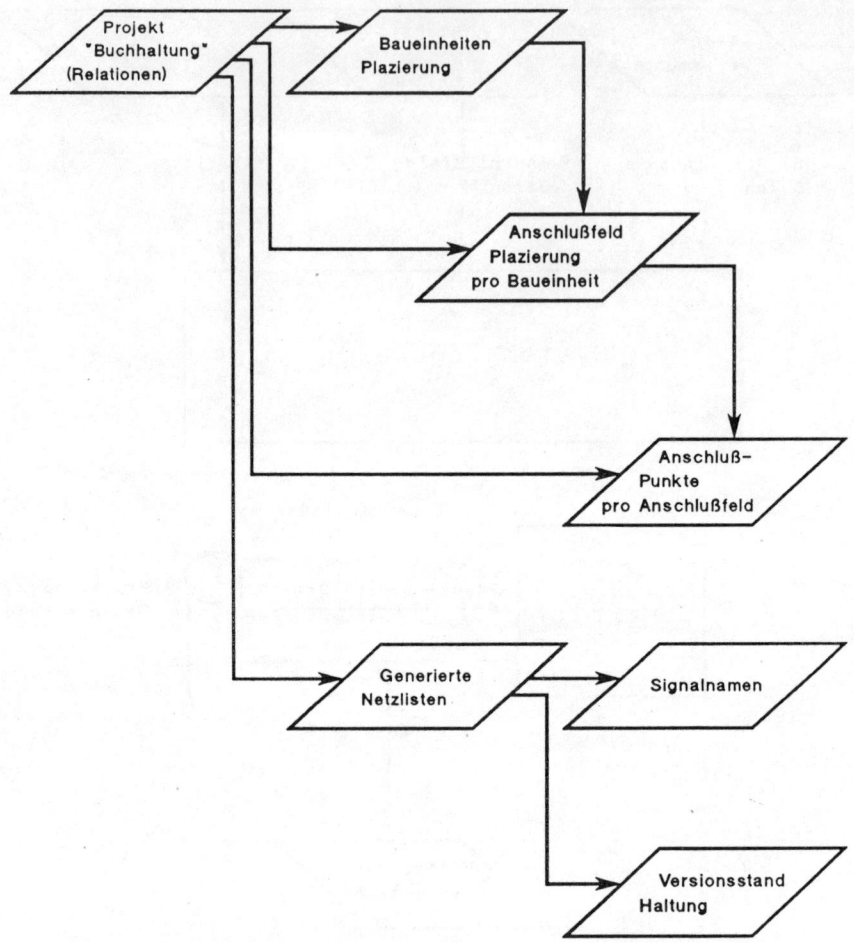

**Abb. 5.2-25.** Beispiel für *CAT*-Datenhaltung für das Projekt "Card-Crate"

Aufbau, Pflege und Löschen der *CAT*-Daten erfolgt automatisch durch den *CAT*-Manager. Der *CAT*-Benutzer kommuniziert mit dem *CAT*-System ausschließlich über funktionale Begriffe und benötigt deshalb keinerlei Kenntnisse über Datenhaltung oder Betriebssysteme.

### 5.2.3.3 Einbindung von *CAT* in die *PROSYT*-Umgebung

### 5.2.3.3.1 *CAT-EPOS*

*EPOS* ist ein Werkzeug zur rechnergestützten Durchführung aller Projektphasen und Ingenieurtätigkeiten eines Software-/Hardware-Projekts. *CAT* übernimmt von *EPOS* Spezifikationsdaten des Hardwareobjekts zur weiteren Generierung von Fertigungsunterlagen. Dabei handelt es sich um "Spezifikationsdaten" für das mit *CAT* zu realisierende Projekt.

In Abb. 5.2-26 ist das Zusammenwirken von *CAT* und *EPOS* in ein und demselben Projekt prinzipiell dargestellt.

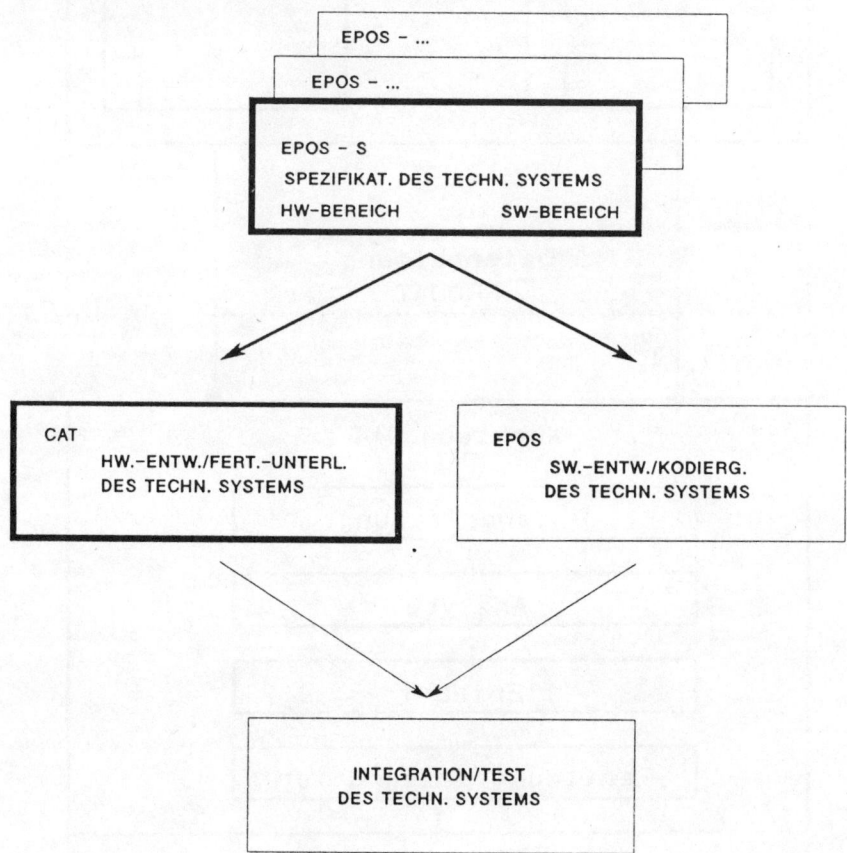

**Abb. 5.2-26.** Prinzip des Zusammenwirkens von *CAT* und *EPOS*

Am Beispiel "Diagnosesystem Automatisches Getriebe" ist der Datenfluß über die Schnittstelle generell beschrieben. *EPOS* liefert Getriebedaten als Input-Parameter für ein mit *CAT* zu realisierendes Diagnosesystem (s. Abb. 5.2-27).

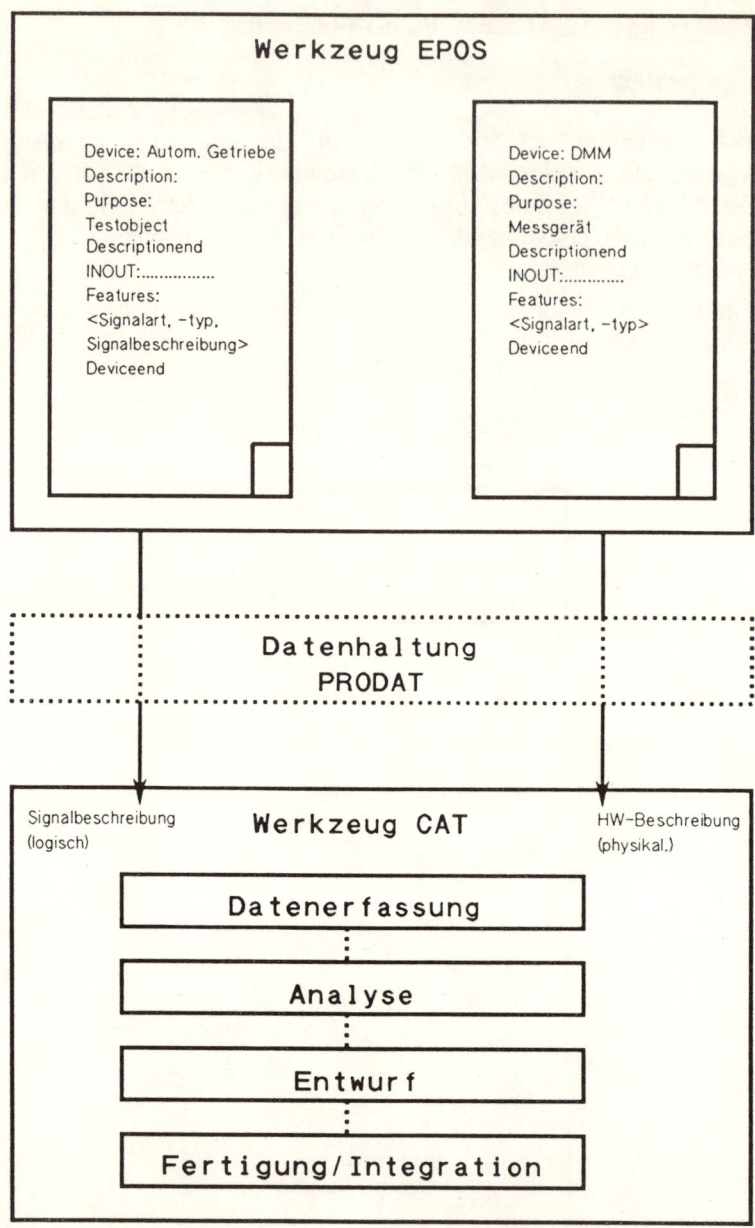

**Abb. 5.2-27.** Beispiel für die Werkzeugkopplung *CAT-EPOS* und dem Datenfluß

### 5.2.3.3.2 *CAT-PRODAT*

Zwischen dem Werkzeug *CAT* und der im Rahmen des *PROSYT*-Verbundvorhabens entwickelten Datenhaltung *PRODAT* wurde eine prototypenhafte Schnittstelle realisiert (s. Abb. 5.2-21).

*PRODAT* (oder eine äquivalente Datenhaltung) wird von *CAT* mit einbezogen, wenn

- Daten zwischen Werkzeugen zeitlich unabhängig voneinander (z.B. in Netzen) ausgetauscht werden sollen,
- *CAT*-Projekt-Daten über einen größeren Zeitraum "lokal ausgelagert aber noch schnell verfügbar" gehalten werden müssen,
- mehrere *CAT*-Systeme auf lokalen vernetzten Rechnern installiert sind und von diesen zur Bearbeitung auf gleiche Projekte zugegriffen werden muß (zentrale Projekthaltung).

### 5.2.3.4 Erfahrungen mit *CAT* im "Inhouse-Einsatz"

Das Werkzeug *CAT* wurde parallel zu seiner eigenen Entwicklung schrittweise im eigenen Bereich zur Sammlung von Erfahrungen und der Findung von Entwicklungsschwächen bei der Entwicklung von kleineren technischen Systemen eingesetzt.

Dabei hat sich gezeigt, daß Einsparungen selbst dann gegeben sind, wenn eine "Erstbenutzung" von *CAT* vorliegt.

Dies ist dadurch zu erklären, daß im Vergleich zur "Handarbeit"

- der Daten-Generierungsprozeß die Ergebnisse optimiert erzeugt, konsistent hält und prüft,
- die Darstellung der Unterlagen (Dokumente) zweifelsfrei erfolgt,
- die "Erstdarstellung" gleichzeitig die endgültige Dokumentation darstellt,
- bei Änderungen die notwendigen Werkstattanweisungen optimiert erarbeitet werden, was zu kürzeren Realisierungszeiten und einer Reduktion von Fehlern führt,
- Änderungen sofort in die endgültige Dokumentation übernommen werden.

In Abb. 5.2-28 sind die gewonnenen Erfahrungen qualitativ wiedergegeben.

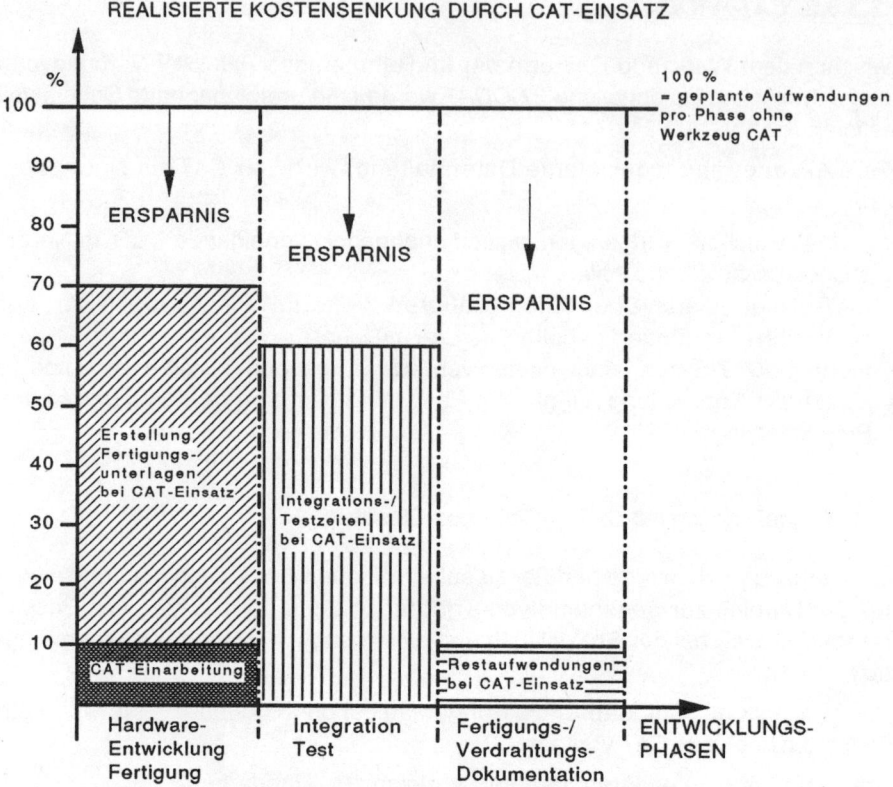

**Abb. 5.2-28.** Erfahrungen im 'inhouse-Einsatz'

*CAT* bildet somit eine Basis zur

– Qualitätssteigerung
  durch zwingende systematische Vorgehensweise und eingebaute Plausibilitäts-
  tests
– Reduzierung des technischen und wirtschaftlichen Risikos
– Verkürzung der Entwicklungszeiten
– Wiederverwendung von technischen Daten

und damit zur Kostensenkung bei der Realisierung von technischen Systemen.

### 5.2.3.5 Ausblick

*CAT* steht für Pilotanwendungen auch Dritten zur Verfügung.

Eine Weiterentwicklung von *CAT* wird in der Zukunft von den Erfahrungen aus den
Anwendungen und den Nutzerwünschen geprägt sein.

Struktur und Realisierungsform von *CAT* lassen kostengünstige Erweiterungen der
Leistungsmerkmale ebenso zu wie Rechnerportierungen.

## 5.2.4 *PRISE/PDAS*

*Eckard Fieseler*
*ABB*

Die *PRISE/PDAS*-Tools sind Bestandteil des bei ABB (früher BBC) eingeführten rechnergestützten Anlagenengineering-Systems CEPIA (Computer gestütztes Engineering-Produktion für Industrie-Anlagen). Basis für die Definition und Einführung von CEPIA war die Entwicklung der Methode der sogenannten "Strukturierten Projektierung". Sie beschreibt die logische Folge der einzelnen Planungsschritte und somit auch die Struktur der unterstützenden Planungswerkzeuge. Der Sollablauf der den einzelnen Planungsschritten zugeordneten Tätigkeiten innerhalb der Projektabwicklung ist außerdem zeitlich in Projektphasen organisiert. *PRISE/PDAS* unterstützt dabei im wesentlichen die Tätigkeiten zur Projektierung und Realisierung von Leitsystem-Hardware und -Software. Im Rahmen des *PROSYT*-Projekts wurden als weitere Fähigkeit von *PRISE/PDAS* die Erstellung und Verwaltung von Rezepturen zur Führung von Chargenprozessen realisiert.

### 5.2.4.1 Strukturierte Projektierung

Die Planung und Abwicklung von Projekten im Bereich Industrieanlagen ist ein sehr komplexer Prozeß mit vermaschten Tätigkeitsschritten und Schnittstellen zu unterschiedlichen Fachdisziplinen. Der Einsatz systematischer rechnergestützter Werkzeuge bei der Planung setzt deshalb zweierlei voraus:

– Standardisierung der Lösungsmittel für die Realisierung der geforderten elektrischen und leittechnischen Funktionen
– Strukturierung und Systematisierung der Planungstätigkeiten und Arbeitsergebnisse

Für die Realisierung dieser beiden Voraussetzungen wurde bei ABB die Methode der Strukturierten Projektierung entwickelt. Sie besitzt zwei Aspekte:

A) *Funktionsorientierte Bearbeitung*

Grundlage ist das in Abb. 5.2-29 dargestellt Gliederungsschema für die geforderten Funktionen/Schnittstellen einer elektrischen Ausrüstung. Damit können den so gegliederten Funktionen typische Lösungsmittel und entsprechende Standards zugeordnet werden. Der Übergang von der Funktionsspezifikation zur Realisierung kann damit weitgehend formalisiert werden, wobei zur Bearbeitung bestimmter Funktionen Arbeitspakete nach Fach- bzw. Sachgebieten gebildet und an spezielle Fachstellen mit entsprechenden Werkzeugen vergeben werden können. Damit ist für alle beteiligten Fachdisziplinen eine gemeinsame Basis für die Standardisierung von Lösungen und Schnittstellen und für den Aufbau von Know-How-Sammlungen geschaffen worden.

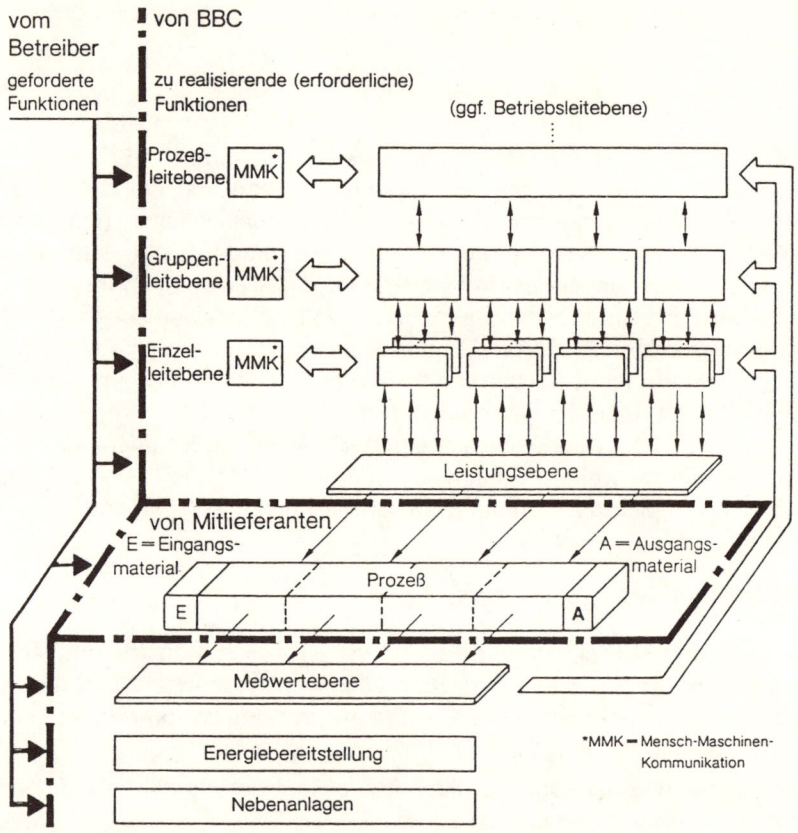

**Abb. 5.2-29.** Funktionale Gliederung einer Anlage

B) *Systematisierung der Bearbeitung*

Auf der Basis der in Punkt A) erwähnten funktionalen und lösungsbezogenen Gliederung werden die erforderlichen Tätigkeiten der Planung in logische Planungsschritte gegliedert. Es ergeben sich Schritte für typische Ingenieurtätigkeiten zur Bearbeitung der Aufgaben in logischer Folge, die eindeutig je Sachgebiet definiert werden können durch:

- benötigte Informationen,
- Arbeitsergebnisse, d.h. erarbeitete Informationen,
- Werkzeuge, mit denen Informationen erzeugt und gespeichert werden können,
- Unterlagen, mit denen die Ergebnisse (Informationen) dokumentiert und ge-
  prüft werden können.

Das so definierte Informationsflußschema (Abb. 5.2-30) ist Basis für die Struktur
der Werkzeuge sowie der Ablage und Klassifizierung der Arbeitsergebnisse.
Dieses Informationsflußschema bildet die Grundlage für die Ablauforganisation
von Projekten mit rechnergestützten Hilfsmitteln, wobei problemlos feste Regeln
für die Steuerung des Arbeitsprozesses abgeleitet werden können.

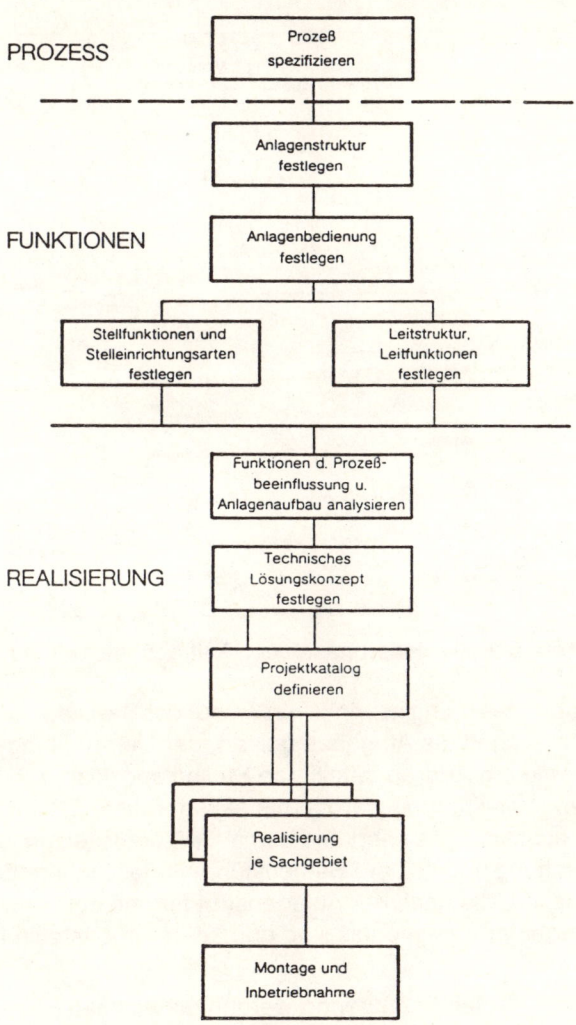

**Abb. 5.2-30.** Informationsflußschema

### 5.2.4.2 Ablauforganisation von Projekten

Die meist zahlreichen Firmen, die arbeitsteilig an der Planung und Errichtung einer Industrieanlage beteiligt sind, müssen insbesondere an den zu spezifizierenden Nahtstellen in Technik und Terminen koordiniert werden. Außerdem sind zwischen den Beteiligten die Planungsfortschritte und Leistungsübergänge frühzeitig abzustimmen. Dementsprechend hat ABB Standard-Projektabläufe definiert, welche die Planung und Steuerung eines Auftrags unter allen Beteiligten vereinheitlichen. Wie in Abb. 5.2-31 dargestellt, wird die Auftragsbearbeitung grob in fünf Phasen aufgeteilt (Die vorausgehende Angebotsbearbeitung ist ähnlich gegliedert.).

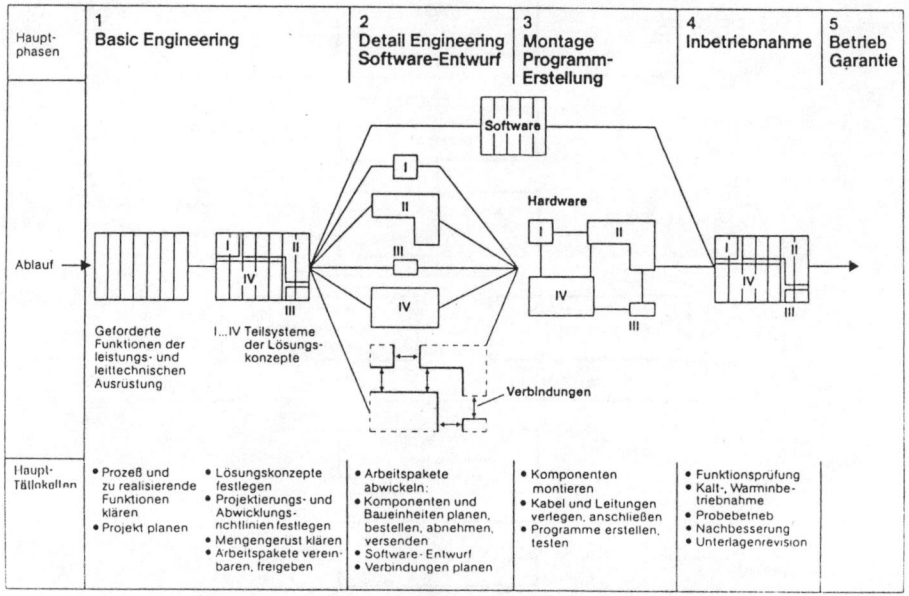

**Abb. 5.2-31.** Hauptphasen der Auftragsbearbeitung

In der Hauptphase 1 Basic Engineering werden auf der Basis der zu Verfügung gestellten Beistellunterlagen die Aufgaben geklärt, der Lieferumfang gegliedert und die Vorgaben für die am Auftrag beteiligten Stellen spezifiziert. Mit der Methode der Strukturierten Projektierung werden die sachgerechte Erstellung des Pflichtenhefts (Gesamtfunktion) gesichert und damit die Voraussetzungen für eine ordnungsgemäße Planung und spätere Betriebsführung geschaffen. Es ergeben sich Technische Einheiten, die nach der Anlagenstruktur und der Struktur des Lieferspektrums (Sachgebiete) gegliedert sind und intern arbeitsteilig bearbeitet und dokumentiert werden.

In der Hauptphase 2 Detail Engineering werden die einzelnen Technischen Einheiten von der zuständigen Fachstelle geplant und bereitgestellt. Die hierbei eingesetzten Systeme ermöglichen eine zeitlich voneinander unabhängige Planung der Hard- und Software-Komponenten. Damit stehen die Ergebnisse der Hardware-Planung bis zur Hauptphase 3 Montage, Programmerstellung, zur Verfügung, während die Dokumentation der Anwenderprogramme zur Hauptphase 4 Inbetriebnahme vorliegt.

Es muß beachtet werden, daß der oben erläuterte Ablauf der Strukturierten Projektierung in jeder Projektphase einschließlich der Angebotsbearbeitung mit unterschiedlicher Bearbeitungstiefe durchlaufen werden muß, damit die Kosten, Termine und Schnittstellen geplant/kalkuliert, die Gesamtfunktionalität sichergestellt und eine optimale technische Lösung gefunden werden kann. Daraus ergibt sich das Gesamtkonzept bezüglich Werkzeuglinienaufbau und deren Datenverwaltung mit folgenden Eigenschaften:

- Definition der Werkzeuge entsprechend den Planungsschritten und deren Verknüpfung gemäß der logischen Ablaufstruktur der Strukturierten Projektierung
- Durchlaufen der Werkzeuglinien mehrfach in beliebiger Bearbeitungstiefe, wobei die erarbeiteten Informationen je Durchlauf hierarchisch zugeordnet werden können (Übersichten zu Detaillierungen)
- Bearbeitung innerhalb eines Planungsschritts unabhängig von den übrigen Schritten, jedoch mit den Ergebnissen der vorangehenden Schritte und erzwungener Weitergabe von Änderungen an nachfolgende Schritte (Steuerung des Änderungsdienstes)

### 5.2.4.3 Nutzung von Rahmenfunktionen

Der Einsatz der applikationsorientierten Tools im ABB-Industrieanlagenbereich unterstützt die Abwicklung von komplexen Projekten, die ein geordnetes Zusammenwirken vieler beteiligter Personen und Fachabteilungen verlangen. Hierbei muß die Fülle der anfallenden Daten und deren Weiterverarbeitung innerhalb eines gemeinsamen Toolrahmens als integrierende Umgebung erfolgen. Im folgenden soll auf die Vorteile eingegangen werden, die sich aus der Anwendung der Rahmenfunktionen ergeben.

Aufgrund der Verwendung von Tools und der Bildung von Werkzeuglinien, die der jeweiligen Tätigkeit und dem logischen Planungsablauf angepaßt sind, lassen sich große Datenmengen schnell und rationell erfassen und wieder dokumentieren. Dabei ist trotz der toolspezifischen Eigenarten die als Rahmenfunktion definierte Benutzerschnittstelle einheitlich gestaltet, so daß für den Benutzer keine Probleme beim Wechsel zwischen Tools entstehen. Unter Nutzung der integrierte Datenablage als Rahmenfunktion werden Daten von anderen Tools übernommen oder an andere weitergegeben. Aufgrund der projektspezifisch im Projektmodell festlegbaren Tätigkeitsfolgen können dabei die Übernahme-/Übergaberichtungen der Projektierungsdaten zwischen den Tools den Erfordernissen jeweils angepaßt werden. Ein wesentlicher Rationalisierungseffekt ergibt sich außerdem aus der

Wiederverwendung oder dem wiederholten Einsatz von Projektierungsdaten, die innerhalb des gemeinsamen Rahmens zur Verfügung gestellt werden.

Eine einfache Form ist die Übernahme vorhandener Lösungen durch Kopieren und die Anpassung der Daten unter Verwendung der jeweiligen Tools. Eine andere Form ist die Verwendung von Bibliotheken und Katalogen, auf die von den Tools jeweils zugegriffen werden kann. Kataloge und Bibliotheken existieren auf mehreren Verwaltungsebenen:

– global (Geschäftsbereich-übergeordnet)
– lokal (Geschäftsbereichspezifisch)
– projektspezifisch

In einem Betriebsmittelkatalog kann zum Beispiel projektspezifisch festgelegt werden, welche Materialien zur Anlageninstrumentierung oder bei der Schaltanlagenprojektierung zu verwenden sind. Die Betriebsmittel können dabei aus einem geschäftsbereichsspezifischen Standardkatalog entnommen werden, der Angaben über das zugelassene Vorzugs- und Standardmaterial enthält. Eine weitere Rahmenfunktion, nämlich die Versionenverwaltung, wird genutzt bei der Handhabung von Änderungen. Die logische Struktur der Tools und ihrer Ein-/Ausgabedaten sind dabei eine gute Basis für den Einsatz von Rahmenfunktionen zur Realisierung des erforderlichen Änderungsdienstes. Mit dem Änderungsdienst kann sichergestellt werden, daß bei der Nutzung von Daten auf den jeweils aktuellen Stand zugegriffen werden kann und alle von einer Änderung betroffenen Tätigkeiten (Werkzeuge) zur Revision veranlaßt werden können. Die Datenbestände werden zur Weiterverarbeitung mit nachfolgenden Tools innerhalb einer Werkzeuglinie nach festen Regeln freigegeben und verfügbar gemacht. Änderungen sind dabei in der jeweiligen Arbeitsversion eines einem Werkzeug zugeordneten Datenbestands durchzuführen. Bei der nächsten Freigabe können die Änderungen dann automatisch im Datenbestand der in der Werkzeuglinie nachfolgenden Werkzeuge nachgeführt werden. Dies ist Voraussetzung für die sukzessive Detaillierung der Projektierungsdaten durch wiederholten Durchlauf der Werkzeuglinien in den Projektphasen. Eine weitere Nutzung der Versionenverwaltung besteht in der Dokumentation von Änderungen in den vom Kunden akzeptierten und freigegebenen Datenbeständen. Derartige Änderungen führen in der Regel zu Nachforderungen oder Erstattungen gegenüber dem Kunden. Gegebenenfalls müssen qualitative oder quantitative Mehr- oder Minderleistungen neu verhandelt werden und sind somit als "Projekt im Projekt" beginnend mit der Angebotstätigkeit zu führen. Abschließend sei dazu gesagt, daß bei Mißerfolg der Verhandlungen der Datenbestand wieder auf seinen ursprünglichen Stand zurückzuführen ist. Innerhalb des Rahmens sind für die einzelnen Aufgabengebiete Arbeitspakete zu bilden, wobei der jeweilige Bearbeiter eine Änderungsberechtigung nur für sein Arbeitspaket besitzt. Gleichwohl können in einem integrierten Rahmen Konsistenzchecks gegenüber den übrigen Daten außerhalb seines Arbeitspakets durchgeführt werden. Um sich einen schnellen Überblick über benötigte Projektierungsdaten zu verschaffen, ist der jeweilige Bearbeiter außerdem in der Lage, sich für den jeweiligen

Anwendungsfall sogenannte Hilfslisten durch Angabe von Selektionsregeln individuell zusammenzustellen.

### 5.2.4.4 *PRISE/PDAS* im Werkzeugverbund

Die *PRISE/PDAS*-Tools bilden im Verbund mit den übrigen CEPIA-Tools die derzeitige Toollandschaft im ABB-Industrieanlagenbereich zur Abwicklung von leittechnischen Projekten. Diese läßt sich durch die *EPOS*-Tools, wie im nachfolgenden gezeigt wird, in geeigneter Weise ergänzen.

Um das Zusammenwirken der Werkzeuge innerhalb der Toollandschaft in eine Übersicht zu bringen, erfolgt zunächst eine Klassifizierung der Tätigkeiten nach Sachgebieten und eine damit verbundene Aufteilung der zugeordneten Werkzeuge in drei Werkzeuglinien bezüglich:
- Prozeß und konventionelle Technik
- Leitsystem-Software
- Leitsystem-Hardware

Dabei dürfen die Linien nicht isoliert betrachtet werden, sondern Daten, die als Ergebnisse der Tätigkeiten eines Planungsschritts innerhalb der Linien bereitgestellt werden, sind als gemeinsamer Input für die Tätigkeiten des nachfolgenden Planungsschritts zur Verfügung zu stellen.

Zwecks Einordnung von *PRISE/PDAS* in die oben genannten Linien erfolgt eine Aufteilung in einen *PRISE*-Anteil, der seinen Schwerpunkt bei der Projektierung der Leitsystem-Hardware hat, und einen *PDAS*-Anteil mit seinem Schwerpunkt bei der Erstellung der Leitsystem-Software. Die Einordnug von *PRISE/PDAS* in die *EPOS*-Werkzeuglinie bietet also zur Funktionalität von *PDAS* eine Erweiterung in Richtung Anforderungsanalyse und Softwareentwurf. Die übrigen CEPIA-Tools decken die Bereiche der Bearbeitung bezüglich Prozeß sowie der konventionellen Technik ab.

### 5.2.4.4.1 Toollandschaft für Anlagenengineering bei ABB

Grundlage für die Spezifikation der Anforderungen bezüglich Prozeß sowie der konventionellen Technik bilden die CEPIA-Tools zur
- Motoren- und Komponentenlisten-Bearbeitung
- Stelleinrichtungs-Bearbeitung
- Meßstellen-Bearbeitung

Die Motoren- und Komponentenliste dient dem Auftraggeber und dem Lieferanten einer Anlage dazu, die Daten der vorgesehenen Antriebe und Motoren sowie weitere Daten über Betriebs- und Bedienperipherie festzulegen. Außerdem sind Angaben über Speisung, Hauptstromkreis sowie Steuerung und Regelung möglich. Die Motoren- und Komponentenliste hat das Ziel, die Verständigung zwischen Betreibern und Herstellern von Industrieanlagen bei der Aufgabenstellung und

Projektierung zu erleichtern. Daher liegt deren Handhabung eine gemeinsame Vereinbarung zwischen Firmen wie AEG, SIEMENS, ABB oder KRUPP zugrunde.

Weitere CEPIA-Tools innerhalb der Werkzeuglinie existieren für:

- Niederspannungsschaltanlagen-Bearbeitung
- Verbindungs- und Kabelplanung
- Gerätelisten-Bearbeitung
- Ersatzteillisten-Bearbeitung

Innerhalb der Werkzeuglinie zur Projektierung der Leitsystem-Hardware übernimmt *PRISE* die Funktionen:

- Planung der Leitsystemstruktur
  Es sind die Busstruktur innerhalb des Leitsystems sowie die Ankopplung von Verarbeitungsstationen festzulegen.
- Bestückungsplanung
  Innerhalb der Verarbeitungsstationen ist die Bestückung der einzelnen Etagen mit Prozessorkarten, Ein-/Ausgabekarten sowie Kopplerkarten unter Berücksichtigung von Ressourcen wie Steckplatzkapazität, Stromversorgung und Verlustleistung zu planen.
- Funktionsplanung
  Die zu realisierenden Steuer- und Regelfunktionen sowie Signalverarbeitungsfunktionen sind den Leitsystemkomponenten zuzuordnen.
- Signalplanung
  Der innerhalb des Leitsystems durchzuführende Datenaustausch zwischen Verarbeitungs- und/oder Ein-/Ausgabefunktionen inklusive der Zuordnung von internen Hardwareadressen ist anlagenglobal zu verwalten. Die Signale von/zur Prozeßperipherie werden von der Ein-/Ausgabelisten-Bearbeitung bereitgestellt.

Innerhalb der Werkzeuglinie zur Bearbeitung der Leitsystem-Software übernimmt *PDAS* die Funktionen:

- Funktionsplan-Programmierung
- Dokumentation der Programme
- Inhouse-Test der Programme
- Test und Fehlerbeseitigung bei Inbetriebnahme und Wartung

Die oben genannten *PDAS*-Toolfunktionen sind in Darstellung und Handhabung gemäß den Anforderungen des Projekteurs und Inbetriebnehmers konzipiert. Zur Realisierung der Meß-, Steuer- und Regel-Funktionen stehen Bausteine wie PID-Regler, boolsche sowie algebraische Elemente zur Verfügung. Damit lassen sich vorwiegend produktinvariante Prozesse sowie Prozesse automatisieren, bei denen sich Produktänderungen durch Variation vorgedachter Produktionsparameter realisieren lassen.

Wesentlich komplexer ist die Automatisierung von diskontinuierlichen Prozessen, sogenannten Chargenprozessen, in der chemischen Industrie. Hier variieren die Produktionsabläufe so stark, daß die Automatisierungssoftware in Form von Rezepturen ständig den Produktänderungen angepaßt werden muß. Außerdem können Produktionschargen in komplexen Anlagen zur Erzielung einer guten Auslastung flexibel den Teilanlagen (z.B. Reaktoren) zugeordnet werden. Zur Automatisierung derartiger Prozesse sind im Rahmen des *PROSYT*-Projektes Toolfunktionen entstanden zur:

– Anlagenbeschreibung
   Definition von Teilanlagen und Transportwegen zwischen Teilanlagen (Abb. 5.2-32) sowie Definition von Grundoperationen (von Betriebsarten und Rezepturen unabhängige verfahrenstechnische Grundfunktionen, z.B. Heizen, Füllen, Rühren) innerhalb von Teilanlagen (Abb. 5.2-33)
– Rezepturerstellung
   Produktspezifische Verkettung von Teilanlagen und Grundoperationen sowie Parametrierung der Grundoperationsaufrufe
– Produktionsdisposition und -steuerung

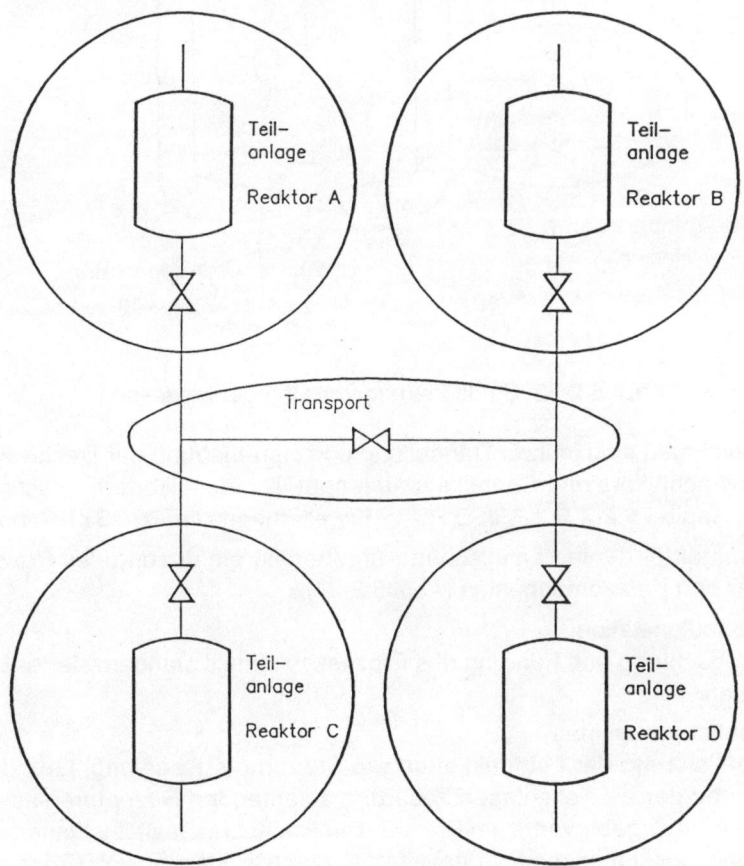

**Abb. 5.2-32.** Strukturierung von Chargenprozessen

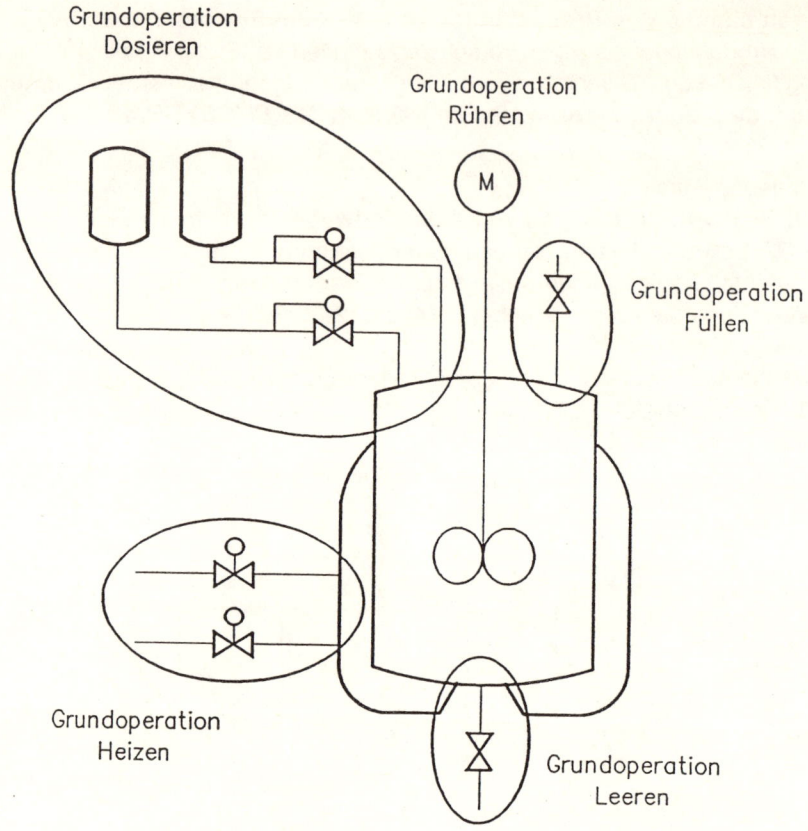

**Abb. 5.2-33.** Strukturierung von Chargenprozessen

Diese Funktionen sind in ihrer Darstellung und Handhabung der Denkweise des Verfahrenstechnikers und Chemikers angepaßt. Die detailliertere Beschreibung erfolgt im Kapitel 5.2.4.5: "*PRISE/PDAS*-Erweiterungen im *PROSYT*-Rahmen".

Lösungsmittel für die leittechnischen Aufgaben ist ein dezentrales Prozeßleitsystem mit den Kernkomponenten (Abb. 5.2-34):

– Prozeßbedienstation
zur Beobachtung und Führung des Prozesses mittels standardisierter Bediengraphiken

– Verarbeitungsstationen
zur Realisierung der Leitfunktionen wie Steuerung, Regelung, Grundoperationen und der als Teilanlagensteuerung ablaufenden Rezepturen sowie der Signalein-/-ausgabe vom/zum Prozeß. Die Rechnerkapazität ist innerhalb der Verarbeitungsstation modular erweiterbar durch Zustecken von Prozessorkarten. Ebenso ist die Prozeßperipherie durch Stecken intelligenter Ein-/Ausga-

bekarten mit Signalvorverarbeitung wie Linearisierung und Grenzwertbildung den Prozeßanforderungen anpaßbar.

– Bussystem
zur Realisierung des Datenverkehrs zwischen Prozeßbedienstationen und/oder Verarbeitungsstationen über große Entfernungen oder innerhalb der Verarbeitungsstationen zwischen Prozessorkarten und/oder Ein-/Ausgabekarten

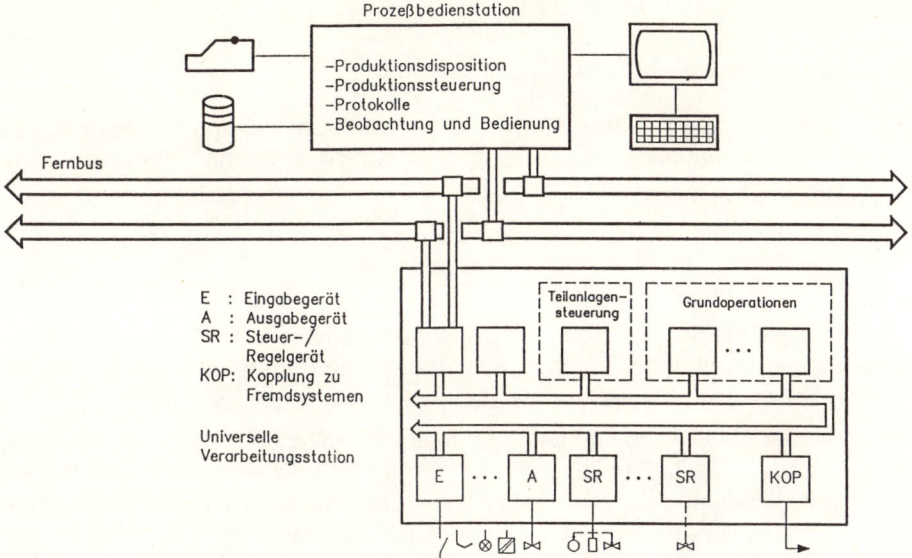

**Abb. 5.2-34.** Komponenten der Rezeptursteuerung

### 5.2.4.4.2 Einordnung innerhalb der *EPOS*-Linie

Während die Werkzeuglinien zur Projektierung der Meß- und Stelleinrichtungen sowie der konventionellen Technik und die Linie zur Projektierung der Leitsystem-Hardware durch die bereits beschriebenen CEPIA-Werkzeuge abgedeckt werden, setzt die Werkzeugunterstützung für die Projektierung der Leitsystemfunktionen bei der Benutzung von *PRISE/PDAS* erst in der Realisierungsphase auf. Hier kann das Spezifikationswerkzeug *EPOS* diese Werkzeuglinie für die den Angebots-, Basic-Engineering- und Detail-Engineering-Phasen zugeordneten Tätigkeiten sinnvoll nach oben ergänzen. Zu diesen Tätigkeiten zählen:

– Anforderungsanalyse der Funktionen
– Konzeptbeschreibung der Funktionen
– Entwurf der Leitfunktionsstruktur

– Spezifikation der Leitfunktionen
– Spezifikation von Schnittstellen

Die nachfolgend beschriebene Einbindung von *PRISE/PDAS* in die *EPOS-PRISE/PDAS*-Werkzeuglinie ist Ergebnis einer im Rahmen des Verbundprojekts durchgeführten Machbarkeitsuntersuchung und gibt deren gegenwärtigen Stand wieder. Eine Realisierung der Werkzeugkopplung durch entsprechende Transformatoren hat bisher nicht stattgefunden.

### 5.2.4.4.3  Erstellung von *EPOS*-Spezifikationen

Beim Entwurf der Leitfunktionsstruktur in der Basic-Engineering-Phase erfolgt zunächst eine Grobaufteilung der Leitfunktionen auf die einzelnen Leitebenen:

– Produktionsleitebene
– Prozeßleitebene
– Gruppenleitebene
– Einzelleitebene

Die Beschreibung der Meßwert- und Leitungsebene mit ihren Meß- und Stellfunktionen ist Bestandteil der Anlagenprojektierung und erfolgt dort mit den bereits beschriebenen Tools für Meßstellen- und Stelleinrichtungsbearbeitung.

Innerhalb der Leitebenen können die Funktionen mit *EPOS* top-down weiter detailliert werden. Die Leitfunktionsstruktur ergibt sich dabei aus der Detaillierung der Leitfunktionen und der Beschreibung des Datenaustauschs zwischen den einzelnen Leitfunktionen durch Definition funktionaler Schnittstellen. Dabei ist auch der Datenverkehr mit den Meß- und Stellfunktionen und somit der Bezug zum Prozeß einzubeziehen.

In der Detail-Engineering-Phase erfolgt eine Feinspezifikation der durch die Leitfunktionsstruktur festgelegten Leitfunktion. Wesentliches Ziel dabei ist die Festlegung der Programmstruktur und die Definition von wiederverwendbaren Funktionseinheiten. Bezüglich des Datenverkehrs sind die Bezeichner der über die funktionalen Schnittstellen auszutauschenden Signale festzulegen. Die Spezifikation der Signale vom/zum Prozeß kann dabei von der Ein-/Ausgabelistenbearbeitung bereit gestellt werden.

Aus der Feinspezifikation der Funktionen sowie der Zuordnung von Leitfunktionen zu Leitanlagenkomponenten in *PRISE* kann eine Programmstruktur generiert werden. Zusammen mit der Beschreibung der Signale bildet dies den Realisierungsrahmen, der nach *PDAS* als Initialinformation zu übernehmen ist. Der eigentliche Programmcode läßt sich dann komfortabel in Form der Funktionsplanprogrammierung erstellen. Ergebnisse der Funktionsplanprogrammierung können zwecks Dokumentation in die *EPOS*-Spezifikation zurückgeführt werden.

### 5.2.4.4.4  Schnittstellenbeschreibung *EPOS-PRISE/PDAS*

Nachfolgend erfolgt die Definition geeigneter Schnittstellen zwecks Austausch von Spezifikationsdaten zwischen *EPOS* und *PRISE/PDAS* für die Funktions- und Datenbeschreibung. Die Erstellung von Automatisierungsprogrammen mit *PRISE/PDAS* beinhaltet im wesentlichen die Projektierungsschritte:

— Definition der Programmfunktionen als Tasks
Dabei können einer Prozessorkarte mehrere Tasks zugeordnet werden. Die Ausführung einer Task kann zyklisch oder ereignisgesteuert erfolgen.

— Programmerstellung
Das Automatisierungsprogramm wird mit Hilfe eines Funktionsplaneditors unter Verwendung vordefinierter Funktionsbausteine eingegeben. Die Programmstruktur ist im wesentlichen linear. Eine Ausnahme ist die Bildung von Bedingungsblöcken. Außerdem können anwenderspezifische Unterprogramme als Anwenderbausteine definiert werden. Als weiteres Gliederunghilfsmittel wird das Programm in sogenannte Sätze unterteilt, wobei jedem Satz ein kommentierender Text zugeordnet werden kann.

— Beschreibung der Daten
Es wird unterschieden zwischen lokalen taskinternen Daten und globalen task-externen Daten. Globale Daten, die außerhalb einer Task bekannt sind, müssen bei Nutzung der Signalplanung mittels *PRISE* mit einem eindeutigen Bezeichner identifiziert werden. Die verwendeten Basis-Datentypen beschränken sich dabei auf Integer, Long-Integer, Real und Boolean. Jedem Datum kann ein beschreibender Text als Kommentar zugeordnet werden. Bei Werten vom Typ Boolean kann außerdem ein sogenannter Signallagetext, d.h. die benutzerspezifische Benennung der Zustände TRUE und FALSE, definiert werden.

— Beschreibung des Datenverkehrs einer Task mit der Außenwelt
Dabei wird unterschieden zwischen Eingangs- und Ausgangssignalen zur Intertaskkommunikation oder zur Kommunikation über das Bussystem mit anderen Prozessorkarten bzw. Peripheriekarten. Ausserdem existiert bei den Programmvariablen noch die Klasse der Parameter, mit denen der Benutzer bei Bedarf die Programmfunktion anpassen kann, z.B. Reglerparameter.

Die *EPOS*-Spezifikation kann nun ergänzend zu *PRISE/PDAS* genutzt werden zur Strukturierung der Gesamtfunktionalität und der Beschreibung der globalen Daten. Die Detaillierung der Funktionalität muß mindestens bis auf Taskebene erfolgen. Sind innerhalb einer Task Bedingungsblöcke oder anwenderspezifische Unterprogramme enthalten, ist die Einführung zusätzlicher Detaillierungsebenen sinnvoll. Durch die Zusammenfassung von Daten auf oberen Detaillierungsebenen und der Festlegung von Existenzbereichen von Daten im SCOPE-Part der *EPOS*-Datenspezifikation kann in einem frühen Entwurfsstadium auf die Existenz von funktionalen Schnittstellen hingewiesen werden. Die Detaillierung der Daten bis auf Signalebene sowie der Fluß der einzelnen Signale können dann später festgelegt werden.

Für die Abbildung von *EPOS*-Spezifikationen auf *PRISE/PDAS*-Programme sind Transformationsfunktionen zu definieren. Dabei ist zu unterscheiden zwischen zu transformierenden Daten und Programmfunktionen. Bei den Daten erfolgt entsprechend der Top-Down-Vorgehensweise zunächst eine Grobspezifikation. Dabei sollte eine funktionsorientierte Zusammenfassung von Daten erfolgen, z.B. alle Ein-/Ausgangsdaten einer Reglerfunktion. Später kann eine Detaillierung der Daten bis auf Einzelsignalebene erfolgen. Um die Anzahl der zu definierenden Daten gering zu halten und den Spezifikationsaufwand zu minimieren, sollten gleichartige Datenstrukturen als Datentypen vereinbart werden. Für die Datenbezeichner innerhalb *EPOS* sind Klartextbezeichner zu verwenden. Im Gegensatz dazu werden später innerhalb *PRISE/PDAS* symbolische Bezeichner verwendet, deren Syntax durch ein Kennzeichnungssystem festgelegt ist und keinen Klartext darstellt. Es muß daher eine Transformation erfolgen.

Beispiel:

D_REGLER_XY ! SOLLWERT (*EPOS*) –> 21I01_MF152/XQ50 (*PRISE/PDAS*)

Dazu folgende Vorgehensweise:

- den einzelnen Elementen der *EPOS*-Datenspezifikation werden vom Anwender Stringelemente zugeordnet. Dies kann zum Beispiel im IDENTIFICATION-PART erfolgen.
  Beispiel :        IDENTIFICATION : '21I01_'.

- Ein Transformationsprogramm hat die in *EPOS* definierte Datenspezifikation auszuwerten und gemäß deren Struktur die Stringelemente zu einem symbolischen Bezeichner zusammenzusetzen. Der vollständige *EPOS*-Bezeichner wird als Klartextbeschreibung beigefügt

- Die erzeugten symbolischen Bezeichner werden zu Symboltabellen zusammengefaßt. Die Ablage der Symboltabellen kann global oder funktionsorientiert entsprechend einer im SCOPE-PART vereinbarten Sichtbarkeitsschale erfolgen.

Zur vollständigen Beschreibung der Signale fehlt noch die Angabe bezüglich der Datenflußrichtung. Diese kann entweder bei Verwendung der globalen Symboltabelle durch *PRISE/PDAS* beim jeweiligen Zugriff ergänzt oder ebenfalls der *EPOS*Spezifikation entnommen werden. Dazu sind in der *EPOS*-Funktionsspezifikation die Signale als Eingangs- bzw. Ausgangsdaten zu benennen. Diese Angaben können ebenfalls von einem Transformationsprogramm ausgewertet werden und die Symboltabellen ergänzen. In Richtung *EPOS* –> *PRISE/PDAS* sind also Symboltabellen zur Signalspezifikation zu übertragen. Die Schnittstellen zur Ausgabe der Spezifikationsdaten seitens *EPOS* und zum Einlesen von Symboltabellen seitens *PRISE/PDAS* sind bereits vorhanden.

Die automatische Umsetzung der funktionalen Struktur von *EPOS* in eine Programmstruktur oder sogar Programmcode innerhalb *PRISE/PDAS* erscheint vorerst nicht sinnvoll. Die *EPOS*-Spezifikation sollte hier vielmehr eine Übersicht über die Struktur geben und funktionale Zusammenhänge verdeutlichen, die dann leicht manuell in eine Programmstruktur umgesetzt werden können. Außerdem würden sowohl der Spezifikationsaufwand bei weiterer Detaillierung überproportional ansteigen als auch die Übersichtlichkeit verloren gehen. Demgegenüber ist *PRISE/PDAS* optimiert auf die komfortable Erstellung und Dokumentation von Programmen auf Funktionsplanbasis. Daher ist der größte Nutzen von einer Rückführung von Programminformation in die *EPOS*-Spezifikation zu erwarten. Rückzuführen ist dabei nicht notwendigerweise der vollständige Programmcode, sondern lediglich Information bezüglich Datenverkehr und Programmfunktion. Dazu existiert seitens *PRISE/PDAS* eine Schnittstelle zur Ausgabe einer sogenannten Planungsdatenliste mit folgenden Inhalten:

– Funktionsplanbezeichnungen
– Satzbezogene Kommentarzeilen
– Satzbezogene Auflistung der Ein-/Ausgangssignale und Programmparameter mit ihrem symbolischen Bezeichner und ihrer Klartext-Beschreibung

Diese Informationen können als Programmbeschreibung über ein entsprechendes Transformationsprogramm in die CODE-PARTS der *EPOS*-Spezifikation zurückgeführt werden. Zur detaillierten Programmdokumentation sind die von *PRISE/PDAS* erzeugten graphischen Funktionspläne beizufügen. *EPOS* dient damit gleichzeitig als Rahmensystem zur Dokumentationserstellung.

### 5.2.4.5 *PRISE/PDAS*-Erweiterung im *PROSYT*-Rahmen

#### 5.2.4.5.1 Grundkonzeption der Rezeptursteuerung

Die Grundkonzeptionen moderner Prozeß- und Fertigungsautomatisierung sind durch modulare und hierarchische Strukturen gekennzeichnet. Abb. 5.2-35 zeigt den zugrunde gelegten Ansatz für die Strukturierung der leittechnischen Funktionen in Chargenprozessen mit automatischer Rezepturfahrweise ([BWAU87]).

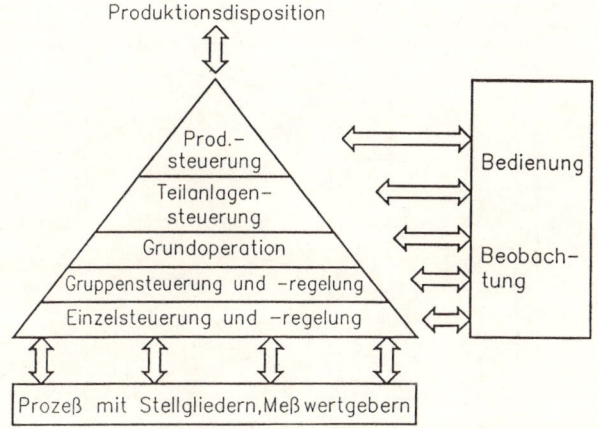

**Abb. 5.2-35.** Hierarchische Struktur leittechnischer Funktionen für Chargenprozesse

Hierbei gelten folgende Prinzipien:

– Jede Ebene weist fest definierte Schnittstellen zur jeweils über- und untergelagerten Ebene und zur Beobachtung und Bedienung auf.
– Jede nächsthöhere Ebene stellt eine aufwärtskompatible Funktionserweiterung im Sinne eines gestuft höheren Automatisierungsgrades dar.
– Nicht zur Verfügung stehende höhere Ebenen führen zu einem vordefinierten Teilautomatikbetrieb.

Die Einführung der rezeptursteuerspezifischen Ebenen Grundoperation, Teilanlagensteuerung (Kettung der Grundoperationen) und Produktionssteuerung orientiert sich direkt an den gestuften Anforderungen gemäß folgender Klassifizierung der Prozeßtypen (Abb. 5.2-36):

A: einfache Chargenprozesse, deren Anlagenaufbau nur einen Produktionsweg aufweist und deren Verfahrensabläufe durch eine für alle Produktarten gleiche und feste Aneinanderreihung anlagenspezifisch definierter Steuerungs- und Regelungsstrukturen (Grundoperationen) automatisiert werden können. Unterschiedliche Produktarten werden durch jeweils unterschiedliche Parametersätze (Sollwerte, Einstellzeiten, Fahrweisen etc.) beschrieben.

B: komplexere Chargenprozesse, die eine flexiblere und breitere Produktvielfalt erlauben. Hierzu sind auch flexiblere Automatisierungsmittel als für den Prozeßtyp A bereitzustellen, indem produktabhängig neben den Parametersätzen auch die Kettung der Grundoperationen variabel gestaltet werden kann.

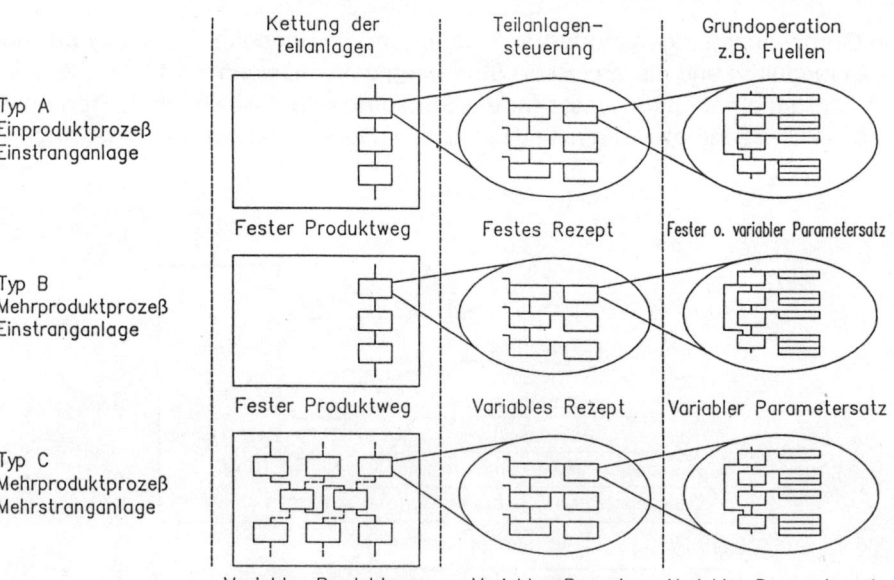

**Abb. 5.2-36.** Übersicht über Prozeßtypen

C: umfangreiche Anlagen, bei denen alternativ variable Produktwege möglich sind. Hier ist ein zusätzlicher Freiheitsgrad der Produktionslenkung gegeben durch eine nach Güte- und Wirtschaftlichkeit optimierte Produktionsdisposition und -steuerung der Teilanlagen, mit denen die jeweilige Produktart oder die einzelne Charge schrittweise hergestellt wird.

Bei Prozeßtyp A sind die beiden oberen Ebenen trivial und können daher in ihrer Funktionalität entfallen. Die komplexeren Anforderungen gemäß Prozeßtyp B bzw. C können aufwärtskompatibel aufgesetzt werden. Diese modulare Konzeption erleichtert Projektierung und Inbetriebnahme und ist sowohl für Erweiterungen als auch für einen teilautomatisierten Betrieb, wie er in der Anlagenpraxis häufig vorkommt, offen.

Die Schnittstelle zu einer der Prozeßleitebene übergeordneten Produktionsleitebene ist in Analogie zu vergleichbaren Konzepten der integrierten Fertigungsautomatisierung (CIM) bereits vorbereitet. Durch diese konsequente und klar strukturierte Aufgabenverteilung, durch den modularen Aufbau und die Einführung problemorientierter hierarchischer Ebenen mit Definition standardisierter Schnittstellen ist eine optimale Automatisierung aller Chargenprozeßtypen in Rezepturfahrweise möglich, wobei die Vorteile der dezentralen Prozeßleittechnik genutzt werden.

### 5.2.4.5.2 Rezepturverwaltung

### 5.2.4.5.2.1 Übersicht

Die Rezepturverwaltung ist ablauffähig auf *VAX/VMS*-Systemen. Sie stellt umfangreiche Hilfsmittel zur Verwaltung, Erstellung, Änderung und Dokumentation der Rezepturen zur Verfügung. Diese Hilfsmittel gliedern sich in:

– Rezepturerstellung
– Grundoperation-Erstellung
– Teilanlagendefinition

als Ergänzung zu den bisherigen Fähigkeiten von *PDAS*. Die Rezepturverwaltung erlaubt dem Anwender, auf komfortablem Weg durch freie Kettung von Grundoperationen und Vergabe von Parametern Teilrezepte zu erstellen und diese zu Gesamtrezepturen zusammenzufassen. Durch die Erstellung werden gleichzeitig ladbare Programme für die Steuer- und Regelgeräte innerhalb der Prozeßstationen als auch die Daten für die Darstellung in der Prozeßbedienstation erzeugt.

Um die Teilanlagen erstellen zu können, müssen deren Fähigkeiten (Funktionen, Signale) bekannt sein. Um dies zu erreichen, sind zunächst die entsprechenden Grundoperationen zu definieren. Um für eine Teilanlage Rezepte erstellen zu können, sollte also möglichst folgender Arbeitsablauf eingehalten werden, da die Arbeitsschritte z.T. aufeinander abgestimmt sind:

1. Erstellen der Grundoperationen für eine Teilanlage
2. Definition der Teilanlage
3. Erstellen der Initialrezepte für die Teilanlage
4. Erstellen der Teilrezepte für die Teilanlage
5. Erstellen der Rezepte

Die Menüs der Rezepturverwaltung werden dialogorientiert aufgeblendet. Die Menüs können Ein-, Ausgabefelder, Anwahlfelder und scrollbare Tabellen beinhalten. Das Bearbeiten der Menüs ist grundsätzlich mit dem Ausfüllen der Eingabefelder zu beginnen, und zwar mit dem Eingabefeld, das bereits beim Aufblenden des Menüs angewählt ist. Können von dieser Eingabe aus Verbindungen zu bereits bestehenden Daten geknüpft werden, füllen sich die anderen Felder z.T. automatisch.

### 5.2.4.5.2.2  Rezepturbearbeitung

Die Funktion REZEPTURBEARBEITUNG offeriert dem Benutzer ein detailliertes Submenü (Abb. 5.2-37) mit eingeblendetem Verzeichnis der bisher erstellten Rezepte. Bevor eine Funktion des Submenüs angewählt werden kann, ist das gewünschte Rezepturkennzeichen und, falls es sich um eine neue Rezeptur handelt, die Rezepturbezeichnung einzutragen. Anschließend können die angebotenen Funktionen aktiviert werden.

```
┌─────────────────────────────────────────────────────────────────┐
│                 REZEPTURVERZEICHNIS          ZEILENZAHL:  2        │
├─────────────────────────────────────────────────────────────────┤
│  Rezepturkennzeichen: ZITRO25                                     │
│  Rezepturbezeichnung: ZITRONENSÄURE                               │
│                                                                   │
│  Funktionen:                                                      │
│                                                                   │
│          Rezeptur erst/ändern        Rezeptur löschen             │
│          Rezepturen sichern          Rezepturen zurückholen       │
│          Rezeptur freigeben          Bezeichnung ändern           │
│          Rezeptur ausdrucken                                      │
│                                                                   │
│  Rezepturverzeichnis:                                             │
│  Nr.  Rezepturkennzeichen  Rezepturbezeichnung  Rezepturstatus    │
│                                                                   │
│    1  BSP01                BEISPIELREZEPTUR       INS              │
│    2  ZITRO25              ZITRONENSÄURE          NIN              │
│                                                                   │
│  Hinweis: Die Rezeptur existiert bereits                          │
└─────────────────────────────────────────────────────────────────┘
```

**Abb. 5.2-37.** Menü Rezepturbearbeitung

*Rezepturen sichern*
Es werden alle Rezepturen, die dem System bekannt sind, auf ein Backup-Medium kopiert.

*Rezeptur freigeben*
Die gesamte Rezeptur wird ladebereit gemacht, vorausgesetzt, alle benötigten
Teilrezepte sind lauffähig. Freigegebene Rezepturen sind im Rezepturverzeichnis
unter der Spalte "Rezepturstatus" mit dem Symbol "INS" gekennzeichnet, nicht
freigegebene mit dem Symbol "NIN".

*Rezeptur ausdrucken*
Alle verfügbaren Daten einer Rezeptur werden ausgedruckt.

*Rezeptur löschen*
Alle Daten einer Rezeptur werden gelöscht.

*Rezeptur zurückholen*
Alle Rezepturen, die auf dem Backup-Medium gespeicher sind, werden in das
System übernommen.

*Bezeichnung ändern*
Mit dieser Option kann die Bezeichnung einer Rezeptur geändert werden.

*Rezeptur erst/ändern*
Diese Funktion ermöglicht das Erstellen oder Ändern der spezifizierten Rezeptur.
Nach Starten dieser Funktion hat der Benutzer nun unter den Subfunktionen
REZEPTKOPF, TEILANLAGENFOLGE und TEILREZEPT BEARBEITEN auszu-
wählen. Zur Erstellung einer Gesamtrezeptur sind alle 3 Funktionen durch-
zuführen.

### 5.2.4.5.2.2.1 Erstellen eines Rezeptkopfs

Die Erstellung eines Rezeptkopfs dient zur Aufnahme der Verwaltungsdaten einer
Rezeptur in das Rezeptursteuerungssystem. Im Rezeptkopf, der durch das
Rezepturkennzeichen bzw. die Rezepturbezeichnung eindeutig bestimmt ist, ist
neben den Benutzerdaten auch der Freigabestatus enthalten. Dem Freigabestatus
ist zu entnehmen, ob die gesamte Rezeptur ladbar ist.

Die Benutzerdaten gliedern sich in:

– Erstell- und Änderungsdaten
  Name (und Datum) des Rezepturerstellers bzw. desjenigen, der die letzte Änderung vorgenommen hat.

– Ablaufdauer
  Produktionsdauer für die Gesamtrezeptur, die bei der Disposition zu berücksichtigen ist.

– Protokolltyp
  zur Erstellung von Produktionsprotokollen.

– Kommentar
  als freier Text.

```
                            REZEPTKOPF

Rezepturkennzeichen:  ZITRO25
Rezepturbezeichnung:  ZITRONENSÄURE

Freigabestatus:       KEINE FREIGABE

Ersteller:            BRUNS
Erstellungsdatum:     07-07-88

Änderung durch:       AUER
Änderungsdatum:       08-07-88

Ablaufdauer:          5-04:30
Protokolltyp:
Kommentar:            Rezeptur nur für Probebetrieb
                      verwenden
```

**Abb. 5.2-38.** Menü Rezeptkopf

### 5.2.4.5.2.2.2  Reihenfolge der Teilanlagen festlegen

Damit alle Teilrezepte in der richtigen Produktionsreihenfolge abgearbeitet werden, ist die Abfolge der zu steuernden Teilanlagen zu definieren. Als Schlüssel hierzu dient die jedem Teilrezept entsprechende Produktionsschrittnummer, der wiederum die Produktionsschrittbezeichnung und eine Teilanlage zugeordnet ist.

```
                            REZEPTKOPF

Rezepturkennzeichen:  ZITRO25
Rezepturbezeichnung:  ZITRONENSÄURE

   PS-NR.    PRODUKTIONSSCHRITT-BEZ.        TEILANLAGE

   01.01     FERMENTIEREN                   FERM1
   02.02     REAKTION                       REA01
   03.02     REAKTION                       REA03
   05.03     ABFUELLEN
```

**Abb. 5.2-39.** Menü Reihenfolge Teilanlagen

### 5.2.4.5.2.2.3  Teilrezept bearbeiten

Eine Rezeptur beschreibt den "Herstellungsprozeß" eines Produkts in einer gegebenen Anlage. Pro Teilanlage, die in den Herstellungsprozeß eingebunden ist, wird ein Teilrezept erstellt, das die Steuerungsvorgänge für die zugeordnete Teilanlage festlegt. Die Teilanlagen müssen der Rezepturverwaltung in einer Projektierungsphase bekanntgemacht worden sein.

Im Zuge der Teilanlagendefinition wird auch das sogenannte Initialteilrezept erstellt, das all die Elemente enthält, die bei jedem Teilrezept dieser Teilanlage gleich sind. Dazu gehören:

− Grundelemente des Funktionsplans
− Teilanlagensignale und deren Bezeichnungen
− Konstanten
− verfügbare Grundoperationen

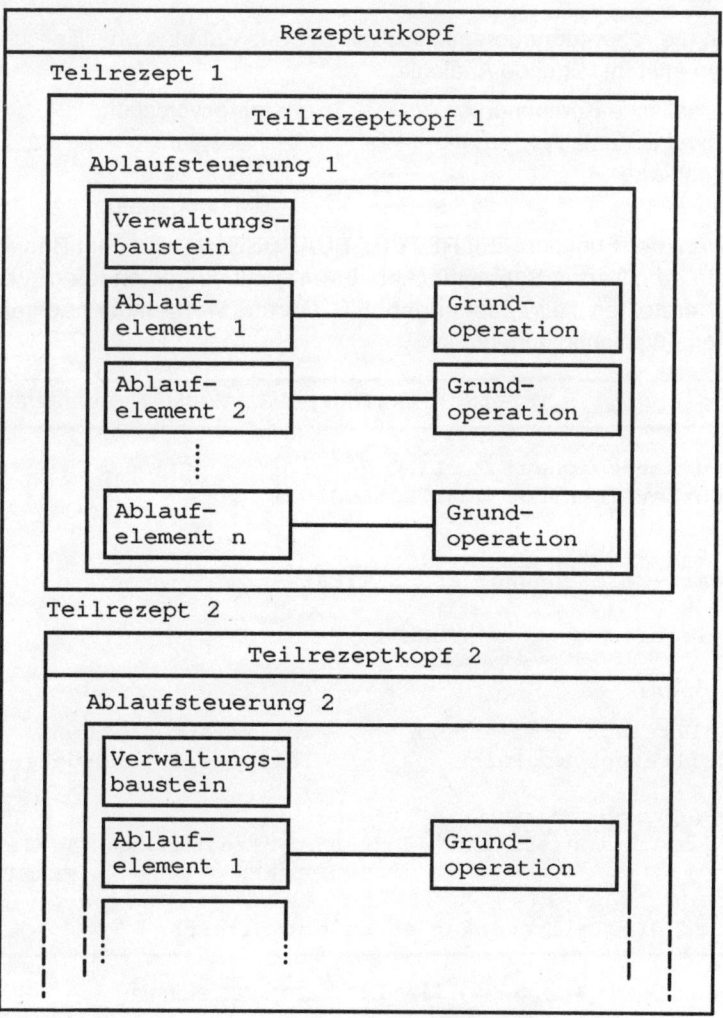

**Abb. 5.2-40.** Rezepturaufbau

Vor der Bearbeitung eines neuen Teilrezepts ist daher das Initialteilrezept in das zu bearbeitende Rezept zu kopieren. Dadurch wird ein effizientes Arbeiten ermöglicht, da der Benutzer sich den Grad der Initialisierung von Ablaufstrukturen und Signaldefinition individuell festlegen kann.

In Abb. 5.2-40 ist der grobe Aufbau einer Rezeptur dargestellt. Eine Rezeptur enthält einen Rezeptkopf und mehrere gekettete Teilrezepte. Jedes Teilrezept gliedert sich wiederum in den Teilrezeptkopf und eine Ablaufsteuerung. An den Elementen der Ablaufsteuerung können Ausgangssignalbezeichner und Grundoperationsaufrufe angefügt werden. Grundoperationen haben die gleiche innere Struktur, jedoch können aus Grundoperationen keine weiteren Grundoperationen aufgerufen werden.

Bildet man die rezeptursteuerspezifischen Begriffe auf eine physikalische Anordnung ab, so ensteht folgende Analogie:

|  |  |  |
|---|---|---|
| Physikalische Komponente |  | Steuerungsvorschrift |
| Produktionanlage | <------> | Rezeptur |
| Teilanlage | <------> | Teilrezeptur |
| Funktion | <------> | Grundoperation |

Nach Anwahl der Funktion TEILREZEPT BEARBEITEN wird dem Benutzer automatisch ein detailliertes Submenü (Abb. 5.2-41) mit eingeblendetem Verzeichnis der bisher erstellten Teilrezept angeboten. Daraus werden die nachfolgend beschriebenen Funktionen angeboten:

```
            TEILANLAGENSTEUERUNGSVERZ.     ZEILENZAHL: 1

Rezepturkennzeichen:    ZITRO25
Rezepturbezeichnung:    ZITRONENSÄURE

Produktionsschritt:     01.01
Prodschr.-Bezeichnung:  FERMENTIEREN

Teilanlage:             FERM 1

Funktionen:

     Teilrezept erst/ändern       Teilrezept löschen
     Teilrezept kopieren          Teilrezept ausdrucken

Teilrezepturverzeichnis:
Nr.  Produktionsschritt  Prodschr-Bezeichnung    Teilanlage
 1   01.01               FERMENTIEREN            FERM1

Hinweis: Die Teilrezeptur existiert bereits
```

**Abb. 5.2-41.** Menü Teilrezeptverzeichnis

Teilrezept kopieren
Es wird ein beliebiges Teilrezept derselben Teilanlage kopiert. Das Ziel- und Quell-Teilrezept muß bereits kreiert sein. Diese Funktion dient auch zum Kopieren von Initialrezepten.

Teilrezept ausdrucken
Es werden alle Komponenten eines Teilrezepts ausgedruckt.

Teilrezept löschen
Es werden alle Datenbank-Einträge eines Teilrezepts gelöscht.

Teilrezept erstellen/ändern
Diese Funktion ermöglicht das Erstellen oder Ändern des spezifizierten Teilrezepts. Nach Starten dieser Funktion hat der Benutzer nun unter den Funktionen TEILREZEPTKOPF und FUNKTIONSPLAN ERST/ ÄNDERN auszuwählen.

Die Erstellung des Teilrezeptkopfes dient zur Aufnahme der Verwaltungsdaten eines Teilrezepts in das Rezeptursteuersystem. Im Teilrezeptkopf, der durch die Produktionsschrittnummer bzw. die Produktionsschrittbezeichnung eindeutig bestimmt ist, sind neben den Benutzerdaten auch Mengendaten enthalten.

```
                       TEILREZEPTKOPF          ZEILENZAHL:

 Rezepturkennzeichen:   ZITRO25
 Rezepturbezeichnung:   ZITRONENSÄURE

 Produktionsschritt-NR.: 01.01
 Prodschr.-Bezeichnung:  FERMENTIEREN

                        NAME                   DATUM
 Erstellt:              BRUNS                  07-07-88
 Änderung durch:        AUER                   08-07-88

 Normmenge:             14.0        Einheit: T
 Minimale Produktmenge: 2.0
 Maximale Produktmenge: 20.5

 Ablaufdauer:           0-10:40
 Protokolltyp:
 Kommentar:             Rezeptur für Probebetrieb
                        verwenden
```

**Abb. 5.2-42.** Menü Teilrezeptkopf

Die Benutzerdaten gliedern sich in:

- Erstell- und Änderungsdaten
  Name (und Datum) des Rezeptstellers/-änderers
- Ablaufdauer
  Verweildauer der Charge in der Teilanlage

- Protokolltyp
  zur Erstellung von Chargenprotokollen
- Kommentar
  als freier Text

Die Mengendaten bestehen aus:

- Normmenge
  Teilrezepte, die je nach Produktmenge unterschiedliche Parameter benötigen, werden für eine Normmenge erstellt und erhalten je nach tatsächlich zu produzierender Menge entsprechend umgerechnete Parameter. Während die tatsächliche Produktmenge bei der Disposition angegeben wird, ist die Normmenge einschließlich der physikalischen Einheit im Teilrezeptkopf einzutragen.

- Minimale/Maximale Produktmenge
  Die minimale und maximale Produktmenge sind die Daten, die den Auslastungsbereich der Teilanlage darstellen. Die Normmenge muß innerhalb dieses Bereichs liegen.

Die Eingabe der Teilrezeptur erfolgt in Funktionsplantechnik am Bildschirm.

Abb. 5.2-43 zeigt die Grundstruktur jedes Teilrezepts, die in jedem Teilrezept beizubehalten ist. Bei jedem Teilrezept, das für diese Teilanlage erstellt wird, ist nach Kopieren des Initialrezepts auch diese Grundstruktur mit allen Bezeichnern und Grundoperationsaufrufen im Funktionsplan enthalten. Weitere Ablaufelemente dürfen nur innerhalb der Ein- bzw. Auskette zwischen Nullschritt und

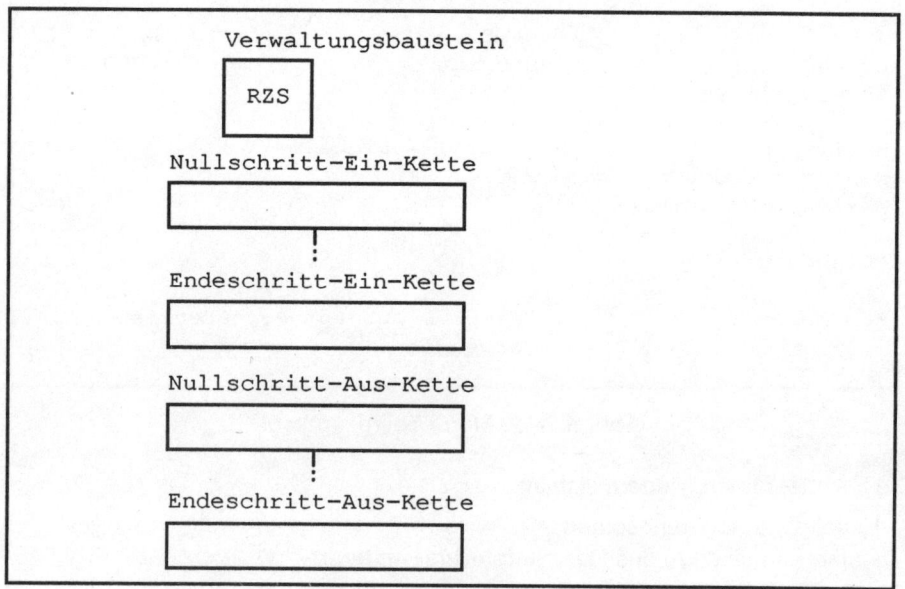

**Abb. 5.2-43.** Grundstruktur Teilrezept

Endeschritt eingefügt werden. Jedes eingefügte Ablaufelement bildet einen sogenannten Schritt, der mit Weiterschaltbedingungen, Konstanten, Schaltzeichen und
Grundoperationen verknüpft werden kann. Pro Ablaufelement sind maximal fünf
Grundoperationsaufrufe und pro Teilanlage maximal 31 verschiedene Grundoperationen zulässig. Abb. 5.2-44 zeigt ein Beispiel für ein Teilrezept.

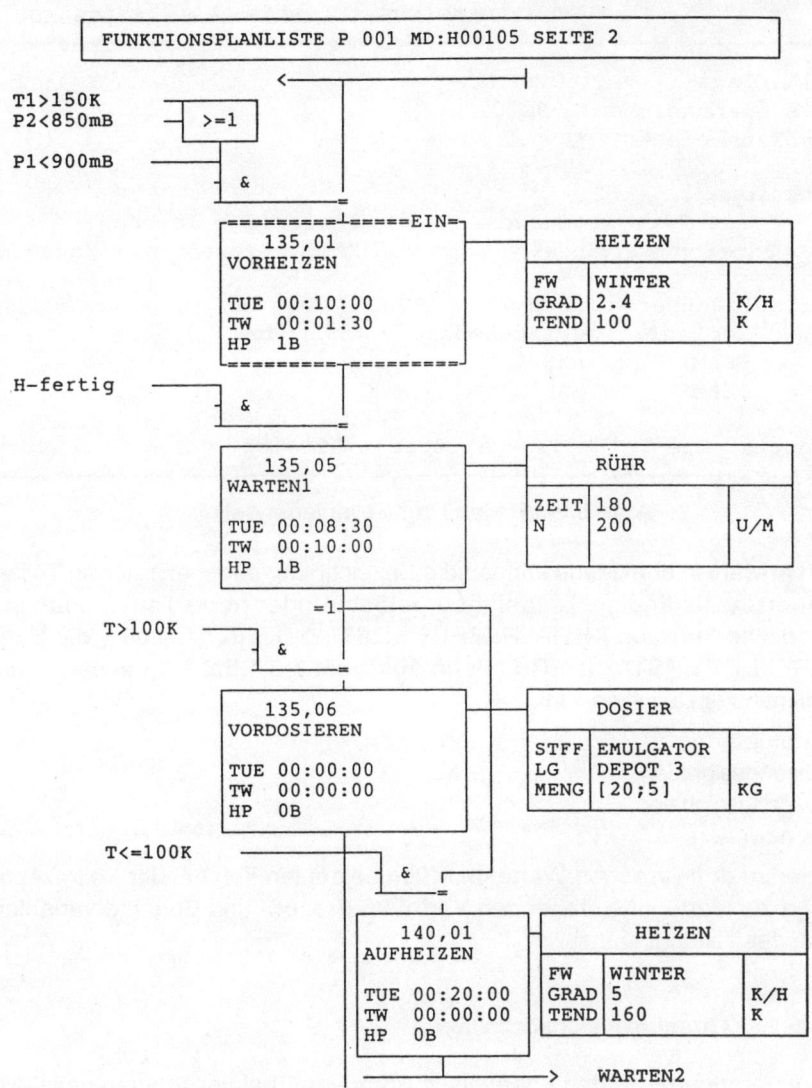

**Abb. 5.2-44.** Beispiel Teilrezept

### 5.2.4.5.2.3 Teilanlagendefinition

Die Funktion TEILANLAGENDEFINITION offeriert dem Benutzer ein detailliertes
Submenü (Abb. 5.2-45) mit eingeblendetem Verzeichnis der bisher definierten
Teilanlagen.

```
                 TEILANLAGENVERZEICHNIS          ZEILENZAHL: 2

Teilanlage:          FERM1
Gerätekennzeichen:   RZS01
Ortskennzeichen:

Funktionen:
     Teilanlage kreieren          Teilanlage löschen
     Bezeichnung ändern           Initialrezept erst/ändern

Teilanlagenverzeichnis:
Nr.    Teilanl.    Gerätekennz.    Ortskennz.
 1     FERM1       RZS01
 2     FERM2       RZS03

Hinweis: Die Teilanlage existiert bereits
```

**Abb. 5.2-45.** Menü zur Teilanlagendefinition

Durch Anwahl in dem Menü können die Bezeichnung der spezifizierten Teilanlage
geändert, vollständige Teilanlagen gelöscht oder neue Teilanlagen kreiert
werden. Die Funktion INITIALREZEPT ERST/ÄNDERN ist analog der Funktion
TEILREZEPT ERST/ÄNDERN (siehe Abschnitt 5.2.4.5.2.2.3), erweitert um die
Funktionen zur Definition von

– Parametern,
– Eingangssignalen,
– Ausgangssignalen,
– Grenzwerten.

Die hier zu definierenden Werte und Signale stellen den bei der Teilrezeptbear-
beitung zur Verfügung stehenden Vorrat an Prozeß- und Benutzervariablen auf
Ebene der Teilanlage dar.

### 5.2.4.5.2.4 Grundoperationsdefinition

Grundoperationen werden ebenfalls in Form von Funktionsplänen definiert. Zur
Erstellung von Grundoperationen werden die *PDAS*-Fähigkeiten herangezogen,
die nach Anwahl der Funktion GRUNDOPERATION ERSTELLEN im Grundmenü
zur Verfügung stehen.

### 5.2.4.5.2.4.1 Grundoperationen mit Prozeßschnittstelle

Grundoperationen mit Prozeßschnittstelle sind Steuerungsvorschriften für Funktionseinheiten einer Teilanlage (z.B. Heizen, Rühren etc.). Ihr Grundaufbau ist identisch mit dem der Teilrezepte. Zusätzlich sind diverse Funktionsbausteine der MSR-Technik verfügbar, die mit den Ablaufelementen und Funktionsbausteinen der Rezeptursteuerung verknüpft werden können.

### 5.2.4.5.2.4.2 Grundoperationen ohne Prozeßschnittstelle

Unter einer Grundoperation ohne Prozeßschnittstelle versteht man eine Bedienergrundoperation. Diese Grundoperation nimmt eine Sonderstellung bei den Grundoperationen ein, da sie keine Steuerungsvorschrift für eine Teilanlagenfunktion darstellt, sondern einen Arbeitsablauf für den Prozeßbediener vorgibt. Wird die Bedienergrundoperation in einem Teilrezept aktiviert, so wird der Prozeßbediener aufgefordert, den mit den Parametern der Grundoperation festgelegten Arbeitsauftrag durchzuführen. Solch ein Arbeitsauftrag könnte sein:

– Schaumbildung in Fermenter 1 überprüfen
– Sauerstoffgehalt in Fermenter 1 überprüfen

Um die Ergebnisse dieses Arbeitsauftrags nun wieder als Prozeßkriterien in das Teilrezept einfließen lassen zu können, ist der Prozeßbediener genötigt, die Arbeitsergebnisse in Form von Parametereingaben der Grundoperation zu übergeben, die diese in Form von Rückmeldungen zum Teilrezept überträgt.

### 5.2.4.5.3 Rezepturbedienung und -beobachtung

Die Bedienung und Beobachtung der innerhalb der Leitanlage auf dezentralen Prozessorkarten ablaufenden Rezepturen und Grundoperationen erfolgt von der Prozeßbedienstation aus mittels standardisierter Darstellungen und Dialoge, die durch sogenannte Kreisbilder realisiert werden.

### 5.2.4.5.3.1 Grundoperationen

Innerhalb des Kreisbildes Grundoperation erfolgt eine Darstellung und manuelle Bedienung der in den einzelnen Teilanlagen definierten Grundoperationen. Bei automatischer Rezepturfahrweise erfolgt der Aufruf und die Parametrierung der Grundoperationen selbsttätig durch die Teilanlagensteuerung. Bei fehlender oder außer Betrieb genommener Teilanlagensteuerung kann jedoch eine Rezeptur auch auf Grundoperationenebene durch den Bediener bearbeitet werden. Dies ist insbesondere bei der Erprobung neuer Rezepturen hilfreich.

**5.2.4.5.3.2 Teilanlagen**

Innerhalb des Kreisbildes Teilanlagensteuerung erfolgt eine Darstellung der in
der jeweiligen Teilanlage ablaufenden Rezeptur. Dem Benutzer stehen außerdem
Dialogfunktionen zur Verfügung, um in den Rezepturablauf korrigierend eingreifen
zu können. Die Darstellung mit den zugehörigen Dialogen gliedert sich in vier
Teile (Abb. 5.2-46):

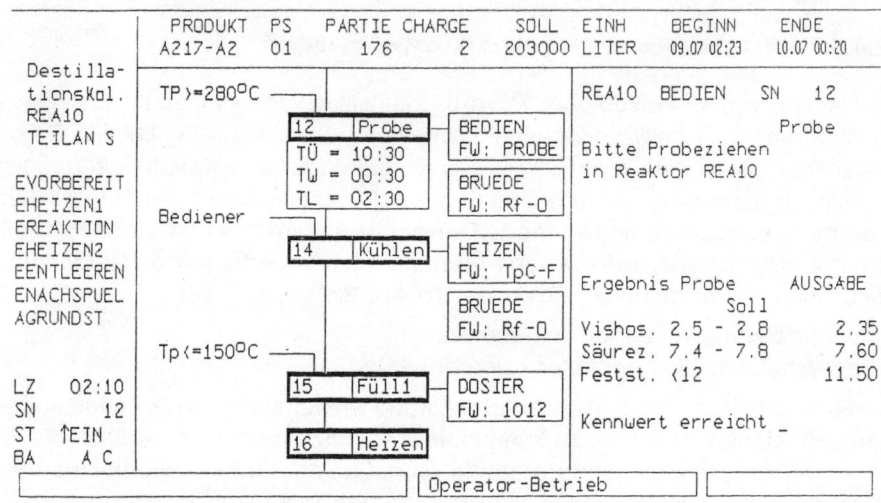

**Abb. 5.2-46.** Kreisbild Teilanlage

– Gruppenbildteil
  Im Gruppenbildanteil erfolgt eine zusammenfassende Darstellung der Schritt-
  kette als Phasenübersicht sowie die Anzeige und Bedienung von Betriebsart
  und Status der Schrittsteuerung.

– Kopfzeile
  In der Kopfzeile erfolgen Anzeige und Bedienung der Rezept- und Chargenzu-
  ordnung zu der Teilanlage.

– Graphikteil
  Im Graphikteil erfolgen Anzeige und Bedienung des Rezepturablaufs. Die Dar-
  stellung beinhaltet die Schrittfolge der Teilrezeptur und der zugeordneten
  Grundoperationsaufrufe. Für die Erzeugung der Graphik ist kein zusätzlicher
  Projektierungsschritt notwendig, sondern sie ergibt sich automatisch aus der
  Rezepturerstellung.

– Rezepturparameterteil
  Im Rezepturparameterteil erfolgen Anzeige und Bedienung der den Grundoperationsaufrufen zugeordneten Parameter.

# 5.3 Werkzeuglinie *PASQUALE* und *PRODOS*

*Alfred Bächle, Bernhard Hohlfeld, Bernd Jonsson und Adolf Kley*
*AEG Forschungsinstitut Ulm*

*Klaus Grimm und Günter Heiner*
*AEG Forschungsinstitut Berlin*

Der Hauptzweck dieser Werkzeuglinie ist die Unterstützung von formalen Methoden bei Spezifikation, Entwurf, Implementierung und insbesondere bei der Verifikation von Software für verteilte Realzeitsysteme.

Die Linie basiert auf einer über alle Entwicklungsphasen durchgängigen Modellvorstellung, welche die zur Verfügung stehenden Softwarekomponenten (Entwurfsobjekte) und die Mechanismen zu deren Interaktion erfaßt und festlegt (Abschn. 5.3.1.1). Das gewählte Modell ist stark am Stand der Technik auf dem Gebiet der formalen Verifikation durch Korrektheitsbeweis, aber auch an modernen Entwicklungen bei Sprachen für verteilte Systeme orientiert.

Die Modellvorstellungen sind konkretisiert in der formalen Sprache *PASQUALE*-L (Abschn. 5.3.1.2), mit der Entwürfe und Implementierungen sowie Spezifikationen mit variablem Detaillierungsgrad formuliert werden können.

Der Kern der Werkzeuglinie ist das *PASQUALE*-Werkzeug (Abschn. 5.3.1.3.1), das zum einen die geordnete Ablage von *PASQUALE*-L-Einheiten im Datenhaltungssystem *PRODAT* besorgt (Abschn. 5.3.2.1) und die Beziehungen zwischen diesen Einheiten herstellt und das zum anderen in *PRODAT* vorhandene Einheiten unter umfangreichen Konsistenzprüfungen analysiert und eine (interne) zwischensprachliche Repräsentation generiert.

Aus dieser Repräsentation werden unter Zwischenschaltung eines Simplifiers Verifikationsbedingungen für den mathematischen Beweis der Korrektheit der bearbeiteten Einheit generiert und in *PRODAT* abgelegt. Sie ist außerdem Basis für die Generierung von Eingaben für weitere Werkzeuge der Linie: *SIMPAR* (dynamische Systemsimulation, Abschn. 5.3.1.3.2), *PARPROC* (formale Verifikation des Systemablaufverhaltens, Abschn. 5.3.1.3.3) und (im Rahmen des Vorhabens nicht mehr implementiert) *PRODOS* (Abschn. 5.3.2.2).

Die formale Verifikation durch Korrektheitsbeweis stellt selbst bei Werkzeugunterstützung höchste Anforderungen an das beteiligte Personal und ist daher nicht in allen Anwendungsgebieten zumutbar. Außerdem ist ein zusätzlicher Test einer entwickelten Software in der realen Ablaufumgebung unverzichtbar. Es wurden daher im Rahmen des Vorhabens Ansätze für systematische Testverfahren erarbeitet (Abschn. 5.3.1.4). Die Integration der dabei entstandenen prototypischen Werkzeuge in *PROSYT* konnte nicht mehr implementiert werden.

Das *PROSYT*-Rahmensystem, insbesondere die Datenhaltung *PRODAT*, war eine geeignete Basis zum Ausbau der Werkzeuglinie zu einer Software-Entwicklungs-umgebung (Abschn. 5.3.2.1). Die beabsichtigte Implementierung einer eleganten Benutzeroberfläche auf der Basis von PRODIA mußte zurückgestellt werden.

## 5.3.1 *PASQUALE*

### 5.3.1.1 Das *PASQUALE*-Produktmodell

Wie jede werkzeugunterstützte Entwicklungsmethodik basiert auch die *PASQUALE*-Linie auf einer modellhaften Sicht des zu entwickelnden (Software-) Produktes. Ein solches Produktmodell ist nicht mit den bekannten "Phasenmodel-len" zu verwechseln, welche den zeitlichen Ablauf der verschiedenen Entwick-lungstätigkeiten beschreiben. Es ist vielmehr dafür gedacht, eine einheitliche Sicht des zu entwickelnden Produkts in allen Entwicklungsphasen für alle betei-ligten Entwicklungsgruppen und für das Projektmanagement zu ermöglichen.

Das Modell erfaßt die zum Aufbau von Softwaresystemen verfügbaren Kompo-nenten und die Mechanismen für deren Interaktionen. Das Modell ist stark auf den Hauptzweck der *PASQUALE*-Linie ausgerichtet: formale Methodik bei Spezifika-tion, Entwurf und Verifikation. Es ist nach unserer Meinung aber auch bei weniger formalen Vorgehensweisen zweckmäßig.

In dem Modell werden zwei Ebenen unterschieden:

Die Systemebene erfaßt die parallel arbeitenden Komponenten (letztlich sequen-tielle Prozesse) und ihre Verbindung untereinander. Als Verbindung ist aus-schließlich Botschaftverkehr (synchron oder gepuffert) vorgesehen. Andere Mechanismen nach dem "shared-variable"-Konzept (z.B. Semaphore) wären in einem räumlich verteilten System ohnehin nur mit hohem Aufwand realisierbar. Als Grundmechanismus wird der ungepufferte, synchrone Botschaftenverkehr favorisiert, wie er in *ADA* und *OCCAM* vorgesehen ist.

Die sequentielle Ebene beschreibt die Zerlegung von sequentiellen Programmen in Pakete von Daten und Unterprogrammen im Sinne von *ADA*-Packages. Die sequentiellen Programme sind entweder die sequentiellen Prozesse der System-ebene oder Hauptprogramme im Sinne von *PASCAL*-Programmen. Die Zerle-gung kommt dann zum Tragen, wenn in den Prozessen oder Hauptprogrammen komplexe, sequentielle Algorithmen abzuwickeln sind. Die Packages stellen dann "problemorientierte" Funktionen und (abstrakte) Typen zur Implementierung von komplexen Algorithmen zur Verfügung.

Für jedes konkrete Software-Entwicklungsprojekt werden die Modellvorstellungen zu verschiedenen Zeitpunkten und u. U. von verschiedenen Entwicklungsgruppen in Dokumenten beschrieben. Die Dokumente werden von Werkzeugen geprüft, in einem Datenhaltungssystem (*PRODAT*) abgelegt und in Beziehung zu anderen Dokumenten des Projektes gesetzt, so daß in der Datenhaltung dynamisch ein Abbild des Produktmodells für das konkrete Projekt entsteht. Die Entwicklungsphasen stellen sich dann im wesentlichen als Verfeinerungsschritte dar, endend in Programmen. Zu diesem Zweck sind die Modellkomponenten stets zweigeteilt:

Spezifikationen beschreiben die geforderten äußeren Eigenschaften einer Komponente. Implementierungen beschreiben auf der Systemebene die Zerlegung einer Komponente in Unterkomponenten und die Verbindung dieser Unterkomponenten miteinander. Auf der sequentiellen Ebene beschreiben Implementierungen die Prozeß-Programme bzw. Hauptprogramme und deren etwaige Zerlegung in Packages.

Ein derartiges Datenhaltungssystem ist zentraler Bestandteil jeder Entwicklungsumgebung. Wenn die Datenhaltung zu jedem Zeitpunkt den momentanen Verfeinerungsstand des Produkts enthält, kann sie auch als Basis zur Projektüberwachung durch das Projektmanagement dienen.

Ein System besteht aus zeitlich parallel arbeitenden Komponenten, die über Botschaftenkanäle miteinander verbunden sind ("Systemebene"). Komponenten sind Prozesse (Tasks) und/oder (Unter-)Systeme. Die Komponenten arbeiten bezüglich der Kommunikation auf den Kanälen zyklisch und nicht terminierend. Sie empfangen Botschaften (Daten) von Kanälen, verarbeiten diese und senden Botschaften an Kanäle. Dies geschieht (vorzugsweise) ungepuffert und synchron: Ein sendender Prozeß wartet, bis der am gleichen Kanal angeschlossene Partnerprozeß empfangsbereit ist und umgekehrt (Rendezvous).

Im Interesse der Wiederverwendbarkeit von Komponenten ist es zweckmäßig, ein "Portkonzept" einzuführen: Die Komponenten senden (intern) nicht direkt auf Kanäle, sondern auf benannte Anschlußklemmen (Ports). Die Verbindung der Ports über Kanäle wird dann in einer getrennten Konfigurationsbeschreibung niedergelegt.

Eine graphische Darstellung eines Systems zeigt Abb. 5.3-1 (Datenfluß-Modell). Graphische Darstellungen enthalten allerdings i.a. nicht alle Informationen, die von Software-Entwicklungswerkzeugen für Konsistenzprüfungen während des Entwicklungsablaufs benötigt werden. Beispielsweise enthält Abb. 5.3-1 keinerlei Informationen über die Daten, die über die Kanäle fließen.

Abb. 5.3-1 zeigt das System SYS zu einem Entwicklungszeitpunkt, zu dem es selbst und das Untersystem SUBSYS schon in Prozesse zerlegt sind. Zu Be- ginn der Entwicklung ist das System modellmäßig nur durch den äußeren Kasten SYS mit den Ports X und Y dargestellt ("Blackbox", Abb. 5.3-2). Nach dem ersten Verfeinerungsschritt ist das System in das Untersystem SUBSYS und den Prozeß P3 zerlegt, ohne daß die Zerlegung von SUBSYS in P1 und P2 bereits vollzogen ist (Abb. 5.3-3).

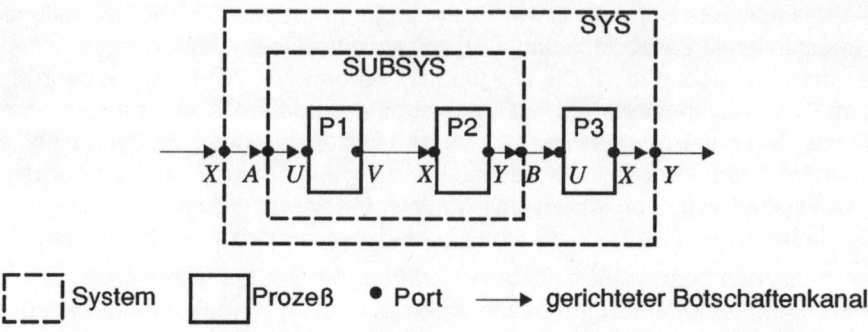

**Abb. 5.3-1.** Graphische Darstellung eines Systems (Datenfluß-Modell)

**Abb. 5.3-2.** Grobentwurf ("Black-Box")

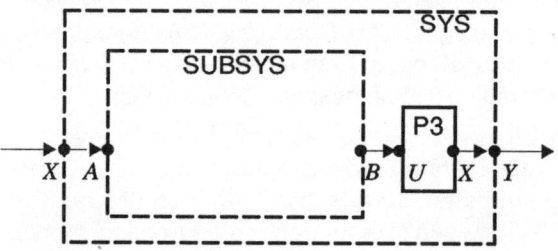

**Abb. 5.3-3.** Erste Verfeinerung des Grobentwurfs

Abb. 5.3-1 zeigt außer dem Datenfluß auch eine Benutzungsrelation: SYS benutzt
SUBSYS und P3, SUBSYS benutzt P1 und P2. Dies drückt sich im Bild durch
Schachtelung aus. Das bedeutet allerdings nicht, daß die gesamte Software aus
geschachtelten Programmtexten besteht. Die Programme für die Prozesse P1,
P2 und P3 können vielmehr "getrennt übersetzbare" Einheiten sein. In der
Datenhaltung soll sich diese Benutzungsrelation und ihre dynamische Verän-
derung während des Entwicklungsvorgangs widerspiegeln (Abb. 5.3-4). Die Ab-
bildung zeigt noch die Schachtelungsstruktur von Abb. 5.3-1, aber nicht mehr den
Datenfluß. Dieser ist in den Objekten (Spezifikationen, Implementierungen) selbst
enthalten.

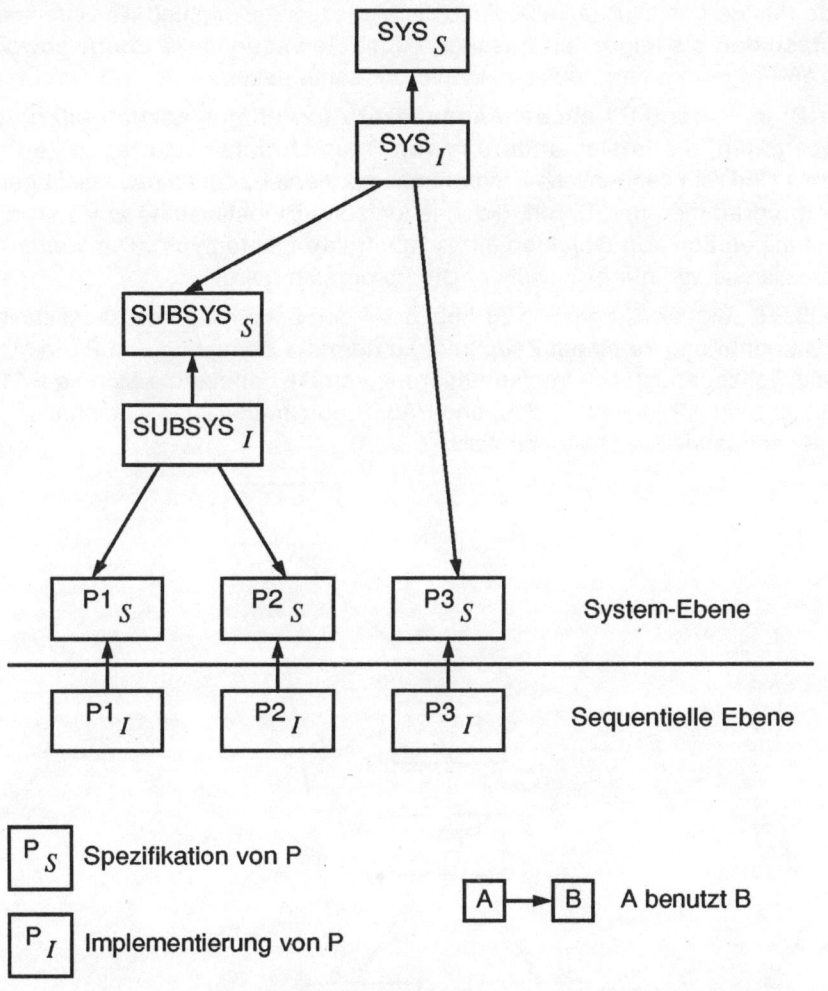

**Abb. 5.3-4.** Darstellung eines Systems in der Datenhaltung

In Abb. 5.3-4 ist die Trennlinie zwischen Systemebene und sequentieller Ebene zwischen Spezifikation und Implementierung von Prozessen gezogen. Die Implementierung eines Prozesses bedeutet das Schreiben eines sequentiellen Prozeß-Programms in einer geeigneten Sprache (z.B. *ADA, OCCAM*). Die Implementierung von rein sequentiellen Hauptprogrammen im Sinne von *PASCAL*-Programmen und die Implementierung von Prozeß-Programmen unterscheiden sich in zwei Punkten:

Hauptprogramme enthalten im Gegensatz zu Prozeß-Programmen keine Kommunikationsanweisungen.

Hauptprogramme sollen i.a. terminieren, Prozeß-Programme sind dagegen zyklisch und nichtterminierend.

Beide Punkte beeinflussen allerdings die Modellvorstellung und die Datenhaltung nicht, so daß die folgenden Aussagen über die sequentielle Ebene sowohl für Prozeß-Programme als auch für Hauptprogramme gelten.

Ist z.B. im Prozeß P1 ein sehr komplexer Algorithmus abzuarbeiten, ist es zweckmäßig, die Implementierung von P1 in Module (Pakete) zu zerlegen. Module sind rein sequentielle Programmkomponenten, Zusammenfassungen von Unterprogrammen und Daten, die eine logische Dienstleistung realisieren, z.B. die Manipulation von Objekten eines "abstrakten Datentyps". Der wesentliche Mechanismus zur Interaktion ist der Unterprogrammaufruf.

Abb. 5.3-5 zeigt als Ergänzung zu Abb. 5.3-4 den entsprechenden Ausschnitt aus der Datenhaltung zu einem Zeitpunkt, zu dem die Zerlegung von P1 in Module bereits vollzogen ist: Die Implementierung von P1 benutzt die Module PA1 und PA3, der Modul PA1 benutzt PA2 und PA3. Produktmodell und Datenhaltung sind auf der sequentiellen Ebene identisch.

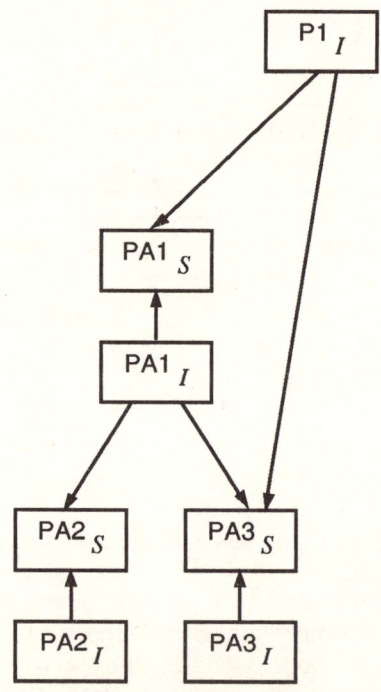

**Abb. 5.3-5.** Modell und Datenhaltung auf der sequentiellen Ebene

### 5.3.1.2  Sprachbeschreibung

Die Sprache *PASQUALE*-L ermöglicht Softwareentwicklung nach der in Abschnitt 5.3.1.1 skizzierten Modellvorstellung sowie formale Spezifikation und Verifikation von Software. [HJK89] enthält eine ausführliche Sprachbeschreibung von *PASQUALE*-L mit zahlreichen Beispielen.

Entsprechend der Modellvorstellung gibt es in *PASQUALE* vier verschiedene Programmeinheiten, die jeweils in getrennt übersetzbare Spezifikation und Implementierung zerfallen:

– Systeme
– Prozesse
– Hauptprogramme
– Module.

Damit kennt *PASQUALE* acht verschiedene Übersetzungseinheiten. In jeder Übersetzungseinheit werden die Namen der benutzten Einheiten explizit durch eine use-Anweisung angegeben. Die Datenhaltung des *PASQUALE*-Werkzeugs (Abschn. 5.3.2.1) hat so nach jeder Bearbeitung einer Übersetzungseinheit alle zur Aktualisierung benötigten Informationen. Ändern einer Übersetzungseinheit und Fortschreiben der Datenhaltung sind damit ein Vorgang.

Ein System hat als Schnittstelle zur Außenwelt Eingangsklemmen (Entryports) und Ausgangsklemmen (Exitports). Über die Klemmen werden Botschaften von der Außenwelt empfangen bzw. an die Außenwelt gesendet. Ein verteiltes System ist in zeitlich parallel arbeitende, miteinander kommunizierende Rechenprozesse (Tasks) zerlegt. Die Rechenprozesse selbst sind rein sequentielle, nicht terminierende Programme, die modular zerlegt sein können. Die Schnittstellen der Prozesse untereinander und zum System sind wie beim verteilten System Klemmen.

Hauptprogramme sind sequentielle Programm, die wie Prozesse modular zerlegt sein können. Module fassen logisch zusammengehörende Daten und Unterprogramme (Prozeduren und Funktionen) zusammen. Die Prozeduren und Funktionen eines Moduls erbringen eine Dienstleistung, sie sind z.B. die Bearbeitungsfunktionen eines abstrakten Datentyps. Einer Übersetzungseinheit, die einen Modul benutzt, ist nach dem Prinzip des "information hiding" nur der Spezifikationsteil des benutzten Moduls bekannt, nicht dagegen der Implementierungsteil.

### 5.3.1.2.1 Konstanten, Typen, Variable und Ausdrücke

Bei der Definition von Konstanten, Typen, Variablen und Ausdrücken hält sich *PASQUALE*-L in Syntax und Semantik weitgehend an *PASCAL* [JeWi75].

Durch eine Konstantendefinition wird ein Name für eine Konstante festgelegt. Die Konstante kann im Programm über diesen Namen angesprochen werden. Programme werden dadurch leserlicher und können leichter geändert werden.

Datentypen definieren eine Menge von Werten. Der Typ eines Objekts (Konstante, Variable, Parameter oder Ausdruck) bestimmt die Menge der möglichen Werte des Objekts und die auf ihm zulässigen Operationen. Einfache Typen werden durch eine geordnete Aufzählung ihrer Werte definiert. Strukturierte Typen werden durch die Typen ihrer Komponenten und die Art ihrer Strukturierung beschrieben. Zeigertypen bestehen aus einer Menge von Verweisen auf Werte eines gegebenen Typs. Der Datentyp sequence dient zur Beschreibung der Kommunikation in verteilten Systemen.

Variable werden vor ihrer Benutzung durch die Angabe von Name und Typ deklariert. Durch die Angabe des Typs wird die Menge der möglichen Werte der Variablen festgelegt. Der Typ der Variablen wird durch einen Typnamen definiert.

### 5.3.1.2.2 Anweisungen

Anweisungen bilden den ausführbaren algorithmischen Teil eines Programms. Einfache Anweisungen haben keine Bestandteile, die ihrerseits Anweisungen sind. Strukturierte Anweisungen sind aus anderen Anweisungen zusammengesetzt. Mit Kommunikationsanweisungen, die auf der Modellvorstellung des synchronen Botschaftenaustauschs basieren, kommunizieren die einzelnen Prozesse eines verteilten Systems untereinander und mit ihrer Umwelt.

Die Semantik der *PASQUALE*-Anweisungen wird mit Verifikationsregeln formal beschrieben. Dabei wird vorausgesetzt, daß bei der Auswertung von Ausdrücken keine Seiteneffekte auftreten.  In [HoWi73] heißt es dazu: "The axioms and rules of inference given in this article explicitly forbid the presence of certain 'side-effects' in the evaluation of functions and execution of statements. Thus programs which invoke such side-effects are, from a formal point of view, undefined. The absence of such side effects can in principle be checked by a textual (compile-time) scan of the program.". Der *PASQUALE*-Ansatz zur Spezifikation von Prozeduren und seine Implementierung im Vorübersetzer des *PASQUALE*-Werkzeugs gewährleisten, daß in *PASQUALE*-L-Programmen keine Seiteneffekte auftreten.

Einfache Anweisungen enthalten keine anderen Anweisungen. Zu den einfachen Anweisungen zählen Wertzuweisung, Prozeduraufruf und leere Anweisung. Strukturierte Anweisungen enthalten andere Anweisungen, die nacheinander, bedingt oder wiederholt ausgeführt werden. Zu den strukturierten Anweisungen zählen Verbund-Anweisung, if-Anweisung, case-Anweisung, while-Schleife, repeat-Schleife und Laufanweisung.

Kommunikationsanweisungen sind nur in der Implementierung von Prozessen zulässig. Kommunikationsanweisungen sind die Verzögerung, das Senden auf einen Exitport, das Empfangen von einem Entryport sowie die bedingte Kommunikation mit Auswahl aus einer Menge von möglichen Kommunikationspartnern. Die Auswahl des Partners hängt ab von der Kommunikationsbereitschaft der Partner zu einem bestimmten Zeitpunkt oder während einer bestimmten Zeitspanne. Die bedingte Kommunikation verallgemeinert die *ADA*-Anweisungen conditional entry call, timed entry call und selective wait.

### 5.3.1.2.3 Unterprogramme

Unterprogramme sind parametrisierte Programmeinheiten, die über einen Unter-
programmnamen angesprochen werden. Funktionen verallgemeinern Ausdrücke
und dienen zur Berechnung von Werten. Prozeduren dagegen verallgemeinern Anweisungen und dienen zur Veränderung der Werte von Variablen.

*PASQUALE*-L-Funktionen sind seiteneffektfreie Funktionen und haben nur spezifizierte implizite Parameter. Sie verhalten sich damit wie mathematische Abbildungen mit wohldefinierter Wertemenge (Parameter) und wohldefinierter Zielmenge (Funktionswert).

Die von einem Prozeduraufruf bewirkte Abbildung von Eingangsparametern auf
Ausgangsparameter wird mit einer Spezifikationsfunktion beschrieben. Parameter der Spezifikationsfunktion sind die Eingangsparameter der Prozedur (Formalparameter und alle in der Prozedur benutzten globalen Variablen), der Ergebnis-
typ der Spezifikationsfunktion entspricht den Ausgangsparametern der Prozedur
(alle durch einen Aufruf der Prozedur geänderten Formalparameter und globalen
Variablen).

Die Prozedur P habe einen Variablenparameter U vom Typ T1 und einen Wertparameter V vom Typ T2. Ein Aufruf von P ändere den Wert des Variablenpara-
meters U und den Wert der globalen Variablen X vom Typ T3 (Seiteneffekt), das
Ergebnis eines Aufrufs von P hänge außer von den Eingangswerten von U, V und X
auch noch vom Wert einer globalen Variablen Y vom Typ T4 ab (impliziter
Parameter). U, V, X und Y stehen jeweils für (evtl. leere) Listen von Parametern
und globalen Variablen.

Ein Aufruf der Prozedur P bewirkt eine Abbildung der Eingangsparameter U, V, X
und Y auf die Ausgangsparameter U und X, also von der Wertemenge T1 x T2 x
T3 x T4 in die Zielmenge T1 x T3. Die Abbildung wird mit der folgenden sfunction
(Spezifikationsfunktion) beschrieben:

    sfunction P ( U0 : T1 ; V0 : T2 ; X0 : T3 ; Y0 : T4 )
      : record C1 : T1 ; C2 : T3 end ;

Die Parameter der sfunction entsprechen den Eingangsparametern der Prozedur
(der Wertemenge T1 x T2 x T3 x T4), der Resultatstyp der sfunction entspricht
den Ausgangsparametern (der Zielmenge T1 x T3). Die sfunction einer
*PASQUALE*-Prozedur entspricht der "associated function" einer Prozedur in der
Sprache CIP-L [CIP85].

Ein Aufruf der Prozedur P mit den Aktualparametern I und K für U und V
entspricht einer kollateralen Wertzuweisung an I und X :

        P( I, K )
        <------->
  ( I, X ) := ( P( I, K, X, Y ).C1, P( I, K, X, Y ).C2 )

P( I, K, X, Y ).C1 bzw. P( I, K, X, Y ).C2 bezeichnen die Werte von I und X nach
dem Aufruf der Prozedur P.

### 5.3.1.2.4 Hauptprogramme

Hauptprogramme sind Prozeduren, die vom Betriebssystem aus aufgerufen werden. Einfache sequentielle *PASQUALE*-L-Programme bestehen nur aus einem Hauptprogramm, bei modular zerlegten sequentiellen *PASQUALE*-L-Programmen steht genau ein Hauptprogramm an der höchsten Stelle in der Modulhierarchie.

Ein Hauptprogramm wird mit Prädikaten über die Programmvariablen formal spezifiziert. Nach dem Schlüsselwort "entry" wird optional eine Forderung an die Eingabedaten (Eingangszusicherung, entry assertion) angegeben. Die geforderte Nachbedingung des Hauptprogramms (Ausgangszusicherung, exit assertion) wird nach dem Schlüsselwort "exit" angegeben.

Beispiel:

```
programspec PROG ;
var A, B : INTEGER ;
formalspec
      exit  B = A * ( A + 1 ) div 2 ;
end formalspec ;
end programspec.
```

Die Implementierung eines Hauptprogramms enthält die Anweisungsfolge, die beim Aufruf des Hauptprogramms ausgeführt wird. Ein Hauptprogramm kann Module benutzen.

Beispiel:

```
programimpl PROG ;
use SUM ;
begin
      A := 100 ;
      B := SUM.SUMME( A ) ;
end ;
end programimpl.
```

Bei der Verifikation eines Hauptprogramms wird nachgewiesen, daß die Anweisungsfolge aus der Implementierung durch die Spezifikation korrekt beschrieben ist (Hoare-Kalkül).

### 5.3.1.2.5 Module

Module sind getrennt übersetzbare Pakete (Packages) von Daten und Unterprogrammen. Module exportieren Daten und Unterprogramme an Programmeinheiten (Hauptprogramme, Module, Prozesse und Systeme), die in der Programmhierarchie unmittelbar über ihnen stehen. Sie importieren Daten und Unterprogramme von Modulen, die in der Programmhierarchie unmittelbar unter ihnen stehen. Module bestehen aus Spezifikation und Implementierung.

In der Spezifikation werden die vom Modul exportierten Daten und Unterprogramme syntaktisch beschrieben und optional formal spezifiziert (Schnittstellenspezifikation). Die Implementierung eines Moduls umfaßt die Implementierung der vom Modul exportierten Unterprogramme sowie die Implementierung lokaler Daten. Die einzelnen Unterprogramme werden optional in der Implementierungs-spezifikation mit Vor- und Nachbedingungen formal spezifiziert.

Entsprechend der zweistufigen formalen Spezifikation werden Module zweistufig verifiziert. Die erste Stufe der Verifikation ist der Nachweis, daß die Implemen-tierungsspezifikation bezüglich der Schnittstellenspezifikation korrekt ist. Die zweite Stufe der Verifikation ist der Nachweis, daß die Funktionen und Prozedu-ren des Moduls bezüglich der Implementierungsspezifikation korrekt sind.

Module können zur Spezifikation und Implementierung von abstrakten Datentypen benutzt werden. In der Terminologie von Programmiersprachen ist ein ab-strakter Datentyp die Zusammenfassung einer Datenstruktur mit ihren Bearbei-tungsfunktionen und einer Beschreibung in einem Modul. Abstrakte Datentypen verallgemeinern einerseits das Konzept der Typbindung von Variablen und andererseits das Konzept der Programmstrukturierung durch Funktionen, Proze-duren und Module.

### 5.3.1.2.6 Prozesse

Prozesse sind die Bausteine von verteilten Systemen. Die einzelnen Prozesse eines verteilten Systems arbeiten zeitlich parallel zueinander und kommunizie-ren durch synchronen Botschaftenverkehr. Die Schnittstellen der Prozesse sind Ports (Klemmen), über die Ströme von Daten gleichen Typs fließen. Darüber hinaus kann in der Spezifikation von Prozessen optional das Ablaufverhalten sowie eine formale Spezifikation angegeben werden. Prozesse werden als nicht-terminierende sequentielle Programme implementiert. Bei der Verifikation von Prozessen wird nachgewiesen, daß die Implementierung der Spezifikation ge-nügt. Das Ablaufverhalten von Prozessen wird als endlicher Automat spezifiziert (Abschnitt 5.3.1.3.3).

Beispiel:

> Der Prozess BUFF hat eine Eingangsklemme A und eine Ausgangsklemme B, über die Werte des Typs INTEGER fließen. BUFF ist ein Puffer mit einem Speicherplatz.

Spezifikation:

```
taskspec Buff ;
type
        MST = sequence of INTEGER ;
entryport
        A : MST ;
exitport
        B : MST ;
end taskspec .
```

Implementierung:       taskimpl BUFF ;
                       var
                            V : INTEGER ;
                       begin
                            loop
                                 begin
                                 receive( A, V ) ;
                                 send( B, V ) ;
                                 end ;
                       end ;
                       end taskimpl .

Die Prozesse kommunizieren durch Empfangsanweisungen (RECEIVE) von Eingangsklemmen und durch Sendeanweisungen (SEND) auf Ausgangsklemmen. Eine
Eingangsklemme eines Prozesses ist entweder mit genau einer Ausgangsklemme
eines anderen Prozesses oder mit genau einer Eingangsklemme des Systems
verbunden (Punkt-zu-Punkt-Verbindung). Entsprechendes gilt für Ausgangsklemmen. Die Verbindung zwischen den Klemmen ist ein logischer Kanal. Ihm entspricht physikalisch ein idealer Draht, der Botschaften ohne Verlust, Verfälschung
und Pufferung überträgt.

Die Kommunikation zwischen zwei Prozessen erfolgt synchron und ungepuffert,
d.h. derjenige Prozeß, der zuerst an seiner Kommunikationsanweisung (SEND
oder RECEIVE) angelangt ist, wartet, bis sein Partner ebenfalls kommunikations-
bereit ist. Die Sendeanweisung in einem Prozeß und die Empfangsanweisung im
anderen sind eine einzige unteilbare Aktion (Rendezvous). Ihre Wirkung ist die
einer verteilten Wertzuweisung.

Der synchrone ungepufferte Botschaftenverkehr als Modell für die Kommunikation
erleichtert Spezifikation und Analyse von verteilten Systemen [Kley86]. Die
Entscheidung wird zudem sowohl durch theoretische Arbeiten von Hoare [Hoar85]
und Milner [Miln80] als auch durch moderne Hardware- und Software-Entwicklun-
gen wie die Transputer-Prozessoren [Inmo86] und die Programmiersprachen
*OCCAM* [Stei87] und *ADA* [ADA83] bestätigt. Auch die Spezifikationssprache
*LOTOS* (Language Of Temporal Ordering Specification, [Loto85]) basiert auf
dem Modell der synchronen ungepufferten Kommunikation.

In der Praxis gibt es sicherlich Anwendungen, in denen gepufferte Kommunikation
gewünscht ist oder zumindest nicht schadet, beispielsweise bei asynchron arbeitenden Produzenten und Konsumenten. Bei anderen Anwendungen mag es nicht
schaden, wenn Meßwerte verlorengehen oder durch neuere Werte überschrieben
werden. Reale physikalische Übertragungsmedien verzögern, verlieren oder ver-
fälschen Botschaften. Alle diese Fälle lassen sich jedoch mit der Modellvorstellung des synchronen ungepufferten Botschaftenverkehrs vereinbaren. Sowohl
Puffer als auch verlierende oder verfälschende Übertragungsmedien können als
Prozesse nachgebildet werden. Andererseits gibt es Anwendungen, etwa in der
Regelungstechnik, bei denen es darauf ankommt, daß Ausgabewerte ungepuffert

und unverfälscht rückgekoppelt werden. Hier wäre es gefährlich, schon in der
Modellvorstellung von Puffern auszugehen.

### 5.3.1.2.7 Systeme

Systeme sind aufgebaut aus Komponenten, das sind Prozesse und wiederum
Systeme. Nach außen, d.h. in der Spezifikation, unterscheiden sich Systeme nicht
von Prozessen. Nach innen, d.h. in der Implementierung, bestehen Systeme aus
Komponenten, die miteinander auf definierte Weise verbunden sind. Bei der
Verifikation von Systemen wird nachgewiesen, daß das spezifizierte äußere Ver-
halten des Systems vom äußeren Verhalten der Komponenten impliziert wird.

Bei der Systemimplementierung wird die Zerlegung des Systems in Komponenten und die Verbindung der Komponenten untereinander angegeben. Die Systemimplementierung ist damit eine Konfigurationsbeschreibung. Die Systemimplementierung benutzt die Spezifikationen der Komponenten. Von den Spezifikationen werden eine oder mehrere Instanzen kreiert, die Instanzen werden miteinander "verdrahtet". Es kann mehrere Instanzen des gleichen Prozeßtyps geben.

Die Instanzen der einzelnen Prozeßtypen werden miteinander nach folgenden
Regeln verdrahtet:

1.  Jeder Entryport einer Instanz ist mit genau einem Exitport einen anderen
    Instanz oder einem Entryport des Systems verbunden.
2.  Jeder Exitport einer Instanz ist mit genau einem Entryport einen anderen
    Instanz oder einem Exitport des Systems verbunden.
3.  Jeder Entryport des Systems ist mit genau einem Entryport einer Instanz
    verbunden.
4.  Jeder Exitport des Systems ist mit genau einem Exitport einer Instanz
    verbunden.
5.  Über miteinander verbundene Ports fließen Daten des gleichen Typs.

Die Regeln implizieren, daß jeder Port im System mit genau einem anderen Port
verbunden ist.

Beispiel:

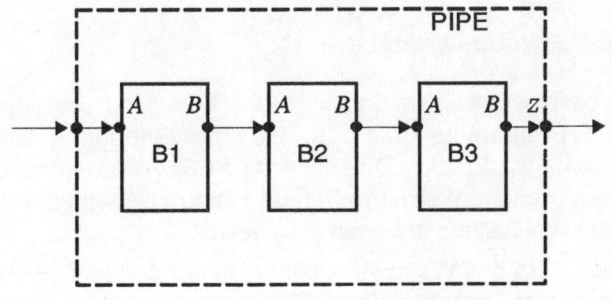

**Abb. 5.3-6.** Pipeline aus drei Puffern

Das System PIPE ist aus drei Instanzen des Prozesses BUFF (Abschn. 5.3.1.2.6) aufgebaut (Abb. 5.3-6). Da die Instanzen B1, B2 und B3 des Prozesses BUFF jeweils ein Datum speichern können, kann das gesamte System PIPE bis zu drei Daten speichern.

Spezifikation:
```
systemspec PIPE ;
 type
        M = sequence of INTEGER ;
 entryport
        X : M ;
 exitport
        Z : M ;
 end systemspec .
```

Implementierung:
```
systemimpl PIPE ;
use BUFF ;
create
        B1, B2, B3 from BUFF ;
link
        PIPE.X with B1.A,
        B1.B with B2.A,
        B2.B with B3.A,
        B3.B with PIPE.Z
end link ;
end systemimpl .
```

### 5.3.1.3  Werkzeuge

Die *PASQUALE*-Linie enthält das *PASQUALE*-Werkzeug (Abschn. 5.3.1.3.1), das Simulationswerkzeug *SIMPAR* (Abschn. 5.3.1.3.2) und das Werkzeug *PARPROC* zur formalen Verifikation des Ablaufverhaltens von Systemen (Abschn. 5.3.1.3.3). *SIMPAR* u n d  *PARPROC* sind eigenständige, von *PASQUALE* unabhängige Werkzeuge, deren Eingaben jedoch vom *PASQUALE*-Werkzeug aus *PASQUALE*-Quellen automatisch erzeugt werden können. Die Kopplung erfolgt dabei über das Datenhaltungssystem *PRODAT*.

### 5.3.1.3.1  Das *PASQUALE*-Werkzeug

Das Werkzeug besteht aus einem Satz von *VMS*-Kommandoprozeduren und zugehörigen *PASCAL*-Programmen, die u. a. das erste Einbringen von *PASQUALE*-Einheiten (Abschn. 5.3.1.2) in die Datenhaltung *PRODAT* bewirken, deren kontrolliertes Verändern (Editieren) ermöglichen und Informationen über den momentanen Zustand der Datenhaltung anzeigen (Abschn. 5.3.2.1).

Den eigentlichen Kern des Werkzeugs bildet ein durch das VERIFY-Kommando aktiviertes Programm, im folgenden "*PASQUALE*" genannt. Dieses bearbeitet jeweils eine *PASQUALE*-Einheit, deren Name im VERIFY-Kommando angegeben ist und die bereits in *PRODAT* vorhanden sein muß (per ENTER-Kommando).

*PASQUALE* arbeitet im wesentlichen wie ein Compiler, nur daß an Stelle von lauffähigem Maschinencode formale, simplifizierte Verifikationsbedingungen für den formalen Korrektheitsbeweis bzw. Input für die Werkzeuge *SIMPAR* und *PARPROC* erzeugt werden (formale Texte). Dies geschieht in zwei zeitlich hintereinander ablaufenden Phasen: Ein Precompiler liest die zu bearbeitende *PASQUALE*-Einheit aus *PRODAT* und erzeugt daraus ein zwischensprachliches Objekt mit Graphenstruktur (genannt PLEX). Die Generierungsphase erzeugt aus dem Graphen die entsprechenden Ausgaben (formale Texte), die wieder in *PRODAT* abgelegt werden.

Der Precompiler führt eine Syntaxanalyse des Quelltextes nach der Methode des rekursiven Abstiegs unter Zuhilfenahme von Prozeduren zur lexikalischen Analyse durch. Während der Syntaxanalyse werden alle Prüfungen der statischen Semantik und der Aufbau des Zwischensprachen-Graphen vorgenommen (onepass).

Über die Aufgaben hinaus, die auch ein klassischer Compiler durchzuführen hat, führt der Precompiler Funktionen aus, die einerseits durch die Zerlegungsstruktur bedingt sind, welche die *PASQUALE*-Sprache bietet (Abschn. 5.3.1.1 und 5.3.1.2), andererseits durch die Möglichkeit der formalen Spezifikation und Verifikation. Beispiele dafür sind:

a)   Automatisches Umsteuern des Lesevorgangs bei einer use-Anweisung (Abschn. 5.3.1.2) auf die entsprechende Einheit in *PRODAT*.

b)   Durchführen von Transformationen gewisser Sprachkonstrukte auf solche mit gesicherter axiomatischer Semantik.

c)   Konsistenzprüfung der Verbindungen zwischen Prozessen und Untersystemen in einem System.

d)   Überprüfung der Nebenwirkungsfreiheit von Funktionen.

e)   Überprüfung von Variablenveränderungen in einer Prozedur auf Verträglichkeit mit der Spezifikation.

f)   Automatisches Einbringen des Invarianzprädikats einer Task-Spezifikation als Konjunktionsterm der Schleifeninvarianten für das Task-Programm der Implementierung.

Der Precompiler ist mit umfangreichen error-recovery-Maßnahmen ausgestattet, die ein Fortsetzen des Analysevorgangs bei falschen Eingaben unter Überlesen von möglichst wenig Quelltext gewährleisten. Spezielle Programmteile führen eine Protokollierung der bearbeiteten *PASQUALE*-Einheit sowie der von dieser Einheit benutzten Einheiten durch. Etwaige falsche Eingaben (Syntax, statische Semantik) werden an Ort und Stelle im Protokoll angezeigt.

Die zwischensprachliche Graphenstruktur, der PLEX, ist als abstraktes Datenobjekt, implementiert als Modul, realisiert. Der Modul stellt benutzenden Programmteilen alle elementaren Aufbau- und Zugriffsfunktionen des PLEX zur Verfügung. Ein weiteres, übergeordnetes Modul bietet "gehobene" Funktionen an, z.B. die Prüfung auf inhaltliche Gleichheit zweier PLEX-Teile. Implementiert ist der PLEX als INTEGER-array, worum sich der Benutzer aber nicht zu kümmern braucht.

Der PLEX als zwischensprachliche Darstellung ist eine äußerst günstige Basis für jede Art von Weiterverarbeitung, weil alle Kontextzusammenhänge durch die Verzeigerungsstruktur mit rekursiven Techniken leicht zugänglich sind. Wir folgen dabei dem DIANA-Vorbild von *ADA*-Compilern.

Die Generierungsphase wird nur gestartet, wenn während der Precompilerphase keine Fehler in der Quelle entdeckt wurden, der entstandene PLEX also eine korrekte Quelle bezüglich Syntax und statischer Semantik repräsentiert.

Mit der Generierungsphase können - gesteuert über Parameter des VERIFY-Kommandos - aus dem PLEX Eingabetexte für *SIMPAR* (Abschn. 5.3.1.3.2) und *PARPROC* (Abschn. 5.3.1.3.3) und Verifikationsbedingungen für den formalen Korrektheitsbeweis generiert werden.

Der Verification-Condition-Generator implementiert die in [HJK 89] beschriebenen Verifikationsregeln der Sprache *PASQUALE*-L (Abschn. 5.3.1.2) als Predicate-Transformer. Die daraus resultierenden Verifikationsbedingungen (VC's) entstehen in PLEX-Form aus Spezifikations- und Implementationsanteilen der momentan bearbeiteten *PASQUALE*-Einheit. Die Spezifikationen der per use-Anweisung benutzten Einheiten werden als Axiomensysteme für den Beweis der VC's abgelegt.

Ein eingebauter Simplifier [Hohl88] (einfacher Beweiser) versucht, die generierten VC's nach einfachen Regeln der Logik, Regeln über *PASQUALE*-Datentypen und mit einfacher Compilezeit-Arithmetik zu vereinfachen. Dies geschieht wieder auf PLEX-Basis.

Ein Ausgabeprogrammteil setzt schließlich die in PLEX-Form vorliegenden, simplifizierten VC's und Axiomensysteme in formale Texte um und legt diese in *PRODAT* als Bestandteil des der momentan bearbeiteten Einheit zugeordneten Objekts ab (genauer wird ein entsprechender Dateibezeichner als Attribut im *PRODAT*-Objekt eingetragen).

Ist alles fehlerfrei abgelaufen, so wird der Zustand des entsprechenden *PRODAT*-Objekts (ein Attribut) entsprechend verändert, z.B. von EDITED auf COMPILED.

Durch das Zusammenspiel zwischen dem *PASQUALE*-Werkzeug und der *PRODAT*-Datenhaltung wird erreicht, daß die Objektstruktur der Datenhaltung ein Abbild des zu entwickelnden Softwareprodukts ist (Abschn. 5.3.1.1 und 5.3.2.1).

### 5.3.1.3.2 *SIMPAR*

Bei Realzeitprogrammen genügt es nicht, daß die einzelnen Tasks fehlerfrei ablaufen, sondern es müssen auch Zeitbedingungen (Schranken für Antwortzeiten) eingehalten werden. Mit Antwortzeit wird hier nicht die Zeit zur Behandlung von Interrupts bezeichnet, sondern die Zeitdauer zwischen dem Eintreffen eines externen Ereignisses und der dadurch verursachten Ausgabe auf einem bestimmten Gerät. Die Antwortzeiten hängen nicht nur von den Rechenzeiten der einzelnen Tasks ab, sondern auch von der Gesamtstruktur des Realzeit-Systems. Dazu gehören die Anzahl der Tasks, die Zuordnung von Aufgaben zu den Tasks und die Task-Kommunikation.

Beim Entwurf von Realzeit-Systemen können dadurch Probleme entstehen, daß die Entwurfsentscheidungen, die das Zeitverhalten beeinflussen, bereits am Anfang des Softwareentwurfs gemacht werden. Dagegen kann im allgemeinen erst am Ende der Software-Erstellung, d.h. beim Integrationstest geprüft werden, ob die Anforderungen an die Antwortzeiten erfüllt werden. Eine Überarbeitung des Systementwurfs in dieser Phase verursacht oft sehr hohe Kosten.

Deshalb ist es vorteilhaft, wenn man bereits während des Programmentwurfs, z.B. nachdem die Aufgaben der einzelnen Tasks festgelegt wurden, erste Untersuchungen zum Zeitablauf der Tasks durchführt. Man kann dabei grundsätzliche Entwurfsentscheidungen überprüfen und verschiedene Lösungsvarianten vergleichen. Ungünstige Entwurfsentscheidungen können frühzeitig und mit relativ geringem Aufwand korrigiert werden.

### 5.3.1.3.2.1 Überblick über das Simulationsprogramm

Mit dem vorliegenden Simulationsprogramm können für Programme, die mehrere Tasks enthalten, sowohl der zeitliche Ablauf als auch die Verarbeitung der Daten nachgebildet werden. Dabei wird auch der Einfluß der synchronen Task-Kommunikation auf den Zeitablauf berücksichtigt.

Das Simulationsprogramm wurde in der Programmiersprache Modula-2 geschrieben. Für die Wahl dieser Programmiersprache war entscheidend, daß sie Coroutinen enthält, wie sie z. B. auch bei SIMULA vorhanden sind. Mit Hilfe von Coroutinen kann man den Ablauf von Tasks und insbesondere das Warten bei der synchronen Kommunikation, wie es in *PASQUALE* definiert ist, in einfacher Weise nachbilden. Eine weitere wesentliche Eigenschaft von Modula-2 ist das Modulkonzept, das dem von *PASQUALE* sehr ähnlich ist, was eine Umsetzung von *PASQUALE*- Programmen nach Modula vereinfacht.

Das Simulationsprogramm besteht aus vier Modulen, die Hilfsmittel für die Simulation zur Verfügung stellen. Der Modul SIMEREIG steuert den zeitlichen Ablauf des Simulationsprogramms. Er enthält eine Liste, in der Simulationsereignisse zeitlich geordnet eingetragen und abgearbeitet werden. Dabei werden das nächste Ereignis ermittelt, die Simulationsuhr weitergeschaltet und die entsprechende Ereignisreaktion ausgeführt. Beispiele für Simulationsereignisse sind das Ausführen einer Task oder das Ablaufen eines Weckers.

Der Modul TASKVERWALTUNG enthält für jede Task einen Deskriptor, der den momentanen Zustand, die zugehörige Coroutine und weitere Daten für die Task enthält. Er exportiert den abstrakten Datentyp TASK und verschiedene Prozeduren z.B. "InitTask" zum Erzeugen einer Task oder "Delay" zum Verzögern einer Task.

Der Modul PQCom enthält Hilfsmittel zur synchronen Task-Kommunikation, wie sie bei *PASQUALE* definiert sind. Alle Kommunikationsanweisungen werden durch Prozeduren realisiert. Bei selektiven Sendeanweisungen wird anschließend mit einer IF-Anweisung die Anweisungsfolge des Sende-Teils bzw. des Delay-Teils ausgewählt. Bei selektiven Empfangsanweisungen, bei denen auch "Guards" enthalten sein können, erfolgt die Auswahl der Select-Alternativen mit einer CASE-Anweisung.

Der vierte Modul dient zur Systemgenerierung, bei der zunächst zwei Listen erstellt werden. Die erste Liste enthält die System- und Task-Instanzen des gesamten Systems und die zweite die Port-Verbindungen zwischen den Task-Instanzen, die im allgemeinen über mehrere System-Ports führen. Dabei wird berücksichtigt, daß *PASQUALE*-Systeme beliebig tief verschachtelt sein können und daß es für jede System- und Task-Spezifikation beliebig viele Instanzen geben kann.

### 5.3.1.3.2.2 Generierung von Modula-Programmen aus *PASQUALE*-Beschreibungen

Für die Übersetzung von *PASQUALE*-Programmeinheiten nach Modula wurden zwei Programm-Module PASim und STSim erstellt, die in *PASCAL* implementiert sind. Dabei wird die vom *PASQUALE*-Vorübersetzer erzeugte zwischensprachliche Datenstruktur (PLEX) verwendet.

Mit dem Modul PASim werden Deklarationen, Ausdrücke und Anweisungen bearbeitet. Da diese Aufgaben mehrfach bei der Übersetzung von Task-, Package und Programm-Einheiten vorkommen, wurden sie zu einem Modul zusammengefaßt. Die Prozeduren zur Bearbeitung ergaben sich unmittelbar aus den entsprechenden Syntaxregeln von *PASQUALE*. Nicht implementiert ist der Datentyp FILE, da bei Modula Dateien nicht Bestandteil der Sprachdefinition sind. Auch bei Mengenkonstanten mußten Einschränkungen gemacht werden.

Die Bearbeitung vollständiger *PASQUALE*-Einheiten erfolgt mit dem Modul STSim. Dabei wird eine Spezifikationseinheit von *PASQUALE* in einen "DEFINITION MODULE" von Modula und eine Implementationseinheit in einen "IMPLEMENTATION MODULE" übersetzt. Eine Ausnahme gibt es beim *PASQUALE*-Programm. Da ein Modula-Hauptprogramm keinen Definitionsmodul besitzt, wird aus der "programspec" und "programimpl" ein Modula-Hauptprogramm gebildet.

Der Definitionsmodul eines Systems bzw. einer Task exportiert deren Ports und eine Prozedur. Bei einem System wird diese Prozedur aus der zugehörigen "systemimpl" erstellt und bei der Systemgenerierung ausgeführt. Bei einer Task stellt diese Prozedur den Taskrumpf dar, der bei der Simulation als Coroutine ausgeführt wird.

Bei Packages gibt es folgende Einschränkung: Da bei *PASQUALE* Tasks keine gemeinsamen Variablen besitzen dürfen und es bei Modula keine generischen Module gibt, sind auf der äußersten Ebene keine Variablen-Deklarationen erlaubt. Dies wird vom Übersetzungsprogramm geprüft und ggf. eine Warnung ausgegeben. In einem solchen Fall muß die Package so geändert werden, daß sie nur Typen exportiert. Die entsprechenden Variablen werden dann in den betreffenden Tasks deklariert.

Damit eine Simulation möglich ist, müssen an den Ports des äußersten Systems Tasks angeschlossen werden, die das Verhalten der Umgebung des Systems beschreiben. Diese Tasks können ebenfalls in *PASQUALE* geschrieben werden. Die Modula-Quellprogramme werden vom Modula-Compiler übersetzt, wobei dieselbe Übersetzungsreihenfolge einzuhalten ist wie bei *PASQUALE*. Sie werden dann zusammen mit den Moduln PQBuilt und PQCom und der Link-Library von *SIMPAR* zu einem ausführbaren Programm gelinkt.

### 5.3.1.3.3 *PARPROC*

*PARPROC* ist ein Werkzeug zur Untersuchung des Ablaufverhaltens von verteilten Systemen. *PARPROC* entstand im Rahmen einer Diplomarbeit [Wolf87] an der Universität Ulm und ist in *PROLOG* implementiert.

Mit "Ablaufverhalten" wird die Folge der Kommunikationen (send- und receive-Anweisungen) eines Prozesses oder Systems bezeichnet. Das Ablaufverhalten wird spezifiziert als endlicher Automat, gegeben durch

— eine Menge Z von Zuständen mit einem ausgezeichneten Element, dem Startzustand,
— eine Menge E von Ereignissen (Übergängen) und
— eine dreistellige Relation Z x E x Z von Zustandsübergängen.

In sequentiellen Programmen wird unter "Zustand" die Wertebelegung der Programmvariablen, genauer eine Abbildung der Menge der Variablenbezeichner in eine Wertemenge, verstanden. Da die Menge der Variablenbezeichner und die durch die Typdefinitionen gegebene Wertemenge stets endlich sind, ist auch die Menge der Zustände eines sequentiellen Programmes stets endlich.

In *PASQUALE*-L-Prozeß-Programmen wird unter "Zustand" die Wertebelegung der Sequenzen, die das äußere Verhalten des Prozesses beschreiben, verstanden. Diese Sequenzen können abzählbar viele verschiedene Werte annehmen. Die Änderung der Werte der Sequenzen erfolgt durch send- und receive-Anweisungen. Die send- und receive-Anweisungen sind (im wesentlichen) die Ereignisse. Die zyklische Struktur eines Prozeß-Programms führt zu einer zyklischen Wiederholung der send- und receive-Anweisungen und damit der Änderungen an den Werten der Sequenzen. Dies legt nahe, nicht, wie bei sequentiellen Programmen, alle Zustände (= Wertebelegungen) zu betrachten, sondern die Wertebelegungen nach zyklisch wiederkehrenden Kommunikationsanweisungen zu einer Zustandsmenge zusammenzufassen. Diese Mengen von Zuständen werden der Einfachheit halber als Zustände bezeichnet.

Im Werkzeug *PARPROC* sind Methoden zur Konstruktion des Ablaufverhaltens eines Systems aus dem Ablaufverhalten der Komponenten implementiert. Das konstruierte Ablaufverhalten des Systems kann dann auf deadlock- und livelock-Zustände untersucht werden.

### 5.3.1.4  Testmethoden und Testhilfsmittel

Ziel des Software-Tests ist es, durch Ausführung von Funktionen eines Programms in einer definierten Umgebung und durch Vergleich der Ergebnisse mit den erwarteten festzustellen, ob sich das Programm in den entsprechenden Fällen so verhält, wie es seine Spezifikation verlangt.

Obwohl der Test die praktikabelste und gebräuchlichste Methode zur Verifikation und Validation von Software ist, wird er in der Praxis sehr unsystematisch mit wenig Werkzeugunterstützung und damit unwirtschaftlich durchgeführt.

Um diese Situation spürbar zu verbessern, werden geeignete Verfahren zum systematischen Testen und ein auf diesen Verfahren basierender Satz von Testwerkzeugen, integriert in eine Software-Entwicklungsumgebung, benötigt. Im Rahmen des Vorhabens wurden Arbeiten zur Erreichung dieses Ziels durchgeführt. Basierend auf einer Systematik der Testaktivitäten und der Testverfahren wurde eine optimale Teststrategie entwickelt. Die Anforderungen an ein Testsystem, das diese Strategie unterstützt, wurden erarbeitet und ein Testsystemkonzept aufgestellt. Als erster Schritt zur Umsetzung des Konzepts wurde ein Prototyp zum Test von (zunächst) sequentiellen Programmen geplant und in großen Teilen realisiert. Die Integration des Prototypen in die *PROSYT-PASQUALE*-Entwicklungsumgebung ist beabsichtigt, konnte jedoch im Rahmen des Vorhabens nicht mehr durchgeführt werden.

### 5.3.1.4.1  Testaktivitäten

Der Verlauf eines Tests läßt sich in einzelne Aktivitäten zerlegen [Grim88]. Neben vorbereitenden und allgemeinen Aktivitäten, die den Rahmen des Testprozesses bilden, wie Testplanung, Testorganisation und Testdokumentation, gibt es die folgenden Kernaktivitäten:

– Testfallermittlung
   Testfälle sind logische Bedingungen ("Prädikate"), beispielsweise Bedingungen, die zur Ausführung bestimmter Programmfunktionen (beim "Black-Box-Test") oder zum Durchlaufen bestimmter Programmzweige (beim "White-Box-Test") führen. Um die Testfallermittlung und die anschließende Testdatengenerierung (siehe unten) zu erleichtern bzw. möglichst weitgehend zu automatisie-

ren, ist in Spezifikation und Testfalldefinition eine möglichst weitgehende Formalisierung erforderlich.

– Sollbedingungsermittlung
In Abhängigkeit von den Testfällen sind mit Hilfe der Spezifikation Sollbedingungen und Akzeptanz- bzw. Rückweisungskriterien zu definieren, nach denen das Verhalten des Programms im Test und die Testergebnisse als korrekt zu akzeptieren bzw. als falsch zurückzuweisen sind.

– Testdatengenerierung
Für die festgelegten Testfälle sind konkrete Testdaten auszuwählen.

– Sollergebnisbestimmung
Zu allen generierten Testdaten sind mit Hilfe der entsprechenden Sollbedingungen und Akzeptanz- bzw. Rückweisungskriterien Sollergebnisse festzulegen.

– Monitoring
Um den Testablauf überwachen zu können, sind Mittel in Form von zusätzlicher Hardware oder Software bereitzustellen, die eine Art Aufzeichnung des Prozeßgeschehens ermöglichen.

– Testdurchführung
Die Testobjekte sind in der festgelegten Reihenfolge mit den ausgewählten Testdaten auszuführen und die Testergebnisse in den entsprechenden Ausgabedateien festzuhalten ("Testfallsteuerung"). Beim Test unvollständiger Testobjekte sind diese über ihren Testrahmen, gegebenenfalls interaktiv, mit den entsprechenden Ein- bzw. Ausgabewerten ihrer Treiber und Stubs zu versorgen.

– Testauswertung
Das Testverhalten und die Testergebnisse des Programms sind unter Einbeziehung der definierten Akzeptanz- und Rückweisungskriterien mit dem festgelegten Sollverhalten und den festgelegten Sollergebnissen zu vergleichen. Weiterhin ist festzustellen, ob das gewählte Kriterium zur Testfallermittlung beim Testen in gewünschtem Maß erfüllt worden ist. Beim White-Box-Test kann diese Information durch eine Auswertung der Ablaufüberwachung erfolgen.

### 5.3.1.4.2 Testverfahren

Da ein vollständiger Test in der Praxis mit Ausnahme weniger, trivialer Programme aus technischen und wirtschaftlichen Gründen nicht möglich ist, müssen die Testdaten nach bestimmten Kriterien ausgewählt werden. Diesen Kriterien entsprechen verschiedene Testverfahren.

Die systematischen Testverfahren gliedern sich in zwei Hauptklassen

– Black-Box-Tests ("Funktionstests"), mit dem Ziel des Tests möglichst vieler spezifizierter Funktionen des Programms, und

– White-Box-tests, mit dem Ziel des Tests möglichst vieler codierter Programmteile.

Beim Black-Box-Test wird das Programm als "schwarzer Kasten" betrachtet. Die
Testfälle werden auf Basis der Spezifikation ausgewählt. Die wichtigsten Ver-
fahren [MCMP87], [Grim88], [Myer87] sind der Äquivalenzklassentest, der
Grenzwerttest, der Ursache-Wirkungs-Graph-Test, und der spezifikationsbezogene
Fehlererwartungstest.

Beim White-Box-Test werden die Testfälle unter Berücksichtigung des Programms, insbesondere seiner Kontrollstruktur und seiner Algorithmen, ausgewählt. Die wichtigsten Verfahren sind [MCMP87], [Grim88], [Howd87], [Myer87]
der Statement-Test, der Zweigtest, der Bedingungstest, der Mehrfachbedingungs-
test, der Pfadtest und der programmbezogene Fehlererwartungstest.

Der wichtigste Pluspunkt des Black-Box-Tests ist die Testfallermittlung aus der
Spezifikation, da nur sie einen applikationsorientierten Test mit praxisrelevanten
Testdaten garantiert. Der White-Box-Test dagegen ermöglicht den gezielten Test
verschiedener Programmteile und liefert durch Angabe eines Überdeckungs-
grades ein Maß für den Umfang des Tests.

Der Black-Box-Test hat gegenüber dem White-Box-Test den Nachteil, daß bei ihm
im allgemeinen nicht alle Programmteile erreicht werden. Ein weiterer Nachteil
des Black-Box-Tests ist die Tatsache, daß der Erfolg sehr stark vom Detaillie-
rungs- und Exaktheitsgrad der Spezifikation abhängt. Nur bei streng formal for-
mulierter Spezifikation, beispielsweise in Syntax der Prädikatenlogik wie bei
*PASQUALE*, ist eine deterministische Testfallermittlung möglich.

Ein wichtiger prinzipieller Nachteil des White-Box-Tests gegenüber dem Black-
Box-Test ist die Tatsache, daß nicht festgestellt werden kann, ob Programmpfade
fehlen, daß heißt, ob spezifische Anforderungen bzw. Funktionen im Laufe der
Programmentwicklung unberücksichtigt geblieben sind. Darüber hinaus erfolgt die
Testfalldefinition beim White-Box-Test nicht spezifikations-, sondern strukturbezo-
gen, was dazu führen kann, daß für manche Zweige Testdaten ausgewählt werden,
die nicht dem Anforderungsprofil des Programms entsprechen.

### 5.3.1.4.3 Eine "optimale" Teststrategie

Im folgenden wird eine Teststrategie vorgeschlagen, die den in den meisten praktischen Fällen gegebenen Umständen Rechnung trägt. Sie kann für Programme
ohne hohe Zuverlässigkeits- und Sicherheitsanforderungen geringfügig abgeschwächt, muß aber für sicherheitsrelevante Software gegebenenfalls um lei-
stungsstärkere, aber aufwendigere Verfahren erweitert werden.

Da der Black-Box-Test, auf der Spezifikation basierend, einen gezielten Test der
Programmfunktionen ermöglicht, sollte zunächst jedes Programm nach einem der
oben genannten Black-Box-Verfahren getestet werden. In vielen Fällen erweist
sich eine Kombination aus verschiedenen Verfahren als geeignet. Ist der lei-

stungsfähigste Black-Box-Test, der Ursache-Wirkungs-Graph-Test, wegen zu großen Aufwands praktisch nicht durchführbar, so ist die Kombination von Äquivalenzklassen- und Grenzwerttest eine geeignete Alternative. Nach Möglichkeit sollten die genannten Verfahren durch Testfälle des spezifikationsbezogenen Fehlererwartungstests erweitert werden, bei denen im letzteren Fall auch fehlerträchtige Funktionskombinationen berücksichtigt werden. Auf jeden Fall ist zu beachten, daß ein wirkungsvoller Black-Box-Test immer eine exakte und detaillierte Spezifikation erfordert.

Da beim Black-Box-Test nicht zwangsläufig alle Teile des Programms erreicht werden, ist eine Ergänzung des Black-Box-Tests durch einen der oben beschriebenen White-Box-Tests erforderlich, wobei der Zweigtest im allgemeinen das beste Verhältnis zwischen Leistungsfähigkeit und Aufwand bietet. Bereits beim Black-Box-Test sollte die erreichte Zweigüberdeckung gemessen werden. Um den Aufwand für den Zweigtest stark verzweigter Programme auf ein vertretbares Maß zu reduzieren, kann die Forderung nach hundertprozentigem Überdeckungsgrad abgeschwächt werden. Die Kombination aus Black-Box- und White-Box-Test gewährleistet dabei, daß die spezifikationsgemäß wichtigen Zweige auf jeden Fall durchlaufen werden. Der White-Box-Test sollte nach Möglichkeit Testfälle des programmbezogenen Fehlererwartungstests enthalten, durch die unter anderem auch fehlerträchtige Mehrfachbedingungen und verschiedene Durchlaufhäufigkeiten bei Schleifen mit variabler Durchlaufzahl berücksichtigt werden.

### 5.3.1.4.4 Anforderungen an ein Testsystem

Rechnerunterstützung ist insbesondere für diejenigen Testaktivitäten erforderlich, die nach dem Stand der Technik die größten Probleme bereiten: die Testfallermittlung, die Testdatengenerierung und die Ermittlung von Sollbedingungen bzw. Sollergebnissen. Die wichtigsten diesbezüglichen Anforderungen sind:

Zur Erleichterung der Testfall- und der Sollbedingungsermittlung sind Sprachmittel bereitzustellen, die eine möglichst formale Beschreibung von Testfällen und Sollbedingungen für verschiedene Black-Box-Testverfahren, insbesondere den Ursache-Wirkungs-Graph-Test, ermöglichen. Zur Unterstützung der Testfallermittlung für den White-Box-Test muß eine automatische Kontrollflußanalyse des zu testenden Programms erfolgen, bei der die Programmzweige und die entsprechenden Verzweigungsbedingungen ermittelt werden.

Die Generierung konkreter Testdaten für die definierten Testfälle muß so weit wie möglich automatisch erfolgen.

Da der Zweigtest als effektivstes White-Box-Testverfahren auf jeden Fall als Ergänzung zum Black-Box-Test durchzuführen ist, sind Zweiginstrumentierung, Ablaufüberwachung, entsprechende Auswertungen und Dokumentation der erreichten Zweigüberdeckung automatisch durchzuführen.

Im Rahmen der Testdurchführung muß die Testfallsteuerung automatisch erfolgen, das heißt die Testobjekte sind automatisch mit den Testdaten zu versorgen und zu starten und die Testergebnisse sind automatisch zu speichern und aufzubereiten.

Wichtigste Anforderung im Rahmen der Testauswertung ist die automatische Prüfung der Testergebnisse gegen die definierten Sollergebnisse.

Neben diesen spezifischen Anforderungen sollte das Testsystem integriert sein in eine Softwareentwicklungsumgebung mit gemeinsamer Datenhaltung, einheitlicher Benutzerschnittstelle und einheitlicher Dokumentation. *PROSYT* ist dafür eine vielversprechende Basis.

### 5.3.1.4.5  Konzept eines Testsystems

Das Konzept sieht folgendes vor:

Nach Abschluß von Testplanung und Testtorganisation werden zunächst aus der funktionalen Spezifikation des zu testenden Objekts Testfälle für den Black-Box-Test abgeleitet. Diese Testfallermittlung erfolgt rechnergestützt mit Hilfe eines Verfahrens, das, ausgehend von einer formalen Programmspezifikation wie in *PASQUALE* oder ausgehend von einer vom Tester der Spezifikation entnommenen Menge logischer Bedingungen für die Eingangsgrößen des Programms, in drei Stufen Testfälle für den Äquivalenzklassen-, den Grenzwert- und den Ursache-Wirkungs-Test ermittelt.

Zu diesen Testfällen werden aus der Spezifikation oder einer anderen Referenz Sollbedingungen für die Ausgangsgrößen des Programms abgeleitet.

Alle logischen Bedingungen und damit alle Testfälle und Sollbedingungen werden mit Hilfe einer speziellen, mengenorientierten Sprache spezifiziert.

Auf dieser formalen Testfallspezifikation setzt ein Testdatengenerator auf, der zu den logischen Testfallbedingungen konkrete Werte für die Eingabegrößen des Programmentwurfs generiert.

Mit Hilfe der spezifischen Sollbedingungen werden zu den generierten Testdaten, wenn möglich, konkrete Sollergebnisse ermittelt und spezifiziert.

Die Testdaten werden einem Testtreiber übergeben. Dieser Testtreiber hat die Aufgabe, die Testumgebung und Hilfsmittel zum Monitoring des Testablaufs bereitzustellen, die Testobjekte mit den konkreten Testdaten zu starten und die Testergebnisse entgegenzunehmen und für die Testauswertung zu speichern.

Die Testergebnisse werden gegen die spezifizierten Sollbedingungen bzw. Sollergebnisse, die Ergebnisse des Monitors gegen die spezifizierten Testziele geprüft.

Entsprechen die Testergebnisse nicht den Sollbedingungen bzw. Sollergebnissen, beispielsweise wenn das Programm fehlerhaft ist, sind Fehlersuche und Fehlerbehebung, das heißt Änderungen im Testobjekt, durchzuführen und der Test ist zu wiederholen.

Entsprechen die Monitor-Ergebnisse nicht den spezifischen Testzielen, müssen zusätzliche Testfälle ermittelt werden. Auch zu diesen Testfällen werden Sollbedingungen für die Ausgangsgrößen des Programms abgeleitet und spezifiziert. Der weitere Testablauf entspricht dem oben beschriebenen Ablauf.

Der Test ist beendet, wenn alle Testergebnisse der Spezifikation genügen und die spezifizierten Testziele erreicht sind.

### 5.3.1.4.6 Prototyp

Als erster Schritt zur Umsetzung des beschriebenen Konzepts wurde ein Prototyp zum Testen von sequentiellen (*PASCAL-*) Programmen entworfen und weitgehend implementiert. Die beabsichtigte Integration in das *PROSYT-*System konnte im Rahmen des Vorhabens nicht mehr realisiert werden.

## 5.3.2 Integration

### 5.3.2.1 Datenhaltung und Benutzeroberfläche

Grundlage für die effektive und vor allem sichere Handhabung der *PASQUALE-*Werkzeuglinie ist das Vorhandensein einer Projektbibliothek, ähnlich der "program library" von *ADA* oder der "module base" von Modula-2 [Fost86]. In allen Fällen wird der Übersetzungszustand aller Einheiten (packages) eines Softwareprojekts in einer Bibliothek festgehalten und fortgeschrieben. Bei jedem neuen Übersetzungsauftrag wird geprüft, ob die aktuelle *PASQUALE-*Einheit von anderen Einheiten abhängt und, falls ja, ob diese Einheiten bereits korrekt übersetzt worden sind. So wird automatisch dafür gesorgt, daß der Anwender die einzelnen Einheiten nur in einer korrekten Reihenfolge übersetzen kann.

Der Einsatz der Datenhaltung *PRODAT* zur Implementierung der Projektbibliothek bietet für die Werkzeuglinie *PASQUALE* folgende Vorteile:

— Die hierarchischen Abhängigkeiten der einzelnen *PASQUALE-*Einheiten untereinander lassen sich mit *PRODAT* gut modellieren.

— Durch die einheitliche *PRODAT-*Schnittstelle können der Werkzeuglinie später leicht Ergänzungen durch weitere Werkzeuge hinzugefügt werden.

— *PRODAT* ist transaktionsorientiert und ermöglicht dadurch die Implementierung eines weitgehend ungestörten Mehrbenutzer-Betriebs des Werkzeugs *PASQUALE*.

— *PRODAT* bietet bei einem Rechnerausfall Unterstützungen zum Wiederaufsetzen mit konsistentem Datenbestand (Recovery).

Es ist jedoch zu bemerken, daß die derzeitige Implementierung, Stand Dezember 1988, keinen Mehrbenutzerbetrieb erlaubt sowie keine Recovery-Fähigkeit besitzt.

Von der Datenhaltung *PRODAT* soll der Anwender von *PASQUALE* jedoch nicht mehr kennen, als in den obigen vier Punkten aufgezählt wurde. Insbesondere soll er nicht mit den *PRODAT*-Schnittstellen belastet werden oder gar eigene *PRODAT*-Anwendungsprogramme schreiben müssen. In der jetzigen Version muß der Benutzer der Werkzeuglinie zu deren Bedienung lediglich die Kommandosprache DCL (Dec Command Language) von VAX/*VMS* kennen.

Als "Benutzeroberfläche" wurde ein Satz von VAX/*VMS*-Kommandoprozeduren geschrieben, die der *PASQUALE*-Anwender aufrufen kann. Durch VAX/*VMS*-Assign-Kommandos erscheinen diese Kommandoprozeduren dem Benutzer wie DCL-Kommandos oder *PASQUALE*-Kommandos.

Es ist beabsichtigt, diese relativ simple Benutzeroberfläche unter Nutzung der Flexibilität und Eleganz von PRODIA wesentlich zu verbessern. Dazu wurden Vorüberlegungen angestellt. Eine Implementierung konnte jedoch im Rahmen des Vorhabens nicht mehr durchgeführt werden.

Uns erschien es wichtiger, durch die Integration der Datenhaltung *PRODAT* mit unserem Werkzeug *PASQUALE* in möglichst kurzer Zeit den Prototypen einer funktionsfähigen Werkzeuglinie zu erstellen. Dieser Prototyp wurde inzwischen bereits an mehreren hausinternen Stellen installiert und wird dort auch benutzt. Durch diesen industriellen Einsatz und nicht zuletzt durch die gute Zusammenarbeit mit diesen Stellen konnte eine Reihe von Schwachstellen entdeckt und behoben werden. Dadurch hat die gesamte Werkzeuglinie jetzt einen robusten Zustand erreicht. So treten praktisch keine 'Programmabstürze' mehr auf, weder durch Fehler in den einzelnen Komponenten der Werkzeuglinie, noch durch bewußte oder unbewußte Fehler bei der Bedienung durch die Anwender.

Mit den folgenden 10 *PASQUALE*-Kommandos lassen sich alle nötigen Arbeiten an *PASQUALE*-Projekten durchführen.

Zweck, Handhabung und Wirkung der Kommandos sollen im folgenden kurz umrissen werden. Dabei sind die in spitze Klammern gesetzten Begriffe Nonterminale, also syntaktische Variable, die der Anwender durch eigene Namen (Terminale) zu ersetzen hat.

ESTABLISH <project_name>
Mit diesem Kommando richtet der Benutzer sich ein neues *PASQUALE*-Projekt ein. Das Werkzeug macht einen entsprechenden Eintrag in der Projektbibliothek. Das neue Projekt <project_name> wird für die Bearbeitung durch den Benutzer eröffnet, vergl. auch unter Kommando TREAT. Ein weiteres ESTABLISH- oder TREAT-Kommando schließt die Bearbeitung des momentanen Projekts ab und eröffnet ein neues Projekt.

ENTER <file_spec_list>
Nachdem ein Projekt eröffnet wurde, kann man mit diesem Kommando *PASQUALE*-Quellen eintragen lassen. Die <file_spec_list enthält die eindeutigen Bezeichner der einzubringenden (Quell-) Dateien. Die Einheiten eines Projekts müssen nicht mit einem einzigen ENTER-Kommando und auch nicht als Gesamtheit sofort eingetragen werden, dies kann individuell und schrittweise erfolgen.

Jede der einzutragenden Quelldateien wird syntaktisch so weit analysiert, bis der Name dieser Einheit, die Art (SYSTEM, TASK, PACKAGE oder PROGRAM) sowie der Typ (SPECIFICATION oder IMPLEMENTATION) erkannt werden. Darüber hinaus werden vorhandene USE-Klauseln erkannt und die Namen aller Einheiten, von denen die vorliegende Einheit abhängt, als Söhne dieser Einheit gemerkt. Das Ergebnis dieser Analyse, sofern sie fehlerfrei war, wird in die Projektbibliothek (*PRODAT*) eingetragen. Hierdurch wird in der Datenhaltung sukzessive die hierarchische Struktur des Projektes aufgebaut, unabhängig von der Reihenfolge der Dateibezeichner der <file_spec_list>. Abschließend wird jede erfolgreich eingetragene Datei mit einem Protection-Code versehen, um sie vor unkontrollierten Zugriffen zu schützen. Der Zugriff ist nur noch über *PASQUALE*-Kommandos möglich. Der Name der Quelldatei ist von da an irrelevant, die *PASQUALE*-Einheit wird mit ihrem Namen und ihrem Typ (Spezifikation oder Implementation) identifiziert.

Jedes ENTER-Kommando bewirkt, daß in der Datenhaltung *PRODAT* sukzessiv ein azyklischer Graph aufgebaut wird. Dessen Knoten bestehen aus den Namen der eingetragenen *PASQUALE*-Einheiten (Väter) sowie aus den Namen, die aus den USE-Anweisungen extrahiert wurden (Söhne). Die Kanten dieses Graphen stellen die Abhängigkeiten der einzelnen *PASQUALE*-Einheiten untereinander dar, wie sie aus den USE-Anweisungen als Vater-Sohn-Beziehung ermittelt wurden.

In den Knoten dieses Graphen werden neben dem Namen, der Art und dem Typ einer Einheit noch die folgenden Informationen abgelegt: Übersetzungszustand, Datum der letzten Änderung (ENTER/MODIFY), Datum der letzten Übersetzung (VERIFY), Datum der letzten Verifikation (PROVE) sowie die vollständigen Bezeichner aller zugehörigen (Quell-) Dateien. Damit lassen sich verschiedene Konsistenzprüfungen durchführen.

VERIFY S <unit_name>       oder       VERIFY I <unit_name>
Die mit dem ENTER-Kommando eingebrachten Einheiten sind der Reihe nach zu verifizieren. Dabei ist so vorzugehen, daß zuerst die Einheiten mit dem VERIFY-Kommando bearbeitet werden, die nicht von anderen Einheiten abhängen (USE-Anweisung) oder wo die benutzten Einheiten bereits mit dem VERIFY-Kommando erfolgreich bearbeitet wurden. Das Werkzeug überprüft die Einhaltung der korrekten (Übersetzungs-) Reihenfolge und weist alle Kommandos zurück, die dagegen verstoßen. Die Parameter S und I bestimmen, ob von einer Einheit die Spezifikation oder die Implementation zu bearbeiten ist.

Das VERIFY-Kommando bildet den Kern unseres Werkzeugs. Es bewirkt, vereinfacht gesagt, daß die *PASQUALE*-Einheit mit dem *PASQUALE*-Werkzeug (Abschn. 5.3.1.3.1) in die Zwischensprache PLEX übersetzt wird, und anschließend werden daraus die Verifikations-Bedingungen erzeugt.

Bei erfolgreichem Ablauf wird als Ergebnis im zugehörigen Knoten der *PRODAT*-Datenhaltung der Übersetzungszustand VERIFIED und das zugehörige Datum eingetragen. Andernfalls verbleibt die Datenhaltung im alten Zustand.

MODIFY S <unit_name>     oder     MODIFY I <unit_name>
Da die *PASQUALE*-Quellen beim Einbringen durch das ENTER-Kommando mit
dem Protection-Code gegen unkontrollierte Änderungen geschützt sind, muß der
Aufruf des Editors unter der Regie des Werkzeugs erfolgen. Der Zugriffsschutz
wird kurzfristig aufgehoben, der Benutzer kann an der Quelle die nötigen Änderungen vornehmen und anschließend wird der Zugriffsschutz wiederhergestellt,
und es wird in der Datenhaltung vermerkt, daß die betreffende *PASQUALE*-Ein-
heit jetzt im Zustand EDITED ist.

Dann wird geprüft, ob andere Einheiten von der aktuellen Einheit abhängen. Falls
ja, werden diese Einheiten und rekursiv alle davon abhängigen Einheiten auf den
Zustand SUPERSEDED, d.h. sie müssen neu übersetzt werden, gesetzt.

Gravierendere Änderungen an der Datenhaltung erfolgen, wenn der Anwender mit
dem Editor eine USE-Anweisung löscht, abwandelt oder erweitert. In diesen
Fällen muß das Werkzeug den in der Datenhaltung abgelegten azyklischen
Graphen automatisch korrigieren. Die *PRODAT*-Datenhaltung enthält also immer
das exakte Abild der momentanen hierarchischen Struktur des Projekts. Ähnlich
drastisch wirken sich deshalb auch Aufrufe des REMOVE-Kommandos aus.

PROVE S <unit_name>     oder     PROVE I <unit_name>
Das PROVE-Kommando bildet den eigentlichen Verifizierungsschritt in der
Datenhaltung *PRODAT* ab. Zur Zeit haben wir noch keinen automatischen Beweiser (theorem prover), der den Wahrheitswert der vom VERIFY-Kommando
erzeugten Verifikations-Bedingungen berechnet. Dies ist vom Anwender selbst
durchzuführen, soweit es nicht die Simplifizierungsalgorithmen erledigen konnten.
In unserer Implementierung bedeutet der Aufruf des PROVE-Kommandos, daß
der Benutzer in der Datenhaltung einen Eintrag vornehmen läßt, daß er für diese
Einheit verbindlich zusichert, daß sie 'korrekt' ist. Für eine (formale) Spezifikation bedeutet dies, daß der Benutzer dieselbe als verbindlich bezüglich einer
möglicherweise verbal vorgegebenen Spezifikation bestätigt.

Gibt der Benutzer im PROVE-Kommando eine Implementation an, sagt er damit
aus, daß sie gegenüber ihrer eigenen Spezifikation korrekt ist. Das Kommando
stellt also z. Zt. lediglich eine prüfbare Buchhaltung über Korrektheitsaussagen
des Anwenders dar. So kann er beispielsweise keiner *PASQUALE*-Einheit den
Übersetzungszustand PROVED (korrekt) geben, wenn sich diese gerade nicht im
Zustand VERIFIED befindet. Andererseits fällt jede mit PROVED gekennzeich-
nete Einheit automatisch in den Zustand SUPERSEDED zurück, wenn eine der
Einheiten geändert wird (MODIFY), von denen diese Einheit direkt oder indirekt
abhängt.

REMOVE S <unit_name>     oder     REMOVE I <unit_name>
Es kann vorkommen, daß eine *PASQUALE*-Einheit aus der Datenhaltung
*PRODAT* wieder entfernt werden muß. Insbesondere Schreibfehler beim
ENTER-Kommando oder ein falscher Bezeichner in einer USE-Anweisung führen
dazu, daß in der Datenhaltung Knoten entstehen, zu denen es keinen Bezug gibt.
Aber auch eine Umstrukturierung eines Projekts führt dazu, wenngleich dieses

eine seltene Ausnahme sein sollte. Das Kommando bewirkt die Entfernung des gleichnamigen Knotens aus dem azyklischen Graphen sowie das Löschen aller Vater-Sohn-Beziehungen. In der zugehörigen Quelldatei wird der Zugriffsschutz (Protection- Code) wieder aufgehoben.

REVEAL
Während der Arbeiten mit dem Werkzeug kann man sich jederzeit den Inhalt der *PRODAT*-Datenhaltung zeigen lassen. Das Kommando REVEAL ohne weiteren Parameter zeigt die Liste aller Benutzer und deren (per ESTABLISH eingerichtete) Projekte.

Folgt dem Kommandowort REVEAL der Name eines *PASQUALE*-Projekts, wird die Liste aller bisher in die Datenhaltung aufgenommenen Einheiten dieses Projekts sowie deren momentaner Übersetzungszustand und das jeweils zugehörige Datum ausgegeben.

Gibt der Benutzer nach dem Projektnamen noch den Namen einer *PASQUALE*-Einheit an, so erhält er zusätzlich zum Übersetzungszustand der Einheit(en) auch die Vater-Sohn-Abhängigkeiten und deren Übersetzungszustände.

Zur Zeit ist insbesondere wegen des Implementierungsaufwands keine graphische Ausgabe der Abhängigkeiten zwischen den einzelnen *PASQUALE*-Einheiten unter PRODIA implementiert worden. Dieses würde die 'Optik' unseres Werkzeugs wesentlich verbessern, jedoch sind die Realisierung der Mehrbenutzer- und der Recovery-Fähigkeit dringlichere Aufgaben.

TREAT  <project_name>
Vor jeder Bearbeitung eines *PASQUALE*-Projekts muß der Benutzer dem Werkzeug den <project_name> bekanntgeben (außer nach dem Kommando ESTABLISH). Alle folgenden Kommandos beziehen sich dann automatisch auf das angegebene Projekt. War vor dem Aufruf dieses Kommandos ein anderes Projekt in Arbeit, so wird jenes Projekt automatisch abgeschlossen.

ABOLISH  <project_name>
Sobald die Arbeiten an einem *PASQUALE*-Projekt abgeschlossen sind, werden mit diesem Kommando alle zugehörigen Daten aus der Datenhaltung *PRODAT* entfernt. Alle zugehörigen (Quell-) Dateien, die einen Zugriffsschutz hatten, werden wieder freigegeben.

ASSIST
Dieses Kommando stützt sich auf den Mechanismus des VAX/*VMS*-HELP-Kommandos ab. Es ist genau wie dieses zu bedienen und braucht aus dem Grunde nicht explizit beschrieben zu werden. Alle Eingabe-Parameter des Kommandos und alle Ausgaben beziehen sich auf das *PASQUALE*-Werkzeug und auf die Datenhaltung *PRODAT*. Die zugrundeliegende HLP-Datei wird Anwenderwünschen gemäß laufend ergänzt. Damit ist das Werkzeug bei Kenntnis der Sprache *PASQUALE*-L und dem Produktmodell weitgehend selbsterklärend.

### 5.3.2.2 *PASQUALE-PRODOS*

Ein Transformator von *PASQUALE* nach *PRODOS* wurde im Rahmen des Verbundvorhabens geplant. Seine Implementierung wurde jedoch zurückgestellt, weil
angesichts der modernen Entwicklungen auf der Hardware- und Programmier-
sprachenseite (z.B. Transputer und *OCCAM*) und auf dem Gebiet der Normie-
rungsbestrebungen zur Kommunikation in der Automatisierungstechnik (z.B. MAP)
z. Zt. noch nicht abzusehen ist, ob ein solcher Transformator sinnvoll ist. Eine
eventuelle Rückstellung der Implementierung war im Arbeitsplan des Vorhabens
bereits vorgesehen.

Der geplante Transformator ist Bestandteil des *PASQUALE*-Werkzeugs (Abschn.
5.3.1.3.1) und setzt auf der PLEX-Repräsentation von *PASQUALE*-Einheiten auf.
Er erzeugt Texte der Sprache $S^*$, die als Schnittstelle zwischen *EPOS* und
*PRODOS* im Verbundvorhaben geschaffen wurde und legt diese in *PRODAT* ab.
Um einen möglichst großen Umfang der *PASQUALE*-Sprache erfassen zu können,
wären umfangreiche Erweiterungen von $S^*$ erforderlich gewesen.

Der Sinn des Transformators wäre gewesen, daß Spezifikation, Entwurf und Verifikation von Prozeßsteuerungen auf hohem *PASQUALE*-Sprachlevel mit Unterstützung durch die *PASQUALE*-Werkzeuglinie durchgeführt werden können. Die
Umsetzung auf das maschinennahe Sprachniveau *PRODOS* wäre mit dem Transformator und über $S^*$ automatisch und damit ohne neue Fehlermöglichkeiten
erfolgt.

Wenn auch die Implementierung zurückgestellt wurde, so haben die Untersuchungen doch gezeigt, daß Transformatoren zwischen Werkzeugen machbar und
sinnvoll sind, wenn die den Werkzeugen unterliegenden Modellvorstellungen nicht
zu stark verschieden sind.

# 6. Anwendungsspezifische Beispiele für den *Projekt-Advisor*

*Thomas Batz*

*Fraunhofer-Institut für Informations- und Datenverarbeitung (IITB)*

In den letzten Jahren bekamen bei der Abwicklung von System- und Softwareprojekten neben der eigentlichen Software-/Systemerstellung die Aspekte *Einhaltung von Normen* und *kostengünstige Erstellung durch Wiederverwendung* eine immer größere Bedeutung. Bei der Durchführung der Projekte sind verschiedene Arten von Normen zu beachten:

- firmeneigene Normen (z.B. Programmier- und Dokumentationsrichtlinien)
- auftraggeberspezifische Richtlinien
- allgemeine Normen (z.B. DIN-Normen)

Zur Unterstützung bei der Einhaltung eines derart umfangreichen und miteinander vermaschten Regelwerks bedarf es eines wissensbasierten Systems. Beim zweiten angesprochenen Thema, der Wiederverwendung von Soft-/Hardware, sind zwei grundsätzlich verschiedene Thematiken zu unterscheiden:

- die Wiederverwendung von dafür entwickelter Soft-/Hardware (z.B. aus Bibliotheken) und
- die erneute Nutzung bereits (in anderem Zusammenhang) entwickelter Hard-/Software.

Der letztere Fall ist der interessantere, aber auch schwierigere. Er beinhaltet die Suche nach *ähnlicher* Soft-/Hardware – wobei festzulegen ist, was unter ähnlich zu verstehen ist – sowie eine Abschätzung des Anpassungsaufwands für die neue (nicht exakt der alten entspechende) Aufgabenstellung.

Deshalb enthält die in *PROSYT* entwickelte Systementwicklungsumgebung in dem einheitlichen werkzeugübergreifenden Rahmensystem neben *PRODAT* und *PRODIA* eine wissensbasierte Komponente – den *Projekt-Advisor* – zur projektübergreifenden Beratung und Unterstützung. Dieser hat die Aufgabe, Projektergebnisse und firmenspezifisches Know-how systematisch zu erfassen und bei einer späteren Wiederverwendung in geeigneter Weise bereitzustellen. Die Ergebnisse müssen dazu in einer möglichst einfachen und rechnergestützten Form aufbereitet werden. Die Wiederverwendung wird durch eine Recherchenkomponente unterstützt, mit deren Hilfe nach wiederverwendbaren Informationen in den werkzeugspezifischen Projektdatenbanken gesucht werden kann (Abb. 6-1).

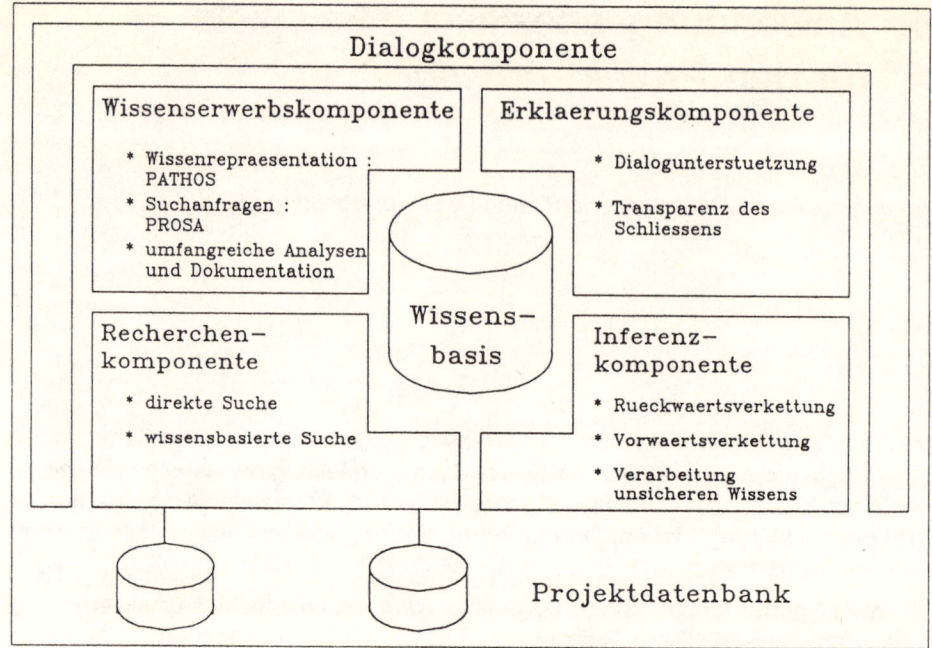

**Abb. 6-1.** Aufbau eines Expertensystems mit dem *Projekt-Advisor*

Der *Projekt-Advisor* stellt in diesem Rahmen ein Instrument zur Realisierung von Beratungssystemen dar, die die Wiederverwendung von Erfahrungen und Ergebnissen aus früheren Projekten unterstützen sollen. Er bietet mit der Suchbeschreibungssprache *PROSA* die Möglichkeit, wiederverwendbare Informationen über abgeschlossene Projekte aus einer Projektdatenbank herauszusuchen. Mit der Wissensrepräsentationssprache *PATHOS* sollen darüber hinaus solche Erkenntnisse darstellbar sein, die nicht dokumentiert sind und damit nicht unmittelbar wiederverwendet werden können. Das ist z.B. das Erfahrungswissen der Projektbeteiligten über allgemeine Vorgehensweisen und über die Anwendung von Vorschriften und Richtlinien.

Im einzelnen erfüllt der *Projekt-Advisor* die folgenden Aufgaben:

- Bewertung, Klassifizierung, Speicherung und Auswahl von Projektergebnissen,
- Speicherung und Bereitstellung von Vorschriften, Normen und Richtlinien,
- Erwerb, Auswertung und Bereitstellung von Erfahrungswissen.

Aufgrund der ersten Ergebnisse aus den Voruntersuchungen innerhalb des Verbundprojekts wurde beschlossen, keine käufliche Expertensystem-Shell zur Entwicklung einzusetzen und keine Implementierung des *Projekt-Advisors* in *LISP* oder *PROLOG* durchzuführen ([BaFe82], [AlCo84], [HWL83], [Nils82], [Nau83], [WoHo84], [ClMe84], [Brow85], [Shor76]). Die Gründe dafür waren

- geringe Portabilität,
- großer Speicher- und Rechenzeitbedarf,
- Probleme bei der Werkzeugintegration und
- fehlende Standard-Softwarepakete wie z. B. Datenbank- und Dialogkomponenten.

Als Basis für die Implementierung des *Projekt-Advisors* wurde deshalb das Grundsystem REX der Firma GPP eingesetzt (Abb. 6-2) (siehe auch Abschn. 4.3). Es verfügt über die folgenden Eigenschaften:

- listengesteuerte Syntaxanalyse,
- konfigurierbare Dialogschale,
- Datenbank als Wissensbank verwendbar und
- Grundanalysen.

Die wissensbasierten Komponenten des *Projekt-Advisors* wurden vom IRP entwickelt und von der Firma GPP in das Grundsystem integriert.

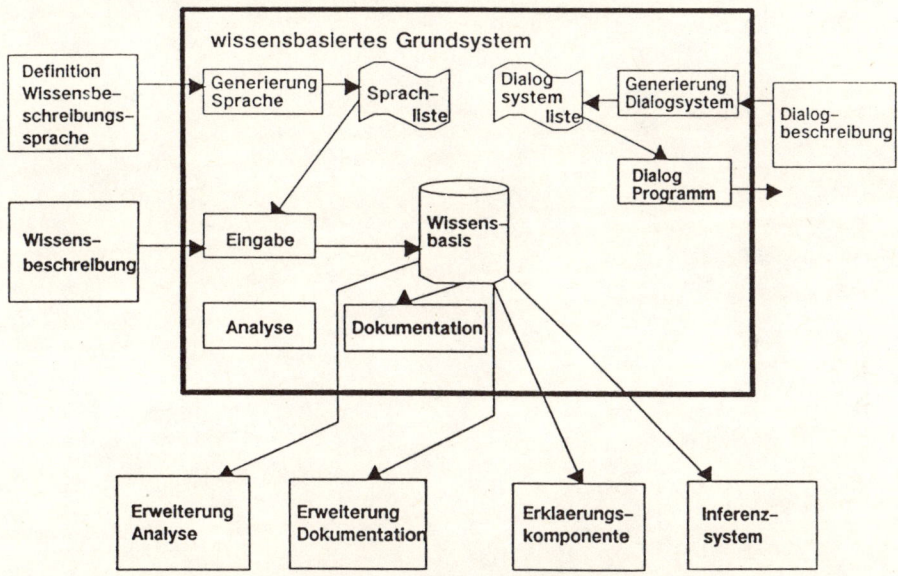

**Abb. 6-2.** Aufbau des Grundsystems

In welcher Form wiederverwendbare Projektergebnisse vorhanden sind, unterscheidet sich, je nachdem, wie die betreffende Firma organisiert ist und welches Anwendungsgebiet bearbeitet wird. Um den *Projekt-Advisor* auf möglichst vielfältige Art zu erproben und die zu erfassende Regelmenge zu begrenzen, stellten sich mehrere Firmenpartner die Aufgabe, Pilotprojekte in unterschiedlichen Anwendungsgebieten durchzuführen.

Dieses Kapitel beschreibt jetzt die verschiedenen Anwendungsbeispiele des *Projekt-Advisor*s, in dem in verschiedenen Anwendungsgebieten das benötigte Wissen erfaßt und für ein Beratungssystem zu Verfügung gestellt wurde.

# 6.1 Anwendungsspezifische Beispiele auf dem Gebiet der Prozeßleitsysteme

*Klaus-Peter Reinshagen*
*AEG Aktiengesellschaft Frankfurt*

## 6.1.1 Einführung

Bei der Durchführung von Projekten ist der Regelkreisentwurf i.a. eingebettet in einen Gesamtsystementwurf, bei dem das Wissen über

- das Anwendungsgebiet,
- den Gesamtprozeß und die Anlage, in der er abläuft,
- die regelungstechnischen Aufgabenstellungen und
- die Anforderungen an das Regelverhalten, die sich entweder direkt aus dem Prozeß, meist aber aus betrieblichen Gesichtspunkten ergeben,

hauptsächlich durch die an den Projekten beteiligten Personen eingebracht wird. Bisher als Expertensysteme bekannt gewordene Rechnerunterstützung ([Jame87], [Jame], [KiKo85]) dient zwar der Regelkreissynthese (z.B. [TFJ84], [Eldi85], [JFT85], [Tayl] etc.), sie befindet sich jedoch noch nicht im industriellen Einsatz. Aus diesen Gründen geschieht die Wiederverwendung regelungstechnischen Erfahrungswissens bei der Durchführung von Projekten nach wie vor nicht systematisch und bleibt eher zufallsgebunden.

Darüber hinaus ist es recht kostenintensiv, bei jedem neuen Projekt innerhalb eines bereits früher bearbeiteten Anwendungsgebiets für dieselbe Aufgabenstellung jedesmal einen neuen Reglerentwurf durchführen zu müssen; die dem Entwurf zugrunde liegenden Gegebenheiten ändern sich i.a. nicht so grundsätzlich, daß der Aufwand gerechtfertigt erscheint. Es liegt also nahe, hier einen anderen Weg zu beschreiten, nämlich Entwurfsergebnisse mit Hilfe geeigneter Sprachmittel in einem Rechner abzulegen und unter den Bedingungen eines aktuellen Projekts gezielt nach ihnen zu suchen. Da er im Dialog mit dem wissensbasierten System beraten und geführt wird, hat auch der weniger geübte Projektingenieur somit die Möglichkeit, auf regelungstechnisches Erfahrungswissen zurückzugreifen.

Zur rechnergestützten Verarbeitung muß das Erfahrungswissen strukturiert und in geeigneter Weise ausgewertet werden (hier mit der Wissensrepräsentationssprache *PATHOS* ([LaPe87]) und der Suchbeschreibungssprache *PROSA* ([LBGH87])):

- Bei der Suche nach früher entworfenen Regelalgorithmen ist der Suchraum gezielt mit Hilfe der eingangs genannten Kriterien 'Anwendungsgebiet', 'Prozeß' und Aufgabenstellung' einzuschränken.
- Bei der Prüfung eines früheren Regelalgorithmus auf seine Wiederverwendbarkeit in einem neuen Projekt ist anhand der zu regelnden Strecke ein neuer Regelalgorithmus zu ermitteln, der - ebenso wie die den Entwürfen zugrunde gelegten Güteanforderungen - mit den früheren Projektergebnissen zu vergleichen ist.

Wurde also in der Datenbasis des Rechners eine dem aktuellen Projekt entsprechende regelungstechnische Aufgabenstellung gefunden, ergibt sich als das zu lösende Hauptproblem dann die Auswertung der Ähnlichkeit von Regelalgorithmen und der an das Regelverhalten gestellten Anforderungen. Für die beschriebene Aufgabenstellung wurde am Beispiel einer Flußregelung ([CuKi85]) die nachfolgend beschriebene Vorgehensweise entwickelt.

## 6.1.2 Wissensbasierte Behandlung von Prozeßleitsystemen

Im Rahmen des Entwurfs von Prozeßleitsystemen wird regelungstechnisches Erfahrungswissen, d.h. Wissen über den zu regelnden Prozeß sowie Wissen über das Regeln von Prozessen, hauptsächlich in der Phase des Requirements-Engineering benötigt bzw. es entsteht in dieser Phase. Legt man die in [Laub85a] vorgeschlagene Vorgehensweise zugrunde, dann zeichnet sich die Möglichkeit zur Wiederverwendung regelungstechnischen Erfahrungswissens hauptsächlich bei den folgenden Punkten ab:

- Beschreibung des Anwendungsgebietes,
- Prozeß- und Anlagenbeschreibung,
- Regelungstechnische Aufgabenstellungen und
- Anforderungen einschließlich der dem Reglerentwurf zugrunde zu legenden Entwurfsverfahren.

Diese dem Reglerentwurf zugrunde liegenden Einflußfaktoren können zur Einengung des Suchraums herangezogen werden. Die eigentliche Prüfung der Wiederverwendbarkeit eines Regelalgorithmus muß anhand eines neu zu ermittelnden und des gefundenen früheren Algorithmus sowie der Güteanforderungen an das dynamische Verhalten des geschlossenen Regelkreises durchgeführt werden.

### 6.1.2.1 Berücksichtigung des Anwendungsgebiets

Der erste Schritt zur Einschränkung des Suchraumes ist die Suche nach dem für das neue Projekt relevanten Anwendungsgebiet. Diese sind hauptsächlich durch die in ihnen auftretenden Prozeßtypen (z.B. Fließ- oder Stückprozeß; ([Laub76])) gekennzeichnet. In den verschiedenen Einsatzgebieten weisen die zu beeinflussenden Prozesse wiederum Merkmale auf, die für das jeweilige Einsatzgebiet typisch sind. So ist zu unterscheiden zwischen den unterschiedlichen Arten des Prozeßgutes (Materie, Energie, Information) und dabei wiederum zwischen seinen möglichen Erscheinungsformen (z.B. elektrisch, hydraulisch, fest, flüssig, etc.). Ebenso spielen die Art der Kopplung der Teilprozesse untereinander (z.B. durch das Prozeßgut selbst oder über die Leiteinrichtung) und der Ablauf der einzelnen Teilprozesse relativ zueinander (parallel, sequentiell, taktgebunden, synchron/asynchron) eine Rolle. Auch die zu regelnden Strecken sind i.a. typisch für das jeweilige Einsatzgebiet. So treten z.B. in der Antriebstechnik häufig Regelstrecken mit Ausgleich auf ([BCM86]). In der Verfahrenstechnik hat man es oft mit Totzeiten und gelegentlich mit Allpaßverhalten zu tun ([Oppe72]).

Liegt das Anwendungsgebiet nicht genau fest oder will man sich einen breiteren Überblick über eine Gruppe von Anwendungsgebieten verschaffen, dann kann die allgemeinere Suche anhand dieser Prozeßmerkmale angewandt werden. Mit einer solchen Suchanfrage wird man allerdings i.a. außer dem gesuchten Projekt noch Projekte aus weiteren Anwendungsgebieten finden. Will man gezielter vorgehen, eignet sich besser das in Abb. 6.1-1 gezeigte Klassifikationsschema, das die einzelnen Anwendungsgebiete in Form von Facetten repräsentiert, in denen die Merkmale des betreffenden Anwendungsgebiets einschließlich der hierfür gültigen Normen, Richtlinien und Vorschriften zusammengefaßt sind.

### 6.1.2.2 Berücksichtigung von Prozeß und Anlage

In der Regel besteht ein Prozeß aus mehreren Teilprozessen, die i.a. auch in verschiedenen Teilanlagen ablaufen. Jeder Teilprozeß bzw. jede Teilanlage sind einerseits durch den ihnen übergeordneten Teilprozeß bzw. die übergeordnete Teilanlage und andererseits durch ihnen eigentümliche Prozeßgrößen bzw. Anlagendaten gekennzeichnet. So werden Teilprozesse bzw. Regelstrecken durch Führungs-, Stell-, Regel- und Störgrößen charakterisiert; Teilanlagen sind z.B. durch ihre Form und Abmessungen festgelegt. Zur Erfassung dieser Charakteristika bietet sich das in [DIN85] und [DIN88] beschriebene und z.B. in [AEG80] angewandte Leitebenengerüst für Prozeßleitsysteme an, das von der prozeßnahen Einzelleitebene bis zur Betriebs- bzw. Planungsleitebene reicht.

Im Rahmen der hier behandelten Aufgabenstellung bietet es sich nun an, auch den Gesamtprozeß ebenso wie das zugehörige Leitsystem in Leitebenen darzustellen (Abb. 6.1-2). Dabei enthält jede einen Teilprozeß eines bestimmten Anwendungsgebiets beschreibende Facette sämtliche diesen Teilprozeß charakterisierenden Merkmale:

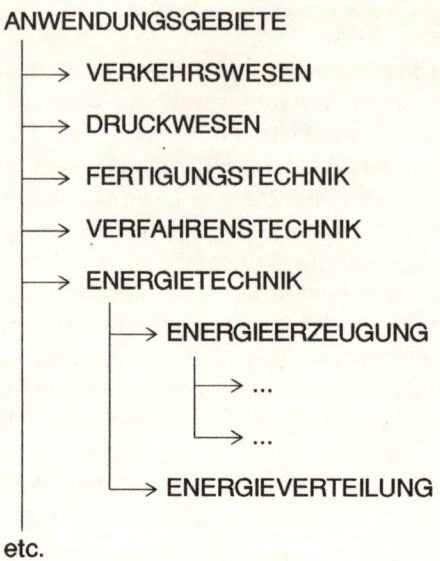

**Abb. 6.1-1**

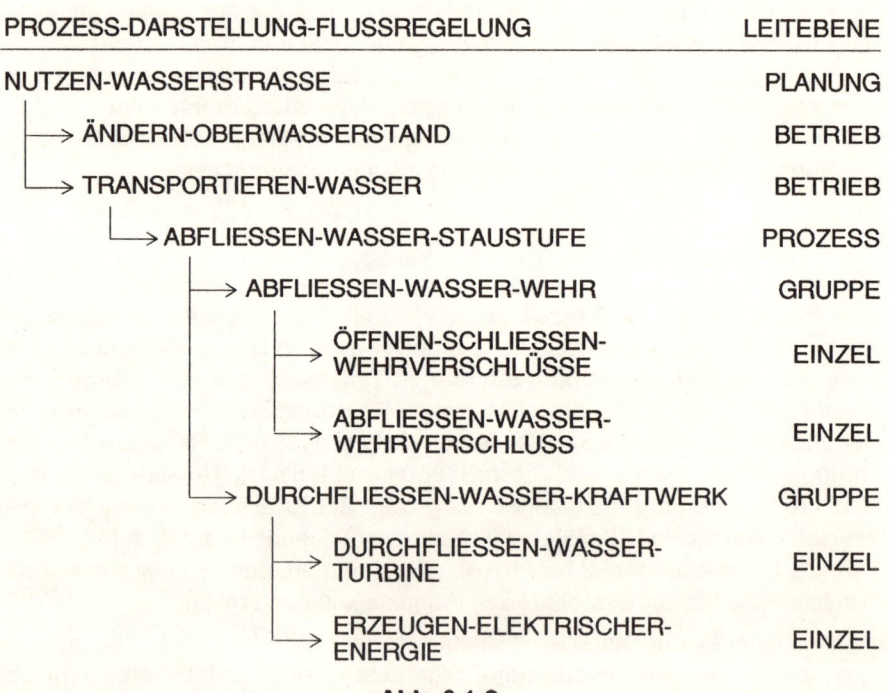

**Abb. 6.1-2**

Ebenso wird für die Beschreibung der Teilanlagen ein Klassifikationsschema erstellt, das - mit den Leitebenen als Verfeinerungsmerkmal - die Gesamtheit aller Teilanlagen beschreibt (Abb. 6.1-3). Dabei werden in jeder eine Teilanlage beschreibenden Facette dieses Schemas die charakteristischen Daten der betreffenden Teilanlage zusammengefaßt.

Die Einengung des Suchraums muß nun mit Suchanfragen vorgenommen werden, die auf diesen Facettenbäumen beruhen. Sind Teilanlage und ihr zugeordneter Teilprozeß vorhanden, dann kann nach den entsprechenden Aufgabenstellungen gesucht werden, andernfalls erübrigt sich eine weitere Suche.

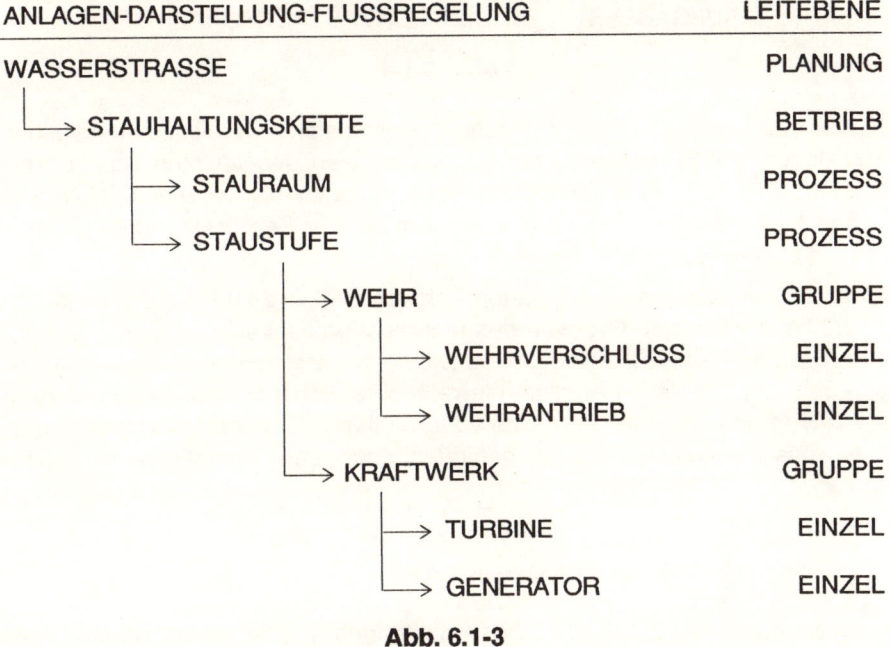

| ANLAGEN-DARSTELLUNG-FLUSSREGELUNG | LEITEBENE |
|---|---|
| WASSERSTRASSE | PLANUNG |
| STAUHALTUNGSKETTE | BETRIEB |
| STAURAUM | PROZESS |
| STAUSTUFE | PROZESS |
| WEHR | GRUPPE |
| WEHRVERSCHLUSS | EINZEL |
| WEHRANTRIEB | EINZEL |
| KRAFTWERK | GRUPPE |
| TURBINE | EINZEL |
| GENERATOR | EINZEL |

Abb. 6.1-3

### 6.1.2.3 Berücksichtigung der Aufgabenstellungen

Ein Teil der Aufgabenstellungen ist zwangsläufig gekoppelt an das Anwendungsgebiet mit dem darin zu automatisierenden Prozeß. Im wesentlichen ist die Regelungsaufgabe dabei durch die Regelgröße und die Störgröße mit ihrem Angriffsort festgelegt.

Für die wissensbasierte Behandlung der Aufgabenstellungen wird das Prozeßleitsystem verfeinert in die LEITEINRICHTUNG und das BETRIEBSPERSONAL. Dementsprechend kann man die Aufgabenstellungen für das Leiten eines Prozesses in solche für die Leiteinrichtung und in solche für das Betriebspersonal (z.B. Auswerten, Überwachen, Disponieren, Eingreifen etc.) unterteilen (Abb. 6.1-4). Die Aufgabenstellungen für die Leiteinrichtung wiederum zerfallen in

PROZESS-ORIENTIERTE (z.B. Messen, Steuern, Schalten, Stellen, Regeln etc.) und in PERSONAL-ORIENTIERTE (z.B. Anzeigen, Melden, Archivieren, Protokollieren etc.) Aufgabenstellungen ([DIN85], [AEG80]):

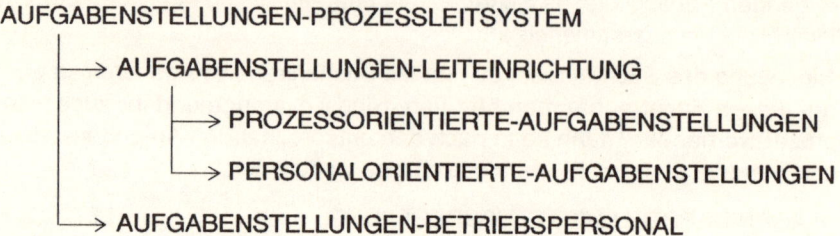

AUFGABENSTELLUNGEN-PROZESSLEITSYSTEM

 └→ AUFGABENSTELLUNGEN-LEITEINRICHTUNG

   └→ PROZESSORIENTIERTE-AUFGABENSTELLUNGEN

   └→ PERSONALORIENTIERTE-AUFGABENSTELLUNGEN

 └→ AUFGABENSTELLUNGEN-BETRIEBSPERSONAL

**Abb. 6.1-4**

Die hier behandelten Aufgabenstellungen lassen sich zwar nicht eindeutig in das oben eingeführte Leitebenenschema 'hineinpressen', jedoch kann man in den sie beschreibenden Facetten des Klassifikationsschemas die Leitebenen als referenzierbares Charakteristikum aufführen, dem bei der Beschreibung des Projekts ein Wert zugewiesen wird.

Für die Suche nach einer bestimmten Aufgabenstellung sind nun die in Abschnitt 6.1.2.2 beschriebenen Grössen des technischen Prozesses sowie diejenigen einer regelungstechnischen Aufgabenstellung so miteinander zu verknüpfen, daß nach dem gemeinsamen Auftreten jeweils einer Prozeßgröße und einer Aufgabenstellung gesucht wird. Trifft eine so formulierte Suchanfrage zu, dann wurde die gewünschte Aufgabenstellung gefunden; andernfalls kann die Suche abgebrochen werden.

### 6.1.2.4 Berücksichtigung von Anforderungen

Der Entwurf und damit auch die Suche nach einem wiederverwendbaren Regelalgorithmus sind zwangsläufig abhängig von der gegebenen Regelstrecke und dem für diese geeigneten und damit zu fordernden Reglerentwurfsverfahren. Bei dem in Abb. 6.1-5 gezeigten Verfahren handelt es sich um das Pol-Nullstellen-Verfahren unter Einbeziehung des Wurzelortskurvenverfahrens.

Bestandteil dieses Entwurfsverfahrens sind Gütekriterien im Zeitbereich, denen sich unter gegebenen Voraussetzungen entsprechende Größen im Frequenzbereich zuordnen lassen ([Föll85], [Rein80]). Diese Anforderungen stehen natürlich nicht isoliert, sondern sind Teil eines umfangreichen Anforderungsrahmens ([KPR87]). Er enthält die regelungstechnischen Anforderungen als Untermenge.

Die Behandlung von Anforderungen ist grundsätzlich die gleiche wie z.B. in Abschnitt 6.1.2.3 beschrieben, sofern es nur um das Vorhandensein bestimmter Anforderungen geht. Häufig jedoch sind Anforderungen nicht nur auf ihr bloßes Vorhandensein, sondern auf die Ähnlichkeit der ihnen zugewiesenen Werte zu überprüfen. So sind zur Prüfung der Wiederverwendbarkeit eines Regelalgorithmus neben dem Algorithmus selbst auch die früheren und die neuen Güteanforderungen zu vergleichen.

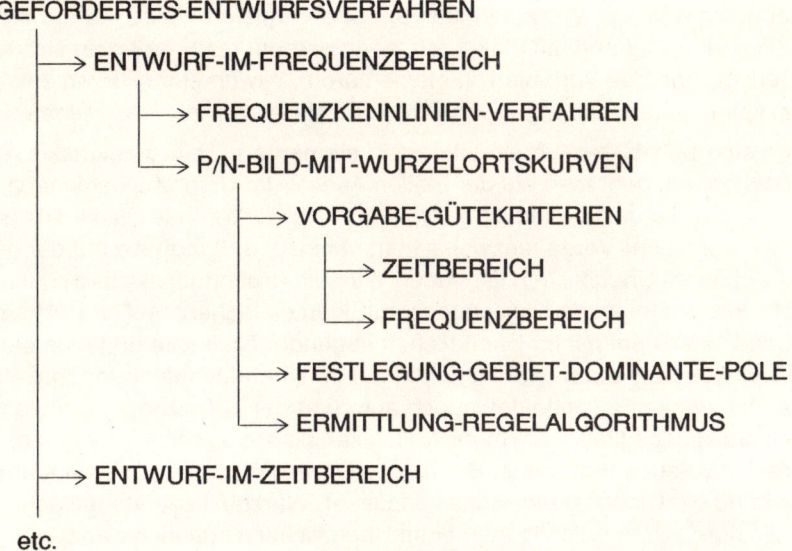

GEFORDERTES-ENTWURFSVERFAHREN

→ ENTWURF-IM-FREQUENZBEREICH

→ FREQUENZKENNLINIEN-VERFAHREN

→ P/N-BILD-MIT-WURZELORTSKURVEN

→ VORGABE-GÜTEKRITERIEN

→ ZEITBEREICH

→ FREQUENZBEREICH

→ FESTLEGUNG-GEBIET-DOMINANTE-POLE

→ ERMITTLUNG-REGELALGORITHMUS

→ ENTWURF-IM-ZEITBEREICH

etc.

**Abb. 6.1-5**

Der Vergleich der Regelalgorithmen bezüglich ihrer Struktur wird anhand der zu dem Pol-Nullstellen-Bild der Algorithmen gehörigen Verläufe ihrer Wurzelortskurven durchgeführt. Die zur Beurteilung der Wiederverwendbarkeit der Reglerparameter erforderliche Ähnlichkeitsprüfung der Güteanforderungen wird anhand der Lage der früheren dominanten Pole relativ zu den für das neue Polpaar festgelegten Toleranzbereichen durchgeführt.

### 6.1.3 Suche und Wiederverwendung früherer Regelalgorithmen

Die globale Vorgehensweise ist wie folgt:

− Man gibt die Wurzeln der neuen Regelstrecke in den Rechner ein und ermittelt anhand der relativen Lage der für das dominante konjugiert-komplexe Polpaar geforderten Toleranzbereiche zu den Wurzeln der Regelstrecke einen Regelalgorithmus, mit dem die resultierende Wurzelortskurve in die geforderten Toleranzbereiche gezogen wird;

− anschließend werden der neu ermittelte und der frühere Regelalgorithmus auf Ähnlichkeit geprüft.

− Aus dem Ergebnis der Ähnlichkeitsprüfung leitet man Hinweise für den Benutzer zur eventuell erforderlichen Anpassung der Parameter des Regelalgorithmus an die neuen Gegebenheiten ab.

### 6.1.3.1  Verarbeitung der Wurzeln einer Regelstrecke

Betrachtet man nun den Verlauf von Wurzelortskurven mit einer oder zwei Wurzeln ('elementare' Wurzelortskurven) und vergleicht diese mit auf drei oder mehr Wurzeln beruhenden Ortskurven, dann erkennt man, daß man sich letztere als Überlagerung des Verlaufs von elementaren Teilwurzelortskurven entstanden denken kann, denen Paarungen von Polen und Nullstellen zugrunde liegen.

Um nun eine beliebige Wurzelortskurve in elementare Teilwurzelortskurven zerlegen zu können, geht man auf der reellen Achse - im Ursprung beginnend - nach links und faßt die dort befindlichen Pole und Nullstellen paarweise zusammen. Als 'Trick' bei dieser Vorgehensweise kommt hinzu, daß man die auf der negativ-reellen Achse im Unendlichen liegenden Wurzeln (Pol oder Nullstelle) mit berücksichtigt. Dies hat folgende Konsequenzen: Einen einfachen, reellen Pol kann man als einen Links-Dipol mit im Unendlichen liegender Nullstelle und eine einfache, reelle Nullstelle als einen Rechts-Dipol mit im Unendlichen liegendem Pol auffassen; der zweite Fall scheidet jedoch aufgrund der Tatsache, daß reale technische Übertragungsglieder nie mehr Nullstellen als Pole enthalten können, für die weiteren Untersuchungen aus. Bei mehr als zwei Wurzeln (z.B. ein komplexes Polpaar und ein Dipol) ist eine links von diesen Wurzeln liegende einfache, reelle Nullstelle durch Berücksichtigung der im Unendlichen liegenden zweiten Nullstelle als reelles Nullstellenpaar aufzufassen.

Demgemäß ergeben sich die folgenden Pol-Nullstellen-Paarungen, die zu elementaren Teilwurzelortskurven führen:

- Reelles Polpaar,
- Doppelpol,
- komplexes Polpaar,
- endliches Nullstellenpaar,
- unendliches Nullstellenpaar,
- Doppelnull,
- komplexes Nullstellenpaar,
- Rechts-Dipol,
- unendlicher Links-Dipol,
- endlicher Links-Dipol.

Gibt man nun Typ (Zählerpolynom: Nullstellen, Nennerpolynom: Pole) und Lage der Wurzeln der Übertragungsfunktion in der komplexen Ebene (Realteil: $\sigma$, Imaginärteil: $\omega$) in den Rechner ein, dann können die vorstehenden Wurzelpaarungen mit einfachen Produktionsregeln wissensbasiert ermittelt werden.

Der Vorteil dieser Vorgehensweise ist außerdem, daß man fehlerhafte Eingaben einfach abfangen kann. So sind z.B. die Wurzeln eines Dipols stets reell und komplexe Pole haben - bei gleichem Realteil - stets einen um den Faktor -1 verschiedenen Imaginärteil.

### 6.1.3.2  Ermittlung eines Regelalgorithmus für eine vorgegebene Regelstrecke

Im Rahmen des hier verwendeten Entwurfsverfahrens hängt die Struktur eines Regelalgorithmus nicht nur von der Regelstrecke, sondern auch von der Lage der für das dominante konjugiert-komplexe Polpaar festgelegten Toleranzbereiche relativ zu den Wurzeln der Strecke ab. Die wissensbasierte Festlegung der Toleranzbereiche anhand der Güteanforderungen im Zeitbereich (Überschwing-weite $\Delta_h$, Überschwingzeit $T_m$ und Beruhigungszeit $T_b$) ist aufgrund der in [Rein80] zusammengestellten Regeln problemlos möglich. Aus ihnen können der Zeiger-winkel Phi zum Bezugspol bzw. die Dämpfung D, der Realteil des Bezugspols, $\sigma_e$, und der Imaginärteil $\omega_e$ des Bezugspols bestimmt werden. Zwei weitere Kriterien sind durch die Grenzfrequenz $\omega_{gr} = f(\omega_{0,max})$ und die Vermeidung hochfrequenter Pendelungen durch die Begrenzung von $\omega_{e,max}$ im Frequenzbereich gegeben.

Zur Vereinfachung der Darstellung der Zusammenhänge werden im folgenden nicht mehr die Toleranzbereiche selbst, sondern die Projektion ihrer äußersten linken und rechten Ecken auf die reelle Achse verwandt. Dadurch wird auf der reellen Achse ein Abschnitt mit den Grenzen $\sigma_{t,min}$ und $\sigma_{t,max}$ festgelegt. Dieser sei im folgenden als 'Gebiet' bezeichnet. Desweiteren sollen die betrachteten Regelstrecken keine komplexen Pole oder Nullstellen aufweisen. Durch diese Einschränkungen bleibt das betrachtete Gebiet eindimensional.

Nach diesen Festlegungen läßt sich die relative Lage der Wurzeln der Strecke zu dem geforderten Gebiet - auch in vereinfachter Weise - durch 'links', 'innerhalb' und 'rechts' beschreiben. Das schließt allerdings nicht aus, daß eine oder beide Grenzen auch zwischen den Streckenwurzeln verlaufen. Dies bedeutet nur mehr Aufwand für die Realisierung des wissensbasierten Systems.

Sieht man sich nun die in Abschnitt 6.1.3.1 definierten Paarungen von Wurzeln an, dann erkennt man als auffälligstes Merkmal, daß es Paare **o h n e** und Paare **m i t** Verzweigung ihrer Wurzelortskurve gibt. Nun liegen die Wurzeln einer Regelstrecke oft nicht so, daß die zu einer eventuell vorhandenen Verzweigung gehörige Wurzelortskurve im Gebiet des dominanten Polpaares läuft. Um die gewünschte Wurzelortskurve zu erzeugen, muß also die Verzweigung 'verschoben' werden. Dies erreicht man z.B. dadurch, daß die die Verzweigung hervorrufenden Pole durch Nullstellen kompensiert werden und in dem gewünschten Gebiet ein neues Polpaar plaziert wird. Bei Wurzelpaaren, die keine Verzweigung aufwei-sen, ist unabhängig von ihrer Lage in jedem Fall eine Verzweigung einzuführen.

Fordert man weiterhin, daß die 'verschobene' bzw. die neu erzeugte Verzweigung in dem oben definierten Gebiet liegt und daß der Verlauf der resultierenden Hauptäste der Wurzelortskurve ein P-T2- bzw. I-T1-ähnliches Verhalten aufweist (z.B. reelles Polpaar), dann ist sichergestellt, daß die interessierenden Haupt-äste auch durch die geforderten Toleranzbereiche in der komplexen Ebene laufen. Zwei Ausnahmen hiervon bilden

– Strecken mit drei bzw. vier Polen. Bei drei Polen ergibt sich reines P-T3- bzw. I-T2-Verhalten; bei vier Polen ist der Verlauf der Hauptäste nur noch P-T3- bzw. I-T2-ähnlich und es entstehen spiegelbildlich dazu zwischen den beiden links liegenden Polen zwei weitere Äste, unabhängig davon, welche der möglichen Pol-Nullstellen-Konfigurationen eines Regelalgorithmus man nimmt (AR1-, AR2-Glied). Das Problem bei dieser Polkonfiguration ist nun, daß man bei beliebiger Lage der geforderten Toleranzbereiche nicht sicher sein kann, daß die Wurzelortskurve tatsächlich durch diese Bereiche verläuft. Will man größeren mathematischen Aufwand vermeiden, dann bleibt nur die Möglichkeit, durch einen Links-Dipol mit eng benachbarten Wurzeln den Verlauf der Wurzelortskurve parallel zur imaginären Achse zu 'strecken', wodurch zumindest in der Nähe der reellen Achse ein P-T2- bzw. I-T1-ähnliches Verhalten erzwungen werden kann. Dies wiederum ist im Rahmen der hier vorgenommenen Beschränkung auf maximal vier Reglerwurzeln nur möglich, wenn die Streckenpole **I m** oben definierten Gebiet liegen. Bei links gelegenen Polen ist ein Regelalgorithmus mit sechs Wurzeln (drei Pole, drei Nullstellen) erforderlich.

– Strecken mit einem endlichen Nullstellenpaar und einem reellen Polpaar: Für den Fall, daß die Streckenwurzeln links des geforderten Gebiets liegen, sind statt der sonst für den Regelalgorithmus maximal benötigten zwei Wurzelpaare drei erforderlich (zwei reelle Polpaare, ein endliches Nullstellenpaar), da hier die Strecken vollständig kompensiert werden müssen.

Die folgenden Tabellen 6.1-1 und 6.1-2 zeigen für einige Beispiele die unter den gegebenen Voraussetzungen für die links angegebenen Wurzelpaarungen der Strecke benötigten Regelalgorithmen:

**Tabelle 6.1-1.** Vergleich von Strecken mit je einem Wurzelpaar und Lage der Streckenwurzeln links des Gebiets

| PAARUNG | REGELALGORITHMUS |
|---|---|
| Reelles Polpaar | endliches Nullstellenpaar, reelles Polpaar (AR2-Glied) |
| endlicher Links-Dipol | reelles Polpaar (P-T2-Glied) |
| unendlicher Links-Dipol | unendliches Nullstellenpaar, reelles Polpaar, (P-TD-T2-Glied) |
| Rechts-Dipol | reelles Polpaar (P-T2-Glied) |

Mit den genannten Wurzelpaaren der Regelstrecke in der Prämisse einer Produktionsregel ist es jetzt möglich, auf den jeweils benötigten, in ihrer Conclusion angegebenen Regelalgorithmus zu schließen. Zusätzlich muß bei den Beispielen in Tabelle 6.1-2 in der Conclusion noch die Lage der Wurzelpaare bezüglich der imaginären Achse angegeben werden (z.B. 'Linkes-Paar' = Unendliches-Nullstellenpaar, 'Rechtes-Paar' = Reelles-Polpaar).

**Tabelle 6.1-2.** Vergleich von Strecken mit je zwei Wurzelpaaren und Lage der Streckenwurzel innerhalb des Gebiets

| LINKES PAAR | RECHTES PAAR | REGEL- ALGORITHMUS |
|---|---|---|
| Reelles Polpaar | endlicher Links-Dipol | P-Glied |
| unendlicher Links-Dipol | reelles Polpaar | endlicher Links-Dipol (AR1-Glied) |
| unendlicher Links-Dipol | Rechts-Dipol | unendlicher Links-Dipol (P-T1-Glied) |
| endliches Nullstellenpaar | reelles Polpaar | reelles Polpaar (P-T2-Glied) |
| Rechts-Dipol | Rechts-Dipol | reelles Polpaar (P-T2-Glied) |

### 6.1.3.3 Prüfung der Ähnlichkeit von Regelalgorithmen

Die Ermittlung der Ähnlichkeit von Regelalgorithmen kann entweder qualitativ mit Hilfe von Produktionsregeln oder quantitativ nach der Methode von Tversky ([Tver84]) vorgenommen werden. Bei der ersten Methode muß eine Ähnlichkeitsskala wie z.B. 'identisch', 'sehr-ähnlich', 'ähnlich', 'weniger-ähnlich' und 'verschieden' definiert werden. Die Schlußfolgerung, welcher Wert dieser Skala gilt, ist regelbasiert zu ziehen. Bei der zweiten Methode wird Ähnlichkeit als Überlappungsmaß definiert, d.h., man kann die Ähnlichkeit einer Merkmalsmenge A zu einer Merkmalsmenge B als Quotient aus der Anzahl der Merkmale der Schnittmenge A & B und der Anzahl der Merkmale der Vereinigungsmenge A v B berechnen ([Beut88]):

$$a\,(A,B) = \frac{f(A\ \&\ B)}{f(A\ v\ B)} \tag{6.1}$$

mit a = Ähnlichkeitsfaktor und f = Zählfunktion. Das Ergebnis ist ein numerisches Ähnlichkeitsmaß mit dem Wertebereich $0 <= a <= 1$. Zur Prüfung der Ähnlichkeit zweier Objekte wird hier ein für diese Objektklasse spezifischer Facettenbaum benötigt, der in hierarchischer und disjunkter Form sämtliche möglichen Merkmale der betrachteten Objektklasse enthält. Im folgenden wird die Ähnlichkeit von Regelalgorithmen numerisch bestimmt. Die Weiterverarbeitung der so ermittelten Ergebnisse geschieht regelbasiert.

Das aus den - vom Nullpunkt auf der reellen Achse nach links gehend - beiden ersten Wurzeln gebildete Paar werde als 'rechtes Paar' bezeichnet, das aus den beiden nächsten Wurzeln gebildete Paar als 'linkes Paar'. Unter Vernachlässigung des Doppelpols (der Doppelnullstelle) und des komplexen Polpaars (Nullstellenpaars) ergeben sich für einige ausgewählte Beispiele die folgenden Ähnlichkeitsfaktoren (Tabelle 6.1-3):

**Tabelle 6.1-3**

| ÜBERTRAGUNGSGLIED 1 | | ÜBERTRAGUNGSGLIED 2 | | |
|---|---|---|---|---|
| LINKES PAAR | RECHTES PAAR | RECHTES PAAR | LINKES PAAR | ÄHNLICH-KEIT A |
| reelles Polpaar | reelles Polpaar | reelles Polpaar | reelles Polpaar | 1.000 |
| endlicher Links-Dipol | reelles Polpaar | Rechts-Dipol | reelles Polpaar | 0.729 |
| unendlicher Links-Dipol | endlicher Links-Dipol | endlicher Links-Dipol | Rechts-Dipol | 0.395 |
| endlicher Links-Dipol | endlicher Links-Dipol | Rechts-Dipol | Rechts-Dipol | 0.250 |
| nicht vorhanden | reelles Polpaar | reelles Polpaar | reelles Polpaar | 0.177 |

Die Ähnlichkeitsberechnung wurde für das rechte und das linke Wurzelpaar getrennt anhand der in den Abbildungen 6.1-6 und 6.1-7 gezeigten Facettenbäumen der Verlaufsmerkmale der Teilwurzelortskurven vorgenommen:

Die Gesamtähnlichkeit ergibt sich mit N = 2 für zwei Wurzelpaare je Regelalgorithmus aus der Gleichung

$$a_{ges} = SQRT\left(\frac{(a_2^2)}{N} + \frac{(a_1^2)}{N}\right) \tag{6.2}$$

Wie man sich leicht überzeugt, genügt der für das rechte Wurzelpaar erstellte Facettenbaum prinzipiell auch den Bedingungen für den Vergleich von Wurzelortskurven, die auf nur einem Wurzelpaar beruhen, wenn man ihn auf die dabei auftretenden Verlaufsmerkmale reduziert. Dabei ergeben sich (mit N = 1, $a_2 = 0$) beispielsweise folgende Ähnlichkeitsfaktoren (Tabelle 6.1-4):

**Tabelle 6.1-4**

| ÜBERTRAGUNGS-<br>GLIED 1 | ÜBERTRAGUNGS-<br>GLIED 2 | ÄHNLICH-<br>KEIT A |
|---|---|---|
| reelles<br>Polpaar | reelles<br>Polpaar | 1.000 |
| endlicher<br>Links-Dipol | unendlicher<br>Links-Dipol | 0.500 |
| endlicher<br>Links-Dipol | Rechts-Dipol | 0.250 |
| reelles<br>Polpaar | unendlicher<br>Links-Dipol | 0.0 |

Nun muß man die hier angegebenen Werte im Rahmen des gewählten Entwurfsverfahrens nicht jedesmal neu berechnen, sondern es genügt, sie mit Hilfe von
Produktionsregeln zu bestimmen, in deren Conclusion der betreffende Wert enthalten ist. Beim Auftreten einer der vorstehend aufgeführten Paarungen wird die
zutreffende Regel zünden und der Ähnlichkeitsfaktor steht für die Weiterverarbeitung zur Verfügung.

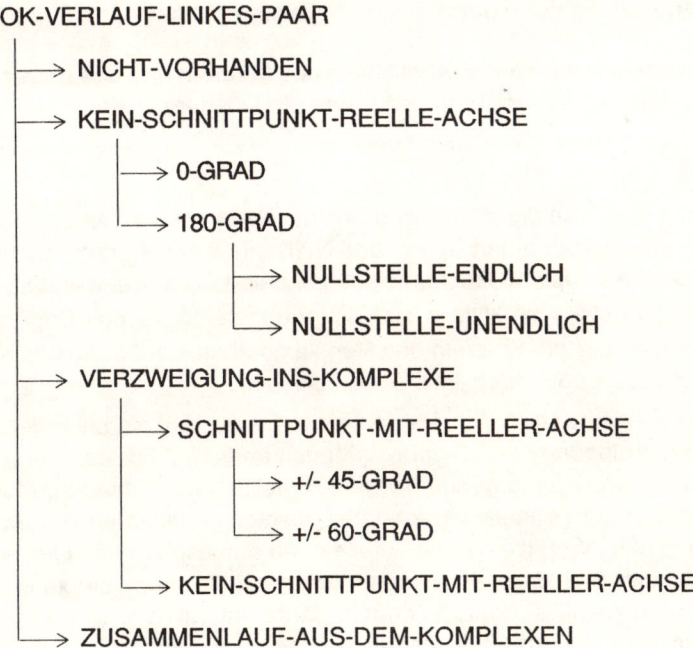

WOK-VERLAUF-LINKES-PAAR

&rarr; NICHT-VORHANDEN

&rarr; KEIN-SCHNITTPUNKT-REELLE-ACHSE

    &rarr; 0-GRAD

    &rarr; 180-GRAD

        &rarr; NULLSTELLE-ENDLICH

        &rarr; NULLSTELLE-UNENDLICH

&rarr; VERZWEIGUNG-INS-KOMPLEXE

    &rarr; SCHNITTPUNKT-MIT-REELLER-ACHSE

        &rarr; +/- 45-GRAD

        &rarr; +/- 60-GRAD

    &rarr; KEIN-SCHNITTPUNKT-MIT-REELLER-ACHSE

&rarr; ZUSAMMENLAUF-AUS-DEM-KOMPLEXEN

**Abb. 6.1-6**

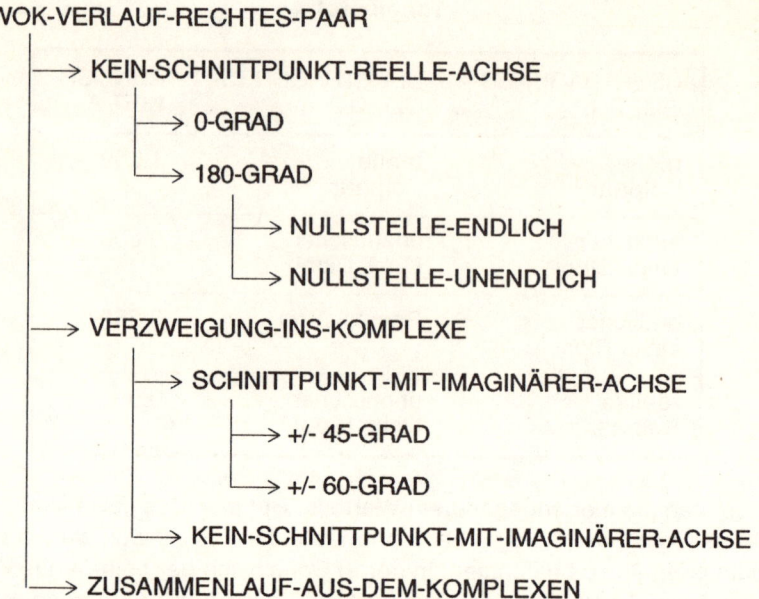

WOK-VERLAUF-RECHTES-PAAR

→ KEIN-SCHNITTPUNKT-REELLE-ACHSE

→ 0-GRAD

→ 180-GRAD

→ NULLSTELLE-ENDLICH

→ NULLSTELLE-UNENDLICH

→ VERZWEIGUNG-INS-KOMPLEXE

→ SCHNITTPUNKT-MIT-IMAGINÄRER-ACHSE

→ +/- 45-GRAD

→ +/- 60-GRAD

→ KEIN-SCHNITTPUNKT-MIT-IMAGINÄRER-ACHSE

→ ZUSAMMENLAUF-AUS-DEM-KOMPLEXEN

**Abb. 6.1-7**

### 6.1.3.4 Anpassung der Parameter des Regelalgorithmus

Aus dem Grad der ermittelten Ähnlichkeit des früheren und des neuen Regelalgorithmus lassen sich Hinweise an den Benutzer generieren, wie er

– den früheren Regelalgorithmus und/oder
– die neuen Güteanforderungen

modifizieren muß, um den Regelalgorithmus wiederverwenden zu können. Dabei geht es im wesentlichen darum, Pol und Nullstelle eines Wurzelpaares zu vertauschen (z.B. Links-Dipol in Rechts-Dipol umkehren), die Kreisverstärkung $V_o$ des offenen Regelkreises mit Hilfe des Übertragungsfaktor $K_R$ des Regelalgorithmus zu ändern und/oder die Wurzeln des Regelalgorithmus auf der reellen Achse entweder nach rechts oder nach links zu verschieben.

Das eventuell erforderliche Umkehren eines Dipols läßt sich aus den zu vergleichenden Wurzelpaaren der Regelalgorithmen herleiten. Für das Verschieben der Reglerwurzeln wird die folgende Vorgehensweise vorgeschlagen: Man überprüft die Lage des in dem früheren Projekt festgelegten dominanten Polpaares daraufhin, ob es in den durch die neuen Gütekriterien aufgespannten Toleranzbereichen liegt. Ist das der Fall, dann überlappen sich das früher festgelegte und das neue Gebiet oder das eine ist sogar in dem anderen enthalten. Durch geeignete Wahl der Prämissen der Produktionsregeln läßt sich sehr genau angeben, in welche

Richtung die Reglerwurzeln zu verschieben bzw. die neuen Gütekriterien zu modifizieren sind oder der Übertragungsfaktor des Regelalgorithmus zu ändern ist.

### 6.1.4 Zusammenfassung

Die vorliegende Arbeit entstand im Rahmen des Verbundprojekts *PROSYT* ([AANS86]) (BMFT-Fördernummer ITS 8306P2) mit dem Teilprojekt *Projekt-Advisor*. Ihre Zielsetzung war die wissensbasierte Unterstützung der Suche und Wiederverwendung von Regelalgorithmen aus früheren Projekten unter Verwendung regelungstechnischen Erfahrungswissens. Es werden Möglichkeiten aufgezeigt, wie in Beschreibungen früher durchgeführter Projekte zunächst nach der für ein neues Projekt relevanten regelungstechnischen Aufgabenstellung gesucht und wie frühere Regelkreisentwürfe auf ihre Wiederverwendbarkeit geprüft werden können.

Zur Realisierung des ersten Schritts werden Klassifizierungsschemata zur Beschreibung von Anwendungsgebieten, Anlagen und den darin ablaufenden Prozessen sowie von Aufgabenstellungen und Anforderungen entwickelt und in die Suchbeschreibungssprache *PROSA* ([LBGH87]) umgesetzt.

Für die Prüfung eines Regelalgorithmus auf Wiederverwendbarkeit werden das Pol-Nullstellen- und das Wurzelortskurvenverfahren herangezogen ([Rein80]). Das erstgenannte ist dabei das zugrunde gelegte Reglerentwurfsverfahren, während das Wurzelortskurvenverfahren mehreren Zwecken dient: Zum einen wird mit seiner Hilfe wissensbasiert ein Regelalgorithmus zu einer vom Benutzer vorgegebenen Regelstrecke ermittelt; zum anderen kann aufgrund bestimmter Gesetzmäßigkeiten der Wurzelortskurven ihr Verlauf zum Ähnlichkeitsvergleich des früheren und des neu ermittelten Regelalgorithmus bezüglich seiner Struktur benutzt werden. Hierzu werden in *PROSA* Facettenbäume erstellt, durch deren Vergleich die Prüfung eines früheren Regelalgorithmus auf Wiederverwendbarkeit ermöglicht wird. Das Ergebnis ist ein numerisches Ähnlichkeitsmaß, das regelbasiert in dem wissensverarbeitenden System *PATHOS* ([LaPe87]) weiterverwendet werden kann.

Ist der Regelalgorithmus seiner Struktur nach wiederverwendbar, dann wird zur Prüfung der Wiederverwendbarkeit der Parameter des Regelalgorithmus die früher gewählte Lage der dominanten Pole des geschlossenen Kreises mit den durch die neuen Güteanforderungen festgelegten Toleranzbereichen verglichen. Je nachdem, wie die früheren dominanten Pole relativ zu dem neuen Gebiet liegen, lassen sich Hinweise an den Benutzer generieren, wie er ggf. die neuen Gütekriterien bzw. die Lage der Wurzeln oder den Übertragungsfaktor des früheren Regelalgorithmus verändern muß, um letzteren wiederverwenden zu können. Die hier vorgestellte Vorgehensweise wurde am Beispiel einer Flußregelung ([CuKi85]) entwickelt und erprobt.

## 6.2 Optimierung von Kraftfahrzeugmikrocomputersteuerungen

*Thomas Beck, Dieter Lienert und Katrin Spahl*
*Robert Bosch GmbH*

### 6.2.1 Zielsetzung

In diesem Abschnitt wird über die Erfahrungen aus einem der Anwendungsgebiete des *Projekt-Advisors* berichtet: der Applikation elektronischer Steuergeräte für Kraftfahrzeuge.

Um die zentrale Frage zu beantworten, inwiefern vorhandenes Wissen wiederverwendet werden kann, muß hinsichtlich der Applikation bei Bosch geklärt werden,

- in welcher Form Erfahrungswissen bereits vorliegt, d.h. dokumentiert ist und auf Rechnern bereitgestellt werden kann,
- welche weiteren Erfahrungen existieren, die zugänglich gemacht werden sollten (z.B. bzgl. allgemeinen Vorgehensweisen, firmenspezifischen Vorschriften und Richtlinien),
- wie solche Erkenntnisse, die noch nicht dokumentiert sind, erfaßt und formuliert werden (Wissenserwerb), und
- welche zielgruppenspezifischen Anforderungen an die Darstellung des Wissens gestellt werden.

### 6.2.2 Anwendungsgebiet: Kfz-Mikrocomputersteuerungen

Durch den Einsatz von Mikroprozessoren in Steuergeräten entstanden bisher nicht gekannte Freiheitsgrade, die Regelungsfunktionen zu programmieren. Dies führte zu immer umfangreicheren und komplexeren Regelalgorithmen wie z.B. der kennfeldgesteuerten Benzineinspritzung und Zündung in der Motronic [BOSCH87]. Die Funktionsweise solcher Systeme ist schwierig zu durchschauen, denn die Wirkung der einzelnen Reglerparameter auf das Fahrverhalten läßt sich in vielen Fällen nicht so voneinander trennen, daß man diese separat betrachten könnte. Daher ist es aufwendig, Steuergeräte richtig einzusetzen, sie zu "applizieren".

### 6.2.2.1 Aufgabe und Ablauf der Applikation

Bei der Applikation muß ein Steuergerät auf seine Umgebung, einen speziellen Fahrzeugtyp, abgestimmt werden, um ein optimales Verhalten zu bewirken. Dies geschieht bei Mikrocomputersystemen durch Auswahl geeigneter Parameter wie Kennlinien oder Kennfelder, die dann im ausgelieferten Produkt in Festwertspeichern (ROM, EPROM) stehen.

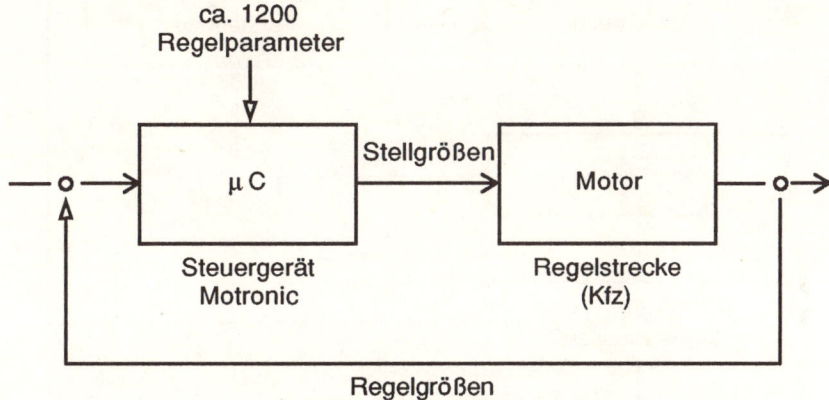

**Abb. 6.2-1.** Regelkreis der Motronic

Es gibt praktisch keine präzisen, schriftlich dokumentierten Anleitungen, wie die Parameter bestimmt werden können. Ein algorithmischer Lösungsweg steht nicht zur Verfügung, denn die regelungstechnischen Modelle sind nicht hinreichend genau, so daß das Verhalten des Kraftfahrzeugs im Labor nicht vollständig simuliert werden kann. Lediglich abgegrenzte Teilprobleme kann man zur Zeit so behandeln (s. z.B. [RBN88]).

Um die Reglerparameter zu bestimmen, geht man im allgemeinen iterativ vor und verstellt die Werte, bis das Fahrverhalten insgesamt zufriedenstellend ist. Ein solcher schrittweiser Einstellvorgang muß unterschiedliche Situationen ("Betriebszustände") berücksichtigen, für die das Verhalten des Fahrzeugs im Versuch zu prüfen ist (s. Abb. 6.2-2). Diese Vorgehensweise beruht ganz wesentlich auf der subjektiven Bewertung des Fahrverhaltens durch den Applikationsingenieur.

Wegen der Wechselbeziehungen, die zwischen den Auswirkungen der einzelnen Parameter existieren, ist es erforderlich, bei jeder Verstellung zu berücksichtigen, ob das Fahrverhalten in einem anderen Betriebszustand beeinträchtigt werden könnte. Oft ist es nach einer Verstellung notwendig, zu überprüfen, ob sich dadurch das Verhalten in einem bereits behandelten Betriebszustand nicht verschlechtert hat. Daher besteht eine Applikation im allgemeinen aus einer großen Anzahl von Iterationsschritten.

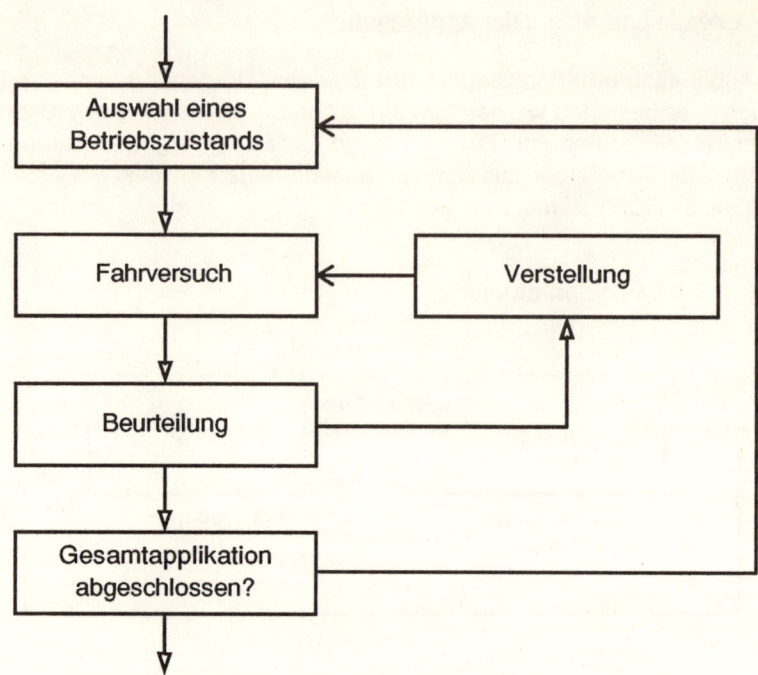

**Abb. 6.2-2.** Ablauf der Applikation

Aufgrund der kombinatorischen Vielfalt denkbarer Parameterkonstellationen wird bei der Verstellung auf heuristische Verfahren zurückgegriffen: Es gibt Maßnahmen, die oft wirksam sind, in einzelnen Fällen dagegen aber versagen. Das Gelingen der Applikation beruht zum großen Teil auf dem schwer zu erfassenden Wissen erfahrener Applikationsingenieure. Genau dieses Wissen sollte allen Ingenieuren zugänglich gemacht werden, damit durch die Wiederverwendung solcher Erfahrungen die Applikation gezielt und schnell durchgeführt werden kann, ohne daß etwas vergessen oder übersehen wird.

Das Hauptproblem bei der Nutzung von Applikationserfahrungen besteht demnach darin, das Wissen der Experten erst einmal zu erfassen und dann so darzustellen, daß der Ingenieur bei seiner Arbeit im Kraftfahrzeug unterstützt werden kann.

### 6.2.2.2 Randbedingungen für die Pilotanwendung

Zur Unterstützung der Applikation gibt es bereits Werkzeuge, die sich jedoch auf die technische Durchführung von Parameteränderungen während einer Versuchsreihe beschränken [DaKi88]). Eine Beratungsfunktion ist darin noch nicht vorgesehen; wenn sie hinzugefügt werden soll, muß sie zu den vorhandenen Komponenten passen.

Bedeutsam ist in erster Linie, daß als Rechner für die applikationsunterstützenden Systeme PCs nach dem Industriestandard mit dem Betriebssystem *DOS* eingesetzt werden. Diese Entscheidung fiel, da der Rechner, auf dem das Beratungssystem implementiert wird, für den mobilen Einsatz im Kfz geeignet sein muß, d.h. er sollte tragbar und mit netzunabhängiger Stromversorgung ausgestattet sein. Und da ein breiter Einsatz bei der Applikation geplant ist, ist man an einer Begrenzung der Hardwarekosten interessiert.

Ein Beratungssystem muß in die vorhandene Software integrierbar sein, d.h. bestehende und neue Komponenten müssen so angeordnet und verknüpft werden können, daß sich eine sinnvolle Aufgabenverteilung ergibt.

### 6.2.3 Werkzeuge zur wissensbasierten Programmierung

*PATHOS* wurde im Hinblick darauf untersucht, inwieweit es die Anforderungen an ein Werkzeug erfüllt, mit dem man eine wissensbasierte Komponente für ein applikationsunterstützendes System entwickeln möchte. Dabei spielen folgende Aspekte eine Rolle:

– Sind die sprachlichen Ausdrucksmittel zur Darstellung des Wissens aus dem gewählten Anwendungsgebiet angemessen und gibt es eine ausreichende Unterstützung für die Entwicklung wissensbasierter Programme?
– Paßt die systemtechnische Realisierung in die Umgebung, in der das Programm später eingesetzt werden soll?

Es stellte sich heraus, daß die sprachlichen Ausdrucksmittel von *PATHOS* ausreichend sind [PATHOS88]. Allerdings lassen sich durch eine Erweiterung der Konzeption die Ausdrucksmöglichkeiten für die vorliegende Klasse von Einstellproblemen verbessern. Darüber hinaus entstanden Ideen, wie man die Semantik wissensbasierter Programme mit Hilfe eines Werkzeugs analysieren kann.

Die Realisierung von *PATHOS* auf VAX-Rechnern ist dagegen nicht im Rahmen der applikationsunterstützenden Systeme einsetzbar, so daß hier für die Pilotanwendung ein eigenes Werkzeug ("PC-Shell") hergestellt werden mußte; es wurde als Prototyp in Turbo-Prolog implementiert. Wegen der Randbedingungen des Zielrechners, beschränktem Speicherplatz und relativ geringer Rechenleistung wurde nur ein erheblich eingeschränkter Teil des Sprachumfangs von *PATHOS* übernommen. Dafür konnte die Konzeption durch kleine Erweiterungen besser auf das Anwendungsgebiet zugeschnitten werden.

#### 6.2.3.1 Spezielle Anforderungen für die Wissensdarstellung

Um zu klären, inwieweit die sprachlichen Ausdrucksmittel von *PATHOS* für Expertensysteme zur Applikation elektronischer Steuergeräte geeignet sind, wurde untersucht, welche Besonderheiten das Wissen dieses Anwendungsgebiets aufweist.

In einem Punkt unterscheiden sich Einstellprobleme deutlich von den "klassischen" Anwendungsgebieten für Expertensysteme wie Diagnose und Konfigurierung: Durch das iterative Vorgehen gibt es nicht nur einen einzigen Systemzustand (ein defektes Kraftfahrzeug, eine konkrete Rechnerkonfiguration), sondern eine Liste von Zuständen ("Versionen"), die die aufeinanderfolgenden Einstellungen repräsentieren.

Rückschlüsse für Einstellempfehlungen ergeben sich aus den Veränderungen, die man beim Übergang von einem Zustand zum nächsten beobachten kann. Das führt zu folgenden Anforderungen an die Sprache zur Wissensrepräsentation:

- Verschiedene Zustände müssen gleichzeitig darstellbar sein, und zwar so, daß erkennbar ist, wie sie zeitlich aufeinanderfolgen.
- Man muß Informationen über verschiedene Zustände durch Regeln miteinander verknüpfen können.

Wie gut *PATHOS* die Darstellung und Verknüpfung aufeinanderfolgender Zustände unterstützt, wurde in einer Diplomarbeit untersucht [Egerer 87]. Es zeigte sich, daß der Sprachumfang prinzipiell ausreichend ist. Doch ein erheblicher Teil des Programms enthält Wissen, das nicht problemspezifisch ist, sondern nur zur Realisierung von Versionen dient: Alle Versionen werden als grundsätzlich gleichberechtigte Objekte erzeugt; ihre Anordnung muß durch Relationen explizit definiert und bei Erzeugung neuer Objekte fortgeschrieben werden. Da alle Versionen nur indirekt bezeichnet werden können, ist zur Ausführungszeit zusätzlicher Aufwand zur Selektion von Wissensobjekten notwendig. Dies betrifft insbesondere die am häufigsten benutzten Versionen des aktuellen Zustands.

Aus dieser Erkenntnis folgt, daß für die Klasse von Einstell-/Optimierungsproblemen spezielle Konstrukte erstrebenswert sind, die die zeitlichen Zusammenhänge direkt ausdrücken. Eine Konzeption, wie solche Aspekte des Wissens dargestellt und mit Regeln verarbeitet werden können ("Versionskonzept"), wurde dazu in einer weiteren Diplomarbeit [Beck87] entwickelt und im Rahmen der PC-Shell realisiert.

Das Versionskonzept hat folgende wesentliche Eigenschaften:

- Jeder Fakt kann eine zusammenhängende Folge von Versionen bilden, die den aktuellen Zustand und die unmittelbar vorangehenden enthält (s. Abb. 6.2-3).
- Es kann selektiv festgelegt werden,
  • welche Fakten verschiedene Versionen haben können (s. Abb. 6.2-4),
  • wie viele der vorangehenden Versionen bereitgehalten werden bzw. daß alte Versionen entfernt werden,
  • ob Fakten gemeinsam Versionen bilden, also jeweils zusammen einen Zustand eines Teilsystems beschreiben (s. Abb. 6.2-5) oder ob die zurückliegenden Versionen der einzelnen Fakten nicht in zeitlicher Beziehung zueinander stehen.

|  | Attr1 | Attr2 | Attr3 | Attr4 |
|---|---|---|---|---|
| aktuelle Version | 11 | false | grün | 3.142 |
| vorletzte Version | ? | true | grün | ? |
|  | ? | true | gelb | ? |
|  | ⋮ | ⋮ | ⋮ | ⋮ |
| älteste Version | 1 | true | rot | ? |

**Abb. 6.2-3.** Fakt aus vier Attributen mit Versionen

**Fakt Reglerparameter**

| Totzeit | Wert | Stützstelle |
|---|---|---|
| 5 | 1.1 | 3.2 |
| 7 | 1.1 | 3.1 |
| ⋮ | ⋮ | ⋮ |

**Fakt Reglereigenschaft**

| Typ | Durchgriff |
|---|---|
| PI | stark |

**Abb. 6.2-4.** Fakten mit veränderlichen/konstanten Attributen

**Fakt Parameter**

| Wert | Totzeit |
|---|---|
| 0.3 | 1.7 |
| 0.5 | 1.7 |
| 0.5 | 1.4 |
| 0.5 | 1.1 |
| ⋮ | ⋮ |

⟷

**Fakt Diagnose**

| Verhalten | Zeit |
|---|---|
| + | + |
| +- | + |
| + | +- |
| + | - |

**Abb. 6.2-5.** Parameterwerte und zugehörige Beurteilung des Fahrverhaltens

Die aktuelle Version jedes Fakts und deren Werte können direkt bezeichnet werden, der Zugriff zu vergangenen Versionen erfolgt indirekt. Beispiele:

- Attr1 **von** Parameter      die aktuelle Version, direkt
  **Version** VP **von** Parameter    eine beliebige Version, indirekt
  **mit** Attr2 **von** VP < 1.3       über Attributwerte referenziert

- Informationen von "benachbarten" Fakten, d.h. von aufeinanderfolgenden Versionen des gleichen Fakts oder von entsprechenden, synchron angelegten Versionen verschiedener Fakten, können verknüpft werden. Beispiel:
  **entsprechende Versionen** VP **von** Parameter, VD **von** Diagnose
  **mit** Attr2 **von** VP <> Attr2 **von** Vorgänger(VP)
  **und** Attr2 **von** VD = '+'

- Es können allgemeine Regeln formuliert werden, die für alle zurückliegenden Versionen mit einer bestimmten Eigenschaft gelten (oder nur für die jüngste von ihnen). D.h. es sind folgende Bedingungen formulierbar:
  "alle Versionen von Diagnose,
  in denen Attr2 mit '-' bewertet wurde"
  "die letzte Version von Parameter,
  in der Attr1 gegenüber der Vorgängerversion geändert wurde"

Diese Konzeption wurde im Rahmen der Pilotanwendung von Expertensystemen erfolgreich erprobt.


### 6.2.3.2 Hilfsmittel zur Analyse von Wissensbasen

Praxistaugliche Expertensysteme enthalten eine umfangreiche Wissensbasis. Damit ergibt sich zwangsläufig das Problem, wie man deren Konsistenz und damit die Vertrauenswürdigkeit des Expertensystems gewährleisten will. Diese Fragestellung ist insbesondere im Hinblick darauf wichtig, daß es als wesentlicher Vorteil angesehen wird, eine Wissensbasis leicht ändern zu können.

Kennzeichnend für deskriptive Programmierung ist, daß die Definitionen von Objekten und Regeln für sich allein verständlich und aussagekräftig sind. Schwierig ist dagegen, die Verknüpfungen zu erfassen, d.h. die möglichen Schlußfolgerungsketten zu überblicken, die sich aus den inhaltlichen Zusammenhängen ergeben und nicht aus der Programmstruktur ersichtlich sind. Hier muß eine Unterstützung angeboten werden, um zu vermeiden, daß einzelne Fälle vernachlässigt werden, d.h. die Wissensbasis unvollständig ist, oder Widersprüche auf- treten, d.h. die Wissensbasis nicht konsistent ist.

Sogenannte Erklärungskomponenten, eine verbreitete Art von Werkzeugen, die die Anwendung von Regeln in einer Schlußfolgerungskette zeigen, helfen wenig dabei, Zusammenhänge zu klären, denn sie sind stets auf eine beispielhafte Situation beschränkt. Stattdessen möchte man aber die Gesamtzusammenhänge erfassen bzw. abgeschlossene Bereiche in der Wissensbasis ("Wissensmodule") aus der Umgebung heraustrennen und für sich untersuchen.

Mit dieser Zielsetzung wurde der sogenannte Analysator als Werkzeug für die PC-Shell konzipiert und realisiert: Die Wissensbasis wird auf eine Vorgabe hin analysiert, indem alle Situationen (Faktenlagen) ermittelt und aufgezählt werden, in denen die betreffende Schlußfolgerung möglich ist. Hierzu lassen sich diverse Randbedingungen festlegen, wie z.B. Festlegung einiger Werte oder Beschränkung der betrachteten Objekt- und Regelmenge.

Die Leistungsfähigkeit des Analysators war nicht zufriedenstellend, weil die zugrundeliegende Realisierung, die in Frage kommenden Situationen durch explizites Aufzählen und Probieren zu untersuchen, aufwendig ist und weil sich herausstellte, daß nur ein geringer Teil der Ausdrucksmöglichkeiten der Wissensrepräsentationssprache berücksichtigt werden kann.

Daraufhin wurde ein neues Konzept entwickelt: Anstatt verschiedene Situationen durchzuprobieren, sollen die Regeln der Wissensbasis so transformiert werden, daß sich z.B. Schlußfolgerungsketten durch Zusammenfassen der beteiligten Regeln allgemein darstellen lassen. Damit die entstehenden Ausdrücke überschaubar bleiben, soll der Benutzer im Dialog bestimmen können, welche Verknüpfungen vorgenommen werden. Dazu müssen ihm Möglichkeiten angeboten werden, die automatisch erzeugten Ausdrücke umzuformen, so daß sie übersichtlicher und leichter verständlich werden.

Inwieweit diese Konzeption verwirklicht werden kann, d.h. welche Operationen letztendlich angeboten werden, ist noch zu klären. Offensichtlich ist, daß die Leistungsfähigkeit des oben beschriebenen ersten Analysators auf jeden Fall übertroffen werden kann.

### 6.2.3.3 Die Problematik der Systemintegration

Im vorliegenden Anwendungsgebiet der applikationsunterstützenden Systeme ist es entscheidend, daß eine wissensbasierte Beratungskomponente in ein größeres Softwaresystem integrierbar ist. Dabei gibt es ein systemtechnisches Problem (wie können die beteiligten Programme unterschiedlicher Herkunft gekoppelt werden?) und ein semantisches Problem (wie sieht eine sinnvolle Aufgabenverteilung aus und wie wird die Zusammenarbeit der beteiligten Komponenten organisiert?).

Die Randbedingungen für eine Systemintegration wurden analysiert. Eine Lösung ist mit den verfügbaren Werkzeugen zur Zeit nicht möglich.

### 6.2.3.3.1 Systemtechnische Randbedingungen

Für den Einsatz innerhalb eines applikationsunterstützenden Systems ist der *Projekt-Advisor* nicht geeignet, weil die wissensbasierte Komponente *PATHOS* nicht auf den vorgesehenen Rechnern verfügbar ist. Daher wurde eine eigene PC-Shell entwickelt, die eine als relevant erachtete Teilmenge von *PATHOS* realisiert. Die PC-Shell wurde versuchsweise mit vorhandener Software für applikationsunterstützende Systeme gekoppelt. Es handelte sich dabei um einen BASIC-Interpreter als Bedienoberfläche und eine Bibliothek von Zugriffsfunktionen auf Steuergeräte (Meßdatenerfassung, Parameterverstellung).

Beim Einsatz des gängigen Betriebssystems DOS mit Beschränkung des Hauptspeichers auf 640 KB ist die Integration eines Expertensystems in ein applikationsunterstützendes System praktisch nicht realisierbar. Daneben besteht das Problem, daß unabhängig voneinander entwickelte Programme nur schwer zu koppeln sind, wenn sie jeweils "Hauptprogramme" mit eigenständiger Betriebsmittelverwaltung sind. Eine Verbesserung dieser Situation kann man erst von neuen Betriebssystemen (OS/2 o.ä.) erwarten, wenn die Hauptspeicherbegrenzung aufgehoben wird und durch Multitasking neue Formen der Kooperation zwischen Programmen möglich sind.

### 6.2.3.3.2 Sinnvolle Aufgabenverteilung

Das Problem der Zuordnung von Aufgaben zu den verschiedenen Komponenten läßt sich auf die Frage zurückführen, welche Aufgaben wissensbasiert gelöst werden sollen und welche nach wie vor besser auf die herkömmliche Weise, d.h. prozedural, zu bearbeiten sind. Der Aufbau eines applikationsunterstützenden Systems sieht so aus:

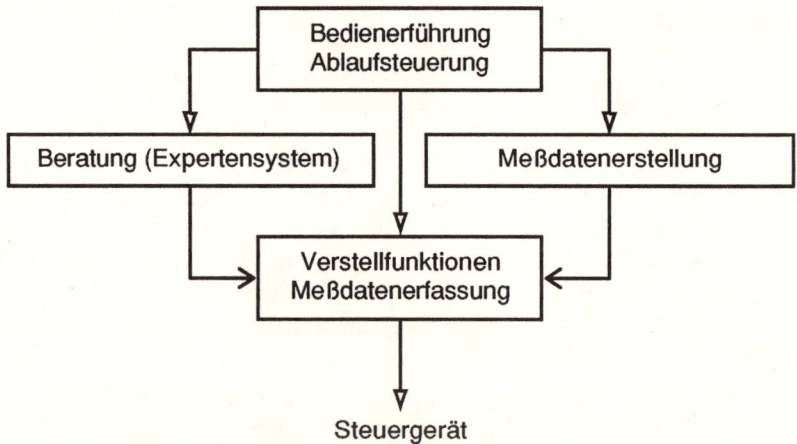

**Abb. 6.2-6.** Softwarearchitektur eines applikationsunterstützenden Systems

Wenn man vom Expertensystem absieht, erfüllen alle Komponenten Aufgaben, die durch prozedurale Programme zu lösen sind.

Eine Aufteilung in wissensbasierte und prozedurale Komponenten ist in *PATHOS* möglich, und zwar durch

– das Konzept der STRATEGY, das geeignet ist, die übergeordneten Funktionen zur Steuerung des Sitzungsablaufs und zur Bedienerführung darzustellen und

– das Konzept der PROCEDURE, das erlaubt, hinzugebundene Unterprogramme aufzurufen, etwa um Zugriffe auf externe Geräte zu realisieren.

Alle Aufgaben mit *PATHOS* zu lösen, also insbesondere die übergeordneten prozeduralen Aufgaben interpretativ innerhalb des Expertensystems auszuführen, wäre im vorliegenden Fall nicht möglich, weil

– die Bedienoberfläche bereits vorgegeben und

– die Rechnerleistung für eine derart aufwendige Realisierung nicht verfügbar ist.

### 6.2.3.4 Erkenntnisse aus der Implementierung der PC-Shell

Aus der Entscheidung, ein eigenes Werkzeug zu implementieren, ergab sich unmittelbar die Frage, wie das mit beschränkten Ressourcen, d.h. mit möglichst geringem personellem Aufwand, erreichbar sei. Es kam daher nur eine Vorgehensweise im Sinne des Rapid Prototyping in Betracht.

Als Implementierungssprache wurde Turbo-Prolog gewählt [TuPr86]. Sie hat die Vorteile, daß sie

– als Logikprogrammiersprache eine Verwandschaft zu rückwärtsverkettenden Regelinterpretern aufweist, d.h. es bestehen bereits Ähnlichkeiten zu *PATHOS*, und

– sehr mächtige Ausdrucksmittel enthält, insbesondere die Unifikation von Ausdrücken und die Iteration durch Suchen mit Rücksetzen.

Eine Prototypimplementierung in einer hohen Programmiersprache bietet einen weiteren Vorteil: die leichte Änderbarkeit bzw. Anpaßbarkeit des Programms. Dies war ein wesentlicher Aspekt, da man am Anfang nicht sicher sein konnte, genau die richtige Teilmenge der Sprachkonzepte von *PATHOS* ausgewählt zu haben. Darüber hinaus sollten zusätzliche Sprachelemente (zur Realisierung des Versionskonzepts) nachträglich integriert werden können.

Als Nachteil der Programmiersprache Turbo-Prolog mußte der erhöhte Speicher- und Laufzeitaufwand des Prototyps in Kauf genommen werden. Zu Beginn war nicht abzuschätzen, wo die Obergrenze für die Größe der wissensbasierten Programme ist, die von der PC-Shell bewältigt werden können.

Die Erfahrungen aus der Entwicklung der PC-Shell sind durchweg positiv; die ursprünglichen Erwartungen an diese Vorgehensweise wurden übertroffen:

– Ein einsatzfähiges Werkzeug konnte sehr schnell realisiert werden; die erste Version war nach ca. 3 Monaten betriebsbereit.

– Aufgrund einer klaren Strukturierung war es möglich, die ursprüngliche Konzeption mit geringem Aufwand zu modifizieren und das Versionskonzept nachträglich hinzuzunehmen.

– Der Prototyp wurde so strukturiert, daß nebenbei wiederverwendbare Programme zur Implementierung der syntaktischen Analyse allgemeiner formaler Sprachen entstanden.
– Die Effizienz des Prototyps konnte nach eingehender Untersuchung des Turbo-Prolog-Übersetzers so weit gesteigert werden, daß alle Pilotanwendungen bewältigt werden können. Es zeigte sich aber auch, daß wesentlich größere Programme eine andere Implementierung der PC-Shell erfordern.

Nach unseren Erfahrungen liegt die Bedeutung von Sprachen wie Turbo-Prolog eher auf dem Gebiet der Prototypimplementierung als auf dem Gebiet der wissensbasierten Programmierung.

### 6.2.3.5 Abschließende Bewertung von *PATHOS*

*PATHOS* ist eine Sprache zur Wissensrepräsentation, die sehr viele Konzepte in sich vereinigt, z.B. auch eine komplette prozedurale Teilsprache. Damit ist *PATHOS* praktisch eine universelle Programmiersprache, geeignet für ein breites Spektrum von Anwendungen, und weniger auf ein spezielles Gebiet zugeschnitten. Dies ist unmittelbare Konsequenz der Zielsetzung des *Projekt-Advisors*, Erfahrungen aus verschiedenen Anwendungsgebieten in die Konzeption einfließen zu lassen.

Bei der Mitarbeit am Entwurf von *PATHOS* wurde die Erfahrung gemacht, daß es mit zunehmender Zahl von Sprachkonzepten schwieriger wird, eine klare und verständliche Semantik zu definieren. Insofern ist der gewählte Ansatz, unterschiedliche Anwendungsgebiete gleich gut unterstützen zu wollen, kritisch zu bewerten.

Als Konsequenz dieser Einschätzung wäre es unserer Ansicht nach auch nicht vertretbar, zu fordern, *PATHOS* solle um ein Versionskonzept (s. Abschn. 6.2.3.1) erweitert werden.

Anwendungen auf kleineren Rechnern sind darauf angewiesen, daß speziell zugeschnittene Werkzeuge mit einer überschaubaren Zahl von Sprachelementen bereitstehen. Bei der Konzeption der PC-Shell gelang es, mit einer Teilmenge von *PATHOS* und dem angesprochenen Versionskonzept ein derartiges Werkzeug zu realisieren. Die Pilotanwendung zeigte, daß trotz Vereinfachung eine angemessene Ausdruckskraft für die wissensbasierte Programmierung bestand.

Im Hinblick auf die Zielsetzung, praktische Erfahrungen aus den ersten Anwendungen in die Entwicklung des *Projekt-Advisors* zurückfließen zu lassen, stellt sich die Frage, ob nicht auch hier eine Prototypentwicklung vorteilhaft gewesen wäre. Die Anwender hätten dann noch früher beginnen können, ihre Pilotanwendungen zu realisieren.

## 6.2.4 Pilotanwendung

Für eine Pilotanwendung muß das Ziel, die Applikation von digitalen Steuergeräten zu unterstützen, so eingegrenzt werden, daß eine überschaubare Teilaufgabe entsteht, die in sich abgeschlossen, aber nicht trivial ist. Mit der Applikation der Leerlaufdrehzahlregelung in der Motronic wurde eine Aufgabe ausgewählt, die diesen Anforderungen entspricht:

- Die Reglerfunktionen, durch die eine Optimierung der Regelgüte angestrebt wird, sind die PI-Füllungsregelung und die P-Regelung der Zündwinkelverstellung.
- Die Betriebszustände, die berücksichtigt werden müssen, umfassen den unbelasteten Leerlauf, stationäres und instationäres Störverhalten, Lastaufschaltung und Lastwegnahme, sowie einen Gasstoß.
- Beurteilungskriterien für den Drehzahlverlauf in den einzelnen Betriebszuständen sind Laufruhe, Drehzahleinbruch, bleibende Regelabweichung, Ausregelzeit, sowie Unter- und Überschwingen.

Der Applikationsvorgang besteht aus zwei Phasen. Zunächst müssen die Voraussetzungen für die Applikation geschaffen werden. Dazu ist es notwendig, Fehler im Vorgehen festzustellen und Hinweise zu deren Korrektur zu geben. Dann folgt die eigentliche Aufgabenstellung, nach und nach für jeden Betriebszustand optimale Reglerparameter zu finden, wobei die optimale Einstellung eine Kombination aller Reglerparameter ist.

### 6.2.4.1 Meilensteine in der Entwicklung des Beratungssystems

Die Grundlage für die Pilotanwendung ist die PC-Shell mit dem darin realisierten Versionskonzept für aufeinanderfolgende Zustände des einzustellenden Systems. Um die Komplexität der Gesamtaufgabe aufzuspalten, wurde das Beratungssystem schrittweise realisiert, so daß die vorhandenen Problemstellungen in aufeinander aufbauenden Prototypen erarbeitet werden konnten. Das Projektergebnis bilden drei Systemversionen als Meilensteine. Die wichtigsten Problemstellungen, die im Laufe der Entwicklung erkannt wurden, sind hier nur umrissen und werden im nächsten Abschnitt genauer behandelt.

Im ersten Prototyp des Beratungssystems liegt der Schwerpunkt darauf, alle zur Applikation notwendigen Voraussetzungen zu beschreiben und zu berücksichtigen. Ein aus Vorschriften und Richtlinien abgeleiteter umfangreicher Diagnoseteil erkennt Fehler im Applikationsvorgang und gibt bei Bedarf Anleitung zur Beseitigung. Man kann die Beratung mit beliebigen Anfangswerten der Parameter und für jeden der Betriebszustände starten.

Das Wissen für die eigentliche Reglerapplikation wurde so dargestellt, wie es von den Experten zu erhalten war: eher am sichtbaren Verhalten des Fahrzeugs und der Reihenfolge von Aktionen orientiert als an der Beschreibung der zugrundeliegenden inneren Zusammenhänge. Wichtig war in diesem Schritt, das Wissen über die Leerlaufdrehzahlregelung zunächst einmal möglichst vollständig zu erfassen.

Für den zweiten Prototyp des Beratungssystems wurde das erfaßte Wissen strukturiert. Dabei wurde das Problem behandelt, wie das Applikationswissen darzustellen ist, damit aussagekräftige Erklärungen möglich sind, die unerfahrenen Applikateuren grundlegende Zusammenhänge vermitteln, und damit eine gute Basis für die Pflege und Weiterentwicklung der Wissensbasis entsteht (s. Abschn. 6.2.4.2.1). Diese Strukturierung führte zu einer Klassifikation der Objekte in der Wissensbasis und zu allgemeineren Regeln und trug damit wesentlich zur Übersichtlichkeit und Verständlichkeit des umfangreichen Regelwerks bei.

Es stellte sich die Frage, inwieweit man etwas über den Grad der vorzunehmenden Verstellung aussagen kann. Aus diesem Grunde wurde geprüft, wie präzise Einstellempfehlungen sein können bzw. sollten (s. Abschn. 6.2.4.2.2). Gegenüber der vorherigen Version wurde eine etwas detailliertere Bestimmung des Grads der Verstellung zu den Einstellempfehlungen realisiert, die aber dennoch eher eine qualitative als eine quantitative Aussage enthält.

**Tabelle 6.2-1.** Meilensteine in der Pilotanwendung der Leerlaufdrehzahlregelung

| Prototyp | 1 | 2 | 3 |
|---|---|---|---|
| abgeschlossen | 5/88 | 9/88 | 12/88 |
| Symbole | 9800 | 8500 | 11000 |
| Regeln | 233 | 110 | 157 |
| verschiedene Empfehlungen | 83 | ca.900 | ca. 1000 |

Für den dritten Prototyp wurde untersucht, wie Erfahrungswissen aus vergangenen Fahrversuchen berücksichtigt werden kann. Es wurden zwei wichtige Einsatzbereiche identifiziert (s. Abschn. 4.2.3), für die Wissen aus vergangenen Einstellschritten für zukünftige Empfehlungen ausgenutzt werden konnte.

Für die folgenden Entwicklungsschritte, die auf ein praxistaugliches Expertensystem zielen, ergibt sich die Problematik, daß sich das Wissen in der Applikation ständig verändert und angepaßt werden muß, weil die Fahrzeuge und die Steuergeräte weiterentwickelt werden. Als Voraussetzung für die Änderungsfreundlichkeit ist eine gut strukturierte Darstellung hilfreich; es ist jedoch bereits erkennbar, daß es unabhängig davon schwierig ist, zu entscheiden, wie relevant einzelne Änderungsvorschläge sind und ob sie übernommen werden sollten.

### 6.2.4.2 Ausgewählte Probleme der Wissensdarstellung

Da es weder möglich noch wünschenswert ist, das gesamte, vielschichtige Wissen einer Problemstellung zu erfassen und darzustellen, stellt sich die Aufgabe, das relevante Wissen zu identifizieren und eine geeignete Darstellung dafür zu finden. Dazu muß untersucht werden, welche Besonderheiten das Wissensgebiet der vorliegenden Anwendung aufweist. Folgende drei bereits genannten Aspekte werden behandelt:

– Strukturierung des Applikationswissens nach den Kriterien der Verständlichkeit von Schlußfolgerungen und Änderungsfreundlichkeit der Wissensbasis,
– Angemessene Präzisierung von Einstellempfehlungen,
– Wiederverwendung von Erfahrungswissen aus vergangenen Einstellschritten für zukünftige Empfehlungen.

### 6.2.4.2.1 Vorzüge von "Tiefenwissen"

In der wissensbasierten Programmierung gibt es die Schlagworte vom Oberflächen- bzw. Tiefenwissen. In diesem Abschnitt wird erklärt, wie man diese Begriffe in der Applikation interpretieren kann und welche Vorteile es bringt, Tiefenwissen zu verwenden.

Mit Oberflächenwissen bezeichnet man Wissen, das Äußerlichkeiten beschreibt, also Beobachtungen über das Verhalten eines Systems. In der Applikation läßt sich z.B. etwas aus dem Verhalten des Fahrzeugs ableiten: Verbessert sich das Fahrverhalten durch eine Änderung von Parametern, so wird man dieselbe Maßnahme in einer ähnlichen Situation später gezielt wieder vornehmen. Das Wissen der Ingenieure, die in der Applikation tätig sind, enthält viele solcher Erfahrungen. Diese Art von Wissen läßt jedoch keine Aussagen über die inneren Gesetzmäßigkeiten des Systems Steuergerät/Fahrzeug zu.

Sogenanntes Tiefenwissen berücksichtigt dagegen die grundlegenden Eigenschaften, die die Verhaltensweise eines Systems bestimmen. In der Applikation sind dies die Eigenschaften des Steuergeräts, ausgedrückt durch die regelungstechnischen Grundlagen, und die Physik des Kraftfahrzeugs. Das Oberflächenwissen ist daraus abzuleiten, es sind jedoch zusätzliche Informationen enthalten, wie es zustande kommt. Tiefenwissen ist eher von den Entwicklern der Steuergeräte als von den Anwendern, den Applikateuren, zu erhalten. Es bietet folgende Vorteile:

– Enthält die Wissensbasis Informationen über die Funktionsweise von Steuergeräten, lassen sich aussagekräftige Erklärungen ableiten, die die kausalen Zusammenhänge vermitteln. So können unerfahrenen Ingenieuren die Grundlagen der Applikation vermittelt werden.
– Eine Rückführung auf regelungstechnische Grundlagen bringt eine logische Strukturierung mit sich, die die Wissensbasis übersichtlicher und verständlicher macht. In einem Steuergerät gibt es zwar viele Regler, die aber nur in wenige Kategorien unterschiedlicher Reglertypen fallen. Damit ergibt

sich der Ansatzpunkt zur Aufteilung des Wissens in einen allgemeinen Teil, der die Eigenschaften von Reglern betrifft und in einen speziellen Teil über die Ver- wendung der Regler.

– Grundlagenwissen ist wiederverwendbar, d.h. es gibt verschiedene Situationen, in denen es relevant ist. Im Spezialwissen aus der Beobachtung der Fahrversuche sind solche Informationen nur versteckt enthalten; oft gehen sie in verschiedene Regeln ein, ohne daß dies erkennbar ist. Grundlagenwissen ist ferner langfristig gültig und bietet als stabiler Anteil der Wissensbasis gute Voraussetzungen für deren Weiterentwicklung.

Auffallend ist, daß das Wissen der Applikationsingenieure in erster Linie aus dem beobachtbaren Fahrzeugverhalten abgeleitet ist, während die funktionalen Zusammenhänge eher von den Systementwicklern zu erhalten sind. Eine intensivere Zusammenarbeit wäre hier von beiderseitigem Nutzen, da Rückmeldungen über die Applizierbarkeit der entwickelten Steuergeräte wertvolle Informationen für den Entwickler darstellen. Allerdings muß dann das Wissen für beide Seiten verständlich formuliert werden, was erfordert, keine zielgruppenspezifische Spezialisierung, sondern eine gemeinsame Basis zur Kommunikation der beteiligten Personengruppen zu bilden.

### 6.2.4.2.2 Präzisierung der Einstellempfehlungen

Das Beratungssystem gibt dem Applikateur Einstellempfehlungen; es schlägt z.B. vor, den Wert eines Parameters zu erhöhen oder zu erniedrigen. Dabei ist es wünschenswert, daß die Empfehlungen möglichst präzise sind und etwas über ein geeignetes Maß der Verstellung aussagen.

In der letzten Prototypversion wird die vorgeschlagene Verstellung als "geringfügig", "mäßig" oder "deutlich" bezeichnet. Diese Angaben bieten einen Anhaltspunkt, der subjektiv interpretiert wird. Auch wenn bei der Verstellung nicht auf Anhieb der richtige Wert getroffen wird, ist eine Einstellung möglich: Das iterative Vorgehen und die Verwendung des Wissens über die vorangehenden Schritte sichern ein zielstrebiges Verbessern der Einstellung.

Grundsätzlich wäre es denkbar, die Einstellempfehlungen weiter zu differenzieren und Maße wie "5 Prozent" oder "10 Einheiten" anzugeben. Das ist aber aus zwei Gründen nicht praktikabel: Erstens basieren die Empfehlungen auf Beurteilungen des Applikateurs, die ähnlich unpräzise sind; und zweitens muß man sich klarmachen, daß genauere Aussagen nur mit unverhältnismäßigem Mehraufwand zu erreichen sind.

Es ist also zur Zeit nicht daran zu denken, aber auch nicht unbedingt erforderlich, konkretere Verstellvorschläge geben zu können.

### 6.2.4.2.3 Verwendung von Wissen aus vergangenen Einstellschritten

Die Applikation als iterative Vorgehensweise zeichnet sich dadurch aus, daß Informationen aus vorangegangenen Fahrversuchen verwendet werden. Um diese Informationen darzustellen, wurde das Versionskonzept (s. Abschn. 6.2.3.1) entwickelt. In den Pilotanwendungen konnten damit zwei wichtige Teilprobleme behandelt werden: Zum einen erhält man aus vorangegangenen Einstellschritten Anhaltspunkte, wie die vorgenommenen Aktionen folgerichtig weiterzuführen sind; zum anderen liefert die Reaktion des Fahrzeugs Informationen, ob in diesem speziellen Fall einzelne Maßnahmen wirksam sind oder nicht.

Wie das Versionskonzept eingesetzt wird, sollen die folgenden beiden Beispiele veranschaulichen.

– Wurde auf Empfehlung des Expertensystems ein bestimmter Reglerparameter erhöht, kann im nächsten Schritt auf diese Information zurückgegriffen werden: Zeigt sich eine geringe Verbesserung, wird eine weitere Erhöhung des Parameters vorgeschlagen. Auch wenn sich noch keine Veränderungen ergeben, kann es u.U. ratsam sein, die vorgeschlagene Strategie weiter zu verfolgen. Entsprechend wird es manchmal nötig sein, den Wert des Parameters wieder zu erniedrigen, so daß iterativ der optimale Wert gefunden wird.

– Verschlechtert sich das Fahrverhalten bei mehrfachen Versuchen, einen Parameter in eine Richtung zu verändern, deutet das darauf hin, daß die Empfehlung zwar beim gegenwärtigen Stand des Wissens über das System Fahrzeug/Steuergerät denkbar war, jedoch im vorliegenden Fall nicht die geeignete Strategie darstellt. Die Empfehlung wird zukünftig ausgeschlossen; u.U. läßt sogar die Art, wie sich die Regelgüte verschlechtert, weitere Rückschlüsse zu, die die möglichen Einstellempfehlungen zusätzlich eingrenzen. Die Veränderung des Parameters wird zurückgenommen und auf Grundlage der zusätzlichen Informationen wird eine alternative Empfehlung gegeben.

### 6.2.4.3 Vorgehensweise beim Wissenserwerb

Im Laufe der Entwicklung der einzelnen Expertensystem-Prototypen kamen verschiedene Vorgehensweisen beim Wissenserwerb zum Einsatz, die hier kurz vorgestellt und bewertet werden.

Zunächst wurde der Wissenserwerb von den Nichtfachleuten durchgeführt, und zwar durch Interviews von Applikationsingenieuren und eigene Versuche, ein Steuergerät mit den vorhandenen schriftlichen Unterlagen zu applizieren. Diese Verfahren waren sehr mühsam und das Resultat war, gemessen am Aufwand, nicht zufriedenstellend. Daraufhin wurde ein anderer Ansatz verfolgt, der sich als erfolgreich herausstellte und auch für die zukünftige Entwicklung praxistauglicher Systeme eingesetzt werden soll: die Experten selbst erstellten die erste Version der Wissensbasis. Dazu wurden ihnen die notwendigen Grundkenntnisse der Programmierung vermittelt und eine Beratung bei auftretenden Problemen angeboten. Die anschließende Strukturierung des Wissens wurde gemeinsam durchgeführt.

Folgende Kriterien sind entscheidend für den Erfolg dieser Vorgehensweise:

– Die Sprache zur Wissensdarstellung ist möglichst einfach und verständlich.
– Die Experten sind bereit, sich in den Formalismus einzuarbeiten.
– Es gibt geeignete Hilfsmittel zur Unterstützung der Programmierer, d.h. zur Validierung der Wissensbasis (s. Abschn. 6.2.3.2).

Tatsächlich war ein großer Aufwand zur Einarbeitung und Beratung erforderlich, da die nichttriviale Aufgabe der Wissensprogrammierung für die Experten vollkommen neu war. Dies ist zum Teil darauf zurückzuführen, daß bei der Konzeption des Werkzeugs großer Wert auf die Ausdruckskraft der Sprache gelegt wurde, zu Lasten der Einfachheit der Konzepte. Die Wissensrepräsentationssprache der PC-Shell ist ein Ausdrucksmittel, das erheblich anspruchsvoller ist als viele der regelbasierten Shells, die für PCs angeboten werden: sie bietet diverse Möglichkeiten zur Datenstrukturierung, realisiert eine Prädikatenlogik erster Stufe und enthält zusätzlich das beschriebene Versionskonzept.

Der Mehraufwand für die Ausbildung von Experten, die Wissen erfassen und darstellen sollen, ist nach den Erfahrungen der Pilotanwendung gerechtfertigt. Denn nur so ist es möglich, eine wohlstrukturierte, wart- und erweiterbare Wissensbasis zu erhalten. Kompromisse bei den Darstellungsmöglichkeiten des eingesetzten Werkzeugs bieten nur vordergründig den Vorteil der einfacheren Ausdrucksweise; Schwächen ergeben sich mit zunehmender Komplexität der Anwendung aus der Schwierigkeit, das Wissen angemessen darzustellen.


## 6.2.5 Zusammenfassung


Betrachtet man die Ergebnisse aus der Anwendung "Optimierung von Kfz-Mikrocomputersteuerungen", fällt auf, daß es sich hier offensichtlich um eine Problematik handelt, die andere Fragen aufwirft als die parallel dazu von den anderen Firmenpartnern verfolgten Anwendungen und die deshalb z.T. auch andere Lösungen erfordert.

Es existiert kein direkt wiederverwendbares Wissen. Die Suchbeschreibungssprache *PROSA* des *Projekt-Advisors* war nicht einsetzbar, weil es keine Unterlagen gibt, die damit ausgewertet werden könnten.

In der Pilotanwendung konzentrierte sich die Arbeit auf die Erfassung von Erfahrungswissen, das von den Experten zu erhalten war. Eine besondere Rolle spielten demzufolge Methoden und Hilfsmittel für den Wissenserwerb.

Die zielgruppenspezifisch unterschiedliche Darstellung von Wissen für verschiedene Benutzergruppen war nicht von Bedeutung. Als viel wichtiger erwies es sich, eine gemeinsame Darstellung zu finden, mit der ein Wissenstransfer zwischen Entwicklern und Applikateuren (= Anwendern) möglich ist.

Die Mitarbeit im Teilvorhaben *Projekt-Advisor* war besonders wegen folgender Gesichtspunkte von großem Nutzen:

- Es entstand eine Konzeption zur Lösung unserer Anwendungsproblematik, in die im wesentlichen die Ideen von *PATHOS* eingeflossen sind.
- Die Entwicklung des *Projekt-Advisors* wurde durch unsere Untersuchungen gefördert, auch wenn im Einzelfall eine Anpassung an unsere Probleme, d.h. eine direkte Verwertung der Erkenntnisse, nicht vertretbar war.

## 6.3 Aufwandschätzung von Software-Projekten mit Hilfe des *Projekt-Advisors*

*Edith Herburger und Dr. Thomas Krüger*
*Contraves GmbH*

### 6.3.1 Einleitung

Aufgabe der Contraves war es, den *Projekt-Advisor* in einer konkreten firmenspezifischen Anwendung einzusetzen und zu testen. Dazu wurde ein Anwendungsbeispiel ausgewählt, das die Software-Aufwandschätzung der Contraves-Einsatzsysteme unterstützt. Mit Hilfe des *Projekt-Advisors* wird eine systematische Sammlung von aufwandsrelevanten Daten und eine gezielte Bereitstellung von wiederverwendbaren Projektkenndaten ermöglicht, die eine bessere und reproduzierbare Aufwandschätzung gewährleisten.

Die Firma Contraves beteiligte sich an Entwurf und Anwendung des *Projekt-Advisors*. Die Anforderungen an den *Projekt-Advisor* ergaben sich aufgrund der zu unterstützenden firmenspezifischen Anwendungen und wurden von den einzelnen Firmen erarbeitet.

### 6.3.2 Anwendungsgebiet

Der wachsende Anteil der Softwareentwicklung innerhalb der EDV-Kosten macht es immer dringlicher, ein geeignetes Verfahren zur Aufwandschätzung von Software-Produkten zu entwickeln ([MeAl83], [NoKr84], [Putn80]).

Der Personalaufwand stellt bei der Entwicklung von Software-Systemen den wichtigsten Kostenfaktor dar. Die Personalkosten bestimmen sich durch Multiplikation mit dem entsprechenden Verrechnungssatz. Eine realistische Abschätzung dieses Kostenfaktors ist wesentlich - zum einen für Investitionsentscheidungen, beispielsweise bei der Kalkulation der Softwarekosten, zur Kosten-Nutzen-Analyse, zur Entscheidung, ob Selbsterstellung oder Fremdbezug (make or buy) von Gesamt- oder Teilprodukten, und zum anderen zur Ermittlung von Plangrößen bei der Kapazitäts- und Terminplanung.

Konventionelle Schätzmethoden haben in der Vergangenheit meist enttäuscht und werden in der Praxis größtenteils abgelehnt. Diese Verfahren legen ihren Berechnungen bestimmte Einflußgrößen (Quantität und Qualität des Produkts) zugrunde, deren gegenseitige Abhängigkeit und Auswirkung die Entwicklungskosten determinieren. Als Problem erwiesen sich die Bemessung und die bei einigen Verfahren festgeschriebenen Einflußfaktoren, die nicht ohne weiteres auf die eigenen Belange übertragbar waren.

Die Aufwandschätzung von DV-Projekten beruht heute hauptsächlich auf der Erfahrung von Projektleitern und ihren Mitarbeitern, die zu ihren Schätzungen die Ergebnisse aus eigenen früheren Projekten heranziehen ([Maie79], [Wolf86]). Doch die Anzahl der Projekte, die zu einem Vergleich herangezogen werden können, ist oft zu gering, um ein angemessenes Ergebnis zu erhalten.

Da die konventionellen Schätzverfahren keine zufriedenstellende Lösung bieten, sollen die bisherigen Erfahrungen in ein firmenspezifisches Verfahren eingebracht werden. Für die Verarbeitung eines derartig diffusen Erfahrungswissens in Verbindung mit vorhandenen Projektergebnissen bietet sich der *Projekt-Advisor* an.

Die Aspekte der Wiederverwendung sind die Planung neuer Projekte und die Beratung bei der Projektrealisierung. Die Beratung durch das Expertensystem erfolgt projektbegleitend durch die Berücksichtigung von Randbedingungen, Gesetzen, Richtlinien, Qualitätsanforderungen sowie Entscheidungshilfen bei der Auswahl von Suchergebnissen. Projektübergreifend erfolgt die wissensbasierte Suche nach ähnlichen Aufgabenstellungen und den zugehörigen Lösungen.

### 6.3.3 *Projekt-Advisor*

Die Zielsetzung des *Projekt-Advisors* ist zum einen die rechnergestützte Wiederverwendung von Projektergebnissen, z.B. von Angeboten, Lösungskonzepten, Entwürfen, Programmcodes u.a. zur Planung neuer Projekte. Zum anderen soll Erfahrungswissen durch ein anwendungsbezogenes Beratungssystem vermittelt werden. Der *Projekt-Advisor* stellt ein wissensbasiertes System bereit, das durch die Aufnahme anwendungs-, produkt- und firmenspezifischen Wissens zu einem Expertensystem mit einer komfortablen Recherchenkomponente für den direkten und wissensbasierten Zugriff auf existierende, von integrierten Entwicklungsumgebungen wie z.B. *EPOS* erstellten Projektdatenbanken ausgebaut werden kann.

Die Wissenserwerbskomponente unterstützt die Wissenseingabe mit der frame-orientierten Wissensrepräsentationssprache *PATHOS*, die eine angemessene und leicht verständliche Darstellung von Wissen erlaubt. *PATHOS* ist eine eigens für Ingenieuranwendungen entwickelte formale Sprache. Sie umfaßt 7 Sprachkonstrukte:

Die Objekte FRAME und RELATION beschreiben Begriffe und ihre Beziehungen. Es können FRAME-Hierarchien mit der Vererbung der Eigenschaften erstellt werden.

INSTANCES instantiieren jeweils ein bestimmtes FRAME. Sie haben bestimmte Attributwerte und stehen in durch RELATIONS definierten Beziehungen.

RULES werden beauftragt, aus bekannten Fakten neue zu schließen, wobei ein Ziel in Form eines Attributs oder einer Relation vorgegeben wird (backward chaining). Dagegen arbeiten OPERATIONS aus den vorhandenen Fakten nach vorn und erschließen den gesamten Suchraum ableitbarer Fakten (forward chaining).

Mit PROCEDURE kann eine Schnittstelle zu anderen Programmsystemen definiert werden. Die Kontrolle des Konsultationsablaufs eines Expertensystems, der Einsatz der Regeln und Prozeduren erfolgt mit Hilfe des Objekts STRATEGY.

Die Recherchenkomponente realisiert die Suche nach wiederverwendbaren Ergebnissen in den Projektdatenbanken mit Hilfe der Suchbeschreibungssprache *PROSA*. Die Suchanfrage kann von unterschiedlichen Ausgangslagen formuliert werden:

*Direkte Suche*

Sind das Suchziel und seine wesentlichen Merkmale bekannt, muß nur noch der Name des Projekts oder Teilprojekts gefunden werden. Mit *PROSA* kann eine direkte Suche über die Formulierung von Suchkriterien, z. B. Namen, Kategorien, Textteilen in (möglicherweise bezeichneten) Objekttypen, Entwurfsebenen, Projektphasen, gestartet werden.

*Umschreibende Suche*

Sind bei einer Suchanfrage die Aufgabenstellung, nicht aber die das Suchziel bestimmenden Kriterien bekannt, ist eine Beschreibung der Merkmale durch ihre Umfelder möglich: Das *PROSA*-Objekt CONTEXT enthält einen Begriff mit seinen Synonymen, unterschiedlichen Schreibweisen und seiner Bedeutung. Zu einem CONTEXT-Begriff können Begriffsumfelder mit gleichen oder ähnlichen Merkmalen definiert werden - es entsteht eine Hierarchie von Begriffen. Auf diese Weise können abteilungs- und firmenspezifische Standardumfelder mit den dort verwendeten Begriffen als projektübergreifendes Begriffslexikon entwickelt werden. Projektergebnisse werden aufgrund dieser Begriffsumfelder bestimmten Aufgabenstellungen zugeordnet und bewertet.

*Wissensbasierte Suche*

Werden in einer Abteilung oder Firma immer ähnliche Projekte bearbeitet, kann eine wissensbasierte Suche in einer oder mehreren Projektdatenbanken gestartet werden. Dazu wird die Wissensbasis um Wissen für die Unterstützung der Suche nach prägnanten Merkmalen einer Aufgabenstellung erweitert. Das *PROSA*-Objekt SEQUENCE, das der Formulierung komplexer Suchanfragen dient, kann von *PATHOS* über die dort vorhandene Prozedurschnittstelle aufgerufen werden.

Kann die Suche vorab nicht auf bestimmte Projektdatenbanken eingegrenzt werden, wird mit der umschreibenden Suche eine Grobrecherche durchgeführt. Im *PROSA*-Objekt PROJECT ist ein Projekt inhaltlich und organisatorisch kurz beschrieben und kann durch Angabe eines Deskriptors in ein Facetten-Klassifikationsschema eingeordnet werden. In diesem Schema sind die wichtigsten Merkmale eines Anwendungsbereichs als Hauptfacetten aufgeführt; ihre Unterfacetten ordnen sich nach inhaltlichen Unterscheidungskriterien. Ein so entstandenes Facettendiagramm zeigt den hierarchischen Zusammenhang zwischen den Merkmalen einer Hauptfacette. In der Suchanfrage werden Soll-Deskriptoren definiert, die bei der Suche mit den angelegten Ist-Deskriptoren verglichen werden. Als Ergebnis der Suche werden der Überlappungsgrad der Deskriptoren und die relevanten Datenbanken aufgelistet ([FrRu87], [Cune83]).

### 6.3.4 Konzept

Die von der Contraves installierte Anwendung mit dem *Projekt-Advisor* erlaubt eine Aufwandschätzung durch einen Ähnlichkeitsvergleich mit abgeschlossenen Projekten. Da zu Beginn des Systemeinsatzes keine ausreichend gefüllte Projektdatenbank vorliegt und auch bei Neuentwicklungen nicht grundsätzlich auf Ähnliches zurückgegriffen werden kann, wird eine konventionelle Schätzmethode in das Anwendersystem integriert.

Das COCOMO-Modell von B.W. Böhm wird zur konventionellen Schätzung eingesetzt ([Böhm81]). Es benutzt den in empirischen Untersuchungen festgestellten funktionalen Zusammenhang zwischen Systemgröße (gemessen in 'Lines of Code') und dem Erstellungsaufwand (gemessen in Mannmonaten). Die Schätzung der 'Lines of Code' erfolgt auf der Modulebene, der untersten der drei Projektebenen (Modul-, Subsystem und Projektebene). Aus der Gesamtsumme der geschätzten LoC wird ein nominaler Aufwand in Mannmonaten (MM) berechnet. Für jedes Untersystem wird der anteilige Aufwand über die relative Größe LoC/MM bestimmt, der dann anhand von kostenrelevanten Qualitäts- und Produktivitätsfaktoren modifiziert wird. Die kostenrelevanten Modifikationsfaktoren sind nach B. Böhm:

auf Modulebene:
- Komplexität,
- Programmierfähigkeit,
- Maschinenerfahrung,
- Spracherfahrung,

auf Subsystemebene:
- Rechenzeit,
- Speicherbedarf,
- Entwicklungsumgebung,

– Antwortzeit,
– Analysierfähigkeit,
– Anwendungserfahrung,
– Zuverlässigkeit,
– Dateigröße,
– Software-Engineering-Methoden,
– Software-Tools,
– Entwicklungszeitplan.

In den Fällen, in denen vergleichbare Projekte vorliegen, kann eine Schätzung durch Ähnlichkeitsvergleich mit abgeschlossenen Projekten durchgeführt werden. Die entsprechenden Aufwandsdaten werden in die Kostenrechnung übernommen.

Um einen Ähnlichkeitsvergleich durchführen zu können, muß die Wissensbasis mit einer einheitlichen Projektstrukturierung und Regeln zur Analyse von Merkmalen der Projektbeschreibungen und deren Vergleich gefüllt werden. Der Projektstruktur wurde die Einteilung in 3 Projektebenen nach dem COCOMO-Modell zugrunde gelegt.

### 6.3.5 Ergebnisse

Im Rahmen der Voruntersuchungen wurden kleinere Anwendungsbeispiele sowohl mit Hilfe eines lispbasierten Werkzeugs als auch eines *PROLOG*-Systems realisiert. Die dabei gewonnenen Erkenntnisse und Erfahrungen bzgl.

– Wissenstrukturen (Regeln, Frames),
– Kontrollmechanismen (Vorwärts- und Rückwärtsverkettung),
– Konfliktlösungsstrategien,
– Verarbeitung von unsicherem Wissen mit Hilfe von certainty-factors,
– Laufzeitverhalten,
– Speicherkapazität und
– Wissenerwerb

wurden bei der Konzeption der Wissensrepräsentationssprache und der Inferenzmaschine des *Projekt-Advisors* berücksichtigt.

Das auf der Basis des Grundsystems erstellte *Projekt-Advisor*-Programmsystem (Abschn. 6.3.5) wurde zur Realisierung des firmenspezifischen Anwendungsbeispiels 'Aufwandschätzung' eingesetzt. Das Applikationsprogramm wurde während der Projektlaufzeit kontinuierlich an den Entwicklungsstand des Werkzeugs angepaßt und entsprechend der Aufgabenstellung ausgebaut.

Eine Aufwandschätzung mit diesem System kann über eine konventionelle Schätzung (COCOMO) durchgeführt werden, wenn keine vergleichbaren Projekte vorliegen, oder über eine wissensbasierte Suchanfrage.

Das COCOMO-Verfahren wurde regelbasiert in die Wissensbasis integriert und sein Ablauf im STRATEGY-Teil gesteuert. Die kostenrelevanten Attribute wurden innerhalb von FRAME's deklariert (Abb. 6.3-1, 6.3-2 und 6.3-3).

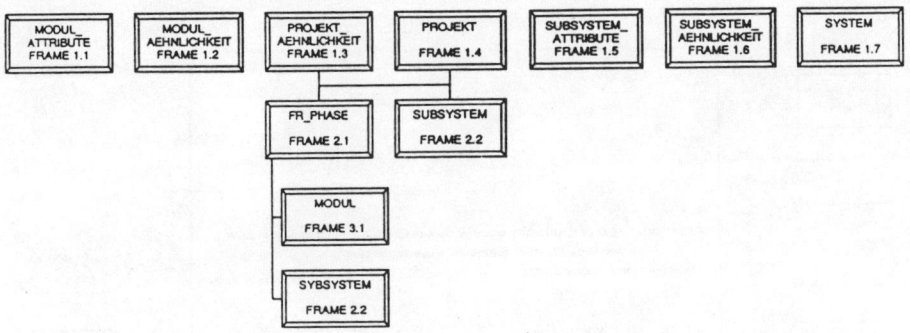

**Abb. 6.3-1.** Framestruktur aus dem Anwendungssystem "Aufwandschätzung"

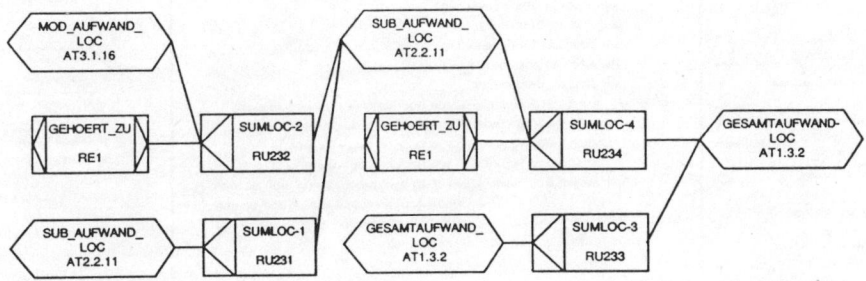

**Abb. 6.3-2.** Bestimmung der Anzahl 'Lines of Code' für das Gesamtprojekt

Die numerischen Berechnungen für das COCOMO-Verfahren wurden in *Lisp* implementiert und über die Prozedurschnittstelle des *Projekt-Advisors* in das Anwendersystem integriert.

Für die systematische Erfassung von softwarespezifischen Daten zur Erstellung der Software-Projektdatenbank wurde ein Fragenkatalog ausgearbeitet und firmenintern verteilt. Die Ergebnisse dieser Umfrage aus den Bereichen Betriebs-, Simulations- und Anwendungssoftware dienten als Ausgangsbasis für die Bestimmung der technischen und funktionellen Kenndaten sowie für die Extraktion der aufwandsrelevanten Parameter. Für die erfaßten Projektdaten wurden Projekt-Kurzbeschreibungen in *PROSA* angelegt ([CoRe87]). Die Suche nach ähnlichen Projekten wurde mit Hilfe von Klassifikationsschemata realisiert, die mit Objekten vom Typ FACET implementiert wurden (Abb. 6.3-4, 6.3-5). Die Klassifikation erfolgte nach folgenden Kriterien :

- nach contravesspezifischen Produktlinien,
- nach internen Software-Entwicklungsrichtlinien,
- auf Grund der vorgegebenen Software-Struktur,
- auf Grund kostenrelevanter Kriterien.

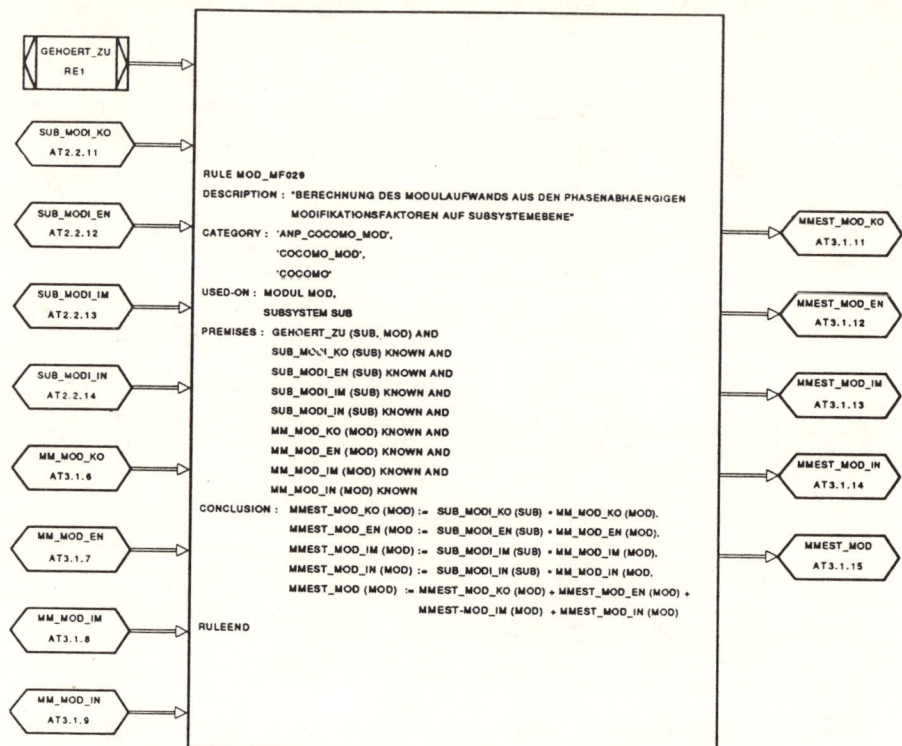

**Abb. 6.3-3.** Phasenspezifische Modifikation des Modulaufwands

Das Anwendersystem unterstützt die Suche nach den Merkmalen einer bestimmten Aufgabe und gibt die generierten Suchkriterien an die Recherchenkomponente weiter (Abb. 6.3-6). Anhand der Suchkriterien kann auf Grund der Klassifikationsbeschreibungen eine Suchanfrage gestellt werden. Die Produktbeschreibungen werden über die Facettencharakterisierungen mit den abgespeicherten Projekten verglichen. Die Suchergebnisliste enthält die Projektkennungen, geordnet nach Ähnlichkeitsgraden. Die Entscheidung über die Brauchbarkeit der Suchergebnisse und die Übernahme in die Kostenrechnung liegt letztendlich beim Systemanwender. Das Anwendersystem übernimmt lediglich eine Beratungsfunktion und bietet Entscheidungshilfen an.

Die Untersuchung auf Ähnlichkeit zwischen dem zu schätzenden Projekt und ähnlichen Projekten kann auf jeder der Strukturebenen vorgenommen werden (Abb. 6.3-7).

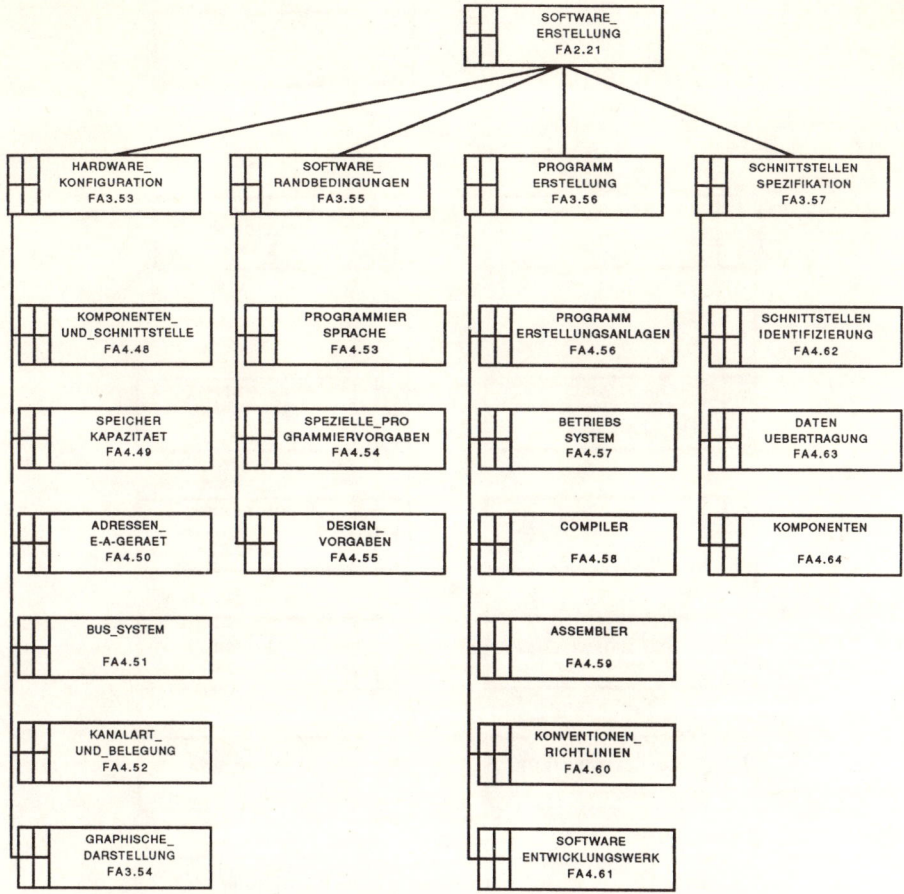

**Abb. 6.3-4.** Ausschnitt aus den Software-Entwicklungsrichtlinien

Der Bearbeiter eines Projektes kann jederzeit entscheiden, auf welcher Projektebene und mit welchem Verfahren er arbeiten möchte. Auf jeder dieser Ebenen
stehen folgende Methoden zur Verfügung:

– die Suche nach Ähnlichem in der Projektdatenbank,
– eine Spezifikation in Untersysteme (mit Ausnahme der untersten Ebene, der
  Modulebene),
– das konventionelle Verfahren COCOMO,
– die direkte Angabe der Aufwandsdaten.

Für die Berechnung der reinen Entwicklungskosten müssen für jedes Subsystem
die Kostensätze angegeben werden, die entwicklungsphasenspezifisch und von
Subsystem zu Subsystem variieren können.

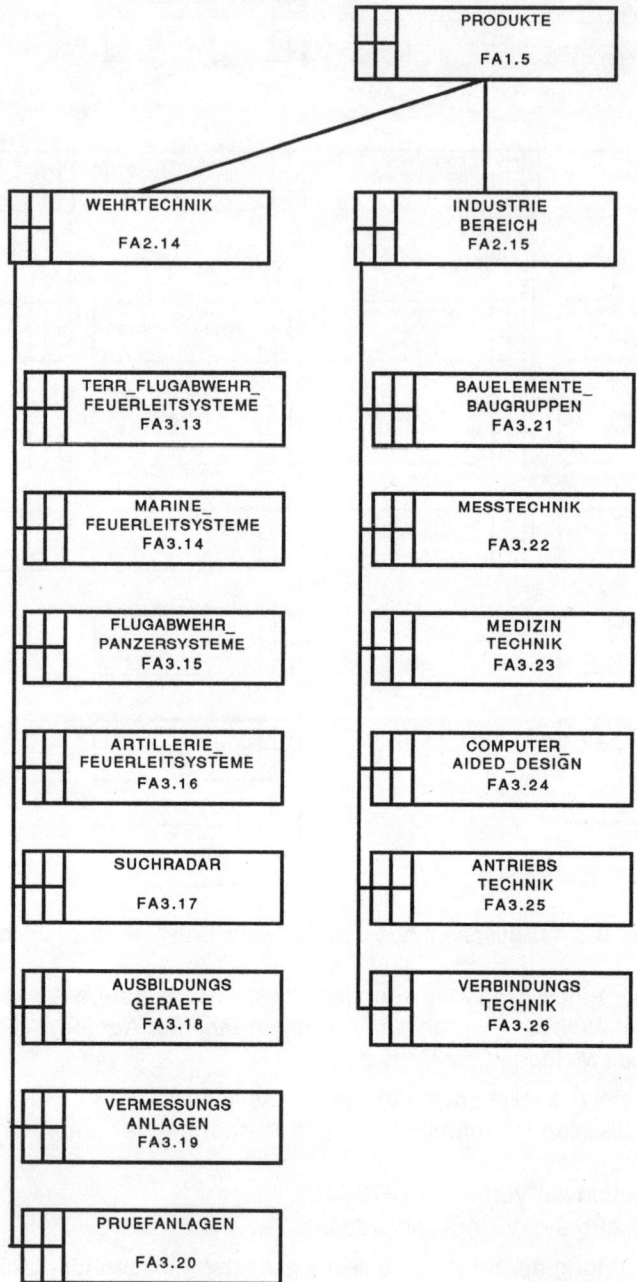

**Abb. 6.3-5.** Klassifikation der Contraves-Produkte

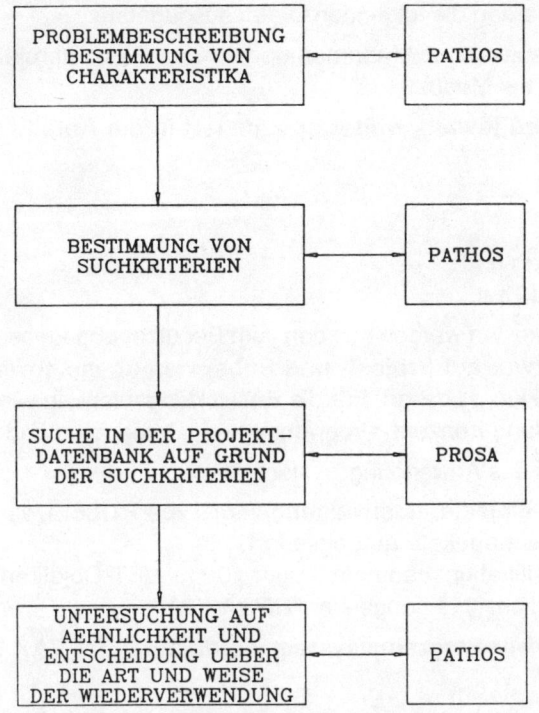

**Abb. 6.3-6.** Ablaufbeschreibung *PATHOS–PROSA*

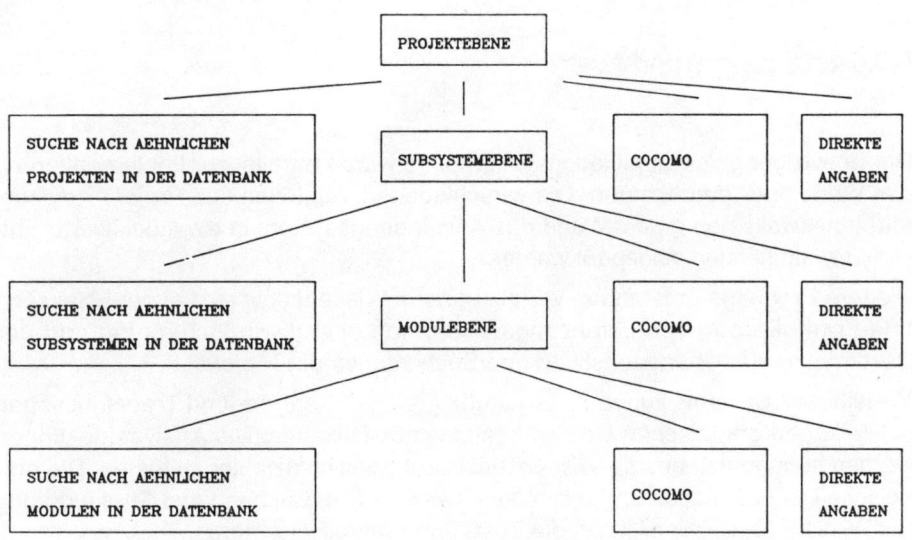

**Abb. 6.3-7.** Konsultation des *Projekt-Advisors* zur Aufwandschätzung

Als Ergebnisse werden die folgenden Daten ausgegeben:

- Entwicklungsaufwand in Mannmonaten für das Gesamtprojekt, für jedes Subsystem und jedes Modul

Der Aufwand wird jeweils weiter spezifiziert in die Anteile für die Entwicklungsphasen :

- Konzept,
- Entwurf,
- Implementierung und
- Integration und Test.

Die Entwicklungskosten werden aus den vom Benutzer angegebenen Kostensätzen berechnet und zwar auf Projekt- und Subsystemebene sowie jeweils für die einzelnen Entwicklungsphasen. Für die Entwicklungsplanung wird ein Zeitplan mit der Phaseneinteilung Konzept, Programmierung, Integration und Test erstellt.

Die Wissensbasis des Anwendungssystems umfaßt:

- 320 *PATHOS*-Objekte, überwiegend vom Type RULE. Das Regelwerk ist in mehrere Kategoriepakete aufgegliedert.
- mehrere Klassifikationsbäume mit über 100 FACET-Objekten
- 20 Projekt-Kurzbeschreibungen in *PROSA*.

Das *Projekt-Advisor*-Programmsystem wurde auf einer VAX 8530 unter *VMS* installiert.

Die Antwortzeiten während einer Konsultation liegen bei einer mittleren Auslastung der Rechenanlage und bei kleinen bis mittleren Bearbeitungsprojekten im Minutenbereich. Ein Konsultationslauf dauert etwa 30 Minuten.


## 6.3.6 Erfahrungen und Ausblick


Die Entwicklung des Applikationsprogramms wurde parallel zur Implementierung des Werkzeugs durchgeführt. Die verschiedenen Versionen des *Projekt-Advisors* mußten jeweils neu getestet und das Anwendungssystem in die modifizierte Entwicklungsumgebung eingepaßt werden.

Weitere Probleme entstanden vor allem beim Wissenserwerb, bei der Erfassung und Formulierung von Erfahrungswissen in der Aufwandschätzung und der Bestimmung der Charakteristiken und Suchkriterien der Projekte.

Vorteile des Systems liegen in den umfangreichen Analyse- und Tracefunktionen sowie in den graphischen Dokumentationsmöglichkeiten. Die Analysefunktionen werden ausgenutzt, um die Wissensbasis auf Konsistenzfehler zu testen. Die graphische Dokumentation ermöglicht eine bessere Überwachung und Strukturierung der Wissensbasis und ergänzt die Test- und Kontrollverfahren.

Im praktischen firmeninternen Einsatz sollen die Erfahrungswerte bei der Auswertung von Suchergebnissen, also beim Vergleich von geschätzten und wahren
Aufwandkosten, und die Erklärungen über Abweichungen gesammelt und zum Ausbau des Systems genutzt werden.

## 6.4 Rechnerunterstützte Angebotserstellung - Pilotanwendungen des *Projekt-Advisors*

*Dr. Harald Brandenburg und Manfred Kling*

*DORNIER GmbH*

### 6.4.1 Einleitung

Innerhalb des Teilvorhabens "*Projekt-Advisor*" des *PROSYT*-Projekts gehörte es zu den Aufgaben der DORNIER GmbH, anhand industrierelevanter Pilotanwendungen die Funktionen des *Projekt-Advisors* zu erproben.

Als Anwendungsgebiet wurde die Erstellung von Angeboten ausgewählt, genauer von Angeboten für technische EDV-Systeme, speziell für Auskunftssysteme. Dazu war es zunächst nötig, für dieses Gebiet herauszuarbeiten, in welcher Form das vorliegende Erfahrungswissen formalisiert und erfaßt werden kann. Die umfangreichen Arbeiten hierzu führten - in Analogie zum üblichen Phasenmodell der Softwareerstellung - zum Entwurf eines "Phasenmodells der Angebotserstellung", über das in [KrKl88] ausführlich berichtet wurde.

Sehr bald kristallisierte sich heraus, daß die Angebotserstellung ein äußerst komplexer Vorgang ist, zu dessen umfassender Unterstützung ein einziges "universelles" EDV-Werkzeug kaum ausreichend ist. Daher konzentrierten sich die Überlegungen darauf, geeignete, klar abgrenzbare Teilaspekte der Angebotserstellung zu isolieren, in denen der *Projekt-Advisor* seine Leistungsfähigkeit unter Beweis stellen konnte. Mit dem Vorliegen von *PATHOS* als der zur Wissensverarbeitung geeigneten Komponente des *Projekt-Advisors* wurde mit der Entwicklung von drei Systemen begonnen, deren Funktionsweisen im folgenden beschrieben werden. Dabei handelt es sich um Prototypen

a) eines wissensbasierten Angebotsinformationssystems,
b) eines Expertensystems zur Unterstützung der Risikoanalyse und
c) eines Textkonfigurationssystems zur Generierung des Dokuments "Technische Anlage" aus wiederverwendbaren Textbausteinen.

Während (a) und (c) ausschließlich mit *PATHOS* realisiert wurden, sind zwei Versionen von (b) alternativ mit *PATHOS* und mit der Expertensystem-Shell Personal Consultant Plus entwickelt worden. Einige der dabei gewonnenen Erfahrungen wurden - z.B. in Form von Verbesserungsvorschlägen - an die Entwickler von *PATHOS* weitergegeben.

## 6.4.2 Das Angebotsinformationssystem

In der Praxis des DV-Systemgeschäfts steht jeder mit der Angebotserstellung be-auftragte Mitarbeiter vor der Aufgabe, sich - meist unter großem Zeitdruck - neben der Konzeption technisch anspruchsvoller Systeme mit einer Fülle von zu beachtenden Vorschriften und Formularen sowie dem Erstellen diverser Dokumente auseinandersetzen zu müssen, die einzig den Angebotsvorgang selbst betreffen. Die dazu benötigten Informationen, was wann wie unter welchen Voraussetzungen zu erledigen ist, liegen zwar - verstreut auf Organisationshandbücher, Verfahrensvorschriften, Leitlinien etc. - in schriftlicher Form vor, in der Regel ist es aber keineswegs einfach, zum richtigen Zeitpunkt die gewünschten Informationen (und nur diese!) schnell zu erhalten.

Das Angebotsinformationssystem (AIS) soll hier Abhilfe schaffen. Die Wissensbssis des AIS enthält Informationen über die für die Angebotserstellung relevanten Vorgänge und die zugehörigen Verfahrensweisen. Bei Konsultation des AIS erhält der Benutzer in Abhängigkeit von der durch geeignete Parameter beschriebenen Situation sämtliche zur Erledigung eines Vorgangs benötigte Information in Form schriftlicher Handlungsanweisungen.

Für die Angebotserstellung relevante Vorgänge sind z.B. "Festlegung des Ange-botsteams", "Einschaltung dienstleistender Abteilungen", "Formulierung des An-schreibens". Zu ihrer Repräsentation werden im AIS *PATHOS*-Objekte des Typs FRAME benutzt, wobei zur Strukturierung von dem in *PATHOS* zur Verfügung ste-henden Vererbungsmechanismus für FRAMES Gebrauch gemacht wird. Bei der Konsultation erfolgt die Auswahl von Vorgängen mit Hilfe von Menüs. Zu jedem der erfaßten Vorgänge gehört ein Satz Regeln, der zur situationsspezifischen Aus-wahl geeigneter Verfahrensweisen dient. Verfahrensweisen können weitere mit ihnen assoziierte Vorgänge anregen. Die vom System ausgegebenen Handlungs-anweisungen werden aus einer externen Bibliothek von Textbausteinen mittels *PALISP*-Prozeduren zusammengestellt. Sie können z.B. zu beachtende Vorschrif-ten, Hinweise auf übliche Vorgehensweisen oder zu benutzende Formulare ent-halten, aber auch Informationen darüber, in welchen Aktenordnern oder Dateien Mustertexte zu finden sind.

Mit dem AIS wird eine schnelle, gezielte, praxisrelevante Unterrichtung erreicht. Durch Installation des Systems auf einem allen Mitarbeitern zugänglichen Rech-ner, wozu *PATHOS* besonders gut geeignet ist, kann die Beschaffung von Informa-tionen zur Angebotserstellung erheblich vereinfacht werden.

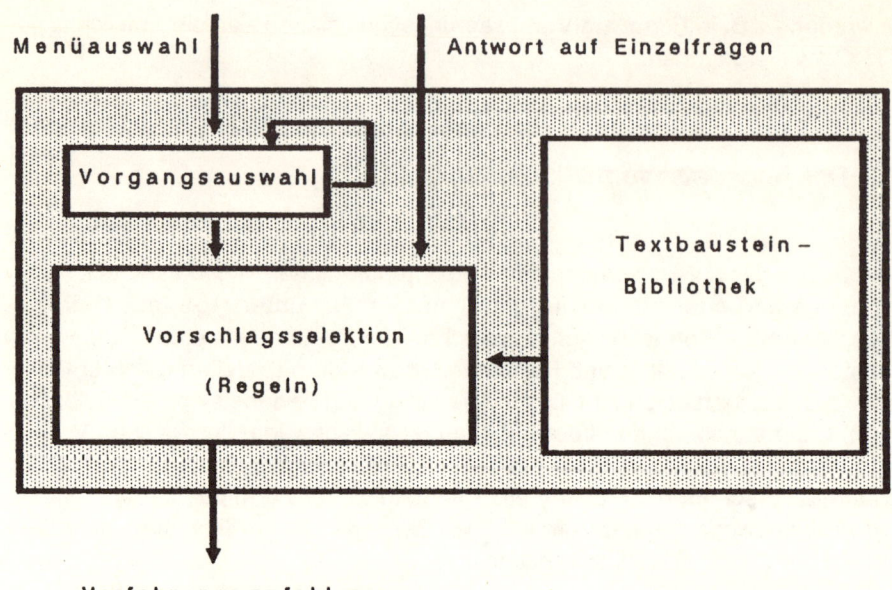

**Abb. 6.4-1.** Funktionsweise des Angebotsinformationssystems (AIS)

### 6.4.3 Ein Expertensystem zur Risikoanalyse

Zu jedem größeren Angebot im DV-Systemgeschäft gehört intern eine sorgfältige Bewertung und Abwägung der damit verbundenen Risiken. Zur "richtigen" Einschätzung von Risiken werden vor allem Erfahrungen aus früheren Projekten, Kenntnis der Geschäftsziele sowie kundenspezifisches Wissen benötigt. Von größter Wichtigkeit ist es, a l l e relevanten Risikofaktoren zu berücksichtigen, was bei der enormen Vielfalt der Projekte keinesfalls einfach ist.

Dies legte den Versuch nahe, mittels eines regelbasierten Expertensystems die Risikoanalyse zu unterstützen. Das System erhält im Dialog vom Benutzer - in der Regel einem mit allen Randbedingungen des Angebots vertrauten Mitarbeiter - verschiedene Informationen zum Vorhaben, zum Kunden, zu den technischen Voraussetzungen, zur personellen Situation und zu anderen Merkmalen, die einen potentiellen Einfluß auf das Vorhaben haben können, und ermittelt anhand seiner Wissensbasis und erfragter Einschätzungen eine Bewertung einzelner Risikofaktoren (z.B. Kostenrisiko, Terminrisiko, Technikrisiko, Vertragsrisiko). Falls vorgesehen, kann es einen Begründungstext ausgeben. Werden die Erfahrungen in der Risikoanalyse geübter Mitarbeiter zum Aufbau der Wissensbasis herangezogen, berücksichtigt es bei seiner Analyse auch Aspekte, die von weniger Erfahrenen leicht übersehen werden.

### 6.4.4 Das Textkonfigurationssystem

Die Erstellung von Angeboten für komplexe DV-Systeme ist mit umfangreichen Schreibarbeiten verbunden. Die "Technische Anlage A" eines Angebots, also der Teil, in dem die angebotene technische und organisatorische Leistung spezifiziert wird, kann aus wenigen Seiten Text bestehen, sie kann aber auch einen Umfang von mehr als 1000 Seiten haben. Ihr Aufbau kann teilweise standardisiert werden. Eine Analyse zahlreicher bei DORNIER erstellter Angebote zeigte, daß die Inhalte gewisser Teile der "Technischen Anlage A" zwar mit potentiellem Auftraggeber und Aufgabenstellung variieren, die Varianz inhaltlich unterschiedlicher Aussagen zu diesen Teilen jedoch relativ überschaubar ist. Das betrifft z.B. die Abschnitte "Integration", "Inbetriebnahme", "Transport", "Einweisung und Schulung", "Dokumentation", "Wartung und Betreuung". Diese Beobachtung führte zur Konzeption eines Systems zur Erstellung von Texten durch Zusammenfügen wiederverwendbarer Textbausteine.

Grundlage des Textkonfigurationssystems (TKS) ist eine externe Bibliothek von Textbausteinen, die aus früheren Angeboten extrahiert wurden. Sie enthält Aussagen zu zahlreichen Themenbereichen, die in der "Technischen Anlage A" behandelt werden. Ziel des TKS ist es, durch Auswahl je eines oder mehrerer Textbausteine zu jedem Themenbereich und geeignetes Zusammenfügen Teile der "Technische Anlage A" in Abhängigkeit vom Typ des zu erstellenden Angebots zu generieren. Das hierzu benötigte Wissen über die einzelnen Themenbereiche wird mit Hilfe von Frames repräsentiert, die Auswahl der Textbausteine durch Regeln gesteuert (siehe Abb. 6.4-2). Die zur Charakterisierung eines Angebots erforderlichen Informationen werden vom Benutzer erfragt.

Als Resultat einer Konsultation liefert das TKS einen Text, in dem jeder Abschnitt einen Teil der "Technischen Anlage A" ergibt. In der Regel wird dieser Text, der in einer ASCII-Datei abgelegt wird, sowohl sprachlich als auch gestalterisch vom Benutzer anzupassen sein. Er enthält jedoch alle wesentlichen inhaltlichen Aussagen, die zum jeweiligen Thema im Angebot gemacht werden sollten.

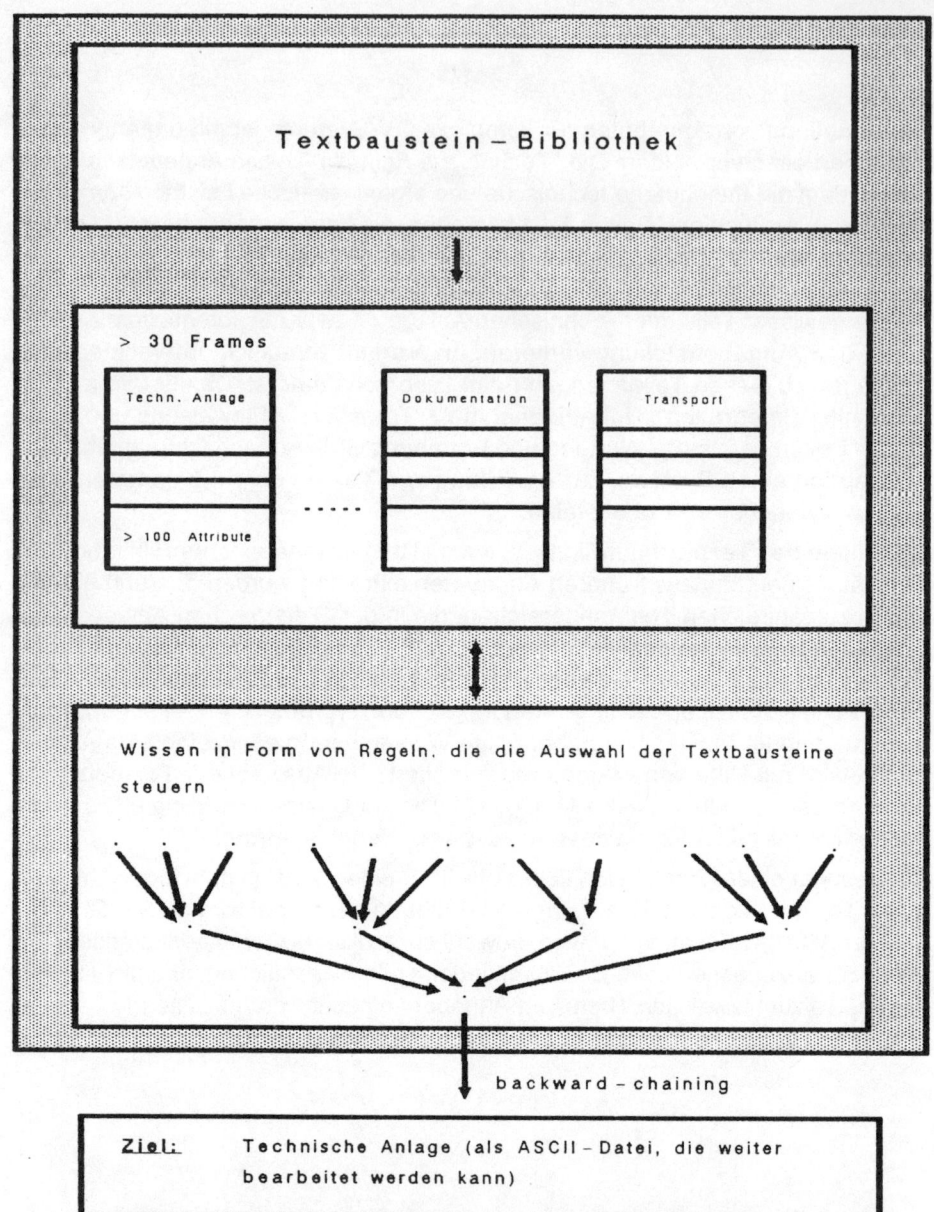

**Abb. 6.4-2.** Funktionsweise des Textkonfigurationssystems (TKS)

## 6.4.5 Zusammenfassung und abschließende Bewertung

Die mit der Beteiligung am Projekt *PROSYT* von DORNIER verfolgten Ziele konnten in einigen wesentlichen Punkten erreicht werden. Vor allem auf dem Gebiet der Konzeption und Erstellung wissensbasierter Systeme (mit *PATHOS*) wurden wertvolle Erfahrungen gesammelt, die zu einer soliden Grundlage für die Durchführung laufender und künftiger kommerzieller Projekte beigetragen haben.

Intern hat die intensive Auseinandersetzung mit dem Anwendungsgebiet "Angebotserstellung" zu einer Fülle von Material geführt, dessen weitere Auswertung von einigem Nutzen sein wird. Andererseits hat sich im Verlauf der Arbeiten herausgestellt, daß die Komplexität des Gebiets der Angebotserstellung anfangs deutlich unterschätzt wurde. Die Wissensbasen der oben vorgestellten Prototypen des Angebotsinformationssystems, des Expertensystems zur Unterstützung der Risikoanalyse sowie des Textkonfigurationssystems enthalten jeweils mehrere hundert Regeln. Wollte man die Prototypen zu Systemen weiterentwickeln, die in der täglichen Praxis der Angebotserstellung nutzbringend eingesetzt werden können, so würde dies einen enormen Aufwand bedeuten, der vor allem in der Wissensakquisition, der Wissensstrukturierung sowie der Laufzeitoptimierung liegt. Umso mehr scheint rückblickend die im Pflichtenheft des *Projekt-Advisors* formulierte Aufgabe "Erfassen aller formalen Regeln und Vorschriften für die Angebotserstellung" unter realistischen Bedingungen kaum lösbar zu sein.

# 6.5 Wissensbasierte Unterstützung für die Planung und Entwicklung von Einsatzleitsystemen, ein gangbarer Weg?

*Dr. Manfred Fenzel, Dr. Otto Ferstel, Dr. Dieter Voigt und Michael Wachter*
*ESG Elektronik System GmbH, München*

## 6.5.1 Problemdarstellung

Seit Ende der sechziger Jahre wird unter dem Schlagwort "Software-Krise" intensiv über geeignete Fertigungstechnologien zur Erstellung großer Software-Systeme diskutiert. Wesentlich für die Beurteilung der vorgeschlagenen Technologien sind die jeweils zugrundeliegenden Ziele. Entsprechend der Situation bei vergleichbaren Produkten wird hier angenommen, daß wesentliche Ziele bei der Wahl von Software-Fertigungstechnologien sind:

– Maximierung der Nutzbarkeit des erstellten Software-Produkts
– Maximierung der Qualität des erstellten Software-Produkts unter Berücksichtigung seiner Kritikalität
– Minimierung der Stückkosten bei der Software-Erstellung und -Pflege

Diese mehrfache Zielsetzung ist im konkreten Fall in eine geeignete, möglichst meßbare Kompromißzielsetzung zu transformieren. Häufig werden für die Zielsetzung auch Unterziele wie z.B. beim Ziel "Maximierung der Pflegbarkeit der erstellten Software" herangezogen.

Die Charakterisierung der Software-Fertigungstechnologie mit dem Ausdruck "Krise" deutet darauf hin, daß die Erreichungsgrade bezüglich der genannten Ziele sehr skeptisch beurteilt werden. Die Dauer der Diskussion gibt einen Hinweis darauf, daß es zur Lösung des Problems keinen einfachen Weg gibt. In diesem Beitrag werden Teilaspekte des Fertigungsprozesses von Software für Einsatzleitsysteme behandelt, für die mit Hilfe wissensbasierter Systeme eine Verbesserung erwartet werden kann. Diese Untersuchung wird durch entsprechende Experimentalstudien gestützt. Die Teilaspekte beziehen sich hauptsächlich auf die projektübergreifende wissensbasierte Realisierung folgender Forderungen:

– Unterstützung bei der Recherche nach Vorschriften, Richtlinien, Normen für Projektdurchführung und Software-Fertigungstechnologien sowie bei deren Speicherung und Pflege

- Nutzung von Erfahrungswissen bei Software-Entwicklung, Projektmanagement, Qualitätssicherung, Methoden- und Werkzeugwahl
- Nutzung von Ergebnissen bereits durchgeführter Projekte, z.B. in Form von Bausteinen aus unterschiedlichen Projektphasen wie Spezifikationen, Software-Module.

Die Wahl von Einsatzleitsystemen und deren Teilsysteme als Objekte, deren Entwicklung unterstützt werden soll, ermöglicht einen breiten Erfahrungsaufbau für wissensbasierte Unterstützungstechniken. Einsatzleitsysteme bestehen i.d.R.

- aus Informationssystemanteilen, die in eine Organisation eingebettet sind und über Mensch-Maschine-Schnittstellen verfügen sowie
- aus Prozeßführungsanteilen, die über Sensoren und Effektoren in Realzeit technische Prozesse steuern.

Ein Beispiel für den Aufbau eines Einsatzleitsystems zeigt Abb. 6.5-1.

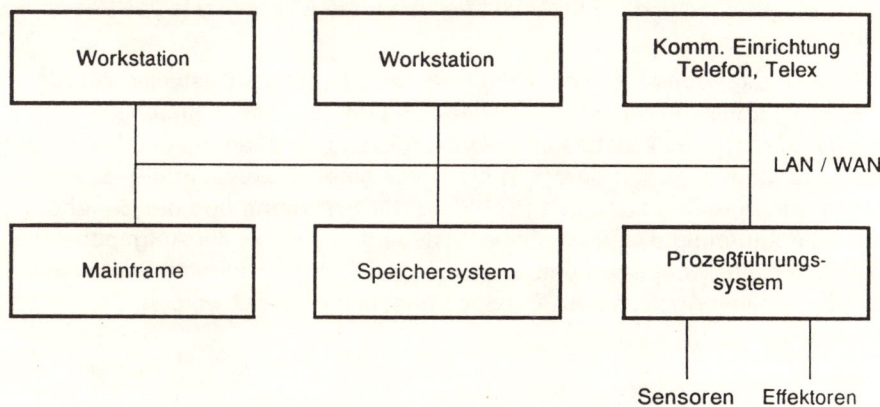

**Abb. 6.5-1.** Systemkonfiguration eines Einsatzleitsystems

Der Verbund von Informationssystem- und Prozeßführungsanteilen in Einsatzleitsystemen führt zu hoher Komplexität der Systeme. Ein weiteres Kennzeichen dieser Systeme ist, daß jede erstellte Konfiguration für eine bestimmte Einsatzumgebung vorgesehen und daher in der Regel einmalig ist, d.h. Einsatzleitsysteme werden nicht in Serie gebaut, wenngleich z.T. mit standardisierten Bausteinen. Vergleiche mit anderen Produkten als Hinweis auf die Wahl der Fertigungstechnologie finden sich im Sondermaschinenbereich, in dem ebenfalls unter Nutzung der Bausteintechnik jeweils speziell angepaßte Maschinenanlagen erstellt werden.

Die Fertigungssituation für Einsatzleitsysteme kann beschrieben werden durch eine Folge von drei Modellen, die aufeinander abzustimmen sind:

- Das SYSTEMMODELL für Einsatzleitsysteme beschreibt dessen wesentliche Produkteigenschaften und wurde bereits oben skizziert.

- Das PROJEKTMODELL beschreibt die Vorgehensweise bei der Erstellung des Systems. Es gelten hierfür die bekannten Projektphasen- und verwandte Modelle.
- Die SOFTWARE-ENTWICKLUNGSUMGEBUNG definiert die Entwicklungsrechnerumgebung sowie das Methoden- und Werkzeugsystem einschließlich der zugehörigen Entwicklungsdatenbanken, mit deren Hilfe ein Einsatzleitsystem erstellt wird. Ziel- und Entwicklungsrechner unterscheiden sich dabei häufig.

Die eingangs genannten Ziele der Reduzierung der Stückkosten für Einsatzleitsysteme unter Einhaltung hoher Qualität und Nutzbarkeit erfordern die Wiederverwendung bereits erstellter Bausteine sowie die Objektivierung von Projektwissen in Wissensbasen. Dadurch wird es möglich, von System zu System die genannten Ziele sukzessive zu erreichen. Die Wiederverwendung gilt für alle Reifegrade eines Produkts, d.h. vom ersten Entwurf bis zum fertigen Produkt. Bei der Transferierung von Projektwissen in Wissensbasen ist die hohe Innovationsrate bei Einsatzleitsystemen und die dadurch bedingte hohe Alterungsrate des Wissens zu berücksichtigen.

Im Rahmen des *Projekt-Advisor* wurde versucht, Experimentalstudien zur Klärung der Frage durchzuführen, welche Formen von Projekt- und Erfahrungswissen für diesen Ansatz zur wissensbasierten Unterstützung der Planung und Entwicklung von Einsatzleitsystemen geeignet sind. Vor einer Diskussion dieser Ansätze werden im folgenden zunächst Probleme der Erstellung und der zugehörigen Projektdurchführung diskutiert. Daraus ist die Komplexität der Aufgabenstellung abzulesen. Darüber hinaus können anhand der dort verwendeten Systematik die hier dargestellten Ansätze besser eingeordnet und bewertet werden.

### 6.5.2 Problemanalyse und Darstellung der Defizite

Im folgenden wird versucht, einige Defizite bzw. Schwachstellen aufzuzeigen, die bei der Entwicklung komplexer Software-Systeme auftreten können.

Bei der Entwicklung von komplexen Programmsystemen legt man in der Regel ein Phasenmodell zugrunde, wobei der Entwickler bei der Produktion und Verifikation der Phasenergebnisse durch Werkzeuge unterstützt wird.

Die Entwicklungsumgebung besteht typischerweise aus einem lokalen Netzwerk (LAN), mit dem das Entwicklungssystem, bestehend aus Host-Rechner und Arbeitsplatzrechner, mit den Zielmaschinen vernetzt wird. Auf dem Entwicklungssystem laufen Programmpakete z.B. für:

- Betriebsführung/Verwaltung,
- Projektmanagement,
- Software-Entwicklung,
- Produktionswerkzeuge,

- Qualitätssicherung,
- Konfigurationskontrolle.

Für die wirtschaftliche Abwicklung von Projekten hinsichtlich Personaleinsatz, Nutzung der Infrastruktur, Zeitbedarf, Mitteleinsatz und Funktionstreue der Entwicklungsergebnisse ist neben der Zusammenarbeit der beteiligten Personen eine Integration obiger Programmpakete in einen Rahmen nötig. Im Rahmen werden Datensichten für mögliche Verbraucher generiert, wobei Systementwickler und Werkzeug-Hersteller gleichermaßen gefordert sind, zu einheitlichen Schnittstellen zu kommen. Standardisierung ist hier dringend geboten! Gelingt diese Integration, so entsteht ein Gesamtsystem, das die Abwicklung von Vorhaben in einer für die beteiligten Personen weitgehend transparenten Weise überwacht, Fehlentwicklungen frühzeitig erkennen läßt, und somit die Einleitung von Korrekturmaßnahmen beschleunigt, weil z.B. die Objekte eines Netzplans automatisch fortgeschrieben werden können.

Bei der Untersuchung von Fragen, die bei der Bearbeitung von Projekten nach dem Phasenmodell auftreten können, stellt sich bereits die Angebotsphase als eine entscheidende Phase heraus:

Es muß in der Regel in sehr kurzer Zeit ein technisches und kommerzielles Angebot zu marktfähigen Preisen und mit möglichst kurzen Entwicklungszeiten erstellt werden, um gegenüber Mitbietern mit hoher Wahrscheinlichkeit eine Umsetzung in einen Auftrag zu erreichen.

Anhand der im Lastenheft geforderten Leistung sind Fragen zu beantworten wie:

- Ist ausreichend Entwicklungskapazität termingerecht verfügbar?
- Wurden schon ähnliche Vorhaben bearbeitet und wie war deren Verlauf?
- Welche Verfahren, Werkzeuge und Infrastukturmaßnahmen sind notwendig?
- Inwieweit können Ergebnisse früherer Projekte direkt oder indirekt in die Lieferleistung einfließen?
- Für welche Leistungspunkte sind am Markt Produkte erhältlich?
- Sind Unterauftragnehmer für Spezialaufgaben bzw. zur Abdeckung von Spitzen im Manngebirge nötig?
- Welche Vorschriften, Richtlinien, Standards und Normen sind bei der Dokumentation und Entwicklung des Produkts zu beachten?
- Wie groß ist das Entwicklungsrisiko?

Erfahrungswissen zu obigen Fragen, das durch Projektbearbeitung und durch gezielte Ausbildung erworben wurde, ist in der Regel in menschlichen Experten vorhanden. Probleme bereiten jedoch die Verfügbarkeit der Experten zum richtigen Zeitpunkt.

Eine von Personen unabhängige Ablage von Wissen und Informationen in maschinenlesbarer Form ist das Gebot der Stunde, einschließlich der zugehörigen Retrieval- und Recherche-Werkzeuge.

Methoden erprobter Literaturindexsysteme sind hierfür geeignet, mit Indizierung nach Schlagworten, Titel, Autor, Erscheinungsdatum etc. mit getrennter Ablage der Relationen und Dokumente. Eine Expertensystemschale als intelligentes Interface zum Menschen ist angezeigt, um diesen bei der Formulierung von Anfragen zu unterstützen, so daß die Schnittmenge der Antworten des Retrievalsystems möglichst optimal ausfällt. Dies ist auch wegen des überproportionalen Anstiegs des Datenbankumfangs bei konsequenter Nutzung eines derartigen Systems nötig.

Es bleibt ein 'kleines' Problem: Wie kommt das Wissen in die Datenbanken? Ein Großteil der Entwicklungsdokumentation unterliegt einer gewissen Syntax und Semantik; dies erzwingen die Entwicklungswerkzeuge und projektspezifischen Vorschriften. Somit ist ein großer Teil relevanter Information über relativ einfache Verfahren aus den phasenenbegleitenden Dokumenten extrahierbar. Die Extraktion von Kontext und semantischen Anteilen gelingt mit derartigen Verfahren in der Regel nur unvollständig.

Hier ist der Entwickler als Mensch gefordert! Ebenso bei der Beschreibung von Erfahrungswissen in maschinenlesbarer Form.

Dies ist ein bzw. der Schwachpunkt:

Der Entwickler empfindet sich als kreatives Wesen (und ist es auch); er neigt weniger dazu, seine Produkte für die Nachwelt zu dokumentieren und fühlt sich durch Formalismen, die durch Werkzeuge und sonstige Vorschriften gegeben sind, in seiner schöpferischen Freiheit eingeengt. Allerdings gibt es in der Praxis auch äußere Einflüsse wie die bekannten Terminengpässe oder Rapid-Prototyping-Verfahren bei gewissen Funktionskomplexen, die den Entwickler am Erreichen einer hinreichenden Dokumentationstiefe hindern.

Ein weiterer Schwachpunkt ist die Unfähigkeit des Menschen, komplexe Systeme mit hinreichender Präzision als Ganzes zu überblicken. Das Problem liegt in der Behandlung von Schnittstellen zwischen den Teilen eines Systems. Die Summe von N funktionierenden Komponenten garantiert nicht, daß daraus ein funktionsfähiges Gesamtsystem resultiert. Hier helfen Werkzeuge beim Zerlegen in überschaubare Komplexe gemäß der Top-down-Methode oder Sprachen, die die Spezifikation der Laufumgebung von der Implementierung trennen (z.B. *MODULA 2, ADA, ...*) bzw. ein objektorientiertes Design. Wegen der ungeheuren Zahl an internen Zuständen eines komplexen Software-Systems bietet bis auf weiteres nur der menschliche Spezialist mit seinen kognitiven und assoziativen Fähigkeiten die Gewähr für ein funktionsfähiges System. Kontext und Semantik von Vorgängen ist Werkzeugen nur schwer beizubringen.

Während für Teile der Angebotserstellung maschinelle Unterstützung vorhanden ist (z.B. Gliederungsvorschläge, Textbausteine, Hilfsmittel zur Erzeugung von Struktur-, Balken- und Netzplänen), so fehlt es meist an projektübergreifenden Hilfsmitteln, die bei der Ermittlung der Mengengerüste, der Manngebirge, der Risikobeurteilung, der Vollständigkeit der Lieferleistung und der Konsistenz der Unterlagen unterstützen.

Für die Phasen funktionelle Anforderungen, Spezifikation, Software-Entwurf, Implementierung und Integration gibt es Werkzeugpakete, die jedoch regelmäßig nicht alle Phasen durchgängig unterstützen. Die Ausbreitung von Änderungen in alle Phasendokumente erfolgt selten maschinell und erschwert eine phasenübergreifende Konsistenzprüfung. An den Phasenübergängen ist häufig noch zuviel Handarbeit nötig; dies erschwert das Erkennen von Fehlern, trotz Reviews und Inspektionen durch die Qualitätssicherung.

Es ist erforderlich, die Werkzeuge für Qualitätssicherung und Konfigurationsmanagement stärker mit den Werkzeugen für Entwicklung, Test und Produktion der Zielsysteme zu integrieren. Nur so kann eine Entwicklungsumgebung erreicht werden, in der Aktivitäten der Entwickler (Neuerstellung, Änderungen, Fehlerbehebung) in kontrollierter Weise zur automatischen Reproduktion der Produkte (Dokumente, Programmsysteme, Stücklisten) im notwendigen Umfang führen. Die oft beschworene Software-Factory wäre dann in Sicht! Eine offene flexible Betriebssystemunterlage, wie sie *UNIX* bietet, ist hierfür erforderlich.

– Spezifikationsphase
  Hier fehlt es an Werkzeugen, die ausführbare Spezifikationen erzeugen; somit ist das Auffinden komplexer Fehler erschwert und die kostengünstige Behebung zum frühestmöglichen Zeitpunkt behindert. Ein Problem ist auch die Neigung vieler Spezifikateure, zu beschreiben, wie gewisse Funktionen ablaufen (Präjudizierung der Implementierung), anstatt darzulegen, welche Funktionen gefordert werden, unter welchen Bedingungen sie ablaufen sollen und wie die Schnittstellen beschaffen sind. Vielleicht bieten die Methoden des objektorientierten Design hier eine Lösung.

– Software-Grobentwurf
  Dies ist die kreativste Phase der Software-Entwicklung. Das funktionale System wird auf die Zielumgebung (Hardware und Software) projiziert. Neben der Zerlegung in Subsysteme (Dialog, Applikation, Kommunikation, Datenhaltung) werden die globalen Datenschnittstellen und die Interprozess(or)-Kommunikation festgelegt sowie Rahmenprogramme für die Applikation erstellt mit hardware- und betriebssystemunabhängigen Schnittstellen und Zugriffsfunktionen unter Berücksichtigung der Ziele Portabilität und Wiederverwendbarkeit. Werden diese Ziele nicht hinreichend berücksichtigt, so ensteht ggf. ein Gesamtsystem, das in der Zielumgebung (Betriebsmittelengpaß!) nicht abläuft bzw. das im Durchsatz unbefriedigend ist. In diesem Bereich bieten Werkzeuge nur ungenügende Unterstützung.

– Feinentwurf
  In dieser Phase enstehen Module mit häufig einfachen linearen Abläufen. Hilfsmittel, die eine Darstellung in Pseudo-Code unterstützen, bzw. graphische Verfahren gibt es genügend; allerdings fehlt meist eine Transformation in den Grobentwurf bzw. in die Implementierung. Viele Entwickler haben eine Vorliebe für die Implementierung und müssen durch Qualitätssicherungsmaßnahmen und Werkzeuge dazu gezwungen werden, die Phasen einzuhalten.

- Implementierung/Test

Die Implementierung bietet technisch meist keine Schwierigkeit, falls folgendes beachtet wird:

- Einschränkung der Verwendung der Zielsprachen auf möglichst einfache Konstrukte,
- Strenge Vorgaben von Rahmenprogrammen für Implementierung und Test.

Dies akzeptieren die Entwickler nur widerwillig. Es trägt jedoch dazu bei, eine Krise bei der Integration zum Gesamtsystem zu vermeiden.

- Integration

Hier wirken sich nicht entdeckte Seiteneffekte in Design und Implementierung gravierend aus! Fehlerhafte Bedienung globaler Schnittstellen und Fehler in der Betriebsmittelverwaltung können Deadlocks erzeugen bzw. zu stochastischen Systemzusammenbrüchen führen, deren Verursacher nur schwer zu identifizieren sind. Hier hilft nur die strikte Überwachung der Einhaltung der vereinbarten Richtlinien und die Wiederverwendung von erprobten Komponenten aus früheren Projekten (Spezifikationsteile, Subsysteme, Library Functions).

Es fehlt ein projektübergreifendes und möglichst wissensbasiertes Werkzeug, das einen beim Auffinden dieser Teile unterstützt.

- Wartungsphase

Hier treten Probleme auf, falls in der Entwicklungsphase zu wenig auf Wartbarkeit, Änderungsfreundlichkeit, Erweiterbarkeit und Wiederverwendbarkeit geachtet wurde. Pflegeleichte, wiederverwendbare Produkte werden in den frühen Phasen geprägt; sie entstehen nicht in der Implementierungsphase. Hier ist neben dem Entwickler (in Bezug auf zeitgemäßes Engineering und Infrastruktur) auch der Auftraggeber gefordert, die Life-Cycle-Kosten integral zu sehen und für Entwicklung hinreichend Zeit und Mittel zur Verfügung zu stellen.

## 6.5.3 Zielvorstellungen zur Entwicklung eines *Projekt-Advisors*

Aufbauend auf den in Abschnitt 6.5-2 behandelten Defiziten und Schwachstellen bei der Entwicklung komplexer Software-Systeme soll nachfolgend dargestellt werden, warum der Einsatz wissensbasierter Techniken langfristig zu einer Verbesserung heutiger Software-Entwicklungsumgebungen führen kann.

Nach dem heutigen Stand der Technik ist die Planung, Projektierung und Entwicklung von Einsatzleitsystemen mit einem sehr hohen Personaleinsatz von Ingenieuren, Informatikern und Programmierern verbunden. In der Regel wird der gesamte Entwicklungszyklus durchlaufen von der Systemanalyse über die verschiedenen Spezifikations- und Entwurfsebenen bis hin zur Programmierung einschließlich der erforderlichen Test- und Integrationsarbeiten. Die begleitende Dokumentation erfolgt meist projektspezifisch und ist für nachkommende Projekte, wenn überhaupt, dann schwer erschließbar. Erfahrungen, die häufig sehr viel Geld wert sind, werden selten schriftlich festgehalten, eher mündlich weitergegeben oder durch Überwechseln der Entwickler zu anderen Projekten weitergegeben. Andererseits werden dank des laufend günstiger werdenden Preis-/Leistungsverhältnisses der Rechnerhardware immer neue Anwendungsgebiete für Einsatzleitsysteme erschlossen. Damit einher gehen Forderungen nach:

– kurzfristiger und aussagekräftiger Planung derartiger Projekte im Rahmen der Angebotserstellung (Technik, Termine, Kosten),
– Unterstützung bei der Festlegung des Vorgehensmodells einschließlich des Methoden- und Werkzeugkonzepts im Rahmen der Durchführungsplanung,
– Bereitstellung aller ergänzenden Informationen zur Projektdurchführung, d.h. Hinweise auf Vorschriften, Normen, Firmenstandards, Richtlinien,
– Recherchen in Projektbibliotheken über vorliegende Dokumentationen aus bereits abgewickelten, ähnlichen Projekten,
– Recherchen über die Verfügbarkeit und Einsetzbarkeit bereits vorliegender Hardware-/Software-Elemente.

Die Nutzung von Wissen aus Vorgängerprojekten und die Wiederverwendung von Softwarekomponenten wird in Zukunft eine immer größere Bedeutung gewinnen. Die Forderungen an ein Werkzeug zur Unterstützung und Beratung des Projektierungsingenieurs im oben genannten Sinne lassen sich damit wie folgt formulieren:

– Nutzung von Projekterfahrung sowie Methoden- und Werkzeug-Beratung, Durchführungsplanung, Kostenabschätzung,
– Wiedervorlage von Systementwürfen mit zugehörigen Entwurfsparametern, insbesondere auch zur raschen Erstellung von Angeboten,
– Wiederverwendung von Software-Komponenten, z. B. mittels einer wissensbasierten Modulbibliothek oder mittels Recherchen in durchgeführten Projekten,
– Ablage und Pflege von Vorschriften und Richtlinien einschließlich wissensbasierter Such- und Zugriffsstrategien.

Der Wunsch nach einem derartigen Hilfsmittel ist nicht neu, allein seine Verwirklichung stößt auf vielfältige Schwierigkeiten:

– Einsatzleitsysteme weisen zwar strukturell ein hohes Maß an Ähnlichkeit auf, im Detail dagegen müssen sie vielfältig unterschiedlichen Anforderungen genügen und entsprechend individuell ausgeprägt sein. Das erschwert die Archivierung und das Erkennen nutzbarer Erfahrungen aus anderen Projekten.
– Projektanforderungen sind, insbesondere in den Anfangsphasen, meist noch unscharf. Nur entsprechend ungenau können die Suchfragen formuliert werden.
– Die Formulierung erfolgversprechender Fragen ist angesichts der Komplexität des Suchraums schwierig. Hier darf das System nicht nur passiv reagieren, sondern muß aktiv Hilfestellung geben.
– Die Beurteilung von Recherchenantworten hinsichtlich ihrer Tragfähigkeit ist sehr mühsam, wenn nicht zusätzlich Hinweise gegeben werden, warum ein gewisser Erfahrungsschatz im konkreten Fall nutzbringend sein könnte. Hier

taucht der Wunsch nach einer in das Recherchensystem eingebauten Erklärungskomponente auf.

– Ein Beratungssystem, das Projektergebnisse durchgeführter Projekte aktiv zur
Lösung einer neuen Problemstellung anbieten soll, muß laufend dem Stand
der neuesten Erfahrungen und Erkenntnisse angepaßt werden können, d.h. es
verlangt eine sehr dynamische Pflege und Wartung, die sich nicht nur auf die
Informationsinhalte (Fakten und Wissen), sondern auch auf die einzusetzenden
Lösungsstrategien bezieht. Herkömmliche Software-Lösungen sind hier zu un-
flexibel.

Vorgenannte Anforderungen lassen den Einsatz neuer Technologien, wie sie von
Expertensystemen her bekannt sind, als sinnvoll erscheinen. Aufgabe der durchgeführten Studien war es daher, die Eignung dieses neuen Paradigmas für den
dargestellten Anwendungsfall zu untersuchen und anhand von Probeimplementie-
rungen zu überprüfen.

Über die Ergebnisse dieser Studien, die in enger Zusammenarbeit von Wissenschaft und Industrie durchgeführt wurden, berichtet der nächste Abschnitt.

## 6.5.4 Neue Technologien zur Lösung der Probleme

### 6.5.4.1 Lösungskonzept

Die in den Abschnitten 6.5.1 und 6.5.2 dargestellten Ziele und Probleme der
Planung und Entwicklung von Einsatzleitsystemen werden im Hause ESG seit
Jahren intensiv verfolgt. In der Vergangenheit wurden mehrere Ansätze zur
Lösung durchgeführt, die wertvolle und nützliche Beiträge im Rahmen der hier zu
verfolgenden Zielsetzung darstellen. Beispiele hierfür sind rechnergestützte
Verfahren zur Verwaltung von Projektbibliotheken während einer Projektdurchführung und zur Verwaltung von Projektergebnissen nach Beendigung von Projekten. In Fortführung dieser Arbeiten ermöglichte die im Rahmen des Projekts
*PROSYT* erfolgte Mitarbeit an der Komponente *Projekt-Advisor*, aufbauend auf
dem erreichten Stand insbesondere Aufgaben der technischen und betriebswirt-
schaftlichen Projektführung mit wissensbasierten Techniken zu unterstützen.

Neben funktionellen Zielen wurden Fragen der Arbeitsumgebung für die als
Zielgruppe in Frage kommenden System- und Softwareingenieure mit betrachtet.
So ist es wünschenswert, daß die benötigten Funktionen auf dem als Standard-
gerät am Arbeitsplatz vorhandenen Arbeitsplatzrechner verfügbar sind. Dazu sind
diese Gerätesysteme ggf. um erforderliche Komponenten zu erweitern.

Eine Übersicht über wesentliche Funktionsgruppen des ESG-Konzepts zur
Unterstützung der Projektmitarbeiter gibt Abb. 6.5-2 (vgl. Abschnitt 6.5.3). Dazu
gehören

- Informationen über aktuelle und durchgeführte Projekte in Form von Dokumenten, Programmen, Datenkatalogen,
- Informationen über Marktprodukte und wiederverwendbare Produkte im Hause,
- Informationen über Vorschriften, Richtlinien, Normen,
- Beratung bei der Durchführung folgender Projektaufgaben,
  - Projektplanung und Projektkontrolle (Leistung, Termine, Kosten),
  - Auswahl wiederverwendbarer Komponenten (Programme, Dokumente),
  - Auswahl einzusetzender Produkte.

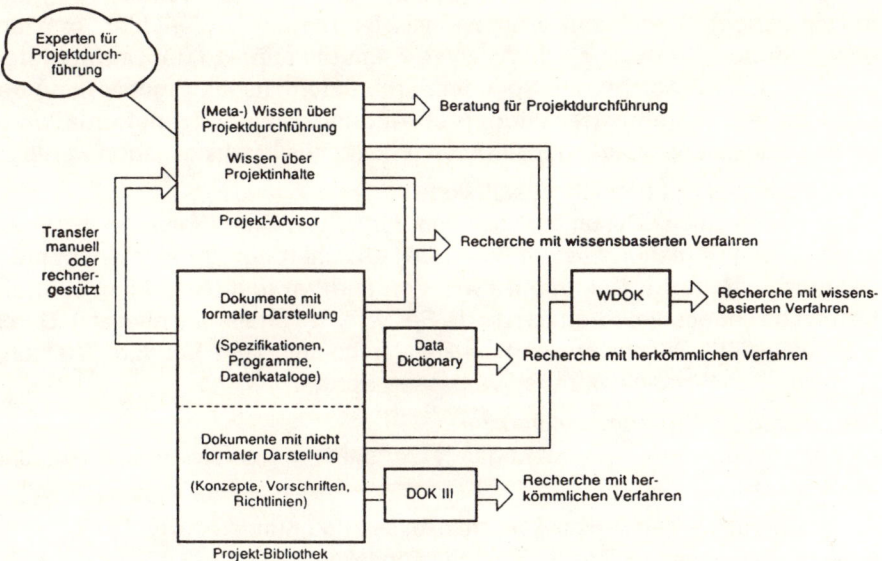

**Abb. 6.5-2.** Unterstützungsformen der Projektdurchführung

Wie bereits erwähnt, werden Projektmitarbeiter bereits durch das bisherige ESG-Konzept der konventionellen Projektbibliothek in Teilbereichen dieser Funktionsgruppen unterstützt. Die wesentliche Erweiterung gegenüber dem bisher realisierten Konzept ist die Einführung von wissensbasierten Techniken für erweiterte Recherche sowie die Bereitstellung von Metawissen über Projekte und Projektdurchführung. Ziele der genannten Techniken sind bereits in den Abschnitten 6.5.1 und 6.5.3 ausgewiesen. So werden projektspezifische und projektübergreifende Informationen benötigt, um produktivitätssteigernde und qualitätssteigernde Effekte auszulösen. Diese werden erreicht durch Standardisierung von Vorgehensweisen und durch rasche Verfügbarkeit von bereits vorhandenen Informationen.

Die durchgeführten Aufgaben und die dabei erzielten Ergebnisse werden gemäß dem Schema in Abb. 6.5-2 gegliedert. Dabei wird sichtbar, daß zur Abdeckung des benötigten Funktionsumfangs herkömmliche und wissensbasierte Techniken parallel genutzt werden und daß insbesondere die Integration der Verfahren Voraussetzung für ihre effektive und wirtschaftliche Handhabung ist.

Die im Rahmen dieser Aufgabenstellung zu betrachtenden Objekte sind in folgende drei Teilbereiche gegliedert:

– Dokumente mit formaler Darstellung
Beispiele hierfür sind formale Spezifikationen, Programme, Datenkataloge. Für diese Objekte existieren automatisierte Verfahren für ihre Suche sowie für ihre weitere Bearbeitung. Beispiele hierfür sind Recherche- und Analyseverfahren in Data-Dictionary-Systemen sowie Analyseverfahren für formale Spezifikationen (z.B. *EPOS* oder PSL/PSA) und Programme (alle Programmiersprachen). Der Einsatz wissensbasierter Techniken dient hier vor allem dazu, bei der Recherche und Analyse Semantikaspekte der betrachteten Objekte zu berücksichtigen. So kann durch automatische Erschließung der Objektinhalte Hilfe bei der Wiederverwendung, bei der Transformation in andere Darstellungen oder bei der Altersprüfung des Inhalts gegeben werden.

– Dokumente mit nichtformaler Darstellung
Dazu gehören meist Dokumente aus den Vorphasen einer Projektdurchführung und aus den Begleitprozessen wie Qualitätssicherung, Projektmanagement oder projektexterne Dokumente wie Vorschriften und Richtlinien. Für sie werden bisher ebenfalls herkömmliche Recherchenverfahren eingesetzt. Durch wissensbasierte Techniken kann der Recherchenteil wiederum durch Nutzung semantischen Wissens erheblich verbessert werden.

– Metawissen zur Projektdurchführung
Dieser Wissensbereich entsteht durch Extraktion menschlichen Wissens und besteht z.B.

• aus Erfahrungen mit speziellen Projekttypen und Kundenkategorien,
• aus Erfahrungen mit Projektvorgehensmodellen,
• aus Erfahrungen mit Werkzeugen und Programmierumgebungen,
• aus Wissen über Aufbau der Projektbibliothek.

– Wissen über Projektinhalte
Dieses Wissen ist aus den beiden erstgenannten Dokumentenarten abgeleitet und dient zur raschen Bezugnahme bei Schlußfolgerungen durch geeignete komprimierte Wissensrepräsentation. Es wird vom Pfleger der Wissensbasis aus den Projektinhalten manuell extrahiert oder wird bei Dokumenten mit formaler Darstellung automatisiert aus den Dokumenten abgeleitet.

Die auf diesen Objekten operierenden Recherchenverfahren und Beratungsinferenzmechanismen zur Unterstützung der Projektmitarbeiter sowie die durchgeführten Realisierungsansätze werden im folgenden gemäß der Systematik in Abb. 6.5-2 dargestellt und untersucht. Zuvor wird entsprechend der bereits erwähnten Berücksichtigung der Arbeitsumgebung ein typischer Arbeitsplatz eines System- und Software-Entwicklungsingenieurs skizziert (vgl. Abb. 6.5-3).

Mikrofiche          Arbeitsplatzrechner          Zentralrechner

**Abb. 6.5-3.** Rechnerkonfiguration am Entwicklerarbeitsplatz

Wesentliche Komponenten des Entwicklungsarbeitsplatzes sind

– PC oder Workstation als Arbeitsplatzrechner.
Er dient als Mensch-Maschine-Interface zwischen Entwickler und Recherchen-system. Er speichert die Komponenten Metawissen und Wissen über Projekt-inhalte sowie die Zugriffspfade für Recherchenverfahren in formalen und nichtformalen Dokumenten.

– Dokumenten-Retrievalsystem in Form von Mikrofiche-Sichtstationen oder Lesestationen für optische Platten.
Hier werden Dokumente mit nichtformaler Darstellung auf Medien wie Mikro-fiche erfaßt. Die Dokumente sind auch in großem Umfang (ca. 2.000.000 Seiten) am Arbeitsplatz ohne Verzögerung verfügbar.

– Zentrale Projektbibliothek für die Aufnahme der Dokumente mit formaler Darstellung.
Die am meisten genutzten Vertreter dieser Kategorie sind Data-Dictionary-Sy-steme und Konfigurationsmanagementsysteme sowie Programmbibliotheken. Sie werden als zentrale Systeme auf Zentralrechnern geführt und bilden zu-gleich das Rückgrat von Software-Entwicklungsumgebungen.

### 6.5.4.2 Recherchen nach Dokumenten mit herkömmlichen Verfahren

Die bereits genannten Recherchen nach Dokumenten mit formaler Darstellung in Data-Dictionary-Systemen usw. sind bekannt und werden hier nicht weiter erläu-tert. Insbesondere für die frühen Projektphasen von Bedeutung ist die Verfüg-barkeit von Dokumenten mit nichtformaler Darstellung am Arbeitsplatz des Entwicklers. Dazu wird ein rechnergesteuertes Mikrofichegerät in Verbindung mit dem auf PC verfügbaren ESG-Software-Produkt DOK III eingesetzt. Am Ter-minal des PC wird dem Entwickler eine herkömmlichen Retrievalverfahren ver-gleichbare Funktionsoberfläche angeboten. So können hier unter Angabe von

Dokumenten-Identfikatoren, Schlagwörtern und Verknüpfungen davon geeignete Dokumentenstellen aufgefunden werden. Am rechnergesteuerten Mikrofichegerät wird der zugehörige Dokumenteninhalt ohne Verzögerung angezeigt. Durch die auf diese Weise einfache Handhabung und Verfügbarkeit großer Dokumentenbestände (ca. 2.000.000 Seiten) am Arbeitsplatz sinkt die Hemmschwelle, entsprechende Unterlagen bei der Projektentwicklung heranzuziehen.

Verfügbar am Arbeitsplatz werden auf diese Weise Projektrichtlinien unterschiedlicher Auftraggebergruppen und hausinterne Standards, Projektunterlagen durchgeführter Projekte einschließlich Übersicht über durchgeführte Projekte mit der Folge produktivitätssteigernder und qualitätssteigernder Effekte.

### 6.5.4.3 Recherchen nach Dokumenten mit wissensbasierten Verfahren

Bei den in Abschnitt 6.5.4.2 dargestellten Recherchenverfahren wird vom Nutzer Kenntnis über den Aufbau des Dokumentenbestands und Kenntnis der möglichen Zugriffspfade in Form von Dokumenten-Identifikatoren, Schlagwörtern und anderen Suchkriterien verlangt. Diese Fähigkeit sinkt notwendigerweise mit steigendem Umfang und steigender Änderungsrate des Dokumentenbestands. Darüber hinaus werden kontext- und inhaltsorientierte Recherchen auf diese Weise nur bedingt unterstützt. Zur Erweiterung der Recherchenmöglichkeiten sowie zur beschleunigten Durchführung der Recherchen werden daher wissensbasierte Verfahren genutzt. Dies soll am Beispiel von zwei unterschiedlichen Ansätzen gezeigt werden.

In der unter Mitarbeit der ESG im Rahmen des *Projekt-Advisor* erstellten Recherchensprache *PROSA* wird der vorhandene Thesaurus ergänzt um Beziehungen zwischen Schlagwörtern, die dann bei der Recherche genutzt werden. Solche Beziehungen sind insbesondere die Klassifizierung von Begriffen als Oberbegriffe und Konkretisierungen davon. Beispiele hierfür sind der Oberbegriff FAHRZEUG mit den Konkretisierungen PKW und LKW. Diese wiederum sind konkretisierbar in LIMOUSINEN unterschiedlicher Klassen usw. In der natürlichen Sprache wird das gleiche Beziehungsgefüge verwendet, jedoch mit zusätzlichen Aussagen über die Nähe von Begriffen. So ist LIMOUSINE näher an PKW als der Begriff KOMBI. Begriffe mit größter Nähe sind Synonyme. In *PROSA* werden für die Angabe der Nähe Maßzahlen verwendet, die dann wiederum bei der Steuerung des Recherchenverfahrens genutzt werden.

Die Weiterentwicklung des im ESG-Produkt DOK III realisierten Recherchenverfahrens (vgl. Abschnitt 6.5.4.2) zum Produkt WDOK geht von verallgemeinerten Beziehungen zwischen Schlagwörten im Thesaurus aus. So sind in der Wissensbasis neben der Beziehung OBERBEGRIFF-KONKRETISIERUNG (Beziehung is_a) beliebige Beziehungen darstellbar. Beispiele hierfür sind:

– Ähnlichkeit von Dokumenten bezüglich vorgegebener Klassifikationsschemata mit Hilfe von Ähnlichkeitsmaßen,

– allgemeine Beziehungen zwischen unterschiedlichen Begriffstypen (A ist HERSTELLER des PRODUKTS B).

Diese in der Wissensbasis gespeicherten Beziehungen werden für erweiterte Recherchen sowie zur Optimierung von Suchfragen hinsichtlich Suchaufwand genutzt.

### 6.5.4.4 Beratung für Projektdurchführung

Neben der wissensbasierten Unterstützung der Recherche ist die aktive Beratung ein weiteres Einsatzgebiet für wissensbasierte Techniken mit hoher Nachfrage. Zur Bearbeitung derartiger Fragestellungen wurde im *Projekt-Advisor* unter Mitarbeit der ESG die Wissensrepräsentationssprache *PATHOS* und eine zugehörige Shell entwickelt. *PATHOS* ist als allgemeine Wissensrepräsentationssprache konzipiert und für eine breite Klasse von wissensbasierten Aufgabenstellungen geeignet. Sie wurde ebenso wie *PROSA* parallel zu den übrigen Projektaufgaben entwickelt und stand daher relativ spät für Experimentalstudien zur Verfügung. Eine Reihe von Studien wurde daher in *PROLOG* durchgeführt. Die Experimentalstudien zielten auf eine Auswahl der in Abschnitt 6.5.4.1 genannten Anwendungsgebiete

– Projektplanung und Projektkontrolle (Leistung, Termine, Kosten),
– Auswahl wiederverwendbarer Komponenten (Programme, Dokumente),
– Auswahl einzusetzender Produkte.

Näher untersucht wurden Aufgabenstellungen zur Nutzung von Metawissen aus den Bereichen:

– Prüfung der Projektplanung auf Vollständigkeit und Konsistenz bezüglich der Aspekte
  • Leistungspakete,
  • Erstellungsaufwand,
  • Termine,
  • Kapazitäten,
  • Lieferleistung,
  • Berücksichtigung von Vorschriften bei speziellen Kundengruppen,
  • Risikofaktoren.

Neben der Prüfung der Aspekte (Beispiel: Wurden beim Erstellungsaufwand der Ort der Erstellung und damit verbundene Reisen berücksichtigt?) sind insbesondere die Zusammenhänge zwischen den Aspekten von Bedeutung. Beispiele der zu untersuchenden Fragen sind:

  • Stehen die Leistungspakete und der zugehörige Erstellungsaufwand, die geplanten Termine und die benötigten Kapazitäten in einem realistischen Verhältnis?
  • Sind Lieferleistung und Leistungspakete aufeinander abgestimmt?

– Beratung des Entwicklers bei der Auswahl von Sprachen und Werkzeugen. Die Vielfalt und die rasche Vermehrung von Sprachen und Werkzeugen binden einen hohen Anteil der Entwicklerarbeitszeit mit der Wissenspflege auf diesem Gebiet und verursachen trotzdem bei jedem einzelnen Entwickler lückenhafte Kenntnis des Gebiets. Benötigt wird daher ein Berater, der bei Vorgabe von Anforderungsprofilen Aussagen über verfügbare Sprachen und Tools macht. Diese Beratungsform ermöglicht eine zentrale Pflege des Wissens auch bezüglich jeweils neuester Compiler- und Toolversionen. Darüber hinaus können auch die Durchgängigkeit der Komponenten und ihre Schnittstellen kontrolliert werden.

In der durchgeführten Studie wurde ein Bestand von ca. 600 Werkzeugen und Sprachen herangezogen und in der genannten Form in Beratungen angeboten. Dabei zeigte sich erwartungsgemäß der hohe Aufwand für die Pflege der Wissenbasis und die daraus folgende Notwendigkeit einer breiten Basis in Form international verfügbarer Wissensbanken.

In den genannten Studien wurde Beratungsunterstützung mit Metawissen untersucht. Bei der im weiteren durchgeführten Betrachtung der Beratung durch Wissen über Projektinhalte zeigten sich sehr schnell große Probleme der manuellen und maschinellen Extraktion von Wissen aus den Projektbibliotheken. Hürden bei der manuellen Übertragung sind zunächst der hohe Aufwand für die Extraktion und Pflege. Unter Berücksichtigung der hohen Alterungsrate des Projektwissens erscheint dieser Weg wenig aussichtsreich. Für maschinelle Übertragungen sind bisher wenig für praktische Erprobung geeignete Verfahren bekannt.

## 6.5.5 Zusammenfassung/Ausblick

Die durchgeführten Untersuchungen haben gezeigt, daß der wissensbasierte Ansatz für einen Projektadvisor erfolgversprechend ist. Sie haben aber auch gezeigt, daß einer Verwirklichung für den praktischen Einsatz noch große Problemkreise entgegenstehen:

- Ein Projektadvisor für alle Projektphasen (Angebot, Entwurf, Entwicklung, Implementierung, Wartung, Pflege) und alle Projektaspekte (technische Ausprägung, Wiederverwendung bereits vorliegender Projektergebnisse, Qualitätssicherung, Konfigurationskontrolle, Versionsmanagement) bedeutet ein hochkomplexes System mit vielfältigem Hintergrundwissen und schwer zu lösenden Schnittstellenproblemen.

- Ein Projektadvisor als Insellösung verspricht wenig Erfolg, weil eine laufende Pflege und Wartung unverzichtbar ist und manuelle Verfahren dafür aus Kapazitäts-, Kosten- und Aktualitätsgründen ausscheiden.

- Ein Projektadvisor kann nur im Rahmen eines integrierten Werkzeugsystems sinnvolle Hilfestellung liefern. Dies erhöht aber den Komplexitätsgrad der gesamten Entwicklungsumgebung und bringt schwierige Probleme der Organisation und Verantwortungsabgrenzung mit sich.

– Der Projektadvisor zeigt den Weg, um das Mißverhältnis von Gesamtwissen zu jeweils lückenhaftem Individualwissen zu mindern. Dies geschieht durch Unterstützung des menschlichen Wissens mit technisch verfügbarem Wissen. Ein wesentlicher Faktor für die Rentabilität dieser Vorgehensweise ist jedoch die Alterungsrate des Projekt- und Erfahrungswissens.

– Eine Entwicklungsumgebung der skizzierten Leistungsfähigkeit erfordert sehr hohe Investitionen bei der Einführung wie auch Kosten für laufende Pflege und Wartung in der späteren Nutzung. Dadurch werden die Kosten für die technische Unterstützung eines Projekts erheblich erhöht. Nur bei intensiver Nutzung dieser Hilfsmittel werden Rationalisierungseffekte der Projektdurchführung gegenüber den erheblich gestiegenen Infrastrukturkosten überwiegen und diese Kosten rechtfertigen. Erhöhte Produktivität bei der Entwicklung von Einsatzleitsystemen und erhöhter Einsatz bei Entwicklungsumgebungen müssen hier langfristig in ein ausbalanciertes Verhältnis zueinander gebracht werden.

Ungeachtet dieser Schwierigkeiten, die heute noch einer Realisierung entgegenstehen, sind wir der Auffassung, daß die Forderungen der Zukunft auf dem Gebiet der Einsatzleitsysteme sowie allgemein auf dem Gebiet der Software-Entwicklung nur mit Hilfe wissensbasierter integrierter Werkzeugsysteme bewältigt werden können. Der Wiederverwendung von Projektergebnissen, die in Projektbibliotheken niedergelegt sind, wird dabei besondere Bedeutung zukommen. Die ESG wird den eingeschlagenen Weg zielstrebig weiterverfolgen und dabei auch die Ergebnisse aus dem Projekt *PROSYT* nutzen.

## 6.6 Wissensbasierte Anwendungsunterstützung für die Softwareproduktionsumgebung *EPOS*

*Peter Baur und Peter Göhner*
GPP

### 6.6.1 Einleitung

Die sogenannte Softwarekrise, die durch den enormen Anstieg der Zahl und Größe von Softwareprojekten begründet wurde, hat zur Entwicklung von computergestützten Werkzeugen geführt. Diese Werkzeuge erleichtern den Softwareentwurf z.B. durch fest einzuhaltende Vorgehensweisen wie die automatische Generierung von Quellcode verschiedener Programmiersprachen, die Analyse formaler Entwurfsspezifikationen und die schritthaltende Generierung graphischer oder textueller Dokumente.

Werden solche Einzelwerkzeuge zu integrierten und durchgängigen Entwicklungsumgebungen mit gemeinsamer Datenhaltung und Dialogoberflächen zusammengefaßt, spricht man auch von CASE-Umgebungen. Neben Werkzeugen zur Unterstützung der technischen Seite der Softwareentwicklung unterstützen umfassende CASE-Umgebungen auch die Bereiche Projektmanagement (z.B. Netzplanung oder Kostenverfolgung) und Verwaltung von Versionen und Varianten von Softwarekomponenten ([LaLe83]).

Solche umfassenden CASE-Umgebungen erfordern wegen der großen Zahl von Einzelwerkzeugen, der vielfältigen Parametrierungsmöglichkeiten und der teilweisen Komplexität von Spezifikationssprachen entweder umfangreiche Schulung oder projektbegleitende Beratung im Einsatz.

Gemäß dem heutigen Stand der Technik sind CASE-Umgebungen also passive Werkzeugsysteme, die eine weitgehend problem- und projektneutrale Funktionalität anbieten. Im Rahmen ihrer praktischen Anwendung sind sie jedoch in einem konkreten Projekt zur Lösung eines bestimmten Problems einzusetzen, wobei die jeweilige Expertise und Erfahrung der Anwender sehr unterschiedlich sein kann.

Damit entsteht der Wunsch, ein solches Werkzeugsystem

– für ein konkretes Projekt und die Aufgaben der einzelnen Mitarbeiter konfigurieren zu können,

- eine problemorientierte, über formale Aspekte hinausgehende inhaltliche Unterstützung geboten zu bekommen und
- in Abhängigkeit des Erfahrungswissens adaptierbar zu machen.

Dies ist erreichbar durch die Integration von wissensbasierten Beratungssystemen z.B. zur

- Methodenberatung (Auswahl, Anwendung einer Entwicklungsmethode),
- Berücksichtigung von Randbedingungen (Normen, Richtlinien),
- Sprachberatung für die Anwendung von Spezifikationssprachen und
- Dokumentations-/Analyseberatung.

Im folgenden wird beispielhaft eine Anwendung beschrieben, bei der die industriell weitverbreitete CASE-Umgebung *EPOS* ([LaLe83]) um eine wissensbasiert konfigurierbare anwendungs- und projektorientierte Bedienschale ergänzt wurde. Zur Realisierung dieser wissensbasierten Beratungskomponenten wurde der *Projekt-Advisor* eingesetzt.

### 6.6.2 Wissensbasierte Konfigurierung und Anwendung einer CASE-Umgebung

Im folgenden soll eine Anwendung des *Projekt-Advisors* zur Realisierung einer wissensbasierten Entwicklerunterstützung im Rahmen der CASE-Umgebung *EPOS* diskutiert werden (siehe Abb. 6.6-1). Der *Projekt-Advisor* wurde von der Fa. GPP mbH mitentwickelt, wobei seitens GPP ein wissensbasiertes Grundsystem in das Projekt eingebracht wurde. Unter Einbeziehung von Ergebnissen dieser Entwicklung wurde die Expertensystem-Shell *KNOSSOS* realisiert, die als Produkt von der Fa. GPP angeboten wird ([Baur88], [Wag88b], [Gaug88]).

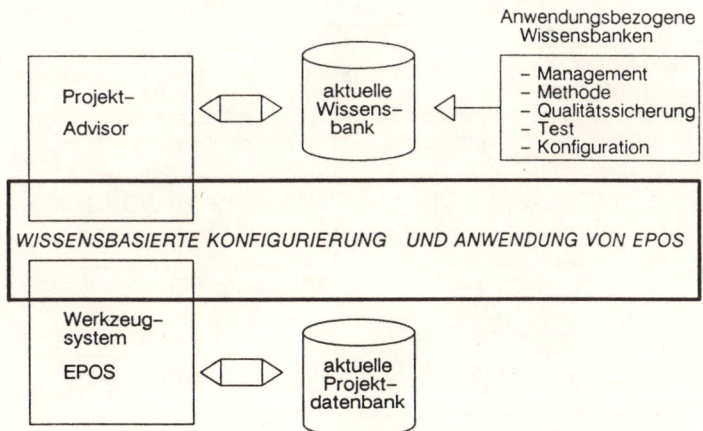

**Abb. 6.6-1.** Integration von *Projekt-Advisor* und *EPOS*

**Das Problem: "Ein CASE-Tool für alle?"**

*EPOS* ist, wie auch der vielfache Einsatz gezeigt hat, ein sehr umfangreiches und mächtiges Werkzeugsystem. Es wendet sich an unterschiedlichste Anwendergruppen (Systemanalytiker, Entwickler (SW und HW), Projektmanager etc.), überdeckt alle Projektphasen (von der Anforderungsanalyse bis zur Implementierung) und findet in den verschiedensten Anwendungsgebieten Einsatz (siehe Abb. 6.6-2). Unsere langjährige Schulungs- und Beratungserfahrung im Rahmen von *EPOS* hat gezeigt, daß hinsichtlich eines optimalen Einsatzes für ein bestimmtes Entwicklungsprojekt sinnvollerweise ein spezifisches Projekthandbuch zu erstellen ist, das u.a. festlegt,

– in welchen Phasen *EPOS* eingesetzt wird,
– welche *EPOS*-Komponenten eingesetzt werden,
– welche Mitarbeiter welche Funktionen von *EPOS* einsetzen,
– welche Dokumentationsformen verwendet werden usw.

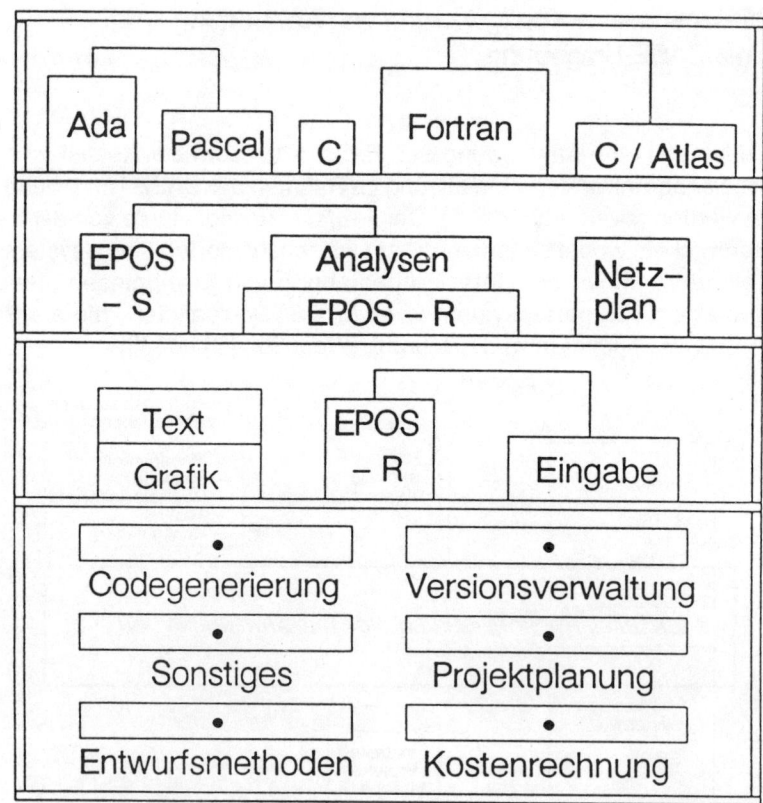

"Ein EPOS für alle"

**Abb. 6.6-2.** Gesamtfunktionalität der CASE-Umgebung *EPOS*

Unzufriedenheit, Probleme und mangelnde Effizienz bei der Anwendung eines rechnergestützten Werkzeugs sind dabei nach unserer Erfahrung meist nicht das Resultat einer unzulänglichen Funktionalität und Leistungsfähigkeit desselben, sondern die Folge eines unüberlegten, unkoordinierten und nicht problemorientierten Einsatzes. Ein Werkzeug ist zunächst passiv und bietet in Abhängigkeit von seiner Spezialisierung bzw. Mächtigkeit einen mehr oder weniger großen prinzipiell positiven Freiheitsgrad in seiner Anwendbarkeit, so daß sich gerade in einem Projektteam individuell sehr unterschiedliche und divergierende Interpretationen bzgl. einer geeigneten Vorgehensweise ergeben.

Die technischen Eigenschaften eines Werkzeugs können prinzipiell sehr einfach vermittelt werden. Die schwierigen Fragestellungen, die sich aber daran anschließen und den konkreten Einsatzfall betreffen, sind jedoch im Zusammenhang mit den oft komplexen Randbedingungen eines Projekts (Projektumfang; Projektlaufzeit; Teamgröße; Organisationsform; allgemeine, technische und firmenspezifische Richtlinien/Standards; Programmiersprache; Entwicklungsmethodik; Anwendungsgebiet; vorliegende Erfahrungen etc.) zu sehen. Dabei ergibt sich eine Vielzahl miteinander korrelierter Fragestellungen, wie z.B.:

– Welche Funktionen eines Werkzeugs werden ausgenutzt? (z.B. welchen Sprachumfang, welche Dokumentationsformen)
– Welche Projektbeteiligten setzen welche Funktionen ein, wie ist die Aufgabenverteilung?
– Wie und zu welchem Umfang wird eine Werkzeugfunktion eingesetzt?
– Wie können und werden die Werkzeugfunktionen im Rahmen der gewählten Entwicklungsmethodik eingesetzt etc.?

Gerade um diese Fragen beantworten zu können, ist aber die Erfahrung und das Know-how eines Experten gefordert, der einerseits Erfahrungen mit einem CASE-Tool (wie *EPOS*) besitzt und andererseits die Projektgegebenheiten, das Anwendungsgebiet und die firmenspezifischen Strukturen und Randbedingungen kennt.

Da derartige Experten üblicherweise rar sind, wurde versucht, deren Wissen in einem Expertensystem nachzubilden und damit allgemein bzw. im Rahmen der CASE-Umgebung *EPOS* verfügbar zu machen. Dabei kann dieses Wissen natürlich nicht vom Entwickler der CASE-Umgebung bereitgestellt werden, sondern muß auf einfache und komfortable Weise seitens der Anwender eingebracht werden können.

Dieser Idee liegt die Erfahrung zugrunde, daß es sicher keinen Sinn macht, ein umfangreiches Richtlinienhandbuch zu erstellen, an dem sich die Projektbeteiligten im Rahmen ihrer Tätigkeiten zu orientieren haben. Es hat sich gezeigt, daß die Einführung von schriftlich formulierten Projektrichtlinien sehr schwierig und ihre Anwendung sehr unbeliebt sowie praktisch nicht überwachbar ist.

**Die Lösung: "Jedem sein *EPOS*"**

Bildlich gesprochen kann man eine CASE-Umgebung mit einer supermodernen Großküche vergleichen, die alle technischen Voraussetzungen für die "Entwicklung eines ausgezeichneten Menüs" bietet. Leider ist dies nur eine notwendige und sicher nicht hinreichende Bedingung. Wichtig ist, daß jeder in der Küche seine bestimmte Aufgabe hat, an dem für ihn vorgesehenen Herd steht, die von ihm benötigten Gerätschaften, Zutaten und Gewürze verfügbar hat, die Tätigkeiten aufeinander abgestimmt sind usw.

Analog muß im Rahmen der Anwendung einer CASE-Umgebung jedem Entwickler sein Platz zugewiesen werden. Es müssen die entsprechend seinem Aufgabenprofil von ihm individuell benötigten Tools in einer geeigneten Ausprägung verfügbar gemacht werden. Er braucht nicht alle Tool-Funktionen im Detail zu kennen und zu beherrschen, "seine Tool-Funktionen" sollen ihm unmittelbar und voreingestellt zur Verfügung stehen, er soll geführt werden, wann er etwas wie machen soll etc.

Die Idee ist also, dem einzelnen Projektbeteiligten seine individuelle CASE-Umgebung bereitzustellen. Beispielsweise benötigt ein Software-Entwickler bei der Realisierung eines *ADA*-Programms für eine Realzeitanwendung von *EPOS*:

– von den Requirements-Engineering- und den Projekt-Management-Komponenten nur die Möglichkeit, seine spezifischen Anforderungen und Arbeitspakete zu dokumentieren,
– nur einen Subset der Entwurfssprache *EPOS-S*,
– nur bestimmte Dokumentationsformen (z.B. HOOD-Diagramme),
– die *ADA*-Programmgenerierung und
– bestimmte Analysefunktionen.


**Lösungskonzept/Realisierung**

Deshalb wurde im Rahmen der CASE-Umgebung *EPOS* der Ansatz verfolgt, *EPOS* selbst entsprechend den Projektanforderungen und Projektzielen einstellbar, d.h. konfigurierbar zu machen. Dies führte z.B. zur Realisierung einer "intelligenten" Benutzeroberfläche, die in Abhängigkeit von Aufgabenstellung, Projektorganisation, Grad des *EPOS*-Einsatzes usw. konfiguriert werden kann.

Die allermeisten Werkzeugsysteme und so auch CASE-Umgebungen sind starr definiert und unveränderlich. Was für die oben genannten Ziele benötigt wird, ist vor allem eine individuelle und einfach handhabbare "Einstellbarkeit".

Dazu wurde im Rahmen von *EPOS* nicht eine werkzeuginterne Konfigurationsmöglichkeit bereitgestellt, sondern es kann die existierende Bedienoberfläche durch ein spezifisches Expertensystem ersetzt werden (siehe Abb. 6.6-3). Alle *EPOS*-Werkzeugfunktionen wurden so umgestellt, daß sie von dem mit dem *Projekt-Advisor* realisierten Expertensystem über eine externe Programmschnittstelle angesprochen werden können.

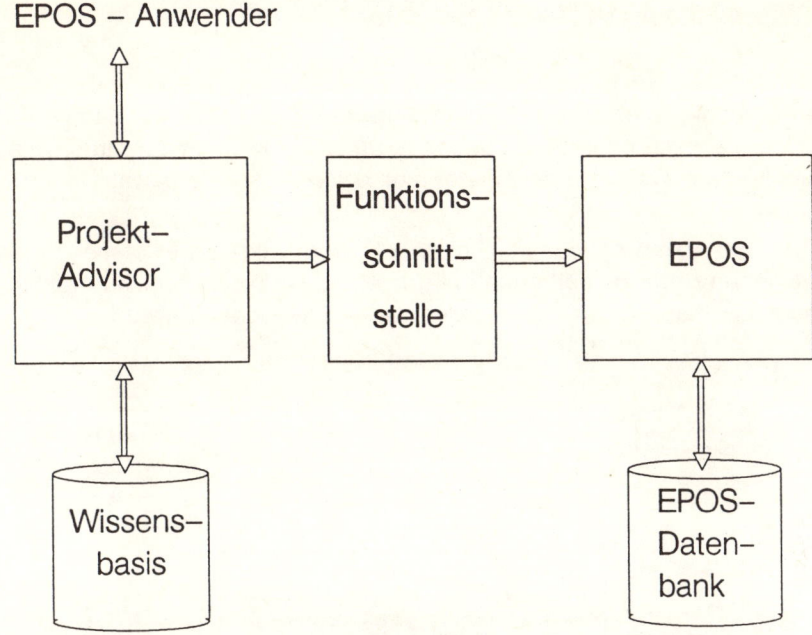

**Abb. 6.6-3.** Funktionsschnittstelle zum Zugriff des *Projekt-Advisors* auf *EPOS*

Damit werden verschiedenste Anforderungen erfüllt:

– Es kann eine dedizierte Werkzeugfunktionalität definiert werden.
– Unterschiedliche Funktionalitäten können einzelnen oder Gruppen von Projekt-beteiligten zugeordnet werden und sind jederzeit verfügbar.
– Es kann die Parametrierung einzelner Funktionen voreingestellt und geführt werden.
– Es können individuelle Hilfsfunktionen und methodische Anleitungen realisiert werden.

Dadurch, daß diese Oberfläche durch ein eigenständiges Werkzeug realisiert wird und die *EPOS*-Funktionen individuell und unabhängig über eine Prozedur-schnittstelle verfügbar sind, werden weitergehenden Konzepten, wie z.B.

– methodenorientierte Benutzerführung

– ergänzende methodenorientierte Analysen

– anwendungsorientierte Hilfestellungen

– Unterstützung der Wiederverwendung von früheren Projektergebnissen

prinzipiell keine Grenzen gesetzt.

Die bisherige praktische Realisierung umfaßt derzeit die zuvor genannten Aspekte, wobei insbesondere Wert darauf gelegt wurde, die Basisinhalte des Expertensystems bereits vorzudefinieren und dessen individuelle Einstellung möglichst einfach und anwenderfreundlich zu gestalten.

### 6.6.3 Wissensbasierter Methodenberater

Die Problemstellung ist, daß bei einem Softwareentwurf nicht nur das Werkzeug (hier *EPOS*) entscheidend ist, sondern daß es wesentlich zur Qualität eines Entwurfs beiträgt, wenn ein geeigneter methodischer Ansatz gewählt wird (siehe Abb. 6.6-4).

Im Bereich der Automatisierung technischer Systeme unterscheidet man zwischen verschiedenen Entwurfsmethoden in Form eines aufgabenbereichs-, funktions-, datenstruktur-, datenfluß-, ereignis- oder anlagenorientierten Entwurfs.

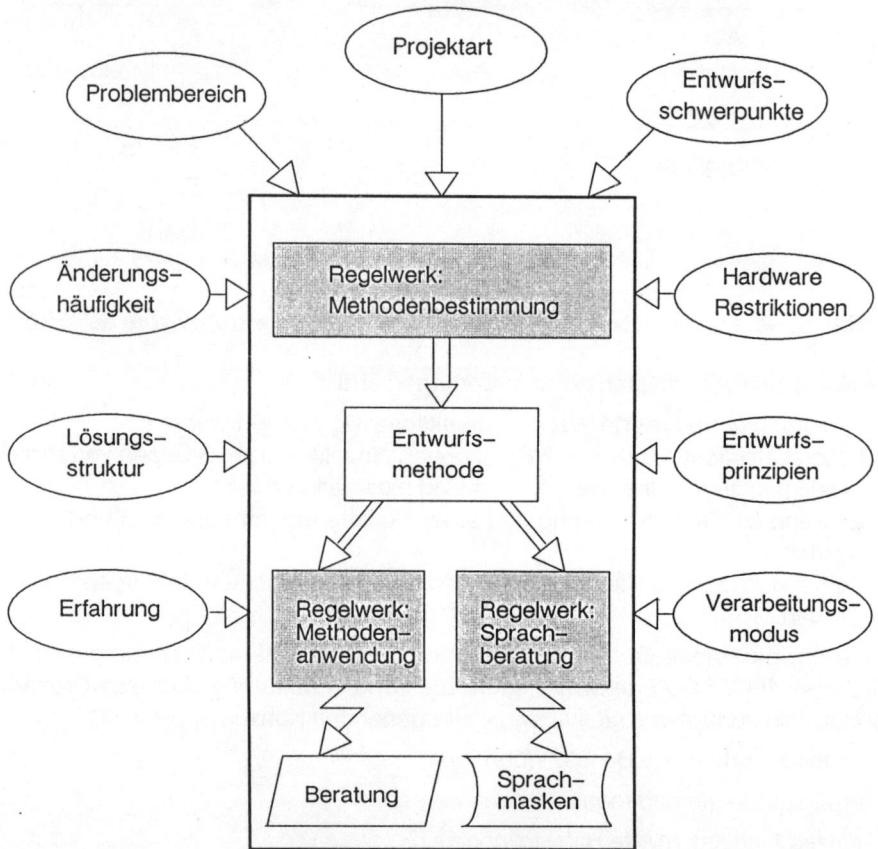

**Abb. 6.6-4.** Regelwerk zur Entwurfsmethodenberatung

Je nach Wahl einer bestimmten Entwurfsmethode und vorliegendem Anwendungsgebiet können die Vorgehensweisen bzw. bestimmte Qualitätseigenschaften der Programme verbessert oder verschlechtert werden. Der datenstrukturorientierte Entwurf ist z.B. bei Informationssystemen in der Regel die problemangepaßte

Vorgehensweise, während er bei den meisten regelungstechnischen Problemen die Entwicklung eher erschwert.

Durch die Untersuchung der vorhandenen Literatur und eigener Erfahrung wurden Kritierien herausgearbeitet, die Einfluß auf die Wahl der am besten geeigneten Entwurfsmethode haben. Kriterien wie

– Projektart (z.B. Lagerverwaltung, Verkehrstechnik),
– Änderungsfreundlichkeit,
– vorhandene Erfahrung mit Projekten und Methoden,
– Verarbeitungsmodus (Online, Batch, Realzeit),
– Hardware-Restriktionen u.a.

wurden in ihren unterschiedlichen Ausprägungen durch die Definition von Regeln einzelnen oder mehreren Entwurfsmethoden zugeordnet.

Gewichtet durch den Einsatz von Gewißheitsfaktoren wird als Ergebnis der Konsultation eine Empfehlung für die Verwendung einer oder mehrerer Entwurfsmethoden abgegeben (Regelwerk: Methodenbestimmung). Die Entscheidung bzgl. Für und Wider einer Methode bleibt dem Benutzer transparent, da er in einer Nachkonsultationsphase sich die Entscheidungsfindung erklären lassen kann. Nach der Auswahl einer Methode erhält der Benutzer Hinweise bezüglich der Anwendung der Entwurfsmethode im Zusammenhang mit der Entwurfsspezifikationssprache *EPOS*-S (Regelwerk: Methodenanwendung).

### Schlußbemerkungen

Der praktische Nutzen des beschriebenen Ansatzes, d.h. eine effektivere und qualitativ verbesserte Softwareentwicklung, wird sich sicher durch die erste Projekterfahrung der bereits angelaufenen Einsatzfälle bestätigen lassen.

Die Integration von Expertensystemen mit CASE-Umgebungen ist ein zukunftsweisendes Konzept, um deren Passivität und Neutralität zu überwinden, sie dediziert auszunutzen und um eine aktive methodische und problemorientierte Unterstützung verfügbar zu machen. Gerade aufgrund der Komplexität der Thematik Softwareentwicklung werden Werkzeuge benötigt, die sich einfach und flexibel an neue Projektsituationen, Organisationsformen und Erfahrungen anpassen lassen.

Es kann natürlich ein Expertensystem keine mangelnde Durchgängigkeit und Funktionalität ersetzen und es ist die Qualität einer entwickelten Anwendung letztendlich auch von der Kreativität der Entwickler abhängig. Es ist jedoch eine wesentliche Unterstützung, die gerade benötigte individuelle CASE-Umgebung definieren zu können, wie sie für die spezifischen Problem- und Projektbelange benötigt wird.

# 7. Portierungen/Verwertungen

*Thomas Batz*

*Fraunhofer-Institut für Informations- und Datenverarbeitung (IITB)*

Neben der zu Beginn des Projekts festgelegten Hardware- und Betriebssystem-plattform CADMUS und *UNIX V.3* ergab sich, wie in Kapitel 2 schon dargelegt, die Notwendigkeit - zur Verbesserung der Nutzbarkeit der Ergebnisse - das Rahmensystem (bestehend aus *PRODIA*, *PRODAT* und dem *Projekt-Advisor*) auch auf dem weit verbreiteten Betriebssystem *VMS* (Digital Equipment) zur Verfügung zu stellen.

Abschnitt 7.1 behandelt daher die Portierung von *PRODAT* auf *VAX/VMS*, Abschnitt 7.2, die Portierung des *Projekt-Advisors* auf *CADMUS/UNIX*.

In Abschnitt 7.3 wird eine weitere Portierung vorgestellt; die Portierung der kompletten Systementwicklungsumgebung *PROSYT* mit dem darin integrierten Werkzeug *EPOS* mit Übergang zur Realzeitsprache PEARL auf die Rechner der Familie MPR 2300 (Krupp Atlas Elektronik). Dort wird auf einer Mehrprozessor-maschine parallel zu dem Echtzeitbetriebssystem MOS auf einem weiteren Prozessor *UNIX* implementiert. Dadurch können die Programme innerhalb eines Rechners unter *UNIX* entwickelt und auf der MOS-Ablaufumgebung getestet werden. Von jedem der beiden Betriebssysteme sind auch die peripheren Geräte ansprechbar, die dem anderen Betriebssystem zugeordnet sind.

# 7.1 Portierung von *PRODAT* auf VAX/*VMS*

*Klaus-Günter Höft und Hans-Peter Subel*
*Werum Datenverarbeitungssysteme GmbH*

Sehr frühzeitig im Verlauf des Verbundprojekts war die Entscheidung gefallen, den Werkzeugrahmen, d.h. *PRODIA* und *PRODAT* in *C* unter *UNIX* zu implementieren. Als Zielrechner wurden zunächst Rechner der Familie PCS Cadmus 9xxx ins Auge gefaßt. Diese Rechner wurden dann später auch für Messepräsentationen des gesamten Projekts *PROSYT* und speziell *PRODAT* und *PRODIA* benutzt.

Werum begann mit der Realisierung von *PRODAT* auf PCS Cadmus 92xx unter *MUNIX*. Für die Implementierung konnten Komponenten des bereits auf diesem Rechnersystem verfügbaren Datenbanksystems BAPAS-DB ([BILa85]) benutzt werden. Es wurde strikt darauf geachtet, daß

- sämtliche Betriebssystemaufrufe in einem *C*-Modul zusammengefaßt werden,
- nur Betriebssystemaufrufe aus dem X/OPEN-Portability-Guide benutzt werden ([XOPEN87]),
- alle *C*-Module ohne Warnungen und Meldungen des *C*-Semantikprüfers "lint" übersetzt werden konnten.

Die gesamte Programmentwicklung wird mit Hilfe des SE-Werkzeugs *VICO* durchgeführt, so daß speziell die Einhaltung der letzten Forderung automatisch sichergestellt werden konnte.

Die Umgebung des ersten *PRODAT*-Prototyps ist in Abb. 7.1-1 wiedergegeben.

Eine Portierung stand an mit dem Wechsel vom Cadmus 92xx (16-Bit-Rechner) unter *MUNIX* V.2/04 auf den Cadmus 99xx (32-Bit-Rechner) unter *MUNIX* V.2/32. Die Verwendung des "lint" sorgte dafür, daß insbesondere für derartige Portierungen typische Probleme im Zusammenhang mit Konvertierungen von "short" nach "int" nur in geringem Umfang auftraten. Eine Routine, die einen "short"-Parameter (2 Bytes) erwartet und einen "int"-Parameter erhält, läuft auf einem 16-Bit-Rechner (int - 2 Bytes) korrekt ab, führt auf einem 32-Bit-Rechner (int = 4 Bytes) aber zu einem Fehler. Der "lint" bringt den Programmierer bereits auf dem 16-Bit-Rechner dazu, an der aufrufenden Stelle explizit von "int" nach "short" zu konvertieren und löst damit das Problem.

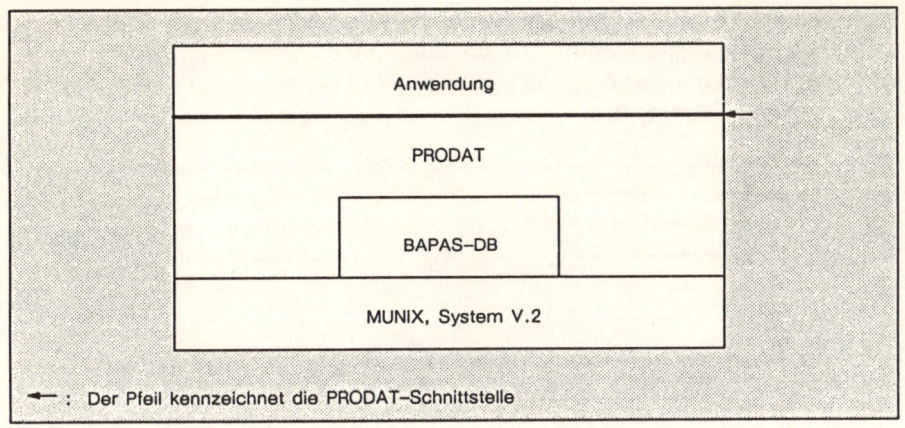

**Abb. 7.1-1.** Die Umgebung des *PRODAT*-Prototyps

Ein Wechsel des Betriebssystems fand statt, als *PRODAT* auf eine Sun Workstation übernommen wurde. Dieser Übergang von *MUNIX* V.2/32 nach SunOS 3.2, einer Vereinigung von Berkeley 4.2 BSD und System V, ging dank der Verwendung des X/OPEN-Portability-Guide reibungslos vonstatten.

Einschränkend ist an dieser Stelle festzuhalten, daß sich die benötigten Dienste zu diesem Zeitpunkt noch auf unkritische Betriebssystemroutinen beschränkten (z.B. File-E/A).

Dieser Umstand machte auch die Portierung des *PRODAT*-Prototyps auf *VAX/VMS* zu einem überraschend problemlosen Unterfangen, da ein Großteil dieser *UNIX*-Routinen schon in der *VMS-C*-Library vorhanden war. Erleichternd kam ebenfalls hinzu, daß BAPAS-DB auch auf diesem System schon zur Verfügung stand. Die gesamte Installation war eine weitere Bestätigung für die Portabilität von *C*-Programmen.

Der anspruchsvollere Teil der Aufgabe begann mit der Implementierung der Mehrbenutzerfähigkeit von *PRODAT*, d.h. mit der Verwendung von *UNIX*-Kommunikations- und Synchronisationsmechanismen.

Aus der in Abb. 7.1-2 dargestellten Systemstruktur geht hervor, daß die Anwendung nicht mehr wie bisher mit *PRODAT* zu einem Monolithen zusammengebunden wird. Stattdessen gibt es mehrere *PRODAT*-Clients, die mit einem *PRODAT*-Server kommunizieren. Die Schnittstelle zwischen der Anwendung und *PRODAT* wurde hierbei natürlich nicht geändert. Neu zu erstellen waren die Programme, die auf Server- und Client-Seite den Aufruf der *PRODAT*-Operationen und die Parameterübergabe durchführen.

Die Implementierung wurde auf Sun mit Hilfe von Remote-Procedure-Calls (RPCs) durchgeführt ([Sun86]), wohlwissend, daß nicht alle *UNIX*-Versionen diese Routinen anbieten. Für diesen Fall wurde vorgesehen, die RPCs eigenhändig auf tieferliegende Kommunikationsschichten abzubilden. Diese Abbildung wurde not-

wendigerweise realisiert bei der Rückportierung von Sun auf Cadmus. Als
Kommunikationsroutinen fanden Verwendung: msgctl, msgget, msgsnd, msgrcv
([MUNIX87]). Die gleiche Aufgabe stellte sich bei der Portierung auf *VAX/VMS*,
hierbei wurden benutzt SYS$CREMBX, SYS$DELMBX und SYS$QIO ([VMS82]).

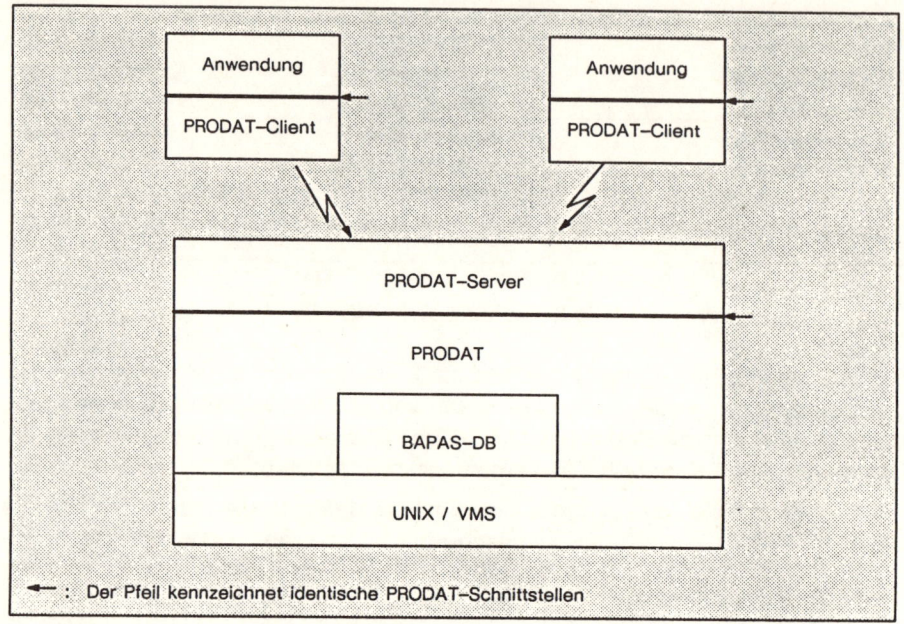

**Abb. 7.1-2.** Die Mehrbenutzerversion von *PRODAT*

Allen genannten Verfahren liegt folgende Vorgehensweise zugrunde:

Eine *PRODAT*-Operation und deren Eingabeparameter werden beim Senden (auf
Client-Seite) in einen Byte-String konvertiert (Serialisierung analog zu ISO
X.409). Dieser Byte-String wird über das Kommunikationsmedium gesandt. Beim
Empfänger (auf Server-Seite) wird der Byte-String wieder in die Operation und
deren Parameter konvertiert (Deserialisierung). Mit den Ausgabeparametern der
*PRODAT*-Operation wird analog verfahren.

Das Beispiel aus Abb. 7.1-3 zeigt, welche Schichten durchlaufen werden müssen,
bevor ein *PRODAT*-Aufruf auf Client-Seite den entsprechenden *PRODAT*-Aufruf
auf Server-Seite aktiviert.

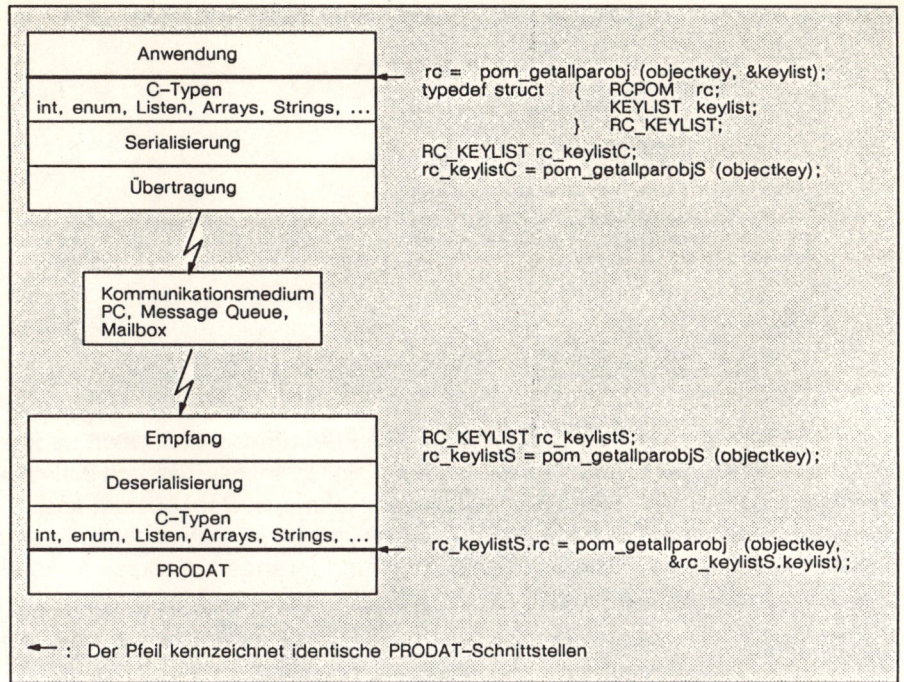

**Abb. 7.1-3.** Parameterübergabe vom Client an den Server

# 7.2 Portierung des *Projekt-Advisors* auf CADMUS

*Peter Baur und Peter Göhner*
*GPP*

Das Verbundprojekt *PROSYT* setzte sich zum Ziel, für den gesamten Lebens-zyklus von rechnergestützten Realzeitsystemen ein Rahmensystem und darin inte-grierte Werkzeuglinien bereitzustellen. Dieses Rahmensystem besteht aus dem *Projekt-Advisor*, einem Dialogsystem *PRODIA* und einem Datenhaltungssystem *PRODAT*. Dazu wurden die in *PROSYT* zu integrierenden Werkzeuge an die Schnittstellen dieses Rahmensystems angepaßt.

Der *Projekt-Advisor* als eine Komponente des Rahmensystems wurde vom Insti-tut für Regelungstechnik und Prozeßautomatisierung (Universität Stuttgart) in Zu-sammenarbeit mit der Fa. GPP mbH unter VMS (VAX) implementiert. Dabei wurde seitens der Fa. GPP das wissensbasierte Grundsystem REX als Imple-mentierungsgrundlage des *Projekt-Advisors* in das Projekt eingebracht.

Es wurde während der Projektlaufzeit offensichtlich, daß aufgrund der verschie-denen Anforderungen (z.B. existierende Werkzeuge) der Projektpartner das Rahmensystem unter verschiedenen Betriebssystemen, das heißt sowohl unter *VMS* (VAX) als auch unter *UNIX* (CADMUS) verfügbar gemacht werden muß.

Aus diesem Grund wurde eine Portierung des *Projekt-Advisors* auf einen CADMUS-Rechner unter dem Betriebssystem *MUNIX* durchgeführt.

Die Fa. GPP hat im Rahmen des *PROSYT*-Vorhabens für die Systemimplemen-tierungssprache *SYSLAN* einen Codegenerator für MC68020 und ein entspre-chendes Laufzeitsystem für *MUNIX* entwickelt. Diese Entwicklungen sollten für die Portierung eingesetzt werden.

Bei der eigentlichen Portierung mußten folgende Arbeitspakete bzw. Arbeits-schritte bearbeitet werden.

### Konzeption und Vorbereitung der Portierung

Da es sich beim *Projekt-Advisor* um ein sehr umfangreiches und komplexes Pro-grammsystem handelt, (inklusive Grundsystem ca. 300 Programm-Module) wur-den eine geeignete Strategie und ein Konfigurationskonzept für eine schrittweise

Portierung mit Teiltestphasen definiert. Es wurde ein bestimmter Entwicklungs-stand des *Projekt-Advisors* eingefroren, der portiert werden sollte. Außer- dem wurden die für die Portierung notwendigen Hilfsmittel bereitgestellt (Cross-Compiler, Programm zur Übertragung von Binärdateien).

### Anpassung der Bedienoberfläche an Standardperipherie

Die Bedienoberfläche des *Projekt-Advisors* (Bedienmasken, Pop-up-Menüs, Fenstertechnik) wurde an die CADMUS-Eigenschaften angepaßt (Bit-Map-Termi-nals, X- Window etc.).

### Anpassung der graphischen Ausgabe

Die Programme zur graphischen Ausgabe wurden an die CADMUS-Bit-Map-Ter-minals angepaßt.

### Portierung der Programm-Module auf Zielrechner

Die ca. 300 Programm-Module des *Projekt-Advisors* mußten auf einer VAX-An-lage übersetzt, die entstehenden Assembler-Programme auf den CADMUS über-tragen und dort assembliert werden.

Für diese Arbeiten mußten entsprechende Kommando-Jobs erstellt werden. Die entstehenden Objekt-Dateien wurden in Programm-Bibliotheken eingetragen.

### Integration und Test

Entsprechend der gewählten Portierungsstrategie wurden funktionell abgeschlos-sene Teilsysteme gebunden und getestet. Nach Abschluß der Teilsystemintegra-tionen wurde für das Gesamtsystem entsprechend verfahren.

# 7.3 Portierung auf Rechner von KAE

*Gerd Brötje, Rüdiger Hagelweide, Lothar Schmidt und Hans Dieter Worm*
*Krupp Atlas Elektronik*

## 7.3.1 Zusammenfassung

Die Portierung des *PROSYT*-Entwicklungssystems auf den Krupp Atlas Elektronik-Rechner MPR2300 mit einem *UNIX/MOS*-Betriebssystemübergang wird vorgestellt. Die Softwareentwicklung erfolgt unter *UNIX* System V, die Softwareintegration und Tests auf dem realzeitfähigen *MOS*. Die Dialogschnittstelle wird über einer eigenentwickelten Graphikhardware realisiert. Die Vernetzung der Entwicklungsrechner erfolgt über Ethernet mit TCP/IP.

## 7.3.2 Zielsetzung

Im Rahmen des Verbundprojekts *PROSYT* wurde eine Portierung des *PROSYT*-Systems sowie ausgewählter Werkzeuge auf den Rechner MPR 2300 der Krupp Atlas Elektronik GmbH (KAE) durchgeführt.

Bei der Krupp Atlas Elektronik GmbH werden seit mehr als 2 Jahrzehnten Prozeßrechner aus der eigenen Entwicklung und Fertigung mit einem eigenen Betriebssystem (*MOS*) in Anlagen und Systemen eingesetzt.

Hierzu gehören unter anderem:

– Fertigungsleitsysteme
– Wartenleitsysteme
– Kraftwerkssimulatoren
– Schiffsführungssimulatoren
– Sichtsimulatoren

Im allgemeinen sind diese Rechner in die Anlage eingebettet (embedded) und somit nicht als einzelne Rechner erkenn- bzw. ansprechbar.

Die verwendeten Prozeßrechner (EPR/MPR) und das eingesetzte Betriebssystem (*MOS*) haben dabei folgende Eigenschaften:

- Realzeitfähig
- Schnelle Reaktionszeiten
- Multitaskingfähig
- Mehrprozessorfähig
- Vernetzbar über realzeitfähiges LAN
- Modular erweiterbares Betriebssystem
- Modular erweiterbare Prozeßperipherie
- Realzeitprogrammiersprachen wie *PEARL* und *ADA*

Die Entwicklung der System- und Anlagensoftware erfolgt bei KAE im allgemeinen auf den gleichen Rechnern (Host) wie den späteren Anlagenrechnern (Target).

Hieraus ergeben sich als wesentliche Vorteile für die Softwareentwicklung:

- Die Targetsoftware kann schon auf dem Host weitestgehend getestet und in Betrieb genommen werden.
- Alle im Host verfügbare Peripherie ist auch im Target einsetzbar und umgekehrt.

Des weiteren sind auch die Entwicklungsrechner vernetzt, so daß die Softwareentwicklung in einem leicht den jeweiligen Projektanforderungen anpaßbaren verteilten Rechnersystem erfolgt.

Diese Systeme bestehen aus Rechnern der unterschiedlichen KAE-Rechnergenerationen.

Aus diesem Grund und wegen des steigenden Softwareanteils bei der Projektentwicklung ergibt sich die Notwendigkeit einer einheitlichen Benutzerschnittstelle für die Softwareerstellung.

Aus der Vielzahl der verwendeten Entwicklungs- und Dokumentationswerkzeuge ergibt sich weiterhin die Forderung nach einer einheitlichen Datenhalteschnittstelle.

Diese Forderungen werden durch folgende *PROSYT*-Komponenten erfüllt:

- Einheitliche Dialog-Schnittstelle zwischen Benutzer und Betriebssystem durch Verwendung möglichst nur eines standardisierten Betriebssystems (*UNIX*).
- Einheitliche Dialog-Schnittstelle zwischen Benutzer und Softwarewerkzeug (*PRODIA*).
- Einheitliche Datenhalteschnittstelle aller Softwarewerkzeuge (*PRODAT*).
- Erreichbarkeit aller Entwicklungsumgebungswerkzeuge durch Rechnervernetzung über LAN's.

## 7.3.3  UNIX/MOS-Betriebssystemübergang

### 7.3.3.1  Ziel

Das Ziel der Aktivität Betriebssystem war die Erarbeitung einer Schnittstelle, die eine Portierung von unter UNIX lauffähigen Programmen auf KAE-Rechner ermöglicht. Dabei sollten die Eigenschaften des Echtzeitbetriebssystems MOS nicht beeinträchtigt werden. Die Anforderungen an eine derartige Schnittstelle betrafen im wesentlichen die Beibehaltung der Eigenschaften der Betriebssysteme. Das MOS sollte seine Bedieneroberfläche nicht verändern, die Rekonfigurierbarkeit sollte erhalten werden, und die Mehrprozessorfähigkeit sollte nicht beeinträchtigt werden. Eine Veränderung der UNIX-Bedienoberfläche oder der Betriebssystemschnittstelle war ebenso ausgeschlossen. Über die zu definierende Schnittstelle sollte die Nutzung der gegenseitigen Peripherie möglich sein, ebenso wie der Datenaustausch und die Synchronisation zwischen Programmen. Um das Entwicklungsrisiko zu begrenzen und die Anpassung an Folgesysteme zu ermöglichen, sollten die Änderungen an zentralen Stellen der Systeme erfolgen und Systemveränderungen auf ein Minimum begrenzt bleiben. Im Laufe der Entwicklung wurde diese Zielvorgabe dahingehend interpretiert, daß der zu schaffende Betriebssystemübergang die Vorteile beider Welten in einer Anlage vereinen sollte. Den UNIX/MOS-Übergang kann man somit bezeichnen als UNIX-Entwicklungsumgebung mit einem MOS als Echtzeiterweiterung.

### 7.3.3.2  Konzept

Beschrieben wird der Ausgangspunkt der Entwicklung mit den zu Beginn getroffenen Festlegungen. Neben den bereits zu diesem Zeitpunkt verworfenen Entwicklungsalternativen wird geschildert, wie durch das erste Prototyping ein Teil der Lösungsansätze oder Festlegungen verändert wurden. Den Abschluß des Kapitels bildet die Definition des Systems, die aus der Zielsetzung und der Analyse des Prototyping als gemeinsames Konzept entwickelt wurde.

### 7.3.3.2.1  Ausgangspunkt

Es wurden zwei Realisierungsalternativen untersucht. Die erste Lösung bestand in einer UNIX-Software-Schale um das MOS-Betriebssystem. Diese Schale hätte alle Schnittstellen des UNIX auf die des MOS abbilden müssen. Eine derartige Entwicklung der System V Interface Definition auf Basis der MOS-Eigenschaften wurde wegen zu großer konzeptioneller Unterschiede der Systeme verworfen. Statt dessen wurde entschieden, die Mehrprozessorfähigkeit des MPR2300 auszunutzen und beide Systeme nebeneinander in einem Rechner zu implementieren. Ausschlaggebend für diese Alternative waren ein überschaubares Entwicklungsrisiko, der geringere Entwicklungsaufwand sowie nur geringe Änderungen am *UNIX*-Standard.

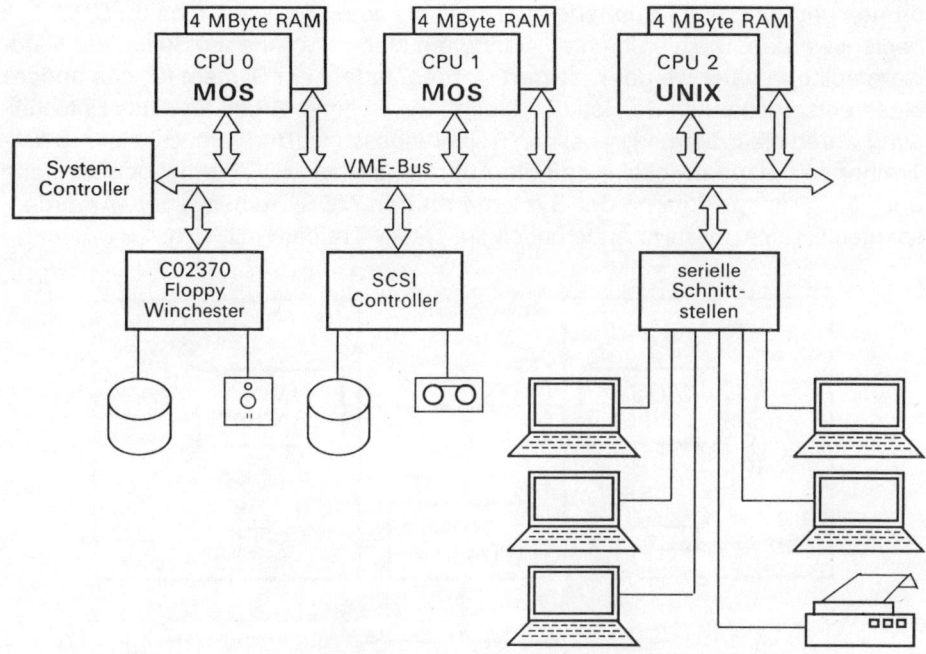

**Abb. 7.3-1.** Konfiguration MPR 2300 *UNIX/MOS*-Übergang

Von einem MPR2300 wurde also eine CPU- und eine Speicherbaugruppe aus der *MOS*-Verwaltung herausgenommen und für ein *UNIX*-System genutzt. Bei diesem Ansatz war das *MOS* das Masterbetriebssystem und verwaltete die gesamten Ressourcen des Rechners. Dazu gehörte auch die gesamte Peripherie, die wegen Deadlock-Problemen nur von einem System bedient werden darf. Wegen der Echtzeitfähigkeit wurde die Peripherie also dem *MOS* zugeordnet und damit auch die Interruptverarbeitung. Das Mastersystem *MOS* organisierte den gesamten Startup-Teil des Rechners und teilte dem *UNIX*-System Ressourcen zu wie z.B. Speicher.

### 7.3.3.2.2 Prototyping/Analyse

Während des ersten Prototyping wurden einige Ansätze verändert, um Aufwände zu reduzieren. Die exklusive Zuordnung der gesamten Peripherie zum *MOS* zeigte sich als unnötig. Die Sicherheitsbedenken auf Seiten des Echtzeitsystems, daß z.B. durch DMA-Fehler ein System den Kern des anderen Systems zerstört, wurden durch eine entsprechende Überwachungshardware zerstreut. Die alleinige Bedienung der Peripherie durch das *MOS* hätte die ersten Implementierungen

zeitlich verschoben, bis die Kommunikation und die entsprechenden Servicepro-
zesse vollständig vorgelegen hätten.

Es wurde entschieden, dem *UNIX*-System die eigene Peripherie exklusiv zuzuordnen und für diese Peripherie Interruptlines zu reservieren, die von *UNIX* aus
bedient werden. Die hierdurch entstandenen Mehraufwände auf Seiten der Hardware sollten später wieder reduziert werden, indem ein System für das andere
einen entsprechenden Service übernimmt. Ein weiterer Grund für diese Entscheidung waren die Erfahrungen bei der Treiberanpassung. Der Versuch, einen *UNIX*-
Treiber so umzuentwickeln, daß die Aufträge in das *MOS*-Format gebracht und
über die Transportebene der Systeme an den *MOS*-Treiber gegeben werden,
konnten brachte massive Änderungen des MOS-Treibers mit sich.

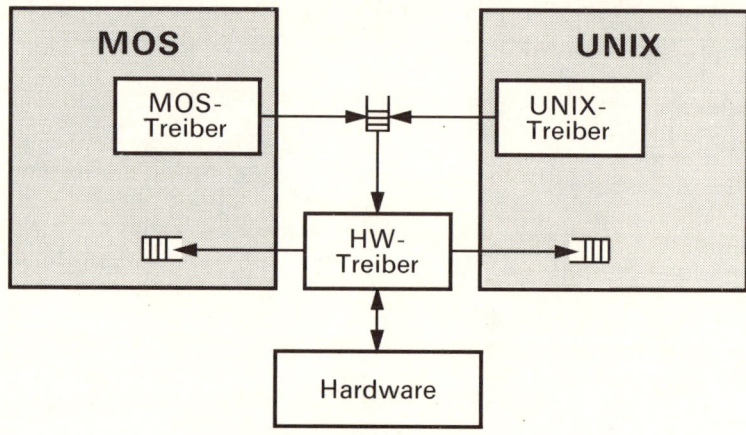

**Abb. 7.3-2.** Blockschaltbild Hardware-Treiber

Da diese Änderungen insbesondere die Echtzeiteigenschaften verändert hätten,
wurde der Ansatz verworfen. Eine weitere Alternative war die Entwicklung eines
gemeinsamen hardwarenahen Treibers, der von den betriebssystemorientierten
Treibern über die gleiche Schnittstelle beauftragt wird. Eine entsprechende
Implementation brachte Leistungseinbußen auf beiden Seiten und bedeutete für
jede Peripherie eine Überarbeitung der Treiber beider Systeme einschließlich
der Entwicklung eines weiteren Treibers zur Hardwareansprache. Ein solches
Konzept hätte die Standalone-Systeme weit von einem gekoppelten *UNIX/MOS*-
System entfernt, was die Pflege und Wartung unnötig erschwert hätte, ohne einen
entsprechenden Nutzen zu bringen.

Die erste Implementation, in der das Master-*MOS* den Start des Rechners und
die Ressourcen-Zuteilung für das *UNIX* vornahm, führte zu relativ großen Ein-
griffen im *MOS*-Kern. Diese Änderungen ermöglichten zeitlich eine schnelle Realisierung und eine relativ gute Testbarkeit. Später wurden die Funktionen, die
eindeutig dem Start des Rechnersystems zugeordnet werden konnten, vom Start
des Betriebssystems getrennt.

### 7.3.3.2.3 Definition

Der *UNIX/MOS*-Übergang wird auf einem MPR2300 realisiert, indem jedem System statisch seine Ressourcen zur Startup-Zeit zugeordnet werden. Für das *UNIX*-System werden eine CPU und entsprechender Speicher reserviert. Jedes System erhält seine Peripherie fest zugeordnet und bedient und verwaltet sie autark. Für die Bearbeitung von Interrupts werden auf dem Bussystem entsprechende Interrupt-Requestlines für jedes Betriebssystem reserviert.

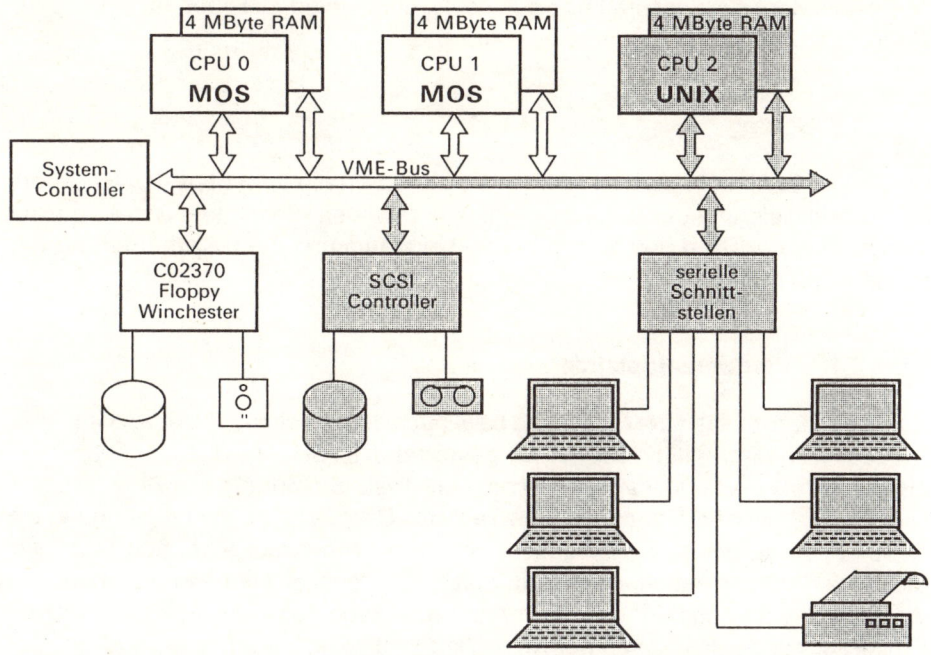

**Abb. 7.3-3.** Konfiguration *UNIX*-Anteil

Über die Kopplung der beiden Systeme ist die Nutzung von Peripherie des anderen Systems möglich. Diese Nutzung geschieht entweder durch Anwender bzw. Anwendungsprogramme oder über entsprechende Betriebssystem-Services. Dabei ist die Benutzung über eine logische Schnittstelle, oberhalb der Peripherietreiber, gegenüber einer Anpassung von Treibern zu bevorzugen. Das *MOS*- und das *UNIX*-System sollen so generiert werden, daß die Systeme sowohl standalone als auch gekoppelt arbeitsfähig sind. Unterschiede zwischen Standalone-System und *UNIX/MOS*-Übergang sollen über entsprechende Parametrierung von außen steuerbar sein. Die Startphase des Rechners mit einem entsprechenden Standalone-System oder mit beiden Systemen ist getrennt vom Start des Betriebssystems bzw. der Betriebssysteme zu lösen.

### 7.3.3.3 Realisierung

In diesem Kapitel wird die Realisierung des *UNIX/MOS*-Übergangs beschrieben. Begonnen wird mit der Hardware-Startphase, dem Laden und Parametrieren der Betriebssysteme und der Startup-Phase der Systeme. Danach werden zwei Kopplungsmechanismen zwischen den Systemen beschrieben. Die Treiberrealisierungen als Character-Treiber bzw. Streams-Treiber auf der *UNIX*-Seite werden ebenso beschrieben wie die Queue-Schnittstelle auf der *MOS*-Seite und die Mechanismen, die zum Aufbau einer logischen Verbindung benutzt werden. Den Abschluß bildet die Beschreibung der Tools, der Serverfunktionen für Disks bzw. Files und der Programmkommunikation.

### 7.3.3.3.1 Booting

Unter dem Booting in diesem Abschnitt wird die Phase vom Start des Rechners bis zur Initialisierung der Betriebssysteme verstanden. Besondere Schwerpunkte sind hierbei der Start des Mehrprozessorsystems und die Parametrierung der Betriebssysteme.

#### 7.3.3.3.1.1 Hardware-Bootstrap

Nach dem Einschalten der Spannung bzw. nach dem Rechner-Reset wird auf allen Prozessoren ein Builtin-Test (BITE) gestartet. Der BITE prüft zunächst seinen eigenen Prozessor und wartet dann auf eine Testaufforderung des Prozessors 0. Dieser Prozessor führt zunächst den Test des Rechners durch und gibt dann die Kontrolle an den nächsten Prozessor ab. Dieser Prozessor führt nun Tests aus, die seine Kommunikationswege zum restlichen Rechner betreffen und gibt dann die Kontrolle an den nächsten Prozessor ab. Diese Testkette wird vom letzten Prozessor mit der Rückgabe der Kontrolle zum Prozessor 0 abgeschlossen. Der Prozessor 0 führt bei einer fehlerfreien Anlage dann den Hardware-Bootstrap durch. Dieser Teil des gesamten Lade-/Startvorgangs gehört funktionsgemäß noch zum BITE, dessen Aufgabe es ist, ein System soweit zu prüfen, daß die Betriebssyteme ordungsgemäß lad- und startbar sind. Der Boot-Vorgang ist generell unabhängig von den zu ladenden Systemen. Von einem hardwaremäßig einstellbaren Boot-Device wird ein Programm an eine fest definierte Stelle des Speichers geladen. Das Programm, in diesem Fall der Autoload, wird an einer Stelle gestartet, die im vorderen Teil des geladenen Image definiert ist. Alle weiteren Prozessoren führen während dieser Zeit eine Idle-Loop aus, die den Bus nicht belastet, und haben ihr Interrupt-System aktiviert.

### 7.3.3.3.1.2 Autoload

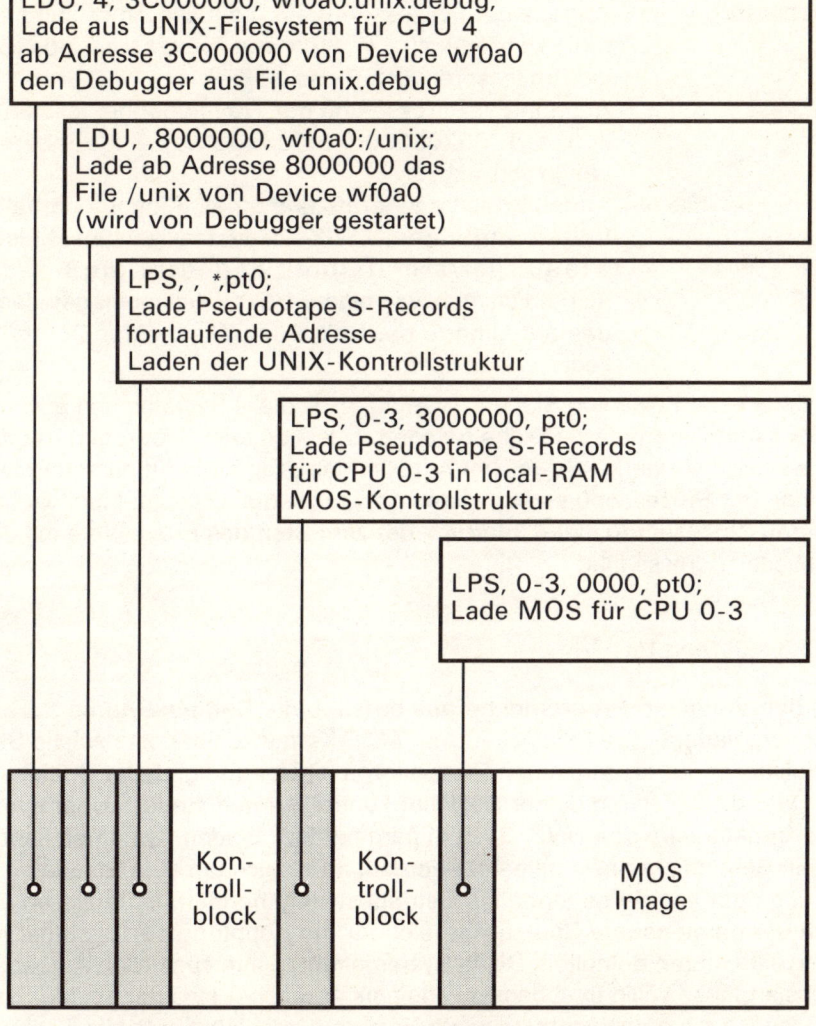

**Abb. 7.3-4.** Aufbau Autoload-Image Pseudotape pt0

Das Autoloadprogramm hat nun von voreingestellten bzw. per Dialog oder Steueranweisung wählbaren Devices alle notwendigen Betriebssystemteile oder andere Programme zu laden. Zu Beginn werden von der hardwaremäßig eingestellten Control-Unit, z.B. System-Operator-Terminal, Steueranweisungen der Form

< control > , < processor > , < address > , <device > : < file > ;

eingelesen.

Die einzelnen Angaben bedeuten:

| | |
|---|---|
| < control > | Steueranweisungen wie 'lade vom *UNIX*-Filesystem', 'lade S-records', 'lade Pseudotape-Format' |
| < processor > | Angabe der Prozessoren, für die diese Anweisung ausgeführt werden soll, z.B. 3 für den Prozessor 3 oder 3-6 für die Prozessoren 3, 4, 5 und 6 |
| < address > | Angabe der Adresse und der Transferlänge, falls erforderlich, z.B. 00200000:01000 laden ab 2 Megabyte eine Länge von 4 kbyte |
| < device > : <file > | Angabe des Ladegeräts und eines Filenamens, falls das Laden von einem *UNIX*-Filesystem gewünscht ist, z.B. wf0a0:/usr/src/uts/unix bedeutet, daß das File /usr/src/uts/unix von einem *UNIX*-Filesystem geladen wird, das auf Minor 0 der Unit a des Winchester-Controllers 0 liegt. |

Am Ende einer Folge von Steueranweisungen sind alle Systeme und auch die erforderlichen Parameterbereiche geladen. Das Autoload-Programm hat für alle Prozessoren vermerkt, an welcher Adresse das Programm für diesen Prozessor beginnt. Der Prozessor 0 erzeugt durch Ansprache des Location-Monitors auf den anderen Prozessoren einen Interrupt, der zum Start des Prozessors mit der angegebenen Adresse führt.

### 7.3.3.3.1.3  Start Up

Aus dem Autoload-Programm heraus erhalten die Betriebssyteme Parameter über vorgeladene Kontrollblöcke. Dem *MOS*-Kern wird über eine solche Struktur mitgeteilt, wo für die einzelnen Prozessoren lokaler und globaler Speicher liegt bzw. wer die Zuteilung dieser Speicher kontrolliert und steuert. Über eine ähnliche Struktur wird das *UNIX*-System parametriert. Beiden Systemen kann über diesen Bereich ebenfalls mitgeteilt werden, ob es sich um eine Standalone-Umgebung oder um ein gekoppeltes Betriebssystem handelt. Im letzteren Fall ist auch der gemeinsame Speicherbereich für die Kopplung der Systeme in den Kontrollstrukturen enthalten. Beide Systeme führen ihre speziellen Aufgaben der Hochstartphase völlig unabhängig voneinander durch. Eines der beiden Systeme muß jedoch die gemeinsam genutzte Hardware verwalten, z.B. die Rechneruhr. Dieses Betriebssystem, z.Zt. das *MOS*, wird nach Initialisierung der Rechneruhr bei jedem Clock-Tick das andere Betriebssystem durch einen Interprozessor-Interrupt informieren. Durch das Standalone-Flag in den Kontrollstrukturen der Betriebssysteme wird das *MOS* veranlaßt, den Interrupt weiterzureichen. Das *UNIX*-System wird im Gegensatz zur Standalone-Version die Rechneruhr nicht initialisieren und als Clock-Interrupt den Interprozessor-Interrupt in seine Exception-Tabelle eintragen.

### 7.3.3.3.2 Systemübergang

In diesem Abschnitt werden die Übertragungsmechanismen, ihre Realisierung und ihre Nutzung zum Aufbau einer Kommunikation geschildert.

#### 7.3.3.3.2.1 Transportsystem

Das Transportsystem ist im Sinne von Rechnerkopplungen als Ersatz der physikalischen Transportschicht zu betrachten. Die Flexibilität einer Transportschicht liegt in ihren einfachen Schnittstellen, die keinerlei Abhängigkeit von der darunterliegenden Transportsoftware enthält. Nur dadurch ist es später möglich, Anwendungen unabhängig von ihrer Kopplung zu anderen Systemen zu gestalten. Das bedeutet im Falle der vorliegenden Betriebssytemverbindung, daß es durchaus möglich ist, diese Kopplung durch eine Verbindung zweier Rechner zu ersetzen. Beide Transportsysteme basieren auf einem gemeinsam nutzbaren Speicherbereich.

##### 7.3.3.3.2.1.1 Speicherkopplung

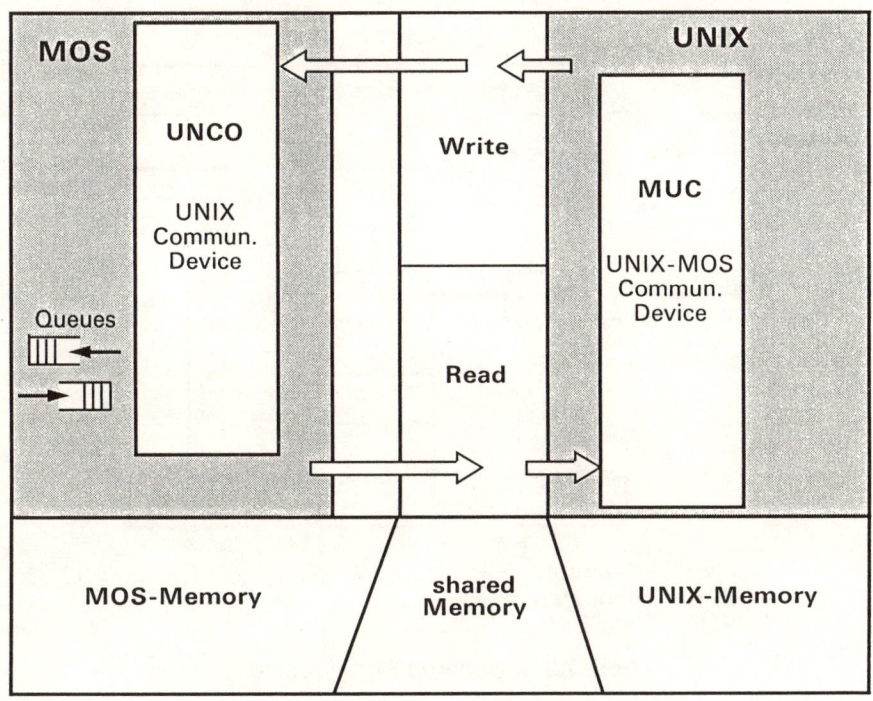

**Abb. 7.3-5.** Aufbau Speicherkopplung

Das einfachste Transportsystem ist die Speicherkopplung. Beiden Systemen wird durch die Autoload-Phase ein statischer Speicherbereich bekannt gemacht, in dem zwei Mailboxes realisiert sind. Jede Box enthält eine Kontrollstruktur, in der der jeweilige Status und eventuell die Länge einer vorhandenen Message eingetragen sind. Jedes System hat genau eine Box, in die es schreibt, aus der jeweils anderen Mailbox darf dieses System nur lesen.

Das Vorliegen einer Message zeigt das schreibende System durch Eintragen der Länge und des Status an; es löst einen Interrupt aus, falls das System mit Interrupt generiert wurde. Das lesende System kann im Pollingverfahren entweder auf den Status bzw. die Länge in Form einer Message warten oder wird durch einen Interrupt über das Vorliegen einer Message informiert. Als Bestätigung der Message-Übernahme werden Status und Länge zurückgesetzt. Dieses Transportsystem ist vollständig symmetrisch.

#### 7.3.3.3.2.1.2  Buffered Pipe Protocol

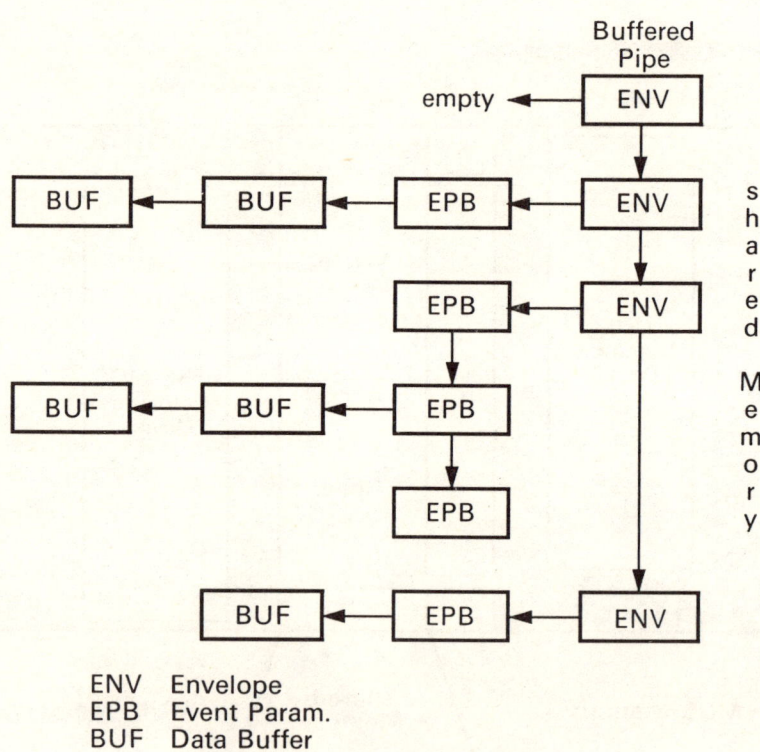

ENV   Envelope
EPB   Event Param.
BUF   Data Buffer

**Abb. 7.3-6.** Buffered Pipe Protocol

Das Buffered-Pipe-Protocol liefert eine Standardmethode zum Austausch von Nachrichten zwischen Prozessoren, die auf einem VME-Bus arbeiten und Zugriff auf einen gemeinsamen Speicher oder auf einen gemeinsamen Speicherbereich haben ([Moto86]). Diese zusätzliche Kopplung bietet neben dem Transport auch eine Buffer-Funktion und wird auch im *MOS* verwendet, um zwischen Prozessoren Messages auszutauschen. Desweiteren wird diese Methode häufig bei intelligenter Peripherie zur Auftragsübermittlung verwendet. Die Benutzung dieses Protokolls ermöglicht somit die Übertragung der Betriebssytemkopplung zwischen *UNIX* und *MOS* auf die Kopplung zwischen *UNIX* und einem anderen System, z.B. einem Realtime-Executive, wie es als Kleinbetriebssystem bei Controller-Firmware angewendet wird.

### 7.3.3.3.2.2 Realisierung

Die Realisierung des Transportsystems als Character-Treiber im *UNIX*-System wird beschrieben. Die Gründe für eine Umstellung auf Streams-Module werden geschildert und die Prinzipien der Queue-Schnittstelle auf der *MOS*-Seite erläutert.

#### 7.3.3.3.2.2.1 Character-Treiber

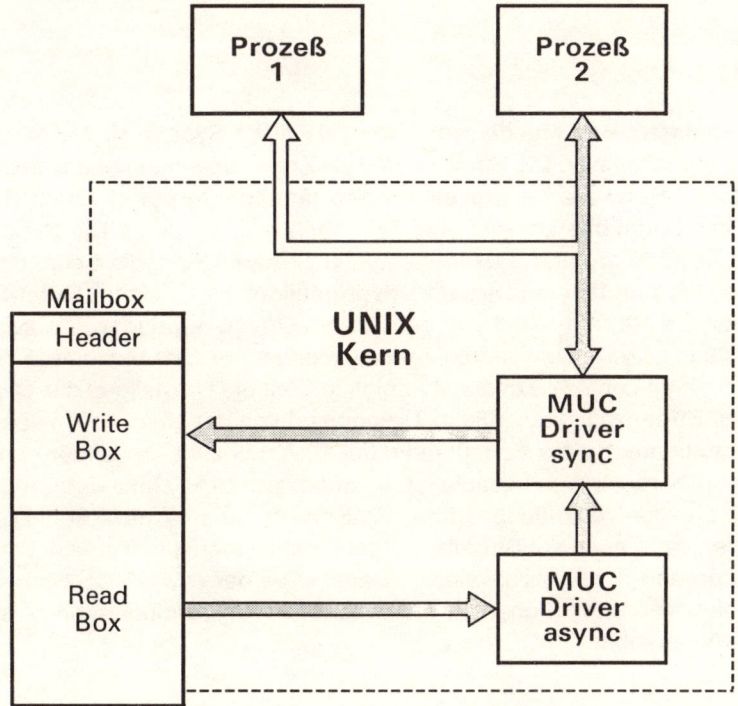

**Abb. 7.3-7.** Character-Treiber

Aufgrund der Forderung nach Übertragbarkeit des *UNIX/MOS*-Übergangs auf weitere *UNIX*-Releases und mögliche weitere *MOS*-Varianten wurde entschieden, für die Transportebene eine Standardschnittstelle zu verwenden. Die einfachste Schnittstelle unter *UNIX* ist die eines Character-Device-Treibers, wobei in diesem Fall die Bezeichnung Byte-oriented-Driver zutreffender wäre. Von der Anwendersoftware wird auf ein entsprechend erzeugtes Device (special file) ein Open-Systemcall ausgeführt. Messages werden per Write-Systemcall an den Treiber weitergegeben, der die Message in die Write-Mailbox kopiert, wenn der Status die Verfügbarkeit anzeigt. Die *MOS*-Seite wird per Interrupt informiert, daß eine Message vorliegt. Sofern parallel mehrere Write-Aufträge an den Treiber gelangen und die Mailbox belegt ist, so werden die schreibenden Prozesse blockiert. Erhält der Treiber vom *MOS* einen Interrupt, so wird die Message aus der Read-Mailbox gelesen und zwischengepuffert. Sofern ein Read-Auftrag für diese Message vorliegt, wird die Blockade des Read aufgehoben. Ein Anwenderprogramm unter *UNIX* kann über einen Read-Systemcall eine Message lesen. Der Treiber prüft anhand des Process-Identifiers, ob bereits eine Message vorliegt; falls nicht, wird der Auftrag über ein Sleep blockiert. Bei vorliegender Message wird diese zum Anwenderprogramm kopiert. Der Character-Treiber sorgt in dieser Implementation lediglich für den Transport von Telegrammen und identifiziert auf der Empfangsseite Messages über einen Identifier. Sämtliche weitergehenden Protokolle müssen durch Anwendersoftware bearbeitet werden.

### 7.3.3.3.2.2.2 Streams

Streams sind ein neuer Mechanismus in AT&T *UNIX* System V, der erstmalig in Release 3 enthalten war. Die Streams sind als Ablaufumgebung und Unterstützung von Protokoll-Software entwickelt worden (ähnlich den Sockets im Berkeley UNIX). Ein Stream besteht aus einer Vollduplex-Verbindung. Die Schnittstelle zwischen Anwendung und System bildet der Stream-Head, die Schnittstelle zur Hardware wird durch einen Stream-Driver gebildet. Nach einem Open-Systemcall werden der Stream-Head und der Stream-Driver verbunden. Zwischen diesen Modulen können nun weitere Protokoll-Module per Ioctl-Systemcall gebracht werden (push-i/o-control). Zunächst erfolgt zur Zeit die Umstellung der Character-Treiber auf Streams-Treiber. Diese Treiber sind von der gleichen Anwendersoftware zu benutzen, da die Schnittstelle der Streams zum Anwender eine Obermenge der Character-Schnittstelle ist. in einem zweiten Schritt werden dann die Protokolle und der Verbindungsaufbau als Streams-Module entwickelt. Diese Module können dann auch auf Streams aufgebracht werden, die Remote-Verbindungen zu anderen Rechnern realisieren. Damit wäre der *UNIX/MOS*-Übergang von einer lokalen Verbindung über VME-Bus auf Remote-Verbindungen zu anderen Rechnern übertragbar.

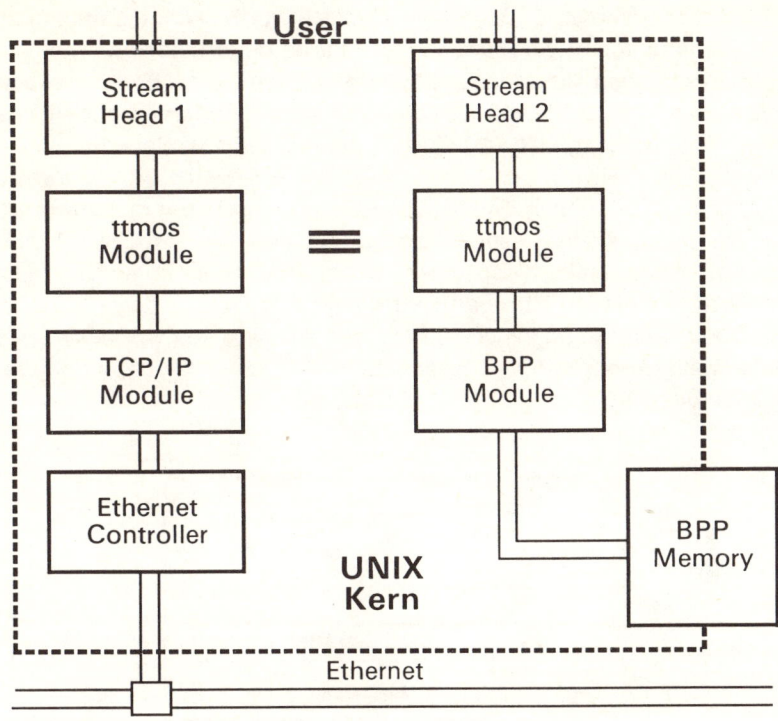

**Abb. 7.3-8.** Streams-Module/Treiber

### 7.3.3.3.2.2.3 Queues

Queues im *MOS*-Sinn sind verkettete Messages, die nach dem FIFO-Prinzip bearbeitet werden. Eine Message besteht aus einer Kontrollstruktur und dem Datenteil. In der Kontrollstruktur werden für Remote-Queues der Absender der Message und der Empfänger der Message gespeichert. Als weitere Information, die
während der Vermittlung über ein Netzwerk benötigt wird, ist die Angabe einer
lokalen Vermittlungs-Queue möglich. Für lokale Queues genügt die Angabe des
Absenders und Empfängers in Form von Queue-Nummern. Bei Remote-Queues
werden Absender und Empfänger durch ein Paar, bestehend aus Rechner-Identi-
fier und Queue-Nummer, angegeben. Die Queues werden durch eine Implementierung im *MOS*-Kern sehr effektiv unterstützt, damit die Verwaltungszeiten möglichst gering gehalten werden. Die Anwendung des Queueing-Systems ist sowohl
zum Austausch von Nachrichten unter Anwenderprogrammen als auch unter
Systemprogrammen und zwischen Anwender- und Systemprogrammen möglich.
Im *MOS* wird diese Schnittstelle in weiten Teilen des Systems angewendet,
damit eine möglichst große Unabhängigkeit zwischen den System-Tasks erreicht
wird. Damit ist eine erheblich einfachere Fehleranalyse möglich und, wie bei der

Entwicklung des *UNIX/MOS*-Übergangs deutlich wurde, wird die Implementation
neuer Systemfunktionen vereinfacht. Der Eintrag einer Message in eine Queue
geschieht durch einen Put-Message-Befehl, der mit einem Fehler quittiert wird,
wenn die Queue voll ist. Es erfolgt keine Blockade der schreibenden Task. Für
das Lesen einer Message ist Verhalten generierbar. Entweder wird ein Leseauf-
trag blockiert, bis eine Message vorliegt, oder es wird ein Fehler zurück-
gemeldet. Queues können im System statisch  generiert oder dynamisch zu jeder
Zeit vom Queueing-System neu eingerichtet werden. Für den *UNIX/MOS*- Übergang sind die Kommunikationspartner auf der *MOS*-Seite immer durch Queues
repräsentiert. Für diesen Übergang wurde ein Info-Device geschaffen, dessen
Auftrags-Queue statisch angelegt ist. Bei diesem Device können *MOS*-Tasks ihren
Service anmelden, oder *MOS*-Tasks und *UNIX*-Prozesse können dort die ange-
meldeten Services bzw. deren  Queues erfragen.

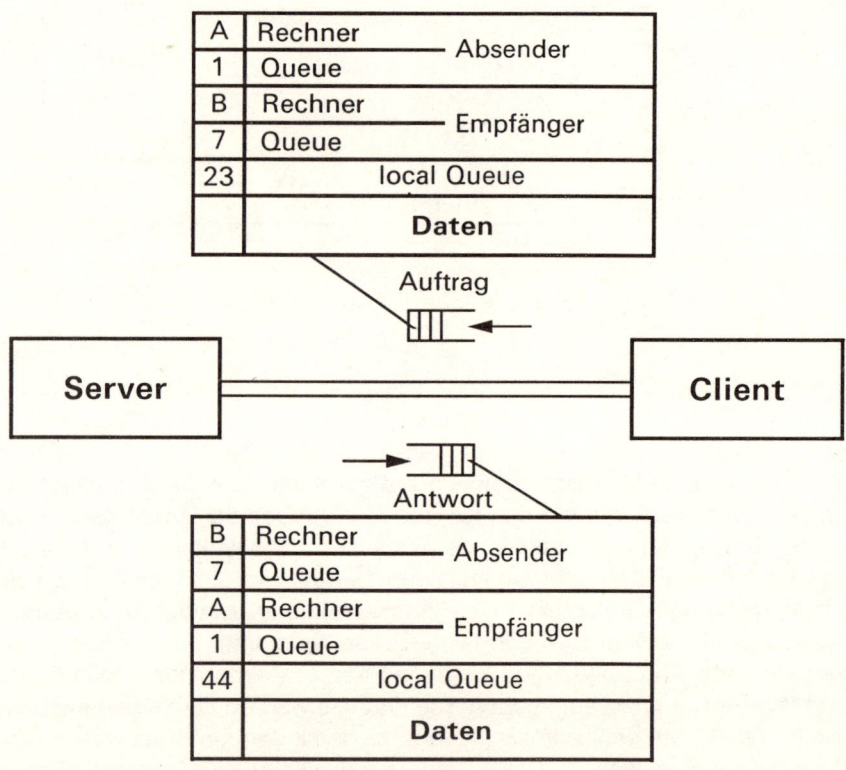

**Abb. 7.3-9.** Message-Aufbau in Queues

### 7.3.3.3.2.3 Kommunikationsaufbau

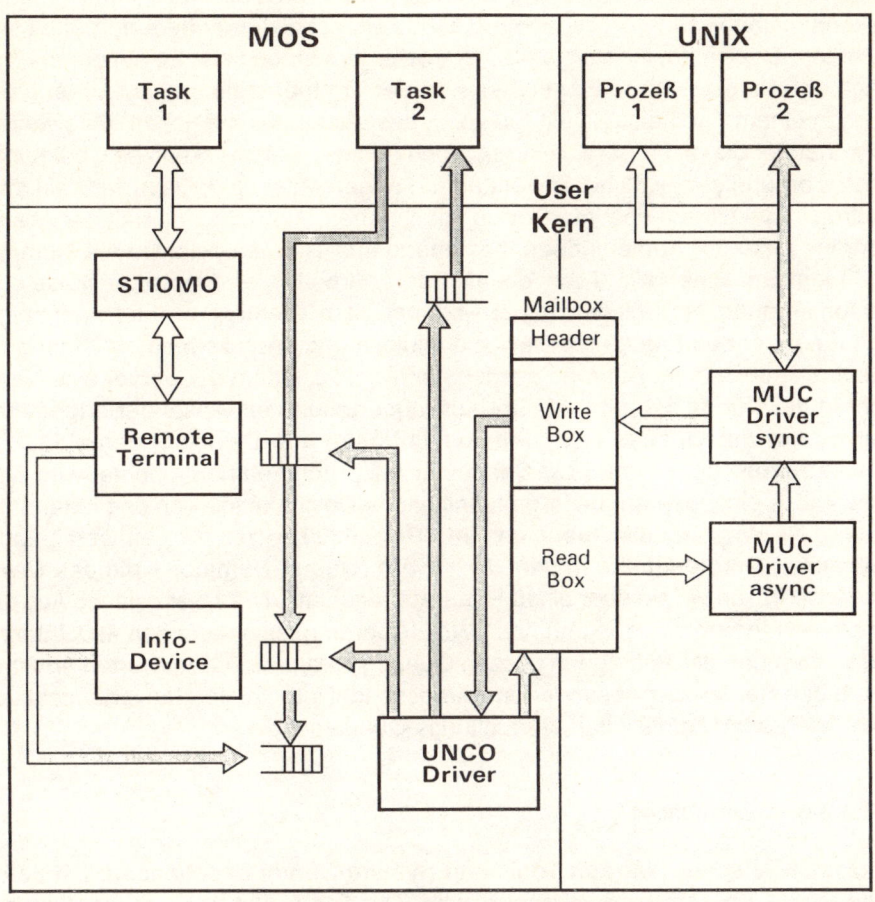

**Abb. 7.3-10.** Kommunikationsaufbau

Verbindungen zwischen den beiden Systemen bestehen zwischen einer Queue und einem Prozeß, vertreten durch seinen Process-Identifier (pid). Vom *MOS* her werden die Kommunikationspartner der *UNIX*-Seite als Remote-Queues betrachtet. Es gibt im *MOS* eine lokale Queue, in die alle Remote-Nachrichten geschickt werden. Die Nachrichten enthalten als Adresse eine Remote-Queue und werden von einem Kopplungstreiber weiter verteilt, d.h. in diesem Fall an *UNIX* gesendet. Der Verbindungsaufbau zwischen den Partnern wird durch einen *MOS*-Treiber unterstützt. Es gibt ein Info-Device, bei dem Anwendungen angemeldet werden oder das auf Anfrage die bekannten Anwendungen mitteilt. Dieses Info-Device ordnet Anmeldungen nach Themenkreisen. Zur Zeit sind definiert: Terminals, File-Transport und File-System-Switch. Diese Themenkreise existieren, um im System implizite Dienstleistungen bei entsprechenden Anmeldungen zu starten. Es können jederzeit beliebige andere Themenkreise eingerichtet werden, die dann keine spezielle Behandlung erfahren. Themenkreise sind durch Nummern gekennzeichnet. Eine Anwendung, die eine Dienstleistung offeriert, meldet sich beim Info-Device an, indem sie als Parameter ihre Queue angibt, auf der sie Aufträge empfängt. Weitere Parameter sind der Themenkreis und zur Unterscheidung in einem Themenkreis ein Identifier, bestehend aus 4 Zeichen. Eine weitere Anwendung, die einen Service in Anspruch nehmen möchte, kann sich beim Info-Device erkundigen, welche Anwendungen angemeldet sind. Dazu wird ein Info-Auftrag in die Queue des Info-Device geschrieben. Als Antwort erhält der Absender eine Liste der Anmeldungen, bestehend aus Themenkreis, Queue-Nummer und Identifier. Eine *MOS*-Task, die als Server arbeitet, wird typischerweise eine Queue eröffnen, sich mit der Queue-Nummer, dem Themenkreis und einem eigenen Identifier beim *MOS*-Info-Device anmelden und anschließend auf Aufträge in dieser Queue warten. Aufträge werden beantwortet, indem der Server eine Nachricht in die Queue schreibt, die bei Auftragserteilung als Absender angegeben wurde. Antwort-Queues werden also nicht beim Info-Device angemeldet. Ein *UNIX*-Prozeß, der einen *MOS*-Service in Anspruch nehmen möchte, wird typischerweise ein Open auf das Kommunikations-Device ausführen und einen Info-Auftrag als Write auf die Queue des Info-Devices absetzen. Die Antwort gelangt über eine Remote-Queue in den *UNIX*-Kern (Queue-Nummer = pid des *UNIX*-Prozesses), von wo sie über einen Read-Auftrag zum *UNIX*-User gelangt. Aus den erhaltenen Informationen kann das *UNIX*-Programm sich dann den *MOS*-Server aussuchen und die Aufträge in dessen Queue schreiben. Die Antworten erhält es durch den Server, der Absender und Adresse im Remote-Header vertauscht und sein Telegramm an die lokale Vermittlungs-Queue sendet.

### 7.3.3.3.3 Anwendungen

In diesem Abschnitt werden Tools und System-Server beschrieben, mit deren Hilfe systemübergreifend gearbeitet wird. Die Tools sind dabei manuell zu bedienende Anwenderprogramme auf *UNIX*-Seite, während für das Resource-Sharing in den Systemkernen entsprechende Module eingebracht wurden, die für den Bediener unsichtbar sind. Den Abschluß des Kapitels bildet die Beschreibung einer Library, die die Kommunikation von Anwenderprogrammen unterstützt.

### 7.3.3.3.3.1 Tools

Ausgangspunkt dieser Tools ist, daß *UNIX* seine Stärken als Entwicklungsumgebung hat, während das *MOS* als Ablaufumgebung dominiert. Daher wurde unter dem *MOS* das Info-Device realisiert, so daß Programme unter *UNIX*, also von der Entwicklungsumgebung aus, auf Dienstleistungen des *MOS* zugreifen können.

### 7.3.3.3.3.1.1 Transparentes Terminal

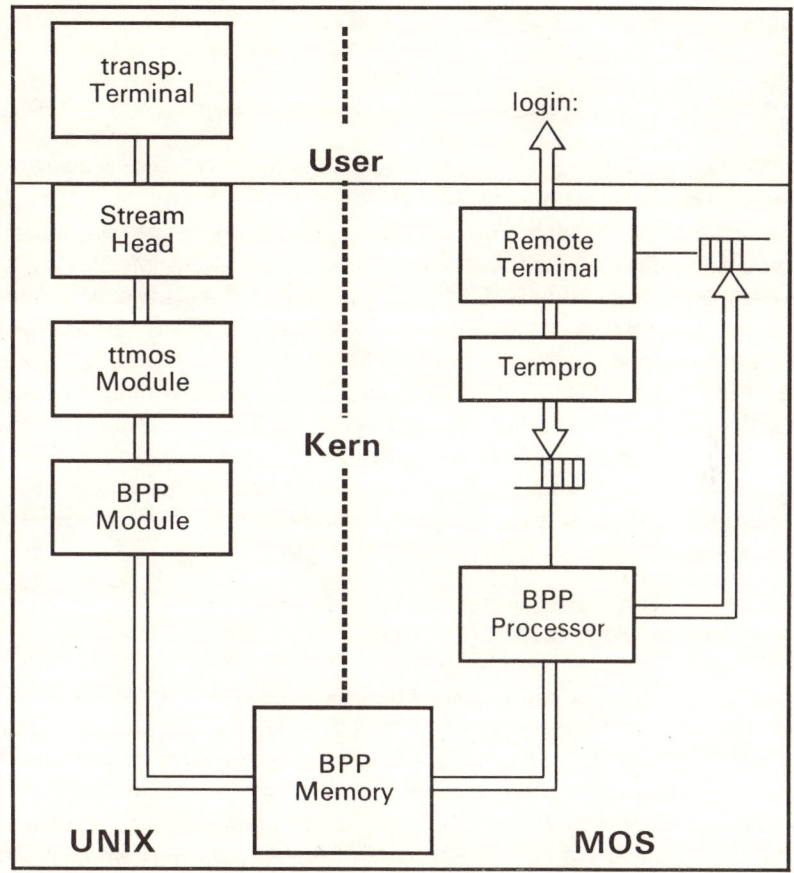

**Abb. 7.3-11.** Transparentes Terminal

Mit diesem Tool kann ein User unter *UNIX* sein Terminal transparent auf die
*MOS*-Seite durchschalten, das sich dann identisch zu einem *MOS*-Terminal verhält. Ein spezielles Control-Character bringt ihn auf die User-Ebene zurück. In der
Startphase des Terminalprogramms wählt es einen *MOS*-Server aus dem Themenkreis Terminal des *MOS*-Info-Devices. Durch den Auftrag Request-Terminal
an das *MOS*-Info-Device wird die Terminalverbindung initiiert. Dies ist einer der
Fälle, wo das Info-Device für den Themenkreis Terminal eine spezielle System-
funktion auszulösen hat. Es wird bei Anforderung eines Terminals ein entsprechendes Treiberprogramm, der Terminalprozessor, gestartet, der wiederum dafür sorgt, daß sich ein Remote-Terminaltreiber bei dem Programm für das transparente Terminal meldet. Nach dieser Initialisierungsphase gibt der *UNIX*-Pro-

zeß alle Terminaleingaben an das *MOS* weiter, wo der Terminalprozessor mit dem Treiber dafür sorgt, daß die Eingaben wie Terminaleingaben aussehen und behandelt werden. Die Antworten werden über Remote-Queues an den *UNIX*-Prozeß zurückgesandt und an das Terminal ausgegeben.

### 7.3.3.3.3.1.2 File-Transport-Service

Unter *UNIX* wurde ein Programm (fts = File-Transport-Service) entwickelt, das Files zwischen den Systemen kopiert. Im *MOS* wird während der Initialisierung eine Task gestartet, die sich beim Info-Device als Server für den Themenkreis File-Transport anmeldet. Das fts erfragt nun über das *MOS*-Info-Device, welche Queue den File-Transport unterstützt und bearbeitet mit seinem *MOS*-Partner die Kopieraufträge zwischen den Systemen. Dabei sind Datenkonvertierungen zwischen den Systemen notwendig. *MOS*-Files enthalten typischerweise eine Record-Struktur, während *UNIX*-Files lediglich als Byte-Stream realisiert sind. Die beteiligten Transportprogramme konvertieren Textfiles zwischen Records und entsprechend eingestreuten New-Lines. Bei den binären Files ist per Option wählbar, ob die Record-Struktur des *MOS*-Files mit zu übertragen ist oder nicht. Soll die Struktur bei späteren Transporten wieder reproduzierbar sein, werden sämtliche Record-Informationen in die Daten eingetragen.

### 7.3.3.3.3.2 Resource-Sharing

Die strikte Zuordnung der Hardware zu den Betriebssystemen wurde bereits begründet und ist bei größeren Systemen mit *UNIX*/*MOS*-Übergang keine Behinderung. Kleinere Entwicklungssysteme werden dadurch allerdings belastet. Unter dem Stichwort Resource-Sharing wurden daher zwei Servermodelle entwickelt, die es beiden Betriebssystemen erlauben, Platten gemeinsam zu nutzen. Generell war die Entscheidung zu treffen, ob ein File-Service oder ein Disk-Service benötigt wird. Zur Einsparung von Hardware wurde entschieden, unter *UNIX* einen Disk-Server für das *MOS* zu entwickeln, zur einfachen Benutzung von *MOS*-Files auf der *UNIX*-Seite wurde ein File-Server entwickelt.

Das Resource-Sharing bei Terminals wurde nicht von einem Server im Kern unterstützt, da hier die vorgestellte Lösung über das transparente Terminal-Programm vollständig ausreichte. Die gemeinsame Nutzung weiterer Peripherie kann ebenso über Anwenderprogramme realisiert werden. Damit werden die Eingriffe in die Systemkerne gering gehalten. Eine weitere Möglichkeit der gemeinsamen Nutzung ist die direkte Ansprache von Systemprogrammen auf der *MOS*-Seite. Viele *MOS*-Systemprogramme arbeiten über die Queue-Schnittstelle, damit eine weitgehende Entkopplung zwischen den Systemtasks erreicht wird. Diese Queues müssen lediglich dem Info-Device auf der *MOS*-Seite bekanntgegeben werden und können dann unter *UNIX* angesprochen werden.

### 7.3.3.3.3.2.1 Disk-Server für *MOS*

Im *UNIX*-System wird für diese Lösung ein Platten-Minor (generierbarer Platten-teil, Soft-Disk) für das *MOS* reserviert. Die Verwaltung dieses Bereichs und seine Struktur liegt in der vollständigen Verantwortung des *MOS*, welches ein *MOS*-Filesystem darauf abbildet. Der UNIX-Server führt für das *MOS* lediglich den physikalischen Transfer aus. In der Startphase der Systeme wird unter *UNIX* ein File-Server gestartet, der eine Verbindung zum *MOS* herstellt. Das Remote-Disk-Modul unter dem *MOS* arbeitet, wie viele andere *MOS*-Systemtasks, mit einer Queue-Schnittstelle. Die Aufträge aus diesen Queues werden über den *UNIX*/*MOS*-Übergang an den entsprechenden Server weitergeleitet. Der Server veran-laßt den Datentransport und beauftragt den entsprechenden Hardwaretreiber zur Durchführung der Ein-/Ausgaben. Diese Realisierung kann nicht unter Echtzeitbe-dingungen verwendet werden, da das Verhalten des Servers unter *UNIX* nicht deterministisch ist. Bei vielen Echtzeitanwendungen wird die Platte jedoch nur zum Laden in der Startphase benötigt oder für Speicheroperationen, die nicht zeitkritisch sind, so daß diese kostengünstige Lösung auch für einen *UNIX*/*MOS*-Übergang als Ablaufumgebung benutzbar ist.

### 7.3.3.3.3.2.2 File-System-Switch

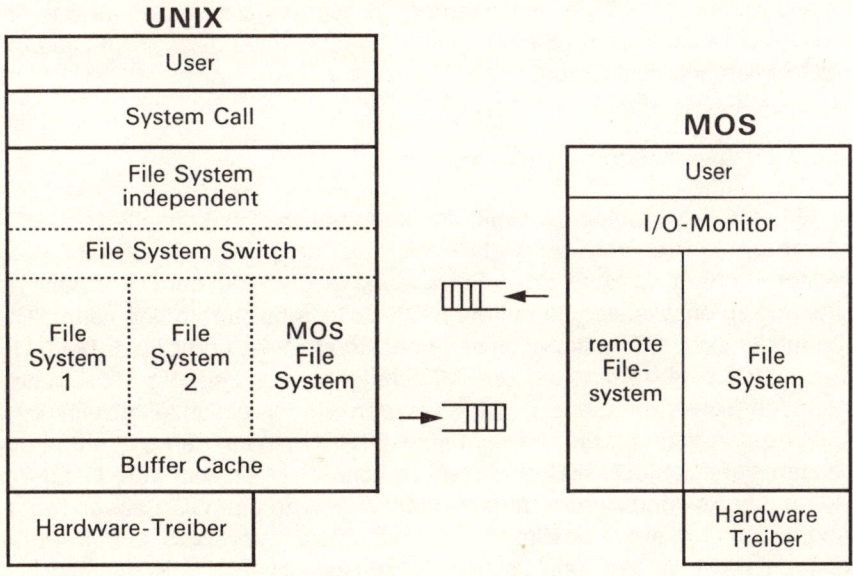

**Abb. 7.3-12.** *MOS*-Filesystem unter *UNIX* File-System-Switch

Mit Hilfe des File-System-Switch soll ein *MOS*-Filesystem in ein *UNIX*-Filesystem einmontiert werden (*UNIX* mount-Kommando). Nach dem Mount kann ein *UNIX*-Benutzer die *MOS*-Files nicht von *UNIX*-Files unterscheiden. Insbesondere können alle *UNIX*-Tools auf diese Files angewendet werden. Diese Möglichkeit ist in einer Entwicklungsumgebung für Echtzeitanwendungen, in denen z.B. die Sprache *PEARL* benutzt wird, sehr wertvoll. Alle Files können gemeinsam auf einem *MOS*-Filesystem abgelegt werden, was z.B. die Archivierung und Sicherung vereinfacht. Gleichzeitig können alle *UNIX*-Tools angewendet werden, z.B. make. Der Transport von Files zwischen den Systemen wird minimiert, da der unter *MOS* laufende *PEARL*-Compiler (übrigens mit Hilfe des transparenten Terminals gestartet) alle Files über das *MOS*-Filesystem erreicht. Dabei ist unwesentlich, ob dieses Filesystem auf eine *MOS*-Platte oder auf eine *UNIX*-Platte abgebildet ist. Die Realisierung unter dem *MOS* bestand aus der Implementation einer weiteren Queue-Schnittstelle für das Filesystem. Unter *UNIX* wurde der File-System-Switch ausgenuzt. Der FSS wurde unter *UNIX* erstmalig mit dem System V Release 3 ausgeliefert (siehe auch [Meye88]). Er ermöglicht es, unter *UNIX* mehrere verschiedenartige Filesysteme zu betreiben. Zur Anwenderschnittstelle hin sehen alle diese Systeme wie *UNIX*-Filesysteme aus. Im Kern wurden die Programme des Filesystems getrennt in den logischen Teil, der unabhängig vom Filesystem ist, und in den abhängigen Teil. Die Umschaltung erfolgt an zentraler Stelle durch die FSS-Module. Für ein neues Filesystem sind gemäß den Schnittstellenvereinbarungen ca. 25 Module zu erstellen. Jedes dieser Module erfüllt spezielle Aufgaben, z.B. Lesen eines Inode (index node: Verwaltungseinheit eines Files unter *UNIX*-Filesystemen). Diese Module werden für das *MOS*-Filesystem entwickelt, damit Elemente und Eigenschaften der *UNIX*-Files auf die von *MOS*-Files abgebildet werden.

### 7.3.3.3.3.3 Programm-Kommunikation

Es wurde eine Bibliothek entwickelt, die eine ähnliche Funktionalität für ein Anwenderprogramm zur Verfügung stellt, wie das transparente Terminal für einen Anwender. Damit ist es ohne große Entwicklung möglich, auf der *UNIX*-Seite neue Programme zu entwickeln, die auf der *MOS*-Seite Jobs starten und kontrollieren. Die hauptsächlichen Funktionen sind Open, Read, Write und Close. Beim Open wird von *UNIX* eine Verbindung zum *MOS* aufgebaut und auf der *MOS*-Seite ein Remote-Job-Server gestartet. Durch das Open werden gleichzeitig zwei weitere *UNIX*-Prozesse erzeugt, um die Kommunikation zwischen den Systemen asynchron zum eigentlichen USER abwickeln zu können. Über Aufruf der Read-Funktion kann das Anwenderprogramm nun Messages an das *MOS* absenden, z.B. Jobsequenzen, um einen bestimmten Arbeitsablauf unter *MOS* zu starten. Meldungen vom *MOS* werden zunächst von Bibliotheksfunktionen zwischengespeichert und können per Read-Funktion abgerufen werden. Eine bereits realisierte Anwendung mit Hilfe dieses Pakets ist die automatische Generierung von *PEARL*-Programmen unter *UNIX*, die über den *UNIX*/*MOS*-Übergang übersetzt und gebunden werden. Fehlerhafte Compilation führt sofort wieder auf die *UNIX*-Seite, wo beispielsweise die Fehlermeldungen in die Source eingeblendet werden können. Bei erfolgreicher Compilation kann in einem Fenster eines Graphikterminals (X-Window) mit dem transparenten Terminal-Programm der *PEARL*-Testmonitor unter *MOS* gestartet und das Programm getestet werden.

#### 7.3.3.4 Weiterentwicklungen

Der zuvor beschriebene *UNIX/MOS*-Übergang bildet die Basis für weitere Entwicklungen unter Nutzung der beiden Betriebssysteme und wird erweitert um die Verbindung zu anderen Systemen.

Zur Zeit wird im Rahmen eines Verbundprojekts für unseren Rechner ein Multiprozessor-*UNIX* auf Basis des Local-Shared-Memory-Konzepts entwickelt ([Klem88]). Der geschilderte *UNIX/MOS*-Übergang wird nach Vorliegen dieses Systems darauf übertragen.

Die gleichen Mechanismen werden genutzt, um Betriebssysteme über VME-VME-Bus-Kopplungen miteinander zu verbinden. Über eine spezielle Hardware werden an ein VME-Bus-System weitere VME-Subsysteme angeschlossen. Bei Rechnerkonfigurationen, die in den Subsystemen ein Betriebssystem benötigen, werden die Systeme nach dem Prinzip des *UNIX/MOS*-Übergangs miteinander verbunden. Das gilt ebenso bei Controller-Hardware, auf der zur Entwicklung der Firmware ein Kleinbetriebssystem (executive) eingesetzt wird. Eine wesentliche Erweiterung wird die Umsetzung eines *UNIX/MOS*-Übergangs auf ein Local Area Network. Wenn die notwendigen Protokolle auf *UNIX* als Streams-Module realisiert sind, können sie zusätzlich zu den hier beschriebenen *MOS*-spezifischen Protokollen auf den Stream gebracht werden. Damit ist die Kommunikation auch LAN-fähig. Im Rahmen dieser Entwicklung werden unter dem *MOS* auch weitere Standardtools zur Kommunikation mit Fremdsystemen entstehen, z.B. aus den ARPA-Diensten FTP und TELNET. Da diese ebenfalls unter *UNIX* zur Verfügung stehen, können sie zusätzlich zu den beschriebenen Tools zum systemübergreifenden Arbeiten genutzt werden.

### 7.3.4 Dialogschnittstelle *PRODIA*

#### 7.3.4.1 Ziel

Ziel dieses Abschnitts war es, die *PROSYT* Dialogschnittstelle *PRODIA* auf dem MPR2300 unter *UNIX* zu implementieren. Hierzu war eine Schnittstelle zwischen *PRODIA* und einem graphikfähigen Gerät auf dem MPR2300 zu erarbeiten und zu realisieren.

### 7.3.4.2 Randbedingungen

Bei der KAE-Implementation von *PRODIA* war folgendes zu berücksichtigen.

- Es wird das Graphische Kernsystem (GKS) vorausgesetzt.
- Ein Windowsystem ist Bestandteil von *PRODIA*.
- Die Terminalauflösung sollte in der Größenordnung 1000*800 Bildpunkte liegen.
- Schnelle Bildaufbau- und Reaktionszeiten sind gefordert.
- Verwendet werden sollte ein Standard-Graphikterminal mit möglichst V.24 (RS232)-Schnittstelle.

### 7.3.4.3 Realisierung

Zunächst wurde nach Einarbeitung in die Anwenderoberfläche und die Treiber-schnittstelle zur graphikfähigen Datenendeinrichtung ein geeignetes Graphikterminal gesucht.

Das KAE-Vollgraphiksystem schied zunächst wegen seiner aufwendigen Schnittstelle und seines Preises von weiteren Untersuchungen aus.

### 7.3.4.3.1 Tandberg Terminal TDV2400

Zur Auswahl stand das graphikfähige Terminal von Tandberg (TDV2400) mit einer Auflösung von 800*600 Bildpunkten. Die Untersuchung hat ergeben, daß das TDV2400 aus mehreren Gründen nicht geeignet ist.

Seine Windoweigenschaften sind weitestgehend auf alphanumerische Bereiche begrenzt.

Bei Ausnutzung seiner Vollgraphik- und Windowfähigkeit ist der Betrieb über eine V.24-Schnittstelle nicht sinnvoll, da die Datenübertragungsstrecke auch bei hoher Baudrate zum Engpaß wird.

Des weiteren übersteigt der Umfang der erforderlichen Software für das TDV2400 bei weitem die lokalen Speichermöglichkeiten eines 'intelligenten' Terminals der unteren Preisklasse.

Dies gilt umso mehr, wenn ein Window-Manager gefordert ist.

Die vorhandenen lokalen Window-Eigenschaften z.B. des TDV2400 sind lediglich im Semigraphik-Betrieb verwendbar, der aber hier nicht ausreichend ist.

### 7.3.4.3.2 KAE-Graphik

Da auf dem Markt keine geeignete Graphikschnittstelle zu finden war, wurde mit der Spezifikation eines GKS-fähigen Graphiksystems begonnen.

Das Konzept von KAE sieht eine integrierte Lösung vor, bei der das Graphiksystem in den Rechner mit eingebunden ist, um möglichst schnelle Antwortzeiten zu garantieren und damit den Engpaß der V.24-Schnittstelle zu umgehen.

Es wurde eine Grobspezifikation mit Terminal-Emulation, Menü-Handler, GKS-Schnittstelle sowie einem integrierten Window-Manager erstellt. Diese wird im folgenden erläutert.

### 7.3.4.3.2.1 Aufbau der Graphik-Schnittstelle

Das Graphiksystems besteht aus mehrere Schalen. Durch diese wird der alphanumerische (Terminalemulation), menüorientierte und graphische Zugang des Anwenders zum Bildschirm ermöglicht.

Es werden folgende Bausteine realisiert, die in einem Schichtenmodell zusammengefaßt sind:

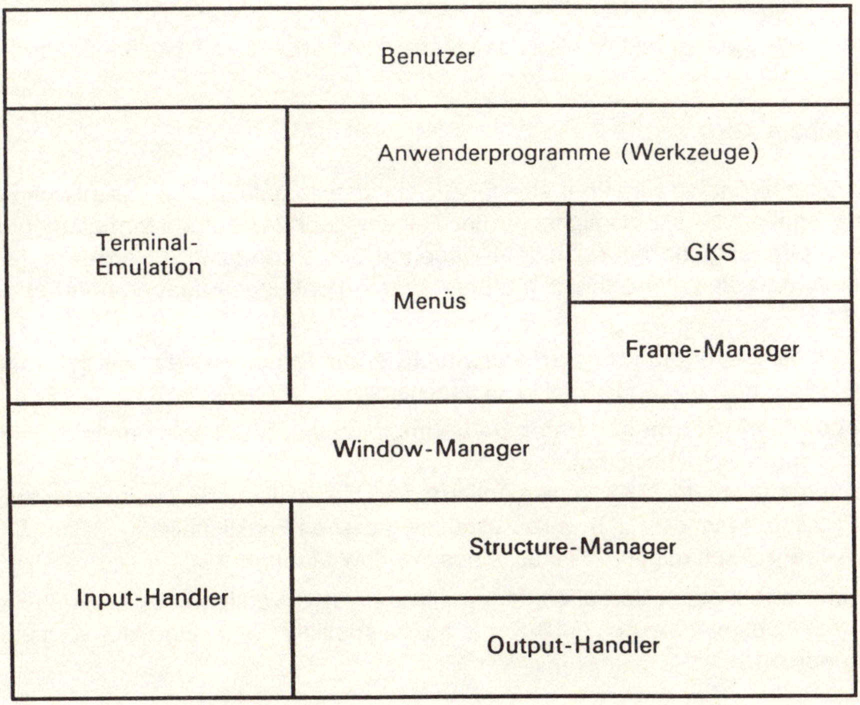

**Abb. 7.3-13.** Schichtenmodell KAE-Graphiksystem

### 7.3.4.3.2.2 Terminalemulation

Der Anwender hat ein Textfenster auf dem Bildschirm, in dem alle Funktionen eines herkömmlichen alphanumerischen Terminals ablaufen, z.B. Tandberg TDV 2215, DEC VT100 etc. Diese Betriebsart ist der Standardfall im normalen Betrieb des Graphiksystems.

Beim Start des Rechners wird der Bildschirm initialisiert und ein Textfenster eingerichtet, in dem z.B. System-Operator-Meldungen ausgegeben werden und über das sich Benutzer ins System einloggen können, die dann alphanumerische oder graphische Werkzeuge starten können.

### 7.3.4.3.2.3 Menüs

Menüs werden als Pop-Up- oder als Zeilen-Menüs realisiert, mit zeilenförmiger Darstellung der Menüunterpunkte.

Bei Anwahl eines Unterpunktes wird die Zeile invertiert dargestellt.

Die Auswahl erfolgt mittels Maus und Maustasten oder über Tastatureingabe.

### 7.3.4.3.2.4 GKS

Der Graphik-Dialog wird über eine GKS-Schnittstelle geführt. Zur Optimierung der Bildausgabe wird ein möglichst großer Teil der Koordinatentransformationen und reinen Graphikgenerierung in tiefer liegende Schichten bzw. in Hardware verlagert, so daß die GKS-Schicht in erster Linie Verwaltungsaufgaben übernehmen muß.

Es soll eine auf dem Markt erhältliche GKS-Version eingesetzt werden, dabei sind jedoch noch folgende Punkte zu beachten:

- optimale Performance unter *UNIX* (Implementierung, Implementierungsprache sowie Sprachbinding),
- Anpaßbarkeit der GKS-Implementierung an die relativ hohe Leistungsstufe des Structure-Managers, d.h. volle Ausnutzung dessen Funktionalität,
- Verträglichkeit mit dem Einsatz eines Window-Managers.

Bei unzureichendem Verhalten der erhältlichen GKS-Versionen muß gegebenenfalls eine Optimierung des GKS-Kerns an die spezielle Systemstruktur vorgenommen werden.

### 7.3.4.3.2.5 Frames

Durch den Einsatz von GKS soll ein genormter Standard angeboten werden. Die angestrebte Benutzeroberfläche mit mehreren unabhängigen Windows steht aber im Gegensatz zu dem Anspruch von GKS, den Bildschirm allein und vollständig zu kontrollieren.

Aus diesem Grunde muß entweder die Windowverwaltung über dem GKS angesiedelt werden, was vom Zeitverhalten des Gesamtsystems nicht akzeptabel wäre, oder dem GKS muß ein virtuelles Gerät zur Ausgabe (und Eingabe) gegeben werden, auf dem es arbeiten kann.

Dieses Konzept wird mit einer Frame-Schicht realisiert, die zwischen dem GKS und dem – normalerweise – folgenden GKS-Treiber steht.

In dieser Schicht wird die Abbildung vom virtuellen GKS-Bildschirm auf das real vorhandene Window vorgenommen.

### 7.3.4.3.2.6 GKS-Treiber

Die Hauptaufgabe eines GKS-Treibers liegt in der Umsetzung der eingehenden Primitives in Display-Files für den angeschlossenen Graphikbildschirm und in der Rücktransformation der Benutzereingaben in die GKS-Welt.

Da hier die Mächtigkeit der unterhalb liegenden graphischen Strukturen bereits ausreichend zur Darstellung ist, liegt der wesentliche Zweck des Treibers in der Abbildung der Aufrufschnittstelle des GKS-Kerns an die angeschlossenen Devices auf die Semantik des Structure-Managers.

### 7.3.4.3.2.7 Window-Manager

Der Window-Manager bildet den zentralen Teil im Dialog mit dem Benutzer des Graphiksystems. Durch ihn laufen alle Ein- und Ausgaben.

Folgende Funktionalität ist u.a. vorgesehen:

- Erzeugen / Löschen von Fenstern
- Verschieben
- Nach vorne holen / nach hinten legen
- Öffnen / Schließen
- Vergrößern / Verkleinern
- Attributieren – Rahmen
                – Header
                – Hintergrundfarbe
- Unterstützen von Graphik

Es ist der Einsatz eines auf dem Markt erhältlichen Window-Managers vorgesehen, wenn folgende Randbedingungen erfüllt sind:

- akzeptabler Portierungsaufwand nach UNIX System V
- ausreichender Schnittstellenumfang
- Unterstützung von Terminalemulation und Multitasking
- Weiterreichung von Graphikstrukturen zur optimalen Hardwareausnutzung

### 7.3.4.3.2.8  Structure-Manager

Der Structure-Manager übernimmt die Aufgabe, die vom Window-Manager erstellte Verwaltungsliste in eine Displaylistenstruktur umzusetzen.

Er überwacht die Einhaltung von Windowgrenzen bei der Ausgabe von Text und/oder Graphik auf dem Bildschirm.

Der Funktionssatz in der Graphik deckt mindestens den Umfang ab, wie er von einem konventionellen GKS-Treiber dem GKS-Kern zur Verfügung gestellt werden muß.

Bei der Benutzereingabe über Tastatur oder Maus etc. erzeugt der Structure-Manager das lokale Echo für das aktuelle Window.

### 7.3.4.3.2.9 Input-Handler

Die von den am Graphiksystem angeschlossenen Eingabegeräten eingehenden Daten werden gesammelt, vorverarbeitet (Maus) und über den Window-Manager an den Structure-Manager zur Echoerzeugung weitergeleitet.

Bei Eingabeabschluß (Stringende, o.k.-Button etc.), wird die Eingabe vom Window-Manager an das im aktuellen Fenster laufende Anwenderprogramm zurückgegeben.

### 7.3.4.3.2.10  Output-Handler

Die Abarbeitung der vom Structure-Manager erstellten aktuellen Displayliste wird vom Output-Handler gesteuert.

Er stellt den Bezug zur Graphik-Hardware her, d.h. Überwachung des DMA- und Interrupt-Betriebs der Hardware-Moduln.

### 7.3.4.3.3  KAE-Graphik mit X-Window und GKS

Parallel zur KAE-Graphikspezifikation wurde im *PROSYT*-System entschieden, als Window-Manager den X-Window des M.I.T. (USA) zu verwenden. Somit hätte eine KAE-eigene Lösung nicht dem *PROSYT*-Standard entsprochen und die Portierung von windoworientierten Werkzeugen erschwert.

Es wurde daher entschieden, ebenfalls X-Window zu verwenden.

Des weiteren hat sich durch X-Window die Schnittstelle zum Structure-Manager und Input-Handler geändert. Sie wurde entsprechend angepaßt und setzt nun auf den X-Server von X-Window auf.

Für das in *PRODIA* enthaltene GKS wurde eine Implementation der Fa. Insotec erworben, die sich durch eine 3D-Schnittstelle, eine Computer Graphik Interface-(CGI-)Schnittstelle und die Implementationssprache *C* auszeichnet.

### 7.3.4.3.4 *PRODIA*

Mit der Verfügbarkeit von X-Window und GKS auf dem KAE-Rechner MPR2300 mit einer eigenentwickelten Graphik-Hardware wurden die Voraussetzungen geschaffen, die *PROSYT*-Dialogschnittstelle *PRODIA* zu portieren.

Die von der Rahmengruppe erstellte *PRODIA*-Version wird vor Abschluß der Arbeiten auf den MPR2300 portiert werden. Dies ist durch die relativ späte Verfügbarkeit der *PRODIA*-Source-Version begründet.

## 7.3.5 Datenhalteschnittstelle *PRODAT*

### 7.3.5.1 Zielsetzung

Die Funktionen einer Softwareentwicklungsumgebung müssen besondere Anforderungen erfüllen. *PROSYT* versteht sich als ein integriertes Entwurfs- und Softwareproduktionssystem mit einem Schwerpunkt in Hinblick auf verteilbare Realzeit-Rechnersysteme. Es zielt darauf ab, verschiedene Werkzeuge dem Anwender über ein einheitliches Dialogsystem zugänglich zu machen, und Software-Objekte den Werkzeugen zuzuleiten und die Wiederverwendung von Objekten früherer Projekte zu unterstützen.

Das *PROSYT*-Datenhaltungssystem *PRODAT* will deshalb den Anwender unterstützen durch Funktionen für Speicherung und Auffindung von Software-Objekten. Es ist darauf angelegt, einen großen Massenspeicher effektiv zu nutzen und zu kontrollieren. *PRODAT* soll die in Arbeit befindlichen Objekte schnell zur Verfügung stellen, während für archivierte Objekte längere Antwortzeiten durchaus hinnehmbar sind.

Das *PROSYT*-Datenhaltungssystem soll offen sein für zukünftige Entwicklungen.

Die *PROSYT*-Datenhaltung (*PRODAT*) soll Datenbasen so betreiben, daß diese sowohl als Entwurfsdatenbasen, als Projektbibliotheken wie auch als Ablage für unterschiedliche Konfigurationen eingesetzt werden können.

Die *PROSYT*-Datenhaltung soll es den Benutzern ermöglichen, gleichzeitig mehrere Werkzeuge auf derselben Datenbasis zu betreiben. Außerdem soll anderen Benutzern das parallele Arbeiten auf anderen Datenbasen erlaubt sein und Konflikte zwischen Benutzern sollen von *PRODAT* behandelt werden.

### 7.3.5.2 Entwurfskriterien

Wichtigstes Entwurfskriterium für ein solches Datenhaltesystem war eine flexible Architektur in Hinsicht auf

- Erweiterbarkeit
- Rekonfigurierbarkeit
- ein offenes System

Außerdem sollte sich das Datenhaltesystem auszeichnen durch

- Einsatz(möglichkeit) optischer Speicher-Technologie zur Archivierung großer
  Mengen von Objekten
- Einsatzmöglichkeit fortschrittlicher Retrievaltechniken zur attribut- wie auch zur
  inhaltorientierten Abfrage des Objektstands
- Dezentrale Verarbeitung in einem offenen System durch eine fortschrittliche
  Breitband-Netzwerk-Kommunikation
- Geräte-Unabhängigkeit durch Standards wie *UNIX* und Ethernet
- Verwaltung großer Objektmengen (> 1 GByte)

### 7.3.5.3 *PRODAT*-Benutzer

Als *PRODAT*-Benutzer sind drei Gruppen von Anwendern zu sehen:

Endanwender          präparieren, verändern, archivieren und konfigurieren,
Typenadministrator   legt Objekttypen und Benutzerrelationen fest,
Systemadministrator  konfiguriert, wartet und überwacht das *PRODAT*-System.

### 7.3.5.4 Verteilte *PRODAT*-Architektur

*PRODAT* soll als ein verteilbares System realisiert werden. Dabei werden die
globalen Datenbasen auf *PROSYT*-Servern gehalten und beinhalten die Vorkeh-
rungen für den gleichzeitigen Zugriff mehrerer Anwender. Die Arbeitsdatenbasen
werden auf Workstations im Single-User-Modus benutzt und besitzen einfachere
Mechanismen, z.B. in Hinblick auf Recovery.

*PRODAT* verfolgt ein Client-Server-Konzept, d.h.

- es verwaltet globale (zentrale) Datenbasen (Server). Konflikte bezüglich der
  Änderung von Objekten werden mit Hilfe eines **Long Term Transaction** Konzepts gelöst.
- es verwaltet (lokale) Arbeitsdatenbasen in denen Objekte bis zu ihrer Einspie-
  lung in eine globale Datenbasis entwickelt werden können. Für Recovery-
  Maßnahmen kann man Subtransaktionen definieren, die damit als Units of
  Recovery verwendet werden.

Die globale *PRODAT*-Architektur sieht wie folgt aus:

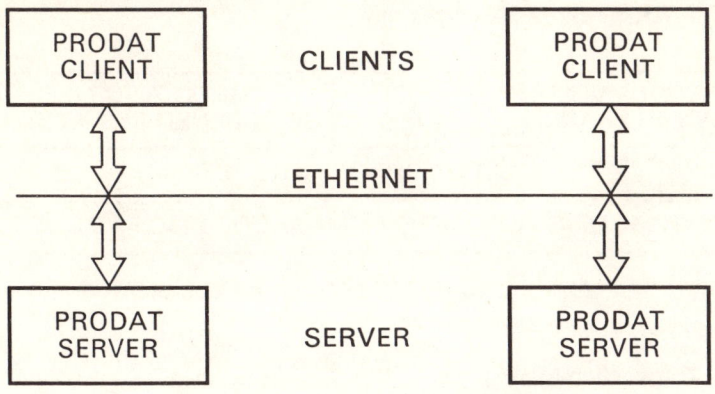

**Abb. 7.3-14.** *PRODAT*-Architektur

Bei diesem Konzept sorgen Dialog-Manager auf beiden Seiten für die Kommunikation zwischen Client und Server. Sie senden Anfragen bzw. Antworten an den
Dialog-Manager des Partners, übernehmen Anforderungen an das *PRODAT*-Sy-
stem bzw. geben Antworten an das Client-System weiter.

### 7.3.5.5 *PRODAT*-Systemarchitektur

Die Entwicklung der *PRODAT*-Systemarchitektur erfolgte in  zwei Schritten. Zunächst wurde im Bottom-Up-Ansatz das Multi-Storage-File-System spezifiziert
und darauf aufbauend Module, die die Speichereinheit "Volumes" bzw. "Container" kontrollieren und die die für die Verwaltung notwendigen Tabellen verwalten.
Anschließend wurden im Top-Down-Ansatz die *PRODAT*-Funktionen auf diese
Funktionen heruntergebrochen.

Die Motivation der Systemarchitektur bestand darin

– zusammengehörende Funktionen in Modulen zusammenzufassen,
– Implementationsdetails in Modulen zu isolieren,
– eine Hierarchie von Modulen aufzubauen,
– Beziehungen zwischen Modulen möglichst einfach zu halten und
– eine gleichartige Architektur für Client und Server (lokales und globales
  *PRODAT*) zu entwickeln.

### 7.3.5.5.1 *PRODAT*-Storage-Subsystem

| CONTENT HANDLER | VOLUME HANDLER | LOCK MANAGER | HANDLER FÜR DIE VERSCHIEDENEN SYSTEMTABELLEN |
| --- | --- | --- | --- |
| MULTI STORAGE FILE SYSTEM | | | |
| OPTICAL DISC FILE SYSTEM + MAGNETIC DISC FILE SYSTEM | | | |

**Abb. 7.3-15.** *PRODAT*-Storage-Subsystem

### 7.3.5.5.2 Transaction-Management

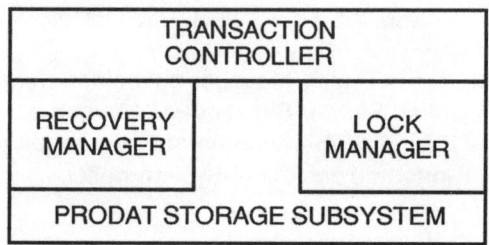

**Abb. 7.3-16.** Transaction-Management

### 7.3.5.5.3 Authorization-Control

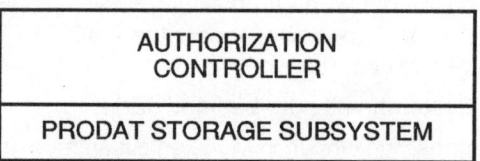

**Abb. 7.3-17.** Authorization-Control

### 7.3.5.5.4 *PRODAT*-Basic-Layer

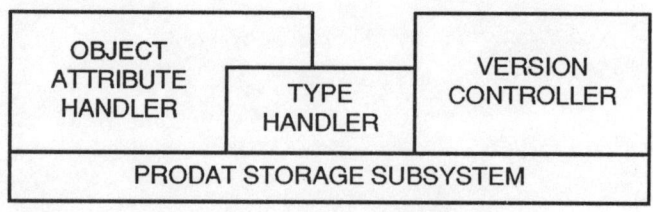

**Abb. 7.3-18.** *PRODAT*-Basic-Layer

**7.3.5.5.5** *PRODAT*-Upper-Layer

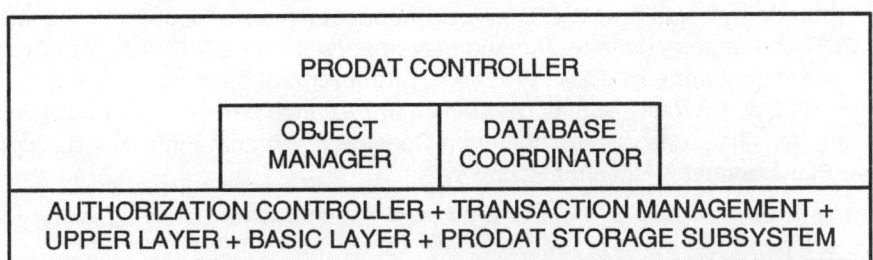

| CONFIGURATION CONTROLLER | RELATION HANDLER | ARCHIVE HANDLER |
|---|---|---|
| PRODAT STORAGE SUBSYSTEM + BASIC LAYER | | |

**Abb. 7.3-19.** *PRODAT*-Upper-Layer

**7.3.5.5.6** *PRODAT*

| PRODAT CONTROLLER | |
|---|---|
| OBJECT MANAGER | DATABASE COORDINATOR |
| AUTHORIZATION CONTROLLER + TRANSACTION MANAGEMENT + UPPER LAYER + BASIC LAYER + PRODAT STORAGE SUBSYSTEM | |

**Abb. 7.3.20.** *PRODAT*

**7.3.5.6** *PRODAT*-Spezifikation

Die Systemarchitektur und die damit verbundenen Modulspezifikationen sollten es ermöglichen, die Kohärenz der Module und die Konsistenz von Architektur und Modulspezifikation zu überprüfen. Sie sollten außerdem vermitteln, daß dieser Entwurf in der Lage ist, die oben beschriebenen Ziele zu erreichen.

Diese Spezifikation geht in Teilen über die in der von der Arbeitsgruppe "Datenhaltung" verfaßte *PRODAT*-Spezifikation (Version 2.0) beschriebene Funktionalität hinaus, wie zum Beispiel bei der Authorisierungskontrolle. Die zusätzlich aufgenommenen Funktionen sind jedoch im Rahmen der angestrebten Ziele unerläßlich.

**7.3.5.7** Multi-Storage-File-System

Das Multi-Storage-File-System soll für die höheren *PRODAT*-Module eine gleichartige Schnittstelle zu den benutzten Filesystemen bieten. Diese Schnittstelle soll die Einheiten der benutzten Devices, speziell bei der Benutzung optischer Platten, vor den höheren *PRODAT*-Modulen verstecken. Sie verfolgt nicht die

Aufgabe, eine allgemein gültige Schnittstelle zu verschiedenartigen Filesystemen zu sein.

Bei der Benutzung optischer Platten ist auch an den Einsatz einer "Optical Disk Juke Box" gedacht. Allerdings ist der Synchronisationsmechanismus von uns nicht spezifiziert worden.

Das Multi-Storage-File-System soll anhand der Konfigurationsparameter und der File-Attribute entscheiden, welches Device benutzt werden soll und daraufhin das betreffende Filesystem entsprechend aufrufen.

Die Spezifikation des Multi-Storage-File-Systems ist so angelegt, daß sie möglichst vollständig im Sinne eines File-Systems ist. Es wurde nicht berücksichtigt, daß im Rahmen der aktuellen *PRODAT*-Implementierung vielleicht nicht alle Funktionen benutzt werden.

Das Multi-Storage-File-System sieht die Abspeicherung der Container in einem PDS (partitioned data set) vor. Bei Vorhandensein einer optischen Platte wird das PDS dort angelegt und fortlaufend beschrieben. Das PDS-Directory befindet sich auf Magnetplatte und wird erst beim Einfrieren auf die optische Platte geschrieben. Das Directory enthält die Offsets und Längen der einzelnen Container und ein Löschflag, das das Löschen von Containern bis zum Einfrieren der optischen Platte erlaubt (wichtig für Recovery).

Das Multi-Storage-File-System enthält auch Mechanismen zur Recovery von Transaktionen.

### 7.3.5.8  Abfragesprache

Es wurde die Syntax einer Abfragesprache spezifiziert, die es erlaubt, Objekte zu selektieren. Die Auswahlbedingungen können sowohl Bedingungen bezüglich des Inhalts von Objekten und ihren Attributwerten als auch Bedingungen über die logische Struktur des Attributsatzes haben. Letzteres bedeutet die Möglichkeit, Objekte zu selektieren, die ein Attribut besitzen, dessen Namen in der Auswahlbedingung angegeben ist.

Außerdem kann die Suche auf Objekte eines bestimmten Objekttyps und auf Objekte innerhalb einer bestimmten Konfiguration  eingeschränkt werden.

### 7.3.5.9  Implementierung

Im folgenden werden Besonderheiten der Implementierung aufgeführt.

### 7.3.5.9.1  C-ISAM

Als Zugriffsverfahren für die Verwaltung von Tabellen wurde C-ISAM gewählt. Dabei ergab sich auf Grund eines Bugs von C-ISAM bei der Transaktionsverarbeitung, daß die *PRODAT*-Recovery nicht als ganzes getestet werden konnte.

### 7.3.5.9.2  *PRODAT*-Directories

*PRODAT* benutzt in dieser Implementierung die Environment-Variable PROROOT zur Bestimmung des Directorys, an die die *PRODAT*-Directories angehängt werden. Ist PROROOT nicht angegeben, wird das aktuelle Directory benutzt.

### 7.3.5.9.3  Datenschutz

C-ISAM verlangt auch bei nur lesendem Zugriff das "rw"-Privileg. Außerdem ist bei schreibendem Zugriff auf *PRODAT* das Privileg zur Erstellung von Dateien in den entsprechenden Directories notwendig. Zum optimalen Schutz der Daten wird empfohlen, dem *PRODAT*-Programm das Set-Userid-Privileg zu geben und ansonsten die *PRODAT*-Directories und Files gegen Schreiben (eventuell auch gegen Lesen) zu schützen.

Die *PRODAT*-internen Schutzmechanismen gewährleisten über den Benutzernamen (Login-Namen) die Rechte innerhalb von *PRODAT* (Rechte an Objekten, Typen, Datenbasen und Funktionen).

### 7.3.5.9.4  Diagnostic Log

*PRODAT* beschreibt ein Diagnostic Log, um seine Aktivitäten zu protokollieren. Standardmäßig wird das Log im aktuellen Directory unter dem Namen **diaglog** angelegt. Ist dieser Standard nicht erwünscht, kann die Environment-Variable **PRODIAG** zur Angabe des vollen Pfadnamens des Diagnostic Logs benutzt werden.

### 7.3.5.9.5  Access-Mode

*PRODAT* kreiert seine Dateien standardmäßig mit dem Access-Mode 0660, der allen anderen Benutzern das Lese- und Ausführrecht gibt. Zur Änderung dieses Standards kann die Environment-Variable PROACCM zur Angabe des Access-Modes verwendet werden.

### 7.3.5.9.6 Wartestrategie

Das Verhalten im Falle einer File-Sperre oder bei Transaktions- und Resource-Sperren hängt von der Environment-Variablen PROWAIT ab. Dabei bedeutet ein Wert

> 0   Warten von einer Sekunde, danach neuer Versuch. Das Maximum an Wiederholungen ist gleich dem angegebenen Wert;

< 0   Sofort neuer Versuch. Das Maximum an Wiederholungen ist gleich dem angegebenen Wert;

= 0   kein neuer Versuch.

Ist die beabsichtigte Funktion nach Abschluß der obigen Prozedur noch nicht erfolgreich, so wird die Funktion mit einem entsprechenden Fehler-Code abgebrochen.

### 7.3.5.9.7 Semaphore

*PRODAT* verwendet eine Semaphore zur Synchronisation der Zugriffe auf Shared Memory und auf die Tabelle der Sperren für lange Bearbeitung. Der Schlüssel dieser Semaphore ist standardmäßig auf 0xffffff00 (-255) gesetzt. Zur Auswahl eines anderen Semaphorschlüssels kann die Environment-Variable PROSEMA auf den gewünschten Schlüssel gesetzt werden.

### 7.3.5.9.8 Objektbezogener Zugriffsschutz

*PRODAT* meldet ein unzureichendes Privileg an einem Objekt auf zwei mögliche Weisen, mit

RC_NORIGHT        wenn der Benutzer zwar nicht das geforderte Privileg, aber irgendein Recht an dem Objekt besitzt,

RC_NOOBJ          wenn der Benutzer keinerlei Rechte an dem Objekt besitzt. Für diesen Benutzer existiert das Objekt nicht.

### 7.3.5.10 Testhilfen

Um Datenbankabfragen im Dialog stellen zu können, ohne erst über die *C*-Schnittstelle ein Programm schreiben zu müssen, wurde die Dialogschnittstelle PQL (*PRODAT* Query Language) entwickelt. PQL realisiert 1:1 die Funktionen der *C*-Schnittstelle.

PQL ist gedacht als Testhilfe, eventuell auch als Einstiegshilfe für den Werkzeugprogrammierer, der zur Einarbeitung *PRODAT*-Funktionen ausprobieren will. Es ist nicht gedacht als Werkzeug für den Endbenutzer.

Zur Definition von Objekten, Benutzerrelationen und Konfigurationstypen sowie zur Initialisierung eines *PRODAT*-Systems und zur Autorisierung wurde die Dialogschnittstelle TDL (Type Definition Language) entwickelt.

Zusätzlich wurde im Rahmen der *PRODAT*-Implementierung zur Validierung ein Programm entwickelt, das die Inhalte der *PRODAT*-Tabellen in übersichtlicher Form ausgibt.

### 7.3.5.11 Abweichungen

Abweichend von der Verbund-Spezifikation Version 2.0 wurde im Vorgriff auf Version 3.0 die Funktion pom_relobj (Freigeben eines Objekts) anstelle der Funktion pom_relv (Freigeben eines Objekts unter Versionskontrolle) realisiert.

Ebenfalls im Vorgriff wurde die Update-Intention bei den Lesefunktionen auf Benutzerrelationen von TRUE und FALSE auf NOCHNG, MODIFY und DELETE differenziert.

Datenbasisübergreifende Funktionen (wie z.B. pom_gobkey) operieren nur auf der Menge der geöffneten Datenbasen.

Der Funktion pom_relex wurde ein weiterer Parameter hinzugefügt. Dieser Parameter gibt an, ob die Objekte des einfachen oder des strukturierten Objekts entsperrt werden sollen. Die Funktionen pom_rex und pom_relex sind damit unabhängig voneinander.

Der Funktion pom_chi wurde ein weiterer Parameter hinzugefügt. Dieser Parameter gibt an, ob die Objekte des einfachen oder des strukturierten Objekts eingecheckt werden sollen. Die Funktionen pom_cho und pom_chi sind damit hinsichtlich der Objektmenge unabhängig voneinander.

Eine Reihe von Funktionen verlangt bei der Angabe eines Objektschlüssels, daß die zugehörige Datenbasis unter den offenen Datenbasen eindeutig ist. Andernfalls wird RC_DBNOTUNIQ zurückgegeben.

Die Funktionen pom_chi und pom_inob verlangen eine Schreibsperre durch den Benutzer. Diese Sperre wird durch die Funktionen aufgehoben. Die Schreibsperre verhindert nicht Veränderungen der betroffenen Objekte durch den Benutzer selbst.

Als zusätzliche Erweiterung wurde eine Authentifizierung des Benutzers implementiert. PRODAT erwartet ein Login des Benutzers vor allem anderen. Dies geschieht über die Funktion xpom_login.

Transaktionen klammern eine Folge von Funktionen, deren Wirkung auf die Datenbasis entweder ganz oder gar nicht eintreten soll. In diesem Zusammenhang gibt es folgende Einschränkungen:

– Bei Beginn und am Ende der Transaktion müssen alle Contents und Benutzerrelationen geschlossen sein. Dabei ist eine Benutzerrelation genau dann offen, wenn ein Tupel mit Änderungs- oder Lösch-Intention gelesen wird und die intendierende Aktion noch nicht erfolgt ist oder wenn innerhalb einer Suchschleife der letzte Lesevorgang ein Tupel zurückgab.

– Veränderungen von Benutzerrelationen können nur innerhalb einer expliziten Transaktion gemacht werden.

– Datenbasen dürfen innerhalb einer Transaktion nicht geöffnet oder geschlossen werden.

### 7.3.5.12 Beschränkungen

Folgende Beschränkungen bestehen:

1 <= Länge von Datenbasisnamen, Filenamen, Volume-IDs und Benutzernamen < 14

1 <= Länge von Typnamen, Objektnamen und Attributnamen <= 30

0 <= Anzahl der Datenbasen innerhalb eines *PRODAT*-Systems <= 127

2 <= Maximale Anzahl der Spalten in einer Benutzerrelation <= 16

0 <= Anzahl der Objekte innerhalb einer Datenbasis < 10.000.000

### 7.3.5.13 Nicht (vollständig) realisiert

Nicht implementiert wurden die Archivierungsfunktionen.

Das Multi-Storage-File-System bezieht sich zur Zeit nur auf das Standard-UNIX-Filesystem.

Lokale und globale Datenbasen befinden sich auf dem Rechner. Ein Dialog-Manager wurde nicht entwickelt.

Die vorgeschlagene Abfragesprache wurde nicht realisiert.

### 7.3.5.14 Referenzen

Der Entwurf und die Implementierung wurden wesentlich beeinflußt durch die Erfahrungen, die der Autor im ESPRIT-Projekt Nr.28 *MULTOS* gesammelt hat. Projektpartner waren Batelle (D), Cretan Research Center (GR), Eria (E), IEI (I), Mnemonica (GR), Olivetti (I), Philips (NL) und Triumph-Adler (D).

## 7.3.6 Verteilte Systeme (LAN)

### 7.3.6.1 Ziel

Das *PROSYT*-Entwicklungssystem soll auf verteilten miteinander vernetzten Entwicklungsrechnern bei Krupp Atlas Elektronik eingesetzt werden.

### 7.3.6.2 Randbedingungen

Hierbei ist zu berücksichtigen, daß die Einführung einer neuen Softwareproduktionsumgebung nur schrittweise unter Einbeziehung vorhandener Infrastruktur erfolgen kann.

Für Krupp Atlas Elektronik heißt das, daß die Rechner der neuen Rechnerlinie 2000 (MPR2300), auf denen das *PROSYT*-System installiert werden kann, mit Rechnern der bisherigen Rechnerlinie 1000 (EPR1300 und MPR1300), auf denen das *PROSYT*-Entwicklungssystem wegen des fehlenden UNIX nicht installiert werden kann, vernetzt werden müssen.

Das Rechnernetz verbindet weiterhin die einzelnen Softewareproduktionsrechner mit einem zentralen Datensicherungsrechner, auf dem das *PROSYT*-Entwicklungssystem vorhanden ist.

Diese zentrale Datensicherung dient dem nahtlosen Übergang der einzelnen Projektentwicklungsstufen, die von unterschiedlichen Abteilungen wahrgenommen werden.

Folgende Vernetzung ist angestrebt:

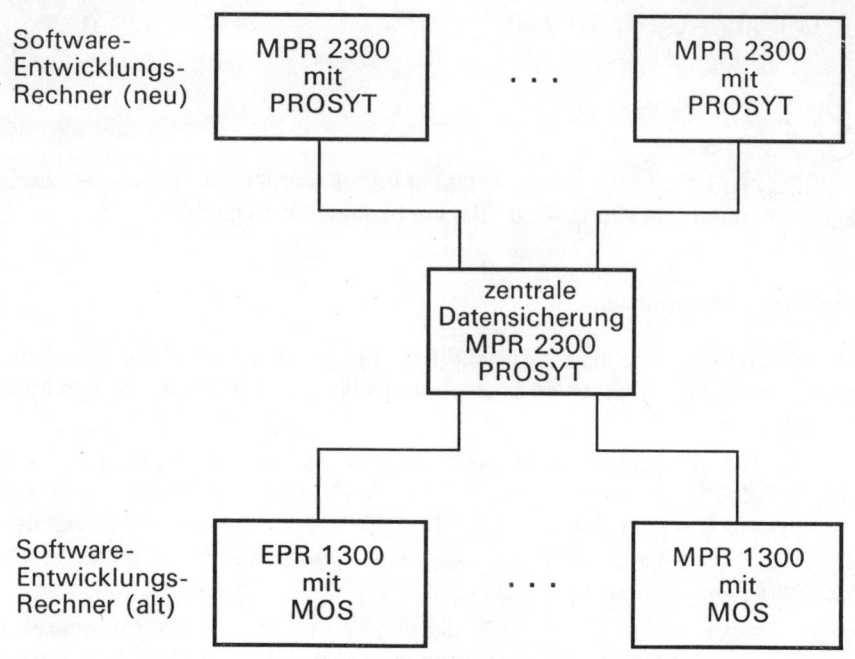

**Abb. 7.3-21.** Rechnernetz mit *PROSYT*-Rechnern

Der Kommunikationsumfang sieht zwischen Software-Entwicklungsrechnern und zentraler Datensicherung folgende Funktionen vor:

– Lesezugriffe auf den Inhalt der zentralen *PRODAT*-Datenhaltung
– Schreibzugriffe auf bestimmte Bereiche der zentralen *PRODAT*-Datenhaltung
– Zugriff vom zentralen Datensicherungsrechner auf das File-System der *MOS*-Rechner
– Zugriff vom zentralen Datensicherungsrechner auf die *PRODAT*-Datenhaltung der *PROSYT*-Rechner

### 7.3.6.3 Realisierung

Unter Berücksichtigung einer vorhandenen Netzwerkschnittstelle der bisherigen Rechnergeneration wurde hierauf basierend zunächst eine Vernetzung mit HDLC und *MOS*-Queuing-System angestrebt.

### 7.3.6.3.1 HDLC und Queuing-System

Diese Kommunikationsschnittstelle umfaßt folgende Bausteine, die in einem Schichtenmodell zusammengefaßt sind:

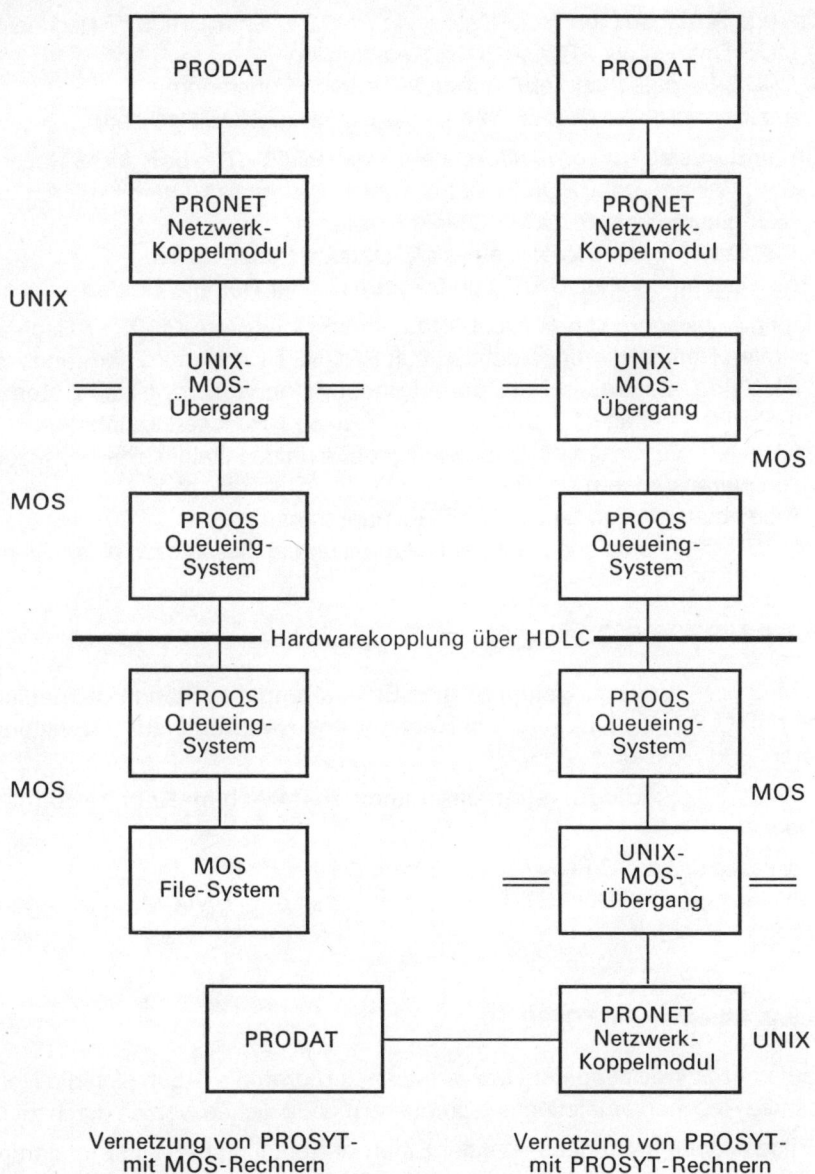

**Abb. 7.3-22.** Kommunikationsmodell

### 7.3.6.3.1.1 *PROSYT*-Netzwerk-Koppelmodul (PRONET)

Das Programm PRONET dient zur Kopplung des *PROSYT*-Programmsystems mit der Netzwerksoftware und bearbeitet folgende Aufgaben:

a) Ein- und Auslagern von *MOS*-Dateien in *PRODAT* über *PROSYT*-Rechner
  - *MOS*-Dateien als *PRODAT*-Objekte ablegen
  - *PRODAT*-"object-content" auf *MOS*-Dateien transferieren
  - Anstoß und Kontrolle des Datenaustausches zu *MOS*-Rechnern

b) Ein- und Auslagern von *MOS*-Dateien in *PRODAT* über *MOS*-Rechner. In diesem Fall arbeitet PRONET ohne aktiven Dialog als Hintergrundprogramm.
  - *MOS*-Dateien als *PRODAT*-Objekte kreieren
  - *PRODAT*-"object-content" auf *MOS*-Dateien transferieren
  - Abwicklung der *PRODAT*-Zugriffskontrolle über Remote-Betrieb

c) Ein- und Auslagern von *PRODAT*-Datenbasen in weitere *PROSYT*-Rechner. Im zentralen Datensicherungsrechner läuft PRONET dabei im Hintergrundbetrieb.
  - Globale Datenbasen bei Bearbeitungsbeginn vom zentralen Datensicherungs-Rechner an den anfordernden *PROSYT*-Rechner transferieren
  - Globale Datenbasen bei Bearbeitungsende an den Datensicherungs-Rechner zurücktransferieren
  - Arbeitsdatenbasen an *PROSYT*-Rechner transferieren
  - *PRODAT*-Objekte aus zentraler Datenhaltung auslesen bzw. einspeichern

### 7.3.6.3.1.2 *PROSYT*-Queuing-System

Das *PROSYT*-Queuing-System ist eine Erweiterung des Standard-Queuing-Systems bei KAE und dient in jedem Rechner des Netzwerks zur Verwaltung der Transfers und Messages.

Das *PROSYT*-Queuing-System übernimmt zusätzlich im Remote-Betrieb die Funktionen:

- Bedienung des *MOS*-File-Managers im *MOS*-Rechner
- Bedienung des PRONET-Programms über den *UNIX-MOS*-Übergang im *PROSYT*-Rechner

### 7.3.6.3.2 Ethernet und TCP/IP

Im Laufe der Entwicklung der Netzwerkdienstprogramme ergab sich die Notwendigkeit, die Rechnervernetzung entsprechend marktüblichen Netzen durchzuführen.

Die Entscheidung fiel zugunsten einer Ethernet-Kopplung mit dem Standardprotokoll TCP/IP und den ARPA-Diensten FTP (File Transfer) und Telnet (Transparentes Terminal).

Der Nachteil, daß diese Netze nicht realzeitfähig sind, kann für die *PROSYT*-Entwicklungsumgebung in Kauf genommen werden.

Es wurden Ethernet-Baugruppen für den MPR2300 beschafft. Die Integration des Treibers in das *UNIX*-Betriebssystem wurde durchgeführt und entsprechende Netzwerksoftware wurde portiert.

Die Kopplung mit einem VAX-Rechner, der zur Softwareproduktionsumgebung gehört, ist realisiert.

Die Integration des MPR1300 (alte Rechnerlinie) in die Ethernet-Kopplung wurde durchgeführt. Die Ankopplung des EPR1300 erfolgt weiterhin über HDLC-Kopplung.

## 7.3.7 Prototyperprobung und Einsatz

### 7.3.7.1 Ziel

Ziel dieses Abschnitts war es, die Einsatzfähigkeit des auf den MPR2300 portierte *PROSYT*-Systems unter realen Umgebungen unter Beweis zu stellen.

Hierfür wurde das Software-Entwicklungswerkzeug *EPOS* auf dem MPR2300 portiert. Weiterhin wurde die Softwareentwicklung für Realzeitsysteme in einer auf mehrere Entwicklungsrechner verteilten Entwicklungsumgebung erprobt.

### 7.3.7.2 Validierung Rahmensystem

Während der Implementation und Portierung der Rahmenschnittstellen wurde entwicklungsbegleitend die korrekte Funktion durch dafür erstellte Testprogramme nachgewiesen.

Nach Fertigstellung der Systemschnittstellen zu *PRODIA* wurden diese durch Testprogramme und Beispielanwendungen getestet. Diese Tests der Graphikschnittstelle wurden erfolgreich abgeschlossen.

Für die *PRODAT*-Userschnittstelle wurden Testprogramme erstellt, die die implementierte *PRODAT*-Schnittstelle einem umfangreichen Test unterzogen hat. Die Tests der *PRODAT*-Schnittstelle wurden erfolgreich abgeschlossen.

### 7.3.7.3 *EPOS*

Die Portierung des *EPOS*-Systems wurde an die Fa. GPP im Unterauftrag vergeben. Folgende Randbedingungen waren zu berücksichtigen:
- Betriebssystem *UNIX* V Release 3 auf dem MPR2300
- Rechnerkern, bestehend aus Motorola MC68020 mit Floatingpointeinheit MC68881

Die Realisierung erfolgte zunächst mit dem *EPOS*-Datenhaltungssystem und dem Graphikterminal Monterey M600G.

### 7.3.7.4 Softwareproduktion mit *PROSYT*

Mit dem Softwaretool *EPOS* ist ein leistungsfähiges Spezifikationswerkzeug vorhanden, mit dem die PROJEKT-Entwicklungsphasen unterstützt werden. Dieses wurde bei KAE im Rahmen der Softwareentwicklung für verteilte Realzeitsysteme eingesetzt.

Die weitere Softwareentwicklung unter dem *PROSYT*-System wurde an Hand von in der Programmiersprache *PEARL* zu erstellender Realzeit-Software unter Beweis gestellt. Hierbei wurden *PEARL*-Programme, die mit *EPOS* spezifiziert wurden und anschließend auf dem MPR2300 unter *UNIX* als Source vorlagen, über den *UNIX/MOS*-Übergang compiliert und gebunden. Fehlermeldungen wurden sofort auf die *UNIX*-Seite gesendet und dort dem Bediener in geeigneter Form zur Anzeige gebracht. Z.B. bei Fehlern im Quellcode erfolgt eine Einblendung an der Fehlerstelle in der Source.

Nach erfolgreicher Compilation kann in einem Fenster eines Graphikterminals (*PRODIA*/X-Window) über den *UNIX/MOS*-Übergang mit dem transparenten Terminal-Programm der *PEARL*-Testmonitor unter dem *MOS* gestartet und das *PEARL*-Programm getestet und in Betrieb genommen werden.

# 8. Literaturverzeichnis

[AANS86]    Abbenhardt, H.; Abendroth, D.; Niederau, G.; Schneider, M.; Steusloff, H.; Timm, M.; Tontsch, F.: Ein längeres Leben für Software-Produkte, Computer Magazin, 6 (1986) H.10, S. 67-78.

[ACM84]    Proceedings of the ACM SIGSOFT/SIGPLAN, Software Engineering Symposium on Practical Software Development Environments, SIGSOFT, Vol. 9, No. 3, May 1984; SIGPLAN, Vol. 19, No. 5, May 1984.

[ACM88]    Proceedings of the ACM SIGSOFT/SIGPLAN. Software Engineering Symposium on Practical Software Development Environments, SIGSOFT Vol. 13, No. 5, November 1988; SIGPLAN Vol. 24, No. 2, February 1989.

[ADA83]    Reference Manual for the Ada Programming Language ANSI/ MIL-STD 1815 A, United States Department of Defense, January 1983.

[AEG80]    Logistat CP80 – Leittechnik, Druckschrift AEG Aktiengesellschaft, Anlagentechnik, Fachbereich Automatisierungstechnik, D-6453 Seligenstadt.

[AlCo84]    Alty, J.L.; Coombs, M.J.: Expert Systems – Concepts and Examples, NCC Publications, Manchester, 1984.

[AWV88]    Marktübersicht Optische Speicherplattensysteme, Internes Arbeitspapier des AWV (Arbeitskreis Wirtschaftliche Verwaltung), 1988.

[Bach86]    Bach, M.J.: The Design of the UNIX Operating System, Prentice Hall 1986.

[BaFe82]    Barr, A.; Feigenbaum, E.: The Handbook of Artificial Intelligence, Vol I-II, William Kaufman Inc., Los Altos, California, 1982.

[Bähr83]    Bähre, R.: Rechnergestützter Entwurf von Rechnersystemen: Programmstruktur und Dialogsystem, FhG-Berichte 2-83, München (1983).

[BaKö88]      Baumann, P.; Köhler, D.: Archiving Versions and Configurations in
              a Database System for System Engineering Environments, in: J.
              Winkler (ed): Proceedings of the International Workshop on
              Software Version and Configuration Control, Grassau, Germany,
              Jan. 1988., Teubner-Verlag, 1988, pp. 313-325.

[Balz81]      Balzert, H.: Methoden, Sprachen und Werkzeuge zur Definition,
              Dokumentation und Analyse von Anforderungen an Software-Pro-
              dukte, Informatik-Spektrum Bd.4, 1981, S. 145-163, S. 246-260.

[Balz82a]     Balzert, H.: Die Entwicklung von Software-Systemen, Reihe Infor-
              matik/34, BI-Wissenschaftsverlag, 1982.

[Balz82b]     Balzert, H.: Die Entwicklung von Software-Produkten: Prinzipien,
              Methoden, Sprachen, Werkzeuge, Mannheim, 1982.

[BäRi87]      Bähre, R.; Ritzmann, P.; Singer, K.; Viehweger, W.: IGS-SARS: Ein
              Werkzeugverbund für verteilbare Realzeitsysteme, FhG-Berichte
              4-87, München (1987).

[Batz86a]     Batz, T. u.A.: Einheitliche Datenhaltung auf der Basis des
              PROSYT-Objektmodells (POM) für das PROSYT-Verbundvorha-
              ben, Vers. 1.0, 12.6.1986, Fraunhofer-Institut für Informations- und
              Datenverarbeitung (IITB) , 7500 Karlsruhe.

[Batz86b]     Batz, T. u.A.: Einheitliche Datenhaltung auf der Basis des
              PROSYT-Objektmodells (POM) für das PROSYT-Verbundvorha-
              ben, Vers. 2.0, 14.10.1986, Fraunhofer-Institut für Informations-
              und Datenverarbeitung (IITB) , 7500 Karlsruhe.

[Batz87]      Batz, T.: Versionsverwaltung im Datenhaltungssystem PRODAT
              des Systementwicklungssystems PROSYT, GI-Softwaretrends, Mit-
              teilungen der Fachgruppe Software-Engineering, Heft 7-21, Okt.
              1987, S. 22-50.

[Baur83]      Baur, P.: On the Use of a Computer-Aided Specification Tool to
              Support the Development and Licensing of Safety-Related
              Systems, Proceedings of IFAC/IFIP/IFORS-Conf. on Control in
              Transportation Systeme, Baden-Baden, Germany, April 1983
              (Ed.: D. Klamt and R. Lauber). VDI/VDE-GME Düsseldorf 1983,
              pp. 253-260.

[Baur88]      Baur, P.: Ingenieurgerechte Expertensysteme und ihre praktische
              Anwendung im Bereich von CASE/CAD-Systemen. SYSTEC '88,
              VDI Berichte Nr. 700.3, 1988.

[BäVi88]      Bähre, R.; Viehweger, W.: Werkzeugintegration am Beispiel des
              Werkzeugverbundes SARS-IGS-VICO, FhG-Berichte 3-88, München
              (1988).

[BBK88]     Batz, T.; Baumann, P.; Köhler, D.: A Data Model supporting
            System Engineering, in: IEEE Proceedings of the twelfth Annual
            International Computer Software & Applications Conference
            COMPSAC 88, Chicago, 1988.

[BCEF]      Bittner, H.; Cote Munoz, J.; Eser, F.; Frantz, D.: SIEMCAD, A User
            Interface Management System for Integrating Electronical and
            Mechanical CAD.

[BCL86]     Buck-Emden, R.; Cordes, R.; Langendörfer, H.: Einsatz optischer
            Plattenspeichertechnologien für Ablage und Archiv in modernen
            Bürosystemen, in: Proc. EuroSoftware '86, Hamburg, 1986.

[BCM86]     Bjoernsson, B.; Cuno, B.; Morkramer, A.: Realisierbarkeitsstudie
            zur adaptiven Regelung, Technischer Bericht 1.03/4-86, AEG, A91
            E214-SG, 1986.

[BDW88]     Burns, A.; Davies, G.L.; Wellings,A.J.: A Modula-2 Implementation
            of a Real-Time Process Abstraction, SIGPLAN Notices, Vol. 23,
            No. 10, pp. 49-58, 1988.

[Beck87]    Beck, T.: Wissensbasierte Optimierung elektronischer Steuerun-
            gen, Diplomarbeit, Universität Stuttgart, IRP, 1987.

[Beck88]    Becker, Th.: Wurzelortskurven: Zurück zu den Wurzeln!, Automati-
            sierungstechnik at 36 (1988) H.4, S. 144-149.

[Beet86a]   Beetstra, T.: Multi Storage File System (Specification), Esprit
            Projet No.28, Doc. P02.4, 1986.

[Beet86b]   Beetstra, T.: Optical Disk File System (Draft), Esprit Projet No.28,
            Doc. P02, 1986.

[BeGe84]    Beck, J.; Geser, F.: EPOS und seine Anwendung bei der Entwick-
            lung von Werkzeugmaschinen-Steuerung, "und-oder-nor + steue-
            rungstechnik" 5/1984, S. 155-157 und 6/1984, S. 56-57.

[Beut88]    Beutler, K.: Das Verfahren der umschreibenden Suche zum Auf-
            finden wiederverwendbarer Projektergebnisse, in: Lauber, R.
            (Hrsg.): Prozeßrechensysteme '88, Stuttgart, März 1988, Proceed-
            ings, Springer-Verlag.

[BGHP88]    Beutler, K.; Gauger, J.; Hampp, A.; Permantier, G.; Seckler, J.;
            Zaiser, R.: Handbücher zu PATHOS u. PROSA, Universität Stutt-
            gart, IRP 1988.

[BGLS79]    Biewald, J.; Göhner, P.; Lauber, R.; Schelling, H.: EPOS-A Speci-
            fication and Design Technique for Computer Controlled Real-Time
            Automation Systems, Proc. 4th Int. Conf. Software Engineering,
            München 1979 IEEE Comp. Soc., Los Alamitos, Cal, 1979, pp.
            245-250.

[BGM85]      Borgida, A.; Greenspan, S.; Mylopoulos, J.: Knowledge-Represen-
             tation as the Basis for Requirements-Engineering, IEEE Computer,
             Vol 18, April 1985, pp. 82-91.

[BGS81]      Biewald, J.; Göhner, P.; Schelling, H.: Real-Time Features of
             EPOS: Formulation, Evaluation and Documentation Proc. IFAC/
             IFIP Workshop on Real-Time Programming, Leibnitz, Austria,
             April 1980 (Ed. V.H. Haase). Pergamon Press, Oxford, New York
             1981, pp. 95-101.

[Bien82]     Bienwald, J.: Rechnergestützte Erstellung der Dokumentation des
             Funktions- und Softwareentwurfes von Prozeßautomatisierungs-
             systemen, Dissertation Universität Stuttgart, 1982.

[Biew81]     Biewald, J.: Rechnergestützte Erzeugung der Dokumentation für
             den Funktions- und Softwareentwurf, in: EPOS Fachtagung Pro-
             zeßrechner München 1981, Informatik-Fachberichte Vol. 39.
             Springer-Verlag, Berlin/Heidelberg 1981, S. 97-106.

[BiSc80]     Biewald, J., Schelling H.: Rechnergestützte Analyse des Funktions-
             und Softwareentwurfs, in: EPOS ACM-Tagung: Software Engineer-
             ing-Entwurf und Spezifikation Berlin 1980, (Hrsg. C. Floyd), TU
             Berlin 1980, S. 126-139.

[BlLa85]     Blumenthal, R.; Landwehr, K.: Einsatz des offenen Echtzeit-Daten-
             banksystems BAPAS-DB in einer industriellen Anwendung mit
             hohen Datenraten, Proc. GI-Fachtagung Datenbank-Systeme für
             Büro, Technik und Wissenschaft, Karlsruhe, März 1985, Springer-
             Verlag, 1985, S. 96-100.

[Bock83]     Bockhoff, W.: Ein Botschaftssystem mit PEARL-Schnittstelle zur
             Kommunikation in verteilten Systemen, Tagungsband PEARL 83,
             Düsseldorf, Hrsg.: PEARL-Verein e.V.

[Böhm81]     Böhm, B.W.: Software Engineering Economics, Prentice-Hall,
             1981.

[BOSCH87]    Bosch: Kraftfahrtechnisches Taschenbuch; VDI-Verlag, Düsseldorf,
             20. Aufl., 1987.

[BrHa75]     Brinch Hansen, Per.: The programming language Concurrent
             Pascal, IEEE Transactions on Software Engineering 1, 2, pp.
             199-207, June 1975.

[BrHa81]     Brinch Hansen, P., The Architecture of Concurrent Programs,
             Prentice-Hall Inc., Engelwood Cliffs, New Jersey, 1977, (dt.
             Übers.: Friedrich Pieper), Oldenburg Verlag, München, Wien,
             1981.

[Brom85]     Brombacher, M.: Das Lastenheft als Grundlage der Automatisie-
             rung chemischer Verfahren und seine Darstellung als Experten-
             system, Dissertation, Technische Universität München.

[Brow85]     Brownston, L. et. al.: Programming Expert Systems in OPS5, Addision-Wesley, Reading, Massachusetts, 1985.

[BWA87]      Baur, K.; Wilhelm, H.; Auer, K.: Automatische Rezeptursteuerung mit dem dezentralen Prozeßleitsystem PROCONTROL-I. Automatisierungstechnische Praxis 29 (1987), H.8, S. 369-375.

[CAIS87]     Rationale for the DoD Requirements and Design Criteria for the Common APSE Interface Set (CAIS), Ada Joint Program Office, Washington DC, 1987

[CIP85]      The CIP Language Group: The Munich Project CIP Volume I: The Wide Spectrum Language CIP-L, LNCS 183, Springer-Verlag, Berlin/Heidelberg, 1985.

[ClMe84]     Clocksin, W.F.; Mellish, C.S.: Programming in Prolog, Springer-Verlag, Berlin/Heidelberg, 1984.

[CMS82]      CMS/MMS: Code/Module Management System Manual, Digital Equip. Corp., 1982.

[CoRe87]     Mathematics of Computing, Top Two Levels of CR Classification Tree, Computing Reviews, Januar 1987.

[CuKi85]     Cuno, B.; Kirchberg, K.-H.: Entwurf des Automatisierungssystems für eine Stauhaltungskette, Technischer Bericht A4L221/04/85, AEG Frankfurt, 1985.

[Cune83]     McCune, B.P. et. al.: Rubric : A System for Rule-based Information Retrieval, IEEE Computer 1983, Seite 166 ff.

[DaKi88]     Dais, S.; Kiencke, U.: Applikationunterstützung digitaler Steuergeräte im Kraftfahrzeug, ATZ Automobiltechnische Zeitschrift, Nr.1, 1988, S.37-40.

[Dijk72]     Dijkstra, E. W.: Hierarchical ordering of sequential processes, Acta Informatica 1, 2, pp. 115-138, 1972.

[DIN]        DIN 66 253, Teil 3, Programmiersprache PEARL, Mehrrechner-PEARL.

[DIN83]      DIN 19 239, Steuerungstechnik, Speicherprogrammierte Steuerungen, Programmierung, Beuth-Verlag, Berlin, Mai 1983.

[DIN85]      DIN 19 222, Leittechnik, Beuth Verlag GmbH, Berlin, März 1985.

[DIN88a]     DIN 19 226, Regelungs- und Steuerungstechnik, Teil 5, Beuth Verlag GmbH, Berlin, Entwurf 1988.

[DIN88b]     DIN 66 234 Teil 8, Bildschirmarbeitsplätze, Grundsätze ergonomischer Dialoggestaltung, Beuth Verlag GmbH, Berlin, 1988.

[DKM85]      Dittrich, K.R.; Kotz, A.M.; Mülle, J.A.: Basismechanismen für Konsistenzprobleme in Entwurfsdatenbanken, in: Blaser, A.; Pistor, P. (eds.): Datenbank-Systeme für Büro, Technik und Wissenschaft, Informatik-Fachberichte, Bd. 94, Springer-Verlag, Berlin/Heidelberg, 1985, S. 73-90.

[DKS84]      Dais, S.; Kiencke, U.; Schelling, H.: EPOS für Mikrocomputer-Programme, BOSCH-Zünder 64, Jahrg. Nr. 5 (1984), S. 5.

[Drti84]     Drtil, H.: Werkzeuggestützte Verifikation des Entwurfs von Software, rtp 26 (1984), Heft 12, S. 540-544.

[Dzid83]     Dzida, W.: Das IFIP-Modell für Benutzerschnittstellen, Sonderheft Office Management, 1983, S.6-8.

[Eger87]     Egerer, M.: Wissensbasierte Einstellung von Regelparametern, Diplomarbeit, Universität Stuttgart, IRP, 1987.

[EHKK89]     Ehmke, D.; Hinderer, W.; Kreiter, M.; Krömker, D.: PRODIA – Das PROSYT-Dialogsystem, in: D. Krömker, H. Steusloff, H.-P. Subel (Hrsg.), PRODIA und PRODAT, Dialog- und Datenbankschnittstellen für Systementwurfswerkzeuge, Springer-Verlag, Berlin/Heidelberg 1989.

[Eldi85]     Eldeib, H.K.: Outline of a New Approach to Computer Aided Design of Control Systems, Proceedings of the 3rd IFAC Symposium on Computer-Aided Design in Control and Engineering Systems, Lyngby, Denmark, 1985.

[Elli82]     Elliot, B.: Design of a Simple Screen Editor, Software-Practice and Experience, Vol.12, pp. 375-384, 1982.

[EPOS84a]    EPOS-Handbuch, Teil 3: EPOS-R, Teil 4: EPOS-R, Gesellschaft für Prozeßrechnerprogrammierung, München 1984.

[EPOS84b]    EPOS-Kurzbeschreibung, Institut für Regelungstechnik und Prozeßautomatisierung, Gesellschaft für Prozeßrechnerprogrammierung, Stuttgart, München, 1984.

[Feld79]     Feldman, S.I.: Make – A Program for Maintaining Computer Programs, Software Practice and Experience, Apr 1979.

[Föll85]     Föllinger, O.: Regelungstechnik, Dr. Alfred Hüthig Verlag, Heidelberg 1985.

[Fos86]      Foster, D.G.: Separate Compilation in a Modula-2 Compiler, Software – Practice and Experience Vol 16 (2), 101-106, Feb. 1986.

[FrRu87]     Freeman, P.; Ruben, P.D.: Classifying Sofware for Reusability, IEEE Computer, Jan. 1987, Seite 6 ff.

[FWC84]      Foley, J.D.;Wallace, V.L.; Chan, P.: The Human Factors of Computer Graphics Interaction Techniques, in: IEEE Computer Graphics & Applications, Nov. 1984, pp. 13-48.

[Gaug88]      Gauger, J.: Automatische benutzerdefinierte Dokumentation von
              Automatisierungssystemen. Fachtagung Prozeßrechensysteme '88,
              Informatik-Fachberichte 167, Springer-Verlag 1988.

[Gerl84]      Gerland: RUFBUS – Abschluß der BFB-Entwicklung und Aufnahme
              des Vollbetriebes, Nahverkehrsforschung '84, Statusseminar XI
              des BMFT und BMV, BMFT, Referat Presse und Öffentlichkeitsar-
              beit (Herausg.), Bonn, 1984, S. 392.

[GhRe83]      Ghassemi, A.; Reinshagen , K.-P.: Erfahrungen beim industriellen
              Einsatz des Spezifikations- und Entwurfssystems EPOS-80 zur
              Automatisierung von Tiefdruck-Rotationsmaschinen, Regelungs-
              technische Praxis rtp, Band 25 (1983), Heft 3, S. 110-114 und Heft
              4, 156-159.

[GKS86]       Deutsches Institut für Normung DIN 66 252, Graphisches Kernsy-
              stem (GKS), Beuth-Verlag Berlin, 1986

[GND86]       Gettys, J.; Newman, R.; Della Fera, T.: Xlib – C Language X
              Interface, Protocol Version 10, Massachusetts Institute of Techno-
              logy, 1986.

[GoHa83]      Goos, G.; Hartmanis, J.: The Programming Language Ada, Refer-
              ence Manual, American National Standards Institute, Inc. ANSI/
              MIL-STD1815A-1983, in: Goos, G.; Hartmanis, J. (Eds.): Lecture
              Notes in Computer Science, Vol. 155, Springer-Verlag, Berlin/Hei-
              delberg/New York/Tokyo, 1983.

[Göhn81]      Göhner, P.: Spezifikation der Synchronisierung paralleler Pro-
              zesse, Fachtagung Prozeßrechner in München 1981, Informatik-
              Fachbericht Vol. 39, Springer-Verlag, Berlin/Heidelberg, 1981, S.
              107-118.

[Göhn84a]     Göhner, P.: Methoden zur Entwicklung von Realzeitsystemen und
              ihre praktische Anwendung in EPOS, Prozeßrechnertagung 1984,
              Informatik-Fachberichte Bd. 86, Springer-Verlag, Berlin/Heidel-
              berg/New York, 1984, S. 325-335.

[Göhn84b]     Göhner, P.: EPOS – gestern, heute, morgen. COMPAS'84, Berlin,
              9.-12.10.1984.

[Göhn85]      Göhner, P.: Rechnergestützte Pflege von SW-Systemen, in:
              Scheibl, H.-J. (Hrsg.): Software-Entwicklungssysteme und -werk-
              zeuge, Technische Akademie Esslingen, 1985.

[GPI89a]      GPI: Glossary for the Documents of the German PCTE Initiative,
              Glossary zu den GPI-Dokumenten, Nixdorf, München, April 1989.

[GPI89b]      GPI: Introduction to the Specifications of the GPI-OMS-Data-Mo-
              del, Beschreibung des GPI-OMS-Datenmodells, Nixdorf, München,
              April 1989.

[GPI89c]     GPI: Rationale for the Requirements for the Enhancement of
             PCTE/OMS, Beschreibung des Rationals für die GPI-Require-
             ments, Nixdorf, München, März 1989.

[GPI89d]     GPI: Requirements for the Enhancement of PCTE/OMS, Beschrei-
             bung der GPI-Requirements, Nixdorf, München, März 1989.

[Grim88]     Grimm, K: Methoden und Verfahren zum systematischen Testen
             von Software, Automatisierungstechnische Praxis atp 30 (1988),
             Heft 6, S. 271-280.

[Gutk85]     Gutknecht, J.:  Concepts of the Texteditor LARA, in Comm. of the
             ACM, Vol. 28, p. 942-960, 1985.

[GwSc88]     Gwiessner, S.; Schmidt, L.: The MULTOS Server Controller,
             Esprit Projet No.28, Doc. BAT-88-01.3, 1988.

[Hage87]     Hagemann, M.: "Von der Anforderungserfassung zum Programm-
             entwurf mit Hilfe von SARS", 2. Kolloquium 'Software-Entwick-
             lungs-Systeme und -Werkzeuge', TAE Esslingen, Sept. 1987 .

[Hage88]     Hagemann, M.: "Formale Anforderungsdefinition von Prozeß-
             steuerungen", atp Softwarepraxis, Heft 1, 1988, S. 43-50.

[HaLo81]     Haskin, R.L.; Lorie, R.A.: On Extending the Functions of a Rela-
             tional Database System, IBM Research Report, RJ 3182, San
             Jose, Ca., 1981.

[HäRe83]     Härder, T.; Reuter, A.: Principles of Transaction-Oriented Data-
             base Recovery, ACM Computing Surveys, Vol.15, No.4, 1983,
             S.287-317.

[Herc86]     Herczeg, M.: Modulare anwendungsneutrale Benutzerschnittstel-
             len, in: Fischer, G.; Gunzenhäuser, R.: Mensch Computer Kommu-
             nikation 1 Methoden und Werkzeuge zur Gestaltung benutzerge-
             rechter Computersysteme, de Gruyter, Berlin, New York, 1986.

[Hind86]     Hinderer, W. u.A.: PRODIA – DAS  PROSYT-DIALOGSYSTEM,
             Vers. 1.0, 10.7.1986, Fraunhofer-Institut für Informations- und
             Datenverarbeitung (IITB), 7500 Karlsruhe.

[Hind87]     Hinderer, W.: Das Dialogsystem PRODIA: Formular oder Inter-
             view, FhG-Berichte 4-87, Mitteilungen aus dem Fraunhofer-Institut
             für Informations- und Datenverarbeitung IITB, Fraunhofer Edition,
             Münchenm, 1987.

[HJK89]      Hohlfeld, B.; Jonsson, B.; Kley, A.: PASQUALE-Sprachbeschrei-
             bung, AEG Aktiengesellschaft, Forschungsinstitut Ulm, 1989.

[HLM87]      Hübner, W.; Lux-Mülders, G.; Muth, M.: THESEUS, Die Benutzungs-
             oberfläche der UNIBASE-Softwareentwicklungsumgebung, Sprin-
             ger-Verlag, 1987.

[HMMS87]    Härder, T.; Meyer-Wegener, K.; Mitschang, B.; Sikeler, A.: PRIMA
            a DBMS Prototype Supporting Engineering Design Applications,
            in: Proceedings of the 13th International Conference on Very
            Large Data Bases, Brighton, 1987.

[Hoar74]    Hoare, C.A.R.: Monitors: An Operating System Structuring Con-
            cept, Communications of the ACM, Vol. 17, Num. 10, 549-557,
            Oct.1974.

[Hoar85]    Hoare, C.A.R.: Communicating Sequential Processes, Prentice
            Hall, London, 1985.

[Hoar86]    Hoare, C.A.R.: Communicating sequentional processes, Communi-
            cations of the ACM, Vol. 21, Num. 8, 666-677, 1986.

[Hohl88]    Hohlfeld, B.: Zur Verifikation von modular zerlegten Programmen,
            Dissertation, Uni Kaiserslautern, Fachbereich Informatik, 1988.

[HoJe81/88] Hockney, R.W.; Jesshope, C.R.: Parallel Computers 2:
            architecture, programming and algorithms, 2nd ed: Adam Hilger,
            Bristol and Philadelphia,1988, 1. ed: Parallel processing (Elec-
            tronic computers), 1981.

[Hopg86]    Hopgood, F.R.A.: A Graphics Standard View of Screen Manage-
            ment, in: Hopgood, F.R.A.; Duce, D.A.; Fielding, E.V.C.; Robinson,
            K.; Williams A.S. (Eds.): Methodology of Window Management,
            Springer-Verlag, Berlin/Heidelberg, 1986.

[Howd87]    Howden, W.E.: Functional Program Testing and Analysis, McGraw-
            Hill Book Company, 1987.

[HoWi73]    Hoare, C.A.R.; Wirth, N.: An Axiomatic Definition of the Program-
            ming Language PASCAL, acta informatica 2, 1973.

[HWL83]     Hayes-Roth, F.; Waterman, D.A.; Lenat, D.B.: Building Expert
            Systems, Addision-Wesley, Reading, Massachusetts, 1983.

[IEC87]     IEC 65A (Sec) 67: DEUTSCHE NORM Entwurf: Speicherprogram-
            mierbare Steuerungen, Teil 3, Programmiersprachen (identisch
            mit IEC 65A (Sec) 67, Juli 1987.

[IEEE88]    The Emergence of CASE, IEEE Software, Volume 5, Number 2,
            March 1988.

[Inmo86]    Inmos Ltd: Transputer Development System, Beta Release Docu-
            ment, 1986.

[Jame]      James, J.R.: A Survey of Knowledge-Based Systems for Compu-
            ter-Aided Control System Design, Proceedings of the American
            Control Conference, Minneapolis, MN., S. 2156-2161.

[Jame87]    James, J.R.: Lessons Learned In Coordinating Symbolic And
            Numeric Computing In Knowledge-Based Systems For Control
            Design, Workshop on Coupling Symbolic And Numeric Computing
            1987.

[JaSch88]    Jasnoch, U.; Schmidt, R.: Erstellung eines graphisch-interaktiven Objekt-Editors zur Darstellung und Manipulation von Datenbankeinheiten im Systementwurf, Studienarbeit an der TH Darmstadt, 1988.

[JeWi75]     Jensen, K.; Wirth, N.: PASCAL: User manual and report, Springer-Verlag, New York, 1975.

[JFT85]      James, J.R.; Frederick, D.K.; Taylor, J.H.: On the Application of Expert Systems Programming Techniques to the Design of Lead-Lag Precompensators, Proceedings of the Control 85 Conference, Cambridge, UK, 1985, S. 180-185.

[Joho84]     Joho, E.: Rechnergestützte Programm-Generierung aus einer EPOS-Spezifikation, rtp 26 (1984), Heft 7, S. 317-322.

[JoJo81]     Joho, E.; Jovalekic, S.: Rechnergestützte Umsetzung von EPOS-Spezifikationen in PEARL-Programme, Fachtagung Prozeßrechner München, 1981, S. 119-128.

[JoLa85]     Jonas, M.; Lauber, R.: Rechnerunterstützung für die Entwicklung von Mikrorechnersoftware in niederen Programmiersprachen, in: Scheibl, H.-J. (Hrsg.): Software-Entwicklungssysteme und -werkzeuge, Technische Akademie Esslingen, 1985.

[Jova83]     Jovalekic, S.: Erstellung von Anforderungsspezifikationen für Automatisierungssysteme mit EPOS – Eigenschaften und Erfahrungen, in: Hommel, G.; König, D. (Hrsg.): Requirements Engineering, Informatik-Fachberichte 74, Friedrichshafen, 1983.

[KaLe84]     Katz, R.H.; Lehman, T.J.: Database Support for Versions and Alternatives of Large Design Files, in: IEEE Transactions on Software Engineering 10, March 1984, pp. 191.

[KePl76]     Kernighan, Brian W.; Plauger, P.: Software Tools, Addison Wesley, 1976.

[Kepp83]     Keppner, P.: Rechnergestützter Systementwurf – Eindrücke von der EPOS-Benutzertagung '83, Markt & Technik Nr. 48, Dez. 1983.

[Kepp85]     Keppner, K.: EPOS-Benutzertagung '84. Automatisierungstechnische Praxis, atp 27 (1985), Heft 2, S. 91-92.

[KeRi78]     Kernighan, B.W.; Ritchie, D.M.: The C Programming Language, Prentice Hall, 1978, (dt. Übersetzung: Ernst Janisch, Axel Schreiner, Programmieren in C), Hanser-Verlag, 1983.

[KiKo85]     Kitzmiller, C.T.; Kowalik, J.S.: Coupling Symbolic and Numeric Computing in Knowledge-Based Systems, AI Magazine, Vol. 8, 1985, No. 2, S. 85-90.

[Klem88]     Klemke, G.: SUPRENUM – ein Parallel-Superrechner, Tagungsunterlagen GUUG-Jahrestagung 1988.

[Kley86]     Kley, A.: Dynamische Systeme und kommunizierende Prozesse –
             eine Analogiebetrachtung, Informatik-Spektrum 9, 1986, S. 29-38.

[KLN85]      Knetsch, W.; de Lestapis, B. ; Northcott, J.,: Die industrielle An-
             wendung der Mikroelektronik in der Bundesrepublik Deutschland
             Frankreich Großbritannien, Ein internationaler Vergleich, VDI-
             Technologiezentrum, Informationstechnik, Verlag Markt & Technik,
             Berlin, Paris, London, 1985.

[KNOSSOS]    KNOSSOS-Kurzbeschreibung, GPP mbH, 8024 Oberhaching,
             Kolpingring 18a.

[Koch80]     Koch, W.: Ein Beitrag zur Entwicklung entwurfsunterstützender
             Spezifikationssprachen für Automatisierungssysteme, Universität
             Stuttgart, Dissertation, 1980.

[KrKl88]     Kroell, A.; Kling, M.: Unterstützung der Arbeiten zur Abwicklung
             eines Angebotsvorgangs, in: Lauber, R. (Hrsg.): Prozeßrechen-
             systeme '88, Informatik-Fachberichte 167, Springer-Verlag,
             Berlin/Heidelberg/New York, 1988, S.478-487.

[KPR87]      Kühnel, B.; Partsch, H.; Reinshagen, K.-P.: Requirements Engi-
             neering – Versuch einer Begriffsklärung, in: Windfuhr, M., (Hrsg.):
             GMD-Studien Nr. 121, Requirements Engineering '87, Mai 1987,
             S. 431-436.

[KSS89]      Krömker, D.; Steusloff, H.; Subel, H.-P. (Hrsg.): PRODIA und
             PRODAT Dialog- und Datenbankschnittstellen f}r Systementwurfs-
             werkzeuge, Beiträge zur Graphischen Datenverarbeitung, Springer-
             Verlag, Berlin/Heidelberg (1989), ISBN3-540-19398-7.

[LaJo81]     Lauber, R.; Jovalekic, S.: Wie formal soll und darf die Beschrei-
             bung des Pflichtenheftes für ein Prozeßautomatisierungssystem
             sein?, in: Bauer, W. (Hrsg), GI – 11. Jahrestagung, Informatik-Fach-
             berichte 50, München, 1981, S. 484-490.

[LaLe83]     Lauber, R.; Lempp, P.: Integrated Development and Project
             Management Support System, Proceedings 7th Intl. Comp.
             Software & Applications Conf. COMPSAC '83, Chicago, Nov.
             1983, IEEE Computer Society Press, Los Angeles, 1983.

[LaLe85]     Lauber, R.; Lempp, P.: Integrierte Rechnerunterstützung für Ent-
             wicklung, Projektmanagement und Produktverwaltung mit EPOS,
             Elektronische Rechenanlagen 2/1985.

[LaPe87]     Lauber, R.J.; Permantier, A.: A Knowledge Representation Lan-
             guage For Process Automation Systems, 10th World Congress on
             Automatic Control, IFAC '87, Munich.

[Laub76]     Lauber, R.: Prozeßautomatisierung I, Springer-Verlag, Berlin/Hei-
             delberg/New York 1976.

[Laub79]        Lauber, R.: Modelle zur Beschreibung des Entwurfs von Prozeß-
                automatisierungssystemen, Regelungstechnik 27, 1979, Heft 12,
                S.373-379.

[Laub82a]       Lauber, R.: Development Support Systems, IEEE Computer 15
                (1982), May, pp 36-46.

[Laub82b]       Lauber, R.: Impact of Computer Aided Development Support
                System on Software Quality and Reliability, Proc. 6th Int. Compu-
                ter Software & Applications Conf. COMPSAC 82, Chicago, Nov.
                1982, IEEE Comp. Soc. Press, Los Angeles 1982, pp 248-256.

[Laub83]        Lauber, R. (Hrsg): EPOS-Einführung, Stuttgart, 4. Aufl., 1983.

[Laub85a]       Lauber, R. (Hrsg.): EPOS-Einführung, Universität Stuttgart, IRP
                1985.

[Laub85b]       Lauber, R.: Der Arbeitsplatzrechner als Hilfsmittel des Ingenieurs
                bei Mikroelektronik-Projekten, Fachtagung Mikroelektronik in der
                Automatisierungstechnik, 24./25.4.85, Baden-Baden.

[Laub85c]       Lauber, R.: Ingenieurmäßige Durchführung von SW-HW-Projekten
                mit Rechnerunterstützung durch EPOS, in: Proebster, W.E. (Hrsg.):
                Methoden und Werkzeuge zur Entwicklung von Programmsyste-
                men, Oldenbourg Verlag, München, 1985.

[Laub86]        Lauber, R.: CAD-System für Software/Hardware-Projekte – Das
                Entwicklungs- und Projektmanagementorientierte Arbeitsplatz-
                system EPOS, in: CADCAM databook, Jahrbuch 1986, Sprech-
                saal-Verlag, Coburg, 1986.

[Laub87]        Lauber, R.: Automated Software Production, AIAA/NASA Interna-
                tional Symposium on Space Systems in the Space Station Era,
                Washington D.C., June 22-23, 1987.

[LBGH87]        Lauber, R.J.; Beutler, K.; Gauger, J.; Hammpp, A.; Permantier, A.;
                Seckler, J.; Wagner, B.: Der Projekt-Advisor: Ein wissensbasier-
                tes Werkzeugsystem zur Rechnerunterstützung bei Automatisie-
                rungsprojekten, 2. Kolloquium Software-Entwicklungs-Systeme und
                Werkzeuge 8.-10. Sept. 1987, Technische Akademie, Esslingen.

[Lemp85]        Lempp, P.: Rechnerunterstützung für die Anfangsphasen eines Pro-
                jekts, in: Hansen, H.R.(Hrsg.): Informatik-Fachberichte 108, Sprin-
                ger-Verlag, Berlin/Heidelberg, 1985.

[Lemp86]        Lempp, P.: Integrierte Projekt- und Produktmanagementunter-
                stützung in einer Software-Entwicklungsumgebung, GPM-Jahresta-
                gung, Bad Honnef, 22.-24-Oktober 1986.

[LHMB88]        Lux-Mülders, G.; Hübner, W.; Muth, M.; Brand, U.; Nötling, T.: An
                Approach for the Integration of General Purpose Graphics
                Systems and Window Management, in Kunii (Ed.), The Visual
                Computer, Springer, September 1988.

[Lock83]      Lockemann, P.C. u.a.: Systemanalyse, DV – Einsatzplanung, Berlin/Heidelberg, 1983.

[Lock85]      Lockemann, P.C. et al: Anforderungen technischer Anwendungen an Datenbanksysteme, in: Blaser, A.; Pistor, P. (eds.): Datenbank-Systeme für Büro, Technik und Wissenschaft, Informatik-Fachberichte, Bd. 94, Springer-Verlag, Berlin/Heidelberg, 1985, S. 1-26.

[LOGO85]      LOGOS Benutzer-Handbuch, Version 8.1, Ausgabe: 4/85, Edmund Erdmann Elektronik GmbH & Co KG, Mühlheim-Ruhr, 1985.

[LoPl83]      Lorie, R.A.; Plouffe, W.: Complex Objects and their Use in Design Transactions, Proc. Conference on Engineering Design Applications (Data Base Week), 1983, S.115-121.

[Loto85]      LOTOS – A Formal Description Technique, ISO/TC97/SC21/W16-1 N299, February 1985.

[Luba86]      Lubars, M.D.: Affording higher Reliability through Software Reuseability, IEEE Software Engineering Notes, Vol. 11. No. 5, October 1986, pp. 39-42.

[Luit85]      Luithle, J.: Integrierte Fertigungssteuerung durch bereichsübergreifende Datenkommunikation und benutzergerechte Informationsaufbereitung, FhG-Berichte 2-85, München, 1985.

[Macl77]      Macleod, I.A.: Design and Imlementation of a Display Oriented Text Editor, Software – Practice and Experience, Vol. 7, p.771-778, 1977.

[Maie79]      Maier, H.H.: Aufbau und Nutzungsmöglichkeiten einer Software-Faktoren-Bibliothek, data report 14, 1979, Sonderheft Software Engineering, S. 32 ff.

[MCMP87]      DeMillo, R.A.; McCracken, W.M; Martin, R.J.; Passafiume, J.F.: Software Testing and Evaluation, Benjamin/Cummings Publishing Company, Menlo Park, CA, 1987.

[MeAl83]      Mertens, P.; Allgeyer, K.: Künstliche Intelligenz in der Betriebswirtschaft, ZfB-Enzyklopädie, 53. Jg., Heft 7, 1983.

[Meye83]      Meyer, H.M.: Requirements Engineering in S/E/TEC, in: Hommel, G.; König, D. (Hrsg); Requirements Engineering, Informatik-Fachberichte 74, Friedrichshafen, 1983, S. 77-91.

[Meye88]      Meyer, A.: Ein schnelles Filesystem unter dem UNIX 5.3 Filesystem-Switch, Tagungsunterlagen GUUG-Jahrestagung 1988.

[Miln80]      Milner, R.: A Calculus of Communicating Systems, Springer-Verlag, Berlin/Heidelberg, 1980.

[Moto86]      Motorola Inc.: Common Environment User's Manual, Appendix A Buffered Pipe Protocol, Motorola Microcomputer Division 1986.

[MUNIX87]      MUNIX V2/32 - 1.2 System Calls, Libraries, System Administration, Volume 1b, 1987.

[Myer87]       Myers, G.J.: Methodisches Testen von Programmen, 2. Auflage, R. Oldenbourg Verlag, München/Wien, 1987.

[Nau83]        Nau, D.S.: Expert Computer Systems, IEEE Computer, Feb. 1983, Seite 63 ff.

[Nils82]       Nilsson, N.J.: Principles of Artificial Intelligence, Springer-Verlag, Berlin/Heidelberg, 1982.

[NoKr84]       Noth, T.; Kretschmar, M.: Aufwandschätzung von DV-Projekten, Springer-Verlag, Berlin/Heidelberg, 1984.

[Oppe72]       Oppelt, W.: Kleines Handbuch technischer Regelvorgänge, Verlag Chemie GmbH, Weinheim/Bergstraße, 1972.

[PaMa81]       Pack, J.E.L.; Maclean, M.A.: The Construction of a portable Editor, Software – Practice and Experience, Vol. 11, p. 479-489, 1981.

[PATHOS88]     Permantier, G.: Handbuch zur Wissensrepräsentationssprache PATHOS, Version 2.0, Projektunterlage vom IRP, Universität Stuttgart, 1988.

[PCTE86]       Bull Company et al.: PCTE - A Basis for a Portable Common Tool Environment, Functional Specifications, 4th Ed., ESPRIT-Programme of the European Community, 1986

[Pere84]       Pereira, F.: C-Prolog User's Manual Version 1.5; February 21, 1984, Edited by F. Pereira, SRI International, Menlo Park, California.

[Pers85]       Persch, G.: Phasenübergreifende Software-Entwicklung mit Hilfe eines Transformations-Expertensystems, Informatik-Fachberichte Bd. 86, S. 325-335.

[Pfaf85]       Pfaff, G.E. (Ed.): User Interface Management Systems, Proceedings Eurographics Seminars, Springer-Verlag, 1985.

[Putn80]       Putnam, L.H.: Software Cost Estimating and Life Cycle Control: Getting the Software Numbers, IEEE Computer Society, 1980.

[Pyle81]       Pyle, I.C.: The ADA Programming Language, Prentice-Hall International Inc., London, 1981, (dt. Übers. von Rupert Fischer; J. Anton Illik, Die Programmiersprache ADA) Hanser-Verlag, München, Wien, 1981.

[RBN88]        Richter, W.; Böning, B.; Nagel, R.: Das Abgasverhalten des Ottomotors im instationären Betrieb, VDI-Berichte Nr. 681, 1988, S.337-363.

[Rein80]       Reinisch, K.: Analyse und Synthese kontinuierlicher Steuerungssysteme, Dr. Alfred Hüthig Verlag, Heidelberg, 1980.

[Rein83]      Reinshagen, K.-P.: Entwurfsverfahren für Prozeßautomatisierungs-
              systeme – Tagung des EPOS-Benutzerkreises, Regelungstechni-
              sche Praxis rtp, Band 25 (1983), Heft I, S. 29-32.

[RiKö86]      Riedel-Heine, T.; Köhler, D.: A Version Management System for
              Design Environments, Proc. Eurographics, Lissabon 1986, North
              Holland, 1986.

[Ruef81]      Rueff, H.: Beschreibung der Ablauforganisation im Pflichtenheft, in:
              VDI-Berichte Nr. 433, 1981, S. 33-39.

[Sccs81]      Source Code Control System. User's Guide, UNIX Programmer's
              Manual, Oct. 1981.

[ScGe86]      Scheifler, R.W.; Gettys, J.: The X-Window System, ACM Trans-
              actions on Graphics, ACM New York, Vol. 5, No. 2, April 1986,
              pp. 79-109.

[Sche81]      Scheub, V.: Generierung von PEARL-Programmen aus einer
              EPOS-Spezifikation, PEARL-Rundschau 2 (1981), Heft 6, S.60-67.

[Schn85]      Schnupp, P.: Einsatz eines wissensbasierten Systems zur Test-
              datenerzeugung, Mitteilung der GI-FG 'Software-Engineering' (FG
              2.1.1), Juni 1986, S.77-95.

[SchWo85]     Schmid, H.A.; Wolf, P.: Zur Wiederverwendbarkeit von Software,
              Software Seminar der IBM Laboratorien Böblingen, Bad Neuen-
              ahr, 12.-14. Juni 1985.

[Scow81]      Scowen, R.S.: A Survey of some Text Editors, Software – Prac-
              tice and Experience, Vol. 11, p. 883-906, 1981.

[ScSc83]      Schek, H.J.; Scholl, M.H.: Die NF2-Relationenalgebra zur einheit-
              lichen Manipulation externer, konzeptueller und interner Daten-
              strukturen, in: Informatik-Fachberichte, Bd. 72, Springer-Verlag,
              Berlin/Heidelberg, 1983.

[Shor76]      Shortliffe, E. H. et. al.: Rule Based Systems, American Elsevier
              Publishing Company Inc., New York, 1976.

[SIKV82]      Smith, D.C.; Irby, C.; Kimball, R.; Verplank, B.; Harslem, E.:
              Designing the STAR User Interface, in BYTE-Magazine, April
              1982.

[SSL84]       Schnupp, P.; Schmauch, C.; Leibrandt, U.: Was ist PROLOG, Elek-
              tronische Rechenanlagen 26, H.4, S. 194 - 200. 1984.

[Star80]      Starke, P.H.: Petri-Netze, VEB Deutscher Verlag der Wissenschaf-
              ten, Berlin, 1980.

[Stei82]      Steinmetz, G.: Was ist ein Pflichtenheft?, Elektronische Rechenan-
              lage 24, 1982, Heft 5, S. 225-229.

[Stei87]      Steinmetz, R.: OCCAN 2: Ein Einführungs- und Nachschlagewerk,
              Hüthig, Heidelberg, 1987.

[Ston81]    Stonebraker, M.: Operating System Support for Database Mana-
            gement, Comm. ACM, Vol.24, No.7, 1981, S.412-418.

[STT81]     Sugiyama, K.; Tagawa, S.; Toda M.: Methods for Visual Under-
            standing of Hierarchical Systems Structures, IEEE Transactions on
            Sys. Man., and Cyb., SMC-11, 1981.

[Sube86]    Subel, H.-P.: VICO-Versions-, Schnittstellen- und Konfigurations-
            kontrolle, Informatik-Fachberichte Nr.108, Springer-Verlag, Berlin/
            Heidelberg, 1986.

[Sun86]     SunOS 3.2 Networking on the Sun Workstation, Revision 3 of 17th
            February 1986.

[Swie78]    Swieczkowski, M.: Vergleich verschiedener Sprachen für die Pro-
            zeßprogrammierung anhand der Mehrfachimplementierung eines
            Überwachungssystems, Diplomarbeit, Universität Karlsruhe, 1978.

[TAE87]     Scheibl, H.-J. (Hrsg.): Software-Entwicklungssysteme und Werk-
            zeuge, 2. Kolloquium 8.-10.Sept. 1987, Technische Akademie
            Esslingen.

[Tayl]      Taylor, J.H.: Conventional and Expert-Aided Data-Base Manage-
            ment for Computer-Aided Control Engineering, Proceedings of the
            American Control Conference, Minneapolis, MN., S. 2135-2140.

[Tenn81]    Tennent, R.D.: Principles of Programming Languages, Department
            of Computing and Information Science, Queen's University,
            Kingston, Canada, Prentice-Hall International, Series in Computer
            Science, 1981.

[TFJ84]     Taylor, J.H.; Frederick, D.K.; James, J.R.: An Expert System
            Scenario for Computer-Aided Control Engineering, Proceedings of
            the American Control Conference, San Diego, CA., 1984.

[Tich82]    Tichy, W.F.: Design, Implementation, and Evaluation of a Revision
            Control System, 6th Int'. Conf on Software Eng., Sep 1982.

[TuPr86]    Turbo Prolog Owner's Handbook, Borland International Inc.,
            Scotts Valley, CA, USA, 1986.

[Tver84]    Tverski, A.: Features of Similarity, Psych. Rev. 1984, 4 (July
            1977), S. 327 -352.

[VDI76]     VDI-Bericht Nr. 263, Programmierbare Steuerungen, VDI-Verlag,
            1976.

[VDI81]     VDI-Bericht Nr. 396, Speicherprogrammierbare Steuerungs-
            geräte, VDI-Verlag, 1981.

[VDI83]     VDI-Bericht Nr. 481, Speicherprogrammierbare Steuerungs-
            geräte, VDI-Verlag, 1983.

[VMS82]     VAX/VMS System Services Reference Manual, 1982.

[Wagn88a]   Wagner, B.: Graphische Dokumentation von Wissensbasen in tech-
            nischen Anwendungen. German chapter of ACM Bericht Nr. 31
            (1988) S. 111-124, Teubner Stuttgart 1988.

[Wagn88b]   Wagner, B.: Berücksichtigung von Randbedingungen bei der Ent-
            wicklung von Automatisierungssystemen. Fachtagung Prozeß-
            rechensysteme '88, Informatik-Fachberichte 167, Springer-Verlag
            1988.

[WeWi83]    Werum, W.; Windauer, H.: Introduction to PEARL, Vieweg Braun-
            schweig, Wiesbaden (1983), ISBN 3-528-13590-5.

[WiHo84]    Winston, P.; Horn, B.: Lisp, Addision-Wesley, Reading, Massachu-
            setts, 1984.

[Wink88]    Winkler, F.H. (ed.): International Workshop on Software Version
            and Configuration Control. Grassau, FRG, 27/29 Jan 88.

[Wins80]    Winston, P.H.: Learning and Reasoning by Analogy, Comm. of the
            ACM, Dec 1980, Vol. 23, No. 12, S.689-703.

[Wirt82]    Wirth, N.: Programming in Modula 2, Springer-Verlag, Berlin/
            Heidelberg/New York, 1982.

[Wirt83]    Wirth, N.: Algorithmen und Datensrukturen, B.G. Teubner Verlag,
            Stuttgart, 1983.

[Wolf86]    Wolf, M.L.J.: Expertenklausur in Software-Projekten, Gesellschaft
            für Projektmanagement, Jahrestagung 1986, Bad Honnef.

[Wolf87]    Wolf, P.: Ablaufverhalten von parallelen Prozessen mit synchro-
            ner Kommunikation, Diplomarbeit. Universität Ulm, 1987.

[XOPEN87]   X/OPEN Portability Guide, Elsevier Science Publishers 3.V., P.O.
            Box 1991, 1000 BZ Amsterdam, 1987.

# D. Krömker, H. Steusloff, H.-P. Subel (Hrsg.)

# PRODIA und PRODAT

## Dialog- und Datenbankschnittstellen für Systementwurfswerkzeuge

1989. XII, 426 S. 45 Abb. (Beiträge
zur Graphischen Datenverarbeitung)
Brosch. DM 118,– ISBN 3-540-19398-7

Dieses Buch beschreibt die Konzepte sowie die Prozedurschnittstellen des Dialogsystems PRODIA und des Datenbanksystems PRODAT. Es wendet sich an Hersteller und Anwender von Software-Engineering-Werkzeugen, Entwickler von Dialogwerkzeugen, Datenbank-Entwickler sowie Ingenieure und Informatiker in der Praxis. PRODIA ermöglicht die einheitliche Abwicklung der Mensch-Maschine-Interaktion in Entwicklungsumgebungen. Für die einzelnen Werkzeuge werden Funktionen zur Dialogabwicklung bereitgestellt, mit denen Benutzungsoberflächen realisiert werden, die dem heutigen Wissensstand der Software-Ergonomie entsprechen. PRODIA bietet moderne Informationstechniken auf Windows, Masken und Menüs sowie direkte Objektauswahl und -manipulation an. In Windows sind Graphik (GKS), Pixmap und Text integriert. Das Non-Standard-Datenbanksystem PRODAT bietet praxisnahe Unterstützung bei der Modellierung und Verwaltung von Informationsstrukturen technischer Anwendungen. Einsatzgebiete von PRODAT sind Entwicklungsumgebungen komplexer Hard- und Softwaresysteme sowie CAD und Computergraphik. Auf der Basis eines erweiterten Entity-Relationship-Modells stellt PRODAT attributierte Objekte und Beziehungen zur Verfügung. Komplexe Objekte können über spezielle strukturdefinierende Beziehungen modelliert werden. Konzepte zur Darstellung von Versionen und Konfigurationen sind in das Datenmodell integriert. Arbeitsdatenbasen und Archivierungsmechanismen unterstützen die Bearbeitung großer Datenmengen über lange Zeiträume. PRODAT ist unter UNIX und VMS erprobt.
PRODIA und PRODAT wurden als Rahmensysteme für mehrere Werkzeuglinien im Verbundprojekt PROSYT entwickelt.

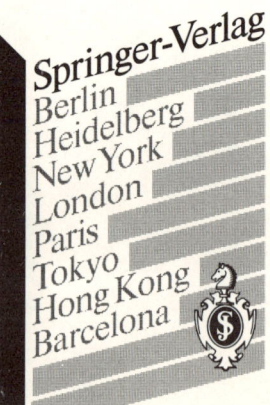

Springer-Verlag
Berlin
Heidelberg
New York
London
Paris
Tokyo
Hong Kong
Barcelona